建设项目监理质量控制

顾慰慈 编著

中国建材工业出版社

图书在版编目（CIP）数据

建设项目监理质量控制/顾慰慈编著. —北京：中国建材工业出版社，2012.5
ISBN 978-7-5160-0105-9

Ⅰ.①建… Ⅱ.①顾… Ⅲ.①基本建设项目—质量管理 Ⅳ.①F284

中国版本图书馆 CIP 数据核字（2012）第 011737 号

内　容　简　介

建设项目监理质量控制是建设项目实施监理时，监理单位（监理工程师）对项目进行的三大控制工作（质量控制、进度控制、投资控制）之一，是建设项目能否按承包合同要求顺利完成的关键工作。

本书讲述了监理单位对项目进行质量控制的原理、原则、措施和方法，内容简明扼要，突出实用性和可操作性，文字通俗易懂。书中还附有必要的质量控制实例可供读者参考。

书中收录了质量控制的各种表式供读者使用，同时附有复习自检题供读者自检、自查时参考和使用。

本书可供房屋建筑工程、土木工程、水利水电工程、火力发电工程等专业的设计、施工、监理人员、项目管理人员和安全管理人员使用，也可作为相关专业大专院校的教材供师生阅读、参考。

建设项目监理质量控制

顾慰慈　编著

出版发行：中国建材工业出版社
地　　址：北京市西城区车公庄大街 6 号
邮　　编：100044
经　　销：全国各地新华书店
印　　刷：北京雁林吉兆印刷有限公司
开　　本：787mm×1092mm　1/16
印　　张：28.25
字　　数：715 千字
版　　次：2012 年 5 月第 1 版
印　　次：2012 年 5 月第 1 次
定　　价：**76.00 元**

本社网址：www.jccbs.com.cn　　责任编辑邮箱：jiancai186@sohu.com
本书如出现印装质量问题，由我社发行部负责调换。联系电话：(010) 88386906

前　言

2008 年版的 GB/T 19000 系列标准对 2000 年版系列标准作了较大的修改，不仅在标准的构成上，而且在标准的内容上都有较大变化。在标准的构成上，由原来的 25 个标准改变为 4 个核心标准、1 个支持性技术标准、6 个技术报告和 3 个小册子。在内容上明确提出了 8 项质量管理原则和 12 项质量管理体系基础，将质量管理体系要点归纳为管理职责、资源管理、产品实现和测量、分析和改进四大部分，构成过程方法模式结构，并使之符合 PDCA 循环原则，使其结构更严谨，相关性也更好。同时也解决了质量管理体系与其他管理体系（如安全管理体系、环境保护管理体系等）兼容的问题。

在 2008 年，国际标准化组织（ISO）又发布了 2008 年版的 ISO 9000 系列标准，对 2000 年版的 ISO 9000 标准作了局部修订。

安全管理是企业生产管理的一个重要组成部分，从 20 世纪 80 年代以来，世界上一些国家先后进行了职业卫生安全管理的研究，制订了相关的标准和规范，我国原国家经贸委也于 1999 年 10 月颁布了《职业卫生安全管理体系试行标准》，并且很快被一些企业采用和实施。随后在 2001 年 10 月我国又颁布了国家标准 GB/T 28001《职业健康安全管理体系规范》。职业健康安全管理体系（OHSMS），是将企业的健康安全管理活动建立在危险源辨识、风险评价和风险控制的基础上，采用程序化、文件化的管理手段，通过在实施过程中对绩效的监测和相应的纠正及预防措施，以确保管理活动的有效性，同时也做到了与质量管理体系等其他管理体系相兼容。

本书根据 2008 版 GB/T 19000 系列标准，对原书《建设项目质量监控》的第二章 GB/T 19000—ISO 9000 系列标准简介作了较大改动，并且新增了第十一章工程建设中的安全控制，删去了原书中的第九章工程项目施工质量评定，还对原书其他章节作了相应的修订。

在第二章 GB/T 19000—ISO 9000 系列标准简介中，增加了 2008 年版的 GB/T 19000—ISO 9000 系列标准的内容，其中较详细地介绍了 2008 年版标准中所提出的质量管理的 8 项原则、12 项质量管理体系基础和质量管理体系要求。

在第十一章工程建设中的安全控制，讲述了安全生产控制的任务、安全生产控制的内容和措施，较详细地介绍了职业健康安全管理体系的内容，以及职业健康安全管理体系的建立与运行，同时还讲述了监理单位在工程建设安全监理中的任务与内容。

参加本书编写工作的还有蒋幼新、高红、马宁、蒋栩等。

作　者
2012 年 5 月

目 录

第一章 质量和质量控制 … 1
- 第一节 质量 … 1
- 第二节 工程项目质量控制 … 8
- 第三节 工程项目监理机构和监理人员 … 14

第二章 GB/T 19000—ISO 9000 系列标准简介 … 17
- 第一节 概述 … 17
- 第二节 2008 年版 GB/T 19000—ISO 9000 系列标准简介 … 22
- 第三节 建筑企业质量管理体系的特点 … 51
- 第四节 质量管理体系的建立 … 53
- 第五节 质量管理体系的运行 … 62
- 第六节 产品质量认证和质量管理体系认证 … 64

第三章 承包单位的资质 … 68
- 第一节 承包单位的资质管理 … 68
- 第二节 承包单位的资质核查 … 89

第四章 工程项目勘察设计阶段的质量控制 … 92
- 第一节 概述 … 92
- 第二节 工程项目决策阶段的质量控制 … 97
- 第三节 工程项目的设计指导书或设计纲要 … 100
- 第四节 工程项目设计阶段的质量控制 … 101

第五章 工程项目施工阶段的质量控制 … 110
- 第一节 工程项目施工阶段的质量控制过程 … 110
- 第二节 工程项目施工阶段的质量控制 … 116
- 第三节 施工阶段的质量控制系统 … 134
- 第四节 施工阶段质量控制的方法和手段 … 139
- 第五节 施工过程(工序)的质量控制 … 144

第六章 工程项目施工阶段的质量检验 … 155
- 第一节 概述 … 155
- 第二节 工程质量抽样检验的方法 … 159
- 第三节 工程材料质量的检验 … 182
- 第四节 工程施工质量的检验 … 187

第七章 工程材料、生产设备和施工机械的质量控制 … 195
- 第一节 工程材料的质量控制 … 195
- 第二节 生产设备的质量控制 … 197
- 第三节 施工机械的质量控制 … 212

第八章 质量控制的统计分析方法 ... 216
- 第一节 质量数据的统计分析 ... 216
- 第二节 排列图法 ... 222
- 第三节 因果图法 ... 226
- 第四节 直方图法 ... 228
- 第五节 控制图法 ... 244
- 第六节 相关图法 ... 252
- 第七节 分层法和列表分析法 ... 258

第九章 工程项目质量的评定验收 ... 261
- 第一节 概述 ... 261
- 第二节 建筑工程施工质量的验收 ... 267
- 第三节 建筑工程的竣工验收 ... 280
- 第四节 工程项目的质量回访和保修 ... 285
- 第五节 监理资料的移交 ... 286
- 第六节 工程项目的试运行 ... 287
- 第七节 水利水电工程验收阶段的划分、验收标准及组织 ... 289
- 第八节 水利建设工程的验收 ... 298
- 第九节 水电站建设工程的验收 ... 303

第十章 工程质量事故与质量奖罚 ... 312
- 第一节 工程质量事故 ... 312
- 第二节 工程质量奖罚 ... 319

第十一章 工程建设中的安全控制 ... 323
- 第一节 安全生产控制概述 ... 323
- 第二节 职业健康安全管理体系 ... 334
- 第三节 职业健康安全管理体系的建立与运行 ... 349
- 第四节 危险源辨识、风险控制和安全评价 ... 356
- 第五节 工程项目施工安全监理 ... 369

附录 ... 374
- 附录Ⅰ 施工阶段监理工作的基本表式 ... 374
- 附录Ⅱ 复习自检题 ... 393
- 附录Ⅲ 复习自检题答案 ... 435
- 附录Ⅳ 应用题 ... 438

参考文献 ... 443

第一章 质量和质量控制

第一节 质 量

一、质量的基本概念

根据 GB/T 19000（2008）—ISO 9000（2005）标准，质量是指"一组固有特性满足要求的程度"。

质量的主体是"实体"。实体可以是活动或过程，也可以是活动或过程结果的有形产品。

质量的对象是产品或服务。产品是活动或过程的结果，产品包括服务、硬件、流程性材料、软件或它们的组合。产品可以是有形的（如仪器、机器、设备、建筑物或流程性材料）和无形的（如信息、概念）或它们的组合。服务是指服务工作、服务作业。体系是指质量管理体系、环境管理体系和职业健康安全管理体系。过程则是指体系中的各项活动。

要求包括明确的、隐含的和必须满足的需求和期望。

需求是随环境变化的，在合同环境和法规环境下，需求是规定的；而在其他环境（非合同环境）下，需求则应加以识别和确定，也就是要通过调查了解和分析判断来确定。在许多情况下，需求也是随时间变化的，因此必须定期评审"需求"，定期修改反映这些需求的规定（法规、标准、技术文件）。需求不仅是针对顾客，而且还包括社会，也就是说需求不仅是指顾客的需求，还应包括社会的需求，应符合国家的法律、法规和政策。随着科学技术的不断发展，生产力的不断提高，人们生活水平的不断改善，人们和社会的需求也不断提高和变化，在不同时期和不同地区，需求也是不一样的。

明确需求是指在合同、规范、标准、技术文件、图纸中明确规定的要求；隐含需求则是指顾客和社会对产品或服务的期望，人们所公认的，那些不言而喻的，未作出规定的需求。例如，居室内不应受到风吹雨淋的侵袭；服装必须适合人们穿着等。

需求常常被转化为有一定准则的特性，例如，性能、适用性、可信性、可靠性、安全性、维修性、经济性、美观性和环境协调性等。

特性是某事物区别于其他事物的特殊性质，它可以定量或计量来表示，也可以定性或计数来表示。所以特性是事物的一种可以描述的（如感官特性）或度量的（如理化特性）属性。产品或服务的质量特性是由性能、适用性、有效性、可靠性、安全性、经济性、美观性和环境协调性所组成。

综上所述，对质量的含义可以理解为：质量是指产品、过程或服务在满足合同、规范、标准、技术文件、图纸中所作出的明确规定（要求）和顾客与社会的期望方面的程度。

质量术语既不用来表达比较意义上的优良程度，也不用于定量意义上的技术评价，只有再加上修饰词以后才可用于上述意义。例如"相对质量"，表示产品或服务在相互比较的情况下的"优良程度"；"质量水平"或"质量度量"，表示在定量意义上对质量进行精确的技术评价。

质量以其含义范围的不同，可分为狭义质量和广义质量。狭义质量是指产品或服务的质量，而广义质量除指产品和服务质量外，还包括工序质量和工作质量。工序质量取决于人员、原材料、生产设备、工艺方法、加工程序、计算软件、辅助材料、公用设施和环境条件等因素。工作质量则包括社会工作质量（如社会调查、市场预测、质量回访等）、思想教育工作质量、管理工作质量、技术工作质量和后勤工作质量等。工作质量集中反映了工作人员的质量意识、责任心、业务水平等因素，而产品质量除了取决于产品的设计和制造过程中的工序质量外，还间接地与领导机构、财会、供应、采购、人事教育、安全保卫等各部门的工作质量有关。

二、工程项目的质量

工程项目的质量可以按工程项目的建设过程、工程项目的组成和工程项目的功能与使用价值三方面来进行分析。

（一）按工程项目的建设过程

工程项目的质量是在工程建设过程中逐渐形成的，工程项目建设的各个阶段，即可行性研究、决策、设计、施工、竣工验收等阶段，对工程项目的质量形成都产生不同的影响，所以工程项目的建设过程就是工程项目质量的形成过程。

1. 项目的可行性研究阶段

项目的可行性研究是在勘察调查的基础上，对项目在技术上的可行性、经济上的合理性、生产布局上的必要性进行分析论证，通过多方案的比较，从中选择出最优方案，作为项目决策和设计的依据。因此项目的可行性研究对项目质量的影响是确定项目质量目标和水平的依据。

2. 项目的决策阶段

项目决策阶段是在项目建议书的基础上，通过可行性研究和项目评估，对项目的建设方案（项目的建设规模、建设布局、建设的投资和进度等）作出决策，使项目的建设符合业主的意愿，并与地区的环境相适应。所以项目决策阶段对项目质量的影响是确定项目的质量目标和水平。

3. 项目的设计阶段

项目的设计阶段是根据项目决策阶段已确定的质量目标和水平，通过设计解决如何达到质量目标和水平，通过设计体现出质量目标和水平。所以项目设计阶段对质量的影响是使项目的质量目标和水平具体化。

4. 项目的施工阶段

项目的施工阶段是根据设计图纸的要求，通过施工手段形成工程实体，即实现图纸中所描述的实体形态。因此，项目施工阶段对项目质量的影响是实现项目的质量目标和水平。

5. 项目的竣工验收阶段

项目的竣工验收阶段是对项目的施工质量通过检查评定、试车运行，考核项目的质量是否达到设计要求，是否符合决策阶段所确定的质量目标和水平，并通过竣工验收确保工程项目的质量。所以项目的竣工验收对质量的影响是保证项目的质量目标和水平。

6. 项目的生产运行阶段

在项目的生产运行阶段，是通过质量回访，定期和不定期的检查，以及日常的维修管理，使工程项目既能充分发挥其功能和效益，又能确保安全运行。所以项目的生产运行阶段对质量的影响是保持项目的质量目标和水平。

因此，从工程项目建设的全过程来说，工程项目建设各阶段对项目质量的影响及项目质量最终形成的影响，在可行性研究阶段是确定项目质量目标和水平的依据；在决策阶段是确定项目的质量目标和水平；在设计阶段是使项目的质量目标和水平具体化；在施工阶段是实现项目的质量目标和水平；在竣工验收阶段是保证项目的质量目标和水平；在生产运行阶段是保持项目的质量目标和水平，如图1-1所示。

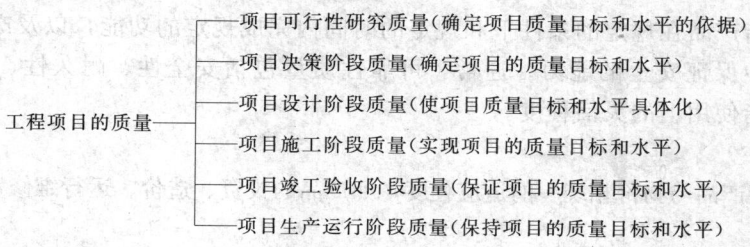

图1-1　工程项目的质量（按工程项目的建设过程）

（二）按工程项目的组成

1. 工程项目的组成

一个工程项目通常由几个单位工程所组成，一个单位工程又由几个分部工程所组成，一个分部工程又由几个分项工程所组成，而一个分项工程又是由好几道工序所组成的。或者说，几道工序形成一个分项工程，几个分项工程组成一个分部工程，几个分部工程组成一个单位工程，几个单位工程组成一个项目工程。

2. 工程项目的质量

从工程项目组成的意义上来说，工程项目的质量是按其组成逐渐形成的，即由工序质量形成分项工程质量，由分项工程质量形成分部工程质量，由分部工程质量形成单位工程质量，由单位工程质量形成项目工程质量。通常，一个单位工程中包含了建筑工程（项目的土建工程部分）和设备安装工程，所以单位工程的质量又包含了建筑工程质量、安装工程质量和设备本身质量三部分。

因此，工程项目的质量包含了工序质量、分项工程质量、分部工程质量和单位工程质量，如图1-2所示。

由上述质量的组成可见，工程项目质量的基础是工序的质量，所以要保证工程项目的质量，首先必须确保工序的质量。

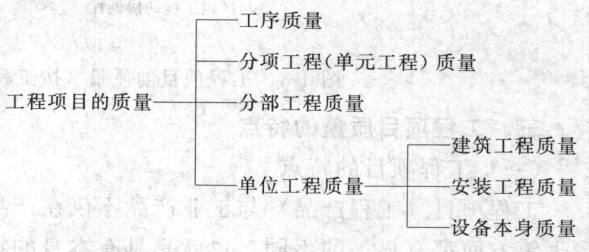

图1-2　工程项目的质量（按工程项目的组成）

（三）按工程项目的功能与使用价值

工程项目的质量通常又体现在工程项目的功能与使用价值上，而工程项目的功能与使用价值一般可归纳为适用性、可靠性、经济性、美观性和与环境的协调性五个方面。

1. 适用性

适用性又称可用性，是指产品在规定的条件下完成规定功能的能力。所谓规定条件是指产品所处的环境条件、负荷条件及其工作方式等。所谓规定的功能，则视产品的性质而定，如产品的使用条件、使用效能、维修性、技术性能（采光、通风、隔热、噪声、体积、重量、输出功率等）。所谓维修性，是指在规定的条件和时间内按规定的程序和方法进行维修时，保持或恢复到规定功能的能力。有效性是指产品在整个寿命期内处于可用状态的时间比例。

所以，工程项目适用性质量主要指工程项目的平面布置、立面布置和空间布置的合理性，使用、维修、管理的方便程度，使用的效能等。

2. 可靠性

可靠性是指产品在规定的条件下和规定的时间内完成规定的功能，以及产品在生产、贮存和使用过程中保证安全的能力。通常，可靠性质量包括安全性、耐久性、使用的灵活性等。灵活性是指使用上的灵活程度。

3. 经济性

经济性是指产品与物价相统一的适应程度，如产品的投资、造价、运行维修费用、效益等。

4. 美观性

美观性主要是指工程项目的外观造型和装饰艺术。

5. 与环境的协调性

与环境的协调性主要是指工程项目与周围生态环境的协调（不影响和破坏生态环境），与周围社区经济环境的协调和与已建工程的协调（不影响和破坏周围已建工程功能的发挥）。

按工程项目的功能与使用价值来说，工程项目的质量包括适用性质量、可靠性质量、经济性质量、美观性质量和与环境协调性质量，如图 1-3 所示。

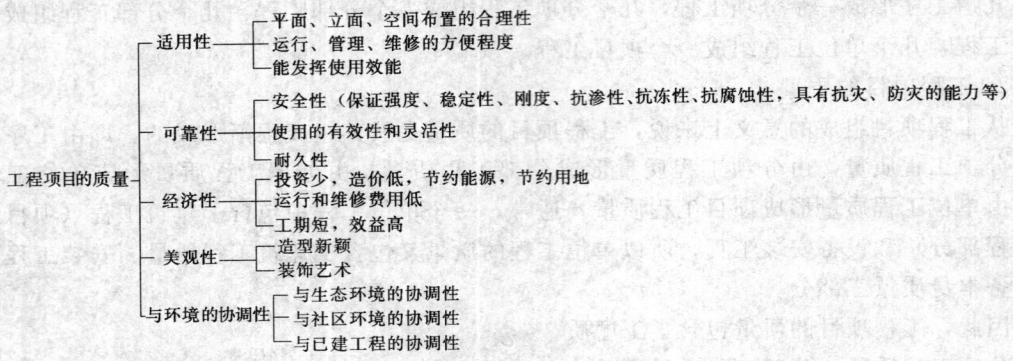

图 1-3 工程项目的质量（按工程项目的功能与使用价值）

三、工程项目质量的特点

（一）工程项目的特点

工程项目（工程产品）与工业产品不仅在产品本身，以及产品的设计、生产（施工）和管理等方面都有显著的不同，也就是具有本身的特点，主要表现在项目的单一性，资源的高投入性，建设周期的长久性，生产的一次性和使用的长期性，施工生产的流动性，具有风险性和管理方式的特殊性等。

1. 项目的单一性

工程项目是在特定的自然条件（地形、地质、水文气象等条件）下按业主的建设意图来进行设计和施工的，即使是同一类型的工程项目，在建设规模、使用功能和效益、材料和设备、工程所在地的自然和社会环境等，也各不相同，设计和施工也将存在很大差异，因此工程项目的特点之一是具有单一性。

2. 资源的高投入性

工程项目由于建设规模大，结构复杂，使用的材料种类多、数量大，投入的人力和完成的工程量也多，所以每一个工程项目都要投入大量的人力、物力和财力，而且建设周期也长。

3. 建设周期的长久性

一个工程项目从项目决策、工程勘测设计、施工和交付使用，需要经历很长的时间，即使是项目的施工，从施工准备、施工到竣工验收，一般也要经历几年的时间。所以为了能缩短建设周期，更好地发挥项目的投资效益，应合理地安排建设进度，加强工程建设的管理，使工程能按期或提前投入使用，以发挥工程的效益。

4. 生产的一次性和使用的长期性

工程项目的施工生产只能一次完成，不能多次重复生产，而且使用期限长，一般达几十年。这和一般工业产品有很大区别，工业产品使用期短，可以多次重复生产，对于不合格的产品可以退换，甚至可以更换零件，重新组装。而工程项目必须在一次建设过程中全部完成，达到合同规定的质量要求，无法更换和退换，否则就会影响工程的正常使用，甚至在使用过程中就会危及工程的安全，造成重大损失。

5. 施工生产的流动性

工程项目是在特定地点建设的，也就是说产品的位置是固定的，是不能移动的。所以在工程项目的建设过程中，必须分阶段、分批地和流动性地投入不同数量的人员、材料、机具和机械设备。在同一个工程地点，施工的人员、材料、机械是在流动的，一个工种完成其作业后，必须由另一工种接替继续施工；一个施工项目完成后，就要换到另一项目去施工。由于工程项目的各道工序是互相紧密衔接的，上道工序如果存在质量问题，就会影响下一道工序的施工和整个工程的质量，特别是隐蔽工程的质量如果存在问题，事后很难补救。因此，必须及时地对各项作业的质量进行检查和监督。

6. 管理方式的特殊性

由于工程项目资源的投入高，而且是在特殊的环境下建设，受到各种自然因素的影响，施工条件复杂，施工生产又具有一次性和使用的长期性等特点，所以必须加强工程项目的管理，对工程项目的实施过程进行严格的监督和控制，使工程项目质量形成的全过程处于受控状态，以保证工程项目的质量符合规定的要求。

7. 具有风险性

由于工程项目是在野外自然环境下进行建设，受到各种自然因素的影响，同时各种技术因素（如规划、决策、设计和施工等）和社会因素也都将影响到工程项目的建设及其质量，所以工程项目的建设具有一定的风险性，而且工程项目的建设周期愈长，所遭遇的风险机会也就愈多。

（二）工程项目质量的特点

工程项目的上述特点就形成了工程项目质量的特点，工程项目质量的主要特点是影响因素多，质量波动大，质量变异大，容易产生质量的判断错误和终检的局限性。

1. 影响因素多

工程项目的质量受到各种自然因素、技术因素和管理因素的影响，如工程项目的地形、地质、水文、气象、规划、决策、设计、材料、机械、施工方法和工艺、人员素质、管理制度和措施等，都将直接或间接地影响工程项目的质量。

2. 质量波动大

由于工程项目具有单一性，施工生产是在野外进行，流动性大，而且受到的影响因素也比较多，不像一般的工业产品那样，有稳定的生产环境和比较规范的生产工艺，所以工程项目的质量容易产生波动，而且波动大。

3. 质量变异大

影响工程项目质量的因素比较多，其中任一影响因素的变异，都会使工程项目的质量产生变异，如材料规格、品种使用错误，施工方法不当，操作未按规程进行，机械故障，设计计算失误等，均会形成系统因素的质量变异，产生工程项目的质量事故。

4. 容易产生质量的判断错误

工程项目是由一道一道工序，一个部分（一个项目）一个部分逐步完成的，所以在施工过程中，工序的交接多，中间产品多，隐蔽工程多，故质量存在隐蔽性，如果在施工中没有及时进行质量检查，事后只能从表面上检查，就很难发现内在的质量问题，这样就容易产生判断错误，形成所谓第二类错误判断，即将不合格品误认为合格品。

5. 终检的局限性

工程项目不可能像一般工业产品那样，依靠终检来判断产品的质量和控制产品的质量，可以将产品拆卸和解体来检查其内在的质量，对于不合格的零件可以进行更换。而工程项目的终检（验收）无法进行项目内在质量的检验，发现隐蔽的质量缺陷，更无法进行部件的更换。因此工程项目的终检存在一定的局限性，这就是说，工程项目的质量控制不能仅仅依靠终检，主要应加强工序的质量控制，强调预防性。

四、影响工程项目质量的因素

影响工程项目质量的因素很多，但归纳起来主要有五个方面的因素，即人（Man）、材料（Material）、机械（Machine）、方法（Method）和环境（Environment），其中人、材料、机械、方法的英文第一个字母都是 M，而环境的英文第一个字母是 E；因此，影响质量的这五个方面的因素常简称为 4M1E 因素。

1. 人的因素

人是工程项目建设的实施者。工程项目建设的全过程，如项目的规划、决策、勘测、设计和施工，都是通过人来实现的。人的素质，即人的思想水平、文化水平、技术水平、管理能力、身体素质等，都将直接和间接地对工程项目勘测、设计和施工的质量产生影响；而规划是否合理，决策是否正确，设计是否符合所需要的功能和使用价值；施工是否满足合同、规范、技术标准的要求等，都将对工程项目的质量产生不同程度的影响。所以人的因素是影响工程项目质量的一个重要因素。

2. 材料因素

一个工程项目要使用大量的材料，如原材料、成品、半成品、构配件等，而工程项目的实体则是由这些材料组成的。因此，这些材料质量的好坏，将直接影响到工程项目的质量。

3. 机械因素

施工机械是工程项目施工中必不可少的设备，是工程项目施工的基础。施工机械的类型是否符合项目施工的特点，性能是否先进和稳定，操作是否方便等，都将会影响到工程项目的质量。

4. 方法因素

方法主要是指施工方法和施工技术，如施工方案、施工工艺和操作技能等。在工程项目施工中，施工方案是否合理，施工工艺是否先进，施工操作是否正确，都将对工程项目的质量产生重大影响。

5. 环境因素

影响工程项目质量的环境因素很多，概括起来可分为三类，即工程技术环境，如地形、地质、水文、气象、勘测、规划、设计、施工等；工程管理环境，如质量保证体系、管理措施、管理制度等；劳动环境，如劳动组合、劳动工具、工作面等。环境因素是多变的，不同的工程项目有不同的工程技术环境、工程管理环境和劳动环境。而且同一个工程项目，在不同时间，环境因素也是变化的，如一天之内的气象条件，温度、湿度、风雨等都是变化的，而这些变化都会对工程项目的质量产生影响。

五、质量特性的重要性等级

无论是工业产品还是工程产品，其不同的质量特性对产品的适用性、安全性、耐久性、维修性及返修可能造成的经济损失是不相同的，有的质量特性对产品适用性、安全性和耐久性的影响很大，有的质量特性对产品的上述性能的影响就小一些；有的质量特性的变异可能造成较大的经济损失，有的造成的经济损失就小一些。所以，在工程项目质量控制中，有必要对工程项目的质量特性按其对产品的适用性、安全性、耐久性、维修性，规范标准中对其要求的宽严程度，以及可能造成的经济损失程度等的影响和作用，分成几个不同重要性的等级。明确不同质量特性的重要程度，对那些影响大的质量特性要重点进行检测和控制，防止人力、物力的分散，以便能以较少的投入取得较佳的质量及较好的经济效果。

质量特性的重要性等级可分为四级，即 A 级（关键的）、B 级（重要的）、C 级（较重要的）及 D 级（次要的），如表 1-1 所示。

质量特性的重要性等级 表 1-1

质量特性的重要性等级	评定因素					
	对适用性的影响	对安全性的影响	对耐久性的影响	对维修性的影响	国家法规及标准对其要求的宽严程度	返修可能造成的经济损失
A 级（关键的）	严重影响使用功能，或必然造成使用故障	容易造成安全事故或人身伤害事故	对耐久性有严重影响或要经常进行检修	不能返修或返修很困难	较严格（规范或标准中用词为"必须"或"严禁"的项目）	损失严重
B 级（重要的）	影响使用功能或很可能产生使用故障	有可能造成安全事故或人身伤害事故	对耐久性有影响或短期使用即需返修和加固	返修困难	较严格（规范或标准中用词为"应"或"不应"的项目）	损失较大
C 级（较重要的）	对使用功能有一定影响，用户使用感觉不便或使用一段时间就会发生故障	除特殊情况外一般不大可能造成安全事故或人身伤害事故	对耐久性稍有影响	返修有一定困难	不够严格（规范或标准中用词为"宜"或"不宜"的项目）	有一定损失

续表

质量特性的重要性等级	评定因素					
	对适用性的影响	对安全性的影响	对耐久性的影响	对维修性的影响	国家法规及标准对其要求的宽严程度	返修可能造成的经济损失
D级（次要的）	不会影响使用功能，可能仅影响外形、美观等要求	不会造成安全事故或人身伤害事故	对耐久性基本无影响	返修容易	有一定放宽程度（规范或标准中用词为"应尽量"、"可"的项目）	损失较小

第二节　工程项目质量控制

一、质量控制的概念

根据 GB/T 19000（2008）—ISO 9000（2005）标准，质量控制是质量管理的一部分，致力于满足质量要求。所以，质量控制就是为了保证产品的质量满足合同、规范、标准和顾客的期望所采取的一系列监督检查的措施、方法和手段。

二、工程项目的建设过程

工程项目由于建设规模大，投入多，工期长，技术复杂，牵涉的内外关系（协作单位）多，所以工程项目的建设必须分阶段、分步骤逐步来完成。各阶段、各项工作必须按顺序依次进行，相互之间的顺序关系不可违反，否则将会给工程项目的建设造成不必要的损失。

工程项目的建设程序依次是：首先根据地区经济发展的需要，结合国家国民经济的长远规划和资源条件，提出建设项目建议书；项目建议书经批准后，则可进行项目的可行性研究，提出可行性研究报告；通过项目评估和工程项目立项后，则可进行建设场址的选择，并编制项目的设计任务书；项目的设计任务书审批后，即可进行项目的初步设计，提出初步设计文件和图纸；初步设计审批后，即可进行项目的技术设计；技术设计审批后，可进行施工图设计；施工图完成并经审批后，可提出开工报告；开工报告批准后，即可进行工程项目的施工；施工完成通过试运行和竣工验收后，工程项目即可投入正式使用和运行。

工程项目的建设过程和程序如图1-4所示。

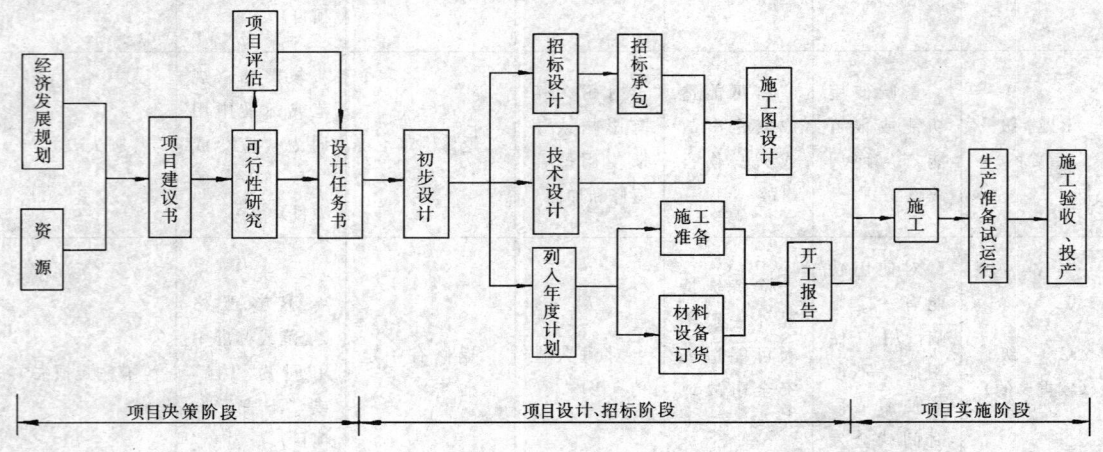

图1-4　工程项目的建设程序

工程项目的建设过程是工程项目质量形成的过程，因此对工程项目质量的控制，应该按照工程项目的建设程序依次对建设过程中各阶段的质量进行控制。

在建设单位委托的情况下，工程项目可实行全过程监理，即从项目的可行性研究开始，直到项目的竣工验收。但目前大部分工程项目的监理，还主要局限在工程项目的施工阶段。

三、工程项目的质量控制

在工程项目的建设过程中，对工程项目的质量控制包括三方面，即政府的质量控制、施工单位的质量控制和社会监理单位的质量控制。

政府对工程项目的质量控制，主要侧重于宏观的社会效益，贯穿于建设的全过程，其作用是强制性的，其目的是保证工程项目的建设符合社会公共利益，保证国家的有关法规、标准及规范的执行。政府对工程项目的质量控制，在决策阶段，主要是审批项目的建议书和可行性研究报告，以及项目的用地和场址的选择等；在设计阶段，主要是审核设计文件和图纸；在施工阶段政府对建设工程的质量控制主要是通过由政府认可的第三方——质量监督机构，依据法律、法规和工程建设强制性标准对工程的质量实施监督管理，主要监督的内容是地基基础、主体结构、环境质量和与此相关的工程建设各方主体的质量行为，主要手段是施工许可制度和竣工验收备案制度。

建设工程质量监督机构是经省级以上建设行政主管部门或有关专业部门考核认定的独立法人。建设工程质量监督机构接受县级以上地方政府建设行政主管部门或有关专业部门的委托，依法对建设工程质量进行强制性监督，并对委托部门负责。

建设工程质量监督机构的主要任务是：

（1）根据政府主管部门的委托，受理建设工程项目的质量监督。

（2）制定质量监督方案。确定负责该项工程的质量监督工程师和助理质量监督工程师。根据有关法律、法规和工程建设强制性标准，针对工程特点，明确监督的具体内容、监督方式。在方案中对地基基础、主体结构和其他涉及结构安全的重要部位和关键工序，作出实施监督的详细计划安排。建设工程质量监督机构应将质量监督工作方案通知建设、勘察、设计、施工、监理单位。

（3）检查施工现场工程建设各方主体的质量行为。核查施工现场工程建设各方主体及有关人员的资质和资格；检查勘察、设计、施工、监理单位的质量管理体系和质量责任制落实情况；检查有关质量文件、技术资料是否齐全并符合规定。

（4）检查建设工程的实体质量。按照质量监督工作方案，对建设工程地基基础、主体结构和其他涉及结构安全的关键部位进行现场实地抽查，对用于工程的主要建筑材料、构配件的质量进行抽查，对地基基础分部、主体结构分部工程和其他涉及结构安全的分部工程的质量验收进行监督。

（5）监督工程竣工验收。监督建设单位组织的工程竣工验收的组织形式、验收程序以及在验收过程中提供的有关资料和形成的质量评定文件是否符合有关规定，实体质量是否存在严重缺陷，工程质量的检验评定是否符合国家验收标准。

（6）报送工程质量监督报告。工程竣工验收后 5 日内，应向委托部门报送建设工程质量监督报告，内容包括对地基基础主体结构质量检查的结论，工程竣工验收的程序、内容和质量检验评定是否符合有关规定，以及历次抽查该工程发现的质量问题及处理情况等。

（7）对预制的建筑构件和商品混凝土质量进行监督。

（8）政府主管部门委托的工程质量监督管理的其他工作。

施工单位对工程项目的质量控制是受工程承包合同制约的，施工单位必须按合同要求完成工程项目，提交建设单位所需要的工程产品。为此，施工单位在施工过程中要建立和健全质量管理体系，并使之行之有效，以保证产品的质量。

虽然施工单位的职责行为已由承包合同所界定，但是也不能排除施工单位在追求自身利益的情况下，忽视了工程项目的质量。为了使工程项目能达到要求的质量标准和使用功能，在施工过程中建设单位还必须对工程项目的质量进行监督和检查。但由于现代工程的复杂性，建设单位依靠自身的力量往往无法对工程项目进行监督与管理，必须委托内行的专业监理机构，即社会监理机构，代表建设单位对工程项目的质量进行监督和控制。所以监理单位的任务就是对施工单位的工程质量进行监督认证，以满足建设单位所提出的质量要求，这对施工单位来讲是具有制约性的。

由此可见，在工程项目实施过程中，质量监督机构的质量控制、施工单位管理部门的质量控制和工程监理单位的质量控制是相互关联的，但三者又均是不可缺少的。

在工程项目施工阶段，施工单位、监理单位和质量监督机构对工程项目质量控制的相互关系和工作流程，如图1-5（a）、（b）、（c）所示。

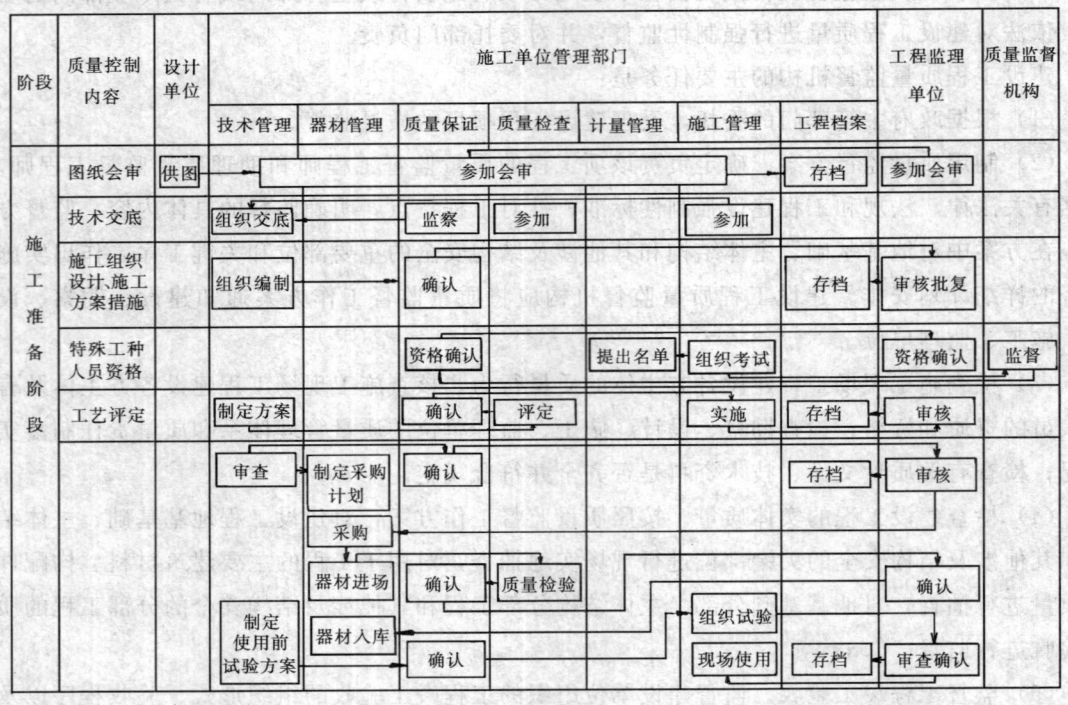

(a)

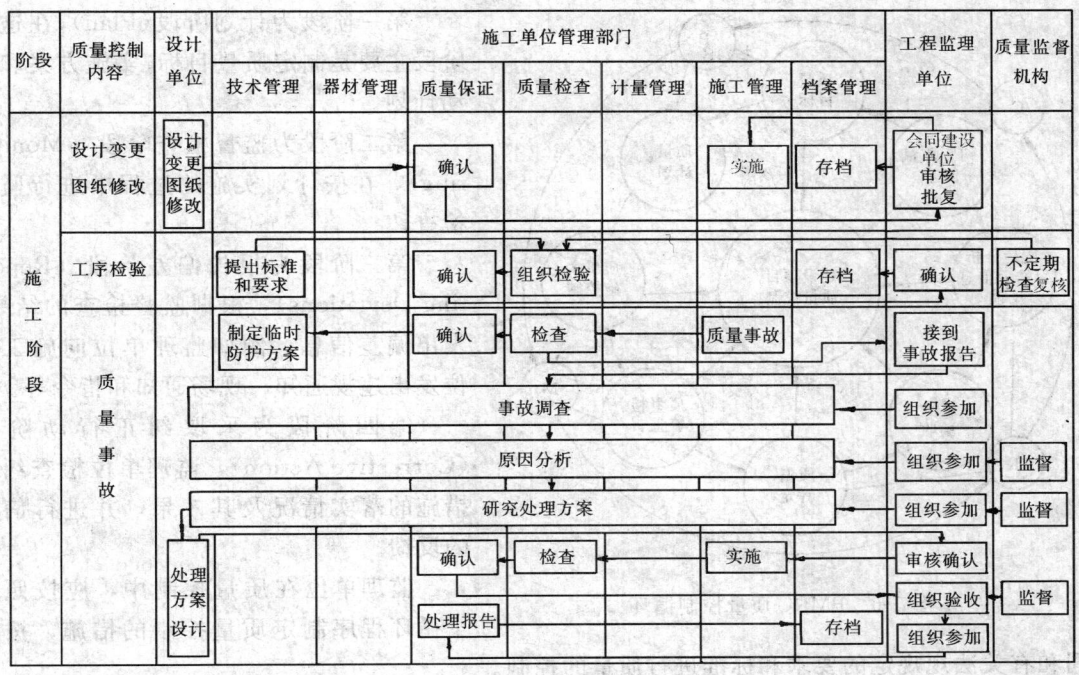

(b)

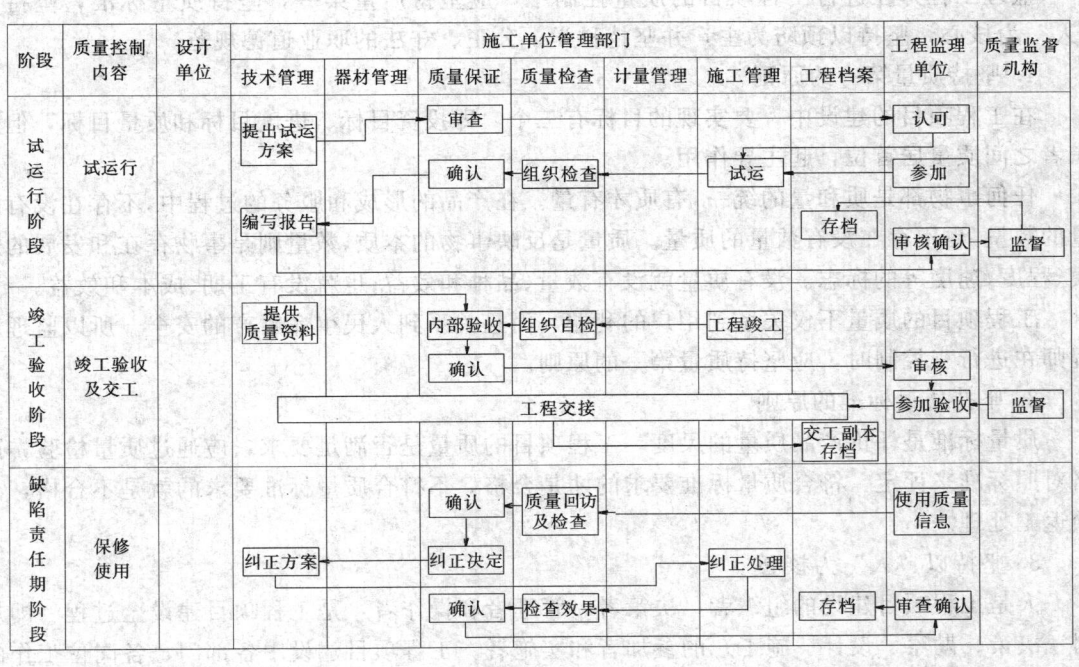

(c)

图 1-5 施工单位、监理单位和质量监督机构在质量控制中的相互关系

四、工程项目质量控制的基本程序

工程项目的质量控制应按科学的程序运转,质量控制运转的基本程序是采用 PMRC 循环。PMRC 循环如图 1-6 所示,共分为四个阶段。

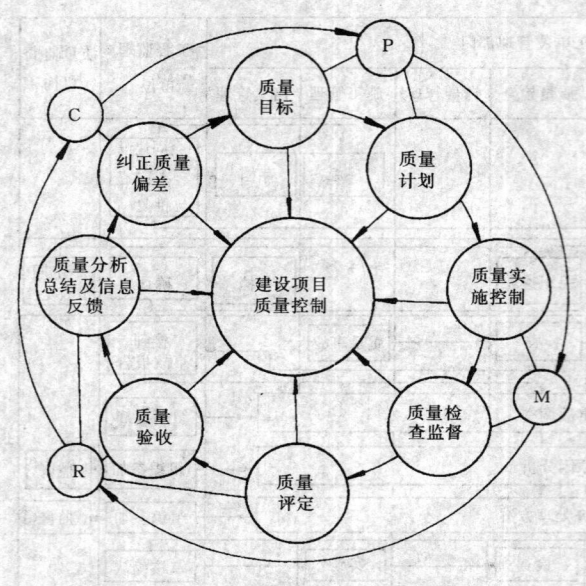

图 1-6 PMRC 质量控制循环

第一阶段为计划阶段（Plan），在这一阶段主要是制定质量目标、实施方案和活动计划。

第二阶段为监督检查阶段（Monitoring），在按计划实施的过程中进行监督检查。

第三阶段为报告偏差阶段（Reporting Deviations），根据监督检查的结果，发出偏差信息。例如监理单位向施工单位发出违规通知、现场通知和指令等。

第四阶段为采取纠正行动阶段（Corrective Action），监理单位检查纠正措施的落实情况及其效果，并进行信息的反馈。

监理单位在质量控制中，应按照这个循环程序制定质量控制的措施，按合同和有关法规规定的要求和标准进行质量的控制。

五、工程项目质量控制的原则

监理工程师在进行工程项目的质量控制中，应坚持质量第一，坚持质量标准，坚持以"人"为核心，坚持以预防为主，并坚持科学、公正、守法的职业道德规范。

1. 坚持质量第一的原则

在工程项目的建设中，要实现的目标有三个，即投资目标、进度目标和质量目标，但是三者之间质量居首位，起主导作用。

任何事物都是质和量的统一，有质才有量。在产品的形成和服务的过程中，不存在没有质量的数量，也不存在没有数量的质量。质量是反映事物的本质，数量则是事物存在和发展的规模、程度、速度等的标志。没有质量就没有数量、品种和效益；也就没有工期、成本和效益。

工程项目的质量不仅关系到用户的利益，而且关系到人民生命财产的安全。所以监理工程师在进行三控制时，应坚持质量第一的原则。

2. 坚持质量标准的原则

质量标准是评价产品质量的尺度，工程项目的质量是否满足要求，应通过质量检验，严格对照标准来评定，符合质量标准要求的才是合格，不符合质量标准要求的就是不合格，必须返工处理。

3. 坚持以"人"为核心

人是工程项目建设的组织者、决策者、管理者和操作者，是工程项目建设全过程（即规划、决策、勘察、设计、施工）的参加者和实施者。工程项目建设中各部门、各岗位工作的水平和完善程度，都直接和间接地影响到工程项目的质量。所以在工程项目的质量控制中，要以"人"为核心，要重点控制人的素质和人的行为，提高人的质量意识，防止工作失误，充分发挥人的积极性和创造性，以提高人的工作质量来保证工程项目的质量。

4. 坚持以预防为主

工程项目的质量控制，应该是积极主动的，而不能是消极被动的；等到出现质量问题后再进行处理，就会造成不必要的损失。此外工程项目的终检也是有局限性的，所以应该变事后控制为事前控制和事中控制，以预防为主，加强工序质量和中间产品的质量控制。

5. 坚持科学、公正、守法的职业道德规范

在工程项目的质量控制中，必须坚持科学、公正、守法的职业道德规范，尊重科学，尊重事实，以数据为依据，客观、公正地处理质量问题。坚持原则，遵守法纪，公正廉明，这是监理人员在实施质量控制时的准则。

六、工程项目质量责任

在工程项目建设中，参与工程项目建设的各方，要根据国家有关的法规、规定、协议、合同等文件承担相应的质量责任。

1. 建设单位

建设单位要根据工程项目的特点和技术要求，按有关规定选择相应资格（资质）等级的勘测设计单位和施工单位，签订承包合同，其中应有相应的质量条款，并明确质量责任。建设单位应对其所选择的设计、施工单位发生的质量问题承担相应的责任。

在工程项目开工前，建设单位应办理有关工程质量监督手续，组织设计单位和施工单位进行设计交底和图纸会审；在工程项目施工过程中，应按有关法规、技术标准和合同的规定和要求，对工程质量进行检查；工程项目竣工后应及时组织有关部门进行竣工验收。建设单位按合同规定供应的设备等产品的质量，应符合有关法律、法规和技术标准的要求，对发生的质量问题，应承担相应的责任。

房地产开发公司应建立健全质量管理体系，对所开发的工程加强质量管理，其质量应符合国家现行的有关法律、法规、技术标准和设计文件的要求，对出售的房屋应提供有关使用、保养和维修的说明，对在规定的保修期内出现的质量问题，应负责组织保修。

2. 勘测设计单位

勘测设计单位所承担的勘测设计任务应符合其资格（资质）等级，不能承接超越其资格等级业务范围以外的任务。应建立健全质量管理体系，加强设计过程的质量控制，按国家现行的有关法律、法规、工程设计技术标准和合同的规定进行勘测设计工作，健全设计文件的审核会签制度，并对所编制的勘测设计文件的质量负责。设计文件应当符合国家规定的设计深度要求，注明工程合理使用年限。设计单位应当参与建设工程质量事故分析，并对因设计造成的质量事故，提出相应的技术处理方案。

3. 施工单位

施工单位应按其资格（资质）等级承担相应的工程任务，不能承接超越其资格等级业务范围以外的任务，并对所承包的工程项目的施工质量负责。施工单位要建立健全质量管理体系，落实质量责任制，加强施工现场的质量管理，对竣工交付使用的工程实行质量回访和保修，并提供有关使用、维护和保养的说明。

对于实行施工总包的工程，施工总包单位应对工程质量或采购设备的质量和竣工交付使用的工程项目的保修工作负责。实行分包的工程，分包单位要对其分包的工程质量和竣工交付使用的工程的保修工作负责。施工总承包单位与分包单位对分包工程的质量承担连带责任。

所完成的工程项目的质量应符合现行的有关法律、法规、技术标准、设计文件、图纸和合同规定的要求，具有完整的工程技术档案和竣工图纸。

4. 建筑材料、构配件生产和设备供应单位

建筑材料、构配件生产和设备供应单位必须具备相应的生产条件、技术装备和质量管理

体系，对其生产或供应的产品质量负责。所生产或供应的建筑材料、构配件及设备的质量应符合国家和行业现行的技术规定的合格标准和设计要求，并与其包装和说明书上的质量标准符合，同时符合实物样品的质量状况，而且应有相应的产品质量检验合格证，设备应有详细的使用说明，电气设备还应附有线路图。

5. 工程建设监理单位

工程建设监理单位应按其资格等级和批准的监理业务范围承接监理业务，并与建设单位签订监理合同，明确监理单位的权利和责任。监理单位应编制所监理工程的监理规划，并按工程建设进度，分专业编制工程项目的监理细则，按规定的作业程序和形式进行监理。按照监理合同的约定，根据国家现行的法律、法规、技术标准，对工程项目的质量进行监督检查。对工程项目设计中不符合质量标准和合同要求的，应要求设计单位更正；对于工程项目施工中不符合设计、施工技术标准和合同要求，或可能产生工程质量隐患的，应要求施工单位改正。工程项目中所采用的建筑材料、构配件和设备均应经监理人员签证后才能使用，对上述不合格的产品，应要求施工单位停止使用。

监理单位应对其监理的工程项目质量严格检查把关，对于把关不严、明显失职、决策和指挥失误、违法乱纪等原因造成的质量问题承担监理责任，并对施工质量承担监理责任。

第三节 工程项目监理机构和监理人员

一、工程项目监理机构

项目监理机构是监理单位为履行委托监理合同，实施工程项目的监理工作而按合同设立的项目临时组织机构。项目监理机构在完成项目委托监理合同约定的监理工作后即可撤销。

1. 项目监理机构的组织形式

项目监理机构的组织形式和规模，应根据委托监理合同规定的服务内容、服务期限、工程类别、工程规模、技术复杂程度、工程环境等情况综合考虑。对于一般工业和民用建筑工程，项目监理机构的组织形式通常采用直线式、职能式、直线—职能式和矩阵式等几种形式；对于水利水电工程，项目监理机构的组织形式则常采用综合管理模式和分项管理模式。

2. 项目监理机构的职权

监理单位对监理的工程项目应承担的义务、职责和权利，由业主与监理单位签订的建设监理合同确定。通常，业主按照监理合同并通过工程建设合同文件，授予监理机构以下基本权限：

(1) 选择工程施工和供货单位的建议权；

(2) 设计文件核查权；

(3) 工程承建合同文件的解释权；

(4) 对设计和工程承建单位选择的分包单位资质的审查权、确认权和否决权；

(5) 就工程建设中有关事项向业主提出优化建议权；

(6) 工程施工措施、计划和技术方案的审批权；

(7) 工程项目承建各方现场协调的主持权；

(8) 按合同规定发布开工令、停工令、返工令和复工令；

（9）工程中使用的材料、设备和施工质量的检验权、质量的确认权和否决权；
（10）工程施工进度的检查、监督权，以及合同工期的签认权；
（11）工程变更的审查权、指令权和临时处理权；
（12）安全生产与施工环境保护监督权；
（13）合同支付计量权，合同支付与合同索赔的审查权和签证权；
（14）合同争端调解权；
（15）合同项目移交与完工签证权；
（16）承建单位项目或部门机构负责人撤换的建议权。

二、项目监理人员

项目监理机构应根据工作需要配备相应的监理人员，监理人员的数量和专业应根据监理的任务、内容、期限、专业类别以及工程的类别、规模、技术复杂程度、工程环境等因素综合考虑，并应符合委托监理合同中对监理深度的要求，能体现监理机构的整体素质，满足监理目标控制的要求。监理人员的数量和专业配备可随工程施工进展情况作相应的调整，从而满足不同阶段监理工作的需要。

通常，项目监理机构中配备的监理人员应包括总监理工程师、专业监理工程师和监理员，必要时可配备总监理工程师代表。

监理工程师是指经过考试，取得国务院建设行政主管部门与人事行政主管部门共同颁发的监理工程师执业资格证书，并经监理工程师注册机关注册，从事建设工程监理工作的人员。

总监理工程师是由监理单位法定代表人任命，并书面授权，按合同项目设立的行政职务。在项目监理机构中，总监理工程师对外代表监理单位，对内负责项目监理机构日常工作。总监理工程师应由具有三年以上同类工程监理工作经验的人员担任。

总监理工程师代表由总监理工程师任命并授权，行使总监理工程师授予的权力，从事总监理工程师指定的工作。总监理工程师代表应由具有两年以上同类工程总监工作经验的人员担任。

专业监理工程师是项目监理机构中的一种岗位设置，可按工程项目的专业设置，也可按部门或某一方面的业务设置，如合同管理、进度管理、造价控制、材料管理、工程地质等。当工程项目规模大，在某些专业或某一方面业务宜设置几名专业监理工程师。总监理工程师在他们中应指定负责人，但均称为专业监理工程师。专业监理工程应由具有一年以上同类工程监理工作经验的人员担任，但对从事项目中特殊行业（如爆破工程）监理工作的专业监理工程师还应符合国家有关对专业人员资格的规定。

监理员属于工程技术人员，不同于项目监理机构中的其他行政辅助人员。项目监理机构的监理人员应专业配套，数量满足工程项目监理工作的需要。

三、监理单位与建设单位（业主）、施工单位、设计单位的关系

1. 监理单位与建设单位（业主）的关系

监理单位受建设单位（业主）的委托承担工程项目建设监理，建设单位与监理单位是合同委托与被委托的关系，监理单位应本着对建设单位负责、为建设单位服务、为工程建设服务的精神，切实履行合同规定的义务和责任。

2. 监理单位与施工单位的关系

监理单位（机构）受建设单位委托依据工程承建合同文件规定，对工程项目实施监理，

与施工单位是监理与被监理的关系。监理机构应有监督施工单位履行承建合同规定的义务和责任，并公正地维护施工单位的合法权益。

3. 监理单位与设计单位的关系

监理单位与设计单位是协作、配合的关系，监理单位贯彻设计意图，核发施工设计文件并对设计提出优化建议，按照建设单位与设计单位签订的设计合同文件，在建设单位授权的范围内，协调处理工程建设过程中有关设计事宜，设计单位驻工地代表应参加在工地由监理单位主持召开的设计交底会及协调、专题会议，及时配合监理单位按合同规定处理工程变更和索赔事宜，设计单位不得向施工单位直接发出指示。

第二章　GB/T 19000—ISO 9000 系列标准简介

第一节　概　　述

一、标准的基本概念

标准是人们从事各种活动的基本准则，它是依据近代的科学技术和实践经验对经济、技术和管理等方面重复性活动和概念以特定的程序和形式颁布的统一规定。

二、标准的分类

标准可按其内容、性质、等级（适用范围）和使用方式来进行分类。

（一）按标准的内容

在人们的生产活动中，有各式各样的标准，基本上可分为两类，即技术标准和管理标准。

1. 技术标准

技术标准是对产品的规格、品种、性能、生产工艺、检验等方面所作的，在一定时间和范围内具有约束力的技术性法规，通常可分为：

（1）产品质量标准。主要包含产品的形式、规格尺寸、外观、功能、技术性能及有关指标等。

（2）工艺标准。主要包含产品的生产工艺、操作方法，如操作规程、施工规范、试验规范等。

（3）基础标准。主要包含技术术语、符号、图识、制图标准、测量标准等。

（4）设计标准。

（5）施工标准。

（6）操作标准。

（7）安全标准。

（8）环保标准。

（9）卫生标准。

2. 管理标准

管理标准也称为工作标准，它是企业或部门在所开展的各项生产经营活动中，对企业或部门参与该项活动的管理人员所作的必须共同遵守的活动准则。例如：

（1）技术管理标准；

（2）生产管理标准；

（3）经营管理标准；

（4）组织管理标准；

（5）工作管理标准。

（二）按标准的性质

按标准的性质，标准可分为强制性标准和推荐性标准两类。

1. 强制性标准

强制执行的标准属强制性标准，如国家的法律、法规等。

2. 推荐性标准

国家鼓励企业、部门和单位自愿使用的标准，属推荐性标准。

强制性标准是一种必须执行的标准，而推荐性标准是一种自愿采用的非强制性的标准，可以执行，也可以不执行，也可以部分执行或有条件地执行。但一旦推荐性标准被有关法律、法规、合同所引用，则该推荐性标准即在一定程度上转变为强制性标准。

（三）按标准的适用范围

按标准的适用范围，标准可分为国际标准、国家标准、地方标准、行业标准和企业标准五类。

1. 国际标准

国际标准是国际标准化组织（ISO）制定的标准，是国际通用的标准，它使各国人民在某项活动中有一个共同的规定。

2. 国家标准

国家标准是由国家制定的，适用于全国范围内的标准，通常以代号 GB 表示。

3. 行业标准

行业标准是各专业部门制定的，适用于全行业（各专业）范围内的标准，通常以专业性较强的技术标准为主。

4. 地方标准

地方标准是各省、自治区、直辖市标准化主管部门统一制定，经审批后发布的省、自治区、直辖市范围内的标准，通常以代号 DB 表示。这类标准多属于无国家标准和行业标准，但又必须有统一要求的情况下所制定的标准。

5. 企业标准

企业标准是各企业制定的适用于各企业内部的标准，通常以代号 Q 表示。企业标准大多属于技术性标准或管理标准。

（四）按标准的使用方式

根据国际标准化组织的规定，国际标准的使用可分为参照采用、等效采用和等同采用三类。

参照采用是指对标准的技术内容根据本国实际情况作某些修改，但在性能和质量水平上与所采用的国际标准相当，在通用互换、安全和卫生等方面与国际标准协调一致。

等效采用是指在技术内容上根据本国的实际情况作某些较小的改动，在标准的编写上与所采用的国际标准完全相同。

我国在 1988 年发布的 GB/T 10300 标准，就是等效采用 ISO 9000 标准。

等同采用是指在技术内容上不作任何改动，与所采用的国际标准完全相同，或只稍微做编辑性修改。

我国在 1992 年 7 月发布的国家标准 GB/T 19000 就是等同采用了 ISO 9000 标准。

三、实施 GB/T 19000（2008）—ISO 9000（2005）系列标准的意义

（1）有利于提高企业的质量管理水平，降低产品的成本。

(2) 根据 GB/T 19000（2008）—ISO 9000（2005）系列标准建立质量管理体系，是评价企业质量保证能力的重要依据。

(3) 有利于提高产品的质量，保证消费者的利益。

(4) 有利于提高企业的信誉，取得用户的信任。

(5) 有利于提高企业的竞争能力，在市场竞争中立于不败之地。

(6) 有利于企业进入国际市场。

四、ISO 9000 系列标准的使用情况

随着经济的发展和科学技术的进步，产品的品种在不断地增多，产品的构造日益复杂。在产品的生产中，新材料、新结构、新技术、新工艺的不断采用，使产品的质量在满足规定的质量标准和用户的需要方面的难度也愈来愈大。为此，必须对影响产品质量形成的各种因素，如资源、技术和管理环境等进行全面的和全过程的控制，使这些因素始终处于控制状态，以保证产品质量的长期稳定，符合用户的要求和获得用户的信任。

ISO 9000 系列标准是国际标准化组织总结了世界各国在质量管理方面成功经验的基础上制定的。它反映了世界各主要发达国家技术经济和管理能力的水平，使世界各国之间对产品质量及其形成有一个统一的规定和统一的标准。所以 ISO 9000 系列标准发布后就受到世界许多国家的认同和采用，目前采用 ISO 9000 系列标准的国家和地区已达到 70 多个，其中包括所有发达国家和一部分发展中国家，如非洲的突尼斯、津巴布韦；南美洲的巴西、阿根廷、智利、哥伦比亚；东欧的波兰、罗马尼亚、匈牙利、捷克、斯洛伐克、前苏联；亚洲的马来西亚、新加坡、日本、巴基斯坦、沙特阿拉伯、中国等。

目前使用 ISO 9000 系列标准的企业，主要以制造业为主，并在商业、服务业、旅游业、研究性服务、农产品、环境保护等行业得到了迅速推广。在建筑业方面，美、英等国家首先开始采用 ISO 9000 系列标准建立质量体系，规范工程项目的施工，目前世界上已有许多国家采用和积极推行 ISO 9000 系列标准。

我国香港地区自 1990 年开始在建筑业内推行 ISO 9000 系列标准，到 1993 年 10 月，已有 38 家建筑企业通过 ISO 9000 系列标准的质量体系认证。

我国于 1988 年年底等效采用了 ISO 9000 系列标准作为国家标准，其编号为 GB/T 10300，经过一个阶段的试用，又于 1992 年 10 月等同采用了 ISO 9000 系列标准，编号为 GB/T 19000。

我国自 1992 年全面采用 ISO 9000 系列标准后，首先在机电、纺织、电子等行业中推行，到 1994 年 1 月，全国已有 13 家企业通过了 ISO 9000 系列标准的质量体系认证，目前已有许多企业通过了认证。

1994 年 4 月建设部在上海召开了贯彻国家标准 GB/T 19000—ISO 9000 的动员大会，并开始在全国 14 家建筑企业中进行试点。随后各省市也陆续在所管辖的建筑企业中进行试点。这些措施大大加速了全国建筑行业推行 GB/T 19000—ISO 9000 系列标准，目前全国建筑企业已全面按照 GB/T 19000—ISO 9000 系列标准建立了质量体系，并且取得了认证。

五、GB/T 19000（2008）—ISO 9000（2005）系列标准的特点

GB/T 19000（2008）—ISO 9000（2005）系列标准具有下列特点：

1. GB/T 19000（2008）—ISO 9000（2005）系列标准是一套推荐性标准

国标编号中的 T 就是"推荐"一词汉语拼音的第一个字母，并非强制性标准，企业可以根据企业自身的条件和需要来选择使用。

2. GB/T 19000（2008）—ISO 9000（2005）系列标准是提供指导

GB/T 19000（2008）—ISO 9000（2005）系列标准的目的并非是使质量管理工作标准化，而是对质量管理提供指导，企业应根据自身规模和特点，参照标准提出的原理、规律和程序开展质量管理，而不是死搬硬套。

3. GB/T 19000（2008）—ISO 9000（2005）系列标准具有通用性

GB/T 19000（2008）—ISO 9000（2005）系列标准具有通用性，适用于不同体制、不同行业的企业开展质量管理工作。

4. GB/T 19000（2008）—ISO 9000（2005）系列标准具有灵活性

企业的各方面条件，如市场条件、产品状况、企业素质、管理机制、消费者的需要等是各不相同的，企业应根据环境的特点和主客观因素，对照标准规定的要素，进行分解和组合，构成企业自身最佳状态的质量体系。图 2-1 所示为质量管理体系标准所包含的质量体系要素和层次。

六、GB/T 19000（2008）—ISO 9000（2005）系列标准的使用情况

GB/T 19000（2008）—ISO 9000（2005）系列标准可使用于下列四种情况：

1. 内部质量管理

一个组织为了完善组织内部的质量管理，以实现其质量方针和目标，需要建立质量体系，此时可根据 GB/T 19000（2008）—ISO 9000（2005）系列标准中所列出的产品寿命周期内与质量活动有关的质量体系要素，选择其中适合需要的要素建立质量管理体系，使影响产品质量的各种因素处于受控状态，以保证该组织质量方针和目标的实现。

2. 合同情况

在合同情况下，当顾客要求供方长期、稳定地提供满足要求的合格产品，并提出质量保证要求时，供方可选择使用 GB/T 19000（2008）—ISO 9000（2005）系列标准建立质量管理体系，作为供方质量保证能力的证明，以满足外部质量保证的需要。

3. 第二方认定或注册

当顾客（第二方）为了选择合格的供方，或供方为了选择合格的分供方时，供方（或分供方）应根据 GB/T 19000（2008）—ISO 9000（2005）系列标准中的合适标准建立质量管理体系，经顾客认定供方合格，或者经供方进行评价，认定分供方合格，并予以注册，然后在注册名录中选择符合需要的分供方。

4. 第三方认定或注册

当一个组织的质量体系申请认证机构（第三方）认证时，认证机构将对该组织的质量体系进行认证，并且在认定符合规定要求的情况下，予以注册。同时在认证有效期内，认证机构还将对该组织的质量体系进行定期或不定期的审核，以确保质量体系的有效性。

经第三方认证的结果，可代替第二方的认定，并可作为向顾客提供信任的证明。

七、建筑施工企业的质量体系要素

建筑施工企业的生产活动主要是在合同环境下进行工程项目的建筑施工和设备安装，所以应结合企业的特点、工程项目的特点和建设单位的要求，参照 GB/T 19001—ISO 9001标准所确定的质量体系要素来选定。主要是根据工程项目所要求达到的质量目标和工程施工实际来选定、增删和调整基本过程要素。图 2-2 为某建筑施工企业的质量体系要素图，可供参考。

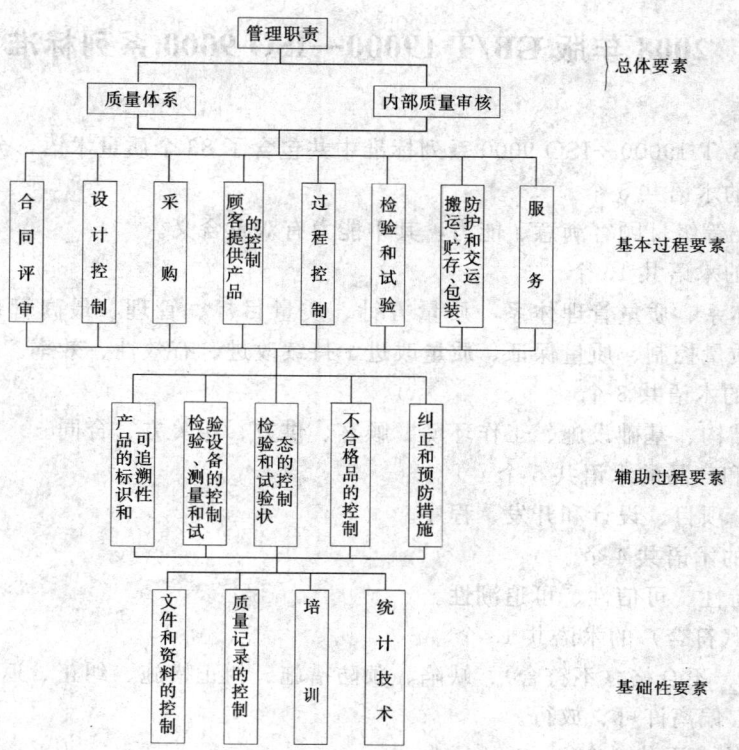

图 2-1　GB/T 19001（2008）—ISO 9001（2005）质量管理体系标准所包含的
质量体系要素及层次

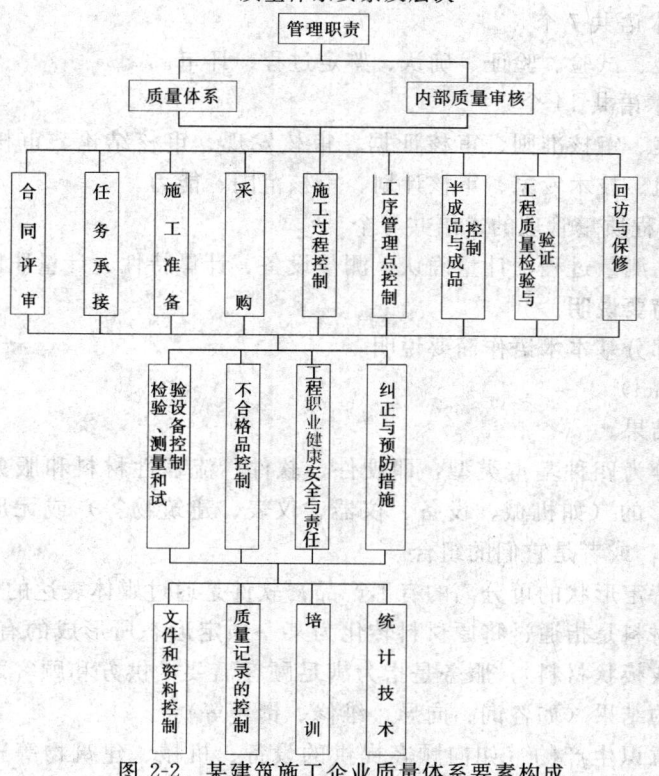

图 2-2　某建筑施工企业质量体系要素构成

第二节 2008年版 GB/T 19000—ISO 9000 系列标准简介

一、质量术语

2008年版 GB/T 19000—ISO 9000 系列标准中共包含了83个质量术语,分为10类。

1. 有关质量的术语共5个

质量、要求、等级、顾客满意、能力,其中能力有双重含义。

2. 有关管理的术语共15个

体系、管理体系、质量管理体系、质量方针、质量目标、管理、最高管理者、质量管理、质量策划、质量控制、质量保证、质量改进、持续改进、有效性、效率。

3. 有关组织的术语共8个

组织、组织结构、基础设施、工作环境、顾客、供方、相关方、合同。

4. 有关过程和产品的术语共5个

过程、产品、项目、设计和开发、程序。

5. 有关特性的术语共4个

特性、质量特性、可信性、可追溯性。

6. 有关合格(符合)的术语共13个

合格(符合)、不合格(不符合)、缺陷、预防措施、纠正措施、纠正、返工、降级、返修、报废、让步、偏离许可、放行。

7. 有关文件的术语共6个

信息、文件、规范、质量手册、质量计划、记录。

8. 有关检查的术语共7个

客观证据、检验、试验、验证、确认、鉴定过程、评审。

9. 有关审核的术语共14个

审核、审核方案、审核准则、审核证据、审核发现、审核结论、审核委托方、受审核方、审核员、审核组、技术专家、审核计划、审核范围、能力。

10. 有关测量过程质量管理的术语共6个

测量管理体系、测量过程、计量确认、测量设备、计量特性、计量职能。

二、基本术语简要说明

下面对其中一部分基本术语作简要说明。

1. 产品(Product)

产品是过程的结果。

产品一般可区分为四种基本类型,即硬件、软件、流程性材料和服务,以及它们的组合。产品可以是有形的(如机械、设备、仪器、仪表、建筑物等)或无形的(如信息、概念、程序、资料等),或者是它们的组合。

硬件是指具有特定形状的可分离的有形产品;软件是通过媒体表达的信息所组成的一种知识产物;流程性材料是指通过将原材料转化为某一预定形态所形成的有形产品(如液体,气体、粒状、线状或板状材料);服务是指为满足顾客需要,供方和顾客之间的接触活动以及内部活动所产生的结果(如咨询、向导、维修、销售等)。

产品可以是有意识生产的(如向顾客提供的设备、机械、建筑物等)或无意识生产的(如空气污染、加工废料、建筑垃圾等)。

2. 过程（Process）

过程是将输入转化为输出的相互关联或相互作用的一组活动。

过程既是某一阶段的输入又是某一阶段的输出，它是一组有计划的、有步骤的、特定的活动。过程可以分为直接过程和间接过程。直接过程是指对资源和活动有直接影响的，如工序质量、工作质量；间接过程是指对资源和活动有间接影响的，如教育、培训、成本分析等。所以过程是使人员、装置、设备、技术和方法通过输入（从输入到输出）使其发生变化、完善和提高。

过程有以下几个特点：①过程是人为设定的环节，通常是固定的模式，有其规律性；②过程是可以调节的，可根据需要进行变化，有一定灵活性；③过程是可以不断完善的，具有动态特点；④过程有其目的性，是有目的的活动；⑤过程是资源的再发展，有其相关性。所以，简单来说，过程是实现某一目的中的步骤或阶段，例如某一工程项目的建设包括项目建议、可行性研究、初步设计、技术设计、施工图设计、施工准备、工程施工、安装调试、投入运行等过程。

3. 程序（Procedure）

程序是为进行某项活动或过程所规定的途径。

程序是特定的、事先设计好的方法。程序可以形成文件，也可以不形成文件。当形成文件时，通常称为"书面程序"或"形成文件的程序"，含有程序的文件可称为"程序文件"。程序中应规定某项活动的目的，使用什么材料、设备和文件，活动的时间和范围，如何进行控制和记录，以及活动的要求等。通常，程序具有6个方面的内容，或者说具有5W1H，即包括Why（实施的目的）、Who（由谁来实施）、What（实施的内容）、Where（实施的地点）、When（实施的时间）和How（如何实施）。所以，程序就是为完成某项活动所规定的方法。

4. 质量方针（Quality Policy）

由组织最高管理者正式发布的关于质量方面的全部意图和方向。

质量方针是组织总方针的一个组成部分，由最高管理者批准。质量方针具有长期性和稳定性，是该组织在一段时间内质量的总的承诺。

质量方针的载体是组织，组织是指具有自身功能的、独立经营和管理的机构，可以是公司、社团、商行、企业、事业、机关、工厂，或者是其中的一部分。最高管理者是指组织中有决策权和指挥权的人。质量方针是组织所追求的质量方向。

质量方针应具有超前性，因为它反映了组织在一段时间内对质量的要求；质量方针应具有信任性，它应被全体职工接受，形成凝聚力和号召力，并得到顾客的理解和欢迎，取得顾客对企业的信任；质量方针应具有权威性，它由组织的最高管理者签署、发布和使之贯彻执行。

质量方针应简单明了，文字精练，通俗易懂，容易记住，避免空洞和形式化。同时质量方针又要能体现本组织的特点，有具体的内容，而且对内具有激励作用，对外具有吸引力。

由于质量方针是组织总的质量宗旨和质量方向的阐述，所以是比较笼统的。为了执行质量方针，还必须确立具体的实施目标，即质量目标。所以，质量目标是组织在一定时期内落实质量方针的具体要求，它应该是既先进又可行，便于实施、检查、评价和考核。

质量方针一经颁布，对组织的每个成员就具有强制性和约束力，全体成员必须理解、贯彻和执行。

5. 质量管理（Quality Management）

在质量方面指挥和控制组织的协调活动。

指挥和控制与质量有关的活动，通常包括质量方针和质量目标的建立、质量策划、质量控制、质量保证和质量改进，所以质量管理就是确定质量方针、目标和职责，并通过质量体系中的质量策划、质量控制、质量保证和质量改进来使其实现的所有管理职能的全部活动。

质量管理是一个组织总的管理工作（如质量管理、财务管理、安全管理等）中的一个重要组成部分，它包括战略策划、资源分配和其他有计划有系统的活动，所以实施质量管理要建立质量管理体系，并通过质量策划、质量控制、质量保证和质量改进等活动来发挥其职能。因此质量策划、质量控制、质量保证和质量改进四项活动可以说是质量管理的四大支柱。

质量管理是各级管理者的职责，也是最高管理者的职责，并由最高管理者来推动。但是质量管理的实施涉及组织的全体成员，只有组织的每一个成员都承担义务，参与有关的质量活动，才能实现所期望的质量。

质量管理明确了组织中各职能部门的职责范围，质量管理活动中应负的责任及最高管理者的核心作用。质量管理应反映出经济性，所以质量管理是要寻求适宜的质量区域，使质量、效益最佳，同时也使供方、需方和社会三方面的利益得到最佳满足。

6. 质量策划（Quality Planning）

质量策划是质量管理的一部分，致力于制定质量目标，并规定必要的运行过程和相关资源，以实现质量目标。

策划就是计划、设计，所以质量策划就是对质量和采用的质量管理体系要素进行选定，以确保目标和要求实现的一系列活动。

质量策划包括：

（1）产品或服务策划，它是一项确定质量目标和要求的活动，即其内容是对质量特性进行识别、分类和重要性评定，并确定质量目标、要求和约束条件，如产品规格、性能、等级及有关的特殊要求（如安全性、互换性）。

（2）管理和作业策划，它是一项确定质量管理体系要素的目标和要求的活动，为实施质量管理体系作准备，包括组织和进度安排，并为产品质量的实现配备必要的资源和管理支持。

（3）编制质量计划，并为质量改进做好准备。质量计划的内容包括：①应达到的质量目标和对所有特性的要求；②确定质量控制程序，并配备必要的资源；③确定采用的控制手段、相应的验证手段和方法。

7. 质量控制（Quality Control）

质量控制是质量管理的一部分，致力于满足质量要求。

质量控制的目的是为了达到质量要求。质量要求通常用转化为一组定性或定量的规范性质量特性来表达，以便于实施和检查。

质量控制的措施是作业技术和活动，其内容包括：

（1）确定控制对象，例如一道工序、设计过程、制造过程等。

（2）规定控制标准，即详细说明控制对象应达到的质量要求。

（3）制定具体的控制方法，例如工艺规程。

（4）明确所采用的检验方法，包括检验手段。

（5）实际进行检验。

（6）说明实际与标准之间的差异和原因。

(7) 为解决差异而采取的行动。

质量控制应贯穿于质量形成全过程的各个环节，它是对质量形成各阶段进行检查、评定，以便及时发现问题，找出原因，进行纠正。质量控制的实施可分为四个步骤，第一步是对影响产品质量的各种技术活动制订计划、实施程序和要求达到的标准；第二步是按制定的计划和规定的程序来实施；第三步是在实施的过程中及时进行检查、验证和评价，找出不符合计划和程序的偏差；第四步是对不符合计划和程序的偏差采取措施，进行纠正。

8. 质量保证（Quality Assurance）

质量保证是质量管理的一部分，致力于提供质量要求会得到满足的信任。

质量保证是通过提供信任，使顾客确信供方具有持续稳定地生产满足规定质量要求的产品的能力，为此必须建立质量管理体系，并开展有计划、有系统的活动，使质量管理体系有效运行。同时为了提供信任和证实，还要对供方（企业）的质量管理体系进行不断地审核和评价，当需方提出要求时供方可以提供包括质量手册、质量策划、质量记录和质量程序在内的质量管理体系文件，以作为供方能满足顾客所提出的质量要求（合同规定的质量要求）的证据。

质量保证总是在有两方的情况下进行的，由一方向另一方提供质量保证。随着两方具体对象的不同，质量保证又可分为内部质量保证和外部质量保证两种。内部质量保证是一个组织为使其管理者信任而开展的活动，而外部质量保证是一个组织为使需方信任而开展的活动。

质量保证和保证质量是两个完全不同的概念，质量保证的目的是一方向另一方取得信任和证实，而保证质量则是单纯地满足质量要求，是供方单方面的活动。

9. 质量改进（Quality Improvement）

质量改进是质量管理的一部分，致力于增强满足质量要求的能力。

为向本组织和顾客提供更多的收益，在整个组织内所采取的旨在提高活动和过程的效率的各种措施。

为了本组织向顾客提供更多的利益，为了顾客能获得价值高和质量满意的产品，组织应对活动和过程中出现的质量问题（不合格、缺陷和其他不良情况），采取各种预防和纠正的措施，加以处理和解决。通过提高活动和过程的效率，使质量达到新的水平。

质量改进是质量管理的一部分，它贯穿在活动和过程的自始至终，具有动态性质。

10. 质量管理体系（Quality Management System）

质量管理体系是在质量方面指挥和控制组织的管理体系。

管理体系是指建立方针和目标并实现这些目标的体系，而体系是相互关联或相互作用的一组过程和要素。

所以质量管理体系是指为实施质量管理所需的组织结构、程序、过程和资源。

建立质量管理体系的目的是为了进行质量管理。质量管理体系由组织结构、程序、过程和资源四部分有机地组成。

组织结构包括组织机构、职责、权限及相互关系。组织结构一般应包括以下几个方面的内容：

(1) 各级质量管理机构的设置；
(2) 各级机构的隶属关系；
(3) 各级机构的职责范围和权限；
(4) 各机构的工作衔接和相互关系；
(5) 企业各级质量管理工作网络图。

组织结构包括实现产品全过程的各级机构，如参加招投标的经营部门，供应材料、设备的材料部门，进行设计图纸会审和施工组织设计的技术部门（其中包括总工程师办公室、技术科、生产科、质量安全科、材料科等），此外还包括教育培训部门，信息、统计、考核等部门。

在纵向，质量机构应包括公司、分公司（工程处）、工程队、班组等各级。在横向，明确公司各部门之间、工程处（分公司）之间、工程队之间相互的配合和衔接。

程序是完成某项活动所采用的方法，通常应写成书面形式，一般具有 5W1H 的内容，即包括该项活动的目的和范围，应做什么，由谁来做，何时、何地和如何来做等。同时在程序中还应阐明完成该项活动所应采用的设备、材料、何种文件（规定、规范、标准等），以及如何进行控制（检测、检查等）和记录。

过程是指质量形成的各个过程（阶段）和为了控制每个过程（阶段）的质量所应开展的质量活动。

资源包括人力资源和物质资源。人力资源是人才资源，专业技能，应具备的资格，经验和培训要求。物质资源包括设计和研制的设备，生产设备，检验试验设备，仪器仪表，计量器具及计算机软件等。

质量管理体系是实施质量方针和目标的管理系统，是组织经营管理体系的核心部分，对内实施质量管理，对外实施外部质量保证。

质量管理体系是一个动态的系统，它随着环境、用户、资源、标准和形势的变化，要不断地调整、充实、完善和更新。

三、2008 年版 GB/T 19000—ISO 9000 系列标准的构成

2008 年版的 ISO 9000 系列标准由 4 个核心标准，1 个支持性技术标准，6 个技术报告和 3 个小册子所组成。

1. ISO 9000 族标准——核心标准

2008 年版的 ISO 9000 族标准由 4 个核心标准组成，我国及时地将其等同地转换为 GB/T 19000（2008）族国家标准，即：

（1）GB/T 19000（2008）—ISO 9000（2005），表述质量管理体系基础知识，并规定质量管理体系术语；

（2）GB/T 19001（2008）—ISO 9001（2008），规定质量管理体系要求，用于组织证实其具有提供满足顾客要求和适用的法规要求的产品的能力，目的在于增进顾客的满意度；

（3）GB/T 19004（2011）—ISO 9004（2008），提供考虑质量管理体系的有效性和效率两方面的指南，其目的是组织业绩改进和顾客及其他相关方满意；

（4）GB/T 19011—ISO 9011（2003），提供审核质量和环境管理体系指南。

2. 支持性技术标准（技术规范）

ISO 10012（2008），测量控制系统。

3. 技术报告

（1）ISO/TR 10006 项目管理指南；

（2）ISO/TR 10007 技术状态管理指南；

（3）ISO/TR 10013 质量管理体系文件指南；

(4) ISO/TR 10014 质量经济性管理指南;

(5) ISO/TR 10015 培训;

(6) ISO/TR 10017 统计技术在 ISO 9001（2008）中的应用指南。

4. 小册子

(1) 质量管理原则;

(2) 选择和使用指南;

(3) 小型企业的应用。

所以 2008 年版的 ISO 9000 系列标准的结构可以简要地表示成如表 2-1 所示。

ISO 9000（2008）系列标准的结构　　　　　　　　　　表 2-1

核心标准	支持性技术标准	技术报告	小册子
ISO 9000 ISO 9001 ISO 9004 ISO 9011	ISO 10012	ISO/TR 10006 ISO/TR 10007 ISO/TR 10013 ISO/TR 10014 ISO/TR 10015 ISO/TR 10017	(1) 质量管理原则 (2) 选择和使用指南 (3) 小型企业的应用

四、2008 年版 ISO 9001 标准与 2000 年版 ISO 9001 标准之间的变化

2008 年版的 ISO 9001 标准与 2000 年版 ISO 9001 标准之间的变化如表 2-2 所示。

2008 年版的 ISO 9001 标准与 2000 年版 ISO 9001 标准之间的变化　　　表 2-2

GB/T19001—2000 条款	段/图/表/注	增加（A）或删除（D）	修订内容
0.1	第1段第2句	D	一个组织质量管理体系的设计和实施受各种需求、具体目标、所提供的产品、所采取的过程以及该组织的规模和结构的影响
		A	一个组织质量管理体系的设计和实施受下列因素的影响： a. 组织的环境、该环境的变化以及与该环境有关的风险 b. 组织不断变化的需求 c. 组织的具体目标 d. 组织所提供的产品 e. 组织所采用的过程 f. 组织的规模和组织的结构
	第3句	新的一段	统一质量管理体系的结构或文件不是本标准的目的
0.1	第4段	A	本标准能用于内部和外部（包括认证机构）评定组织满足顾客要求，适用于产品的法律法规要求和组织自身要求的能力。
0.2	第2段	D+A	为使组织有效运作行，必须识别确定和管理众多相互关联的活动。通过使用资源和管理，将输入转化为输出的<u>一项或一组活动</u>，可视为过程。通常，一个过程的输出直接形成下一个过程的输入
0.2	第3段	D+A	为了产生预期的结果，组织内诸过程系统的应用，<u>由过程组成的系统在组织内的应用</u>，连同这些过程的识别和相互作用及其管理，可称之为"过程方法"。
0.2	第5段	D+A	（c）获得过程绩效业绩和有效性的结果
0.2	第6段	D+A	该图这种展示反映了组织在确定输入要求时，顾客起着重要作用。要求组织对顾客关于组织是否已满足其要求的感受的信息进行评价。对顾客满意的监视要求对顾客有关组织是否已满足其要求的感受的信息进行评价

续表

GB/T19001—2000 条款	段/图/表/注	增加（A）或删除（D）	修订内容
0.3	第1段	D+A	GB/T 19001 和 GB/T 19004 已制定为一对协调一致的质量管理体系标准。他们相互补充，但也可以单独使用。虽然这两项标准具有不同的范围，但却具有相似的结构，以有助于他们作为协调一致的一对标准的应用 GB/T 19001 和 GB/T 19004 都是质量管理体系标准，这两项标准相互补充，但也可单独使用
0.3	第2段	D+A	在满足顾客要求方面，GB/T 19001 所关注的是质量管理体系的有效性 GB/T 19001 所关注的是质量管理体系在满足顾客要求方面的有效性
0.3	第3段	D+A	与 GB/T 19001 相比，GB/T 19004 对质量管理体系更宽范围的目标提供了指南，除了有效性，该标准还特别关注持续改进组织的总体业绩与效率。对于最高管理者希望通过追求业绩持续改进而超越 GB/T 19001 要求的那些组织，GB/T 19004 推荐了指南。然而，用于认证或合同不是 GB/T 19004 的目的
0.3	第3段	D+A	在本标准发布时，GB/T 19004 处于修订过程中，修订后的 GB/T 19004 将为组织在复杂的、要求更高的和不断变化环境中获得持续成功提供管理指南。与 GB/T 19001 相比，GB/T 19004 对质量管理体系更宽范围；通过系统和持续改进组织的绩效，满足所有相关方的需求和期望。然而 GB/T 19004 不拟用于认证、法律法规和合同的目的
0.4	第1段	D+A	为了使用者的利益，本标准与 GB/T 24001—1996 相互趋近，以增强两类标准的相容性 方便使用者，本标准在修订过程中适当考虑了与 GB/T 24001—2004 的内容，以增强两类标准的相容性。附录 A 表明了 GB/T19001—2008 与 GB/T 24001—2004 之间的对应关系
0.4	第2段	D+A	然而，本标准使组织能够将自身的质量管理体系与相关的管理体系要求结合协调或整合
1.1	a)	A	a) 需要证实其只有稳定地提供满足顾客要求和适用的法律法规要求的产品的能力；需要证实其有能力稳定地提供满足顾客和适用的法律法规要求的产品
1.1	b)	D+A	b) 通过体系的有效应用，包括体系持续改进的过程的有效应用，以及保证符合顾客与适用的法律法规要求，旨在增强顾客满意
1.1	注	D A A	注：在标准中，术语"产品"仅适用于预期提供给顾客或顾客所要求的产品。 注1：在本标准中，术语"产品"仅适用于： a. 预期提供给顾客的或顾客所要求的产品 b. 产品实现过程所产生的任何预期输出 注2：法律法规要求可称作法定的要求

续表

GB/T19001—2000 条款	段/图/表/注	增加（A）或删除（D）	修订内容
1.2	第 2 段	D+A	当本标准的任何要求因组织及其产品的特点而不适用时，由于组织及其产品的性质导致本标准的任何要求不适用时
1.2	第 3 段	D+A	除非删减仅限于第 7 章中那些不影响组织提供满足顾客和适用法律法规要求的产品的能力或责任的要求，否则不能声称符合本标准。如果进行删减，应仅限于第 7 章中的要求，并且这样的删减不影响组织提供满足顾客和适用法律法规要求的产品的能力或责任的要求，否则不能声称符合本标准
2	第 1 段	D A	下列标准所包含的条文，通过在本标准中的引用而构成为本标准的条文。本标准出版时，所示版本均为有效。所有标准都会被修订，使用本标准的各方应探讨使用下列标准最新版本的可能性。下列文件中的条款通过本标准的引用而成为本标准的条款。凡是注日期的引用文件，其随后所有的修改单（不包括勘误的内容）或修订版均不适用本标准，然而，鼓励根据本标准达成协议的各方研究是否可使用这些文件的最新版本。凡是不注日期的引用文件，其最新版本适用于本标准
3	第 2 段 第 3 段	D	本标准描述供应链所使用的以下术语经过了更改，以反映当前的使用情况： ——供方——组织——顾客 ——本标准中的术语"组织"用以取代 GB/T 19001—1994 所使用的术语"供方"，术语"供方"用以取代术语"分承包方"。
4.1	第 1 段	A	组织应依照本标准的要求建立质量管理体系，将其形成文件，加以实施和保持，并持续改进其有效性。
4.1	a)	D+A	a) 识别确定质量管理体系所需的过程及其在整个组织中的应用（见 1.2）；
4.1	c)	D+A	c) 确定为确保这些过程有效运用和控制所需的准则和方法，确定的准则和方法，以确保这些过程有效的运行和控制有效
4.1	d)	D+A	d) 确保可以获得必要的资源和信息，以支持这些过程的运行和对这些过程的监视
4.1	e)	A	e) 监视、测量（适用时）和分析这些过程
4.1	第 4 段	D+A	针对组织所选择的任何影响产品符合要求的外包过程，组织应确保对其实施控制。对此类外包过程的控制在质量管理体系中加以识别。组织如果选择将影响产品符合要求的任何过程外包，应确保对这些过程的控制。对此类外包过程控制的类型和程度应在质量管理体系中加以规定
4.1	注 1	D+A	上述质量管理体系所需的过程应当包括与管理活动、资源提供、产品实现以及测量、分析和改进有关的过程
4.1	新注 2、注 3	A	注2："外包过程"是为了质量管理体系的需要，由组织选择，并由外部方实施的过程 注3：组织确保对外包过程的控制，并不免除其满足所有顾客要求的法律法规要求的责任。对外包过程控制的类型和程度可受诸如下列因素影响： a. 外包过程对组织提供满足要求的产品的能力的潜在影响 b. 对外包过程控制的分担程度 c. 通过应用 7.4 实现所需控制的能力

续表

GB/T19001—2000条款	段/图/表/注	增加（A）或删除（D）	修订内容
4.2.1	c)	A	c) 本标准所要求的形成文件的程序和记录
4.2.1	d)	A	d) 组织确定的为确保其过程的有效策划、运作和控制所需的文件，包括记录
4.2.1	e)	D	e) 本标准所要求的记录。（见4.2.4）
4.2.1	注1	A	注：(1) 本标准出现"形成文件的程序"之处，即要求建立该程序，形成文件，并加以实施和保持。一个文件可包括对一个或多个程序的要求。一个形成文件的程序的要求可以被包含在多个文件中。
4.2.1	注2	A	注2：不同组织的质量管理体系文件的多少与详略程度可以不同，取决于：
4.2.1	注3	D+A	注3：文件可采用任何形式或类型的媒体媒介
4.2.2	a)	D+A	a) 质量管理体系的范围，包括任何删减的细节与合理性和正当的理由（见1.2）
4.2.3	a)	D+A	a) 文件发布前得到批准以确保文件是充分与适宜的；为使文件是充分与适宜的，文件发布前得到批准
4.2.3	f)	D+A	f) 确保组织所确定的策划和运行管理体系所需的外来文件得到识别，并控制其分发
4.2.3	g)	D+A	g) 防止作废文件的非预期使用，若因任何原因如果出于某种目的而保留作废文件时，对这些文件进行适当的标识
4.2.4		D+A	应建立并保持记录，以提供符合要求和质量管理体系有效运行的证据。记录应保持清晰、易于识别和检索。应编制形成文件的程序，以规定记录的标识、贮存、保护、检索、保存期限和处置所需的控制。 为提供符合要求和质量管理体系有效运行的证据而建立的记录，应得到控制。 组织应编制形成文件的程序，以规定记录的标识、贮存、保护、检索、保留和处置所需的控制 记录应保持清晰、易于识别和检索
5.1	a)	A	a) 向组织传达满足顾客要求及法律法规要求的重要性
5.5.2	第1段	D+A	最高管理者应指定一名管理者在本组织管理层中指定一名成员，无论该成员在其他方面的职责如何，应具有以下方面的职责和权限
5.5.2	注	D+A	注：管理者代表的职责可包括与质量管理体系有关事宜的外部联络。管理者代表的职责可包括就质量管理体系有关事宜的外部方进行联络
5.6.1	第1段第2句	D+A	评审应包括评价质量管理体系改进的机会和质量管理体系变更的需要，包括质量方针和质量目标变更的需求。
5.6.2	d)	A	d) 预防措施和纠正措施的状况
5.6.3	a)	A	a) 质量管理体系有效性及其过程有效性的改进

续表

GB/T19001—2000条款	段/图/表/注	增加（A）或删除（D）	修订内容
6.2.1	第1段新注：	D+A A	基于适当的教育、培训、技能和经验，从事影响产品要求符合性质量工作的人员应是能够胜任的。 注：在质量管理体系中承担任何任务的人员都可能直接或间接地影响产品要求符合性
6.2.2	标题	D+A	能力、培训和意识和培训
6.2.2	a)、b)和d)	D+A	a) 确定从事影响产品质量要求符合性工作的人员所必要需的能力 b) 适用时，提供培训或采取其他措施以满足这些需求获得所需的能力 d) 确保员工组织的人员认识到所从事活动的相关性和重要性，以及如何为实现质量目标作出贡献
6.3	c)	A	c) 支持性服务（如运输或通信或信息系统）
6.4	新注	A	注：术语"工作环境"是指工作时所处的条件，包括物理的、环境的和其他因素，如噪声、温度、湿度、照明或天气等
7.1	c)	A	c) 产品所要求的验证、确认、监视、测量、检验和试验活动，以及产品接收准则
7.2.1	c) 和 d)新注	D+A A	c) 与产品有关的法律法规要求适用于产品的法律法规要求； d) 组织认为必要确定的任何附加要求 注：交付后活动包括诸如保证条款规定的措施、合同义务（例如，维护服务）、附加服务（例如，回收或最终处置）等
7.2.2	a)	A	a) 产品要求已得到规定
7.2.2	b)	D+A	b) 与以前表述不一致的合同或订单的要求已予得到解决
7.2.2	第3段	D+A	若顾客提供的要求没有形成文件 若顾客没有提供形成文件的要求
7.3.1	第4段	A	随着设计和开发的进展，在适当时，策划的输出应予以更新
7.3.1	新注	A	注：设计和开发的评审、验证和确认具有不同的目的，根据产品和组织的具体情况，可单独或以任意组合的方式进行并记录
7.3.2	a)	A	a) 功能要求和性能要求
7.3.2	c)	A	c) 适用时，以前类似设计提供的信息来源于以前类似设计的信息
7.3.2	第2段	D+A	应对这些输入进行评审，以确保输入是充分适宜的。应对这些输入的充分性和适宜性进行评审
7.3.3	第1段	D+A	设计和开发的输出应以能够针对设计和开发输入进行验证的方式提出，设计和开发输出的方式应适合于对照设计和开发的输入进行验证，并应在放行前得到批准
7.3.3	新注	A	注：生产和服务提供的信息可能包括产品防护的细节
7.3.4	第1段	D+A	在适宜的阶段，应依据所策划的安排（见7.3.1）在适宜的阶段对设计和开发进行系统的评审

续表

GB/T19001—2000条款	段/图/表/注	增加（A）或删除（D）	修订内容
7.3.7	第1段 和 第2段	D+A 将两段合并	应识别设计和开发的更改，并保持记录。适当时，应对设计和开发的更改进行适当的评审、验证和确认，并在实施前得到批准。设计和开发更改的评审应包括评价更改对产品组成部分和已交付产品的影响。更改的评审结果及任何必要措施的记录应予以保持（见4.2.4）
7.4.3	第2段	D+A	当组织或其顾客拟在供方的规格实施验证时，组织应在采购信息中对拟采用的验证的安排和产品放行的方法作出规定
7.5.1	d)	D+A	d) 获得和使用监视和测量装置设备
7.5.1	f)	D+A	f) 实施产品放行、交付和交付后的活动的实施
7.5.2	第1段	D+A	当生产和服务提供过程的输出不能由后续的监视或测量加以验证时，组织应对任何这样的过程实施确认。这包括仅在产品使用或服务已交付之后问题才显现的过程 当生产和服务提供过程的输出不能由后续的监视或测量加以验证，使问题在产品使用后或服务交付后才显现时，组织对任何这样的过程实施确认
7.5.3	第2段	A	组织应在产品实现的全过程中，针对监视和测量要求识别产品的状态
7.5.4	第1段 第3句注	D+A A	若顾客财产发生丢失、损坏或发现不适用的情况时，组织应报告顾客向顾客报告，并保持记录（见4.2.4）。 注：顾客财产可包括知识产权和个人信息
7.5.5	第1段	D+A	在内部处理和交付到预定的地点期间，组织应针对产品的符合性提供防护，这种防护应包括标识、搬运、包装、贮存和保护。防护也应适用于产品的组成部分 组织应在产品内部处理和交付到预定的地点期间对其提供防护，以保持符合要求。适用时，这种防护应包括标识、搬运、包装、贮存和保护。防护也应适用于产品的组成部分
7.6	标题	D+A	监视和测量装置设备的控制
7.6	第1段	D+A	组织应确定需实施的监视和测量以及所需的监视和测量装置设备，为产品符合确定的要求（见7.2.1）提供证据
7.6	a)	A	a) 对照能溯源到国际或国家标准的测量标准，按照规定的时间间隔或在使用前进行校准和（或）检定（验证）。当不存在上述标准时，应记录校准或检定（验证）的依据（见4.2.4）
7.6	c)	D+A	c) 得到识别具有标识，以确定其校准状态
7.6	第4段 第2句	D+A 新第5段	校准和验证检定（验证）结果的记录应予保持（见4.2.4）
7.6	第5段	D+A	当计算机软件用于规定要求的监视和测量时，应确认其满足预期用途的能力。确认应在初次使用前进行，并在必要时予以重新确认
7.6	注	D+A	注：作为指南，参见GB/T19022.1和GB/T 19022.2 注：确认计算机软件满足预期用途能力的典型方法，包括验证和保持其适用性的配置管理

续表

GB/T19001—2000条款	段/图/表/注	增加（A）或删除（D）	修订内容
8.1	a)	D+A	a) 证实产品要求的符合性
8.2.1	注	A	注：监视顾客感受可以包括从诸如顾客满意度调查、来自顾客的关于交付产品质量方面数据、用户意见调查、流失业务分析、顾客赞扬、索赔和经销商报告之类的来源获得输入
8.2.2	第2段第1句	D+A	考虑拟审核的过程和区域的状况和重要性以及以往审核的结果，应对审核方案进行策划。组织应策划审核方案，策划时应考虑拟审核的过程和区域的状况和重要性以及以往审核的结果
8.2.2	新第3段	A	应编制形成文件的程序，以规定审核的策划、实施、形成记录以及报告结果的职责和要求
8.2.2	第4段	D+A	策划和实施审核以及报告结果和保持记录（见4.2.4）的职责和要求应在形成文件的程序中作出规定 应保持审核及其结果的记录（见4.2.4）
8.2.2	第5段第1句	D+A	负责受审核区域的管理者应确保及时采取必要的纠正和纠正措施，以消除所发现的不合格及其原因。跟踪后续活动应包括对所采取措施的验证和验证结果的报告（见8.5.2）
8.2.2	注	D+A	注：作为指南，参见 GB/T19021.1、GB/T 19021.2 及 GB/T19021.3。作为指南，参见 GB/T 19011
8.2.3	第1段第3句	D	当未能达到所策划的结果时，应采取适当的纠正和纠正措施，以确保产品的符合性
8.2.3	注	A	注：当确定适宜的方法时，建议组织根据每个过程对产品要求的符合性和质量管理体系有效性的影响，考虑监视和测量的类型与程度
8.2.4	第1段 第2段 第3段	A D+A A	组织应对产品的特性进行监视和测量，以验证产品要求已得到满足。这种监视和测量应依据所策划的安排（见7.1）在产品实现过程的适当阶段进行。以保持符合接收准则的证据。 应保持符合接收准则的证据。记录应指明有权放行产品以交付给顾客的人员（见4.2.4） 除非得到有关授权人员的批准，适用时得到顾客的批准，否则在策划的安排（见7.1）已圆满完成之前，不应向顾客放行产品和交付服务
8.3	第1段第2句	D+A	不合格控制以及不合格品处置的有关职责和权限应在形成文件的程序中作出规定。应编制形成文件的程序，以规定不合格品控制以及不合格品处置的有关职责和权限
8.3	第2段	A	适用时，组织应通过下列一种或几种途径处置不合格品
8.3	新d) 第3段 第4段 第5段	A 移至第4段 移至第3段 见新d)	d) 当在交付或开始使用后发现产品不合格时，组织应采取与不合格的影响或潜在影响的程度相适应的措施。 应保持不合格性质的记录以及随后所采取的任何措施的记录，包括所批准的让步的记录（见4.2.4）。 在不合格品得到纠正之后应对其再次进行验证，以证实符合要求。 当在交付或开始使用后发现产品不合格时，组织应采取与不合格的影响或潜在影响的程度相适应的措施

续表

GB/T19001—2000 条款	段/图/表/注	增加（A）或删除（D）	修订内容
8.4	b) c) d)	D+A A A	b) 与产品要求的符合性(见7.2.1)（见8.2.4） c) 过程和产品的特性及趋势，包括采取预防措施的机会（见8.2.3和8.2.4） d) 供方（见7.4）
8.5.1	第1段	A	组织应利用质量方针、质量目标、审核结果、数据分析、纠正措施和预防措施以及管理评审，持续改进质量管理体系的有效性
8.5.2	f)	A	f) 评审所采取的纠正措施的有效性
8.5.3	e)	A	e) 评审所采取的预防措施的有效性

五、2008 年版 ISO 9000 系列标准的基本内容

（一）2008 年版 ISO 9001 标准的基本内容

2008 年版 ISO 9001 标准的基本内容是有关质量管理体系要求方面的，分为五个部分，即质量管理体系总要求和文件要求、管理职责、资源管理、产品实现和测量、分析及改进，其中各要素的内容如表 2-3 所示。

ISO 9001（2008）标准的基本内容及其所属章节条　　　　表 2-3

章	节	条	修改程度
4 质量管理体系	4.1 总要求		D+A
	4.2 文件要求	4.2.1 总则	A
		4.2.2 质量手册	D+A
		4.2.3 文件控制	D+A
		4.2.4 记录控制	D+A
5 管理职责	5.1 管理承诺		A
	5.2 以顾客为关注焦点		
	5.3 质量方针		
	5.4 策划	5.4.1 质量目标	
		5.4.2 质量管理体系策划	
	5.5 职责、权限与沟通	5.5.1 职责和权限	
		5.5.2 管理者代表	D+A
		5.5.3 内部沟通	
	5.6 管理评审	5.6.1 总则	D+A
		5.6.2 评审输入	A
		5.6.3 评审输出	A
6 资源管理	6.1 资源提供		
	6.2 人力资源	6.2.1 总则	D+A
		6.2.2 能力、培训和意识	D+A
	6.3 基础设施		A
	6.4 工作环境		A

续表

章	节	条	修改程度
7 产品实现	7.1 产品实现的策划		A
	7.2 与顾客有关的过程	7.2.1 与产品有关的要求的确定	D+A
		7.2.2 与产品有关的要求的评审	D+A
		7.2.3 顾客沟通	
	7.3 设计和开发	7.3.1 设计和开发策划	A
		7.3.2 设计和开发输入	D+A
		7.3.3 设计和开发输出	D+A
		7.3.4 设计和开发评审	D+A
		7.3.5 设计和开发验证	
		7.3.6 设计和开发确认	
		7.3.7 设计和开发更改的控制	D+A
	7.4 采购	7.4.1 采购过程	
		7.4.2 采购信息	
		7.4.3 采购产品的验证	D+A
	7.5 生产和服务提供	7.5.1 生产和服务提供的控制	D+A
		7.5.2 生产和服务提供过程的确认	D+A
		7.5.3 标识和可追溯性	A
		7.5.4 顾客财产	D+A
		7.5.5 产品防护	D+A
	7.6 监视和测量设备的控制		D+A
8 测量、分析和改进	8.1 总则		D+A
	8.2 监视和测量	8.2.1 顾客满意	A
		8.2.2 内部审核	D+A
		8.2.3 过程的监视和测量	D+A
		8.2.4 产品的监视和测量	A+D
	8.3 不合格品控制		D+A
	8.4 数据分析		D+A
	8.5 改进	8.5.1 持续改进	A
		8.5.2 纠正措施	A
		8.5.3 预防措施	A

注：A—有重要的新要求；B—要求略有增加；C—没有增加新要求，表述有变化；D—要求略有减少

（二）质量管理原则

在 GB/T 19000（2008）—ISO 9000（2005）标准中提出了质量管理的 8 项原则，即以顾客为中心、领导作用、全员参与、过程方法、管理的系统方法、持续改进、基于事实的决策方法和与供方互利的关系，这是组织、领导和实施质量管理的基本原则，是提高组织的管理水平，实现组织业绩的改进和获得不断成功的基础。

1. 以顾客为关注焦点

组织依存于顾客,因此组织应理解顾客当前和未来的需求,满足顾客要求并争取超越顾客的期望。

顾客是市场的中心,掌握市场的动向,关注顾客的要求,理解顾客当前和未来的需求,满足顾客的要求并争取超过顾客的期望,才能赢得顾客,占有市场,才能使组织持续地获得成功,不断地得到发展。因此在质量管理的各项活动中,应该始终以顾客为中心作为出发点,以顾客满意的程度作为衡量各项活动成效的准绳。

2. 领导作用

领导者是组织的质量方针和目标的决策及制定者,是顾客需求的确认者,是质量管理体系建立和运行的策划、组织者,是各项管理活动的组织指挥者,在质量管理活动中起着重要的作用。但是组织的一切活动的成功与否也同样取决于广大员工的积极参与,所以领导者应确定组织的统一宗旨和方向,创造和保持一种良好的氛围和内部环境,以便调动广大员工的积极性和创造性,使广大员工能够充分和积极地参与组织目标的实现。

3. 全员参与

各级员工是组织的根本,是生产和管理的参与者和实施者,所以只有调动广大员工的积极性和创造性,发挥他们的聪明才智,使他们充分参与,才能使他们的才干为组织创造效益。

4. 过程方法

所有的产品、服务和工作都是通过过程来完成的,过程是从输入到输出的增值转化,输入是过程的起点和先决条件,输出是过程的结果,可以是有形的或无形的产品。将相关的资源和活动作为过程进行管理,有利于消除职能部门之间的障碍,可以更高效地得到期望的结果。

组织内所采用的过程以及这些过程之间的相互作用的系统性识别和管理,称之为过程方法。

5. 管理的系统方法

产品的质量与多种因素有关,不仅与材料、设备、生产工艺和环境等因素有关,而且与组织中每个员工的思想认识、工作态度、技术素质等因素有关,而质量管理的目的就是要使这些因素都处于受控状态。所以质量管理是一个系统工程,必须采用系统的方法。因此组织应针对所制定的目标,去认识、理解并管理一个由相互联系的过程所组成的体系,才能有助于提高组织的有效性和效率。所以在质量管理中应引用系统管理的思想和方法。

6. 持续改进

组织总体业绩的持续改进是组织的一个永恒的目标,为了满足顾客对产品质量更高的期望和要求,为了使组织在市场竞争中比同行更具有竞争力,必须不断地提高质量管理体系的有效性和效率,才能不断地提高和改进产品和服务的质量。

7. 基于事实的决策方法

有效决策建立在信息收集和数据分析的基础上,通过对所收集到的信息、资料和数据进行统计分析,才能作出合乎逻辑的判断,由此才能作出正确、可靠的决策。建立在以事实为依据上的决策,可以避免决策失误和造成损失。

8. 与供方互利的关系

从供应链(供方→组织→顾客)可以清楚地看出,组织与供方都是供应链中的一个环节,所以供方的过程是产品或服务质量形成的一个组成部分,直接影响到产品的最终质量,因此供方也应建立质量管理体系,而且供方的质量管理体系是组织质量管理体系的重要基础,所以组织与供方建立互相依存的互利关系,可以增强双方创造价值的能力。

上述 8 项质量管理原则,形成了 GB/T 19000(2008)—ISO 9000(2005)系列标准的质量管理体系的基础。

(三)质量管理体系基础

1. 质量管理体系说明

(1)顾客要求产品满足其需求和期望,这些需求和期望被集中概括为顾客的要求,顾客的要求反映在产品的有关规范中,也可以由顾客通过合同的方式来规定,或者组织通过识别、分析来加以确定。产品是否满足了顾客的要求,是否可以被接受,最终是由顾客来确定的。

(2)GB/T 19000(2008)—ISO 9000(2005)系列标准中所表达的质量管理体系方法,可以帮助和促进组织认别和分析顾客的要求,确定和建立满足顾客要求的过程,并使这些过程保持受控状态,最终向顾客提供满意的产品和服务。

(3)顾客的需求和期望是不断变化、不断提高的,GB/T 19000(2008)—ISO 9000(2005)系列标准可以帮助组织持续改进,提高质量管理体系的有效性和效率,不断地改进过程和产品,增进顾客的满意程度,持续提高组织的业绩。

(4)GB/T 19000(2008)—ISO 9000(2005)系列标准中的质量管理体系,不仅可以提高组织质量管理的能力和水平,而且也包含了组织的质量保证能力,所以质量管理体系能够给组织持续提供满足要求的产品,向组织和顾客提供信任。

2. 质量管理体系要求和产品要求

GB/T 19001(2008)—ISO 9001(2008)标准中规定了质量管理体系的要求,是为了使组织有能力向顾客提供满足要求的产品和服务,这些要求适用于不同类别的产品,如硬件、软件、流程性材料和服务;适用于不同的行业或经济领域,如制造业、农业、建筑业、化工、铁道、公路、航运、水利、电力、咨询、旅店及餐饮业、维修业、金融业等。

产品的要求则是由产品标准、技术规范、合同条款或法律法规所确定,或由顾客要求所确定,或是由组织通过预测顾客要求来确定。不同类别的产品,其要求也是各不相同和千差万别的。

因此,质量管理体系要求与产品要求是不相同的,两者之间是有区别的,质量管理体系要求是为了使组织证实其具有提供满足顾客要求和适用法规要求的产品的能力,用于增进顾客的满意程度。在 GB/T 19001(2008)—ISO 9001(2008)标准所确定的质量管理体系要求中,并未规定产品本身的要求,所以不能认为按 GB/T 19000—ISO 9000(2008)系列标准建立和实施了质量管理体系就等于产品的要求得到了满足,而只能说具备了满足产品要求的条件。

3. 质量管理体系方法

质量管理体系方法是质量管理原则的具体化,建立和实施质量管理体系的步骤如下:

(1)确定顾客和其他相关方的需求和期望;

(2)建立组织的质量方针和质量目标;

(3)确定和提供实现质量目标所必需的资源;

(4)确定实现质量目标所必需的过程和职责;

(5)对每个过程实现质量目标的有效性和效率确定测量方法;

(6)应用测量方法确定每个过程的现行有效性和效率;

(7)确定防止不合格并消除其产生原因的措施;

(8) 寻找提高过程有效性和效率的方法；

(9) 建立和应用持续改进质量管理体系的过程；

(10) 为实施已确定的改进，对战略、过程和资源进行策划；

(11) 实施改进计划；

(12) 监控改进效果；

(13) 对照预期的效果，评价实际的结果；

(14) 评审改进活动，以确定适宜的后续措施。

质量管理体系方法不仅可用于建立和实施新的质量管理体系，而且可以保持和改进现有的质量管理体系，并为质量管理的持续改进提供了基础，同时也可以在过程能力和产品可靠性方面为组织和顾客建立信任，增加顾客的满意程度。

4. 过程方法

使用资源将输入通过转化变成为输出的一项或一组活动即为过程，任何活动都可以视为由输入转化为输出的过程。质量管理体系方法中的各项活动就是由过程及过程网络所组成的，它们之间是密切相关和相互联系的，一个过程的输出就直接形成下一个过程的输入。一个组织要能够有效地运作，必须识别和管理其内部许多相互联系的过程。系统识别和管理组织内部这些过程，以及这些过程的相互作用，即称为过程方法。

图 2-3 为 GB/T 19000（2008）—ISO 9000（2005）标准中提出的过程方法模式，它表示出质量管理体系是由四个相互关联的过程和过程网络所组成，即管理职责、资源管理、产品实现和测量、分析及改进，组织必须根据顾客及相关方的要求明确过程和过程网络的管理职责，投入必要的资源，通过转化实现产品，在产品实现后应进行测量和分析，评价产品是否满足顾客和相关方的要求，以及如何进一步改进，提高顾客的满意度，为此要对质量管理体系进行持续地改进。为了使产品满足顾客及相关方的要求，在产品的实现过程中还必须管理和控制从输入通过转化到输出产品的全部过程。

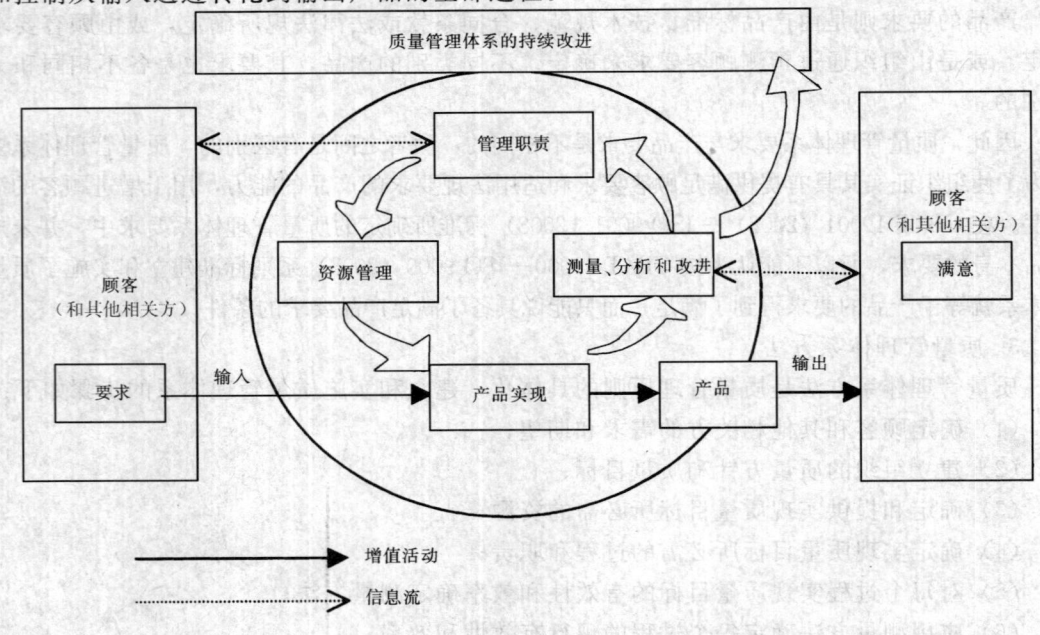

图 2-3 过程方法模式

5. 质量方针和质量目标

质量方针是组织总的质量宗旨和方向,它体现了该组织成员的质量意识和质量追求,也体现了顾客的期望和对顾客作出的承诺,是组织关注的焦点和组织内部的行为准则。质量方针是组织总体经营方针的一部分,因此必须与总体方针协调一致。质量方针为建立和评审质量目标提供了框架。

质量目标建立在质量方针的基础上,是质量方针在现阶段的具体落实,它应该是可度量的,并且应体现质量管理的持续改进。质量目标是组织总体经营目标的组成部分,它应与总体经营目标相协调。质量目标的实现对产品的质量、作业的有效性和财务业绩都有积极的影响,因此对顾客和相关方的满意和信任也产生积极的影响。

6. 最高管理者在质量管理中的作用

最高管理者的作用是:

(1) 制定、建立和保持组织的质量方针和目标;

(2) 通过在整个组织内宣传质量方针并促进质量目标的实现,增强员工的意识和参与程度;

(3) 确保整个组织关注顾客的要求;

(4) 确保实施适宜的过程以满足顾客和其他相关方的要求并实现质量目标;

(5) 确保建立、实施和保持一个有效的质量管理体系,以实现这些质量目标;

(6) 确保能获得质量管理体系运行所必需的资源;

(7) 将达到的结果与规定的质量目标进行比较;

(8) 决定实现有关质量方针和目标的措施;

(9) 定期评审质量管理体系;

(10) 决定改进质量管理体系的措施;

(11) 通过其领导作用和采取的各项活动和措施,创造一个使员工能够充分参与和保证质量管理体系能够有效运行的环境。

7. 文件

文件是质量管理体系的组成部分,它起到相互沟通意图和统一行动的作用。文件的作用包括:

(1) 满足顾客要求和实现产品质量和质量改进;

(2) 用于教育培训,为培训提供适宜的教材;

(3) 确保可重复性和可追溯性;

(4) 为产品和质量管理体系提供客观的证据;

(5) 评价质量管理体系的有效性和持续适宜性。

在质量管理体系中使用下列四种类型的文件:

(1) 质量手册。是规定组织质量管理体系的文件,也是向组织内部和外部提供关于质量体系信息的文件。

(2) 质量计划。是用于特定情况下的质量管理体系要素和资源的文件,是用以表述质量管理体系如何应用于特定产品、项目或合同的文件。

(3) 程序文件。提供如何完成活动一致性的信息的文件。

(4) 质量记录。对所完成的活动或达到的结果提供客观证据的文件。

（5）作业指导书。
（6）阐明要求的文件，如规范、规程、标准、准则、图纸等。
每个组织确定所需文件的详略程度和所用的媒体，取决于下列因素，如组织的类型和规模，过程的复杂性和相互作用，产品的复杂性，顾客要求的重要性，适用法规的要求，经证实的人员能力以及满足质量管理体系要求所需证实的程度。

8. 质量管理体系评价

在进行质量管理体系的评价时，应对质量管理体系的每一个过程评价如下四方面内容：
（1）质量管理体系中的每一个过程是否已经确定和进行了适当表述；
（2）质量管理体系中的每一个过程的职责是否已经明确和作了适当分配；
（3）质量管理体系中的每一个过程的程序是否已实施和得到保持；
（4）质量管理体系中的每一个过程在提供所要求的结果方面是否有效。

质量管理体系的评价范围可根据具体情况有所不同，而所进行的评价活动则包括三个方面，即质量管理体系的审核、质量管理体系的评审和质量管理体系的自我评定。

（1）质量管理体系的审核

审核的目的是确定质量管理体系符合要求的程度，审核的结果可用于评价质量管理体系的有效性和寻找哪些方面可以进行改进。

质量管理体系的审核按其审核主体的不同可分为下列三种：

第一方审核。是由组织或以组织的名义进行的审核，审核的目的是组织内部确定质量管理体系是否合格和有效，审核的结果可作为组织自我合格声明的基础。

第二方审核。是由组织的顾客或由其他人以顾客的名义进行的审核，审核的目的是外部（顾客）判断质量管理体系是否合格、有效和能否满足需求及期望，确定组织的质量保证能力。

第三方审核。是由认可的外部独立的审核机构或组织进行的审核，审核的目的是为了质量管理体系的认证和注册。

（2）质量管理体系的评审

质量管理体系的评审是由组织的最高管理者定期进行的，评审的目的是系统地评价质量管理体系对质量方针和目标的适宜性、充分性、有效性和效率，根据评审的结果来考虑随着相关方需求和期望的变化，质量方针和目标的修改，并确定所应采取的相应措施。

（3）质量管理体系的自我评定

自我评定是由组织进行的定期评审，它是参照质量管理体系或优秀管理模式以及质量管理体系审核报告和其他信息，对组织的活动和结果进行全面及系统的评审。

自我评审的目的是对组织的业绩和质量管理的成熟程度作出评定，并且确定组织中哪些领域需要改进，以及首先应从哪些方面进行改进。

9. 持续改进

改进包括产品特性、过程和质量管理体系的改进，持续改进的目的是为了增加顾客和相关方满意的程度。

改进活动的内容包括：
（1）分析和评价现状，确定改进的范围；
（2）设定改进的目标；
（3）寻找达到上述目标的可能的解决方法和措施；

（4）评价这些可能的解决办法，并从中作出选择；
（5）实施所选定的解决方法和措施；
（6）测量、验证、分析和评价实施的结果，确定上述改进目标是否已达到；
（7）将改进的情况纳入文件。

改进是一种持续的活动，所以必要时可以对实施的结果进行评审，也可以通过顾客的反馈和对质量管理体系的审核及评审来确定是否需要进行进一步的改进。

10. 统计技术的应用

在各种过程中，甚至在明显处于稳定条件的过程中，以及在产品的整个寿命周期（从市场调研到顾客服务和最终处置）内的各个阶段中，都存在变异，这种变异可以通过对过程和产品的可测量特性的观测和分析来发现。通过统计技术、收集数据、整理和分析这些数据，就可发现这些变异，找出其变化的规律和产生的原因，帮助组织来克服存在的问题和提高效率。

统计技术的作用如下：

（1）统计技术可以用来帮助组织了解变异，从而有助于组织解决问题，并提高有效性和效率。

（2）统计技术可以用来收集、整理、分析和测量所得的数据，发现它们变化的性质、变化的程度和变化的规律，并建立数学模型，帮助组织作出正确决策，预防问题的发生和解决存在的问题，促进持续改进。

11. 质量管理体系和其他管理体系的关注点

质量管理体系是组织管理体系的一部分，它的作用是使与质量目标有关的输出（结果）满足相关方的需求、期望和要求。

组织除质量目标外，还有与增长、资金、利润、环境及职业健康与安全有关的目标，这些目标与质量目标相辅相成，构成组织的总目标。

所以一个组织除应建立质量管理体系外，还要建立相应于上述目标的其他管理体系，如成本（资金）管理体系、环境管理体系、安全管理体系等，这些管理体系构成组织的总管理体系。

一个组织的管理体系中的其他管理体系，可以由质量管理体系中相应部分的通用要素构成，即使其他管理体系与质量管理体系使用共同的通用要素来建立，从而使其他管理体系与质量管理体系相兼容，形成一个整体的管理体系，从而有利于组织进行策划、资源配置、确定互补的目标，并且便于评定组织的总体有效性。

组织的管理体系可以对照其要求（各管理体系的要求）进行评价，也可以按照GB/T 19001（2008）—ISO 9001（2008）和 GB/T 28001（2011）—ISO 18001（2007）标准的要求进行审核。审核可以分开进行，也可以同时进行。

12. 质量管理体系与优秀模式之间的关系

所谓优秀模式，是指目前世界上获得最广泛承认和使用的质量评价模式，如美国波多里奇奖评审标准、欧洲质量奖评审标准和日本戴明奖评审标准等，都是世界著名的质量奖评价模式，其中尤以美国波多里奇奖评审标准为最典型，许多国家和地区性质量奖评审标准均以此为蓝本。这些优秀模式方法与 GB/T 19000—ISO 9000（2008）系列标准提出的质量管理体系方法具有共同的基本原则，即：

（1）使组织能够认别它的强项和弱项；

（2）包含对照通用模式进行评价的规定；
（3）为持续改进提供基础；
（4）包含外部承认的规定。

GB/T 19000（2008）—ISO 9000（2005）系列标准所提出的质量管理体系与优秀模式之间的不同点为：

（1）两者的应用范围不同。GB/T 19000（2008）—ISO 9000（2005）系列标准所提出的质量管理体系是评价确定其是否满足要求，而优秀模式则包含能够定量评价组织业绩的准则，并能适用于组织的全部活动和所有相关方。

（2）两者的评价方法不同。GB/T 19000（2008）—ISO 9000（2005）系列标准所提出的质量管理体系的评价方法是质量管理体系的审核、评价和自我评定，是纵向地进行评审；而优秀模式的评定准则则允许使用水平对比方法。

六、质量管理体系

（一）质量管理体系的要求

1. 质量管理体系总的要求

（1）组织应按照GB/T 19001（2008）—ISO 9001（2008）标准要求建立文件化的质量管理体系，实施和保持质量管理体系，并持续改进。

（2）组织实施质量管理体系时应进行下列工作：

①识别和确定质量管理体系所需的过程；
②确定这些过程的顺序和相互作用；
③为确保这些过程的有效运行和控制，确定所要求的准则和方法；
④确保得到这些信息，以支持这些过程的运行和对这些过程的监视；
⑤测量、监视和分析这些过程，采取必要的措施，以实现策划的结果和持续改进。

2. 质量管理体系的文件要求

质量管理体系文件包括：

（1）形成文件的质量方针和目标；
（2）质量手册；
（3）形成文件的程序和记录；
（4）确保过程有效策划、运行和控制所需的文件，包括记录。

GB/T 19000（2008）—ISO 9000（2005）系列标准所要求的程序文件和确保质量管理体系过程有效运行和受控所要求的文件包括：

（1）文件控制程序；
（2）质量记录程序；
（3）内部审核程序；
（4）不合格品控制程序；
（5）纠正措施程序；
（6）预防措施程序。

质量管理体系文件化程序取决于：

（1）组织的规模和类型；
（2）过程的复杂性和相互作用；
（3）人员的能力。

（二）管理职责

管理职责是质量管理体系的第一个组成部分，在这部分提出了质量管理体系高层（最高管理者）活动的要求。管理职责的内容包括管理承诺、以顾客为中心、质量方针、策划、行政管理和管理评审六个部分。

1. 管理承诺

管理承诺是指最高管理者应通过以下工作提供证据来证实其对建立和改进质量管理体系所作的承诺：

（1）向组织传达满足顾客和法规要求的重要性，以提高全体员工的质量意识和能动性；
（2）建立质量方针和目标；
（3）主持管理评审；
（4）确保获得必要的资源。

2. 以顾客为关注焦点

最高管理者应以实现顾客满意为目标，确保顾客的需求和期望得到确定，并转化为要求和予以满足。

在确定顾客的需求和期望时，必须考虑有关产品责任的各个方面，尤其是安全性和环境保护方面的要求，这些要求一般在适用的法律或法规中，或相应的强制性标准中都会有所规定。

3. 质量方针

最高管理者应领导并参与质量方针的制定，并使质量方针符合下列要求：

（1）与组织的宗旨相适应；
（2）包括对满足要求和持续改进的承诺；
（3）提供建立和评审质量目标的框架。

为了使质量方针能正确地、符合实际地得到贯彻，最高管理者还应进行下列工作：

（1）在组织的各适当层次上沟通和理解；
（2）就持续适宜性进行评审。

质量方针是组织有关质量方面的总的意图和方向，由最高管理者正式发布，并以书面方式加以明确。

4. 策划

策划的内容包括建立质量目标和进行质量策划两个方面。

（1）质量目标

最高管理者应确保在组织的相关职能和层次上建立质量目标。质量目标是可以测量的，并与质量方针，包括持续改进的承诺保持一致。质量目标应包括为满足产品要求所需要的内容。

质量目标是指产品、过程和体系在质量方面的目标，它是评价质量管理体系有效性的指标。

为了确保组织的每个成员都具有与组织的总目标相一致的具体的质量目标，应将质量目标展开，即将组织的质量目标逐级分解到组织内各相关的职能部门和各层次，形成一个质量目标系统。下一级的质量目标是上一级质量目标的展开，同时也是上一级质量目标的支持。

（2）质量管理体系策划

最高管理者应确保对实现质量目标所需的资源予以识别和策划。策划的输出应形成文件。

质量策划应包括：

①质量管理体系的过程，需考虑允许的剪裁；

②所需的资源；

③质量管理体系的持续改进。

策划应确保以受控的方式进行更改，并且在更改期间保持质量管理体系的完整性。

质量策划是质量管理的一部分，其内容是设定质量目标并规定必要的作业过程和相关资源，以便实现质量目标。策划的内容包括：

①根据质量方针建立质量目标；

②根据质量目标确定质量管理体系所需的过程；

③对照质量管理体系的要求，评价和确定允许的剪裁；

④确定实现质量目标所需的资源；

⑤质量管理体系的持续改进。

5. 行政管理

(1) 职责和权限

组织内各职能及其相互关系，包括职责和权限应予以规定和沟通，以促进有效的质量管理。

组织应具体规定其组织结构。组织结构包括：

①组织机构；

②职责和权限；

③相互间的关系。

组织结构是组成质量管理体系的一个不可缺少的要素，它保证质量管理体系的有序运行。为了确保质量管理体系各过程的有效运行，组织内的所有人员都应了解本岗位及与其相关的其他部门岗位的职责、权限和相互关系。

(2) 管理者代表

最高管理者应在管理层中指定成员（1名或多名），无论该成员在其他方面的职责如何，应具有下列职责和权限：

①确保建立和保持质量管理体系的过程；

②向最高管理者报告质量管理体系的业绩，包括改进的需要；

③在整个组织内促进满足顾客要求意识的提高。

管理者代表是组织实施质量管理（包括质量保证）的代表，又称为质量管理代表或质量管理责任者，由组织高层的管理者成员担任，可专职或兼职。管理者代表负责管理质量管理体系，促进组织内部人员质量意识的提高，并可代表组织与顾客、供方、认证机构和其他方面就质量管理体系事宜进行联系。

(3) 内部沟通

组织应确保在不同层次和职能之间，就质量管理体系的过程及其有效性进行沟通。

沟通的含义是信息的交流、交换或传递，沟通可以是单向的，也可以是双向的和多项的，沟通的方式可以是面谈、通信、电话、会议、简报、内部刊物、备忘录和录像等。沟通的目的是使相关人员获得所需的信息，以增进理解、统一思想、协调行动、有效地参与质量活动。

（4）质量手册

应建立和保持质量手册，包括：

①质量管理体系的范围，包括剪裁的细节和理由；

②文件化程序或引用程序文件；

③对质量管理体系所含过程的顺序和相互作用的表述。

质量管理手册是规定组织质量管理体系的文件，对内是实施质量管理的纲领性文件，对外是表明组织质量管理体系符合标准要求的证据，也是实施质量保证的一部分。

（5）文件控制

质量管理体系所要求的文件应予以控制，应建立文件化程序，以便：

①文件发布前作适宜性批准；

②评审文件，必要时更新和再批准；

③认别文件的现行修订状态；

④确保文件保持清晰、容易认别和检索；

⑤确保外来文件得到识别并控制其分发；

⑥防止作废文件的非预期使用，若因任何原因而保存作废文件时，对这些文件应予以适当的标识。

作为质量记录的文件应予以控制。

（6）质量记录的控制

质量管理体系所要求的质量记录应予以控制。这些记录应予以保持，以作为提供符合要求和质量管理体系有效运行的证据。应建立和保持质量记录的标识、贮存、检索、保护、保存期和处置的文件化程序。

6．管理评审

最高管理者应按策划的时间间隔评审质量管理体系，以确保其持续的适宜性、充分性和有效性。评审应评价组织的质量管理体系是否需要改进和变更，包括质量方针和目标是否需要改进和变更。

（1）评审输入

管理评审的输入应包括与下列方面有关的信息：

①审核结果；

②顾客反馈；

③过程业绩和产品符合性；

④预防和纠正措施的状况；

⑤以往管理评审的跟踪措施；

⑥可能影响质量管理体系的变化；

⑦改进的建议。

（2）评审输出

管理评审的输出应包括与下列有关方面的措施：

①质量管理体系及其过程的改进；

②与顾客要求有关的产品改进；

③资源需求。

管理评审的结果应予以记录。

（三）资源管理

1. 资源的提供

组织应及时确定提供所需的资源，以便：

（1）实施和改进质量管理体系的过程；

（2）通过满足顾客要求，增强顾客满意的程度。

2. 人力资源

（1）人员安排

承担质量管理体系规定职责的人员应是有能力的。该能力以适当的教育、培训、技能和经历为基础。

（2）能力、培训和意识

组织应：

①识别从事影响质量活动人员的能力需要；

②提供培训以满足这些需要；

③评价所提供培训的有效性；

④确保组织内人员意识到所从事活动的相关性和重要性，以及如何为实现质量目标作出贡献；

⑤保持教育、经历、培训和鉴定的适当记录。

培训是培养组织内人员的质量意识和能力的主要途径，培训过程由识别培训需要、提供培训和评价培训的有效性三个部分所组成。

3. 基础设施

组织应识别、提供和维护为实现产品符合性所需的设施，包括：

（1）工作场所和相关设施；

（2）过程设备、硬件与软件；

（3）支持性服务。

设施包括为实现产品符合性相关的办公、生产、贮存和试验场所及其相应的环境保持和供应系统，生产设备及其系统，测量、监视和控制设备及其系统，计算机系统及相关软件。

4. 工作环境

组织应识别和管理为实现产品的符合性所需的工作环境中的人和物的因素。

工作环境是指人员作业时所处的条件，包括物质的、社会的、心理的和环境的因素（如温度、湿度、光线、噪声、振动、清洁度等）。通过对这些因素的控制确保符合要求的工作环境。

（四）产品实现

产品实现的过程是组织将顾客要求转换为满足顾客要求的产品的过程，是质量管理体系中过程管理的主要内容。

1. 实现过程的策划

产品实现是实现产品所要求的一组有序的过程和子过程。实现过程的策划应与组织的质量管理体系的其他要求相一致，并应以适于组织运作的方式形成文件。

在策划产品实现的过程中，组织应确定以下方面的适用内容：

（1）产品、项目或合同的质量目标和要求；

（2）针对相应产品所需建立的过程和文件，以及所需提供的资源和设施；

(3) 产品所要求的验证、确认、监视、测量、检验和试验活动,以及验收准则;
(4) 对过程及其产品的符合性提供信任所必要的记录。

2. 与顾客有关的过程

(1) 顾客要求的识别

组织应确定顾客的要求,包括:

①顾客规定的产品要求,包括有关可用性、交付和支持方面的要求;

②顾客未作规定,但预期或规定用途所必要的产品要求;

③与产品有关的义务,包括法律和法规的要求。

(2) 产品要求的评审

组织应对已识别的顾客要求连同组织确定的附加要求实施评审。

评审应在向顾客提出提供产品的承诺之前进行(如在投标、接受合同或订单之前),并应确保:

①产品要求得到规定;

②在顾客没有以文件形式提供要求的情况下,顾客要求在接受前得到确认;

③与以前表述不一致的合同或订单要求(如投标或报价单)已予以解决;

④组织有能力满足规定的要求。

评审结果及后续措施应予以记录。

产品要求发生变更时,组织应确保相关文件得到修改。组织应确保相关人员知道已变更的要求。

(3) 与顾客沟通

组织应针对以下方面确定和实施与顾客沟通的安排:

①产品信息;

②询问合同或订单的处理,包括对其修改;

③顾客反馈,包括顾客投诉。

3. 设计和开发

(1) 设计和开发策划

组织应对产品的设计和(或)开发进行策划和控制。

设计和(或)开发的策划应确定:

①设计和开发过程的阶段;

②适合每个设计和(或)开发阶段的评审、验证和确认活动;

③设计和(或)开发活动的职责和权限。

对参与设计和(或)开发的不同组别之间的接口应加以管理,以确保有效的沟通,并明确职责。

策划的输出应随设计和(或)开发的进展在适当时予以更新。

(2) 设计和开发输入

与产品要求相关的输入应予以规定,并形成文件,包括:

①功能和性能要求;

②适用的法律和法规要求;

③以前类似设计提供的适用信息;

④设计和(或)开发所必需的其他要求。

对这些输入的适宜性应进行评审，不完整的、含糊的或矛盾的要求应予以解决。

（3）设计和开发输出

设计和（或）开发过程的输出应以能够针对设计和（或）开发的输入进行验证的方式形成文件。

设计和（或）开发输出应：

①满足设计和（或）开发输入的要求；

②为生产和服务的运作提供适当的信息；

③包含或引用产品验收准则；

④规定对安全和正常使用至关重要的产品特性。

设计和（或）开发输出文件在发放前应予以批准。

（4）设计和开发评审

在适当阶段，对设计和（或）开发应进行系统的评审，以便：

①评价满足要求的能力；

②认别问题并提出跟踪措施。

（5）设计和开发验证

设计和（或）开发的验证应予以实施，以确保输出满足设计和（或）开发输入的要求。验证的结果和跟踪的措施应予以记录。

验证的方法有：用替代法计算验证、与成功的类似设计比较验证、试验验证和进行设计和（或）开发评审。

（6）设计和开发确认

设计和（或）开发的确认应予以实施，以确认产品能够满足预期使用的要求。只要适用，确认应在产品交付或实施之前完成。若在交付或实施之前实施全部确认不现实，应在可能的适用范围内实施局部确认。

确认的结果和跟踪措施应予以记录。

设计和开发确认的依据包括：

①顾客在合同中阐明的使用功能或要求；

②通过市场调研得到的顾客潜在的需求和期望；

③与产品相关的法律和法规的要求；

④在设计和（或）开发的输入文件中规定的其他要求。

（7）设计和开发更改的控制

设计和（或）开发的更改应予以识别，形成文件，并实施控制。这包括评价更改对交付产品及其组成部分的影响。对这些更改应进行适当的验证和确认，并在实施前得到批准。

更改评审的结果及跟踪措施应形成文件。

注：作为指南，可参见 ISO 10007 标准。

4. 采购

（1）采购控制

组织应控制其采购过程，以确保采购产品符合要求。控制方式和程度应取决于对随后的实现过程及其输出的影响。

组织应根据供方按照组织的要求提供产品的能力评价和选择供方。选择和定期评价的准则应予以规定。评价的结果和跟踪措施应予以记录。

注：采购产品除了外购的原材料、构件、配件外，还包括供方提供的服务，如检验和试验、转包加工、仓储、运输、设计或其他服务等。

（2）采购信息

采购文件应包括表述拟采购产品的信息，适当时包括：

①批准或资格鉴定的要求，包括产品；程序；过程；设备；人员资格的要求。

②质量管理体系的要求。组织应确保在采购文件发放前，其规定要求是适宜的。

（3）采购产品的验证

组织应对所采购的产品的验证所必要的活动加以认别，并予以实施。

当组织或其顾客提出在供方的现场实施验证时，组织应在采购信息中对要开展的验证的安排和产品放行的方法做出规定。

5. 生产和服务提供

（1）运作控制

组织应通过以下方面控制生产和服务的运作：

①获得规定产品特性的信息；

②必要时，获得作业指导书；

③使用和维护生产与服务运作的适当设备；

④获得和使用测量与监视装置；

⑤实施监视活动；

⑥对放行、交付和适用的交付后活动，实施规定的过程。

（2）标识和可追溯性

适当时，组织应在生产和服务运作的全过程使用适宜的方法标识产品。

组织应针对测量和监视要求，对产品的状态进行标识。

在有可追溯性要求时，组织应控制和记录产品的唯一性标识。

（3）顾客财产

组织应妥善保管在组织控制下或组织使用的顾客财产，组织应对供其使用或纳入产品的顾客财产进行标识、验证、保护或维护。当顾客财产发生丢失、损坏或发现不适用的情况时应予以记录，并向顾客报告。

注：顾客财产可包括知识产权（如保密信息）。

（4）产品防护

在内部处理或交付到预定的地点期间，组织应根据顾客要求针对产品的符合性提供防护，还应包括标识、搬运、包装、贮存和保护。

这也适用于产品组成部分。

（5）过程确认

当生产和服务过程的输出不能由后续的测量或监视加以验证时，组织应对任何这样的过程实施确认。这包括仅在产品使用或服务已交付之后缺陷才变得明显的过程。

确认应证实过程实现所策划的结果的能力。

组织规定确认的安排，适用时这些安排应包括：

①过程鉴定；

②设备能力和人员资格的鉴定；

③使用规定的方法和程序；
④记录的要求；
⑤再确认。
（6）监视和测量设备的控制
组织应识别需实施的测量以及确保产品符合规定要求所必需的监视和测量设备。
监视和测量设备的使用和控制应确保测量能力和测量要求相一致。
适用时，监视和测量设备应：
①对照能溯源到国际或国家基准的装置，定期或在使用前进行校准和调整，当不存在上述基准时，应记录校准的依据；
②防止发生可能使校准失效的调整；
③在搬运、维护和贮存期间防止损失或失效；
④具有校准结果的记录；
⑤在随后发现偏离校准状态时，再评价其以往结果的有效性并采取纠正措施。
（五）测量、分析和改进
1. 策划
组织应规定、策划和实施为确保符合性和实现改进所需的监视和测量活动。这应包括对适用方法的需要和用途予以确定，包括统计技术。
2. 监视和测量
（1）顾客满意
组织应监视顾客满意和（或）不满意的信息，作为对质量管理体系业绩的一种测量。获取和利用这种信息的方法应予以确定。
（2）内部审核
组织应定期进行内部审核，以确定质量管理体系是否：
①符合 GB/T 19001（2008）—ISO 9001（2008）标准的要求；
②得到有效的实施和保持。
基于拟审核的活动及区域的状况和重要程度，以及以往审核的结果，组织应对审核方案进行策划。应规定审核的范围、频次和方法。审核应由非从事受审活动的人员进行。
形成文件的程序应包括实施审核、确保审核独立性、记录结果，并向管理者报告的职责和要求。
管理者应对审核期间发现的问题及时采取纠正措施。
跟踪纠正措施应包括对纠正措施的验证和验证结果的报告。
（3）过程的监视和测量
组织应采取适当的方法对满足顾客要求所必需的实现过程进行监视和测量。这些方法应对每一个过程持续满足其预期目的的能力进行确认。
（4）产品的监视和测量
组织应对产品的特性进行监视和测量，以验证产品要求得到满足。这种监视和测量应在产品实现过程的适当阶段予以实施。
符合验收准则的证据应形成文件。记录应表明经授权负责产品放行的责任者。
除非顾客批准，否则在所有的规定活动均已圆满完成之前，不得放行产品和交付服务。
3. 不合格控制
组织应确保识别和控制不符合要求的产品，以防止非预期使用和交付。这些活动应在程序文件中作出规定。

对不合格品应予以纠正,并且应在纠正后再次验证以证实其符合性。

在对产品交付或开始使用后发现不合格,组织应针对不合格所造成的后果采取适当的措施。

拟使用和放行不合格品,通常要求向顾客、最终使用者、执法机构或其他机构提出让步报告。

4. 数据分析

组织应收集和分析适当的数据,以确定质量管理体系的适宜性和有效性并识别可以进行的改进。这包括来自测量和监视活动或其他有关来源的数据。

组织应分析这些数据,以便提供以下方面的信息:

①顾客满意和(或)不满意;

②与顾客要求的符合性;

③过程、产品的特性及其趋势;

④供方。

5. 改进

(1) 持续改进

组织应策划和管理持续改进质量管理体系所必要的过程。

组织应通过使用质量方针、目标、审核结果、数据分析、纠正和预防以及管理评审,促进质量管理体系的持续改进。

(2) 纠正措施

组织应采取纠正措施,以消除不合格的原因,防止不合格的发生。纠正措施与所遇到问题的影响程度应相适应。

纠正措施的形成文件的程度应明确要求:

①识别不合格(包括顾客投诉);

②确定不合格的原因;

③评价措施的要求,以确保不合格不再发生;

④确定和实施所纠正的措施;

⑤记录所采取措施的结果;

⑥评审所采取的纠正措施。

(3) 预防措施

组织应识别预防措施,以消除潜在不合格的原因,防止不合格的发生。所采取的预防措施应与潜在问题的影响程度相适应。

预防措施的形成文件的程度应明确要求:

①识别潜在不合格及其原因;

②确定和确保所需预防措施的实施;

③记录所采取措施的结果;

④评审所采取的预防措施。

第三节 建筑企业质量管理体系的特点

一、建立质量管理体系的基本原则

建立质量管理体系应符合下列原则:

1. 适应环境的原则

质量管理体系通常处于两种环境下,即非合同环境和合同环境,质量管理体系必须与它所处的环境相适应,才能发挥作用,达到预定的目的。

在非合同环境下,供需双方并未建立合同,或者虽然建立了合同,但合同中需方对供方并未提出质量保证要求,此时供方因内部管理的需要,也是适应市场竞争的需要,通过市场调查,预测顾客的需要,按照确定的质量标准,根据GB/T 19001—ISO 9001标准建立质量管理体系来实现预定的质量方针和目标。此时供方的质量管理体系不受需方的约束。

在合同环境下,供需双方建立了合同,而且在合同中需方向供方提出了质量保证要求,通常除了规定产品的技术要求外,还可能规定供方质量管理体系中应包含的影响产品质量的要素。此时供方为了满足需方的要求,应按照GB/T 19001—ISO 9001标准建立质量管理体系,并将合同中规定的质量管理体系要素作为所建立的质量管理体系的一个组成部分,这是在合同环境下建立的质量管理体系。在合同期内供方还应向需方提供各种证据,证明供方建立的质量管理体系符合合同规定的要求,并且有效地运行,产品质量的形成处于受控状态,符合技术规范和合同对产品质量的要求。此时供方的质量管理体系处于合同状态。

2. 实现目标的原则

质量方针是组织的质量宗旨和质量的方向,是组织在一段时间内对质量的总的承诺,例如:本企业的质量方针是向用户提供最佳的产品和服务;或本企业保证做到产品符合用户需求,可靠性高,使用期长,价格合理等。质量目标是质量方针的具体化(各项质量目标,包括质量指标、质量活动都应有明确的值),是质量方针的分解和细化。质量目标可以有短期的、中期的,通过达到既定的质量目标来逐步实现预定的质量方针。

质量方针和目标是通过质量管理体系的运作来实现的,它取决于组织机构是否健全,全部职能是否合理,产品质量形成全过程中各阶段影响质量的活动是否落实。所以要实现质量方针和目标,必须选定合适的质量管理体系要素,建立完善的、行之有效的质量管理体系。

3. 适应产品的特点

对于不同的产品,产品形成过程中的影响因素和活动是不相同的。所以在建立质量管理体系时要充分考虑产品的特点,产品形成过程中各环节的影响因素及其控制方法、控制范围及控制程度,确定相应的质量管理体系要素,建立有效的质量管理体系,保证产品质量的稳定性和符合顾客的需要。

4. 满足经济性

一个组织的任务就是向社会提供符合需要的产品,满足人们生产和生活的需要,增加社会效益,提高组织的经济利益,增强组织的竞争能力,促进组织的发展。

建立质量管理体系,就是为在实现组织的质量方针和目标的前提下,使组织的经营机制处在质量与成本的最佳状态,实现社会效益与组织效益的统一。所以必须建立一个完善的质量管理体系,通过质量管理体系的有效运行,实现既满足顾客的需求和期望,又能使组织承担最低风险,获得最佳成本,取得最大的社会效益和组织效益。

二、质量管理体系的特点

质量管理体系的建立要符合系统性、预防性、经济性、适用性和有效性的特点。

1. 系统性

在产品寿命周期内,影响产品质量的因素很多,包括质量形成过程中各阶段活动的影响。质量管理体系是一个由各要素组成的系统的有机整体,它反映了质量的系统管理,即能够对产品质量形成过程中各环节影响质量的技术、管理和人员等影响因素进行全过程系统地控制，使这些影响因素处于受控状态，以便实现质量方针和目标。

2. 预防性

建立质量管理体系的目的是要对影响质量的因素加以控制，减少或消除因质量缺陷所造成的经济损失。所以建立质量管理体系应突出预防性，使质量形成过程中各项影响因素处于受控状态，防止质量问题的出现。

3. 经济性

质量管理体系的建立和运行，既要使产品的质量符合顾客的需求和期望，又要使组织承担的风险最低、成本最佳、效益最高。即以最佳的成本为顾客提供满意的产品和服务，同时以最低的风险使组织获得良好的经济效益，达到质量与经济的统一。即应使质量管理体系的效果最优化。

4. 适用性

建立质量管理体系时应结合组织和产品的特点、顾客的需求和所处的环境，选择适当的要素，使质量管理体系符合实际，并具有可操作性和有效性。同时结合技术和生产的发展、环境的变化，及时调整和完善质量管理体系的要素，使它适应生产经营的需要和运行的有效性，以满足顾客的需要。

5. 有效性

组织的内部环境和外部环境是在不断变化的，生产也是在不断发展和变化的，因此质量管理体系就不可能一成不变，必须根据内外因素的变化，通过对质量管理体系的审核和评审，相应地对质量管理体系要素进行调整和完善，保持质量管理体系的有效性，以适应环境的变化，才能满足顾客的要求。

第四节 质量管理体系的建立

一、质量管理体系的建立

企业建立质量管理体系一般应按下列程序进行。

（一）领导决策

企业要建立质量管理体系首先领导要作出决策，为此领导要学习国家有关贯彻标准的文件、GB/T 19000—ISO 9000系列标准以及国际标准化组织非正式发布的有关文件。通过学习提高认识，统一思想，在深刻认识贯彻标准的意义和高度重视贯标工作的基础上，作出贯标的决策。

（二）组织落实

为了组织好贯标工作，首先要成立贯标领导小组（或贯标工作委员会），由企业经理担任领导小组组长，分管质量的副经理任副组长，领导贯标工作，并由管理部门、各职能部门、教育培训部门、标准化部门、计量部门和经验丰富的技术人员中分析能力强、文字表达能力好的人员各抽调一定数量，组成工作组，具体执行质量管理体系的建立和运行工作。一般工作组的成员应包括各有关部门，人数不超过10人。

（三）制订工作计划

为了有目的、有步骤地做好贯标工作，应事先制订工作计划。贯标工作一般可分为五个阶段，即建立质量管理体系的准备工作、质量管理体系总体设计工作、质量管理体系文件编制工作、质量管理体系的运行工作、质量管理体系的认证。

（1）建立质量管理体系的准备工作。包括：领导决策、组织落实、制订工作计划、宣传教育和培训等。

（2）质量管理体系总体设计工作。包括：质量方针和目标的制定、确定生产过程、确定质量管理体系要素、确定组织结构、确定资源及人员的配备方案。

（3）质量管理体系文件编制工作。包括：质量管理体系文件的编制和文件的审定、批准及发布。

（4）质量管理体系的运行工作。包括：按质量管理体系文件要求对企业原有的组织结构进行调整、质量管理体系实施的教育培训、质量管理体系试运行、质量管理体系的内部审核和评审、质量管理体系的调整。

（5）质量管理体系的认证。包括：认证申请、质量管理体系认证。

（四）组织宣传和培训

1. 宣传教育

首先由领导对全体职工宣讲标准的意义、贯标工作计划及对全体职工在贯标工作中的要求等，提高全体职工对贯标工作的认识，参与、配合贯标工作，并努力做好各项贯标工作。

2. 培训工作

培训工作包括两个方面：

（1）内审员培训；

（2）职工贯标培训。

贯标培训工作主要是组织企业中层以上干部、工作组成员和质量控制人员分三个层次进行学习。

中层以上干部和工作组成员主要学习上级主管部门的贯标文件、GB/T 19000—ISO 9000 系列标准和一些非正式发布的标准，以及有关的贯标教材。质量控制人员学习的内容除上述文件外，还包括各种管理文件、项目质量计划以及有关的质量标准、技术规范和法规等，并外聘专业人员对标准进行讲解，以便正确理解。

（五）质量管理体系设计

根据企业的特点（业务性质及范围）、产品的特点和企业原有的质量管理体系，按照 GB/T 19001（2008）—ISO 9001（2008）标准中所述的质量管理体系要求，构成质量管理体系网络。

1. 确定生产活动过程

根据企业和产品的特点，确定本企业生产活动的全过程，并将其进一步划分和分解，可得到企业生产活动的明细结构表。

对于建筑企业，生产活动过程可划分和分解为：

（1）市场调研。对于施工企业主要是通过建筑市场的信息反馈，寻找可承接的施工项目，并参加投标；对于房地产开发公司主要是通过市场调研，调查工程地点、环境、造价、标准（等级）、户型，以及市场需求等。

（2）设计、规范编制和产品研制。对于建筑设计单位主要是工程项目总体方案设计，参加设计竞赛；对于房地产开发公司主要是进行可行性研究初步设计和扩大初步设计；对于施工企业主要是进行施工组织设计和图纸会审。

（3）采购。对于设计单位不存在这一阶段；对于施工企业主要是根据设计图纸要求，进行材料设备的采购订货。

(4) 工艺准备。对于建筑设计单位主要是进行设计准备；对于建筑施工企业主要是进行施工准备，如场地的三通一平，材料、设备、施工机具进场，施工人员进场，搭建施工临时设施，施工平面布置等。

(5) 生产制造。对于建筑设计单位主要是进行项目的设计；对于建筑施工企业主要是进行工程项目的土建施工、设备的安装调试、装饰和装潢等。

(6) 检验和试验。对于建筑设计单位主要是进行设计的审查和评审。对于建筑施工企业，检验和试验应贯穿于工程施工的全过程，包括材料（半成品、成品、构配件）和设备的检验以及从工序、隐蔽工程、分项工程、分部工程、单位工程的检查验收和质量评定，到整个工程项目的试运行和竣工验收。

(7) 包装和贮存。对于建筑设计单位主要是设计文件的整编印刷和归档；对于施工企业不存在这一环节。

(8) 销售和分发。对于建筑设计单位主要是向建设单位提交设计文件和图纸，以及对设计文件和图纸进行外部审核；对于建筑施工企业不存在这一环节；对于房地产开发公司，主要是商品房的销售。

(9) 安装和运行。对于建筑设计单位和建筑施工企业均不存在这一环节。

(10) 技术服务和维护。对于建筑设计单位主要是施工期的设计回访、设计交底以及设计变更和图纸修改。对于建筑施工企业主要是保修期内的质量回访和维修。对于房地产开发公司也主要是保修期内的质量回访和维修。

2. 制定质量方针和目标

质量方针和目标是企业质量管理的准则和方向，是对社会所作的质量保证和承诺，它反映了顾客的需求和期望，同时也反映了领导层对下属各部门质量责任的要求和目标。质量方针应反映企业的特色，有概括性，易于理解。质量目标则应反映企业通过努力能够达到的质量水平，并为用户和社会所认同，其内容应该比较具体，具有一定的量化程度，易于考核和评价。

在制定质量方针时应考虑以下情况：
(1) 顾客和相关方的需求和期望；
(2) 所期望的顾客满意程度；
(3) 持续改进的机会和需求；
(4) 所需的资源。

所制定的质量方针应满足下列要求：
(1) 质量方针应与组织的发展相一致，即应与组织的宗旨和长远的战略目标相一致；
(2) 能被组织的所有成员理解；
(3) 表明最高管理者促进组织各层次对质量的承诺；
(4) 表明最高领导者为实现质量要求而提供足够资源的承诺；
(5) 阐明持续改进和顾客满意程度。

质量目标的制定应有充分的依据，主要应考虑下列几方面情况：
(1) 组织及市场的当前和未来的需求；
(2) 管理评审的结果；
(3) 现有产品和过程的业绩；
(4) 顾客和相关方的满意程度。

质量目标应满足下列要求:
(1) 质量目标应能成为评价质量管理体系的依据;
(2) 质量目标应既切实可行,又具有挑战性;
(3) 质量目标应有近期和长期之分;
(4) 质量目标应能满足顾客及相关方的需求和期望。

3. 确定质量管理体系覆盖产品的范围

所谓质量管理体系覆盖产品范围是指所拟建立的质量管理体系适用于哪些工程产品,如普通工业民用工程、公路工程、铁道工程、化工工程、水电工程、冶金工程、火电工程、核电工程、电子工程等,覆盖的产品愈多,工作量愈大。通常首先应以企业的主导产品作为质量管理体系的覆盖产品,待条件成熟后,再逐步扩大覆盖产品范围。

4. 对现有质量管理体系的调查和评价

对照标准中的质量管理体系要素,对企业现有的质量管理体系进行分析对比和评价,找出差距,作为质量管理体系设计的准备和依据。

质量管理体系调查的方式有:
(1) 查阅现有质量管理体系文件,例如分项、分部工程质量记录和验收记录,合同管理文件及记录,竣工交验文件,质量回访记录,质量管理文件等。
(2) 召开各有关部门管理人员参加的专题分析讨论会。
(3) 进行现场人员素质、管理方式、施工情况、质量监督、检验试验设备及方法的调查。

5. 制定质量管理体系设计方案

在对现有的质量管理体系调查和评价的基础上,确定新的质量管理体系设计方案,质量管理体系设计成果应包括:
(1) 质量管理体系要素目录及其相应的质量活动;
(2) 工作程序目录;
(3) 组织机构图;
(4) 质量责任制(职责分配方案);
(5) 资源和人员分配。

6. 选定质量管理体系过程和要素

根据企业和产品的特点,从企业的实际出发,对照质量管理体系网络图,选定质量管理体系过程和要素。要素的名称和顺序应尽量与标准一致,以便顾客或认证机构审核。

7. 确定组织机构和职责分配

组织机构和职责分配是将企业的质量管理和质量保证工作具体落实到部门和项目经理部,通常企业可设立质量管理和质量保证办公室,负责质量管理体系的认证申请和接待工作以及认证通过后的定期外部复审、组织质量管理体系的运行和协调以及内部审核员的定期审核、质量管理体系文件的保管等工作。

根据企业业务的特点,参照质量管理体系网络和标准的要求,对现有的机构及职责进行调整,并将所有职责合理地分配到各职能部门。通常一个过程和要素由一个职能部门主管,并明确由哪些部门配合及其配合的职责。当然一个职能部门也可以主管几个要素,但是一个要素不能由几个部门主管,这样职责就不易明确。

此外还应单独设立质量检验部门,以保证其独立性和有效性。

表 2-4 表示施工企业各职能部门的职能分配，表 2-5 为监理单位各部门的职能分配。

8. 进行资源配备

在 GB/T 19000（2008）—ISO 9000（2005）系列标准中，资源是指设计和研制的设备、生产设备、检验和试验设备、仪器仪表和计算机软件、人才资源和专业技能等，这些资源应在质量管理体系确定后进行调整和分配，例如工程项目施工生产应配备必要的管理人员、技术人员和施工人员，配备与工程项目和施工方法相适应的施工机械、设备、周转材料和建筑材料，以及能满足生产要求和质量要求的检验和试验设备、管理软件等资源。

施工企业各部门的职能分配　　　　　　表 2-4

GB/T 19001(2008)—ISO 9001(2008)章节号	过程和要素	企业经理	管理者代表	质量管理部门	技术发展部门	质量检验部门	施工生产部门	劳动人事部门	综合管理部门	物资供应部门	财务部门
5	管理职责	●	●	○	●	●	●	●	●	●	●
5.1	管理承诺	△	●	○	●	●	●	●	●	●	●
5.2	以顾客为关注焦点	○	△	●	●	●	●	●	●	●	●
5.3	质量方针	△	●	●	●	●	●	●	●	●	●
5.4	策划	●	○	△	△	●	●	●	●	●	●
5.5	体系管理										
	文件控制	●	●	△	△	●	●	●	○	●	●
	质量记录	●	●	●	○	△	●	●	●	●	●
5.6	管理评审	△	●	●	●	●	●	●	●	●	●
6	资源管理	△	●	●	●	●	●	●	●	●	●
6.2	人力资源	○	●	●	●	●	●	△	●	●	●
6.3	基础设施	○	●	●	●	●	△	●	●	●	●
6.4	工作环境	●	○	●	●	●	●	●	●	●	●
7	产品实现	●	△	●	●	●	●	●	●	●	●
7.1	产品实现的策划	●	○	△	△	●	●	●	●	●	●
7.2	与顾客有关的过程	●	●	●	●	●	●	●	●	●	●
7.3	设计和开发	●	○	△	●	●	●	●	●	●	●
7.4	采购	●	○	△	●	●	●	●	●	△	●
7.5	生产和服务提供的控制生产和服务的确认	●	●	●	●	●	○	●	●	●	●
	标识和可追溯性	●	●	●	●	△	●	●	●	●	●
	产品和顾客财产防护	●	●	●	●	●	○	●	●	●	●
	生产和服务提供过程的确认	●	●	●	△	●	●	●	●	●	●
7.6	监视和测量设备的控制	●	●	●	●	○	●	●	●	●	●
8	测量、分析和改进	●	○	△	●	●	●	●	●	●	●
8.2	监视和测量	●	○	△	●	△	●	●	●	●	●

续表

GB/T 19001(2008)—ISO 9001(2000)章节号	过程和要素	企业经理	管理者代表	质量管理部门	技术发展部门	质量检验部门	施工生产部门	劳动人事部门	综合管理部门	物资供应部门	财务部门
8.3	不合格品控制	●	○	●	△	●	●	●	●	●	●
8.4	数据分析	●	●	△	●	●	●	●	●	●	●
8.5	改进（含纠正、预防措施）	○	●	△	●	●	●	●	●	●	●

注：○—归口管理；△—负责执行；●—协作配合

监理单位各部门的职能分配　　　　表2-5

质量管理体系过程和要素	职能部门								
	总经理	管理者代表	副总经理	总经理办公室	质量保证部门	经营部门	工程监理部	财务部门	项目监理部
4　质量管理体系	▲	▲		△	○	△	△	△	△
4.2.3　文件控制		▲	▲	●	○	△	△	△	○
4.2.4　记录控制		▲	▲	●	○	△	△	△	○
5.1　管理承诺	▲	●	●					△	△
5.2　以顾客为关注焦点	▲	●	▲	△	△	○	△	△	△
5.3　质量方针	▲	●	●						
5.4　策划	▲	●	●						
5.5　职责、权限与沟通	▲	●	●	△	△	●	○	△	△
5.6　管理评审	▲	●	●		●	●	△		
6.1　资源提供				△	○		○	●	△
6.2　人力资源	●		△				○	△	
6.3　基础设施				○					△
6.4　工作环境	▲	●	●	●		●		●	
7.1　产品实现的策划			▲						○
7.2　与顾客有关的过程	●	●	▲						○
7.3　设计和开发									
7.4　采购				○			●	●	
7.5　生产和服务提供					●	●	○		○
7.6　监视和测量设备的控制				●					
8　测量、分析和改进	●	●	●		○	●			
8.2　监视和测量				●	○		●	△	●
8.3　不合格品控制					○				○
8.4　数据分析			▲	●	△	△	△	△	△
8.5　改进	●	▲	●	△	○	△	△	△	○

注：▲—主管；○—归口管理；●—协作配合；△—负责执行

9. 进行质量管理体系的审核

质量管理体系方案设计完成后,应由企业领导进行审定和批准,审定时应注意质量管理体系的完整（质量活动及其职责分配有无遗漏),各项质量活动的配合及其相应职责是否明确,接口是否衔接,职责是否落实,质量管理制度是否健全等。

质量管理体系经反复审查,并对审查出的问题解决后,才能核准。

二、编制质量管理体系文件

（一）质量管理体系文件的层次及基本内容

质量管理体系文件可以分为几个层次,图2-4所示是常见的典型质量文件层次图。分为三个层次:层次A为质量手册,其内容为按规定的质量方针和目标,以及选用的GB/T 19000（2008）—ISO 9000（2005）系列标准描述质量管理体系;层次B为质量管理体系程序,其内容为描述实施质量管理体系要素所涉及的各职能部门文件;层次C为质量文件,如各种质量表格、报告和作业指导书等详细的作业文件。

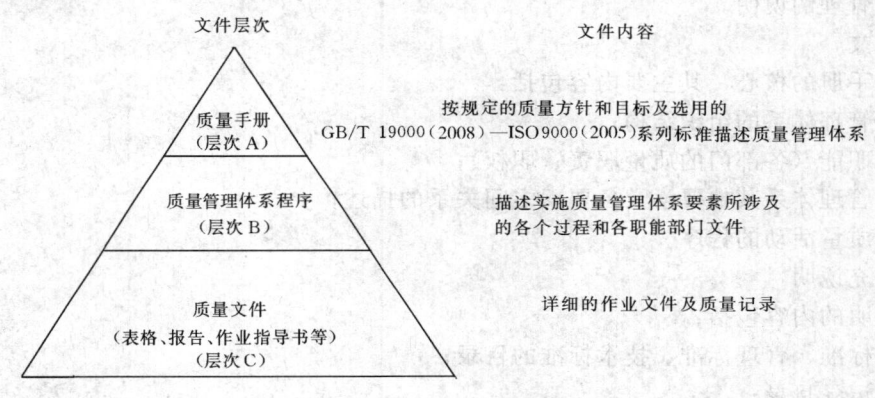

图2-4 典型的质量文件层次图

此外,在合同环境下还应针对特定的产品、服务、合同,编制专门的质量措施、资源和有关活动顺序的专门文件,即质量计划。

（二）质量手册

质量手册是阐明组织的质量方针,并描述其质量管理体系的文件。质量手册是组织进行质量管理的纲领性和系统性文件,也是组织进行质量管理的指导性文件,同时也是组织提供给顾客或第三方（监理单位、认证机构）对其质量管理体系进行评价和证实其质量保证能力的证明和依据。

质量手册一般应包括质量方针和目标,描述全部质量活动包括管理、执行、验证或评审质量活动的人员的责任、权限和他们之间的相互关系,质量管理体系程序和说明,质量手册的评审、修改、控制的规定等内容。

质量手册是同时用于内部质量管理和外部质量保证的文件。

质量手册通常由封面、目录、概述、正文和补充说明五部分组成。

（1）封面

质量手册的封面上应写明下列内容：

①质量手册的标题和适用范围；

②企业名称；

③文件编号；
④手册编号；
⑤版本号（通常以手册发布时间表示）。
(2) 目录
目录应标明章节、内容及页码。
(3) 概述
①批准页：企业领导批准质量管理体系实施的指令、签署及日期、生效日期；
②前言：叙述手册的主题内容、性质、宗旨、编制依据和适用范围；
③企业概况；
④质量方针；
⑤质量手册的引用文件；
⑥手册中引用的术语及缩略语；
⑦手册管理的说明。
(4) 正文
正文是手册的核心，其主要内容包括：
①质量管理体系的组织结构；
②质量职能（各部门的质量职责、职权）；
③质量管理体系其他要素及各要素之间关系的描述；
④各项质量活动的程序。
(5) 补充说明
补充说明的内容包括：
①工作标准、管理标准、技术标准的目录；
②质量记录目录；
③企业质量实践（企业所取得的成绩）的陈述。

(三) 质量管理体系程序

质量管理体系程序也称为工作程序，或简称为程序，它是质量手册的支持性和基础性文件，其内容是完成某项质量活动所规定的工作方法，通常包括5W1H。

按照 GB/T 19001 (2008) —ISO 9001 (2008) 标准实施的质量管理体系，通常至少应包括下列六个程序：

(1) 文件控制程序；
(2) 质量记录控制程序；
(3) 内部质量审核程序；
(4) 不合格控制程序；
(5) 纠正措施程序；
(6) 预防措施程序。

其他程序不作统一规定。但应明确的是，这里所说的质量体系文件是指涉及质量管理体系全局的要素文件，而不是指具体的技术、业务活动的控制程序。对于下列技术性活动的控制程序，还应根据管理的需要来组织编制：

(1) 合同评审程序；
(2) 设计控制和评审程序；
(3) 设计变更程序；

(4) 分供方的选择和评定程序；
(5) 需方提供物资的验证、贮存和保养程序；
(6) 产品标识和可追溯性程序；
(7) 工序和设备的认可程序；
(8) 特殊工序控制程序；
(9) 进货检验和试验程序；
(10) 工序检验和试验程序；
(11) 最终检验和试验程序；
(12) 检验、测量和试验设备的控制、校准和维护程序；
(13) 产品搬运、贮存、包装和交付程序；
(14) 质量记录的标识、收集、编目、归档、贮存、保管和处理程序；
(15) 培训程序；
(16) 回访和服务程序；
(17) 统计技术选定程序。

（四）质量计划

质量计划是针对某项产品、某一项目或合同规定的专门质量措施、资源配备和活动顺序的文件，通常应按照质量手册的有关内容和要求来编制，是质量手册的一部分。例如，针对某个工程项目施工编制的质量计划，就是该项目的施工组织设计。

质量计划的主要内容包括：质量目标、各过程的实施步骤、职责和职权的分配、达到质量目标所应采取的质量保证措施、作业指导书和程序文件等。

施工单位的质量计划编制后应提交建设单位或监理工程师评审。

（五）质量记录

质量记录是已完成的活动或达到的结果。它的作用是证实和追溯，是证明质量管理体系要素及程序已满足质量要求和证明质量管理体系有效性的文件。

对于建筑工程项目，质量记录的内容包括：
(1) 工程预检和隐蔽工程检验资料；
(2) 分项、分部工程验收资料；
(3) 各种试验数据、试验报告、材料试验单、鉴定报告；
(4) 工序质量审核资料、工程质量审核报告、质量管理体系审核报告；
(5) 施工中有关的质量信息记录；
(6) 质量成本报告；
(7) 各种质量管理活动记录和QC小组活动记录。

（六）其他质量文件

其他质量文件还包括：
(1) 施工图纸与变更洽商；
(2) 施工质量责任制；
(3) 技术规范和施工操作规程；
(4) 工序质量控制和管理点；
(5) 检验、试验规定，操作规程和作业程序；
(6) 技术交底和作业指导书；
(7) 有关的质量报告、技术鉴定书；

(8) 有关质量保证的文件和资料。

第五节 质量管理体系的运行

质量管理体系的运行通常分为三个阶段,即准备阶段、试运行阶段、正常运行阶段。

一、准备阶段

质量管理体系运行的准备阶段应进行下列工作:

1. 选定试点项目,制订项目试运行计划。
2. 开展教育培训。首先应制订培训计划,然后按计划开展培训。

(1) 对全体职工进行培训:要求全体职工投入质量管理体系运行中去,在运行岗位上认真按标准操作,达到规定的要求。

(2) 对于一些新的岗位应组织专门的培训。培训对象及相应的培训内容如表 2-6 所示。

各类人员的培训内容　　　　表 2-6

培训对象	质量方针与目标	质量与质量管理体系概念	质量手册、质量计划	投标、合同管理	文件控制	采购控制	需方提供物资控制	施工管理（综合）	检验和试验	质量记录	不合格品控制	质量经济性（质量成本）	统计技术	人员培训
企业领导层	●	●	●		●			●				●		●
相关的职能部门	●	●	●	△	●									●
经营部(投标业务)	●	●	●	●	●	●	●	●	△	△	△	●		
项目经理部									●					
质量控制人员	●	●	●		●	●		●	●	●	●		△	
工程技术人员	●	●	●		●	●		●	●	●	●			
工程分包领导人	●	△	△	×		△	△	△	△	△	△	×		
财务人员	●			△	△	×		×	×	×	×		×	
其他管理人员	●													
班组长	●	△	△		△			△	●	●	●			●
操作工人	●	△	△	×	×	×		△	△	△	△	×	×	

注:●—必学内容;△—部门组织学习;×—不学习;空白—根据需要确定

二、试运行阶段

试运行阶段应进行下列工作:

(1) 质量信息系统开始运作,收集有关的质量信息。

(2) 有计划地对质量管理体系中的重点要素进行监控,观察其程序执行的情况,并与 GB/T 19000—ISO 9000 系列标准的要求进行对比,找出其偏差。

(3) 针对找出的偏差,分析、验证其原因。

(4) 针对原因研究纠正措施。

(5) 下达纠正指令(包括文件修订与下达)。

(6) 通过听取项目经理部、各职能部门、质量管理办公室、各层次人员对质量管理体系运行的意见，有针对性地采取措施，处理存在的问题。

三、正常运行阶段

质量管理体系通过试运行纠正了存在的问题后，即投入正常运行。

在正常运行阶段应开展下列活动：

1. 对过程和产品进行测量和监视

在质量管理体系运行过程中，要对产品实现中的各个过程进行控制和监视，通过对偏离标准的过程的测量和监视所收集的信息进行分析，确定每一个过程满足预定目标的能力，并对过程质量进行评价和确定纠正措施。

同时在产品实现过程的各个阶段设置验证点，对产品进行测量和监视，并且根据验收标准来判定产品是否满足规定的要求，对于不合格品应采取相应的措施进行纠正，如返修、返工等消除不合格的措施，以便保证向顾客提供符合预期要求和期望的产品。

2. 组织协调

质量管理体系的运行是依靠体系中组织机构内各个部门和全体员工共同参与的，所以为了保持质量管理体系有序运行，保证质量管理体系的有效性和效率，各部门及其人员之间的活动必须协调一致。为此，在质量管理体系运行过程中，组织的管理者和管理者代表应做好组织内部和外部的协调工作，使组织内部各层次和各部门的人员都能明确规定的质量要求、目标和完成的情况，对存在的问题和分歧能够取得共识；对组织外部的协作单位和部门，也能相互配合，协调活动，建立起积极的协作互利的关系。

内部关系的协调主要是依靠执行各项规章制度，做好思想政治工作，加强教育培训，提高人员素质；协调的方法有行政方法、合同方法、法治方法等。外部关系的协调主要依靠严格守法、用法，遵守公共道德准则；协调的方法是执行有关的法律、法规和合同。

3. 信息管理

信息管理是质量管理的重要组成部分，是保证质量管理体系运行的有效性和持续改进的基础。在质量管理体系运行中，通过对质量信息的反馈，可以对异常信息进行分析、处理，实施动态控制，使各项质量活动和过程处于受控状态，从而保证质量管理体系的正常运行。

信息管理的内容包括信息的收集、整理、处理、储存、传递和应用，也就是要建立信息的编码系统，明确信息流程，制定信息采集制度，利用高效的信息处理手段进行信息的处理。信息管理的目的就是通过有组织的信息流通，使管理者能及时、准确地获得相应的信息，以作出符合实际的判断和决策。

4. 定期进行内部（和外部）审核

质量管理体系审核的目的是确定质量管理体系要素是否符合规定要求，是否满足法规要求，能否实现质量目标，并为质量管理体系的改进提供意见。

审核人员应该是与被审核部门的工作无直接关系的人员，以保证审核工作及其结果的公正性，同时审核人员还应具备相应的工作能力，具有有关机构颁发的资格证书。

审核的内容一般包括：

（1）质量管理体系的组织结构及其相应的职责和权限；

（2）有关的管理程序和工作程序；

（3）人员、装备和材料；

（4）质量管理体系中各阶段的质量活动；

（5）有关文件、报告和记录。

审核后，审核人员应以书面形式提出建议和纠正措施，并提交给企业领导。

外部审核是由第二方或第三方对质量管理体系所作的审核,它与内部审核的区别如表2-7所示。

5. 质量管理体系的评审

质量管理体系内部审核与外部审核的区别　　　　　　　表2-7

审核类型		委托方	审核方	受审方	审核的依据	审核目的
内审	第一方审核	本组织	本组织或由本组织委托的以组织的名义进行审核的机构	本组织	主要依据质量管理体系文件、适用的法律和法规、质量管理体系标准,此外还有技术标准、合同以及其他与质量有关的文件	1. 使本组织保持适宜、充分和有效的质量体系 2. 作为组织自我合格声明的基础
外审	第二方审核	采购方或供方	采购方或其代表,其认可的第三方	供方	主要依据第二方规定或选用的质量保证标准或质量管理标准,此外还有上述的其他适用文件	确定受审方始终提供合格的产品,满足采购方要求的能力
	第三方审核	受审方或其他组织,如采购方、政府机构	外部独立的审核服务机构,如认证机构	供方	主要依据与委托方商定的质量管理标准,以及适用的法律、法规,此外还有上述的其他适用文件	进行合格评定,提供认证或注册服务

质量管理体系的评审是在质量管理体系审核的基础上,由企业的领导对质量管理体系的现状是否符合满足质量方针的要求和质量管理体系运行的有效性进行的评审。当市场情况,企业的组织机构、职责、权限产生变化和发生重大质量与安全事故时,也应对质量管理体系进行评审。

质量管理体系评审的依据是:

(1) 质量管理体系审核(包括内部审核和外部审核)的结果;
(2) 顾客与相关方需求和期望满意度的测量结果;
(3) 过程的业绩;
(4) 产品符合性的分析;
(5) 纠正和预防措施方面的情况;
(6) 上次评审所确定的措施的实施情况;
(7) 质量活动的财务效果;
(8) 相关法律和法规的变化情况。

质量管理体系评审的内容主要包括:

(1) 质量管理体系达到质量方针和目标方面的有效性;
(2) 根据质量管理体系审核的结果,质量管理体系需要进行哪些修改和改进;
(3) 随着市场环境和技术环境的变化,质量管理体系需要修改和改进的措施。

第六节　产品质量认证和质量管理体系认证

质量认证分为产品质量认证和质量管理体系认证两种,质量认证是由第三方对供方的产品和质量管理体系进行评定和给予书面保证(合格证书)的一种活动。

一、产品质量认证

产品质量认证是由国家质量监督检验检疫总局产品认证机构国家认可委员会认可的产品认证机构对供方的产品进行认证的活动,通过认证的产品发给认证证书,并可使用认证的标志。产品认证标志可以印在产品的包装上和产品上。产品的认证标志分为方圆标志、长城标志和PRC标志三种。如图2-5所示。

(a)　　　　　　　　　(b)

(c)　　　　　　　　　(d)

图 2-5　产品质量认证标志
(a)、(b) 方圆标志；(c) 长城标志；(d) PRC 标志

产品质量认证分为产品合格认证和产品安全认证两种，对于建筑用水泥、玻璃、混凝土预制构件、钢铝门窗、建筑材料（如涂料、装饰材料、卫生洁具材料等）可进行产品合格认证，产品合格认证由企业自愿进行；国家规定，与人身安全有关的产品必须进行产品安全认证，如电线电缆、电动工具、低压电具、建筑用电梯、锅炉、压力容器等产品。产品质量认证标志中的方圆标也分为合格认证标志［图 2-5（a）］和安全认证标志［图 2-5（b）］，而长城认证标志［图 2-5（c）］为电工产品的专用认证标志，PRC 认证标志［图 2-5（d）］则为电子元器件专用认证标志。

通过质量认证的产品具有较高的信誉和可靠的质量保证，因此受到顾客的欢迎。

二、质量管理体系认证

质量管理体系的认证是根据有关的 GB/T 19001（2008）—ISO 9001（2008）标准，由第三方（质量管理体系认证机构）对供方的质量管理体系进行评定和注册。

（一）质量管理体系认证的意义

1. 有利于企业提高自身素质和质量管理能力，增加企业的效益。

2. 有利于提高企业的信誉，增强竞争能力，促进企业的发展。

3. 有利于企业参与国内外市场的竞争。

（二）质量管理体系认证的先决条件

企业在申请质量管理体系认证之前，应完成下列工作：

1. 已按照 GB/T 19000（2008）—ISO 9000（2005）系列标准建立了质量管理体系，并已开始运行。

2. 已按照 GB/T 19000（2008）—ISO 9000（2005）系列标准编制了质量手册、质量管理体系程序文件、质量计划等一系列质量文件，并已经批准和执行。

3. 已任命一批经过培训的内部质量管理体系审核员，并已取得有关单位颁发的资格证书。

(三) 质量管理体系认证的依据

认证机构对企业质量管理体系进行认证的依据是：

1. GB/T 19000 (2008) —ISO 9000 (2005) 系列标准；

2. 质量管理体系的有关文件；

3. 企业与顾客签订的合同；

4. 现行的国家和行业的有关法规。

(四) 质量管理体系认证的基本内容

质量管理体系认证的基本内容有：

1. 质量方针和目标是否阐述清楚，是否为广大职工认可和理解。

2. 质量管理的组织机构是否健全和完善，各部门、各岗位和各个职工的职责、权限的分配是否明确和合理。

3. 企业各部门、各专业、各工种的接口如何协调，由谁协调。

4. 质量管理体系是否符合企业的性质和实际以及产品的特点。

5. 质量管理体系文件是否完整和切实可行，是否按规定进行编制、修改、审定、批准、发放和管理。

6. 企业的各项管理制度和措施是否得到贯彻执行。

7. 如何对产品质量形成的全过程进行控制和纠正，如何进行质量的检验与验证。

8. 企业的管理工作与现场工作是否协调一致。

9. 企业与协作厂家（分包单位）在质量责任和权限上是否明确。

10. 企业与顾客在履行合同方面的情况。

(五) 质量管理体系认证的程序

质量管理体系认证的程序如下：

第一步 企业提出质量管理体系认证申请

1. 企业向认证机构提出认证申请；

2. 认证机构审查申请表（如有需要可索取补充材料），决定是否接受申请，并将结果及时通知企业。

第二步 认证机构对企业进行初步非正式访问

1. 认证机构派出人员对企业进行非正式访问，了解企业的规模和生产特点。

2. 认证机构根据了解的企业情况确定评审小组需要配备的专业技术人员的类型和人数，评审的工作量和评审时间安排。

3. 双方商定认证费用。

第三步 选定认证标准

认证机构根据企业申请的内容选定认证的标准。

第四步 认证机构正式提出评定费用

评定费用包括：评审费、监督费和评审人员的差旅费。

第五步 企业提供质量手册和质量管理体系评定附件

1. 质量手册及附件，实施质量管理体系的所有有关记录。

2. 企业派专人协助认证机构的评审工作。

第六步 认证机构审定质量管理体系文件

认证机构审定质量管理体系文件，并将审定意见及时通知企业，企业按认证机构提出的意见对质量管理体系文件进行修改和完善。

第七步 企业做好认证前的准备工作

第八步 对质量管理体系进行初评

1. 举行初次会议，明确评定的程序，了解有关的问题，确定双方联系的方式和有关的保密措施。
2. 听取企业及各部门负责人的汇报。
3. 深入现场了解工序的操作情况，调查企业的质量管理体系是否符合要求。
4. 召开评定小组会议，讨论调查结果，提出问题。
5. 认证机构就调查结果向企业提出书面报告，明确评审结果；指出不符合规定的地方，要求企业限期改正。

第九步 对质量管理体系进行复评

1. 企业向认证机构提出经过修改、补充和完善后的质量管理体系文件。
2. 评审小组进行复评，可以只评审修改后的质量管理体系文件，也可以再次到企业进行复评。

第十步 批准注册

认证机构根据评审小组的推荐，同意批准注册，并颁发证书或使用认证机构规定的标志。企业有权在专用信封或广告上使用"注册过的企业"的标志（但不得在产品上使用）。

第十一步 对质量管理体系实施监督

质量管理体系注册的有效期为3年，在此期限内认证机构每年对质量管理体系的实施进行1～2次监督，以保持质量管理体系的适用性。

质量管理体系认证的程序如图2-6所示。

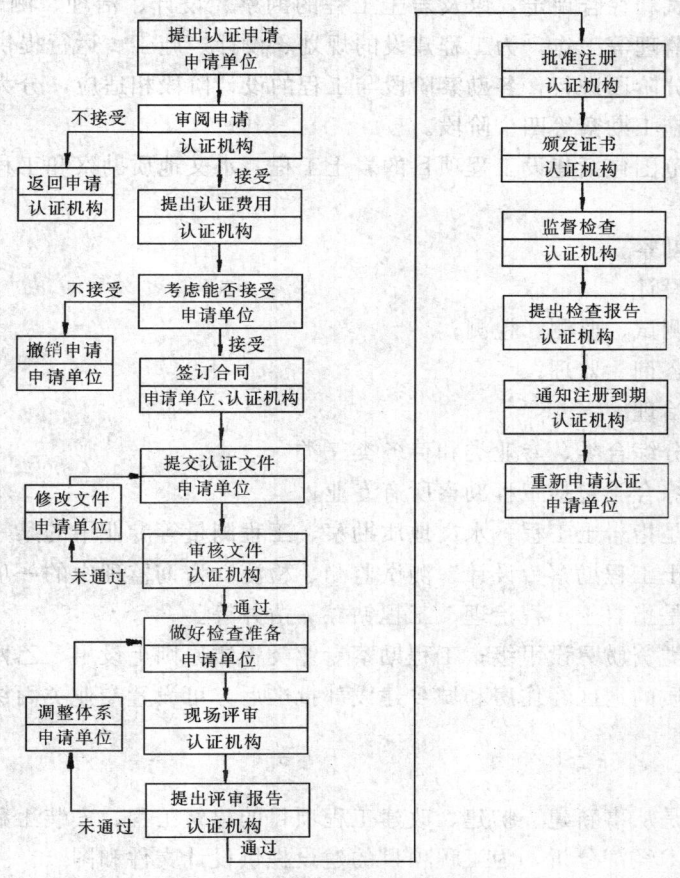

图2-6 质量管理体系认证程序图

第三章　承包单位的资质

承包单位的资质反映了承包单位人员的素质、技术与管理水平、技术装备、实践经验和以往业绩，反映了承包单位承包工程项目的能力，是判别承包单位是否具备承包工程项目资格和能否按规定质量要求完成工程项目的重要依据。所以在招标阶段及施工准备阶段应对承包单位和分包单位的资质进行核查，以便优选承包单位。

第一节　承包单位的资质管理

一、承包单位资质的分类

承包单位可根据其业务性质和范围分为勘察（勘测）单位、设计单位、房地产开发单位和施工单位等四类。

（一）勘察（勘测）单位

工程勘察（勘测）单位主要是以各种勘察手段和方法，从事地形、地质、水文地质要素的测绘、勘探、测试和综合评定，以及岩土工程的勘察、设计、治理、测试、检测和监测，岩土工程的咨询、监理等工作，为工程建设的规划、设计、施工、运行提供所需的资料。

工程勘察一般分阶段进行，各勘察阶段与工程的设计阶段相适应，分为选址勘察、初步勘察、详细勘察和施工勘察等四个阶段。

工程勘察资质范围包括建设工程项目的岩土工程、水文地质勘察和工程测量等专业，其中岩土工程专业是指：

(1) 岩土工程勘察；

(2) 岩土工程设计；

(3) 岩土工程测试、监测、检测；

(4) 岩土工程咨询、监理；

(5) 岩土工程治理。

工程勘察资质分综合类、专业类和劳务类三类：

(1) 综合类。综合类包括工程勘察所有专业；

(2) 专业类。是指岩土工程、水文地质勘察、工程测量等专业中的某一项，其中岩土工程专业类可以是岩土工程勘察、设计、测试监测、检测、咨询监理中的一项或全部；

(3) 劳务类。是指岩土工程治理、工程钻探、凿井等。

工程勘察综合类资质只设甲级；工程勘察专业类资质原则上设甲、乙两个级别，确有必要设置丙级勘察资质的地区经住房和城乡建设部批准后方可设置专业类丙级；工程勘察劳务资质不分级别。

（二）设计单位

设计单位主要是从事新建、扩建、改建工程项目的建筑工程、安装工程、公用工程、环境工程的设计和技术经济分析，为工程项目的建设提供设计文件和图纸。

设计单位可根据其专业性质分为21个行业，即煤炭、化工石化医药（含石化、化工、医药）、石油天然气、电力（含火电、水电、核电、新能源）、冶金（含冶金、有色、黄金）、军工（含航天、航空、兵器、船舶）、机械、商物粮（含商业、物资、粮食）、核工业、电子通信广电（含电子、通信、广播电影电视）、轻纺（含轻工、纺织）、建材、铁道、公路、水运、民航、市政公用、海洋、水利、农林（含农业、林业）、建筑（含建筑、人防）等专业。

（三）施工单位

施工单位是主要从事工程项目施工的单位，根据其对工程的承包能力，可分为施工总承包企业、专业承包企业和劳务分包企业三类。

施工总承包企业可以对工程实行总承包或者对主体工程实行施工承包，可以对所承接的工程全部自行施工，也可以将非主体工程或者劳务作业分包给具有相应专业承包资质或者劳务分包资质的其他建筑企业。

专业承包企业可以承接施工总承包企业分包的专业工程或者建设单位按照规定发包的专业工程，可以对承接的工程全部自行施工，也可以将劳务作业分包给具有相应劳务分包资质的劳务分包企业。

劳务分包企业可以承接施工总承包企业或者专业承包企业分包的劳务作业。

二、承包单位资质等级

施工总承包企业的资质分为特级、一级、二级和三级四个等级。

设计单位的资质分为甲级、乙级、丙级三个等级。

工程勘察综合类资质只设甲级，工程勘察专业类资质设甲级、乙级两个等级。

三、承包单位资质等级的审批

施工总承包企业中的特级和一级企业、专业承包企业中的一级企业资质经省级建设行政主管部门审核同意后，由国务院建设行政主管部门审批；其中铁道、交通、水利、信息产业、民航等方面的建筑企业资质，由省级建设行政主管部门商请同级有关部门审核同意后，报国务院建设行政主管部门，经国务院有关部门初审同意后，由国务院建设行政主管部门审批。

施工总承包企业和专业承包企业中的二级及二级以下企业的资质，由企业注册所在地省、自治区、直辖市人民政府建设行政主管部门审批；其中交通、水利、通信等方面的建筑企业资质，由省、自治区、直辖市人民政府建设行政主管部门征得同级有关部门初审同意后审批。

劳务分包企业的资质由企业所在地省、自治区、直辖市人民政府建设行政主管部门审批。

企业的资质审查合格后，由相应的资质管理部门发给《建筑企业资质证书》。

对于房地产开发企业的资质，由各省、自治区、直辖市人民政府建设行政主管部门审批，审批后发给《房地产开发经营企业资质证书》。

勘测设计单位的资质也实行分级审批，甲级和乙级单位的资质由国务院建设行政主管部门商国务院有关专业部门审批；丙级和丁级单位的资质由各省、自治区、直辖市、计划单列市人民政府建设行政主管部门商地方有关专业部门审批，审批后发给《工程勘察证书》、《工程设计证书》，其中《工程设计证书》包括《专项工程设计证书》。

四、承包单位资质等级标准

施工总承包企业的资质等级标准及其相应的承包工程范围，由各专业归口部门制定，共分34个类别；专业承包企业的资质等级标准由各省、自治区、直辖市人民政府建设行政主管部门自定。

（一）房屋建筑工程施工总承包企业资质等级标准和承包工程范围

房屋建筑工程施工总承包企业资质分为特级、一级、二级、三级。

1. 特级资质标准

（1）企业资信能力

1）企业注册资本金 3 亿元以上。

2）企业净资产 3.6 亿元以上。

3）企业近 3 年上缴建筑业营业税均在 5 000 万元以上。

4）企业银行授信额度近三年均在 5 亿元以上。

（2）企业主要管理人员和专业技术人员要求

1）企业经理具有 10 年以上从事工程管理工作经历。

2）技术负责人具有 15 年以上从事工程技术管理工作经历，且具有工程序列高级职称及一级注册建造师或注册工程师执业资格；主持完成过两项及以上施工总承包一级资质要求的代表工程的技术工作或甲级设计资质要求的代表工程或合同额 2 亿元以上的工程总承包项目。

3）财务负责人具有高级会计师职称及注册会计师资格。

4）企业具有注册一级建造师（一级项目经理）50 人以上。

5）企业具有本类别相关的行业工程设计甲级资质标准要求的专业技术人员。

（3）科技进步水平

1）企业具有省部级（或相当于省部级水平）及以上的企业技术中心。

2）企业近 3 年科技活动经费支出平均达到营业额的 0.5% 以上。

3）企业具有国家级工法 3 项以上；近 5 年具有与工程建设相关的，能够推动企业技术进步的专利 3 项以上，累计有效专利 8 项以上，其中至少有一项发明专利。

4）企业近 10 年获得过国家级科技进步奖项或主编过工程建设国家或行业标准。

5）企业已建立内部局域网或管理信息平台，实现了内部办公、信息发布、数据交换的网络化；已建立并开通了企业外部网站；使用了综合项目管理信息系统和人事管理系统、工程设计相关软件，实现了档案管理和设计文档管理。

（4）代表工程业绩

近 5 年承担过下列 5 项工程总承包或施工总承包项目中的 3 项，工程质量合格。

1）高度 100m 以上的建筑物；

2）28 层以上的房屋建筑工程；

3）单体建筑面积 5 万 m² 以上房屋建筑工程；

4）钢筋混凝土结构单跨 30m 以上的建筑工程或钢结构单跨 36m 以上房屋建筑工程；

5）单项建安合同额 2 亿元以上的房屋建筑工程。

2. 一级资质标准

（1）企业近 5 年承担过下列 6 项中的 4 项以上工程的施工总承包或主体工程承包，工程质量合格。

1）28 层以上的房屋建筑工程；

2）高度 100m 以上的构筑物或建筑物；

3）单体建筑面积 3 万 m² 以上的房屋建筑工程；

4）单跨跨度 30m 以上的房屋建筑工程；

5）建筑面积 10 万 m^2 以上的住宅小区或建筑群体；

6）单项建安合同额 1 亿元以上的房屋建筑工程。

（2）企业经理具有 10 年以上从事工程管理工作经历或具有高级职称；总工程师具有 10 年以上从事建筑施工技术管理工作经历并具有本专业高级职称；总会计师具有高级会计职称；总经济师具有高级职称。

企业有职称的工程技术和经济管理人员不少于 300 人，其中工程技术人员不少于 200 人，工程技术人员中，具有高级职称的人员不少于 10 人，具有中级职称的人员不少于 60 人。

企业具有的一级资质项目经理不少于 12 人。

（3）企业注册资本金 5 000 万元以上，企业净资产 6 000 万元以上。

（4）企业近 3 年最高年工程结算收入 2 亿元以上。

（5）企业具有与承包工程范围相适应的施工机械和质量检测设备。

3. 二级资质标准

（1）企业近 5 年承担过下列 6 项中的 4 项以上工程的施工总承包或主体工程承包，工程质量合格。

1）12 层以上的房屋建筑工程；

2）高度 50m 以上的构筑物或建筑物；

3）单体建筑面积 1 万 m^2 以上的房屋建筑工程；

4）单跨跨度 21m 以上的房屋建筑工程；

5）建筑面积 5 万 m^2 以上的住宅小区或建筑群体；

6）单项建安合同额 3 000 万元以上的房屋建筑工程。

（2）企业经理具有 8 年以上从事工程管理工作经历或具有中级以上职称；技术负责人具有 8 年以上从事建筑施工技术管理工作经历并具有本专业高级职称；财务负责人具有中级以上会计职称。

企业有职称的工程技术和经济管理人员不少于 150 人，其中工程技术人员不少于 100 人；工程技术人员中，具有高级职称的人员不少于 2 人，具有中级职称的人员不少于 20 人。

企业具有的二级资质以上项目经理不少于 12 人。

（3）企业注册资本金 2 000 万元以上，企业净资产 2 500 万元以上。

（4）企业近 3 年最高年工程结算收入 8 000 万元以上。

（5）企业具有与承包工程范围相适应的施工机械和质量检测设备。

4. 三级资质标准

（1）企业近 5 年承担过下列 5 项中的 3 项以上工程的施工总承包或主体工程承包，工程质量合格。

1）6 层以上的房屋建筑工程；

2）高度 25m 以上的构筑物或建筑物；

3）单体建筑面积 5 000m^2 以上的房屋建筑工程；

4）单跨跨度 15m 以上的房屋建筑工程；

5）单项建安合同额 500 万元以上的房屋建筑工程。

（2）企业经理具有 5 年以上从事工程管理工作经历；技术负责人具有 5 年以上从事建筑施工技术管理工作经历并具有本专业中级以上职称；财务负责人具有初级以上会计职称。

企业有职称的工程技术和经济管理人员不少于50人,其中工程技术人员不少于30人;工程技术人员中,具有中级以上职称的人员不少于10人。

企业具有的三级资质以上项目经理不少于10人。

(3) 企业注册资本金600万元以上,企业净资产700万元以上。

(4) 企业近3年最高年工程结算收入2 400万元以上。

(5) 企业具有与承包工程范围相适应的施工机械和质量检测设备。

5．承包工程范围

(1) 特级企业

1) 取得施工总承包特级资质的企业可承担本类别各等级工程施工总承包、设计及开展工程总承包和项目管理业务。

2) 取得房屋建筑、公路、铁路、市政公用、港口与航道、水利水电等专业中任意1项施工总承包特级资质和其中2项施工总承包一级资质,即可承接上述各专业工程的施工总承包、工程总承包和项目管理业务,及开展相应设计主导专业人员齐备的施工图设计业务。

3) 取得房屋建筑、矿山、冶炼、石油化工、电力等专业中任意1项施工总承包特级资质和其中2项施工总承包一级资质,即可承接上述各专业工程的施工总承包、工程总承包和项目管理业务,及开展相应设计主导专业人员齐备的施工图设计业务。

4) 特级资质的企业,限承担施工单项合同额3 000万元以上的房屋建筑工程。

(2) 一级企业

可承担单项建安合同额不超过企业注册资本金5倍的下列房屋建筑工程的施工:

1) 40层及以下、各类跨度的房屋建筑工程。

2) 高度240m及以下的构筑物。

3) 建筑面积20万m^2及以下的住宅小区或建筑群体。

(3) 二级企业

可承担单项建安合同额不超过企业注册资本金5倍的下列房屋建筑工程的施工:

1) 28层及以下、单跨跨度36m及以下的房屋建筑工程。

2) 高度120m及以下的构筑物。

3) 建筑面积12万m^2及以下的住宅小区或建筑群体。

(4) 三级企业

可承担单项建安合同额不超过企业注册资本金5倍的下列房屋建筑工程的施工:

1) 14层及以下、单跨跨度24m及以下的房屋建筑工程。

2) 高度70m及以下的构筑物。

3) 建筑面积6万m^2及以下的住宅小区或建筑群体。

注：房屋建筑工程是指工业、民用与公共建筑(建筑物、构筑物)工程。工程内容包括地基与基础工程,土石方工程,结构工程,屋面工程,内、外部的装修装饰工程,上下水、供暖、电器、卫生洁具、通风、照明、消防、防雷等安装工程。

(二) 水利水电工程施工总承包企业资质等级标准和承包工程范围

水利水电工程施工总承包企业资质分为特级、一级、二级、三级。

1．特级资质标准

(1) 企业注册资本金3亿元以上。

(2) 企业净资产3.6亿元以上。

(3) 企业近 3 年年平均工程结算收入 15 亿元以上。
(4) 企业其他条件均达到一级资质标准。

2. 一级资质标准

(1) 企业近 10 年承担过下列 6 项中的 3 项以上所列工程的施工，其中至少有 1 项是①、②中的工程，工程质量合格。

①库容 10 亿 m^3 以上或坝高 80m 以上大坝 1 座，或库容 1 亿 m^3 以上或坝高 60m 以上大坝 2 座；

②过闸流量＞3 000m^3/s 的拦河闸 1 座，或过闸流量＞1 000m^3/s 的拦河闸 2 座；

③总装机容量 300MW 以上水电站 1 座，或总装机容量 100MW 以上水电站 2 座；

④总装机容量 10MW 以上灌溉、排水泵站 1 座，或总装机容量 5MW 以上灌溉、排水泵站 2 座；

⑤洞径＞8m、长度＞3 000m 的水工隧洞 1 个，或洞径＞6m、长度＞2 000m 的水工隧洞 2 个；

⑥年完成水工混凝土浇筑 50 万 m^3 以上或坝体土石方填筑 120 万 m^3 以上或岩基灌浆 12 万 m 以上或防渗墙成墙 8 万 m^2 以上。

(2) 企业经理具有 10 年以上从事工程管理工作经历或具有高级职称；总工程师具有 10 年以上从事施工管理工作经历并具有本专业高级职称；总会计师具有高级会计职称；总经济师具有高级职称。

企业有职称的工程技术和经济管理人员不少于 220 人，其中工程技术人员不少于 160 人；工程技术人员中，具有本专业高级职称的人员不少于 15 人，具有本专业中级职称的人员不少于 60 人。

企业具有的本专业一级资质项目经理不少于 15 人。

(3) 企业注册资本金 5 000 万元以上，企业净资产 6 000 万元以上。

(4) 企业近 3 年最高年工程结算收入 2 亿元以上。

(5) 企业具有与承担大型拦河闸、坝、水工混凝土、水工隧洞、渡槽、倒虹吸及桥梁、地基处理、岩土工程、水轮发电机组安装相适应的施工机械和质量检测设备。

3. 二级资质标准

(1) 企业近 10 年承担过下列 6 项中的 3 项以上所列工程的施工，其中至少有 1 项是①、②中的工程，工程质量合格。

①库容 1 亿 m^3 以上或坝高 50m 以上大坝 1 座，或库容 1 000 万 m^3 以上或坝高 40m 以上大坝 2 座；

②过闸流量＞1 000m^3/s 的拦河闸 1 座，或过闸流量＞100m^3/s 的拦河闸 2 座；

③总装机容量 50MW 以上水电站 1 座，或总装机容量 10MW 以上水电站 2 座；

④总装机容量 1MW 以上灌溉、排水泵站 1 座，或总装机容量 500kW 以上灌溉、排水泵站 2 座；

⑤洞径＞6m、长度＞2 000m 的水工隧洞 1 个；

⑥年完成水工混凝土浇筑 20 万 m^3 以上或坝体土石方填筑 60 万 m^3 以上或岩基灌浆 6 万 m 以上或防渗墙成墙 4 万 m^2 以上。

(2) 企业经理具有 8 年以上从事工程管理工作经历或具有中级以上职称；技术负责人具有 8 年以上从事施工管理工作经历并具有本专业高级职称；财务负责人具有中级以上会计

职称。

企业有职称的工程技术和经济管理人员不少于 160 人，其中工程技术人员不少于 100 人；工程技术人员中，具有本专业高级职称的人员不少于 8 人，具有本专业中级职称的人员不少于 40 人。

企业具有的本专业二级资质以上项目经理不少于 10 人。

(3) 企业注册资本金 2 000 万元以上，企业净资产 2 500 万元以上。

(4) 企业近 3 年最高年工程结算收入 1 亿元以上。

(5) 企业具有与承担中型拦河闸、坝、水工混凝土、水工隧洞、渡槽、倒虹吸及桥梁、地基处理、岩土工程相适应的施工机械和质量检测设备。

4. 三级资质标准

(1) 企业近 10 年承担过下列 6 项中的 3 项以上所列工程的施工，其中至少有 1 项是①、②中的工程，工程质量合格。

①库容 100 万 m^3 以上大坝 1 座；

②过闸流量＞20m^3/s 的拦河闸 1 座；

③总装机容量 5MW 以上水电站 1 座；

④总装机容量 0.1MW 以上灌溉、排水泵站 1 座；

⑤洞径＞4m、长度＞1 500m 的水工隧洞 1 个；

⑥年完成水工混凝土浇筑 3 万 m^3 以上或坝体土石方填筑 20 万 m^3 以上或岩基灌浆 2 万 m 以上或防渗墙成墙 1 万 m^2 以上。

(2) 企业经理具有 6 年以上从事工程管理工作经历或具有中级以上职称；技术负责人具有 6 年以上从事施工管理工作经历并具有本专业中级以上职称；财务负责人具有初级以上会计职称。

企业有职称的工程技术和经济管理人员不少于 50 人，其中工程技术人员不少于 30 人；工程技术人员中，具有本专业中级以上职称的人员不少于 10 人。

企业具有的本专业三级资质以上项目经理不少于 6 人。

(3) 企业注册资本金 600 万元以上，企业净资产 720 万元以上。

(4) 企业近 3 年最高年工程结算收入 2 000 万元以上。

(5) 企业具有与承包工程范围相适应的施工机械和质量检测设备。

5. 承包工程范围

(1) 特级企业。可承担各种类型水利水电工程的施工总承包。

(2) 一级企业。可承担单项合同额不超过企业注册资本金 5 倍的各种类型水利水电工程的施工总承包。工程内容包括：不同类型的大坝、电站厂房、引水和泄水建筑物、通航建筑物、基础工程、导截流工程、砂石料生产、水轮发电机组、输变电工程的建筑安装；金属结构制作安装；压力钢管、闸门制作安装。

(3) 二级企业。可承担单项合同额不超过企业注册资本金 5 倍的下列工程的施工总承包：库容 1 亿 m^3、装机容量 100MW 及以下水利水电工程及辅助生产设施的建筑、安装和基础工程施工。工程内容包括：不同类型的大坝、电站厂房、引水和泄水建筑物、通航建筑物、基础工程、导截流工程、砂石料生产、水轮发电机组、输变电工程的建筑安装；金属结构制作安装；压力钢管、闸门制作安装；堤防加高加固、泵站、涵洞、隧道、施工公路、桥梁、河道疏浚、灌溉、排水工程施工。

（4）三级企业。可承担单项合同额不超过企业注册资本金 5 倍的下列工程的施工总承包：库容 1 000 万 m^3、装机容量 10MW 及以下水利水电工程及辅助生产设施的建筑、安装和基础工程施工。工程内容包括：不同类型的大坝、电站厂房、引水和泄水建筑物、通航建筑物、基础工程、导截流工程、砂石料生产、水轮发电机组、输变电工程的建筑安装；金属结构制作、安装；压力钢管、闸门制作安装；堤防加高加固、泵站、涵洞、隧道、施工公路、桥梁、河道疏浚、灌溉、排水工程施工。

（三）电力工程施工总承包企业资质等级标准和承包工程范围

电力工程施工总承包企业资质分为特级、一级、二级、三级。

1. 特级资质标准

（1）企业注册资本金 3 亿元以上。

（2）企业净资产 3.6 亿元以上。

（3）企业近 3 年年平均工程结算收入 15 亿元以上。

（4）企业其他条件达到一级资质标准。

2. 一级资质标准

（1）企业近 5 年承担过下列 5 项中的 2 项以上所列工程的施工总承包或主体工程承包，工程质量合格。

1) 累计电站装机容量 150 万 kW 以上；

2) 单机容量 60 万 kW 机组，或 2 台单机容量 30 万 kW 机组，或 4 台单机容量 20 万 kW 机组整体工程；

3) 单机容量 30 万 kW 以上核电站核岛或常规岛整体工程；

4) 330kV 以上送电线路 300km 或 220kV 以上送电线路 500km；

5) 330kV 以上电压等级变电站 2 座或 220kV 电压等级变电站 5 座。

（2）企业经理具有 10 年以上从事工程管理工作经历或具有高级职称；总工程师具有 10 年以上从事电力工程施工技术管理工作经历并具有本专业高级职称；总会计师具有高级会计师职称；总经济师具有高级职称。

企业有职称的工程技术和经济管理人员不少于 200 人，其中工程技术人员不少于 150 人；工程技术人员中，具有中级以上职称的人员不少于 100 人。

企业具有的一级资质项目经理不少于 20 人。

（3）企业注册资本金 7 000 万元以上，企业净资产 8 400 万元以上。

（4）企业近 3 年最高年工程结算收入 2.5 亿元以上。

（5）企业具有与承包工程范围相适应的施工机械和质量检测设备。

3. 二级资质标准

（1）企业近 5 年承担过下列 4 项中的 2 项以上所列工程的施工总承包或主体工程承包，工程质量合格。

1) 累计电站装机容量 100 万 kW 以上；

2) 2 台单机容量 20 万 kW 机组或 4 台单机容量 10 万 kW 机组整体工程；

3) 220kV 以上送电线路 400km 或 110kV 以上送电线路 600km；

4) 220kV 以上电压等级变电站 4 座或 110kV 以上电压等级变电站 6 座。

（2）企业经理具有 8 年以上从事工程管理工作经历或具有中级职称；技术负责人具有 8 年以上从事电力工程施工技术管理工作经历并具有本专业高级职称；财务负责人具有中级以

上会计职称。

企业有职称的工程技术和经济管理人员不少于150人，其中工程技术人员不少于100人；工程技术人员中，具有中级以上职称的人员不少于60人。

企业具有的二级资质以上项目经理不少于15人。

（3）企业注册资本金4 000万元以上，企业净资产4 800万元以上。

（4）企业近3年最高年工程结算收入1.5亿元以上。

（5）企业具有与承包工程范围相适应的施工机械和质量检测设备。

4．三级资质标准

（1）企业近5年承担过下列4项中的2项以上所列工程的施工总承包或主体工程承包，工程质量合格。

1）累计电站装机容量50万kW以上；

2）单机容量20万kW以上机组或2台10万kW以上机组整体工程；

3）110kV以上送电线路500km工程；

4）110kV以上电压等级变电站4座。

（2）企业经理具有5年以上从事电力工程管理工作经历；技术负责人具有5年以上从事电力工程施工技术管理工作经历并具有本专业中级以上职称；财务负责人具有初级以上会计职称。

企业有职称的工程技术和经济管理人员不少于80人，其中工程技术人员不少于50人；工程技术人员中，具有中级以上职称的人员不少于30人。

企业具有的三级资质以上项目经理不少于6人。

（3）企业注册资本金2 000万元以上，企业净资产2 400万元以上。

（4）企业近3年最高年工程结算收入5 000万元以上。

（5）企业具有与承包工程范围相适应的施工机械和质量检测设备。

5．承包工程范围

（1）特级企业。可承担各种类型的火电厂（含燃煤、燃气、燃油）、风力电站、太阳能电站、核电站及辅助生产设施；各种电压等级的送电线路和变电站整体工程施工总承包。

（2）一级企业。可承担单项合同额不超过企业注册资本金5倍的各种类型火电厂（含燃煤、燃气、燃油）、风力电站、太阳能电站、核电站及辅助生产设施；各种电压等级的送电线路和变电站整体工程施工总承包。

（3）二级企业。可承担单项合同额不超过企业注册资本金5倍的单机容量20万kW及以下的机组整体工程、220kV及以下送电线路及相同电压等级的变电站整体工程施工总承包。

（4）三级企业。可承担单项合同额不超过企业注册资本金5倍的单机容量10万kW及以下的机组整体工程、110kV及以下送电线路及相同电压等级的变电站整体工程施工总承包。

注：电力工程包括火电站、核电站、风力电站、太阳能电站工程，送变电工程。根据企业施工业绩，对承包工程范围相应加以限制。

（四）公路工程施工总承包企业资质等级标准和承包工程范围

公路工程施工总承包企业资质分为特级、一级、二级、三级。

1. 特级资质标准

(1) 企业注册资本金3亿元以上。
(2) 企业净资产3.6亿元以上。
(3) 企业近3年年平均公路工程结算收入15亿元以上。
(4) 企业其他条件平均达到一级资质标准。

2. 一级资质标准

(1) 企业近10年承担过下列4项中的3项以上所列工程的施工，工程质量合格。
1) 累计修建一级以上公路路基100km以上；
2) 累计修建高级路面400万m^2以上；
3) 累计修建单座桥长≥500m或单跨跨度≥100m的公路特大桥6座以上；
4) 完成过单项合同额1亿元以上的公路工程3个以上。

(2) 企业经理具有10年以上从事工程管理工作经历或具有高级职称；总工程师具有15年以上从事公路工作施工技术管理工作经历并具有本专业高级职称；总会计师具有高级会计职称；总经济师具有高级职称。

企业有职称的工程技术和经济管理人员不少于300人，其中工程技术人员不少于200人。工程技术人员中，具有高级职称的人员不少于20人，其中具有公路工程系列高级职称的人员不少于15人；具有中级职称的人员不少于80人，其中具有公路工程系列中级职称的人员不少于50人。

企业具有的本专业一级资质项目经理不少于15人。

(3) 企业注册资本金6 000万元以上，企业净资产8 000万元以上。
(4) 企业近3年最高年公路工程结算收入4亿元以上。
(5) 企业具有与承包工程范围相适应的施工机械和质量检测设备，并至少具有：
1) 160t/h以上沥青混凝土拌合设备3台，120m^3/h水泥混凝土拌合设备及60t/h以上水泥混凝土拌合设备各1台或60t/h以上水泥混凝土拌合设备3台，300t/h以上稳定土拌合设备4台。
2) 摊铺宽度12m的沥青混凝土摊铺设备2台，摊铺宽度8m以上的沥青混凝土摊铺设备4台。
3) 120kW以上平地机5台。
4) 1m^3以上挖掘机5台。
5) 100kW以上推土机5台。
6) 各型压路机20台（其中沥青混凝土压实设备10台，大型土方振动压实设备10台）。
7) 扭矩200kN·m以上的钻机2台。
8) 80吨以上自行式架桥机2套。
9) 50吨以上吊车3台。
10) 水泥混凝土泵车4台。
11) 隧道凿岩台车2台，水泥混凝土喷射泵4台，压浆设备2台。

3. 二级资质标准

(1) 企业近10年承担过下列4项中的3项以上所列工程的施工，工程质量合格。
1) 累计修建二级以上公路路基150km以上。
2) 累计修建高级、次高级路面200万m^2以上。
3) 累计修建单座桥长≥100m，或单跨跨度≥40m的公路大桥4座以上。

4）完成过单项合同额 5 000 万元以上的公路工程 3 项以上。

（2）企业经理具有 8 年以上从事工程管理工作经历或具有中级以上职称；技术负责人具有 10 年以上从事公路工程施工技术管理工作经历，具有本专业高级职称；财务负责人具有中级以上会计职称。

企业有职称的工程技术和经济管理人员不少于 180 人，其中工程技术人员不少于 120 人；工程技术人员中，具有公路工程系列高级职称的人员不少于 10 人，具有公路工程系列中级职称的人员不少于 30 人。

企业具有的本专业二级资质以上项目经理不少于 10 人。

（3）企业注册资本金 3 600 万元以上，企业净资产 4 000 万元以上。

（4）企业近 3 年最高公路工程结算收入 2 亿元以上。

（5）企业具有与承包工程范围相适应的施工机械和质量检测设备，并至少具有：

1）120t/h 以上沥青混凝土拌合设备 1 台，60m³/h 以上水泥混凝土拌合设备 1 台，300t/h 以上稳定土拌合设备 2 台。

2）摊铺宽度 8m 以上沥青混凝土摊铺设备 2 台。

3）120kW 以上平地机 3 台。

4）1m³ 以上挖掘机 3 台。

5）100kW 以上推土机 3 台。

6）各型压路机 10 台（其中沥青混凝土压实设备 4 台，大型土方振动压实设备 2 台）。

7）扭矩 200kN·m 以上钻机 1 台。

8）80 吨以上自行式架桥机 1 套。

9）50 吨以上吊车 1 台。

10）水泥混凝土泵车 2 台。

11）隧道凿岩车 1 台，水泥混凝土喷射泵 2 台，压浆设备 1 台。

4. 三级资质标准

（1）企业近 10 年承担过下列 4 项中的 3 项以上所列工程的施工，工程质量合格。

1）累计修建二级以上公路路基 80km 以上。

2）累计修建高级、次高级路面 100 万 m² 以上。

3）累计修建单座桥长≥30m 或单跨跨度≥20m 的公路中桥 4 座以上。

4）完成过单项合同额 500 万元以上的公路工程。

（2）企业经理具有 6 年以上从事工程管理工作经历或具有中级以上职称；技术负责人具有 6 年以上从事公路工程施工技术管理工作经历并具有本专业中级以上职称；财务负责人具有中级以上会计职称。

企业有职称的工程技术和经济管理人员不少于 60 人，其中工程技术人员不少于 40 人；工程技术人员中，具有中级以上职称的人员不少于 20 人，其中具有公路工程系列中级以上职称的人员不少于 15 人。

企业具有的本专业三级资质以上项目经理不少于 10 人。

（3）企业注册资本金 1 000 万元以上，企业净资产 1 500 万元以上。

（4）企业近 3 年最高年公路工程结算收入 5 000 万元以上。

（5）企业具有与承包工程范围相适应的施工机械和质量检测设备，并至少具有：

1）60t/h 以上沥青混凝土拌合设备 1 台，40m³/h 以上混凝土拌合设备 1 台。

2) 摊铺宽度 4.5m 以上沥青混凝土摊铺设备 1 台。

3) 120kW 以上平地机 2 台。

4) 0.8m³ 以上挖掘机 2 台。

5) 100kW 以上推土机 2 台。

6) 各型压路机 5 台(其中沥青混凝土压实设备 2 台,大型土方振动压实设备 1 台)。

7) 30 吨以上吊车 1 台。

5. 承包工程范围

(1) 特级企业

可承担各等级公路及桥梁、隧道工程的施工。

(2) 一级企业

可承担单项合同额不超过企业注册资本金 5 倍的各等级公路及其桥梁、长度 3 000m 及以下的隧道工程的施工。

(3) 二级企业

可承担单项合同额不超过企业注册资本金 5 倍的一级标准及以下公路、单跨度＜100m 的桥梁、长度＜1 000m 的隧道工程的施工。

(4) 三级企业

可承担单项合同额不超过企业注册资本金 5 倍的二级标准及以下公路、单座桥长＜500m、单跨跨度＜40m 的桥梁工程的施工。

注：公路工程包括公路(含厂矿和林业专业公路)及其桥梁、隧道和沿线设施工程。

(五) 工程勘察单位资质等级标准

1. 综合类

(1) 资历和信誉

1) 具有独立法人资格,3 个主专业中有不少于 2 个具有 10 年及以上工程勘察资历,是行业的骨干单位,在国内外同行业中享有良好信誉。

2) 至少 2 个专业分别独立承担过本专业甲级工程,专业任务不少于 5 项,其工程质量合格,效益好。

3) 单位有良好的社会信誉并有相应的经济实力,工商注册资本金不少于 800 万元人民币。

(2) 技术力量

3 个主专业中不少于 2 个专业各有能力同时承担 2 项甲级工程任务,每专业至少有 5 名具有专业高级技术职称的技术骨干和级配合理的技术队伍,在国家实行注册岩土工程师执业制度以后,岩土工程专业至少有 5 名注册岩土工程师。

(3) 技术装备及应用水平

有足够数量、品种、性能良好的室内试验、原位测试及工程物探等测试监测检测设备或测量仪器设备,或有依法约定能提供满足专项勘察、测试监测检测等质量要求的协作单位。应用计算机出图率达 100%,有满足工作需要的固定工作场所。

(4) 管理水平

有健全的生产经营、财务会计、设备物资、业务建设等管理办法和完善的质量保证体系,并能有效地运行。

(5) 业务成果

1) 近 10 年内获得不少于 3 项国家级或省部级优秀工程勘察奖;

2）主编过 1 项或参编过 3 项国家、行业、地方工程勘察技术规程、规范、标准、定额、手册等工作。

2. 专业类

（1）甲级

1）资历和信誉

①具有 5 年以上的工程勘察资历，近 5 年独立承担过不少于 3 项甲级工程勘察业务（工程勘察甲级基础上划分见附表 1）；

②具有法人资格，单位有良好的社会信誉，有相应的经济实力，注册资本金不少于 150 万元。

2）技术力量

有能力同时承担 2 项甲级工程专业任务。至少有 5 名具有本专业高级技术职称（其中有 2 名可以是从事本专业工作 10 年以上的中级技术职称）的技术骨干和级配合理的技术队伍。在国家实行注册岩土工程师执业制度以后，岩土工程专业至少有 5 名注册岩土工程师，单独从事岩土工程勘察的、岩土工程设计的、岩土工程咨询监理的至少有 3 名注册岩土工程师。

3）技术装备及应用水平

有足够数量、品种、性能良好的从事专业勘察的机械设备、测试监测检测设备或测量仪器设备，或有依法约定能提供满足专业勘察和测试监测检测等质量要求的协作单位。应用计算机出图率达 100%。有满足工作需要的固定工作场所。

4）管理水平

有健全的生产经营、财务会计、设备物资、业务建设等管理办法和完善的质量保证体系，并能有效地运行。

5）业务成果

主专业（主要是指岩土工程勘察、水文地质勘察、工程测量）单位近 10 年内获得不少于 2 项国家或省、部级优秀工程勘察奖；或参加过 1 项国家级、行业、地方工程勘察技术规程、规范、标准、定额、手册等编制工作（该项内容作为评价单位技术水平的参考，下同）。

（2）乙级

1）资历和信誉

①具有 5 年以上的工程勘察资历，独立承担过不少于 3 项乙级工程勘察业务（工程勘察乙级项目划分见附表 2）；

②具有法人资格，单位社会信誉较好，有相应的经济实力，注册资本金不少于 80 万元。

2）技术力量有能力同时承担 2 项甲级工程专业任务。至少有 3 名具有本专业高级技术职称（其中有 1 名可以是从事本专业工作 10 年以上的中级技术职称）的技术骨干和级配合理的技术队伍。在国家实行注册岩土工程师执业制度以后，从事岩土工程勘察的、岩土工程设计的至少有 2 名注册岩土工程师。

3）技术装备及应用水平

有一定数量、品种、性能良好的从事专业勘察的机械设备、测试监测检测设备或测量仪器设备，或有依法约定能提供满足专业勘察和测试监测检测等质量要求的协作单位。应用计算机出图率达 80%，有满足工作需要的固定工作场所。

4）管理水平

有健全的生产经营、财务会计、设备物资、业务建设等管理办法和完善的质量保证体系，并能有效地运行。

5）业务成果

岩土工程勘察、水文地质勘察、工程测量诸专业近10年内获得不少于1项国家级或省、部级、计划单列市工程勘察奖（含表扬奖）。

（3）丙级

1）资历和信誉

①具有5年以上的工程勘察资历，独立承担过不少于3项丙级工程勘察业务（工程勘察乙级项目划分见附表3）；

②具有法人资格，单位有社会信誉，有相应的经济实力，注册资本金不少于50万元。

2）技术力量和水平

有编制在册的专业技术人员，其中具有本专业高级技术职称的不少于1名，从事本专业工作不少于5年的中级技术职称的技术骨干不少于4名；有配套的技术人员，工程质量合格。

3）技术装备及应用水平

有一定数量、品种、性能良好的与从事专业任务相应的机械设备和测试监测检测仪器设备或测量仪器设备。有满足工作需要的固定工作场所；应用计算机出图率达50％。

4）管理水平

有健全的生产经营、财务会计、设备物资、业务建设等管理办法和完善的质量保证体系，并有效地运行。

3．劳务类

（1）资历和信誉

①具有3年以上从事与岩土工程治理、工程钻探、凿井相关的劳务工作资历；

②具有法人资格，有一定的社会信誉，有相应的经济实力，注册资本不少于50万元，岩土工程治理不少于100万元。有满足工作需要的固定工作场所。

（2）技术力量

有符合规定并签订聘用合同的技术人员和技术工人等技术骨干。

（3）技术装备

有一定数量、品种、性能良好的与从事承担任务范围所需的相应仪器设备。

（4）管理水平

有相应的生产经营、财务会计、设备物资、业务建设等管理办法和完善的质量保证体系，并能有效地运行。

4．承担任务范围

（1）综合类工程勘察单位承担工程勘察业务范围和地区不受限制。

（2）专业类甲级工程勘察单位承担本专业工程勘察业务范围和地区不受限制。

（3）专业类乙级工程勘察单位可承担本专业工程勘察中、小型工程项目（工程勘察中、小型工程勘察见附表），承担工程勘察业务的地区不受限制。

(4) 专业类丙级工程勘察单位可承担本专业工程勘察小型工程项目（工程勘察小型工程项目见附表），承担工程勘察业务限定在省、自治区、直辖市所辖行政区范围内。

(5) 劳务类工程勘察单位只能承担岩土工程治理、工程钻探、凿井等工程勘察劳务工作，承担工程勘察劳务工作的地区不受限制。

工程勘察甲级工程项目划分表　　　　　　　　　　　　　　　　附表1

岩土工程	水文地质勘察	工程测量
1. 具有重大意义或影响的国家重点项目。 2. 场地等级为一、二级，抗震设防烈度高于8度的强震区，存在其他复杂环境岩土工程问题的地区，以及岩土工程条件复杂的工程项目。 3. 按《地基基础设计规范》、《岩土工程勘察规范》等有关规范规定的一级建筑物。 4. 需要采取特别处理措施的极软弱的或非均质地层，极不稳定的地基；建于不良的特殊性土上的大、中型项目。 5. 有强烈地下水运动干扰或有特殊要求的深基开挖工程，有特殊工艺要求的超精密设备基础工程；大型深埋过江（河）地下管线、涵洞、核废料等深埋处理、高度超过100m的高耸构筑物基础，大于100m的高边坡工程，特大桥、大桥、大型立交桥、大型竖井、巷道、平洞、隧道、地下铁道、地下洞室、地下储库工程、深埋工程，超重型设备，大型基础托换、基础补强工程。 6. 大深沉井、沉箱，大于30m的超长桩基、墩基，特大型、大型桥基，架空索道基础。 7. 复杂程度按有关规范规程划分为中等或复杂的岩土工程设计。 8. 其他行业设计规模为大型的建设项目的工程勘察。	1. 大、中型城市规划和大、中型企业供水水源可行性研究及水资源评价。 2. 国家重点工程、国外投资或中外合资水源勘察和评价。 3. 供水量10 000m³/d以上的水源工程勘察和评价。 4. 水文地质条件复杂的水资源勘察和评价。 5. 干旱地区、贫水地区、未开发地区水资源评价。	1. 50km²以上大比例尺大、中型城乡规划测量；大型线路测量，大型水上测量。 2. 10km²以上大比例尺大、中型工厂、矿山测量。 3. 1km²以上改扩建竣工图和现状图测量、地籍测量。 4. 大型市政工程、线路、桥梁、隧道、交通、地铁、地下管网及建（构）筑物施工测量等工程测量。 5. 国家级重点工程、大中型国外投资和中外合资项目工程测量。整体性的三等以上平面控制测量与二等以上的高程控制测量。 6. 一、二等建（构）筑物变形测量，其他精密与特殊工程测量。

工程勘察乙级工程项目划分表　　　　　　　　　　　　　　　　附表2

岩土工程	水文地质勘察	工程测量
1. 根据单位技术人员和设备的实际情况，仅限于岩土工程勘察、设计、测试监测（不含岩土工程咨询监理）。 2. 按《地基基础设计规范》、《岩土工程勘察规范》等有关规范规定的二级及二级以下建筑物；中小型线路工程、岸边工程。 3. 场地等级为三级，但抗震设防烈度不高于8度的地区，没有其他复杂环境岩土工程问题的场地。	1. 小城市规划和中型企业供水水源可行性研究及水资源评价。 2. 供水量10 000m³/d以下的企业与城镇供水水源勘察及评价。	1. 50km²以下的城乡规划测量、中型线路、水上测量。 2. 10km²以下大比例尺小型工厂、矿山测量。 3. 1km²以下工业企业改扩建竣工图及现状图测量、地籍测量。

续表

岩土工程	水文地质勘察	工程测量
4. 20层以下的一般高层建筑，体形复杂的14层以下的高层建筑；单柱承受荷载4 000kN以下的建筑及高度地于100m的高耸建筑物。 5. 小于30m长的桩基、墩基、中小型竖井、巷道、平洞、隧道、桥基、架空索道、边坡及挡土墙工程。 6. 建筑工程勘察设计资质分级标准规定的二级以下一般公共建筑。 7. 岩土工程治理设计按有关规范规程划分复杂程度为简单的。 8. 其他行业设计规模为中型的建设项目的岩土工程。	3. 水文地质条件中等复杂的水资源勘察和评价。 4. 其他行业设计规模为中型的建设项目的水文地质勘察。	4. 中型市政、线路、桥梁、隧道、地下管网及建（构）筑物施工测量与二、三级的建（构）筑物变形测量等工程测量。 5. 其他行业设计规模为中型的建设项目的工程测量。

工程勘察丙级工程项目划分表　　　　　　　　　　　　　　　　附表3

岩土工程	水文地质勘察	工程测量
1. 只限于承担岩土工程勘察、不含岩土工程设计、咨询监理。 2. 按《地基基础设计规范》、《岩土工程勘察规范》等有关规范规定的三级建筑场地：七层以下的住宅建筑；小型公共建筑及小型工业厂房场地的勘察。 3. 岩土工程条件简单的场地勘察。 4. 抗震设防烈度7度及以下地区，无环境岩土工程问题的场地的勘察。 5. 其他行业设计规模为小型的建设项目的岩土工程勘察。	1. 水文地质条件简单，供水量2 000m^3/d以下的工业企业供水水源勘察。 2. 其他行业设计规模为小型的建设项目的水文地质勘察。	1. 5km^{2}以下小城镇规划测量、市政等工程测量。 2. 小面积控制测量与地形测量。 3. 小型建（构）筑物施工测量、地籍测量。 4. 其他行业设计规模为小型的建设项目的工程测量。

（六）工程设计资质分级标准

1. 工程设计行业资质分级标准

（1）总则

1）根据《建设工程勘察设计管理条例》和《建设工程勘察和设计单位资质管理规定》，为适应社会主义市场经济发展和行业管理体制改革的需要，结合工程设计各行业技术工作的特点制定本标准。

2）工程设计范围包括本行业建设工程项目的主体工程和必要的配套工程（含厂区内的自备电站、道路、铁路专用线、各种管网和配套的建筑物等全部配套工程）以及与主体工程、配套工程相关的工艺、土木、建筑、环境保护、消防、安全、卫生、节能等。

3）工程设计行业资质分级标准是核定工程设计单位工程设计行业资质等级的依据。

4）工程设计行业资质甲、乙、丙三个级别，除建筑工程、市政公用、水利和公路等行业所设工程设计丙级资质可独立进入工程设计市场外，其他行业工程设计丙级资质设置的对象仅为企业内部所属的非独立法人设计单位。

(2) 分级标准

1) 甲级

①资历和信誉

A. 具有独立法人资格和 15 年及以上的工程设计资历，是行业的骨干单位，并具备工程项目管理能力，在国内外同行业中享有良好的信誉。

B. 独立承担过行业大型工程设计不少于 3 项，并已建成投产。其工程设计项目质量合格、效益好。

C. 单位有良好的社会信誉并有相应的经济实力，工商注册资本金不少于 600 万元人民币。

②技术力量

A. 技术力量强，专业配备齐全、合理，单位的专职技术骨干不少于 80 人（不含返聘人员）。具有同时承担 2 项大型工程设计任务的能力。

B. 单位主要技术负责人（或总工程师）应是具有 12 年及以上的设计经历，且主持或参加过 2 项（主持至少 1 项）及以上大型项目工程设计的高级工程师。

C. 在单位专职技术骨干中：主持过 2 项以上行业大型项目的主导工艺或主导专业设计的高级工程师（或注册工程师）不少于 10 人；一级注册建筑师不少于 2 人（其中返聘人员不得超过 1 人）；一级注册工程师（结构）不少于 4 人（其中返聘人员不得超过 1 人）；主持或参加过 2 项以上行业大型项目的公用专业设计的高级工程师（或一级注册工程师）不少于 20 人。

③技术水平

A. 拥有与工程设计有关的专利、专有技术、工艺包（软件包）不少于 1 项，并具有计算机软件开发能力，达到国内先进型的基本要求，并在工程设计中应用，取得显著效果。

B. 能采用国内外专利、专有技术、工艺包（软件包）、新技术，独立完成工程设计。

C. 具有与国（境）外合作设计或独立承担国（境）外工程设计和项目管理的技术能力。

④技术装备及应用水平

A. 有先进、齐全的技术装备，已达到国家建设行政主管部门规定的甲级设计单位技术装备及应用水平考核标准：施工图 CAD 出图率 100%；可行性研究、方案设计的 CAD 技术应用达 90%；方案优化（优选）的 CAD 技术应用达 90%；文件和图档存储实行计算机管理；应用工程项目管理软件，逐步实现工程设计项目的计算机管理；有较完善的计算机网络管理。

B. 有固定的工程场所，专职技术骨干人均建筑面积不少于 12 平方米。

⑤管理水平

A. 建立了以设计项目管理为中心，以专业管理为基础的管理体制，实行设计质量、进度、费用控制。

B. 企业管理组织结构、标准体系、质量体系健全，并能实行动态管理，宜通过 ISO 9001 标准质量体系认证。

⑥业务成果

A. 获得过近四届省部级及以上优秀工程设计、优秀计算机软件、优秀标准设计三等级及以上奖项不少于 3 项（可含与工程设计有关的省、部级及以上的科技进步奖 2 项）。

B. 近 15 年主编 2 项或参编过 3 项级以上国家、行业、地方工程建设标准、规范、定额、标准设计。

2）乙级

①资历和信誉

A. 具有独立法人资格和10年及以上的工程设计资历，并具备一定的工程项目管理能力。

B. 独立承担过行业中型及以上工程设计不少于3项，并已建成投产。并已建成投产。其工程设计项目质量合格、效益较好。

C. 单位有较好的社会信誉并有一定的经济实力，工商注册资本单位不少于200万元人民币。

②技术力量

A. 技术力量较强，专业配备齐全、合理。单位的专职技术骨干不少于30人（不含返聘人员）。具有同时承担2项行业中型工程设计任务的能力。

B. 单位的主要技术负责人（或总工程师）应是具有10年及以上的设计经历，且主持、参加过2项（主持至少1项）及以上行业中型项目工程设计的高级工程师。

C. 在单位专职技术骨干中：主持过2项以上行业中型项目的主导工艺或主导专业设计的高级工程师（或注册工程师）不少于5人；一级注册建筑师不少于1人（非返聘人员）；一级注册工程师（结构）不少于2人（其中返聘人员不得超过1人）；主持或参加过2项以上中型项目的公用专业设计的高级工程师（或一级注册工程师）不少10人。

③技术水平

A. 能采用国内外先进技术，独立完成工程设计。

B. 具有项目管理的技术能力。

C. 具有计算机应用的能力，达到发展提高型的基本要求，并取得效果。

④技术装备及应用水平

A. 有必要的技术装备，达到国家建设行政主管部门规定的乙级设计单位技术装备及应用水平考核标准：施工图CAD出图率100%；可行性研究、方案设计的CAD技术应用达80%；方案优化（优选）的CAD技术应用达80%；文件和图档存储实行计算机管理；能广泛应用计算机进行工程设计和设计管理；有较完善的计算机网络管理。

B. 有固定的工程场所，专职技术骨干人均建筑面积不少于10平方米。

⑤管理水平

A. 建立以设计项目管理为中心的管理体制，实行设计质量、进度、费用控制。

B. 有健全的质量体系和技术、经营、人事、财务、档案等管理制度。

⑥业务成果

参加过国家、行业、地方工程建设标准、规范、定额及标准设计的编制工作或行业的业务建设工作。

3）丙级

①资历和信誉

A. 具有独立法人资格和6年及以上工程设计资历，并具备一定的工程项目管理能力。

B. 独立承担过行业小型及以上工程设计不少于3项，并已建成投产。其工程设计项目质量合格、效益较好。

C. 单位有一定的社会信誉并有必要的经济实力，工商注册资本单位不少于80万元人民币。

②技术力量

A. 单位的专职技术骨干人数不少于 15 人。有一定的技术力量，专业配备齐全。有同时承担 2 项行业小型工程设计任务的能力。

B. 单位的主要技术负责人（或总工程师）应是具有 10 年及以上的设计经历，且主持或参加过 2 项及以上行业小型工程设计的高级工程师。

C. 在单位专职技术骨干中：

主持过 2 项以上行业小型项目的主导工艺或主导专业设计的工程师（或注册工程师）不少于 4 人；二级注册建筑师不少 2 人（或一级注册建筑师不少于 1 人）；二级注册工程师（结构）不少于 4 人（或一级注册工程师（结构）不少于 2 人，其中返聘人员不得超过 1 人）；主持或参加过 2 项以上行业小型项目的公用专业设计的工程师（或一、二级注册工程师）不少于 5 人。

③技术水平

A. 能采用先进技术，独立完成工程设计。

B. 具有一定的项目管理的技术能力。

④技术装备及应用水平

A. 有必要的技术装备，达到以下指标：施工图 CAD 出图率 50%；文件和图档实行计算机管理；能应用计算机进行工程设计和设计管理。

B. 有固定的工作场所，专职技术骨干人均建筑面积不少于 10 平方米。

⑤管理水平

A. 建立设计项目管理为中心的管理体制。

B. 质量体系能有效运行，有健全的技术、经营、人事、财务、档案等管理制度。

（3）承担业务范围

取得工程设计行业资质的单位允许承担的业务范围：

1）甲级工程设计单位承担相应行业建设项目的工程设计范围和地区不受限制。

2）乙级工程设计单位可承担相应行业的中、小型建设项目的工程计任务，承担工程设计任务的地区不受限制。

3）丙级工程设计单位可承担相应行业的小型建设项目的工程设计任务。承担工程设计限定在省、自治区、直辖市所辖行政区范围内。

具有甲级、乙级资质的单位，可承担相应的咨询业务，除特殊规定外，还可承担相应的工程设计专项资质的业务。

2. 工程设计专项资质分级标准

（1）总则

1）根据《建设工程勘察设计管理条例》和《建设工程勘察和设计单位资质管理规定》，为适应社会主义市场经济发展和行业管理体制改革的需要，结合专项工程设计技术工作的特点制定本标准。

2）工程设计专项资质分级标准是核定工程设计单位专项工程设计资质等级的依据。

3）工程设计专项资质的设立，需由相关行业部门或授权的行业协会提出，并经住房和城乡建设部批准。

4）工程设计的专项资质分级标准可根据专业发展的需要设置级别。

(2) 分级标准

1) 甲级

①资历和信誉

A. 具有独立法人资格和 5 年及以上专项工程设计资历，并具备一定的工程项目管理能力。

B. 独立承担过专项工程设计不少于 3 项，已建成投产，工程设计质量合格、效益好。

C. 单位有一定的社会信誉并有必要的经济实力，工商注册资本金不少于 100 万元人民币。

②技术力量

有一定的技术力量，专业配备合理，具备同时承担 2 项大型专项工程设计的能力。每个主要专业的专职技术骨干配备不少于 3 人，其中至少有 1 名主持或参加过 2 项大型专项工程设计业务。

③技术水平

A. 拥有主专业或相关专业的专利、专有技术、工艺包（软件包），不少于 2 项。

B. 具有在专项工程设计中应用计算机的能力，并取得显著效果。

C. 具有与国（境）外合作或独立承担国（境）外专项工程设计和项目管理的技术能力。

④技术装备及应用水平

A. 有必要的技术装备，基本达到国家建设行政主管部门规定的甲级设计单位技术装备及应用水平考核标准：施工图 CAD 出图率 100%；可行性研究、方案设计的 CAD 技术应用达 90%；方案优化（优选）的 CAD 技术应用达 90%；文件和图档实行计算机管理；能应用工程项目管理软件，逐步实现工程设计项目的计算机管理。

B. 有固定的工作场所，专职技术骨干人均建筑面积不少于 $10m^2$。

⑤管理水平

A. 建立了以设计项目管理为中心，以专业管理为基础的管理体制，实行设计质量、进度、费用控制。

B. 企业管理的组织结构、标准体系、质量管理体系运行有效，并能实行动态管理。

2) 乙级

①资历和信誉

A. 具有独立法人资格和 3 年及以上专项工程设计资历，并具备一定的工程项目管理能力。

B. 独立承担过专项工程设计不少于 2 项，并已建成投产，工程设计质量合格、效益较好。

C. 单位有较好的社会信誉并有一定的经济实力，工商注册资本金不少于 50 万元人民币。

②技术力量

有一定的技术力量，专业配备合理，具备同时承担 2 项中型专项工程设计的能力。每个主要专业的专职技术骨干配备不少于 2 人，其中至少有 1 名主持或参加过 2 项大型专项工程设计业务。

③技术水平

A. 拥有主行业或相关专业的专利、专有技术、工艺包（软件包），不少于 2 项。

B. 具有在专项工程设计中应用计算机的能力，并取得效果。

④技术装备及应用水平

A. 有必要的技术装备，基本达到国家建设行政主管部门规定的乙级设计单位技术装备及应用水平考核标准：施工图CAD出图率100%；可行性研究、方案设计的CAD技术应用达到80%；方案优化（优选）的CAD技术应用达80%；文件和图档实行计算机管理；能应用计算机进行工程设计和设计管理。

B. 有固定的工作场所，专职技术骨干人均建筑面积不少于10平方米。

⑤管理水平

A. 建立以设计项目管理为中心的管理体制，实行设计质量、进度、费用控制。

B. 有健全的质量管理体系和技术、经营、人事、财务、档案等管理制度。

3）承担业务范围

取得工程设计专项甲级资质证书的单位可承担大、中、小型专项工程设计项目，不受地区限制；取得工程设计专项乙级资质证书的单位可承担中、小型专项工程设计项目，不受地区限制。持工程设计专项甲、乙级资质的单位可承担相应的咨询业务。

注："专职技术骨干"系指下列人员：（1）一级注册建筑师、一级注册工程师（结构）和在国家实行其他专业注册工程师制度后的注册工程师；（2）注册造价师；（3）取得高级职称的技术人员；（4）从事工程设计实践10年以上并取得中级职称的技术人员。

五、承包企业资质的管理

承包企业的资质由有关资质管理部门进行经常性的管理，资质管理部门将对企业的资质和承包工程范围随时进行核查，当承包企业的资质条件发生变化时，资质管理部门将及时对其资质等级进行调整。

（一）企业资质的年度检查

资质管理部门对企业的资质进行监督，并进行年度检查。监督检查是不定期的随时进行，而施工企业资质的年度检查通常在每年的3月至6月之间进行。

施工总承包企业中的特级和一级企业、专业承包企业中的一级企业的资质年检，由住房和城乡建设部委托各省、自治区、直辖市人民政府建设行政主管部门办理；其中涉及铁道、交通、水利、信息产业、民航等方面的企业资质年检，由住房和城乡建设部会同有关部门办理；对中央管理的企业的资质年检，由住房和城乡建设部直接办理。

施工总承包企业、专业承包企业中的二级及二级以下企业资质、劳务分包企业资质，由企业注册所在地省、自治区、直辖市人民政府建设行政主管部门办理；其中交通、水利、通信等方面的建筑企业资质，由建设行政主管部门会同同级有关部门联合年检。

企业资质年检由施工企业在规定的时间内按规定的程序提出申请，并提交企业资质年度检查表、企业资质证书、企业法人营业执照，以及过去两年生产完成情况和财务决算年度报表、所完成的工程项目和各类经济人员、技术人员、项目经理变化情况的资料，经资质管理部门审查核实后，做出年检结论，并记录在企业资质证书（副本）的年检记录栏内。无故不提出申请的，则视为自动歇业，资质证书即无效。设计单位的资质三年进行一次检查和复审。

根据企业资质条件是否符合资质等级标准和是否存在质量、安全、市场行为等方面的违法行为，企业资质年检的结论分为合格、基本合格、不合格三种，具体条件如下：

1. 企业资质条件完全符合所定资质等级标准，且在过去一年内未发生工程建设重大事故及违法行为的，为"合格"。

2. 企业资质条件中，净资产、人员和经营规模未达到资质等级标准，但不低于资质等级标准的80%，其他各项均达到标准要求，且过去一年内未发生工程建设重大事故及违法行为的，为"基本合格"。

3. 存在下列情形之一的企业，其资质年检结论为"不合格"：

（1）企业资质条件中净资产、人员和经营规模任何一项未达到资质等级标准的80%，或者其他任何一项未达到资质等级标准的。

（2）过去一年内发生过一项工程建设重大事故或违法行为的。

上面所述的工程建设重大事故及违法行为是指：

①与建设单位或企业之间相互串通投标，或者以行贿等不正当手段谋取中标。

②未取得施工许可证擅自施工。

③将承包的工程转包或者违法分包。

④严重违反国家工程建设强制性标准。

⑤发生过三次以上工程建设重大质量安全事故或者发生过两起以上四级工程建设质量安全事故。

⑥隐瞒或者谎报、拖延报告工程质量安全事故或者破坏事故现场、阻碍对事故调查。

⑦按照国家规定需要持证上岗的技术工种的作业人员未经培训、考核，未取得证书上岗，情节严重的。

⑧未履行保修义务，造成严重后果。

⑨违反国家有关安全生产规定和安全生产技术规程，情节严重。

⑩其他违反法律、法规的行为。

（二）施工承包企业资质等级的晋升和降低

建筑企业连续三年年检合格，方可申请晋升上一个资质等级。建筑企业资质升级，由企业在资质年检结束后两个月内提出申请，分批集中办理。

建筑企业资质年检不合格或者连续两年基本合格的，建设行政主管部门应当重新核定其资质等级。新核定的资质等级应低于原资质等级，达不到最低资质等级标准的，取消资质。

降级的建筑企业，经过一年以上时间的整改，经建设行政主管部门核查确认，达到规定的资质标准，且在此期间内未发生上述工程建设重大质量安全事故或违法行为的，可以按规定重新申请资质。

企业由于工程质量、施工安全、现场管理等问题涉及资质的升降时，有关质量、安全、现场管理部门可提出建议，资质管理部门按照有关规定办理。

企业资质等级的升级和承包工程范围的变更，一般在资质年度检查结束后办理；企业的降级等变更事项应随时办理。

企业资质的升级、降级，实行资质公告制度。公告由资质管理部门不定期在地方或行业报纸上发布。

资质变更后，应按变更后的资质等级的承包工程范围进行工程承包。

第二节 承包单位的资质核查

承包单位的资质反映了承包单位承包工程的能力，也反映了承包单位对工程质量的保证能力。所以监理工程师应协助建设单位，从资质等级、领导素质、组织机构、管理制度、技术装备、专业人员的构成、技术水平、实践经验、历史业绩、工程造价、质量、工期、施工方案、技术措施、质量管理体系、经营作风及社会信誉等方面，对承包单位的资质进行核查，通过综合分析和比较后，优选承包单位，确保工程项目的设计、施工按预期要求顺利完成。

承包单位的资质核查分三个阶段进行，即招标阶段、施工前期（施工准备阶段）和施工阶段。

一、工程招标阶段

在工程招标阶段，监理工程师首先应协助建设单位根据工程项目的类型、规模、特点和技术要求，确定招标的方式和投标企业的类型及其资质等级。对投标企业的资质进行核查：

1. 查对投标企业的《建筑业企业资质证书》。

2. 核查承包企业的人员素质（包括领导人员的学历、职称、经历、组织能力、管理水平；技术人员和施工人员的结构组成、经历、技术水平）、技术装备（施工机械设备、检验测试设备的类型、数量、性能、先进程度）、管理水平（企业内部管理和施工现场管理水平）、资金情况（资本金、生产经营用固定资产、效益等）、建设业绩（所完成的主要工程的类型、数量、特点、质量水平、获奖情况等，特别是近期业绩以及是否完成过与招标工程的类型、规模和特点相近似的工程）。

3. 核查承包企业的近期表现，如近期承包工程项目的类型、规模和特点，工程质量情况，年完成生产情况，获奖情况，安全生产情况等。

4. 查对政府资质管理部门对承包单位施工现场考评结果，资质的年检情况及年检结论，资质升降级情况。

5. 查对近期承建的工程，实地参观考查这些工程的施工管理水平、技术水平和工程质量情况。

6. 核查承包单位的安全资质：

（1）查对承包单位的安全资质证书；

（2）核查承包单位的安全生产管理机构的设置情况及相应的安全专业人员配备情况；

（3）查对承包单位的各种安全生产规章制度、安全生产责任制及安全生产管理网络；

（4）核查承包单位的安全施工技术措施、各工种的安全生产操作规程；

（5）查对建筑安全监督机构对承包单位安全业绩改评情况。

监理工程师在综合上述各方面情况后，应对投标企业作出综合评价，并形成文字材料，报送建设单位、招投标管理部门、建设行政主管部门，并作为投标企业投标资格核查的材料和评标时优选承包企业的参考。

二、施工准备阶段

在施工准备阶段，监理工程师应对承包单位的资质进一步进行复查，重点主要是核查承包单位的质量管理体系和质量控制系统。

1. 承包企业质量管理体系的核查。承包企业在签订承包合同后，应按照合同要求建立质量管理体系或质量控制系统，并向监理工程师提交其质量管理体系文件。监理工程师应核查承包单位提交的质量管理体系文件，证实其质量管理体系的设计适用于所承包工程的质量保证需要，即核查其质量管理体系的适用性和有效性，核查的内容包括：

（1）承包单位质量管理体系建立和认证情况；

（2）企业领导和职工的质量意识；

（3）质量管理体系的质量方针和目标是否符合合同的质量要求；

（4）质量管理体系要素是否符合工程的特点；

（5）质量管理体系的组织机构是否健全和完善，是否落实，各部门、各岗位的职责和权限是否明确和落实；

（6）质量管理体系文件（质量手册、程序文件、质量计划等）是否可行；

（7）各项管理制度、规定和措施是否建立和健全，是否切实可行；

（8）如何对工程质量形成全过程进行控制和纠正，能否满足质量要求。

2．了解承包企业质量管理基础工作情况以及开展工程项目管理和全面质量管理情况。

3．施工现场人员、施工机械、工程材料和设备是否按规定到位，人员素质、机械和设备是否符合需要。

4．分包单位资格的确认。当总承包单位或承包单位欲将所承包工程的一部分分包给其他承包单位时，分包单位的资格必须经监理工程师审查确认。监理工程师对分包单位资格审查的主要内容包括：

（1）查对分包单位的资质证明材料；

（2）核查分包单位的质量管理情况；

（3）核查分包单位对所分包工程采取的技术措施、现场管理人员素质、质量保证网络；

（4）核查材料、设备的采购、检测、验收情况；

（5）审查分包单位对所分包工程采取的质量检测与验收办法；

（6）审查分包单位所采用的工程质量标准是否与总包单位规定的工程质量标准一致。

三、施工阶段

在工程项目施工过程中，监理工程师还应对承包单位的资质进行进一步考核，了解承包单位质量管理和质量控制的完备情况，实际的质量控制能力，证实其质量保证的有效性。

（1）核查承包单位实现质量方针和目标的程度。

（2）核查承包单位的组织机构是否完善，职责和权限的划分是否明确和得到落实。

（3）所采取的各项管理制度、技术措施、质量检验和检测措施是否得到贯彻和实施。

（4）工程质量形成的全过程是否得到控制和纠正。

（5）企业的管理与施工现场工作是否协调一致。

通过核查，若承包单位的管理水平和技术水平不满足需要，质量保证未能得到有效证实时，监理工程师应督促施工单位采取措施改进和完善质量管理体系，保证工程项目的质量。如若仍无法满足要求，在征得建设单位同意后，可以撤换承包单位。

第四章　工程项目勘察设计阶段的质量控制

第一节　概　　述

一、工程项目勘察设计的质量

工程项目的勘察设计阶段通常包括项目的前期阶段（技术经济论证、项目的可行性研究、编制设计任务书、场址选择等）和项目的设计阶段（项目的初步设计、技术设计和施工图设计）。项目的勘察设计阶段决定了工程项目的质量目标和水平，同时也是工程项目质量目标和水平的具体体现。工程勘察设计在技术上是否先进，经济上是否合理，是否符合有关的法规等，都对项目今后的适用性、安全性、可靠性、经济性和环境的影响起着决定性作用。

工程项目的勘察设计对项目的经济性起着重要的影响，根据我国一些工程勘察设计的统计，项目的前期工作对项目经济性的影响达90％～95％，初步设计阶段的影响为75％～90％，技术设计阶段的影响为35％～75％，施工图设计阶段的影响为10％～35％，而施工阶段的影响约为10％。由此可见，设计质量对工程项目质量和经济性的重要影响。

工程项目的勘察设计应满足建设者（业主）对项目所要求的功能和使用价值，满足建设者对项目建设的意图和投资的意愿。具体来说，项目的勘察设计应该在符合有关法律、法规、政策的前提下，使项目的平面和立面布置合理，尺度适宜，有利于管理和生产，方便生活；结构的强度、稳定性和刚度有保障，满足安全可靠、坚固耐久的要求，并具有抵御自然灾害（如地震、台风、水灾、火灾、雷电等）的能力；投资低、工期短、效益高，能有效地利用各种资源，生产出符合需要的产品；建筑物造型新颖、美观；同时四周的生态环境、卫生条件得到保护，并能与周围的建筑协调一致，不影响这些建筑的安全和功能的发挥等。

因此，工程项目勘察设计的质量就是在遵守现行的有关法规、标准的基础上和符合投资、资源、技术和环境等的约束条件的情况下，满足建设者（业主）对项目功能和使用价值的需求，并取得最大的经济效益。

二、勘察设计阶段质量控制的目的

工程项目的勘察设计牵涉到项目的投资、质量和进度，这三者之间是互相关联的，三者的关系是辩证统一的关系。

投资的减小可以提高项目的投资效益，但投资的减小不能以降低工程项目质量为代价，如果在减少投资的同时也降低了工程项目的质量，则工程项目在投入运行后就会出现各种质量问题，这些问题的返修处理，必然会造成人力、物力的大量损失，而工程项目也不能正常运行和发挥预期的效益，其结果反而可能使项目的费用增大，形成更大的经济损失。所以在投资与质量之间，应以质量为主，在达到质量目标和水平的前提下，使投资最低。质量与进度或质量与数量之间的关系也应该是矛盾的统一，工程质量是通过一定的进度或数量来表现的，没有数量就没有质量，也就没有实体；反之，没有质量，数量也就失去了意义。因此，不能片面强调进度而忽视质量，两者之间也应以质量为主，在满足质量要求的前提下，加快进度，缩短工期。所以，在工程项目的勘察设计阶段，应该在保证质量的前提下处理好投资、进度和质量的关系。

工程项目勘察设计阶段质量控制的核心就是要使投资、进度、质量三大目标之间的关系处于最优状态。因此，工程项目勘察设计阶段质量控制的目的是：

（1）使工程项目的勘察设计在符合现行法规和标准的前提下，满足建设者（业主）对项目功能和使用价值的需求，即满足建设者的建设意图。

（2）使工程项目的勘察设计在达到质量要求（即合理质量）的前提下，投资最少；或者是使工程项目的勘察设计在满足建设者设定的投资限额的条件下，项目的质量最佳。

（3）协调设计内外各环节的关系，通过对设计工作进度的计划、控制和协调，确保项目工期目标的实现。

三、工程项目勘察设计阶段监理和质量控制的程序

工程项目勘察设计阶段监理工作的程序如图 4-1 所示。设计阶段质量控制的内容和流程如图 4-2 所示。

四、工程项目勘察阶段的质量控制

（一）工程项目勘察的内容和基本要求

工程项目勘察是通过野外调查、测绘、勘探、试验等方法取得建筑场地的地形和工程地质资料，分析和评价建筑场地的工程地质条件，为工程的设计和施工提供可靠的依据。

由于工程项目勘察是配合工程设计进行的，所以工程项目勘察和工程设计一样，也分为三个阶段，即选址勘察、初步勘察、详细勘察，在不同勘察阶段，勘察工作的任务和要求是不同的。

1. 选址勘察

选址勘察的主要任务是取得几个备选场址方案的地形地貌和工程地质资料，以作为比较和选择场址的依据。

选址勘察工作主要侧重于搜集和分析区域地质、地形地貌、地震、矿产和附近地区的工程地质资料及当地的建筑经验，在搜集和分析已有资料的基础上，通过勘察，了解场地的地质岩性、地质构造、岩石和土的性质、地下水情况以及不良地质现象等工程地质条件。对于工程地质条件复杂而现有资料尚不能满足要求，但已具备基本条件且可供选取的场地，应根据具体情况进行工程地质测绘及其他必要的勘探工作。

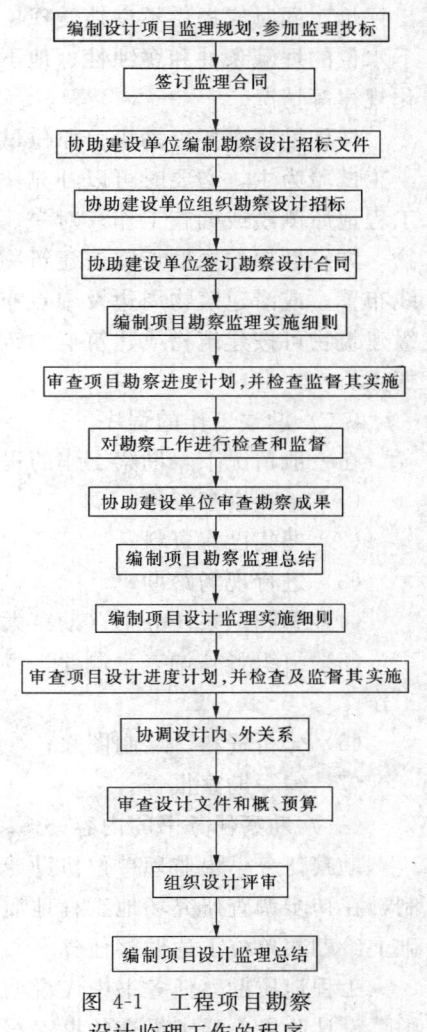

图 4-1 工程项目勘察设计监理工作的程序

在选址勘察阶段，应对备选场址的稳定性和适宜性作出岩土工程评价，并进行技术分析论证和方案比较。

2. 初步勘察

初步勘察的任务在于查明场地不良地质现象的成因、分布范围、危害程度及其发展趋势，以便对场地内建筑地段的稳定性作出岩土工程评价，使场地内主要建筑物的布置避开不良地质现象发育的地段，为建筑总平面布置提供依据。

在初步勘察阶段，还应初步查明地层构造、岩土的物理力学性质、地下水埋藏条件、地

下水的类型、补给和排泄条件、变化幅度及其对基础侵蚀的影响，并应查明地基土的冰冻深度。

对于地震设防烈度为6度和6度以上的建筑物还应判断场地和地基的地震效应。

3. 详细勘察

详细勘察的任务是针对具体建筑物地基或具体的地质问题，为工程的技术设计或施工图设计提供可靠的岩土工程资料和设计计算参数。因此在这一阶段应查明建筑物范围内的地层结构、岩石和土的物理力学性质，分析和预测可能的地震效应，对地基的稳定性及承载力作出评价，同时应提供不良地质现象防治工作所需的计算指标和资料，查明地层的透水性、地下水位的埋藏条件和腐蚀性、地下水位的变化规律等情况。

详细勘察主要以勘探、原位试验和室内土工试验为主，必要时可以补充一些物探和工程地质测绘或调查工作。对一、二级建筑物，详细勘探的探勘点宜按建筑物的主要轴线布置；或沿建筑物周边及中点布置；对三级建筑物可按建筑物或建筑群的范围布置勘探点。

（二）勘察工作的程序

在一般情况下，勘察工作的程序是：

（1）承接勘察工作；

（2）搜集已有资料；

（3）进行现场踏勘；

（4）编制勘察任务书（勘察大纲）；

（5）组织野外调查、测绘、勘探、试验工作；

（6）分析资料、绘制图表；

（7）编写勘察报告。

（三）勘察任务书的内容

勘察任务书由监理单位协助建设单位编制，在初步调查研究场地工程地质资料的基础上给勘察单位下达勘察任务书。

工程地质勘察任务书中应说明工程的意图、设计阶段、要求提交的勘察报告书的内容和现场、室内的测试项目，并提出勘察技术要求，同时提供勘察工作所需要的各种资料和图表。

在初步勘察阶段，应说明工程的类别、规模、建筑面积、建筑物的特殊要求、主要建筑物的名称、最大荷载、最大高度、基础最大埋深和重要设备的有关资料等，并提供附有坐标的比例尺为1∶1 000～1∶2 000的地形

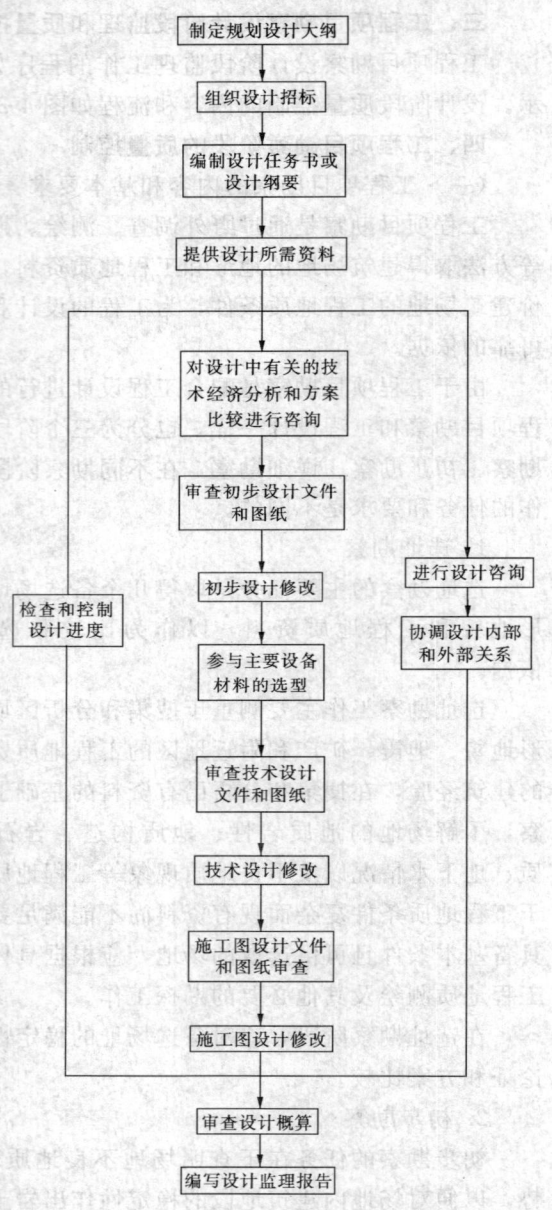

图4-2 设计阶段质量控制的内容和流程

图，图上画出勘察的范围。

在详细勘察阶段，应说明需要勘察的各建筑物的具体情况，如建筑物上部结构的特点、层数、高度、跨度及地下设施情况，地面平整标高，所采用的基础形式、尺寸和埋置深度、单位荷重或总荷重，以及有特殊要求的地基基础设计和施工方案等，并提供经上级部门批准的附有坐标及地形的建筑总平面布置图、单幢建筑物布置图。

（四）工程勘察阶段监理工作的内容

工程勘察阶段监理工作的内容包括：

(1) 建立项目监理机构；
(2) 编制勘察阶段监理规划；
(3) 收集有关资料；
(4) 编制工程勘察任务书（勘察大纲）；
(5) 协助建设单位组织工程勘察招标和合同签订；
(6) 审查各勘察阶段的勘察方案（勘察纲要）；
(7) 定期或阶段性的检查勘察方案的实施情况，控制勘察结果的质量；
(8) 控制勘察工作的进度；
(9) 检查勘察合同完成情况；
(10) 审查勘察报告，对勘察成果进行验收，提出验收报告；
(11) 组织勘察成果交底；
(12) 编写工程勘察阶段监理工作总结。

（五）工程勘察阶段质量控制的基本内容

工程勘察阶段监理工程师质量控制的基本内容包括：

1. 协助建设单位进行工程项目勘察招标，选定勘察单位。
(1) 协助建设单位编制招标文件；
(2) 审查投标单位的资质；
(3) 协助建设单位组织招标过程，选定勘察单位。

2. 审查勘察单位编制的勘察纲要（勘察方案），重点是：
(1) 勘察纲要是否满足勘察任务书和勘察合同的要求；
(2) 勘察纲要是否合理和切实可行；
(3) 勘察工作的进度是否满足勘察合同工期的要求；
(4) 勘察人员和机具的配置是否满足勘察工作的需要；
(5) 各项勘察工作的质量要求是否明确；
(6) 各项勘察工作的质量责任是否明确；
(7) 勘察项目的技术管理制度是否健全，管理责任是否明确。

3. 编制项目勘察监理实施规划。

4. 对勘察作业进行质量控制
(1) 对勘察作业实行持证上岗制度；
(2) 仪器、设备的使用和保管应有明确的管理制度，并应定期进行校正；
(3) 现场勘察作业应符合有关操作规程的规定；
(4) 勘察记录应按规定的表格填写清楚，数据要准确，并应经相关人员检查签字；
(5) 对勘察工作设置质量控制点，对重要的勘察作业进行现场监督检查；

(6) 在勘察作业过程中，勘察单位的项目负责人应在现场进行组织、检查和指导；并对各项作业资料和成果进行检查和验收。

5. 审查工程勘察资料、图表和有关文件

(1) 工程勘察成果（资料、图表、文件）应符合国家有关标准、规范、勘察合同和勘察大纲的要求；

(2) 各项工程勘察成果均应齐全，可靠，精度符合要求；

(3) 各项工程勘察成果均应经相关人员核查、审核和签字确认。

6. 审查工程勘察报告。

(1) 工程勘察报告的内容、深度是否符合勘察任务书和相应的设计阶段要求；

(2) 对场地的稳定性、适宜性和不良地质现象是否作出了切合实际的岩土工程评价；

(3) 对场地和地基中所存在的工程地质问题是否提出了具体的解决意见或指导性建议。

7. 组织评定勘察成果。

五、工程项目设计阶段监理工作基本内容

(一) 工程项目设计阶段监理工作的基本内容包括：

1. 设计准备阶段

(1) 根据项目可行性报告或项目评估报告的项目总目标要求，编制设计大纲或设计方案竞赛文件。

(2) 协助建设者（业主）组织勘察设计招标或方案竞赛。

(3) 拟定设计纲要（设计任务书）。

(4) 协助建设单位编制工程项目招标文件或协助审核招标文件。

(5) 对参加投标的勘察设计单位进行资格审查，优选勘察设计单位。

(6) 确认勘察设计单位的质量管理体系，督促设计单位建立和完善内部专业交底和专业会签制度。

(7) 组织设计监理队伍，建立设计质量控制体系。

(8) 落实有关外部条件，提供设计所需的基础资料（主要是有关供水、供电、供气、供热、通讯、交通运输等方面的资料）。

2. 设计阶段

(1) 编制设计监理实施细则。

(2) 审查设计单位的质量管理体系。

(3) 审查设计基础资料的正确性和完整性。

(4) 结合设计单位进行有关的技术经济分析论证。

(5) 审查设计方案的先进性和合理性，组织设计方案的评比和优选。

(6) 结合设计工作的进度，组织协调设计与外部有关单位（如消防、人防、环保、地震、防汛，以及供水、供电、供气、供热、通讯等单位）的关系，以及参与项目所在地公用设施统一建设的协调工作。

(7) 协调各设计单位（由建设单位直接委托的各设计单位）间的关系，保证各专业设计之间的相互配合和衔接。

(8) 在满足功能要求和经济合理的前提下，向各设计专业组提供有关主要设备及材料的型号、规格、厂家、价格的信息，并参与主要设备、材料的选型。

(9) 审查主要设备和材料清单。

(10) 在设计进行过程中,对设计质量进行跟踪检查,控制设计图纸的质量,保证各部分设计符合质量目标要求、符合技术法规和标准。

(11) 审查设计进度计划,并检查、监督其执行。

3. 设计完成阶段

(1) 审查设计成果是否符合设计委托合同要求。

(2) 组织设计的评审和咨询。

(3) 组织设计图纸会审。

(4) 根据项目的功能和质量要求,审核估算、概算所含费用及其计算方法的合理性。

(5) 根据所掌握的设备和材料的有关信息,审核设计所采用的主要设备和材料清单,并提出反馈意见。

(6) 组织设计文件和图纸的报批、验收、分发、保管、使用和建档。

(7) 处理设计变更(包括设备、材料变更)。

(8) 编制勘测设计监理总结。

(二) 工程项目勘察设计监理的依据

工程项目勘察设计监理的依据包括:

(1) 建筑项目勘察设计监理委托合同;

(2) 经审查批准的项目建议书和可行性研究报告;

(3) 经批准的场址选择报告;

(4) 工程勘察报告、水文地质及工程地质勘察报告、区域地形测量图;

(5) 地区的气象、水文、地震等自然条件,社会经济情况调查资料;

(6) 设计文件、图纸、说明书;

(7) 现行的有关工程技术标准、规范、规程、规定及现行的概、预算定额等有关的技术经济文件与资料;

(8) 与有关协作、配合单位签订的协议等书面文件;

(9) 由环保部门批准的环境报告书;

(10) 地方城市规划部门的有关批文;

(11) 国家有关工程建设方面的方针、政策、法规和规定。

第二节 工程项目决策阶段的质量控制

项目决策阶段的质量监控,是在项目建议书批准的基础上,通过可行性研究及项目评估正确地编制设计任务书和合理地选择建设场址。

一、项目的可行性研究

项目的可行性研究是就项目建议书提出的建设项目和建设方案(包括建设规模、建设依据、建设布局、建设进度、建设投资等)运用现代技术科学、经济学和管理工程学进行进一步调查勘测、分析论证和方案比较为项目的决策提供可靠的依据。可行性研究的主要内容有:

1. 项目的确定是否符合社会利益,符合国家的规划和国民经济发展的需要。

2. 论证项目在技术上的可行性,分析和预测项目的经济效益和投资的回收期。

3. 分析地形、工程地质、水文地质和气象等自然条件对工程建设的影响。

4. 确定如何筹集资金和偿还贷款。
5. 确定项目进度控制的总轮廓，项目的建设工期和竣工投产时间。
6. 分析项目建设各阶段所需的人力、物力和资金。
7. 研究工程项目中关键项目的设计和施工方案。
8. 分析建设地点范围内的交通运输条件是否满足施工要求和方便生活，各种原材料的供应是否有保障。
9. 分析工程建设对环境可能产生的影响，如对当地城镇发展规划的影响、自然生态平衡的影响和文化古迹的影响等。

可行性研究报告的内容包括：
1. 可行性研究工作的依据；可行性研究的范围；
2. 项目的建设规模、生产方案及其依据；
3. 项目的建设地点和用地面积；
4. 建厂条件及厂址方案：
（1）厂区的气象、水文、地形、工程地质和水文地质条件；
（2）对外交通及运输，水、电、气的现状及发展趋势；
（3）原材料、燃料、主要辅助材料的来源、供应的条件和方式；
（4）厂址方案比较和厂址选择的意见。
5. 项目的初步设计方案：
（1）项目的构成、主要技术工艺和设备选型方案比较；
（2）厂区布置方案的初步选择，土建工程量估计；
（3）公用辅助设施和厂内外协作配套工程。
6. 环境保护和"三废"治理的初步方案；
7. 建设工期，资金来源，筹措方式和社会经济效益；
8. 工程技术经济分析、综合评价及结论。
9. 可行性研究报告附图：
（1）厂址地形图或厂址位置图（无等高线）；
（2）总平面布置方案图；
（3）工艺流程图；
（4）主要车间布置方案简图；
（5）对外交通图；
（6）其他。

在可行性研究中通过对拟建项目的调查、勘测、分析和方案比较，论证项目建设的必要性、技术上的可行性和经济上的合理性，同时提出咨询报告。

可行性研究报告是项目决策和编制设计任务书的主要依据，通常应报有关部门审查，并组织专家进行评估，提出评估报告。根据可行性研究的评估报告，决定项目的取舍。所以必须保证可行性研究的质量，使可行性研究的结果可靠、合理和科学，以免出现项目决策的失误，给经济建设带来不必要的损失。

因此，监理工程师应做好可行性研究的咨询和质量控制，参加重大问题的研究和分析，并对可行性研究报告进行审核。审核的内容主要包括：
1. 审核可行性研究报告是否符合国民经济长远发展的规划，是否符合国民经济建设的方针和政策。

2. 审核可行性研究报告是否具有可靠的自然、经济、社会环境等基础资料和数据。
3. 审核可行性研究报告是否符合相关的技术经济方面的法规、标准和定额等指标。
4. 审核可行性研究报告是否符合项目建议书和建设单位（业主）的要求。
5. 审核可行性研究报告的内容、深度和计算指标是否达到标准的要求。

二、设计任务书

可行性研究报告批准后，即应编制项目的设计任务书（或设计纲要）。规划设计任务书是项目建设原则的一个基本文件，它反映了建设项目的质量目标和水平以及建设者的建设意图。项目的设计任务书因工程的规模及类型的不同，其内容也略有不同。一般应包括以下内容：

1. 编制的依据。设计任务书编制的依据主要包括已批准的可行性研究报告，地形、水文和气象资料，工程地质和水文地质勘察报告等。
2. 建设的目的和依据。主要说明该项目对地区经济发展的作用和兴建的必要性；政府部门对项目兴建的批示、决定等文件内容；项目建设所具备的自然条件（如场址条件、能源或燃料供应条件、气候条件等）和经济状况（如当地能否进行土地征购及搬迁，能否为项目建设提供劳力，原材料和生活供给等的保障条件）。
3. 建设规模。说明项目的工程规模、生产能力和经济效益。对于水利水电工程，还应说明资源综合利用情况和资源利用的范围，如防洪、发电、灌溉、航运、筏运、渔业等。
4. 与有关部门的协作。如各种原材料供应的保障，机电设备生产厂家的进一步落实，燃料动力的供应等。
5. 项目建设地点范围内的矿产资源、水文地质和工程地质状况。应说明项目建设地点范围内的矿产资源、水资源、林业资源等的储量、质量、开发条件，水文地质和工程地质条件对项目建设的影响。
6. 建设地区或地点的确定和占用土地的估算。说明建设地点的选定及占地规划（包括占用的耕地、林地、山地、荒地、河滩等），并附项目所在地区土地管理部门同意的意向协议文件。
7. 投资总额及资金的偿还计划。包括资金数额、资金来源、使用及偿还的方法及计划等，并附借贷及银行签署的文件。
8. 建设工期及项目计划进度的控制性目标。应按工程规模估算的工程量和现行的定额标准计算出工程从施工准备到竣工验收和投产所需的工期，并说明工程项目进度计划的控制性目标，如水电工程项目中的截流时间，拦洪及蓄水发电时间，引水隧洞、大坝、电站厂房等项目的完成时间，机组安装及运行时间等。
9. 工程施工方案的选择。针对主要单项工程，说明建筑工程和安装工程的施工方法及主要施工机械的选择。
10. 工程项目对环境及生态平衡所产生的影响。

三、项目场址的选择

工程项目场址的选择包括各主要单项工程建设的地点及建设项目中所需占用的场地范围。对于大型工程项目，在场址选择时要综合考虑以下问题：地形及工程地质条件，场地便于施工及生活、交通运输方便，各单项工程场址位置的选择是否有利于能源的充分利用等。通常应对多个场址方案进行勘察（勘测）、论证和分析比较，从中选定最终的场址。

监理工程师要保证项目建设前期决策内容的质量，为建设单位提供高质量的决策咨询意见。此外还应协助建设单位做好承担决策任务的单位的资格审定，审定承担单位的业务水平及其信誉状况。

建设项目的设计任务书批准后，表明该建设项目的立项工作已完成，这也标志着项目决策阶段的结束和设计阶段的开始。

第三节　工程项目的设计指导书或设计纲要

项目的设计指导书或设计纲要是在项目设计任务书（规划设计大纲）的基础上对项目的质量目标进行具体的描述和补充，从项目的布局、建筑的造型、装饰、结构和设备的选型以及设计、使用和功能等方面，提出项目的设计原则、技术要求和标准。

工程项目设计纲要（设计指导书）的内容随工程项目的类型和规模而有所不同，一般应包括：编制的依据；建设的目的和依据；建设规模、产品方案和生产纲领；生产方法和工艺流程；矿产资源、水文、地质、原材料、燃料、动力、供水、供电、交通运输等协作配合条件；资源综合利用和"三废"治理要求；建设地区和地点、占用土地的估算；防灾、抗灾等要求；建设工期；投资控制额、要求达到的经济效益和技术水平等。对于扩建、改建的大、中型项目，还应包括资金、材料、设备的来源等。

项目的设计纲要是签订设计合同的重要组成文件，是进行工程项目设计和工程项目审核的主要依据。对于民用建筑工程，设计纲要的主要内容包括：

1. 编制依据。主要包括已批准的可行性研究报告、项目的设计任务书、选址报告及建筑场地的工程地质勘察报告等。

2. 技术经济指标。如建筑物的面积指标、总投资控制和投资分配、单位面积的造价控制等。

3. 城市规划的要求。包括建筑红线范围（四角坐标）；建筑高度、层数及道路的要求；建筑体型及环境的要求；占地系数、绿化系数的要求；消防的要求；主要及次要出入口与城市道路的关系；建筑物的日照、通风、朝向；广场及停车场面积；对煤气、热力、给排水、电力、电信等管线的布置要求等。

4. 建筑的风格及造型。建筑的特色和建筑的立面构图；建筑物外装饰材料的质感与色彩要求等。

5. 使用空间设计方面的要求。使用空间的平剖面形状和组成及尺度；使用空间功能和合理利用的要求等。

6. 平面布局的要求。各组成部分的面积比例；各使用部分的联系与分隔的要求；水平与垂直交通的布置与选型的要求；出入口布置要求；人防设施，如煤气、热力、给排水、电力、电信等专业机房及管井的要求等。

7. 建筑剖面的要求。建筑标准层和特殊使用层要求的高度；地上、地下建筑高度的要求等。

8. 室内装饰要求。一般用房和重点公共用房的装饰要求；有特殊使用要求的装饰等。

9. 结构设计要求。主体结构体系的选择；对地基基础、抗震结构、人防及特种结构的设计要求；结构设计的主要参数。

10. 设备设计要求。对煤气设置、调压站及管网的要求；给水系统（生活、生产、消防用水）管网及设备；排水系统管网和设备及污水处理的要求；空调、采暖、通风的要求；电气系统和设备及防雷等的要求；电信系统的要求等。

11. 消防设计要求。消防等级；自动报警系统；防火分区；安全疏散口的数量、位置和距离的要求等。

第四节　工程项目设计阶段的质量控制

一、设计阶段的划分

工程项目的设计阶段应根据工程项目的规模及其重要性来确定，对于一般工程项目常按两阶段进行设计，即完成初步设计和概算，施工图设计和预算。对于大型的工程项目，技术复杂、工艺新颖的重大项目，应按三阶段进行设计，即完成初步设计和概算，技术设计和修正概算，施工图设计和预算。

在按两阶段进行设计时，当完成初步设计和概算，并经有关部门批准后，即可进行施工图设计和预算的编制。在按三阶段进行设计时，初步设计和概算完成，并经批准后，应进行技术设计和编制修正概算，在技术设计和修正概算批准后，才能进行施工图设计和预算的编制。

初步设计的目的主要是对拟建工程项目在技术上的可行性和经济上的合理性进一步进行分析论证，并确定项目的主要技术参数、总投资额和主要技术经济指标。初步设计的主要内容包括：设计依据，建设规模，产品方案，工艺流程，主要设备选型及配置，主要建筑物、构筑物及其轮廓尺寸，主要材料及其用量，原料、动力的用量与来源，占地面积和土地的利用，新技术的采用情况，外部协作条件，公用辅助设计，"三废"治理，抗震和人防措施，建设程序和期限，技术经济指标等。

技术设计的内容与初步设计大致相同，但比初步设计更深入具体。

施工图设计应完成施工总图和施工详图，施工总图又分为平面图和剖面图两种，图中应表示出结构物、设备和各种管线的布置以及相互连接关系和尺寸；施工详图应包括结构详图、预埋件详图和材料明细表。

二、设计阶段质量控制的依据

1. 批准的设计任务书、项目的选址报告、可行性研究报告、项目评估报告。

经有关部门批准的设计任务书、设计纲要是项目设计阶段质量控制的主要依据，项目的可行性研究报告及评估报告与选址报告也为设计方案的最终确定提供了依据。

2. 有关工程建设及质量管理的法律、法规、政策及规定。

工程建设及质量管理的法律、法规、政策及规定包括：国家对资源利用的法规；关于土地征购、人口迁移及补偿的有关规定；建筑工程质量管理及质量监督的规定；环境保护的法规及其他有关的法律、行政法规及部门规定；国家有关部门的长远规划（如城市规划、水利水电建设规划、交通道路规划）、市政管理规定、"三废"治理等方面的规定。

3. 有关工程建设的技术标准、设计规范和规程、概算指标、定额标准等。

4. 反映项目建设过程及运行期有关自然、技术、经济、社会等方面情况的协议、数据和资料。

5. 设计单位与建设单位签订的设计承包合同。

设计合同是根据业已批准的项目设计任务书中规定的质量目标和水平，提出工程项目建设的各种具体的质量目标。

6. 体现建设单位（业主）建设意图的设计纲要和设计规划大纲。

三、设计阶段的质量控制

在项目、设计实施阶段，监理工程师应对设计过程进行监督和控制，并审查设计成果，审核设计文件及图纸是否符合设计合同规定的质量要求，进行咨询、质询及提出意见，要求设计单位作出解释或修正。

（一）设计过程的质量控制

在设计过程中，监理工程师应对设计输入、设计接口、中间检查、成品校审与会签、设备选型等环节进行监督控制。

1. 设计输入控制

设计输入就是对设计的基本要求，包括工程设计所依据的法规、标准、规范、规程、规定、参数、技术条件和各种原始设计资料。

设计输入可分为总则性设计输入和特定性设计输入两类。

（1）总则性设计输入

总则性设计输入包括：

1) 法规：国家和有关部门颁布的有关建设方面的政策、法律、规定；
2) 标准：包括国际标准、国家标准、行业标准；
3) 规范：各种专业技术规范；
4) 公共惯例和社会要求。

（2）特定性设计输入

特定性设计输入是指与工程设计有关的特性要求，包括：

1) 工程设计合同；
2) 项目建议书和可行性研究报告；
3) 前一阶段工程设计的审查意见；
4) 业主对工程设计提出的参数要求；
5) 制造厂家提供的设计技术资料；
6) 各专业间提供的资料；
7) 对外委托设计的接口；
8) 外部协作配合协议：包括建设用地、水、气、煤的供应，铁路专用线接轨，码头等；
9) 工程勘察报告：包括气象、水文、地形地貌、工程地质、水文地质等；
10) 环境资料；
11) 负荷资料；
12) 地震、防空资料。

（3）设计输入控制

监理工程师应将设计输入的内容和要求逐项列明，防止错漏，确保设计输入的完整性和准确性，同时还应确保设计输入满足下列要求：

1) 所有设计输入均应形成书面文件；
2) 所有设计输入文件均应符合文件管理规定；
3) 设计输入文件必须符合审批程序；
4) 对已经生效的设计输入进行修改、变更时，要说明修改、变更的原因，并通过与原设计输入相同的审批程序，并形成正式文件。

2. 设计接口控制

设计接口也称为设计交界面，通常分为内部设计接口和外部设计接口两类。内部设计接口是指设计单位内部各部门之间和各专业之间的设计与责任分界；外部设计接口是指设计单位与外部单位（也包括不同的外部单位）之间的设计与责任分界。

（1）内部接口控制

对于内部接口，监理工程师主要控制的内容是：

1）设计单位内部各部门之间、各专业之间的设计分工界限和责任应在有关程序文件中作出规定；

2）内部设计接口的联系方式和接口负责人应明确，以便于设计工作中的相互联系和密切配合；

3）各部门和各专业之间互相提供的资料必须经过审批并有书面文件，符合文件管理程序规定，以保证资料的可靠性和可追溯性；

4）对已经提出的资料需要变更时，应履行同样的审查与确认手续，并形成书面文件后方可修改和变更；

5）设计资料的传递和提供应以书面文件为准，凡是以口头等非正式方式传递的资料，事后应立即补上书面文件确认，否则传递的资料不能作为设计依据。

（2）外部接口控制

对于外部接口，监理工程师主要控制的内容是：

1）设计单位与外部接口单位之间的协作分工界限和责任应在有关的设计接口文件中作出规定；

2）设计单位与外部接口单位的联系方式和接口负责人应明确，并应明确工作的职责与权限，并形成有效的书面文件，发送对方作为工作协作联系的依据；

3）设计资料版本的有效性及传递、更改、回收、作废等应建立相应的执行管理程序文件；

4）参加有关的设计联络会议，对各有关外部协作单位之间的设计接口问题进行研究和协调管理。

3. 设计中间检查

在每一个设计阶段，均应制定工程技术措施，并进行中间检查。设计的中间检查可分为综合性中间检查和专业性中间检查两类。

（1）综合性中间检查

1）综合性中间检查由分管项目的总工程师主持，项目设计总工程师组织，各专业的主任工程师、科长、主要设计人员参加，技术部门也应派人参加，对检查中发现的问题应作出详细记录，并进行及时整改。

2）检查时间：在初步设计阶段当初设方案比较基本完成后应进行一次中间检查；在施工图设计阶段，当工程总体图基本完成时应进行一次中间检查。

3）检查的内容：主要是工程技术组织措施中的设计原则、技术要求等在设计中是否得到贯彻执行，在检查中对设计中出现的新问题进行研究，提出指导性意见。

4）在综合性中间检查后，应对初设方案或工程总体图进行验收，并按规定填写检查记录并作为各专业进行下一步设计工作的依据。

监理工程师应参与并监督综合性中间检查，对检查中发现的问题应督促有关人员进行整改。

(2) 专业性中间检查

专业性中间检查由各专业主任工程师或科长组织，有关设计人员参加。

专业性中间检查的主要内容包括：

1) 检查设计原则、目标、质量控制措施和技术要求的执行情况及执行程度；

2) 专业设计方案讨论的结论和进一步优化设计的措施、意见；

3) 设计中存在的问题；

4) 检查特殊设计要求；

5) 对卷册进行验收。

对检查中发现的问题监理工程师要督促有关人员进行整改。

4. 成品校审和会签

成品校审和会签是对每一个设计阶段的设计文件和图纸按质量管理程序文件的规定进行逐级校阅审定和签字确认，以保证设计成果的完整性和正确性。

(1) 成品校审的质量控制

1) 所有设计文件（包括设计计算书）、图纸均应由各级校审责任人按成品校审程序文件规定校审签字认可；

2) 各级校审人员中对设计成品校审后所提出的意见应及时整理并反馈给设计人员进行修改；

3) 经修改后的设计文件和图纸应由有关校审责任人核查确认后签字认可；

4) 按有关的设计成品质量评定办法对设计成品质量进行评定。

(2) 成品会签的质量控制

1) 各专业设计图纸均应实施设计图纸会签制度；

2) 凡需会签的图纸均应加盖会签图标，经有关专业责任人校核后在会签图标内签字认可；

3) 会签的重点是与本专业提供的设计资料是否相符，设计上是否衔接和协调；

4) 会签中发现的问题应及时反馈给有关设计人员进行修改；

5) 经修改后的图纸应由会签人员校核后签字认可；

6) 凡需会签的图纸未经会签不得送印出版。

监理工程师对设计成品的校审会签应进行监督检查。

5. 设备选型控制

在工程设计中监理工程师应协助和监督设计单位做好设备的选型工作，以便优选质量可靠、性能先进、价格合理的设备。监理工程师应在调查研究的基础上，根据满足功能要求、经济合理的原则，向专业设计人员提供有关主要设备、材料的型号、厂家、价格的有关信息，供设计人员优选设备时参考，同时应参与设备选型的讨论，并提出监理单位的意见。

设备选型的质量控制：

(1) 在初步设计审查后

1) 根据合同和业主要求，编制设备主、辅机规格要求说明书，作为设备采购订货的质量控制文件；

2) 说明书的内容包括：

①设备的名称;
②设备的功能;
③技术参数和性能;
④有关的法规、标准和规范;
⑤环境要求;
⑥供货范围;
⑦设备试验标准;
⑧配套设备接口要求;
⑨包装、储运要求。
3）质量保证和技术资料文件要求;
4）规定技术资料传递方式和确认程序;
5）主、辅机设备优化设计要求。
(2) 施工图设计阶段
施工图设计文件中应有设备和主要材料清册,内容包括:
1）设备和材料规格;
2）设备和材料型号;
3）设备和材料数量;
4）与制造厂进行接口配合的要求;
5）建议的制造厂家。
(二) 设计各阶段的质量控制
在设计的不同阶段,质量控制的内容是不同的。
1. 初步设计阶段的质量控制
初步设计是在确定的建设地点和规定的建设期限内,进一步论证拟建工程项目在技术上的可行性和经济上的合理性,解决工程建设中重要的技术问题和经济问题,论证工程项目及主要建筑物的等级标准,对选定方案进行初步设计,并确定各项技术经济指标等。

初步设计阶段质量控制的内容包括:

(1) 审核设计依据。核查初步设计是否符合批准的设计任务书或规划设计大纲和设计纲要以及有关的批文;签订的设计合同或评定的设计方案;有关的建设标准、规定和法规等。

(2) 审核建设规模。包括主要建筑物和构筑物的结构形式及布置,主要设备的选型及配置,占地面积及场地布置等。

(3) 审核原材料、动力等资源的用量及来源。审核工程建设所需各种原材料的规格、品种、质量、用量和来源,燃料、动力的供应保障等。

(4) 审核施工工艺及流程。合理的工艺流程可以保证质量及进度目标的实现。

(5) 参与和审核主要设备的选型和配置。

(6) 审核各主要建筑物和构筑物的建设顺序和期限。

(7) 审核主要的技术经济指标。核查各主要技术经济指标是否符合质量目标和水平。

(8) 审核项目的总概算。

(9) 核实外部协作条件及对外交通。

初步设计的深度应能满足设计方案的评选,满足主要设备、材料的订货及生产安排;土地的征用和移民安排;技术设计（或施工图设计）的进行;施工组织设计的编制和有关的施工准备工作等。

初步设计文件应符合下列要求：

（1）应有批准的计划任务书和批准的工程选场报告以及完整的设计基础资料。

（2）设计文件表达设计意图充分，采用的建设标准适当，技术先进可靠，指标先进合理，专业间相互协调，分期建设与发展处理得当。

（3）重大设计原则应经多个方案比较选择，提出推荐方案供审批选择。

（4）设计概算应准确地反映设计内容和深度，满足控制投资、计划安排及拨款的要求。

（5）设计文件内容完整、正确，文件字简练，图面清晰，签署齐全。

2. 技术设计阶段的质量控制

技术设计的深度比初步设计更进一步，主要应对设计中的某些技术问题或技术方案进行进一步确定，例如：

（1）进行特殊工艺流程方面的试验、研究和确定。

（2）新技术、新工艺、新方案的试验、研究和确定。

（3）主要建筑物、构筑物的某些关键部位的试验、研究和确定。

（4）新型设备的试验、制作和应用。

（5）编制修正概算。

在技术设计阶段，监理工程师应审查设计文件、图纸和有关的试验研究报告。

3. 施工图阶段的质量控制

施工图设计是以批准的初步设计或技术设计为依据而编制的，是按照初步设计（或技术设计）所确定的设计原则、结构方案和控制尺寸，根据建筑和安装工程的需要，绘制出详尽的施工图，其设计深度应满足设备、材料的采购订货，各种非标准设备的制作，建筑、安装工程施工的要求，编制施工图预算的要求等。

施工图设计文件应符合下列要求：

（1）符合初步设计和技术设计审批文件，符合有关标准规范，符合工程技术组织措施及任务书要求。

（2）采用的原始资料、数据及计算公式正确、合理、落实，计算项目完整，演算步骤齐全，结果正确。

（3）设计方案、工艺流程、设备选型、设施布置、结构形式、材料选用等，要符合运行安全、经济，操作、检修、维护、施工方便，造价低，原材料节约的要求，新技术的采用要落实。

（4）设计内容要完整、无漏项，并符合施工图成品内容深度的要求。各专业及专业内部的成品之间要配合协调一致，满足施工要求。

（5）制图、描图的工艺水平符合标准要求。

监理工程师对施工图设计的审核内容，主要是计算有无错误，所用材料、数量及布置是否合理，标注的各部分尺寸和标高有无错误，各专业设计之间是否有矛盾，各部位的结构是否表示清楚和明确，是否符合施工要求和能够指导施工。

对于普通的工业与民用建筑工程，设计阶段的质量控制包括总体方案的审核、专业设计方案的审核和施工图纸审核三部分。设计方案的审核贯穿在初步设计和技术设计或扩大初步设计阶段内，主要是审查项目的设计是否符合设计纲要的要求，是否符合国家的有关方针、政策和设计法规，工艺是否合理，技术是否先进，是否符合确定的质量目标和水平，是否能充分发挥工程项目的经济效益、社会效益和环境效益。

（三）总体设计方案的审核

工程项目总体设计方案的主要内容应包括：

1. 设计规模

对生产性项目系指设计年生产能力，如汽车厂以年生产多少万辆汽车表示，电站以设计装机容量多少万千瓦表示；对非生产性项目可用设计容量表示，如多少座位的剧院，多少床位的医院，多少学生人数的学校，多少户数的住宅区等。

2. 总建筑面积

包括全部建筑面积和各类面积（使用面积、辅助面积等）的大致比例。

3. 生产工艺及技术水平

对于生产性项目应确定采用什么工艺技术、工艺技术的水平以及主要工艺设备的选择等。

4. 建筑造型

指建筑平面布置、立面造型是否与周围环境相协调；建筑总高度是否符合规定；建筑外观的艺术效果等。

总体方案的审核主要是在初步设计时进行，重点是审核设计依据、设计规模、产品方案、工艺流程、项目组成及布局、设施配套、占地面积、协作条件、"三废"治理、环境保护、防灾抗灾、建设期限、投资概算等的可靠性、合理性、经济性、先进性。

（四）专业设计方案的审核

专业设计方案的审核，重点是审核设计方案的设计参数、设计标准、设备和结构选型、功能和使用价值等方面是否满足适用、经济、美观、可靠等要求。具体的审核内容如下：

1. 建筑设计方案

主要审核平面和空间布置是否合理和适用；建筑物理功能，如采光、隔热、保温、隔声、通风等的方式是否达到规定标准，材料的选择、布置和构造是否满足要求等。

2. 结构设计方案

主要审核结构方案的设计依据及设计参数；结构方案的选择；安全度、可靠度以及抗震性是否符合要求；主体结构布置；结构材料的选择等。

3. 其他专业设计方案

其他专业设计方案，如给水工程、排水工程、通风空调、动力工程、供热工程、通信工程、厂内运输和"三废"治理工程等设计方案。主要审核设计依据、设计参数、各专业设计方案的选择，路线或管道（管网）的布置及所需设备、器材、工程材料的选择等。

设计方案阶段的质量控制，主要是协助设计单位做好设计方案的技术经济分析，以及在设计单位的技术经济分析基础上，对设计方案进行审核。

（五）设计文件图纸的审核

监理工程师对设计文件图纸的审核是按设计阶段进行的。

1. 初步设计阶段

在初步设计阶段，设计文件图纸的审核侧重于工程所采用的技术方案是否符合总体方案的要求，是否达到项目决策阶段确定的质量标准。具体的审核内容包括：

（1）初步设计的依据

审查初步设计是否符合工程设计委托合同和设计任务书或设计纲要的要求，是否符合下列文件的要求：
　　1）项目建议书；
　　2）可行性研究报告；
　　3）场址选择报告；
　　4）环境影响报告；
（2）设计指导思想。
（3）建设规模。
（4）生产工艺流程。
（5）原材料、燃料、动力的用量、来源和供应条件。
（6）主要设备选型和主要辅机选用的技术协议。
（7）总平置图。
（8）工程项目构成的范围、主要建筑物和构筑物。
（9）公用、辅助设施及生活区建设。
（10）外委设计协作配套工程如铁路专用线、码头等。
（11）主要材料用量。
（12）新技术、新工艺、新材料采用情况。
（13）占地面积和利用情况。
（14）环境保护和"三废"治理。
（15）抗震、防空措施。
（16）生产组织和劳动定员。
（17）各项技术经济指标。
（18）建设顺序和工程进度。
（19）工程总概算。

2. 技术设计阶段

技术设计是在初步设计基础上方案设计的具体化，所以，对技术设计图纸的审核侧重于各专业设计是否符合预定的质量标准和要求。

监理工程师在初步设计和技术设计阶段审核方案或图纸时，需要同时审核相应的概算文件，因为只有投资在控制限额内，设计质量又符合预定要求的，才是符合要求的设计。

3. 施工图设计阶段

对施工图设计文件的审核，侧重于使用功能及质量要求是否得到满足。在施工图的总体方面着重审查下列几方面：

（1）是否符合初步设计审批文件、有关标准、规范及卷册任务书的要求。

（2）采用的原始资料、数据及计算公式是否正确，计算项目是否完整，计算结果是否正确。

（3）卷册的设计方案、工艺流程、设备选型、设施布置、结构形式、材料选用等是否符合工程运行安全、经济、操作、检修、维护和施工方便的要求。

（4）审查建筑物的稳定性和安全性，包括地基基础和主体结构体系是否安全可靠。

（5）工程项目设计是否符合消防、节能、环保、抗震、卫生、人防等有关强制性标准、规范的要求。

（6）施工图的设计是否达到规定的深度要求。

(7) 卷册的设计内容是否完整,有无漏项,是否符合对施工图成品内容深度的要求,各专业施工图是否配合协调一致。

(8) 施工图的图面布置是否合理,工艺是否正确,设计意图是否表达清楚,是否符合制图统一规定。

(9) 审查施工图预算。

各专业设计图的审查内容如下:

(1) 建筑施工图。主要审核房间、车间尺寸及布置情况,门窗及内外装修,材料选用,要求的建筑功能是否满足等。

(2) 结构施工图。主要审核承重结构布置情况,结构材料的选择,施工质量的要求等。

(3) 给排水施工图。主要审核水处理工艺设备及管道布置和走向,加工安装的质量要求等。

(4) 电气施工图。主要审核供、配电设备,灯具及电器设备的布置,电气线路的走向及安装质量要求等。

(5) 供热、采暖施工图。主要审核供热、采暖设备的布置,管网的走向及安装质量要求等。

政府机构对设计图纸的审核,侧重于:

(1) 是否符合城市规划方面的要求。

(2) 工程建设是否符合法定技术标准。

(3) 对安全、防火、卫生、防震、"三废"治理等方面是否符合有关标准的规定。

(4) 对供水、排水、供电、供热、供煤气、交通道路、通信等专业工程设计,主要审核是否符合市政规划要求等。

第五章 工程项目施工阶段的质量控制

第一节 工程项目施工阶段的质量控制过程

工程项目施工阶段是工程实体最终形成的阶段,也是工程项目质量和工程使用价值最终形成和实现的阶段,因此也是工程项目质量控制的重要阶段。

工程项目施工阶段的质量控制过程可以按生产程序、影响因素和施工阶段三个方面来考虑。

一、按生产程序

工程项目的施工是由投入资源(材料、设备、人力、机械)开始,通过施工生产,最终形成产品的过程,所以施工项目的质量控制就是从投入资源的质量控制开始,经过施工生产的质量控制,直到产出品的质量控制,这样一个系统的控制过程,如图5-1所示。

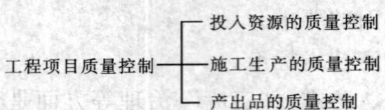

图 5-1 工程项目质量控制过程(按生产程序)

二、按影响因素

影响施工阶段工程质量的因素归纳起来有五个方面,即人的因素、材料因素、机械因素、方法因素和环境因素。其中人的因素主要是施工操作人员的质量意识、技术能力和工艺水平,施工管理人员的经验和管理能力;材料因素包括原材料、半成品和构配件的品质和质量,工程设备的性能和效率;方法因素包括施工方案、施工工艺技术和施工组织设计的合理性、可行性和先进性;环境因素主要是指工程技术环境、工程管理环境(如管理制度的健全与否、质量管理体系的完善与否、质量保证活动开展的情况等)和劳动环境。上述五方面因素都在不同程度上影响到工程的质量,所以施工阶段的质量控制,实质上就是对这五个方面的因素实施监督和控制的过程。

(一)人的因素的控制

"人"主要是指直接参与工程项目的决策者、组织者、管理者和操作者,人是工程项目建设的实施者,人的素质,即人的思想意识、文化素质、技术水平、管理能力、工作经历和身体条件等,都直接和间接地影响到工程项目的质量。所以为了保证工程项目的质量,必须对人的因素进行控制,既要充分发挥人的主观能动性,又要避免人的失误。要加强思想意识和劳动纪律的教育,专业技能和科学技术知识的培训,提高人的素质。

对人的因素的控制,主要侧重于人的资质、人的生理缺陷、人的心理缺陷、人的错误行为等几个方面。

1. 人的资质

(1) 领导者

领导者主要包括经理、总工程师、总经济师、总会计师和各部门的负责人,他们是工程项目的决策者、组织者、指挥者、管理者和经营者，领导者的素质对保证工程项目的质量起着重要的影响。

领导者作为工程项目的指挥者和组织管理者，必须具有较高的思想水平、一定的文化素质（相应的学历）、丰富的实践经验（具有相应的工作经历和职称）、较强的组织管理能力，善于协作配合，能够果断、正确地作出决策和采取有效的技术措施，领导职工完成各项任务。

（2）主要技术人员

主要技术人员应具有一定的文化素质（具有相应的学历），相应的专业资质和技术水平（具有相应的职称），丰富的实践经验和较强的组织管理水平。

（3）技术工人

技术工人应具有本专业的资质证书，有较丰富的专业知识和熟练的操作技能，熟悉操作规程和质量标准。

监理工程师应对承包单位人员的资质进行审核和考核，有权建议撤销承包单位任何不符合条件的工作人员，甚至可建议建设单位解除承包合同，更换承包单位。

2．人的生理缺陷

人的生理缺陷主要是指具有疾病，精神失常，智商过低（呆滞、接受能力差、判断能力差等），易紧张、冲动和兴奋，疲劳，对自然条件和环境不适应，应变能力差等。

在工程项目施工过程中，监理工程师应督促施工单位根据施工特点严格控制人的生理缺陷，如患有高血压、心脏病和恐高症的人，不应从事高空作业和水工作业；视力、听力较差的人，不应从事测量工作和以音响、灯光、旗语进行指挥的作业；反应迟钝、应变能力差的人，不应操作快速运转的机械等。

人的生理疲劳则常常表现出动作紊乱而不稳定，体力不支，手脚发软，致使人和物从高处坠落等。

3．人的心理缺陷

人的心理缺陷主要表现为心情不安，身心不支，注意力不集中等。人的心理缺陷常常会引起工作能力波动，产生厌倦和操作失误。所以在人的因素的控制中要分析人的心理变化，稳定人的思想情绪，防止工作的失误。

4．人的错误行为

人的错误行为表现为工作时打闹、玩耍、嬉笑、错听、错视、误动、误触、误判、违章违纪、粗心大意、漫不经心、玩忽职守、不懂装懂、工作不认真等。

人的错误行为，如工作时打闹、玩耍、嬉笑；操作中错听、错视、误判；在危险源作业现场吸烟等，都会引起质量问题或质量事故，因此必须及时制止。

（二）材料因素的控制

材料包括原材料、成品、半成品、构配件、仪器仪表、生产设备等，是工程项目的物质基础，也是工程项目实体的组成部分。

监理工程师应严格进行材料的控制，以保证工程项目的质量。

材料的控制着重以下方面：

1．收集和掌握材料的信息，通过分析论证优选供货厂家，以保证购买优质、廉价、能如期供货的厂家，经监理工程师签字认可后，施工单位才能进行采购订货。

2．合理组织材料的供应，确保工程的正常施工。监理工程师应协助施工单位合理地组织材料的采购订货、加工生产、运输、保管和调度，既能保证施工的需要，又不造成材料的积压。

3. 严格材料的检查验收，确保材料的质量。
4. 实行材料的使用认证，严防材料的错用误用。
5. 严格按规范、标准的要求组织材料的检验，材料的取样、试验操作均应符合规范要求。
6. 对于工程项目中所用的主要设备，监理工程师应审查是否符合设计文件或标书中所规定的规格、品种、型号和技术性能。

（三）机械因素的控制

施工机械是实施工程项目施工的物质基础，是现代化施工必不可少的设备。施工机械设备的选择是否适用、先进和合理，将直接影响工程项目的施工质量和进度。所以监理工程师应结合工程项目的布置、结构形式、施工现场条件、施工程序、施工方法和施工工艺，控制施工机械型式和主要性能参数的选择，以及施工机械的使用操作，督促施工单位制定相应的使用操作制度，并严格执行。

（四）方法因素的控制

所谓方法主要是指工程项目的施工组织设计、施工方案、施工技术措施、施工工艺、检测方法和措施等。

所采取的"方法"是否得当，直接影响到工程项目的质量形成，特别是施工方案是否合理和正确，不仅影响到施工质量，还对施工的进度和费用产生重要影响。因此监理工程师应参与和审定施工方案，并结合工程项目的实际情况，从技术、组织、管理、经济等方面进行全面分析和论证，确保施工方案在技术上可行、经济上合理、方法先进、操作简便，既能保证工程项目质量，又能加快施工进度，降低成本。

（五）环境因素的控制

影响工程项目的环境因素很多，归纳起来有三个方面，即工程技术环境、工程管理环境和劳动环境。

1. 工程技术环境。主要包括工程地质、地形地貌、水文地质、工程水文、气象等因素。
2. 工程管理环境。主要包括质量管理体系、质量管理制度、工作制度、质量保证活动等。
3. 劳动环境。主要包括劳动组合、劳动工具、施工工作面等。

在工程项目施工中，环境因素是在不断变化的，如施工过程中气温、湿度、降水、风力等。前一道工序为后一道工序提供了施工环境，施工现场的环境也是变化的。不断变化的环境对工程项目的质量就会产生不同程度的影响。为了保证工程项目施工正常、有序地进行，为了保证工程项目质量的稳定，监理工程师应督促和配合施工单位根据工程项目的特点和施工的具体条件，采取相应的有效措施，对影响质量的环境因素进行严格的控制。

按影响因素来看，工程项目的质量控制，就是对影响质量的人、材料、机械、方法和环境五个因素的系统控制过程，如图5-2所示。

三、按施工阶段

工程项目是从施工准备开始，经过施工和安装到竣工检验这样一个过程，逐步建成的，所以施工阶段的质量控制，就是由前期（事前）质量控制或称施工准备质量控制，经过施工过程（事中）质量控制，到后期（事后）质量控制或竣工阶段质量控制，这样一个控制的过程，如图5-3所示。

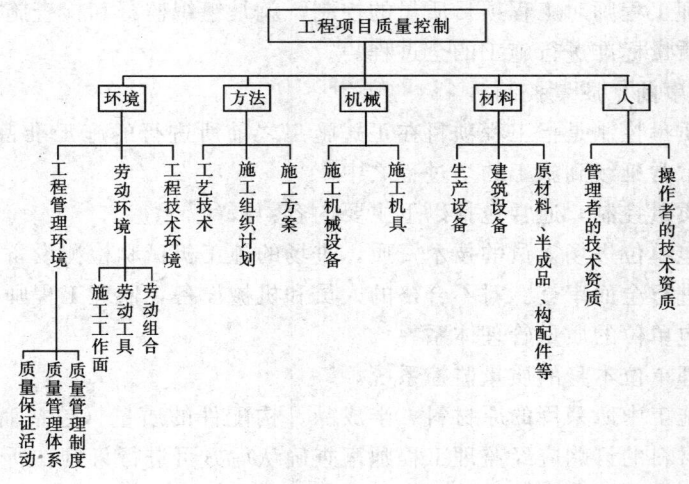

图 5-2 工程项目质量控制过程（按影响因素）

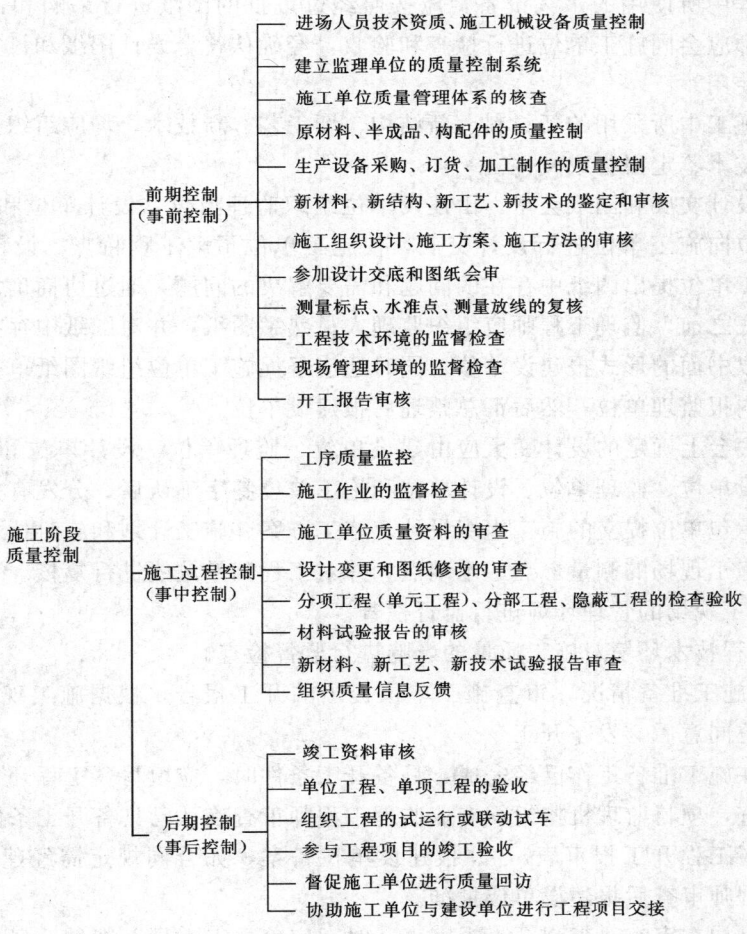

图 5-3 工程项目质量控制过程（按施工阶段）

施工阶段监理工程师对工程项目质量的控制，就是组织监督和检查施工单位根据设计图纸和合同规定的质量标准进行施工的全过程。

（一）前期（事前）质量控制

施工前期的质量控制是指工程项目在正式施工之前所进行的施工准备工作的质量控制，但是其控制内容常常延续到施工的全过程之中。

施工前期的质量控制，通常包括以下主要内容：

(1) 审核承包单位进场人员的技术资质，进场的施工机械和检测设备是否符合要求；对分包单位的资质进行全面审查。对不合格的人员和机械设备，监理工程师有权提出更换。

(2) 核查承包单位的质量管理体系。

(3) 建立监理单位本身的质量监控系统。

(4) 对工程施工中所采用的原材料、半成品、构配件的质量（包括商品混凝土的质量）进行检查确认；材料的订购应经监理工程师审查确认后方可进行订购；所采购的材料均应有产品的出厂合格证明文件、技术说明文件和试验资料，监理工程师应对上述资料和文件进行审查，并按规定进行抽样检验，经确认合格签证后方可使用。

(5) 对工程中所使用的永久设备，应按照经过审批的图纸进行采购和订货，设备到货后，监理工程师应会同施工单位进行检查和验收，经确认符合设计图纸和订货合同要求，并经签证后方可使用。

(6) 工程施工中所采用的新材料、新结构、新工艺、新技术，均应组织技术鉴定，监理工程师应审核技术鉴定报告或文件。

(7) 参加设计交底和图纸会审。由建设单位组织监理单位、设计单位和施工单位参加，首先由设计单位向施工单位进行设计交底，使施工单位了解工程特点、设计意图和质量要求；然后由施工单位提出图纸中存在的问题和需要解决的问题，通过协商确定解决的办法。

在设计交底之前，监理工程师应组织监理人员熟悉图纸，并对图纸中存在的问题及差错提出建议，并以书面的形式报建设单位；同时还应督促施工单位组织图纸审查，并将审查记录在约定时间内报监理单位，然后汇总整理后报建设单位。

在设计交底会上确定的设计变更应由建设单位、监理单位、设计单位和施工单位确认，会议纪要经建设单位、监理单位、设计单位和施工单位签字确认后，分发有关各方。

(8) 审核承包单位提交的施工组织设计、施工方案、施工计划和施工技术措施。

(9) 检查施工现场的测量标点、水准点，并对工程测量放线进行复核。

(10) 对施工现场的管理环境进行监督检查。

(11) 对工程技术环境对施工质量的影响进行监督检查。

(12) 检查施工准备情况，审查施工单位提出的开工报告，根据施工现场的准备情况，并征得建设单位同意后，发布开工令。

施工单位在施工准备工作已经完成，具备开工条件时，应填写《工程开工报审表》报项目监理机构审查，项目监理机构组织专业监理工程师审查确认已具备开工条件时，则由总监理工程师签发《工程开工报审表》，并报建设单位备案，如合同规定需经建设单位批准时，则在总监理工程师审查后报建设单位批准。

项目监理机构在审查《工程开工报审表》时，应着重审查是否满足下列条件：

①是否已获得政府建设主管部门签发的《建设工程施工许可证》；

②是否已获得施工用地范围和施工用地许可证；

③拆迁工作是否满足施工进度要求；
④工程设计文件及施工图纸是否已经齐备；
⑤施工现场场地、道路、水、电、通讯和施工临时设施是否满足开工要求；
⑥施工测量控制桩是否已经项目监理机构复测验证；
⑦施工人员是否已经到位，施工机械设备、施工机具、建筑材料是否已到达施工地点。

（13）工程项目开工前，监理人员应参加建设单位主持召开的第一次工地例会，会议的内容主要包括：
①建设单位、监理单位、施工单位分别介绍各自驻现场的组织机构、人员及其分工；
②建设单位根据委托监理合同宣布对总监理工程师的授权；
③建设单位介绍工程开工准备情况；
④施工单位介绍施工准备情况；
⑤建设单位和总监理工程师对施工准备情况提出意见和要求；
⑥总监理工程师介绍监理规划的主要内容；
⑦研究确定各方在施工过程中参加工地例会的主要人员，召开工地例会的周期、地点及主要议题。

（二）施工过程（事中）质量控制

施工过程的质量控制，通常包括以下主要内容：
（1）指导和协助施工单位建立和完善工序质量控制。
（2）审核材料的现场试验报告，经审查确认并签证后方可用于施工。
（3）审核新材料、新技术、新工艺的现场试验报告，经审查确认并签证后方可用于施工。
（4）审核施工单位提交的质量检验、统计分析资料和质量控制图表。
（5）审核设计变更和图纸修改。
（6）对施工作业进行监督和检查，发现违规行为及时纠正。
（7）对检验批、分项工程（单元工程）、分部工程和各项隐蔽工程，组织检查验收。
（8）对重要的原材料、半成品、构配件，按规定组织检验、试验。
（9）组织质量事故的处理和报告。
（10）召开工地例会

在施工过程中，总监理工程师应定期主持召开工地例会。会议纪要由项目监理机构起草，并经与会各方代表会签。

工地例会的内容主要包括：
①检查上次例会议定事项的落实情况，分析未完事项原因；
②检查分析工程项目进度计划完成情况，提出下一阶段进度目标及落实措施；
③检查分析工程项目质量状况，针对存在的质量问题提出改进措施；
④检查工程量核定及工程款支付情况；
⑤解决需要协调的有关事项；
⑥其他有关事宜。

总监理工程师或专业监理工程师应根据需要及时组织专题会议，解决施工过程中的各种专项问题。

（11）整理和提交监理资料。在施工过程中项目监理机构应对有关的监理资料进行分类整理，并随施工工作的进展随时提交给建设单位。监理资料应包括：

①监理工作依据资料。包括委托监理合同、施工承包合同、建设单位与第三方签订的与本工程有关的合同、勘察（勘测）设计文件。

②监理工作基础资料。包括与工程有关的法律法规、技术规范、操作规程、各种定额等。

③监理过程资料。包括各方来往函件、会议纪要、材料的检验资料、施工质量的检验试验资料、工程项目质量评定资料、隐蔽工程检查验收资料、生产设备的检验资料、工程变更资料、项目监理机构的各种工作制度、监理工程师的通知及指令、计量及支付资料、工程索赔资料等。

（12）审核工地试验室。施工单位应将工地试验室的资质、试验项目、试验设备名称、规格、型号、数量及法定检测部门定期检定的证明、试验室人员资格证书及试验室管理制度等有关资料，报送项目监理机构，由专业工程师审核确认。

（13）组织质量信息的反馈。

（14）发布停工令和复工令。

在下列情况下，总监理工程师可签发工程施工暂停令：

①建设单位要求暂停施工，且工程需要暂停施工；

②为了保证工程质量而需要进行停工处理；

③施工出现的安全隐患，有必要停工以消除隐患；

④发生了必须暂时停止施工的紧急事件；

⑤施工单位未经许可擅自施工，或拒绝监理单位管理。

（三）后期（事后）质量控制

施工后期的质量控制，通常包括以下主要内容：

（1）督促施工单位做好竣工资料的整编工作。

（2）审查施工单位提交的竣工资料。

（3）组织单位工程、单项工程按质量标准进行验收。

（4）组织工程项目的试运行或联动试车。

（5）参与工程项目的竣工验收。

（6）协助施工单位与建设单位的工程项目交接。

（7）督促施工单位的质量回访和保修期内的质量保修。

第二节　工程项目施工阶段的质量控制

一、施工阶段质量控制的依据

施工阶段监理工程师进行质量控制的依据主要包括下列文件：

1. 工程项目承包合同和监理合同中有关质量方面的规定和要求。

2. 工程项目承包合同中指定的技术规范、规程和标准。

3. 经审批的设计文件、设计图纸、技术要求和规定。

4. 国家和部门颁布的施工规范、规程、操作规程、安装规程、质量评定标准、验收规程等。

（1）对于水利水电工程

《水利水电建设工程验收规程》（SL 223—2008）；

《水利水电工程施工质量检验与评定规程》(SL 176—2007);
《水利水电工程施工组织设计规范》(SL 303—2004);
《水利基本建设项目竣工财务决算编制规程》(SL 19—2008);
《水利工程建设项目施工监理规范》(SL 288—2003);
《水利水电工程施工地质勘察规程》(SL 313—2004);
《水利水电工程岩石试验规程》(SL 264—2001);
《水利水电工程金属结构与机电设备安装安全技术规程》(SL 400—2007);
《水利水电工程土建施工安全技术规程》(SL 339—2007);
《水利水电专用混凝土泵技术条件》(SL 15—2011);
《水利水电工程施工总布置设计规范》(SL 487—2010);
《水利水电工程招标文件编制规程》(SL 481—2011);
《小型水电站初步设计报告编制规程》(SL 179—2011);
《灌溉排水工程项目初步设计报告编制规程》(SL 533—2011);
《全油压控制水轮机调压阀》(SL 553—2011);
《卷扬式启闭机系列参数》(SL 507—2010);
《螺杆式启闭机系列参数》(SL 491—2010);
《液压启闭机系列参数》(SL 508—2010);
《中华人民共和国工程建设标准强制性条文(水利工程部分)》(2010年版)(ISBN 978-7-5084-8886-8);
《水利水电工程坑探规程》(SL 166—2011);
《大体积混凝土施工规范》(GB 50496—2009);
《水电水利工程预应力锚索施工规范》(DL/T 5083—2010);
《节水灌溉工程技术规范》(GB/T 50363—2006);
《岩土工程勘察技术规范》(YS 5202—2004);
《水电水利工程施工总布置设计导则》(DL/T 5192—2004);
《水工混凝土钢筋施工规范》(DL/T 5169—2002);
《水工混凝土试验规范》(DL/T 5150—2001);
《水工混凝土砂石料试验规程》(DL/T 5151—2001);
《水电水利工程碾压式土石坝施工组织设计导则》(DL/T 5116—2000);
《水电水利工程施工导流设计导则》(DL/T 5114—2000);
《水电水利基本建设工程单元工程质量等级评定标准(八) 水工碾压混凝土工程》(DL/T 5113.8—2000);
《水电水利工程混凝土防渗墙施工规范》(DL/T 5199—2000);
《水电水利工程高压喷射灌浆技术规范》(DL/T 5200—2000);
《水电水利工程施工组织设计导则》(DL/T 5201—2004);
《水电水利工程岩壁梁施工规程》(DL/T 5198—2004);
《水电水利工程钢闸门制造、安装及验收规范》(DL/T 5018—2004);
《水电水利工程地质测绘规程》(DL/T 5185—2004);

《水电水利工程地质勘察水质分析规程》（DL/T 5194—2004）；
《环氧树脂灌浆技术规程》（DL/T 5193—2004）；
《灯泡贯流式水轮发电机组起动试验规程》（DL/T 827—2002）；
《水轮发电机组起动试验规程》（DL/T 507—2002）；
《水电水利工程斜井竖井施工规范》（DL/T 5407—2009）；
《水利水电工程施工测量规范》（SL 52—93）；
《水工建筑物岩石基础开挖工程施工技术规范》（SL 47—94）；
《水工建筑物地下开挖工程施工规范》（SL 378—2007）；
《水利水电工程锚喷支护技术规范》（SL 377—2007）；
《疏浚工程施工技术规范》（SL 17—90）；
《水工混凝土施工规范》（DL/T 5144—2001）；
《水工碾压混凝土施工规范》（DL/T 5112—2009）；
《水运工程混凝土质量控制标准》（JTJ 269—1996）；
《土坝灌浆技术规范》（DL/T 5238—2010）；
《碾压式土石坝施工技术规范》（DL/T 5129—2001）；
《水工碾压式沥青混凝土施工规范》（DL/T 5363—2006）；
《浆砌石坝施工技术规定》（SD 120—84）；
《混凝土面板堆石坝施工规范》（DL/T 5128—2009）；
《水坠坝技术规范》（SL 302—2004）；
《水电站基本建设工程验收规程》（DL/T 5123—2000）；
《水利水电基本建设工程单元工程质量等级评定标准（水工建筑工程）》（SDJ 249.1—88）（试行）；
《金属结构及启闭机安装工程》（SDJ 249.2—88）（试行）；
《水轮发电机组安装工程》（SDJ 249.3—88）（试行）；
《水力机械辅助设备安装工程》（SDJ 249.4—88）（试行）；
《发电电气设备安装工程》（SDJ 249.5—88）（试行）；
《升压变电电气设备安装工程》（SDJ 249.8—88）（试行）；
《碾压式土石坝及砌石坝工程》（SDJ 249.7—91）（试行）；
《水电水利工程爆破施工技术规范》（DL/T 5135—2001）；
《水工建筑物水泥灌浆施工技术规范》（DL/T 5148—2001）；
《水工混凝土砂石骨料试验规程》（DL/T 5151—2001）；
《混凝土面板堆石坝接缝止水技术规范》（DL/T 5115—2008）；
《水电水利工程模板施工规范》（DL/T 5110—2000）；
《进口水轮发电机（发电/电动机）设备技术规范》（DL/T 730—2000）；
《压力钢管安全检测技术规程》（DL/T 709—1999）；
《水轮机电液调节系统及装置技术规程》（DL/T 563—2004）；
《大中型水轮发电机静止整流励磁系统及装置技术规程》（DL/T 583—2006）；
《水利水电工程钢闸门制造安装及验收规范》（DL/T 5018—2004）；
《水利水电工程启闭机制造安装及验收规范》（SL 381—2007）；

《水利电工程压力钢管制造安装及验收规范》（DL/T 5017—2007）；
《转桨式转轮组装与试验工艺导则》（DL/T 5036—94）；
《轴流式水轮机埋件安装工艺导则》（DL/T 5037—94）等。

(2) 对于火力发电工程

《110kV～750kV 架空输电线路设计规范》（GB 50545—2010）；
《330kV～750kV 架空输电线路勘测规范》（GB 50548—2010）；
《750kV 架空送电线路施工及验收规范》（GB 50389—2006）；
《架空平行集束绝缘导线低压配电线路设计及施工规程》（DL/T 5253—2010）；
《电力建设施工及验收技术规范　第 1 部分》（DL/T 5190.1—2004）；
《电力建设施工及验收技术规范　第 2 部分》（DL/T 5190.2—2004）；
《电力建设施工及验收技术规范　第 3 部分》（DL/T 5190.3—2004）；
《电力建设施工及验收技术规范　第 4 部分》（DL/T 5190.4—2004）；
《电力建设施工及验收技术规范　第 5 部分》（DL/T 5190.5—2004）；
《电力建设安全工作规程　第 1 部分》（DL 5009.1—2009）；
《电力建设安全工作规程　第 2 部分》（DL 5009.2—2009）；
《汽轮机电液调节系统验收导则》（DL/T 824—2002）；
《火电厂工程测量技术规程》（DL/T 5001—2004）；
《钢制承压管道对接焊接接头射线检测技术规程》（DL/T 821—2002）；
《管道焊接接头超声波检测技术规程》（DL/T 820—2002）；
《火力发电厂焊接热处理技术规程》（DL/T 819—2002）；
《电力工程物探技术规程》（DL/T 5159—2002）；
《变电站岩土工程勘测技术规程》（DL/T 5170—2002）；
《标称电压高于 1000V 架空线路绝缘子串工频电弧试验方法》（DL/T 812—2002）；
《电力工程勘测制图》（DL/T 5156.1～5—2002）；
《110kV～500kV 架空电力线路施工质量及评定规程》（DL/T 5168—2002）；
《火力发电厂锅炉化学清洗导则》（DL/T 794—2001）；
《火力发电厂中温中压管道（件）安全技术导则》（DL/T 785—2001）；
《架空配电线路金具技术条件》（DL/T 765.1—2001）；
《架空线路用预绞式金具技术条件》（DL/T 763—2001）；
《火力发电厂锅炉耐火材料技术条件》（DL/T 777—2001）；
《火力发电厂保温材料技术条件》（DL/T 776—2001）；
《除灰系统试验规程》（DL/T 749—2001）；
《农村电网建设与改造技术导则》（DL/T 5131—2001）；
《500kV 架空送电线路勘测技术规程》（DL/T 5122—2000）；
《750kV 高压电器（GIS、隔离开关、避雷器）施工及验收规范》（Q/GDW 123—2005）；
《750kV 电力变压器、油浸电抗器、互感器施工及验收规范》（Q/GDW 122—2005）；
《750kV 架空送电线路工程施工质量检验及评定规程》（Q/GDW 121—2005）；
《750kV 变电所电气设备施工质量检验及评定规程》（Q/GDW 120—2005）；
《750kV 变电所构支架制作、安装及验收规范》（Q/GDW 119—2005）；

《750kV架空送电线路施工及验收规范》(Q/GDW 118—2005);
《750kV架空送电线路张力架线施工工艺导则》(Q/GDW 113—2004);
《750kV架空送电线路铁塔组立施工工艺导则》(Q/GDW 112—2004);
《1 000kV交流变电站构支架组立施工工艺导则》(Q/GDW 165—2007);
《1 000kV配电装置构支架制作、施工及验收规范》(Q/GDW 164—2007);
《1 000kV架空送电线路工程施工质量检验及评定规程》(Q/GDW 163—2007);
《110kV~1000kV变电(换流)站土建工程施工质量验收及评定规程》(Q/GDW 183—2008);
《输变电工程安全文明施工标准》(Q/GDW 250—2009);
《架空输电线路钢管塔施工工艺导则》(Q/GDW 351—2009);
《架空输电线路钢管塔组立施工工艺导则》(Q/GDW 346—2009);
《基建工程项目验收作业标准》(Q/CSG 411002—2011);
《火力发电建设工程启动试运及验收规程》(DL/T 5437—2009);
《火力发电厂管道支吊架验收规程》(DL/T 1113—2009);
《电力设备监造技术导则》(DL/T 586—2008);
《电力工程地基处理技术规程》(DL 5024—2005);
《火力发电厂振冲法地基处理技术规范》(DL/T 5100—1999);
《火力发电厂异种钢焊接技术规程》(DL/T 752—2010);
《110kV及以上送变电工程启动及竣工验收规程》(DL/T 782—2001);
《火力发电厂金属技术监督规程》(DL/T 438—2009);
《火力发电厂金属材料选用导则》(DL/T 715—2000);
《跨越电力线路架线施工规程》(DL/T 5106—1999);
《火力发电厂锅炉炉膛安全监控系统验收测试规程》(DL/T 655—2006);
《火力发电厂汽轮机控制系统验收测试规程》(DL/T 656—2006);
《火力发电厂模拟量控制系统验收测试规程》(DL/T 657—2006);
《火力发电厂顺序控制系统验收测试规程》(DL/T 658—2006);
《火力发电厂分散控制系统验收测试规程》(DL/T 659—2006);
《火力发电厂燃煤锅炉的热工检测控制技术条件》(DL/T 589—2010);
《火力发电厂凝汽式汽轮机检测与控制技术条件》(DL/T 590—2010);
《火力发电厂汽轮发电机的检测与控制技术条件》(DL/T 591—2010);
《架空绝缘配电线路施工及验收规程》(DL/T 602—1996);

(3) 对于普通工业及民用建筑工程
《建设工程监理规范》(GB 50319—2006);
《建设工程项目管理规范》(GB/T 50326—2006);
《建筑项目工程总承包管理规范》(GB/T 50358—2005);
《住宅建筑工程》(GB 50368—2005);
《建筑工程施工质量评价标准》(GB/T 50375—2006);
《综合布线系统工程验收规范》(GB 50312—2007);
《住宅装饰装修工程施工规范》(GB 50327—2001);
《建筑内部装修防火施工及验收规范》(GB 50354—2005);

《智能建筑工程质量验收规范》(GB 50339—2003);
《屋面工程技术规范》(GB 50345—2004);
《建筑结构检测技术标准》(GB/T 50344—2004);
《油气长输管道工程施工及验收规范》(GB/T 50369—2006);
《住宅性能评定技术标准》(GB/T 50362—2005);
《建筑施工组织设计规范》(GB/T 50502—2009);
《通信管道工程施工及验收规范》(GB 50374—2006);
《绿色建筑评价标准》(GB/T 50378—2006);
《工程建设施工企业质量管理规范》(GB/T 50430—2007);
《预应力混凝土路面工程技术规范》(GB 50422—2007);
《建筑与小区雨水利用工程技术规范》(GB 50400—2006);
《建筑结构加固工程施工质量验收规范》(GB 50550—2010);
《城镇燃气技术规范》(GB 50494—2009);
《城市轨道交通技术规范》(GB 50490—2009);
《城市园林绿化评价标准》(GB/T 50563—2010);
《水泥灌浆材料应用技术规范》(GB/T 50448—2008);
《盾构法隧道施工与验收规范》(GB 50446—2008);
《房屋建筑制图统一标准》(GB/T 50001—2010);
《建筑涂饰工程施工及验收规范》(JGJ/T 29—2003);
《蒸压加气混凝土建筑应用技术规程》(JGJ 17—2008);
《施工现场临时用电安全技术规程》(JGJ 46—2005);
《建筑施工安全检查标准》(JGJ 59—99);
《普通混凝土配合比设计规程》(JGJ 55—2011);
《普通混凝土用砂、石质量及检验方法标准》(JGJ 52—2006);
《轻骨料混凝土技术规程》(JGJ 51—2002);
《高层建筑筏形与箱形基础技术规范》(JGJ 6—2011);
《空间网格结构技术规程》(JGJ 7—2010);
《混凝土泵送施工技术规程》(JGJ/T 10—95);
《轻骨料混凝土结构技术规程》(JGJ 13—2006);
《混凝土小型空心砌块建筑技术规程》(JGJ/T 14—2004);
《冷拔低碳钢丝应用技术规程》(JGJ 19—2010);
《混凝土用水标准》(JGJ 63—2006);
《液压滑动模板施工安全技术规程》(JGJ 65—89);
《建筑施工高处作业安全技术规范》(JGJ 80—91);
《建筑地基处理技术规范》(JGJ 79—2003);
《锚杆喷射混凝土支护技术规范》(GB 50086—2001);
《组合钢模板技术规范》(GB 50214—2001);
《纤维增强复合材料建设工程应用技术规范》(GB 50608—2010);

《混凝土外加剂应用技术规程》（GB 50119—2003）；
《湿陷性黄土地区建筑规范》（GB 50025—2004）；
《工程测量规范》（GB 50026—2007）；
《砌体工程现场检测技术标准》（GB/T 50315—2000）；
《建筑制图标准》（GB/T 50104—2010）；
《建筑地基处理技术规范》（JGJ 79—2002）；
《建筑桩基技术规范》（JGJ 94—2008）；
《建筑基坑支护技术规程》（JGJ 120—99）；
《玻璃幕墙工程技术规范》（JGJ 133—2001）；
《外墙保温工程技术规程》（JGJ 144—2004）；
《建筑工程大模板技术规程》（JGJ 74—2003）；
《钢筋焊接接头试验方法标准》（JGJ/T 27—2001）；
《预应力筋用锚具、夹具和连接器应用技术规程》（JGJ 85—2002）；
《建筑钢结构焊接技术规程》（JGJ 81—2002）；
《钢筋机械连接技术规程》（JGJ 107—2010）；
《钢结构高强度螺栓连接技术规程》（JGJ 82—2011）；
《回弹法检测混凝土强度技术规程》（JGJ/T 23—2011）；
《砌筑砂浆配合比设计规程》（JGJ 98—2000）；
《贯入法检测砌筑砂浆抗压强度技术规程》（JGJ/T 136—2001）；
《城镇直埋供热管道工程技术规程》（CJJ 81—98）；
《埋地聚乙烯给水管道工程技术规程》（CJJ 101—2004）；
《热拌再生沥青混合料路面施工及验收规程》（CJJ 43—91）；
《乳化沥青路面施工及验收规程》（CJJ 42—91）；
《城镇地道桥顶进施工及验收规程》（CJJ 74—99）；
《建筑排水金属管道工程技术规程》（CJJ 127—2009）；
《镇（乡）村排水工程技术规程》（CJJ 124—2008）；
《建筑装饰装修工程质量验收规范》（GB 50210—2001）；
《工业金属管道工程施工规范》（GB 50235—2010）；
《给排水管道工程施工及验收规范》（GB 50268—2008）；
《输送设备安装工程施工及验收规范》（GB 50270—2010）；
《塑料门窗工程技术规程》（JGJ 103—2008）；
《玻璃幕墙工程技术规范》（JGJ 102—2003）；
《外墙饰面砖工程施工及验收规程》（JGJ 126—2000）；
《砌体工程现场检测技术标准》（GB/T 50315—2011）；
《锅炉安装工程施工及验收规程》（GB 50273—2009）；
《钢筋焊接及验收规程》（JGJ 18—2003）；
《冷轧带肋钢筋混凝土结构技术规程》（JGJ 95—2011）；
《高层建筑混凝土结构技术规程》（JGJ 3—2010）；

《钢筋焊接网混凝土结构技术规程》(JGJ 114—2003);
《水泥混凝土路面施工及验收规范》(GBJ 97—87);
《地下工程防水技术规范》(GB 50108—2008);
《地下防水工程质量验收规范》(GB 50208—2011);
《玻璃幕墙工程质量检验标准》(JGJ/T 139—2001);
《城市绿化工程施工及验收规程》(CJJ/T 82—99);
《钢结构工程施工质量验收规范》(GB 50205—2001);
《砌体结构工程施工质量验收规范》(GB 50203—2011);
《通风与空调工程施工质量验收规范》(GB 50243—2002);
《建筑给水排水及采暖工程施工质量验收规范》(GB 50242—2002);
《混凝土结构工程施工质量验收规范》(GB 50204—2002,2011);
《屋面工程质量验收规范》(GB 50207—2002);
《建筑地面工程施工质量验收规范》(GB 50209—2010);
《建筑地基基础施工质量验收规范》(GB 50202—2002);
《电梯工程施工质量验收规范》(GB 50310—2002);
《建筑电气工程施工质量验收规范》(GB 50303—2002);
《建筑工程质量验收统一标准》(GB 50300—2001)等。

5. 工程中使用的新材料、新工艺、新技术、新结构的试验报告和具有权威性的技术检验部门或相应部门的技术鉴定书。

6. 工程中所使用的有关材料和产品的技术标准。例如:

(1) 有关材料和产品的技术标准

水泥及水泥制品、木材及木材制品、钢材、砖、石材、石灰、砂、砾石、土料、沥青、粉煤灰、外加剂及其他材料和产品的技术标准等。

(2) 有关材料验收、包装、标志的技术标准

《型钢验收、包装、标志及质量证明书的一般规定》(GB/T 2101—2008);

《钢管验收、包装、标志及质量证明书的一般规定》(GB/T 2102—2006);

《钢铁产品牌号表示方法》(GB 221—2008);

《钢管验收、包装、标志及质量证明书的一般规定》(GB/T 2103—2008)等。

7. 有关试验取样的技术标准和试验操作规程。例如:

《钢和铁 化学成分测定用试样的取样和制样方法》(GB/T 20066—2006)

《木材物理力学试样锯解及试样切取方法》(GB/T 1929—2009);

《木材物理力学试验方法总则》(GB/T 1928—2009);

《水泥压蒸安定性试验方法》(GB/T 750—1992);

《水泥胶砂强度检验方法》(GB/T 17671—1999)等。

8. 国家及政府有关部门颁布的有关质量管理方面的法律、法规等文件:

(1) 1983年5月城乡建设环境保护部和国家标准局联合颁布的《建筑工程质量监督条例》;

(2) 1985年10月城乡建设环境保护部颁发的《建筑工程质量检测工作规定》;

(3) 1986年6月国家计委颁发的《全国工程勘察、设计单位资格认证管理暂行办法》,同

年 8 月城乡建设环境保护部和国家计委联合发布的对该文件有关问题的补充通知；

(4) 1987 年 5 月城乡建设环境保护部颁发的《建筑工程质量监督站工作补充规定》；

(5) 1990 年 4 月城乡建设环境保护部颁发的《建设工程质量监督管理规定》；

(6) 1993 年 11 月城乡建设环境保护部颁发的《建设工程质量管理办法》；

(7) 2000 年 1 月 30 日中华人民共和国国务院发布《建设工程质量管理条例》；

(8) 2000 年 3 月建设部颁发的《建筑业企业资质管理规定》；

(9) 2000 年 5 月建设部发布的《关于建设工程质量监督机构深化改革的指导意见》；

(10) 2000 年 7 月国家技术监督局颁布的《质量管理》(GB/T 19000) 系列标准；

(11) 2000 年建设部颁发的《房屋建筑工程和市政基础设施工程竣工验收暂行规定》；

(12) 2000 年建设部颁发的《房屋建筑工程和市政基础设施工程实行见证取样和送检的规定》。

二、施工阶段质量控制的内容

施工阶段监理工程师质量控制的内容已如本章第一节中所述，下面仅对其中的某些主要内容说明如下：

1. 建立和完善监理单位的质量管理体系和项目监理机构的质量监控系统，配备相应的人员，明确各自的职责和权限，工作方法和工作程序；配备所需的检测仪器和设备，以及有关的法规、标准、文件；编制监理大纲和拟定监理细则；进行人员的培训，做好质量监控的各项准备工作。

2. 审查施工单位进场人员和施工队伍的技术资质是否符合工程项目施工的要求，经审查认可后才能上岗，对于不合格的人员，监理工程师有权要求施工单位予以撤换。对于特殊工种（如电焊工、检验工、化验工等）和作业（如潜水作业、高空作业、高电压作业等）及关键的施工工艺、新技术、新工艺、新材料的施工操作等，必要时还应对其技能进行考核和评审，经考核合格后才能上岗。在资质的审查中，一般应重点审查施工组织者和管理者的资质及质量管理的能力、水平和经验。

3. 监理机构应对拟进场的工程材料、半成品、构配件和永久性设备及器材的报审表及其质量证明资料进行审核，并对进场的实物按照委托监理合同约定或有关工程质量管理文件规定的比例用平行检验或见证取样方式进行抽检。

未经监理人员验收或验收不合格的工程材料、构配件、设备，监理人员应拒绝签认，并签发监理工程师通知单，书面通知施工单位限期将不合格的工程材料、构配件、设备撤出现场。

工程材料/构配件/设备报审表的格式如附表 A9 所示；监理工程师通知单的格式如附录 B1 所示。见第六章。

4. 审查施工单位进场的施工机械设备的数量、规格、生产能力、完好率、适应性及设备配套等情况是否满足要求，重点应审查施工机械设备形式、性能参数和数量是否符合批准的施工组织设计或施工计划、施工方案和施工方法的要求，并适合施工现场条件。具体内容见第六章。

经监理机构检查不合格的机械设备应督促施工单位检修、维护或撤离施工地进行更换。经检查合格的施工机械设备，应为工程施工专用，未经监理机构同意不得中途撤离工地。

5. 审查施工单位提交的施工组织设计、施工方案和施工方法，以及施工质量保证措施。

施工组织设计是指导施工准备和组织施工的技术文件，通常分为施工组织总体设计和单位工程施工组织设计两类，前者是针对工程项目总体施工的组织设计，后者是针对单位工程施工的局部性的施工组织设计。施工组织总体设计是在招标阶段施工单位提交的施工组织设计的基础上，进一步详细和完善的施工文件，该施工组织设计经监理工程师审查确认后，即作为施工承包合同文件的一部分，不得任意变动。在施工阶段，施工单位在施工组织总体设计的基础上，根据工程的特点和施工现场的具体情况，编制较详细的单位工程或重点工程的施工组织设计或施工计划和施工质量保证措施，提交监理工程师审查，经审查批准后，即应遵照该文件组织施工，不得任意改动。

施工组织设计（方案）报审表的格式如附录A2所示。

通常在工程项目开工前（一般为7天）编制完成施工组织设计，并在自审符合要求的情况下报送监理单位，监理单位应在规定的时间内组织专业监理工程师进行审查，提出意见，经总监理工程师审定批准后，报送建设单位。如需施工单位修改，则退回施工单位修改后，再报监理单位经总监理工程师重新审定。对于规模较大、结构复杂或属于特种结构、新结构的工程，在项目监理机构审查后，还应报送监理单位技术负责人审查，提出意见，再由总监理工程师签发。必要时还可通过建设单位组织有关单位和专家进行会审。

监理工程师对施工组织总体设计审查的主要内容包括：

（1）施工组织总设计是否符合国家的方针、政策、法律，是否符合"质量第一、安全第一"的基本原则；

（2）施工组织总设计中的工期目标和质量目标是否符合施工承包合同中的规定和要求；

（3）施工组织总设计中的施工布置和施工程序是否符合工程特点、施工工艺和设计文件要求，施工总平面图的布置是否与地形、地貌、建筑平面相协调；

（4）施工组织总设计中所选用的施工技术是否先进和可靠；

（5）技术管理和质量保证措施是否切实可行和有效；

（6）所采取的安全、卫生、消防、环保和文明施工措施是否切实可行和符合有关规定及要求。

监理工程师对单位工程施工组织设计的审查，着重以下几方面：

（1）施工质量管理体系是否健全、有效；

（2）施工总平面布置是否合理，是否有利于正常施工和保证施工质量；

（3）工程地质特点和场区环境状况对工程项目的施工质量和安全是否产生不利影响，是否拟定保证施工质量和安全的具体措施；

（4）对主要的分部分项工程的施工和特殊条件下（如炎夏、严冬、雨季等）的施工，是否制定有针对性的保证施工质量和安全的施工组织技术措施。

监理工程师对施工方案的审查，着重在以下几方面：

（1）施工程序是否合理，是否充分考虑和有效避免了施工中交叉作业所造成的相互干扰和对施工质量及施工安全的影响；

（2）施工机械设备的形式、性能和数量是否能满足施工的要求，是否与所拟定的施工组织方式相适应，是否能保证施工质量、施工效率和施工安全；

（3）施工方法是否合理可行，是否符合施工现场条件和环境，是否符合有关的施工规范和标准的规定，是否满足工艺要求。

6．审查施工单位的质量管理体系是否健全和有效。

7. 审查分包商的资质。总承包单位在选择分包单位时，应向监理工程师提出申请，经监理工程师对分包单位的资质进行审查，确认其施工队伍的技术资质、管理水平和质量保证能力符合要求后，才能签订分包合同。对于不合格的人员，监理工程师有权要求撤换，或经培训合格，并经监理工程师审查认可后，才能进场施工。分包单位应按照分包合同的约定对分包工程的质量向总承包单位负责，总承包单位与分包单位对分包工程的质量承担连带责任。

通常施工承包单位应填写《分包单位资格报审表》并附分包单位的有关资料和施工承包单位自审认可的意见，报项目监理机构审核，审核批准后，由总监理工程师签发《分包单位资格报审表》，予以确认。如果有必要，项目监理机构可会同建设单位和施工单位一起对分包单位进行访问和实地考察，以验证分包单位有关资料的正确性。

分包单位资格报审表的格式如附录 A3 所示。

8. 监理工程师应对施工单位的试验室进行考核，考核的内容主要包括以下几方面：
（1）试验室的资质等级及其试验范围；
（2）法定计量部门对试验设备出具的计量检定证明；
（3）试验室的管理制度；
（4）试验人员的资格证书；
（5）本工程的试验项目及要求。

9. 交桩复测的质量控制。监理工程师应督促施工单位、建设单位通过监理单位或设计单位移交的测量基准点、基准线和参考标高等测量控制点（红线桩、水准点）进行复核，并建立施工现场的平面坐标控制网（或控制导线）及高程控制网，并将复核结果报监理工程师审批确认后，才能据此进行施工测量和放线。对于工程测量放线、施工测量控制网和各类建筑安装工程施工测量监理单位应组织复测，以确保其正确性。对于施工测量控制网，主要应复测建筑方格网、控制高程的水准网点和标桩埋设位置等；对于民用建筑的测量，主要复测建筑物的定位测量、基础施工测量、墙体皮数检测、楼层轴线检测等；对于高层建筑测量，主要复测建筑场地控制测量、桩基施工测量、建筑物中垂线检测、高程控制、建筑施工过程中的沉降变形观测等；对于工业建筑测量，主要应复测厂房控制网测量、柱基施工测量、厂房结构安装定位检测、柱模轴线与高程控制、动力设备基础和预埋螺栓位置检测、管网定位测量、地下管线施工检测、架空管线施工检测、输配电线路定位测量等。

交桩复测工作通常按下列程序进行，首先施工单位应填写《施工测量方案报审表》，将施工测量方案、专职测量人员的岗位证书及测量设备的检定证书报项目监理机构审查认可，在对交桩复测并在施工现场设置平面坐标控制网和高程控制网后，再填写《施工测量放线报验申请表》，并附测量放线成果及有关资料报项目监理机构审核查验，项目监理机构应组织专业监理工程师（测量工程师）审核测量成果并复核现场桩、线测量的准确性和查验桩点、桩位保护措施的有效性和可靠性。

施工测量成果报验申请表的格式如附录 A4 所示。

10. 参加设计交底和图纸会审。
11. 审核设计变更和图纸修改。
12. 各项施工准备工作完成后，经监理工程师现场检查，具备开工条件，由总监理工程师签发开工报审表，并报送建设单位备案。

必须具备的开工条件是：

(1) 施工许可证已获政府主管部门批准；
(2) 征地拆迁工作能满足工程进度的需要；
(3) 施工组织设计已获总监理工程师批准；
(4) 施工单位现场管理人员已到位，机具、施工人员已进场，主要工程材料已落实；
(5) 进场道路及水、电、通讯等已满足开工要求。

工程开工报审表的格式如附录 A1 所示。

13. 督促和协助施工单位完善工序质量控制。

14. 对施工过程监理机构应安排监理员通过巡视和检查等方式进行跟踪监督和控制。对施工过程中出现的质量缺陷，监理工程师应及时下达监理工程师通知，要求施工单位整改，并检查整改结果。

15. 对检验批、分部分项工程、隐蔽工程组织检查和验收。

检验批、分项工程和分部工程完成后，施工单位应在自检合格的基础上报请监理机构验收。对于检验批和分项工程，监理工程师应对施工单位报送的质量验评资料进行审核，并组织有关人员进行验收。对于分部工程，总监理工程师应对施工单位报送的质量验评资料进行审核，并组织有关人员进行验收。

隐蔽工程完成后，施工单位应在自检的基础上向监理机构报验，监理工程师应根据施工单位报送的隐蔽工程报验申请表进行审核，符合要求后予以签认。对隐蔽工程的隐蔽过程、下道工序施工完成后难以检查的重点部位，监理工程师应安排监理员进行旁站监督。

隐蔽工程报验申请表的格式如附录 A4 所示。

16. 组织工程项目的试运行或联动试车，参与工程项目的竣工验收。

17. 组织工程质量事故的调查、处理和上报。

施工中如发现存在重大质量隐患，可能造成质量事故或已经造成质量事故时，应通过总监理工程师及时下达工程暂停令，要求施工单位停工整改。整改完毕并经监理人员复查，符合规定要求后，总监理工程师应及时签署工程复工报审表。总监理工程师下达工程暂停令和签署工程复工报审表，应事先向建设单位报告。

工程暂停令的格式如附录 B2 所示，工程复工报审表的格式如附录 A1 所示。

18. 工程竣工，施工单位应向监理单位报送工程竣工报验单，总监理工程师应组织专业监理工程师依据有关法律、法规、工程建设强制性标准、设计文件及施工合同，对施工单位报送的竣工资料进行审查，并对工程质量进行竣工预验收。对存在的问题应要求施工单位及时整改。整改完毕后由总监理工程师签署竣工报报验单，并在此基础上提出工程质量评估报告。工程质量评估报告应经总监理工程师和监理单位技术负责人审核签字。

工程竣工报验单的格式如附录 A10 所示。

19. 督促施工单位进行质量回访和保修期内的质量保修。

监理单位应依据委托监理合同约定的工程质量保修期监理工作的时间、范围和内容承担质量保修监理工作。监理单位应安排监理人员对建设单位提出的工程质量缺陷进行检查和记录，对施工单位进行修复的工程质量进行验收，合格后予以签认。

监理人员应对工程质量缺陷原因进行调查分析并确定责任归属，对非承包单位原因造成的工程质量缺陷，监理人员应核实修复工程的费用和签署工程款支付证书，并报建设单位。

三、设计交底和图纸会审

为了使监理单位和施工承包单位熟悉设计图纸，了解工程项目特点、设计意图、关键工程部分的质量要求、施工中应注意的问题，同时也是为了发现和及时纠正图纸中存在的差错，在工程项目施工之前，由建设单位主持，监理单位、设计单位和施工承包单位参加进行设计交底和图纸会审。通常首先由设计单位介绍工程项目的设计意图、结构特点、技术措施、施工要求和施工中应注意的有关问题，以及设计图纸的情况，然后由施工承包单位提出图纸中存在的问题、需要解决的难题和对设计单位的要求，通过三方讨论和协商解决存在的问题，并将会审的内容、涉及的问题及意见写出会议纪要交给设计单位，由设计单位对纪要中提出的问题用书面形式进行解释、澄清或修改设计，并履行设计变更签证手续。对于较大的问题，则由监理单位牵头，组织建设单位、设计单位和施工承包单位共同研究、协商解决。

在设计交底和图纸会审前，总监理工程师应组织监理人员熟悉和了解图纸，对图纸中存在的问题和差错提出书面建议，报送建设单位。同时监理单位还应督促施工承包单位组织审查，并在约定的时间内将图纸审查记录报监理单位，经监理单位汇总后报建设单位。

（一）设计交底的内容

1. 工程项目的自然条件和环境。如地形、地貌、水文、气象、工程地质、水文地质、社会经济等情况。

2. 设计依据。主要包括合同文件、初步设计、所采用的设计规范及标准、主管部门和其他有关部门（如规划、环保、交通、农业、防汛、渔业、电力、旅游等部门）的要求、建设单位和市场供应的建筑材料和设备等情况。

3. 设计意图。主要包括设计思想和设计方案评选情况、工程等级、工程的平面布置及组成、结构形式的选择、基础处理方案、生产设备及其形式的选择、设备的安装和调试要求、施工进度及工期的安排等。

4. 各专业设计的特点及其相互配合的要求。

5. 施工中应注意的问题。如对建筑材料的要求、基础处理的要求、结构施工的要求及应注意的问题，工程中所采用的新材料、新结构、新技术、新工艺对施工的要求，施工中应采用的技术保证措施等。

6. 重大的设计技术方案、特殊的爆破、特殊部位或重要部位的混凝土浇筑、重型或大件设备及构件的运输吊装、新建工程与原有工程的连接等的要求和注意事项。

7. 重大的技术革新内容和科学研究项目。

8. 主要的质量标准和工艺质量要求。

9. 其他应注意的事项。

（二）图纸审查的内容

1. 设计是否满足规定要求，如防灾抗灾、安全防火、卫生、环保等要求。

2. 设计图纸是否齐全完整，是否符合规定要求，能否满足施工需要。

3. 设计中的重大技术方案是否与施工现场条件相符，各专业设计之间的配合是否协调。

4. 工程中所采用的各种材料的供应有无保证，能否采用替代材料。

5. 工程中所采用的新材料、新技术、新工艺、新设备在施工中有无问题，能否保证质量。

6. 设计图纸中有无差错、遗漏和相互间存在矛盾的问题，如各专业图纸之间、各专业图纸与总图之间、图与表之间在结构尺寸和高程等方面，以及在材料的规格、型号、质量、数量、尺寸等方面是否一致，是否存在错、漏、缺。

7. 各专业图纸之间在预留孔洞、预埋件等方面的尺寸、位置、规格、高程、数量上是否一致。

8. 设计选型、选材、结构等是否合理,是否便于施工和保证工程质量;图纸与设备和材料的技术要求是否一致。

9. 地质资料是否齐全,设计地震烈度是否符合当地实际要求和有关规定。

10. 地基处理是否全面合理,符合要求,是否便于施工。

11. 施工安全是否有保证,能否满足生产安全与经济运行的要求。

12. 设计和图纸中所涉及的各种标准、图册、规范、规程等,施工单位是否具备。

四、设计变更和图纸修改

(一) 设计变更和图纸修改的程序

设计变更可能存在三种情况,即由建设单位或监理单位提出要求、由设计单位提出要求和由施工单位提出要求。

1. 由建设单位或监理单位要求现场设计变更的处理

(1) 由监理工程师填写"设计变更要求"表,将"设计变更要求"及解决的方案通过建设单位送交设计单位,并详细开列受设计变更影响的图纸、文件清单。

(2) 设计单位对监理工程师送交的"现场设计变更要求"和所建议的解决方案进行审查,主要是审查所提要求是否合理和符合实际情况,所建议的解决方案是否切实可行,是否符合设计要求和质量要求。如果"现场设计变更要求"中未附有建议的解决方案时,设计单位应在详细研究设计变更要求的基础上,提出设计变更的解决方案。

(3) 设计单位将对设计变更要求和所建议的解决方案的审查意见,或设计单位提出的设计变更解决方案,以及该变更所涉及的图纸、文件清单返回建设单位。

(4) 建设单位对设计单位提出的设计变更方案提出意见或授权监理单位对设计单位提出的设计变更方案进行详细研究。

(5) 监理单位根据建设单位的授权对设计单位返回的意见和提出的设计变更方案进行研究,确定其是否可行和符合要求,必要时可会同设计单位和施工单位一起进行研究。在监理单位研究确定现场设计变更后,通过建设单位向设计单位发出"现场设计变更通知",使设计单位明确设计变更的决定。

(6) 监理工程师向有关的施工单位发出现场设计"变更指令",施工单位在接到现场设计"变更指令"后,按变更要求进行施工设计,并按规定的程序办理审批手续,然后组织施工。

(7) 现场设计变更实施后,监理工程师和施工单位应在现场设计"变更指令"上签字,然后监理单位将其副本转交设计单位和施工单位。

2. 由设计单位要求现场设计变更的处理

(1) 设计单位填写"现场设计变更通知",详细说明设计变更的范围和内容,并附设计变更所涉及的图纸和文件清单,报送建设单位。

(2) 建设单位会同监理单位和有关的施工单位对"现场设计变更通知"进行研究和审查,然后作出是否同意的决定。如果经研究后采纳设计单位提出的现场设计变更的意见,监理工程师应在"现场设计变更通知"上签字,并将其副本转送设计单位;如果经研究后未采纳设计单位提出的现场设计变更意见,监理工程师应在"设计变更通知"上签署不接受的意见,并将其副本转送设计单位。

(3) 如果采纳了设计单位提出的现场设计变更意见，监理工程师应将设计变更意见以现场设计"变更指令"的形式，转送有关施工单位。

(4) 施工单位在接到现场设计"变更指令"后，按指令要求组织施工。

(5) 现场设计"变更指令"实施后，监理工程师应在现场设计"变更指令"上签字，然后将其副本分别转送设计单位和施工单位。

3. 由施工单位要求现场设计变更的处理

施工单位对设计文件和图纸的意见和要求可能有三种情况，即要求对某些问题进行澄清、要求对某些问题作技术修改和要求作设计变更。

(1) 施工单位要求对某些问题澄清

施工单位填写"澄清要求"表，说明所要求澄清的问题，并附所涉及的有关文件和图纸，报送监理单位。监理工程师在接到"澄清要求"表以后，对所提出的问题可以直接书面答复，也可以请工地设计代表书面澄清或答复，监理工程师将答复意见函复施工单位。

(2) 施工单位要求对某些问题作技术修改

施工单位填写"技术修改要求"表，说明要求修改的内容及理由，并附技术修改所涉及的文件和图纸，报送监理单位。监理工程师在接到"技术修改要求"表以后，可以直接与施工单位解决处理，并将处理意见以书面形式通过建设单位通知设计单位（工地设计代表），设计单位如有不同意见，应及时函复监理工程师，由监理工程师进一步研究解决。监理工程师在接到"技术修改要求"表以后，也可以将修改要求书面通知工地设计代表，由设计代表研究处理，并将处理意见书面送交监理工程师，监理工程师审查同意后，再函复施工单位。

(3) 施工单位要求现场设计变更

首先施工单位应填写"工程变更单"（表 5-1），说明要求设计变更的内容和理由，并附设计变更所涉及的文件和图纸，上报监理单位。监理工程师在接到"工程变更单"以后，应通过建设单位会同设计单位共同研究是否同意设计变更，如决定同意设计变更，设计单位应提出变更后的设计图纸，报送监理工程师，然后监理工程师填写"设计变更通知"，一式两份，并附变更后的设计图纸，发送施工单位，施工单位签收后，将其中一份"设计变更通知"退回监理工程师，并按变更后的设计图纸组织施工。随后监理工程师还应向施工单位发出正式的"变更指令"。

（二）监理工程师对设计变更的控制

监理工程师对设计变更进行控制的内容包括：

1. 制定设计变更提出和审批的程序。

2. 审查设计变更的原因、依据和内容，必要时应会同施工单位或设计单位共同进行审查。

3. 因设计变更涉及其他有关设计文件，应同时组织更改。

4. 对于重大的设计更改或影响比较大的设计更改，应在征得有关单位同意后，再行组织设计审查或进行验证证实。

5. 对因设计变更而作废的图纸和文件，应及时回收。

五、施工阶段质量控制的程序

工程项目施工阶段是工程项目实体形成的过程，也是工程项目质量目标具体实现的过程，监理工程师应对施工的全过程进行监控，对每道工序、分项工程、分部工程和单位工程进行监督、检查和验收，使工程质量的形成处于受控状态。

工 程 变 更 单　　　　　　　　　　　　　表 5-1

工程名称：　　　　　　　　　　　　　　　　　　　　　　　　　　　　　　编号：

致：　　　　　　　　　　　　　　　　　　　　　　　　　　　　　　（监理单位） 　　　由于_____原因，兹提出_____工程变更（内容见附件），请予以审批。 附件：   　　　　　　　　　　　　　　　　　　　　　　　　　　　　提出单位_____ 　　　　　　　　　　　　　　　　　　　　　　　　　　　　代 表 人_____ 　　　　　　　　　　　　　　　　　　　　　　　　　　　　日　　期_____
一致意见：   建设单位代表　　　　　　　　设计单位代表　　　　　　　　项目监理机构 签字：　　　　　　　　　　　签字：　　　　　　　　　　　签字：   日期_____　　　　　　　　日期_____　　　　　　　　日期_____

工程项目开工前，施工单位在全面完成开工前的各项准备工作的基础上，提出工程项目的开工申请，并提交施工准备的有关资料，其中包括人员、材料、机械进场情况及材料的现场试验报告。监理工程师应对施工单位提交的开工申请进行审查，并对施工单位完成的施工准备工作情况进行全面检查，在审查通过并征得建设单位及其上级主管部门同意后，监理单位即可签发开工令，批复施工单位。

工程项目开工后，监理机构应派出现场监理员（也称检查员或巡视员），对每道工序的施工进行旁站监督和检查，必要时还要对工序的施工质量进行抽样检验。工序完工后，施工单位应对施工质量进行自检，在自检合格的基础上填报验收通知单，监理单位在接到施工单位的验收通知单后，应在24h内派出监理人员到现场进行检查验收。如果检查结果质量不合格，监理工程师可指令施工单位进行返工修理，必要时可下达停工令。如工序质量检查合格，经监理工程师确认验收后，施工单位才能进行下一道工序的施工。

检验批完工后，施工单位应进行自检，在质量自检合格的基础上，填写检验批质量验收记录（有关监理记录和结论不填），并由施工单位专业质量检验员和项目专业技术负责人分别在检验批质量检验记录的相关栏目中签字，然后提交给监理单位。监理单位接到检验批质量检验记录后，由监理工程师组织施工单位项目专业质量（技术）负责人等通过审查检验批质量检验记录和现场检查，确认质量合格后予以验收。

分项工程完工后，施工单位在质量自检合格的基础上，填写分项工程自检单，通知监理单位验收。监理单位在接到施工单位的验收通知后，应派出监理人员进行现场质量检查，并对施工单位提交的该分项工程的有关资料（包括质量自检资料）进行审查，检查合格后，准予确认验收。

分部工程完工后，施工单位在质量自检合格的基础上，填写分部工程验收单，监理单位在接到施工单位的验收通知单后，由总监理工程师组织施工单位的项目负责人和项目质量、技术负责人及有关人员，以及勘察、设计单位工程项目负责人等进行现场检查，并汇总该分部工程中各分项工程的验收单，进行复验，检查合格后予以确认验收，并签发验收签证。

单位工程（单项工程）完工后，施工单位应组织内部预验，在预验合格的基础上，向监理单位提出验收申请，并提交该单位工程（单项工程）的质量保证资料（包括由勘测、设计、施工、工程监理等单位分别签署的质量合格文件和施工单位签署的工程保修书），监理工程师在接到施工单位提交的验收申请后，应组织内部初验，即组织监理人员进行现场检查，并审查该单位工程（单项工程）的质量资料和文件，是否齐全和真实，如发现问题，应指令施工单位返工修补，如检查通过，则应填写初验报告，并提交建设单位，在建设单位同意后，由建设单位向上级主管部门提出正式验收申请，批准后，由建设单位组织、由验收单位主持验收。

工程项目施工阶段全过程，监理单位的质量控制程序如图5-4所示。

图5-5为某工程项目大体积混凝土浇筑工程施工质量控制流程图。该工程实行分包，因此监理工程师首先要优选分包单位；在分包单位确定后，开始进行施工准备；施工准备完成后，首先进行工程主体基础开挖；基础开挖完成，经监理工程师检查验收后，施工单位进行浇筑仓号的准备；仓号准备完成后，经监理验收通过，施工单位才能浇筑混凝土，并提交仓号混凝土浇筑报告，由监理工程师组织评验；评验通过，经监理工程师签证后，然后支付施工单位工程进度款。此外，在整个施工过程中，监理工程师通过现场监理人员的信息反馈，对现场施工质量进行跟踪监控。

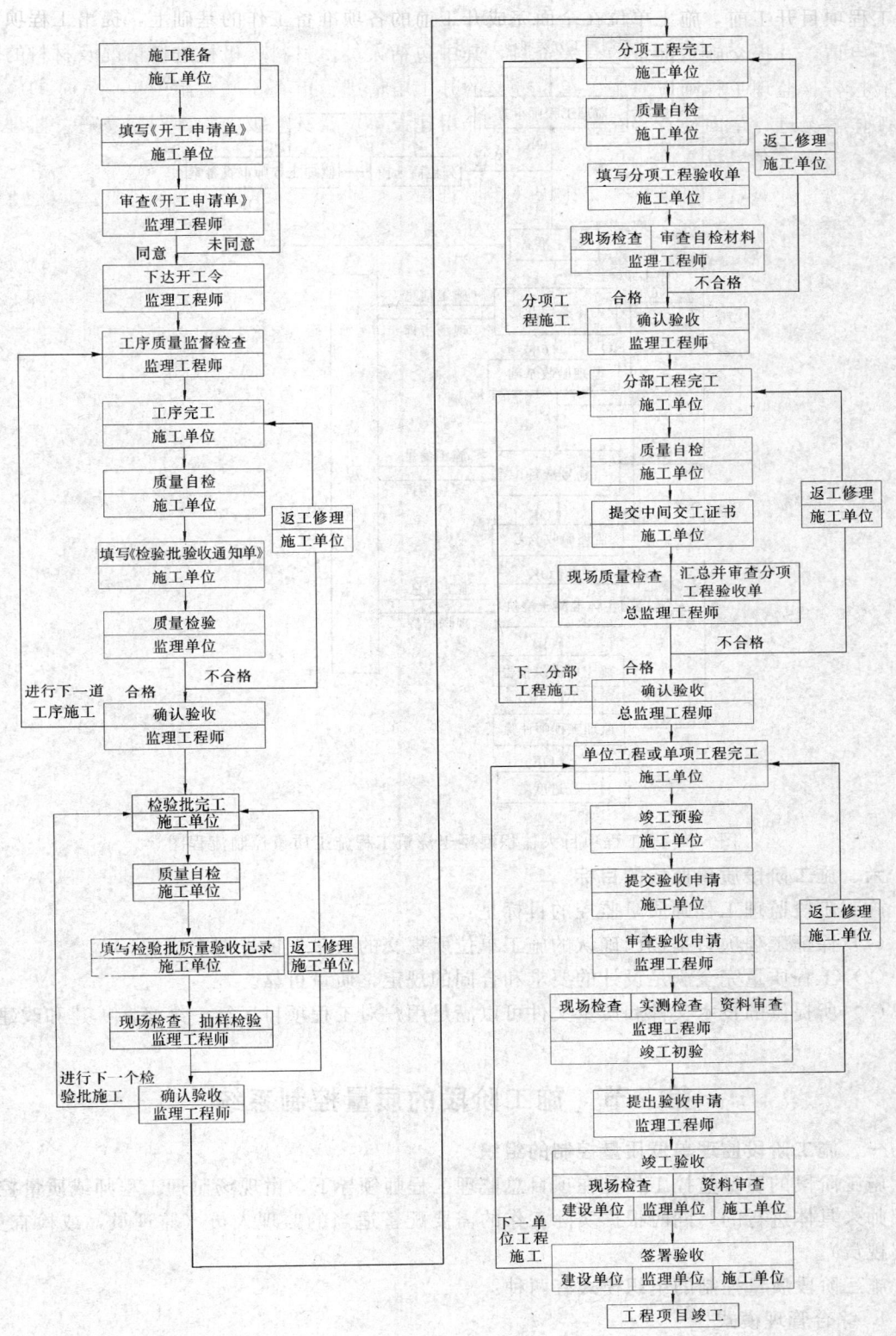

图 5-4 工程项目质量控制程序图

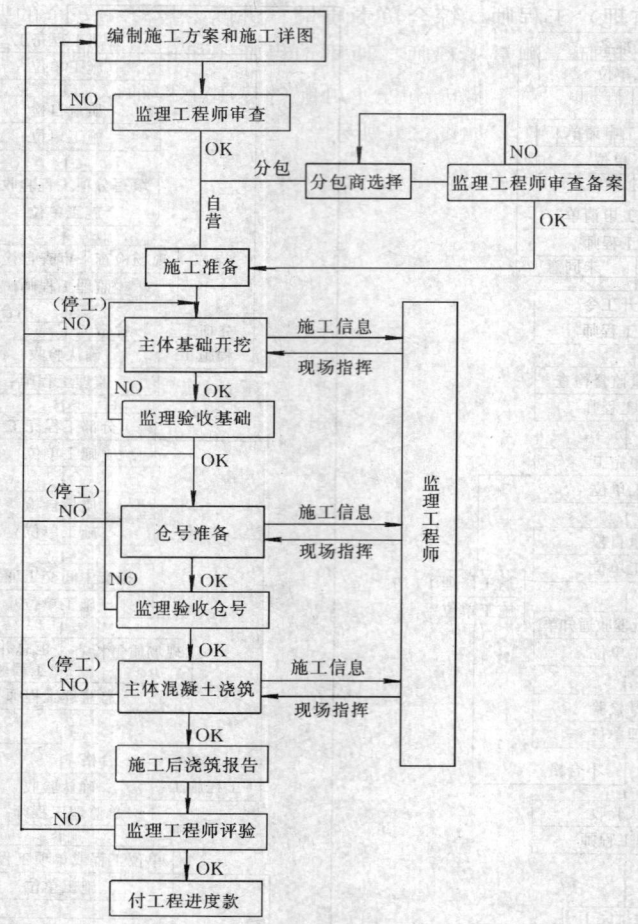

图 5-5 某工程项目大体积混凝土浇筑工程施工质量控制流程图

六、施工阶段质量监控的目标

施工阶段监理工程师质量监控的目标是：

（1）保证工程项目是按已确认的施工单位所提交的质量保证计划完成的。

（2）工程质量完全满足设计的要求和合同的规定，质量可靠。

（3）所提供的技术文件和质量文件可以满足用户对工程项目运行、维修、扩建和改建的要求。

第三节 施工阶段的质量控制系统

一、施工阶段监理单位质量控制的组织

施工阶段的质量监控工作是在项目总监理工程师领导下，由现场监理工程师或质量控制工程师来具体进行的，同时根据实际工作的需要配备适当的监理人员（监理员，或检查员，或巡视员）。

施工阶段质量控制的组织模式有两种：

1. 综合管理模式

综合管理模式是目前国际上推荐的模式，也是目前水电工程施工监理中比较普遍采用的模式。此管理模式是在总监理工程师下设分项目（如水电工程中的大坝、厂房、引水道、机

电安装等）现场（监理）工程师，综合负责质量、进度、投资、安全的监理，并配备一些专业工程师，如材料工程师、测量工程师、地质工程师、机电工程师、合同工程师、进度控制工程师、费用控制工程师。对于火电工程还可配备热工工程师，对于工业与民用建筑工程可配备结构工程师等，配合工作。如图5-6所示。

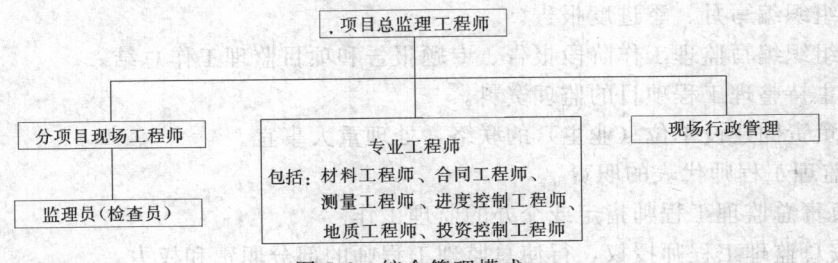

图 5-6　综合管理模式

2. 分项管理模式

分项管理模式是在项目总监理工程师下面设质量控制工程师，专职负责项目的质量、安全控制，再根据项目的规模、技术要求和特点，按单项工程或专业工程（如基础开挖工程、混凝土工程等）或按不同的质量分包设立质量监督小组，并配备若干质量监督员或监理员。此时专业工程师仅包括材料工程师、测量工程师、地质工程师、结构工程师，进度、合同和投资则分别由进度控制工程师、合同工程师和投资控制工程师进行控制和管理，并直接由项目总监理工程师领导，如图5-7所示。

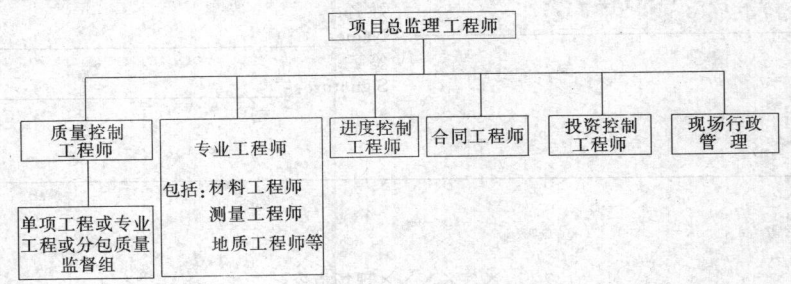

图 5-7　分项管理模式

二、施工阶段各级监理人员的职责

1. 总监理工程师的职责

（1）代表监理单位对工程进行全面监督和管理。

（2）确定项目监理机构人员的分工和岗位职责。

（3）主持编写项目监理规划，审批项目监理实施细则，并负责管理项目监理机构日常工作。

（4）检查和监督监理人员的工作，根据工程项目的进展情况进行人员的调配。

（5）对选择工程总承包人提出建议，对总承包人所选定的分包人的资质进行审查和认可。

（6）主持监理会议，审定、批准、签证施工单位的各种申请和文件。

（7）审查和签发由建设单位（业主）提供的设计图纸、设计变更通知单及技术规程、技术标准、原始地形、地质资料等。

（8）审查和签发对施工单位的指示、通知和答复等函件，以及现场指令（表5-2）。

（9）在征得业主同意的情况下发布开工令、停工令和复工令。

（10）代表监理单位对工程验收进行签证。

（11）签署月进度付款凭证。

(12) 审核签认分部工程和单位工程质量检验评定资料，审查施工单位的竣工申请，组织监理人员对待验收工程项目进行质量检查，参与工程项目的竣工验收。

(13) 审查和处理工程变更，处理索赔事宜。

(14) 主持监理单位和施工单位联席例行会议，讨论、决定和协调施工中的重大问题。

(15) 组织编写月、季进度报告。

(16) 组织编写监理工作阶段报告、专题报告和项目监理工作总结。

(17) 主持整理工程项目的监理资料。

(18) 负责同建设单位（业主）的联络，处理重大事宜。

2. 总监理工程师代表的职责

(1) 负责总监理工程师指定或交办的监理工作。

(2) 按总监理工程师授权，行使总监理工程师的部分职责和权力。

3. 现场专业监理工程师的职责

现 场 指 令 格 式　　　　　　　　　　表 5-2

合同号: Contract No.: _____ 合同名称: Contract Name: _____ 接受: Received by: _____ 日期: Date: _____	内容编号: Task No.: _____ 承包商: Contractor: _____ 姓名: Name: _____ 签字: Signature: _____
×××××现场指令 Field Order××××××	
根据合同条款通知您如下内容: You are instructed, pursuant to the terms of the contract, as follows:	日期: Date: _____ 签发: Signed: _____ 批准: Approved: _____

(1) 负责编制本专业的监理实施细则。

(2) 组织、指导、检查和监督本专业监理员的工作,当人员需要调整时,向总监理工程师提出建议。

(3) 审查施工单位提交的涉及本专业的计划、申请、变更、并向总监理工程师汇报。

(4) 核查进场材料、设备、构配件的原始凭证、检验报告等质量证明文件及质量情况,有必要时对进场材料、设备、构配件进行平行检验,合格时予以签认。

(5) 负责检查和控制本专业的工程质量,进行合格签证;组织本专业检验批、分项工程、隐蔽工程的验收;参加工程的阶段验收和竣工验收。

(6) 审查材料和工艺试验成果,进行合格签证。

(7) 审查月进度付款工程部位的数量和质量,并签署意见。

(8) 审查和控制工程项目的施工程序、施工进度,并及时向总监理工程师报告。

(9) 签发该工程部位的现场通知和违规通知(表5-3)。

违 规 通 知 格 式　　　　　　　　　　表 5-3

合同号: Contract No.:	内容编号: Task No.:
合同名称: Contract Name:	
承包商: Contractor:	分包商: Subcontractor:
×××××× 违规通知 Notice of Noncompliance ×××××× 本通知提请阁下予以注意记载,请按要求作出纠正,如有异议,请即通知工程师代表 This notice is handed to you for the record. Corrective action should be take as required. If you are in disagreement with this notice. Contact the chief engineer immediately.	
工程项目 Description	工作内容 Task
施工部位 Location	
违规章节 Spec Paragraph	违规图号 Drawing Number
工艺及材料缺陷: Deficiency in Workmanship and/or Materials: 　　　　　　　　　　　　　　　　　　　工程师签发: 　　　　　　　　　　　　　　　　　　　Engineer Signed by: 　　　　　　　　　　　　　　　　　　　日期: 　　　　　　　　　　　　　　　　　　　Date:	
纠正办法及意见: Manner of Deficiency Corrections: 　　　　　　　　　　　　　　　　　　　承包商签收: 　　　　　　　　　　　　　　　　　　　Contractor Received by: 　　　　　　　　　　　　　　　　　　　日期: 　　　　　　　　　　　　　　　　　　　Date:	

（10）参加对施工单位所提供的施工方案（施工计划、施工方法、施工措施）的审查，起草或校核对施工单位的函件。

（11）组织对施工单位的各种申请进行调查，并提出处理意见。

（12）审查监理员（检查员、巡视员）的值班记录、日报，并进行汇总，编写分部分项工程周报。

（13）负责本专业的工程计量工作，审核工程计量的数据和原始凭证。

（14）负责收集、保管工程项目各项记录资料，并进行整理归档。

（15）负责编写单项工程阶段报告以及季度、年度工作计划和总结。

4．监理员（检查员、巡视员）的职责

现场监理员（检查员、巡视员）的主要职责是巡视施工现场，进行旁站监督，发现及纠正违规操作，记录有关工程质量的详细情况，在专业监理工程师的指导下开展施工现场监理工作，并随时向监理工程师汇报。

（1）熟悉所分管工程的设计、技术规程和有关的合同文件，能灵活地应用到实际工作中去。

（2）监督、检查施工单位的各种施工活动，掌握所分管的工作面的施工进度、施工程序、施工方法、施工质量、投入材料、设备、劳务等详细情况，并对此作出尽可能详细的记录，编写日报、值班报告和监理日记。

（3）参加分部分项工程、隐蔽工程的检查验收，负责编写有关的施工说明，检查各工序施工准备工作，并进行签证。

（4）发现违规现象立即向施工单位提出或发出违规通知，要求予以纠正。

（5）及时向监理工程师报告施工单位的工作情况和问题，并提出建议和意见。

（6）参加对施工单位各种申请的调查，并提供证明材料。

（7）做好分管项目的工程技术资料的收集整理工作，编写单位工程技术总结。

（8）与施工单位密切联系，互相沟通，推动和做好本职工作。

5．材料工程师的职责

（1）审核施工单位提交的现场材料、混凝土、砂、土等的试验计划、试验程序和方法。

（2）负责对施工现场材料的抽样检验，并根据设计、技术规范和合同对施工单位采购或加工的材料进行鉴定和评价。

（3）负责向施工单位解释试验标准和规范。

（4）审查、确认施工单位的各项试验结果。

（5）协助质量控制工程师控制施工质量，调查和分析质量事故。

6．测量工程师的职责

（1）掌握施工三角控制网和测量基准点的有关资料，对施工单位布设的施工测站、轴线和辅助轴线的施测精度和施测方法进行审查和复核。

（2）审查施工单位的测量方案、主要技术措施、主要设备和限差要求。

（3）监督、检查施工单位的施工放样测量，并确认其测量结果。

7．地质工程师的职责

（1）全面掌握工程各部位的地质情况，及时发现施工中的地质问题，并做出分析判断和提出相应的处理意见。

（2）审查施工单位提交的不良地质问题的处理措施，并提出意见。

（3）监督检查基础施工的质量，控制基础的超挖扰动。

(4) 根据工程的实际需要,提出工程地质补充勘察的建议。

(5) 参加基础验收和隐蔽工程覆盖前的检查验收工作。

8. 数量审核员(合同工程师)的职责

数量审核员(合同工程师)负责根据质量检验的结果、质量验收和结构尺寸的测定结果,鉴订合同执行情况,并决定是否予以支付工程款。

第四节 施工阶段质量控制的方法和手段

施工阶段监理单位对工程项目施工质量所采取的控制方法,基本上分为三类,即审核施工单位所提供的有关技术报告和文件,进行施工现场质量检查和质量信息的及时反馈;施工阶段监理工程师对工程项目施工质量控制的手段有:旁站监督、下达指令文件、规定监控程序和使用支付控制手段等。如图5-8所示。

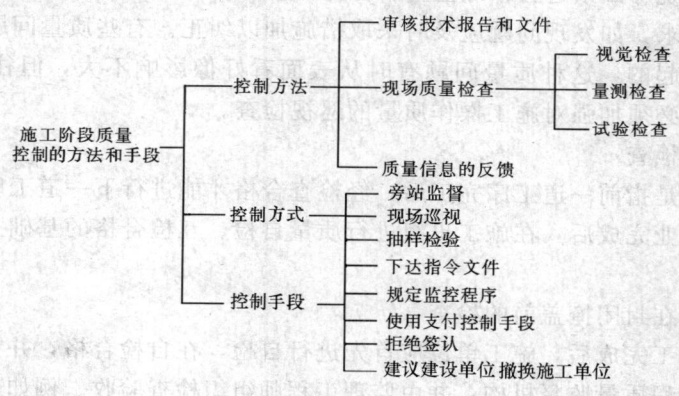

图5-8 施工阶段质量监控的方法和手段

一、施工阶段质量控制的方法

(一) 审核技术报告和文件

(1) 审核施工单位提出的开工报告。监理工程师在接到施工单位的开工申请后,应详细进行审核,并经现场检查核对后,下达开工令。

(2) 审核分包单位的技术资质证明文件。

(3) 审核施工单位提交的施工组织设计、施工方案。施工组织设计、施工方案的审查是工程项目开工前质量控制的主要内容和步骤,施工单位所采用的施工方法除应使施工的进度满足工期的要求外,还应保证工程的施工符合规定的质量标准。监理工程师在审核时,应着重审查施工安排是否合理,施工机械的配置是否得当,施工方法是否可行,施工外部条件是否具备等方面。

(4) 审核施工单位提交的材料、半成品、构配件的质量检验报告,包括出厂合格证、技术说明书、试验资料等质量保证文件。

(5) 审核新材料、新技术、新工艺的现场试验报告。

(6) 审核永久设备的技术性能和质量检验报告。

(7) 审查施工单位的质量管理体系文件,包括对分包单位质量控制体系和质量控制措施的审查。

(8) 审核设计变更和图纸修改。

(9) 审核施工单位提交的反映工程质量动态的统计资料或图表。

(10) 审核有关工程质量事故的处理方案。
(11) 审核有关应用新材料、新技术、新工艺的鉴定报告。
(二) 现场质量检查
1. 现场质量检查的内容
监理工程师或其代表在施工阶段进行现场检查的内容包括：
(1) 开工前检查
开工检查是检查施工单位开工前的各项准备工作完成情况，是否具备开工条件，能否保证工程连续施工和顺利完成。
(2) 工序施工过程中的监督检查
在工序施工过程中，监理人员应对施工操作人员、材料、施工机械及机具、施工方法及施工工艺、施工环境等因素进行跟踪监督和检查，检查上述因素是否处于良好的受控状态，是否能保证质量要求，如发现问题应及时采取措施加以纠正。有些质量问题常常是由于施工操作不符合规程引起的，这种质量问题有时从表面看好像影响不大，但往往具有潜在的危害，所以监理人员必须加强对施工操作质量的巡视检查。
(3) 工序交接检查
工序交接检查是指前一道工序完工后，经检查合格才能进行下一道工序的作业。监理人员在上一道工序作业完成后，在施工班组进行质量自检、互检合格的基础上，进行工序质量的交接检查。
(4) 隐蔽工程在封闭掩盖前的检查
隐蔽工程在施工完成后，施工单位应首先进行自检，在自检合格，并在封闭掩盖前通知建设单位和建设工程质量监督机构，并由监理工程师组织检查验收。例如对于基础工程，在基础开挖完成后，在施工单位自检合格的基础上，向监理工程师提出验收申请，监理工程师在接到验收申请后，应立即组织测量人员进行复测，组织地质人员进行地质测绘、素描和鉴定，组织测量、地质、设计和现场检查人员并会同建设单位和质量监督机构进行内部会审和会签，然后再由监理工程师作为代表进行现场签证。未经监理工程师检查验收，自行封闭或掩盖，则不予认可，并作违规处理。
(5) 工程施工预验
施工预验是指监理人员在施工未进行前所进行的预先检查，以防出现差错，确保工程的质量。例如，需进行施工预验的项目有：
①建筑物的位置。检查标准轴线桩、边坡桩、水准点。
②基础开挖。检查轴线、标高、几何尺寸、坡度等。
③混凝土工程。检查模板尺寸、标高、支撑预埋件，钢筋型号、规格、数量、锚固长度、保护层，混凝土配合比、外加剂等。
④砌体工程。检查墙身轴线、楼层标高、预留孔洞位置尺寸、砂浆配比等。
⑤电气工程。检查变电、配电位置，高低压进出口方向，电缆沟位置、标高、送电方向等。
通过预验合格后，监理人员予以书面确认，未经预验或预验不合格时，则不能进行下一道工序的施工。
(6) 停工后复工前的检查
工程项目由于某种原因停工后，在复工前，应经监理人员检查认可，并下达复工令后，方可复工。

(7) 成品保护质量检查

成品保护检查是指在施工过程中，某些分项工程（单元工程）已完工，而其他分项工程（单元工程）尚在施工，或分项工程的一部分已完成，另一部分尚在继续施工，为了保护已完工的成品免受损坏，监理人员应对成品保护的质量经常进行巡视检查，要由施工单位对已完成的成品采取妥善的措施加以保护，以免受到损伤和污染，从而影响到工程整体的质量。根据产品特点的不同，成品保护可分别采用防护、包裹、覆盖、封闭等方法。

①防护。是对被保护的成品采取相应的防护措施，例如为了保护清水墙面的洁净，在脚手架、安全网横杆、进料口四周和临近的水刷石墙面上，提前钉上塑料布或贴上纸；又如为了保护清水楼梯踏步不被磕损，可以加护棱角铁等。

②包裹。是将被保护的成品包裹起来，以防其受到损伤和污染。例如大理石、花岗岩柱面完成后，可用直立的木板加塑料布（或线毯）捆扎，以防磕碰；楼梯扶手在油漆前应裹纸保护，以防污染变色；铝合金门窗应用塑料布包扎，塑料布粘贴处开胶后应及时补贴等。

③覆盖。是对被保护的成品表面用覆盖的方法加以保护，以防堵塞或损伤。例如地漏、落水口、排水管安装施工完成后，要加以覆盖，以防落入异物而将其堵塞；水泥地面应用干锯末覆盖，水磨石地面或大理石地面应用苫布、棉毡覆盖，以防污染和损伤。

④封闭。是对被保护的成品用局部封闭的方法加以保护。例如预制磨石楼梯、水泥磨面楼梯完工后，应将楼梯口暂时封闭；室内塑料墙纸、木地板油漆等装修工程完工后，应将房门锁闭；屋面防水完工后，应封闭上屋面的楼梯门和出入口，以防人们随意进入而受到损伤。

(8) 分项（单元）工程、分部工程完工后的检查验收

分项（单元）、分部工程完成后，在施工单位自检合格的基础上，监理人员应进行检查认可，并签署中间交工证书。

(9) 其他质量跟踪检查

在施工过程中，监理工程师应派出检查员（监理员或巡视员）在施工现场进行巡视、旁站监督（或临场监督），根据工程合同和技术标准、规程对工程质量进行监督和检查，对于违反合同、技术标准和规程的，影响工程质量的施工活动，应及时加以劝阻、制止和纠正，如若劝阻无效，则可发出现场违规通知，直至停工指令。

2. 现场质量检查的方法

监理人员进行现场质量检验的方法，通常可分为视觉检查、量测检查和试验检查三类。

(1) 视觉检查

就是凭借人的视觉、触觉和听觉来检查和判断施工的质量，它包括观察和目测检查、手摸检查和耳听检查。根据检查对象的不同，通常又将上述检查方法具体化为看、摸、敲、照四种方法。

①看。就是根据质量标准的要求，用观察和目测的方法进行外观检查。例如工人的施工操作是否正常，地基面的清理是否符合要求，墙面是否洁净，模板安装的稳定性、刚度和强度是否符合要求，混凝土浇筑表面的平整情况等，均可采用"看"的方法来进行检查。

②摸。就是用手触摸，通过手的感觉来检查、鉴定是否符合质量要求。例如油漆的光滑度，浆活是否牢固掉粉，水刷石、干粘石粘结的牢固程度，地面是否起砂等，均可通过手摸的方法加以检查和鉴别。

③敲。就是用工具进行敲击，通过音感来进行检查和鉴别。例如对地面工程中的地砖铺砌、拼镶木地板，装饰工程中的墙面瓷砖、大理石贴面等，均可采用"敲"的方法进行检查。通过敲击后所发出的声音的虚实，确定有无空鼓；通过声音的清脆和沉闷，判断是属于面层空鼓还是底层空鼓。

④照。就是通过灯光照射或反光镜反射的方法，来检查难以看清或光线较暗的部位。例如检查孔洞内的情况，阴暗部位的情况，均可采用"照"的方法。

(2) 量测检查

通过测量仪器、量测工具或计量仪表进行检查，根据实际测量的结果与标准或规范规定的质量要求相对比，来判断是否符合质量标准的要求。根据检查手段的不同，量测检查可归纳为靠、吊、量、套四种方法。

①靠。就是用直尺、塞尺检查墙面、地面、屋面的平整度。

②吊。就是用托线板以线锤吊线检查垂直度。

③量。就是用测量仪器、测量工具、计量仪表等检查断面尺寸、标高、轴线、温度等。

④套。就是以方尺套方，辅以塞尺检查。例如检查预制构件的方正、阴阳角的方正、踢脚线的垂直度等。

(3) 试验检查

通过现场取样或制作试件，由专门的试验室进行试验，或直接通过现场试验，取得数据，然后分析判断质量是否符合要求。试验检查可分为：

①理化试验。理化试验通常包括物理性质试验、化学成分试验和力学性能试验三种。

物理性质试验如测定密度、容重、含水量、安定性、抗渗性、抗冻性、耐磨性等。

化学成分试验如钢筋中的含硫量、含磷量，混凝土骨料中的活性氧化硅含量，粉煤灰中的三氧化硫含量，水中的pH值、氯化物含量、硫酸盐含量等的测定。

力学性能试验如抗压强度、抗拉强度、抗弯强度、抗折强度、承载力、硬度等的测定。

②无损检测。利用专门的仪器仪表探测结构物、材料、设备的内部组织结构或损伤的情况。目前常采用的无损检测方法有超声波探伤、X射线探伤、γ射线探伤、同位素检测、磁粉检测等。

(三) 检查质量信息的反馈

检查员（监理员或巡视员）的值班、巡视、现场检查监督和处理的信息，除应以日报、周报、值班记录等形式作为工作档案外，还应及时地反馈给监理工程师和总监理工程师。对于重大问题及普遍发生的问题，还应以函件的方式通知施工单位，要求迅速采取措施加以纠正和补救，并保证以后不再发生类似问题。

现场检测的结果，也应及时反馈到施工生产系统，以督促施工单位及时进行调整和纠正。

二、施工阶段质量控制的方式和手段

在工程项目施工阶段，监理工程师进行质量控制时一般可采用下列几种方式和手段。

(一) 施工阶段质量控制的方式

在工程项目施工阶段，监理工程师在质量控制中所采取的质量控制方式通常有下列几种：

1. 旁站监督

在工程项目施工中，监理工程师派出监理人员（监理员）到施工现场，对施工过程进行临场定点旁站观察、监督和检查，采用视觉性质量控制方法对施工人员情况、材料、工艺与操作、施工环境条件等实施监督与检查，发现问题及时向施工单位提出和纠正，以便使施工过程始终处于受控状态。旁站监督应对监督内容及过程进行记录，并编写日报、周报。

2. 现场巡视

现场巡视是指在施工过程中，监理人员对施工现场进行的巡回视察检查，以便了解施工现场情况，发现质量事故苗头和影响质量的不利因素，及时采取措施加以排除。现场巡视检查后，应写出巡视报告。

3. 抽样检验

抽样检验是抽取一定样品或确定一定数量的检测点进行检查、测量或试验，以确定其质量是否符合要求。

抽样检验时所采用的检验方法有检查、量测和试验三种。

（1）检查。根据确定的检测点，采用视觉检查的方法，对照质量标准中要求的内容逐项检查，评价实际的施工质量是否满足要求。

（2）量测。利用测量仪器、仪表和工具，对确定的检测点进行量测，取得实际量测数据后与规定的质量标准或规范的要求相对照，以确定施工质量是否符合要求。

（3）试验。通过对抽样取得的样品进行理化试验，或通过对确定的检测点用无损检测的方法进行现场检测，取得实测数据，然后与规定的质量标准或规范的要求相对照，分析判断质量情况。

4. 规定质量控制制度或工作程序

规定施工阶段施工单位和监理单位双方都必须遵守的质量控制制度或工作程序。监理人员根据这一制度或工作程序来进行质量控制。例如施工单位在进行材料和设备的采购时，必须向监理工程师申报，经监理工程师审查确认后，才能进行采购订货；工序完工后，未经监理人员检查验收，并经监理工程师签署质量验收单，施工单位不得进行下一道工序的施工等。

（二）施工阶段质量控制的手段

在施工阶段，监理工程师为了控制施工质量，可以采取以下的质量控制手段。

1. 下达指令文件

指令文件是指监理工程师对施工单位发出指示和要求的书面文件，用以向施工单位提出或指出施工中存在的问题，或要求和指示施工单位应做什么或如何做等。例如施工准备完成后，经监理工程师确认并下达开工指令，施工单位才能施工；施工中出现异常情况，经监理人员指出后，施工单位仍未采取措施加以改正或采取的措施不力时，监理工程师为了保证施工质量，可以下达停工指令，要求施工单位停止施工，直到问题得到解决为止等。监理工程师所发出的各项指令都必须是书面的，并作为技术文件存档保存，如确因时间紧迫来不及作出书面指令，可先以口头指令的方式下达施工单位，但随后应及时补发正式书面指令予以确认。

2. 利用支付手段

支付手段是监理合同赋予监理工程师的一种支付控制权，也是国际上通用的一种控制权。所谓支付控制权，是指对施工单位支付各项工程款时，必须有监理工程师签署的支付证明书，建设单位（业主）才向施工单位支付工程款，否则建设单位（业主）不得支付。监理工程师可以利用赋予他的这一控制权进行施工质量的控制，即只有施工质量达到规定的标准和要求时，监理工程师才签发支付证明书，否则可拒绝签发支付证明书。例如分项工程完工，未经验收签证擅自进行下一道工序的施工，则可暂不支付工程款；分项工程完工后，经检查质量未达合格标准，在未返工修理达到合格标准之前，监理工程师也可暂不支付工程款。

3. 拒绝签认

当工程施工质量未达到规定的标准和要求时，监理工程师可以拒绝签认，并要求施工单位返工处理，只有当施工质量符合规定的标准和要求时，才签字确认。

4. 建议建设单位撤换施工单位

当施工承包单位违反合同、技术规范和监理程序规定，造成严重后果，而且拒绝按监理工程师意见进行整改，多次提出均无效时，可以建议建设单位撤换承包单位。

第五节 施工过程(工序)的质量控制

一、施工过程中施工现场的质量控制

工程项目的整个施工过程，就是完成一道一道的工序，所以施工过程的质量控制主要是工序的质量控制，而工序的质量控制又表现为施工现场的质量控制，也是施工阶段质量控制的重点。监理工程师应加强施工现场和施工工艺的监督控制，督促施工单位认真执行工艺标准及操作规程，进行工序质量的控制。同时监理工程师还应实施现场检查认证制度，工程的关键部位应实施现场观察、中间检查和技术复核，并做好施工记录，认真分析质量统计数据，对质量不合格的产品和施工工艺及时处理和纠正。

二、工序质量控制的内容

工序的质量控制包括工序活动（作业）条件的控制、工序活动（作业）过程的控制和工序活动（作业）效果的控制等三个方面。

1. 工序活动（作业）条件的控制

工序活动（作业）条件的控制，就是为工序的活动（作业）创造一个良好的环境，使工序能够正常进行，以确保工序的质量，所以工序活动（作业）条件的控制就是对工序准备的控制。

工序的质量受到人、材料、机械、方法、环境等因素（即 4M1E 因素）综合作用的影响，所以工序的质量控制就是要利用各种手段首先对影响工序质量的人、材料、机械、方法、环境等因素加以控制。

（1）人的因素

人的因素对工序质量的影响，主要表现在操作人员的质量意识差，粗心大意，不遵守操作规程，技术水平低，操作不熟练等。因此对人的因素的控制措施是：检查操作人员和其他工作人员是否具备上岗条件，进行岗前考核，竞争上岗；进行质量教育，提高质量意识和责任心；建立质量责任制，进行岗前培训等。

（2）材料因素

影响工序质量的材料因素主要是材料的质量特性指标是否符合设计和标准的要求，控制的措施是加强使用前的检验和试验，例如混凝土、沥青混凝土、防水材料配合比的试验、测定和控制；重视材料的使用论证和材料的现场管理，防止错用和使用不合格材料；使用代用材料时必须通过计算和充分论证等。

（3）机械因素

影响工序质量的机械因素主要是机械的性能和操作使用，控制的措施是根据工序的特点

和要求合理地选择施工机械设备的形式、数量和性能参数，同时应加强施工机械设备的使用管理，严格执行操作规程，遵守各种管理制度等。

(4) 方法因素

影响工序质量的方法因素主要是工艺方法，即工艺流程、技术措施、工序间的衔接等。控制的措施是确定正确的工艺流程，施工工艺和操作规程，进行质量预控，加强工序交接的检查验收等。

(5) 环境因素

影响工序质量的环境因素主要有气象条件、管理环境和劳动环境等。控制的措施是预测气象条件的可能变化（如湿度、大风、暴雨、酷暑、严寒等），应采取相应的预防措施，如防风、防雨、降温、保温措施等；制定相应的质量监督管理制度和管理程序；进行合理的劳动组合和现场管理，建立文明施工和文明生产的环境，保持材料堆放有序，道路通畅，施工程序井井有条等。

2. 工序活动（作业）过程的控制

工序活动是在预先（施工前）准备好的条件和环境下进行的，在工序活动过程中，影响质量的因素会发生变化。所以在工序活动过程中，监理人员应注意各种影响因素和条件的变化，如发现不利于工序质量的因素和条件变化，要立即采取有效措施加以处理，使工序质量始终处于受控状态。为此，监理人员应通过现场巡视、旁站监督等方式监督现场操作人员（施工人员和质检人员）按规定的操作规程和工艺标准进行施工；随时注意各种其他因素和条件的变化，如物料、人员、施工机械设备、气象条件和施工现场环境状况和条件的变化，应及时采取相应措施加以控制和纠正。

3. 工序活动（作业）效果的控制

工序活动（作业）效果的控制主要是对工序施工完成的工程产品质量性能状况和性能指标的控制，通常是工序完成后，首先由施工单位进行自检，自检合格后填写质量验收通知单，监理单位在接到验收通知单后，在规定的时间内到达现场对工序进行抽样，通过对子样（样品）检验的数据，进行统计分析，判断工序活动的效果（质量）是否正常和稳定，是否符合质量标准的要求。通常，其程序如下：

(1) 抽样。对工序抽取规定数量的样品（子样），或确定规定数量的检测点（工序的一部分）。

(2) 实测。采用必要的检测设备和手段，对抽取的样品或确定的检测点进行检验，测定其质量性能指标或质量性能状况。

(3) 分析。对检验所得的数据，用统计方法进行分析、整理，发现其所遵循的变化规律。

(4) 判断。根据对数据分析的结果，与质量标准或规定相对照，判断该工序产品的质量是否达到规定的质量标准的要求。

(5) 认可或纠正。通过判断如果符合规定的质量标准的要求，则可对该工序的质量予以确认；如果通过判断发现该工序的质量不符合规定的质量标准的要求，则应进一步分析产生偏差的原因，并采取相应的措施予以纠正。

三、工序质量控制的实施

监理工程师在实施工序质量控制时，通常按下列程序进行：

(1) 制定质量控制的工作程序或工作流程（图5-5）。

(2) 制订工序质量控制计划，明确质量控制的工作程序和质量控制制度。

(3) 分析影响工序质量的各种可能因素，从中找出对工序质量可能产生重要影响的主要因素，针对这些主要因素制定控制措施，进行主动地预防性控制，使这些因素处于受控状态。

(4) 设置工序质量控制点，并进行质量预控。通过对工序施工过程的全面分析，确定需要进行重点控制的对象、关键部位或薄弱环节，设置质量控制点，并对所设置的质量控制点在施工中可能出现的质量问题，制定对策，进行预控。

(5) 对工序活动过程进行动态跟踪控制。监理人员通过现场巡视、旁站监督等方式，对工序的整个活动过程实施连续的动态跟踪控制，发现工序活动出现异常状态，应及时查找原因，采取相应的措施加以排除或纠正，保证工序活动过程处于正常、稳定的受控状态。

(6) 工序施工完成后，及时进行工序活动效果的质量检验。

四、工程项目施工中的技术复核制度

在工程项目施工过程中，各项工作是否完全按照合同、技术规程、设计文件、施工图纸、技术规范和操作规程来进行，将直接影响到工程的质量。因此监理工程师应对一些施工内容，或一些比较重要的、直接影响工程质量的关键性技术内容进行复核，严格把关，以便能及早发现问题，加以纠正。

(一) 技术复核的内容

施工过程中技术复核的内容大致可归纳为：

1. 关键性的施工内容和施工质量的复查

(1) 对施工单位测量结果的复核

1) 施工放样；

2) 工程定位测量；

3) 工程轴线测量；

4) 工程高程（标高）测量；

5) 测量基准点。

(2) 对施工质量的复核

1) 预留孔洞位置和尺寸；

2) 预埋件的位置和高程；

3) 管道的轴线和坡度；

4) 混凝土的配合比；

2. 重要的质量检验数据的复核

对某些重要的质量检验数据，监理人员应进行复核性的检验，以判定施工单位检验的结果是否正确，精度是否达到规定要求。

3. 某些重要的计算数据的复核

【例 5-1】 某混凝土坝段施工质量技术复核示例

某工程混凝土坝段施工质量复核结果和意见如下：

A. 坝基施工质量

a. 坝段基础开挖高程及轮廓尺寸符合设计要求。

b. 基础浅层及保护层开挖未按规定孔深及装药量进行，施工中受到不同程度的破坏，松动岩石已撬挖清除。

c. 对出露的裂隙及风化夹层采取了挖槽并回填混凝土处理和进行固结灌浆，处理后的建基面经检查合格。

B. 坝体施工质量

a. 坝块位置、尺寸、浇筑分层及混凝土分区基本符合设计要求。

b. 模板、钢筋、止水、伸缩缝、廊道、排水、预埋管道及观测设施等均按设计要求设置。

c. 坝体混凝土拆模后经外观检查，表面平整、光滑，无明显蜂窝麻面。

d. 机口抽样检验强度与抗渗性能符合设计要求，如表5-4所示。

坝体混凝土机口抽样检验成果　　　　　表5-4

混凝土强度设计强度等级R及抗渗等级P	检验者	混凝土强度统计参数						抗渗等级	
		组数	平均值 R_m (MPa)	均方差 σ	离差系数 C_v	最大值 R_{max} (MPa)	最小值 R_{min} (MPa)	合格率（%）	组数	合格率（%）
$R_{90}14.715$ S_2	施工单位	27	21.24	2.64	0.12	26.20	16.50	100	7	100
	监理单位	7	21.83	2.66	0.12	24.52	17.30	100	4	100
$R_{90}14.715$ S_4	施工单位	31	28.23	2.72	0.10	33.90	23.30	100	6	100
	监理单位	11	26.29	3.49	0.13	32.39	18.81	100	4	100
$R_{90}14.715$ S_8	施工单位	18	32.23	3.61	0.11	38.30	26.70	100	8	100
	监理单位	9	30.73	2.05	0.07	33.31	26.58	100	6	100

e. 混凝土施工工艺存在以下缺陷：

① 混凝土细骨料系采用河砂，粒度偏粗，保水性能差，在浇筑过程中仓面有不同程度的泌水现象，排除不够及时。

② 混凝土拌合、平仓、振捣欠均匀，浇筑中常有分离和漏振现象。

③ 浇筑速度慢，铺料间歇时间长，仓面大时混凝土表面有时出现初凝。

④ 雨天和高温季节施工防护不好，混凝土浇筑后养护较差。

⑤ 高程21.5～23.5m处的浇筑块发现表面裂缝2条，主裂缝纵向贯穿该浇筑块，缝宽0.1mm，距溢流面仅3.0m，为防止裂缝向上游延伸并贯穿溢流面，应按设计要求进行处理。

⑥ 在坝段上游坝块（坐标$D0+17.8m$，$R0+251.75m$），高程El 21～23m处，经钻孔检查，长2m孔段采样率较低，所取出的混凝土芯样不足30cm，其余均为无胶结的松砂，经压水试验，该段坝体单位吸水率约在0.03L/min左右；高程El 21m以下孔段，虽然采样率较高，但芯样外观粗糙，多蜂窝、气孔，密实度较差。

C. 质量复核结果和意见

a. 坝段基础开挖经检查合格，符合设计和合同要求，已浇筑的混凝土基本符合设计要求。

b. 对已发现的缺陷应按设计要求进行处理。

c. 今后应进一步加强现场管理，严格控制质量。

（二）技术复核的程序

技术复核的程序如图5-9所示，分为四个步骤：

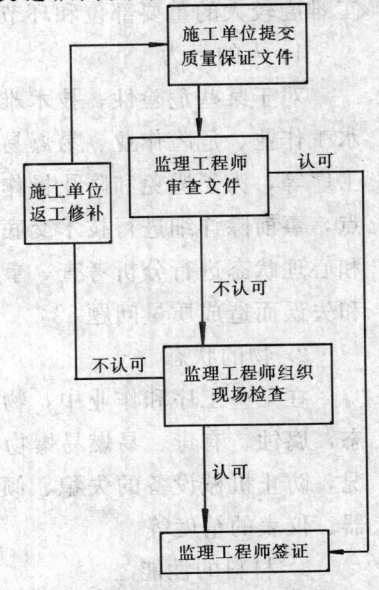

图5-9　技术复核的程序图

1. 施工单位呈交有关质量资料

在某一工序（或某项工程）完工后，施工单位应将全部质量保证文件和资料、工程质量的必要说明以及有关的工程记录（如隐蔽工程记录）等质量资料呈交给监理工程师。

2. 监理工程师审查质量文件

监理工程师在接到施工单位提供的质量保证文件后，应进行详细审查，如认为质量文件可靠，施工质量没有问题，即可签证认可，并以书面形式通知施工单位。如果监理工程师尚有怀疑，或认为有必要进一步进行现场检查，则可组织现场复核。

3. 监理工程师进行现场检查

监理工程师对照质量标准和施工单位所提交的质量检查记录，采用视觉检查、量测检查和试验检查的方法，进行现场复核。

4. 监理工程师作出认可与否的决定

监理工程师将现场检查的结果，与质量标准对照，对工程的质量作出判断。如果认为质量合格，则可签证确认；如果认为质量不合格，则应要求施工单位返修补救。

（三）技术复核的制度

技术复核工作作为监理工程师的一项经常性工作任务，应纳入监理规划和质量控制工作计划之内，并形成一种制度。

五、质量控制点的设立

（一）质量控制点

质量控制点是指为了保证（工序）施工质量而对某些施工内容、施工项目、工程的重点和关键部位、薄弱环节等，在一定时间和条件下进行重点控制和管理，以使其施工过程处于良好的控制状态。

质量控制点设置的范围很广，凡是对工程质量有影响的因素均可作为质量控制点，如人的因素、物的因素、材料因素、施工操作、施工程序、施工时间、质量通病、技术参数、施工难度较大的重要部位和环节等，均可作为质量控制点，对其质量进行重点控制。

1. 人的行为

对于某些危险性、技术难度较大、操作复杂、精度要求高的作业和工序，如高空作业、水工作业、危险作业、易爆易燃作业、重型设备吊装、操作技术和精度要求高的工序、复杂工序等，为了避免和防止操作失误而造成质量问题，应将操作人员的作业行为作为质量控制点，事前除详细进行技术交底，提出要求外，还应对操作人员从思想素质、技术能力 生理和心理状态进行分析考查，事中对其作业过程和质量进行全面考核，以免因为人的行为失当和失误而造成质量问题。

2. 物的状态

在某些工序和作业中，物的不良状态，如仪器、仪表、机械设备的技术性能和作业状态，腐蚀、有毒、易燃易爆物品的状态，常常会引起质量问题，所以在施工中应根据具体情况，防止机械设备的失稳、倾覆、冲击、振动，防止易燃易爆物品的自燃、自爆，保持仪器、仪表的精度等。

3. 材料的性能

某些施工内容和施工项目对材料的质量和性能有严格的要求，因此应对材料的性能进行重点控制，以保证施工的质量。例如Ⅳ级钢筋的可焊性差，容易产生热脆，所以应避免用于对焊连接；钢筋进行预应力加工时，要求钢材均质、弹性模量一致，含硫量和含磷量不能过大，以免产生冷脆等。

4. 关键性操作

在一些工序的施工中，有时应对某些施工操作进行重点控制，以保证施工的质量。例如混凝土施工中，在进行混凝土振捣时，振捣棒距模板应保持一定距离，否则拆模后混凝土表面易产生蜂窝麻面；又如分层浇筑的大体积混凝土，在进行混凝土振捣时，振捣棒应插入下层混凝土中一定深度，以保证上下层混凝土结合成一个整体。

5. 施工顺序

某些施工工序或操作，应严格保持一定的施工顺序，否则会严重影响施工质量。例如冷拉钢筋时一定要先对焊后冷拉，如若先冷拉后对焊就会失去冷强。

6. 工序操作的持续时间

某些工序的操作必须持续一定时间，否则也会影响施工的质量。例如预应力钢筋张拉时，应保证持荷 2min，以加速钢筋松弛的早发展，减小钢筋松弛的应力损失。

7. 技术间隙

在某些工序的施工中，应严格控制工序操作中的技术间歇时间，否则会严重影响施工的质量。例如在分层浇筑的大体积混凝土中，要控制上下两层混凝土浇筑的间隔时间，一般应控制在 2h 之内，否则上下层混凝土（新老混凝土）之间将不能很好地结合成一个整体，而形成一个薄弱面，即形成所谓的"冷缝"，这将严重影响混凝土的整体性质量。

8. 施工方法

在某些施工内容或施工项目的施工中，必须采用合理的施工方法，才能保证相应的施工质量。例如在大体积混凝土施工中，应采取相应的温控措施，才能预防混凝土出现温度裂缝。此外，在建筑物施工中要防止建筑物倾斜，在结构施工中要防止群桩失稳，在模板施工中要防止模板失稳等，这些问题均应作为质量控制的重点。

9. 技术参数

在一些工序的施工中，某些技术参数与施工质量有密切关系，应进行重点控制。例如回填土和三合土施工中的最佳含水量，混凝土施工中的水灰比、外加剂掺量等，都将影响到回填土或混凝土的质量。

10. 质量指标

在一些工序的施工中，应经常检查和严格控制某些质量指标，以保证施工的质量。例如回填土的干密度，混凝土的强度，防水混凝土的抗渗性，寒冷地区混凝土的抗冻性，砌砖工程中砖缝的饱满度等。

11. 常见的质量通病

在一些工序的施工中，必须采取相应的预防措施，以防止工序操作不当而出现某些质量通病，如起砂、起壳、渗水、漏水、裂缝等等。

12. 新材料、新技术、新工艺的应用

当工程项目的施工中采用了新材料、新技术、新工艺时，由于是初次使用，缺乏施工经验，为了保证施工的质量，必须制定相应的操作规程，施工中严格检查和控制。

13. 施工质量没有把握、质量不稳定的施工内容和项目

对于施工质量波动较大，质量一次合格率较低，施工质量没有把握的施工工序，均应作为质量控制点，进行重点控制。

14. 特殊地基和特殊结构

对于特殊地基，如湿陷性地基、膨胀土地基的施工，高耸结构、大跨度结构、复杂结构的施工，对于技术难度大、质量要求高的施工环节和部位，均应作为质量控制点，重点控制其施工质量，以确保质量满足规定要求。

（二）质量控制点设置的原则

质量控制点的选择，应根据工程项目的特点，质量的要求，施工工艺的难易程度，施工队伍的素质和技术操作水平等因素，进行全面分析后确定。在一般情况下，选择质量控制点的基本原则是：

（1）重要的和关键性的施工环节和部位。

（2）质量不稳定，施工质量没有把握的施工内容和项目。

（3）施工难度大的施工环节和部位。

（4）质量标准或质量精度要求高的施工内容和项目。

（5）对工程项目的安全和正常使用有重要影响的施工内容和项目。

（6）对后续工序的质量或安全有重要影响的施工内容、施工工序或部位。

（7）对施工质量有重要影响的技术参数。

（8）某些质量的控制指标。

（9）可能出现常见质量通病的施工内容或项目。

（10）采用新材料、新技术、新工艺施工时的工序操作。

对于一个分部分项工程，究竟应该设置多少个质量控制点，应根据施工的工艺、施工的难度、质量标准和施工单位的情况来决定。一般来说，施工工艺复杂时可多设，施工工艺简单时可少设；施工难度较大时可多设，施工难度不大时可少设；质量标准要求较高时应多设，质量标准不高时可少设；施工单位信誉不高应多设，施工单位信誉较高可少设。

表 5-5 列举出某些分部分项工程质量控制点设置的一般位置，可供参考。

质量控制点的设置位置 表 5-5

分部分项工程		质量控制点
建筑物定位		标准轴线桩、水平桩、定位轴线、标高
地基开挖及清理		开挖部位的位置、轮廓尺寸、标高；岩石地基爆破中的孔深、装药量；开挖后的建基面、断层、破碎带、软弱夹层、岩溶的处理；渗水的处理；地基承载力
基　　础		基础位置、尺寸、标高；预留孔洞、预埋件位置、规格、数量
砌　　体		砌体轴线、皮数杆；砂浆配合比；预留孔洞、预埋件位置、数量；砌块排列
基础处理	基础灌浆	造孔工艺、孔位、孔深、孔斜；岩心获得率；洗孔及压水情况；浆液情况
	帷幕灌浆	灌浆压力、结束标准、封孔
	基础排水	造孔、洗孔工艺；孔口、孔口设施的安装工艺
	锚桩孔	造孔工艺；锚桩材料质量、规格、焊接；孔内回填

续表

分部分项工程		质 量 控 制 点
混凝土生产	砂石料生产	毛料开采、筛分、运输、堆存；砂石料质量（杂质含量、细度模数、超逊径、级配）、含水率、骨料降温措施
	混凝土拌合	原材料的品种、配合比、称量精度；混凝土拌合时间、温度均匀性；拌合物的坍落度；温控措施（骨料预冷、加冰、加冰水）；外加剂比例
混凝土浇筑	建基面清理	基岩面清理（冲洗、积水处理）
	模板、预埋件	位置、尺寸、标高、平整性、稳定性、刚度、内部清理；预埋件型号、规格、埋设位置、安装稳定性、保护措施
	钢筋	钢筋品种、规格、尺寸、搭接长度；钢筋焊接
	浇筑	浇筑层厚度、平仓、振捣、浇筑间歇时间；积水和泌水情况；埋设件的保护；混凝土的养护；混凝土表面平整度、麻面、蜂窝、露筋、裂缝；混凝土的密实性、强度
土石料填筑	土石料	土料的黏粒含量、含水量；砾质土的粗粒含量、最大粒径；石料的粒径、级配、坚硬度、抗冻性
	土料填筑	防渗体与岩石面或混凝土面的结合处理；防渗体与砾质土、黏土地基的结合处理；填筑体的位置、轮廓尺寸、铺土厚度、填筑边线；土层接面处理；土料碾压、压实干密度、填筑含水量
	石料砌筑	砌筑位置、轮廓尺寸；石块重量、尺寸、表面顺直度；砌筑工艺；砌体密实度；砂浆配合比、砂浆强度
	砌石护坡	石块尺寸、强度、抗冻性；砌石厚度；砌筑方法；砌石孔隙率；垫层级配、厚度、孔隙率

（三）质量控制点的实施

在分部分项工程施工前，施工单位应制订施工计划，选定和设置质量控制点，并且在随后制订的质量计划中明确哪些是见证点，哪些是停止点，然后提交给监理工程师审批，如果监理工程师对施工计划、质量计划和见证点、停止点的选定和设置有不同意见，可以用现场通知的方式书面通知施工单位修改。

1. 质量控制措施的设计

在质量控制点选择和确定以后，应对每个质量控制点进行控制措施的设计，其步骤及内容如下：

（1）列出质量控制点明细表。表中应列出各质量控制点的名称和内容、质量要求、质量检验程度和方法、检验工具和设备、质量控制的责任人等内容。

（2）设计控制点的施工流程图。

（3）应用因果分析方法进行工序分析，找出工序的支配性要素。

（4）制订工序质量表，对各支配性要素规定出明确的控制范围和控制要求。

（5）编制保证质量的作业指导书。

（6）绘制作业网络图，图中标出各控制因素所采用的计量仪器、编号、精度等，以便精确进行计量。

监理工程师应对上述质量控制措施进行审查。

2. 质量控制点的实施

质量控制点的实施方法如下：

（1）进行控制措施交底。将质量控制点的控制措施设计向操作班组交底，使操作人员明确操作要点。

（2）按作业指导书进行操作。

（3）认真记录，检查结果。

（4）运用统计方法不断分析改进（实施 PDCA 循环），以保证质量控制点的质量符合要求。

在质量控制点实施中，监理人员应在现场重点监督、检查和指导。

（四）见证点和停止点

质量控制点按其重要性和控制程度的不同，可区分为两种，即所谓的"见证点"（Witness Point）和"停止点"（Hold Point）。

1. 见证点（也称截流点，或简称 W 点）

它是指重要性一般的质量控制点，在这种质量控制点施工之前，施工单位应提前（例如 24h 之前）通知监理单位派监理人员在约定的时间到现场进行见证，对该质量控制点的施工进行监督和检查，并在见证表上详细记录该质量控制点所在的建筑部位、施工内容、数量、施工质量和工时，并签字以作为凭证。如果在规定的时间监理人员未能到达现场进行见证和监督，施工单位可以认为已取得监理单位的同意（默认），有权进行该见证点的施工。

2. 停止点（也称待检点，或简称 H 点）

它是指重要性较高、其质量无法通过施工以后的检验来得到证实的质量控制点。例如无法依靠事后检验来证实其内在质量或无法事后把关的特殊工序或特殊过程。对于这种质量控制点，在施工之前施工单位应提前通知监理单位，并约定施工时间，由监理单位派出监理人员到现场进行监督控制，如果在约定的时间监理人员未到现场进行监督和检查，则施工单位应停止该质量控制点的施工，并按合同规定，等待监理人员，或另行约定该质量控制点的施工时间。

六、工程质量预控

工程质量预控是针对质量控制点或分部分项工程，预先分析施工中可能出现的质量问题，分析可能的原因，提出相应的对策，采取有效的措施进行预先控制，以保证施工的质量。

质量预控及对策的表达方式，通常采用：

（1）文字表达；

（2）用表格形式表达（质量预控对策表）；

（3）用解析图形式表达，如图 5-10 土方回填工程质量预控图和图 5-11 基础土方回填工程质量对策图所示。

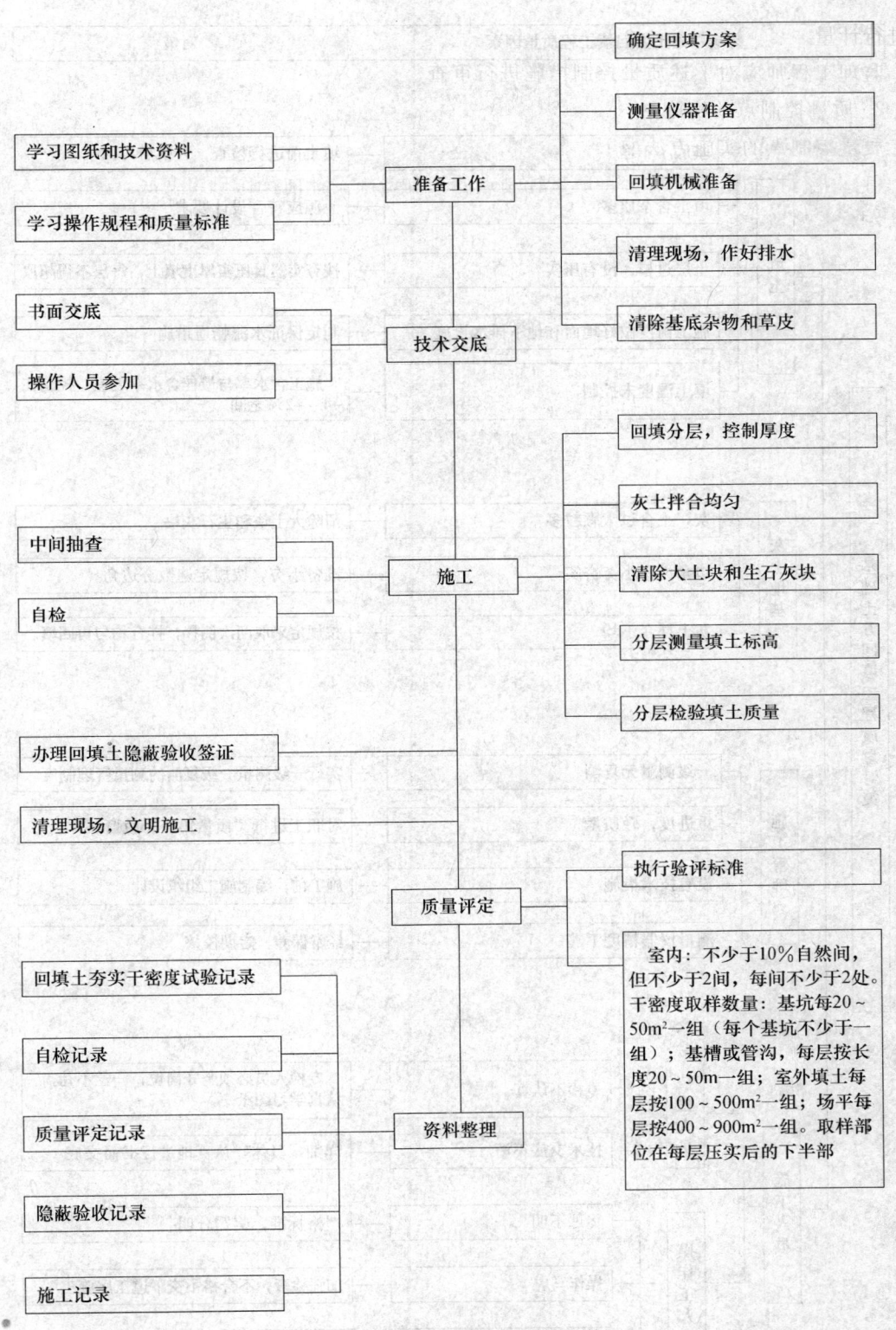

图 5-10 土方回填工程质量预控

图 5-11 基础土方回填工程质量对策

第六章 工程项目施工阶段的质量检验

第一节 概 述

一、质量检验的目的和任务

在工程建设中,监理人员在对工程质量实施监控时,常常要通过质量检验工作来实现。质量检验是检验人员采用一定的手段,按既定的标准来检查和测定工程材料和产品特征性能,取得反映这些工程产品特征性能的数据,将这些数据与既定的标准相比较,来评价检测对象的质量是否符合既定的标准。既定的标准就是检验的依据,一般是指国家标准、部颁标准、企业标准,订货或合同文件、设计文件和图纸、工艺文件等所规定的技术文件。

1. 质量检验的目的

质量检验的目的包括以下几方面:

(1) 对检验对象的特征性能进行度量,并将其与标准和设计要求相比较,对检验项目作出判断和评价。

(2) 记录所取得的各种检验数据,以作为对检验对象质量评定和评价的依据。

(3) 对不符合质量要求的问题及时向施工单位提出,并研究补救和处理的措施。

(4) 测定施工单位的工序能力或判断工序是否正常,对工序进行质量控制。

(5) 评定施工单位质量检验结果的准确程度。

(6) 通过质量检验可以督促施工单位提高工程质量,使之达到设计要求和既定标准。

2. 质量检验的任务

质量检验的任务是:

(1) 对工程质量进行检验,并记录检验数据。

(2) 参与工程中所使用的新材料、新结构、新设备、新技术的检验和技术审定。

(3) 对工程中所使用的重要材料进行检验和技术审定。

(4) 参与质量事故的分析和处理。

(5) 校验施工单位所用的检验设备和审定其检验方法。

监理单位的质量检验人员应具有一定的工程理论知识和施工实践经验,熟悉有关标准、规程和合同要求,责任心强,办事公正,能认真按技术标准进行检验,作出独立、公正的评价,并编写出检验报告。对违反技术标准,失去质量控制的施工项目,检验人员应及时报告监理工程师。

二、质量检验的分类

工程施工的质量检验可以按下列方式进行分类。

1. 按施工阶段划分

(1) 器材检验。对工程所使用的材料、半成品、构配件以及设备的数量、规格品种、性能等进行检验。

(2) 工序检验。工序检验也称为中间检验,是上道工序完成即将转入下道工序之前所进行的质量检验,其内容是检验施工技术、施工工艺及其执行情况是否正确,评价工序的施工质量是否符合标准和规程的要求,决定是否能进入下一道工序,以防质量问题的积累而形成重大事故或隐患。因此,工序检验是控制和确保工程质量的一项重要检验项目。

监理单位的工序质量检验主要包括工序交接检查、隐蔽工程验收检查以及各种专业试验(无损检测和理化试验),作为对施工单位自检的确认、复查和验收检查。

(3) 竣工检验。在工程竣工验收前,监理工程师应对工程质量水平进行最终的检验,其内容是:对施工单位全部施工质量资料进行检查,对工程的关键部位和环节进行抽查,组织对工程整体性的试压、试漏、试运行、试发电等多方面的综合检验。

施工阶段质量检验的程序,如图6-1所示。

2. 按检验的项目划分
(1) 标记检验;
(2) 外观检验;
(3) 规格检验;
(4) 性能检验;
(5) 结构检验。

3. 按检验对象的性质划分
(1) 材料检验;
(2) 半成品、预制构件检验;
(3) 设备检验;
(4) 工程检验。

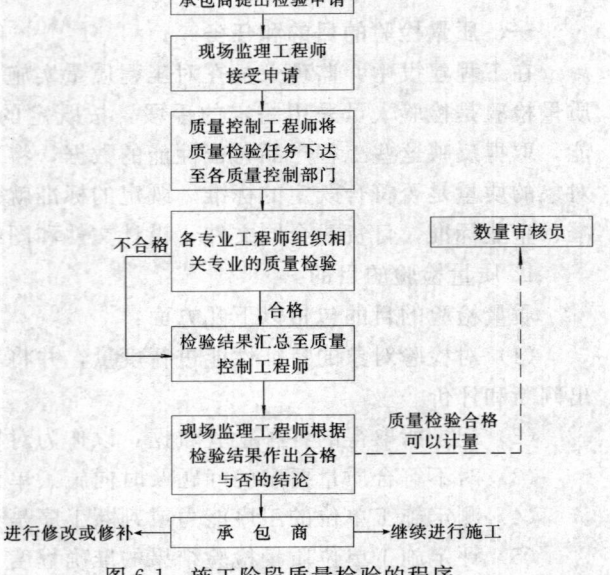

图 6-1 施工阶段质量检验的程序

4. 按检验样品的数量划分
(1) 抽样检验

抽样检验是利用从批中抽取的一部分样本来进行检验的方法,常用在下列情况:
①检验是破坏性的;
②检验对象是连续体(如钢带、胶片、纸张等);
③检验对象数量多;
④检验项目多;
⑤为了降低检验费用;
⑥进行工序的质量检验。

(2) 全数检验

全数检验是对检验对象逐件进行检验的方法,常用在下列情况:
①检验是非破坏性的;
②检验的数量和项目较少;
③检验费用少;
④对重要的产品质量特性检验;
⑤质量不稳定的重要特性项目;
⑥单件、小批生产的产品;
⑦精度很高的产品;

⑧昂贵的或重型的产品;
⑨有特殊要求的产品;
⑩能够用自动检验方法检验的产品。

5. 按检验判别的方法划分

(1) 计数检验。用计数值作为判定的依据。

(2) 计量检验。用计量值作为判定的依据。

6. 按检验后产品是否可供使用

(1) 破坏性检验。检验后产品失去使用价值。

(2) 非破坏性检验。检验后对产品性能和其他特性无影响。

三、质量检验的方法和检验的程度

1. 质量检验的手段和方法

工程质量检验的手段和方法通常有以下几种:

(1) 感觉性检验。不用任何仪器和工具,仅依靠检验者的视觉、听觉、触觉对工程质量中的感觉性指标(如表面洁净度、光滑度、表面裂纹、蜂窝麻面、工序操作等)进行检验,来判断和评价工程的质量。

(2) 量测。利用仪器、工具和量具来度量工程产品(成品)的质量。

(3) 测试或检测。通过各种仪器、仪表的测试和检测来度量工程产品的质量。

(4) 理化试验。利用各种仪器和设备,通过物理、化学方面的试验来度量工程产品的质量。

2. 检验程度

由于检验对象的技术要求和具体情况的不同,质量检验的程度也不同,通常可分为下列三种:

(1) 免检

被检验的对象已有足够的技术、质量资料或充分的质量保证文件,说明其质量符合标准和设计要求,则可采取免检。

(2) 抽检

抽检就是抽取一定数量的样本进行检验。根据情况的不同,抽检又可分为少量检验和正常检验两种。

①少量检验。被检验对象的施工质量控制正常,质量技术资料(包括班组自检记录)完整,工程内容不宜或没有必要进行大量检验或检验困难时,可采取少量检验。而对其他质量技术资料和记录,以及施工单位的自检记录,予以确认。

②正常检验。对于一般的建筑工程,在有关的技术规程、质量检验评定标准、设计文件、合同文件中,对工程质量的检验数量(或比例)已有具体的要求,按照这一要求进行质量检测,称为正常检验。

(3) 全检

全检就是全数检验。对于技术规程、质量检验评定标准、设计文件和合同文件中有明确规定,需要全部检验的施工内容,或者是对于重要的施工内容,或者是尚处于试验摸索阶段的施工内容,不采取全部检验不能保证施工质量时,均应采取全数检验。

四、质量检验的计划

由于工程质量检验工作的分散性和复杂性,为了使检验人员明确工作内容、方法、评价标准和要求，以保证质量检验工作的顺利进行，监理工程师应制订质量检验计划。质量检验计划的内容包括：

(1) 工程项目的名称（单位工程、分部工程）及检验的部位。

(2) 检验项目名称。即检验哪些质量性能特征。

(3) 检验方法。即是视觉检验、量测检验、无损检测，还是理化试验。

(4) 检验依据。质量检验是依据技术标准、规程、合同、设计文件中的哪一章、节、条款，或者是哪些具体评价标准。

(5) 确定质量性能特征的重要性级别（见表 1-1）。

(6) 检验程度。是免检、抽检（少量检验、正常检验），还是全检。

(7) 评价和判断合格与否的条件或标准。

(8) 检验样本（样品）的抽样方法。

(9) 检验程序。即检验工作开展的顺序或步骤。

(10) 检验合格与否的处理意见。

(11) 检验记录或检验报告的编号和格式。

五、施工承包单位工地试验室的审核

施工承包单位如在工地建立试验室，并利用该试验室进行相应的检测试验时，施工承包单位应将试验室的资质、试验内容以及试验设备的规格、型号、数量及法定检测机构定期检定的证明、试验室管理制度、试验员资格证书等有关资料报送监理单位，由专业监理工程师审查合格后予以确认。凡是没有建立工地试验室或工地试验室资质不符要求时，均应进行外委试验。在进行外委试验时，施工承包单位应填写《分包单位资格报审表》，将准备委托试验的试验室营业执照、资质等级证书、委托试验的内容和要求等资料报送监理单位，经专业监理工程师审查合格后予以确认。

六、抽样检验中的几个基本概念

1. 总体

总体是指所检验对象的全体，也称为母体。总体可分为有限总体和无限总体两种，在工程施工中所研究的都是有限总体，在许多场合往往称为"检查批"或简称为"批"。

2. 样本

样本又称子样、试样、样品，是从总体中抽出的一部分个体。样本中个体的数量称为样本的容量。

3. 批不合格率

批不合格率 p 是指总体或批的质量水平，即批中不合格品数占整个批量的百分数：

$$p = \frac{D}{N} \times 100\% \tag{6-1}$$

式中　p——批的不合格率；

　　　D——批中不合格品数；

　　　N——批量数。

4. 不合格品抽取概率

不合格品抽取概率 p_d 是指从批中随机抽取几个样本中抽到 d 个不合格品的概率，即：

$$p_d = \frac{C_{N-D}^{n-d} \times C_D^d}{C_N^n} \tag{6-2}$$

式中　　N——批量数；

n——样本容量；

D——批中的不合格品数；

d——从 n 个样本中抽到的不合格品数；

C_D^d——从 D 中抽取 d 的组合；

C_N^n——从 N 中抽取 n 的组合；

C_{N-D}^{n-d}——从 $N-D$ 中抽取 $n-d$ 的组合。

5. 接受概率

接受概率 $L(p)$ 是指交验被认为合格而接受的概率，它是批不合格率 p 的函数。在固定的抽样检验方案的情况下，批的不合格率 p 愈小，接受概率 $L(p)$ 愈大；批的不合格率 p 愈大，接受概率 $L(p)$ 愈小。

6. OC 曲线

OC 曲线是抽样检验方案的特性曲线，抽样检验时，样本的容量（n）和合格判数（c）不是任意选定的，而是决定于一定的抽样检验方案，而抽样方案是否合理和满足要求，则主要决定于抽样检验方案的特性曲线。

图 6-2 所示为抽样方案的特性曲线，即 OC 曲线，图中纵坐标为接受概率 $L(p)$，横坐标为不合格品率 $p(\%)$，p_0 为合格质量水平（AQL），p_1 为极限不合格品率，α 为第一类错误判断概率，β 为第二类错误判断概率。由图 6-2 可见，当不合格品率 p 小于或等于 p_0 时，则以高概率接受；当 p 从 p_0 向 p_1 变化时，随着 p 的增大，接受概率迅速减小，而拒收概率迅速增大。

7. 第一类错误判断和第二类错误判断

在抽样检验的情况下，有出现错误判断的可能，即有可能将合格批判为不合格批，将不合格批判为合格批。前一种情况，即错误地拒收，称为第一类错误判断；后一种情况，即错误地接收，称为第二类错误判断。第一类错误判断对供货方是一个损失，故也称为"厂方风险"；第二类错误判断对用户是一个损失，故也称为"用户风险"。通常以 α 表示第一类错误判断概率，β 表示第二类错误判断概率。α 小则厂方风险小，β 小则用户风险小，通常规定 $\alpha=0.05$，$\beta=0.10$。

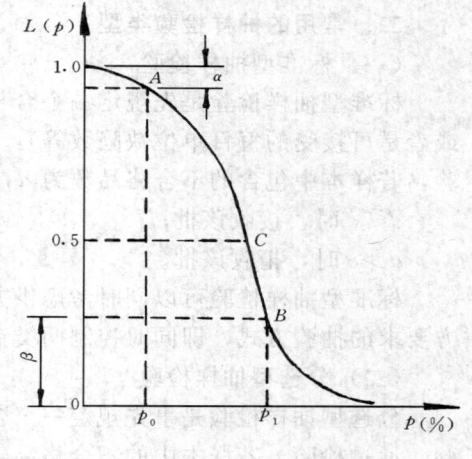

图 6-2　OC 曲线

第二节　工程质量抽样检验的方法

一、抽样检验方案的类型

（一）抽样检验的类型

1. 按质量数据衡量形式（计数值数据或计量值数据）划分

（1）计数抽样检验；

（2）计量抽样检验。

2. 按抽样检验的实施方式划分

（1）标准型抽样检验；

(2) 分选型抽样检验;
(3) 调整型抽样检验;
(4) 连续型抽样检验。

3. 按抽样次数划分

(1) 一次抽样检验;
(2) 二次抽样检验;
(3) 多次抽样检验。

(二) 抽样检验方案的类型

抽样检验是通过抽样的方法来确定检验批是否合格的一种方法,为此事先应确定抽取样本的数量 n 和该批产品是否合格的标准,即确定该批产品的合格质量水平 AQL(允许不合格品率 p_0 或合格判断数 A_c)和不合格质量水平 RQL(极限不合格品率 p_1 或不合格判断数 R_e)。

所谓抽样检验方案,就是在抽样检验中规定的样本数量和接受标准的一个具体方案。如将抽样检验的实施方式和抽样次数结合在一起,见表 6-1 所示,即可确定抽样检验的类型,例如计数标准型一次抽样方案、计数调整型一次抽样方案等。

抽样检验方案分类表　　　　表 6-1

按质量数据衡量形式	计 数							计 量				
按实施方式	标准型		分选型		调整型			连续型	标准型		调整型		连续型
按检验次数	一次	二次	一次	二次	一次	二次	多次	—	一次	逐次	一次	逐次	—

二、常用的抽样检验类型

(一) 标准型抽样检验

标准型抽样检验是先规定一个合格判定数 c(通常为可接受的不合格品数或不合格率,或者是可接受的每百单位缺陷数等),然后从批 N 中抽取数量为 n 的样本,并对样本进行检验,若样本中包含的不合格品数为 d,则当:

$d \leqslant c$ 时,接收该批;

$d > c$ 时,拒收该批。

标准型抽样检验可以同时考虑供方(承包单位)和用户(建设单位)的利益,并满足双方要求的抽验方式,即同时控制两类错误判断的概率。

(二) 分选型抽样检验

分选型抽样检验是事先规定一个合格判定数 c,然后对样本按正常抽样检验方案进行检验。通过检验,若样本中的不合格品数为 d,则当:

$d \leqslant c$ 时,该批为合格;

若 $d > c$,则对该批进行全数检验,如图 6-3 所示。

这种抽样检验适用于不能选择供应厂家的购入品(如工程材料、半成品等)检验及工序非破坏性检验。

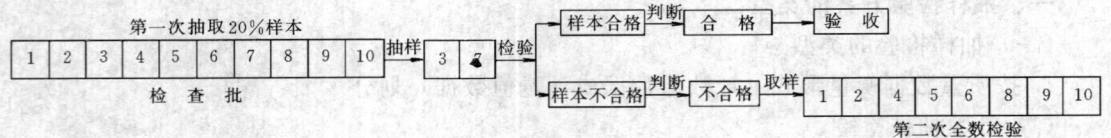

图 6-3 分选型抽样检验示意图

(三) 调整型抽样检验

调整型抽样检验是首先用正常检验的方式对批进行检验,在对其检验结果(数据)进行分析后，再根据产品质量的好坏（稳定或不稳定），改用放宽或加严检验，以便第一类错误判断概率 α 或第二类错误判断概率 β 小些。为了将正常抽检方法和放宽、加严抽检方法有机地结合起来，必须制定一套转换规则，以便检验人员可以根据批的质量变化，随时调整检验的宽严程度。我国在 ISO 2859《计数调整型抽样检查》国际标准的基础上，于 1981 年制订颁布的国家标准 GB 2828—81《逐批检查计数抽样程序及抽样表》，就是这种类型的抽样检验方案，适用于成品、原材料、工序质量控制等方面的抽样检验。

调整型抽样检验的放宽和加严通常按下列原则进行：

1. 从正常检验转变为放宽检验

（1）连续 10 批经正常检验合格；

（2）在 10 批检验合格的样本中，不合格品（或缺陷）的总数小于或等于放宽界限数，放宽界限数可参见 GB 2828—81。

（3）对于施工质量，当质量部门同意放宽时；对于采购的器材，当订货部门同意放宽时。

2. 从放宽检验转变为正常检验

（1）有 1 批检验不合格。

（2）证明施工生产不正常时。

（3）长时间停工后又恢复生产时。

（4）对于施工生产质量检验，当质量部门根据施工情况或器材情况认为有必要恢复正常检验时；对于采购的器材，当订货部门认为有必要恢复正常检验时。

3. 从正常检验转变为加严检验

当连续检验的 5 批中，有 2 批经初验不合格时，则从下一批开始转变为加严检验。

4. 从加严检验转变为正常检验

在进行加严检验时，若连续检验的 5 批均为合格时，则从下一批开始转变为正常检验。

（四）一次抽样检验

一次抽样检验是根据通过对一次抽样所得的 n 个样本的检验结果，对批作出判断的抽样检验方式。即从批 N 中抽出 n 个样本，检查出 d 个不合格数，若事先规定的合格判定数为 c，则当 $d \leqslant c$ 时为批合格，当 $d > c$ 时为批不合格，其检验程序如图 6-4 所示。

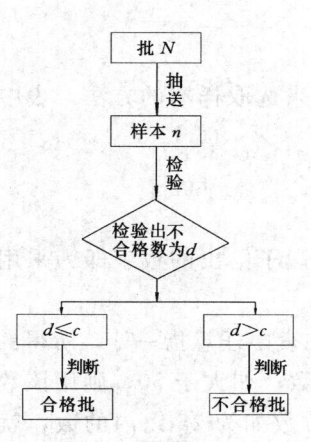

图 6-4 一次抽样检验程序图

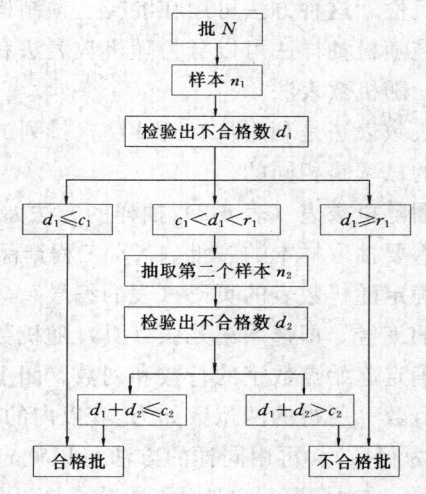

图 6-5 二次抽样检验程序图

（五）二次抽样检验

在采用二次抽样检验时，需事先规定两组判数，即第一次抽样检验时的合格判数 c_1 和不合格判数 r_1，以及第二次抽样检验时的合格判数 c_2，然后从批 N 中先抽取一个较小的样组 n_1，并对 n_1 进行检验，确定出样组 n_1 中的不合格品数为 d_1，若 $d_1 \leqslant c_1$，则判定此批为合格；若 $d_1 \geqslant r_1$，则判定此批为不合格。如果 $c_1 < d_1 < r_1$，则需抽取第二个样组 n_2，并对 n_2 进行检验，检验得样组 n_2 中的不合格品数为 d_2，若 $d_1 + d_2 > c_2$，则判定此批为不合格；若 $d_1 + d_2 \leqslant c_2$，则判定此批为合格，其检验程序如图 6-5 所示。

（六）多次抽样检验

多次抽样检验是经多次抽样和通过多组判定数来判断此批是合格还是不合格的抽样检验方法，其抽样检验的基本程序与二次抽样检验类似。

三、抽样检验中的抽样方法

抽样方法，就是从批 N 中抽取样本 n 的方法。在建筑工程及安装工程中，一般是以单位工程为基本单位的，在一个单位工程中包含有若干个分部工程，一个分部工程内又包含若干个分项工程（单元工程），而分部工程是以专业来划分的，所以分部工程即可作为质量抽检中的批。对于预制构件，可以以件作为样本单位；而对于其他施工内容，则应按具体情况来划分样本。如压力钢管焊接工程，可以以每道焊口为一个样本；建筑物地基开挖清理工程，可以以每平方米地基为一个样本；混凝土浇筑工程，可以以一个浇筑块为一个样本等。

在工程项目施工中，通常采用的抽样方法有随机抽样、二次抽样、分层抽样、密集群抽样等几种方法。

（一）随机抽样

随机抽样是为了使批量中的每个个体都有同等机会被抽取作为样本，排除抽样中的主观因素影响的一种抽样方法。

随机抽样是从批中随机选取样本的方法，多用于对总体缺乏了解的情况。随机抽样一般又可分为单纯随机抽样法和系统抽样法两类。

1. 单纯随机抽样法

单纯随机抽样是一种完全随机的抽样方法，可以避免主观因素在抽样中起作用，确保抽样的随机性。这种方法可用在混凝土预制构件和金属结构预制构件的小批量检验中。

单纯随机抽样法可以分为随机数表法和掷骰法两种。

（1）随机数表法

随机数表法是利用从 0 到 9 随机排列的数表（如表 6-2）来选取样本的方法，表中各数字出现的概率是相同的。

利用随机数表（表 6-2）抽样的方法如下：

①将要抽取样本的一批（N）工程产品从 1 到 N 顺序编号。

②确定随机数表的页码（表的编号）。掷六面体的骰子，骰子给出的数字即为采用的随机数表的编号，即选用第几张（页）随机数表。

③确定起始点数字的行数和列数。闭上眼睛，用铅笔尖在表中任意指一处，所得的两位数即为行数（所得的两位数如为 50 以内的数，就直接取为行数；如大于 50，则用该数减去 50 后作为行数）。再用同样的方法可以确定列数（所得的两位数如为 25 以内的数，就直接取为列数；如大于 25，则用该数减去 25 以后作为列数）。

④从所确定的该页随机数表上按上述行、列所列出的数字作为所选取的第一个样本的号

随机数表（I） 表6-2

03	47	43	73	86	36	96	47	36	61	46	98	63	71	62	33	26	16	80	45	60	11	14	10	95
97	74	24	67	62	42	81	14	57	20	42	53	32	37	32	27	07	36	07	51	24	51	79	89	73
16	76	62	27	66	56	50	26	71	07	32	90	79	78	53	13	55	38	58	59	88	97	54	14	10
12	56	85	99	26	96	96	68	27	31	05	03	72	93	15	57	12	10	14	21	88	26	49	81	76
55	59	56	35	64	38	54	82	46	22	31	62	43	09	90	06	18	44	32	53	23	83	01	30	30
16	22	77	94	39	49	54	43	54	82	17	37	93	23	78	87	35	20	96	43	84	26	34	91	64
84	42	17	53	31	57	24	55	06	88	77	04	74	47	67	21	76	33	50	25	83	92	12	06	76
63	01	63	78	59	16	95	55	67	19	98	10	50	71	75	12	86	73	58	07	44	39	52	38	79
33	21	12	34	29	78	64	56	07	82	52	42	07	44	38	15	51	00	13	42	99	66	02	79	54
57	60	86	32	44	09	47	27	96	54	49	17	46	09	62	90	52	84	77	27	08	02	73	43	28
18	18	07	92	46	44	17	16	58	09	79	83	86	19	62	06	76	50	03	10	55	23	64	05	05
26	62	38	97	75	84	16	07	44	99	83	11	46	32	24	20	14	85	88	45	10	93	72	88	71
23	42	40	64	74	82	97	77	77	81	07	45	32	14	08	32	98	94	07	72	93	35	79	10	75
52	36	28	19	95	50	92	26	11	97	00	56	76	31	38	80	22	02	53	53	86	60	42	04	53
37	85	94	35	12	83	39	50	08	30	42	34	07	96	88	54	42	06	87	98	35	85	29	48	39
70	29	17	12	13	40	33	20	38	26	13	89	51	03	74	17	76	37	13	04	07	74	21	19	30
56	62	18	37	35	96	83	50	87	75	97	12	25	93	47	70	33	24	03	54	97	77	46	44	80
99	49	57	22	77	88	42	95	45	72	16	64	36	16	00	04	43	18	66	79	94	77	24	21	90
16	08	15	04	14	33	27	14	34	09	45	59	34	68	49	12	72	07	34	45	99	27	72	95	14
31	16	93	32	43	50	27	89	87	19	20	15	37	00	49	52	85	66	60	44	38	68	88	11	80
68	34	30	13	70	55	74	30	77	40	44	22	78	84	26	04	33	46	09	52	68	07	97	06	57
74	57	25	65	76	59	29	97	68	60	71	91	38	67	54	13	58	18	24	76	15	54	55	95	52
27	42	37	86	53	48	55	90	65	72	96	57	69	36	10	96	46	92	42	45	97	60	49	04	91
00	39	68	29	61	66	37	32	20	30	77	84	57	03	29	10	45	65	04	26	11	04	96	67	24
29	94	98	94	24	68	49	69	10	82	53	75	91	93	30	34	25	20	57	27	40	48	73	51	92
16	90	82	66	59	83	62	64	11	12	67	19	00	71	74	60	47	21	29	68	02	02	37	03	31
11	27	94	75	06	06	09	19	74	66	02	94	37	34	02	76	70	90	30	86	38	45	94	30	38
35	24	10	16	20	33	32	51	26	38	79	78	45	04	91	16	92	53	56	16	02	75	50	95	98
38	23	16	86	38	42	38	97	01	50	87	75	66	81	41	40	01	74	91	62	48	51	84	08	32
31	96	25	91	47	96	44	33	49	13	34	86	82	53	91	00	52	43	48	85	27	55	26	89	62
66	67	40	67	14	64	05	71	95	86	11	05	65	09	68	76	83	20	37	90	57	16	00	11	66
14	90	84	45	11	75	73	88	05	90	52	27	41	14	86	22	98	12	22	08	07	52	74	95	80
68	05	51	18	00	33	96	02	75	19	07	60	62	93	55	59	33	82	43	90	49	37	38	44	59
20	46	78	73	90	97	51	40	14	02	04	02	33	31	08	39	54	16	49	36	47	95	93	13	30
64	19	58	97	79	15	06	15	93	20	01	90	10	75	06	40	78	78	89	62	02	67	74	17	33
05	26	93	70	60	22	35	85	15	13	92	03	51	59	77	59	56	78	06	83	52	91	05	70	74
07	97	10	88	23	09	98	42	99	64	61	71	62	99	15	06	51	29	16	93	58	05	77	09	51
68	71	86	85	85	54	87	66	47	54	73	32	08	11	12	44	95	92	63	16	29	56	24	29	48
26	99	61	65	53	58	37	78	80	70	42	10	50	67	42	32	17	55	85	74	94	44	67	16	94
14	65	52	68	75	87	59	36	22	41	26	78	63	06	55	13	08	27	01	50	15	29	39	39	43
17	53	77	58	71	71	41	61	50	72	12	41	94	96	26	44	95	27	36	99	02	96	74	30	83
90	26	59	21	19	23	52	23	33	12	96	93	02	18	39	07	02	18	36	07	25	99	32	70	23
41	23	52	55	99	31	04	49	69	96	10	47	48	45	88	13	41	43	89	20	97	17	14	49	17
60	20	50	81	69	31	99	73	68	68	35	81	33	03	76	24	30	12	48	60	18	99	10	72	34
91	25	38	05	90	94	58	28	41	36	45	37	59	03	09	90	35	57	29	12	82	62	54	65	60
34	50	57	74	37	98	80	33	00	91	09	77	93	19	82	74	94	80	04	04	45	07	31	66	49
85	22	04	39	43	73	81	53	94	79	33	62	46	86	28	08	31	54	46	31	53	94	13	38	47
09	79	13	77	48	73	82	97	22	21	05	03	27	24	83	72	89	44	05	60	35	80	39	94	88
88	75	80	18	14	22	95	75	42	49	39	32	82	22	49	02	48	07	70	37	16	04	61	67	87
90	96	23	70	00	39	00	03	06	90	55	85	78	38	36	94	37	30	69	32	90	89	00	76	33

随机数表（Ⅱ）

表 6-2

53	74	23	99	67	61	32	28	69	34	94	62	67	86	24	98	33	41	19	95	47	53	53	38	09
63	38	06	86	54	99	00	65	26	94	02	82	90	23	07	79	62	67	80	60	75	91	12	81	19
35	30	58	21	46	06	72	17	10	94	25	21	31	75	96	49	28	24	00	49	55	65	79	78	07
63	43	36	82	69	65	51	18	37	88	61	38	44	12	45	32	92	85	88	65	54	34	81	85	35
98	25	37	55	26	01	91	82	81	46	74	71	12	94	97	24	02	71	37	07	03	92	18	66	75
02	63	21	17	69	71	50	80	89	56	38	15	70	11	48	43	40	45	86	98	00	83	26	91	03
64	55	22	21	82	48	22	28	06	00	61	54	13	43	91	82	78	12	23	29	06	66	24	12	27
85	07	26	13	89	01	10	07	82	04	59	63	69	36	03	69	11	15	83	80	13	29	54	19	28
58	54	16	24	15	51	54	44	82	00	62	61	65	04	69	38	18	65	18	97	85	72	13	49	21
34	85	27	84	87	61	48	64	56	26	90	18	48	13	26	37	70	15	42	57	65	65	80	39	07
03	92	18	27	46	57	99	16	96	56	30	33	72	85	22	84	64	38	56	98	99	01	30	98	64
62	95	30	27	59	37	75	41	66	48	86	97	80	61	45	23	53	04	01	63	45	76	08	64	27
08	45	93	15	22	60	21	75	46	91	98	77	27	85	42	28	88	61	08	84	69	62	03	42	73
07	08	55	18	40	45	44	75	13	90	24	94	96	61	02	57	55	66	83	15	73	42	37	11	61
01	85	89	95	68	51	10	19	34	88	15	84	97	19	75	12	76	39	43	78	64	63	91	08	25
72	84	71	14	35	19	11	58	49	26	50	11	17	17	76	86	31	57	20	18	95	60	78	46	75
88	78	28	16	84	13	52	53	94	53	75	45	69	30	96	73	89	65	70	31	99	17	43	48	76
45	17	75	65	57	28	40	19	72	12	25	12	74	75	67	60	40	60	81	19	24	62	01	61	16
96	76	28	12	54	22	01	11	94	25	71	96	16	16	88	68	64	36	74	45	19	59	50	88	92
43	31	67	72	30	24	02	94	08	63	38	32	36	66	02	69	36	38	25	39	48	03	45	15	22
50	44	66	44	21	66	06	58	05	62	68	15	54	35	02	42	35	48	96	32	14	52	41	52	48
22	66	22	15	86	26	63	75	41	99	58	42	36	72	24	58	37	52	18	51	03	37	18	39	11
96	24	40	14	51	23	22	30	88	57	95	67	47	29	83	94	69	40	06	07	18	16	36	78	86
31	73	91	61	19	60	20	72	93	48	98	57	07	23	69	65	95	39	69	58	56	80	30	19	44
78	60	73	99	84	43	89	94	36	45	58	69	47	07	41	90	22	91	07	12	78	35	34	08	72
84	37	90	61	56	70	10	23	98	05	85	11	34	76	60	76	48	45	34	60	01	64	18	39	96
36	67	10	08	23	98	93	35	08	86	99	29	76	29	81	33	34	91	58	93	63	14	52	32	52
07	28	59	07	48	89	64	58	89	75	83	85	62	27	89	30	14	78	56	27	86	63	59	80	02
10	15	83	87	60	79	24	31	66	56	21	48	24	06	93	91	98	94	05	49	01	47	59	38	00
55	19	68	97	05	03	73	52	16	56	00	53	55	90	27	33	42	29	38	87	22	13	88	83	84
53	81	29	13	39	35	01	20	71	34	62	33	74	82	14	53	73	19	09	03	56	54	29	56	93
51	86	32	68	92	33	98	74	66	99	40	14	71	94	58	45	94	19	38	81	14	44	99	81	07
35	91	70	29	13	80	03	54	07	27	96	94	78	32	66	50	95	52	74	33	13	80	55	62	54
37	71	67	95	13	20	02	44	95	94	64	85	04	05	72	01	32	90	76	14	53	89	74	60	41
93	66	13	83	27	92	79	64	64	72	28	54	96	53	84	48	14	52	98	94	56	07	93	89	30
02	96	08	45	65	13	05	00	41	84	93	07	54	72	59	21	45	57	09	77	19	48	56	27	44
49	83	43	48	35	82	88	33	69	96	72	36	04	19	76	47	45	15	18	60	82	11	08	95	97
84	60	71	62	46	40	80	81	30	37	34	39	23	05	38	25	15	35	71	30	88	12	57	21	77
18	17	30	88	71	44	91	14	88	47	89	23	30	63	15	56	34	20	47	89	99	82	93	24	98
79	69	10	61	78	71	32	76	95	62	87	00	22	58	40	92	54	01	75	25	43	11	71	99	31
75	93	36	57	83	56	20	14	82	11	74	21	97	90	65	96	42	68	63	86	74	54	13	26	94
38	30	92	29	03	06	28	81	39	38	62	25	06	84	63	61	29	08	93	67	04	32	92	08	09
51	29	50	10	34	31	57	75	95	80	51	97	02	74	77	76	15	48	49	44	18	55	63	77	09
21	31	38	86	24	37	79	81	53	74	73	24	16	10	33	52	83	90	94	76	70	47	14	54	36
29	01	23	87	88	58	02	39	37	67	42	10	14	20	92	16	55	23	42	45	54	96	09	11	06
95	33	95	22	00	18	74	72	00	18	38	79	58	69	32	81	76	80	26	92	82	80	84	25	39
90	84	60	79	80	24	36	59	87	38	82	07	53	89	35	96	35	23	79	18	05	98	90	07	35
46	40	62	98	82	54	97	20	56	95	15	74	80	08	32	16	46	70	50	80	67	72	16	42	79
20	31	89	03	43	38	46	82	68	72	32	14	82	99	70	80	60	47	18	97	63	49	30	21	30
71	59	73	05	50	08	22	23	71	77	91	01	93	20	49	82	96	59	26	94	66	39	67	98	60

随 机 数 表（Ⅲ）　　　　表 6-2

22	17	68	65	84	68	95	23	92	35	87	02	22	57	51	61	09	43	95	06	58	24	82	03	47
19	36	27	59	46	13	79	93	37	55	39	77	32	77	09	85	52	05	30	62	47	83	51	62	74
16	77	23	02	77	09	61	87	25	21	28	06	24	25	93	16	71	13	59	78	23	05	47	47	25
78	43	76	71	61	20	44	90	32	64	97	67	63	99	61	46	38	03	93	22	69	81	21	99	21
03	28	28	26	08	73	37	32	04	05	69	30	16	09	05	88	69	58	28	99	35	07	44	75	47
93	22	53	64	39	07	10	63	76	35	87	03	04	79	88	08	13	13	85	51	55	34	57	72	69
78	76	58	54	74	92	38	70	96	92	52	06	79	79	45	82	63	18	27	44	69	66	92	19	09
23	68	35	26	00	99	53	93	61	28	52	70	05	48	34	56	65	05	61	86	90	92	10	70	80
15	39	25	70	99	93	86	52	77	65	15	33	59	05	28	22	87	26	07	47	86	96	98	29	06
58	71	96	30	24	18	46	23	34	27	85	13	99	24	44	49	18	09	79	49	74	16	32	23	02
57	35	27	33	72	24	53	63	94	09	41	10	76	47	91	44	04	95	49	66	39	60	04	59	81
48	50	86	54	48	22	06	34	72	52	82	21	15	65	20	33	29	94	71	11	15	91	29	12	03
61	96	48	95	03	07	16	39	33	66	98	56	10	56	79	77	21	30	27	12	90	49	22	23	62
36	93	89	41	26	29	70	83	63	51	99	74	20	52	36	87	09	41	15	09	98	60	16	03	03
18	87	00	42	31	57	90	12	02	07	23	47	37	17	31	54	08	01	88	63	39	41	88	92	10
88	56	53	27	59	33	35	72	67	47	77	34	55	45	70	08	18	27	38	90	16	95	86	70	75
09	72	95	84	29	49	41	31	06	70	42	38	06	45	18	64	84	73	31	65	52	53	37	97	15
12	96	88	17	31	65	19	69	02	83	60	75	86	90	68	24	64	19	35	51	56	61	87	39	12
85	94	57	24	16	92	09	84	38	76	22	00	27	69	85	29	81	94	78	70	21	94	47	90	12
38	64	43	59	98	98	77	87	68	07	91	51	67	62	44	40	98	05	93	78	23	32	65	41	18
53	44	09	42	72	00	41	86	79	79	68	47	22	00	20	35	55	31	51	51	00	83	63	22	55
40	76	66	26	34	57	99	99	90	37	36	63	32	08	58	37	40	13	68	97	87	64	81	07	83
02	17	79	18	05	12	59	52	57	02	22	07	90	47	03	28	14	11	30	79	20	69	22	40	98
95	17	82	06	53	31	51	10	96	46	92	06	88	07	77	56	11	50	81	69	40	23	72	51	39
35	76	22	42	92	96	11	83	44	80	34	68	35	48	77	33	42	40	90	60	73	96	53	97	86
26	29	13	56	41	85	47	44	66	08	34	72	57	59	13	82	43	80	46	15	38	26	61	70	04
77	80	20	75	82	72	82	32	99	90	63	95	73	76	63	89	73	44	99	05	48	67	26	43	18
46	40	66	44	52	91	36	74	43	53	30	82	13	54	00	78	45	63	98	35	55	03	36	67	68
37	56	08	18	09	77	53	84	46	47	31	91	18	95	58	24	16	74	11	53	44	10	13	85	57
61	65	61	68	66	37	27	47	39	19	84	83	70	07	48	53	21	40	06	71	95	06	79	88	54
93	43	69	64	07	34	18	04	52	35	56	27	09	24	86	61	85	53	83	45	19	90	70	99	00
21	96	60	12	99	11	20	99	45	18	48	13	93	55	34	18	37	79	49	90	65	97	38	20	46
95	20	47	97	97	27	37	83	28	71	00	06	41	41	74	45	89	09	39	84	51	67	11	52	49
97	86	21	78	73	10	65	81	92	59	58	76	17	14	97	04	76	62	16	17	17	95	70	45	80
69	92	06	34	13	59	71	74	17	32	27	55	10	24	19	23	71	82	13	74	63	52	52	01	41
04	31	17	21	56	33	73	09	19	87	26	72	39	27	67	53	77	57	68	93	60	61	97	22	61
01	06	98	03	91	87	14	77	43	96	43	00	65	98	50	45	60	33	01	07	98	99	46	50	47
85	93	85	86	88	72	87	08	62	40	16	06	10	89	20	23	21	34	74	97	76	38	03	29	63
21	74	32	47	45	73	96	07	94	52	09	65	90	77	47	25	76	16	19	33	53	05	70	53	30
15	69	53	82	80	79	96	23	53	10	65	39	07	16	29	45	33	02	43	70	02	87	40	41	45
02	89	08	04	49	20	21	14	68	86	87	63	93	95	17	11	29	01	95	80	35	14	97	35	33
87	18	15	89	79	85	43	01	72	73	08	61	74	51	69	89	74	39	82	15	94	51	33	41	67
98	83	71	94	22	59	97	50	99	52	08	52	85	08	40	87	80	61	65	31	91	51	80	32	44
10	08	58	21	66	72	68	49	29	31	89	85	84	46	06	50	73	19	85	23	65	09	29	75	63
47	90	56	10	08	88	02	84	27	83	42	29	72	23	19	66	56	45	65	79	20	71	53	20	25
22	85	61	68	90	49	64	92	85	44	16	40	12	89	88	50	14	49	81	06	01	82	77	45	12
67	80	43	79	33	12	83	11	41	16	25	58	19	68	70	77	02	54	00	52	53	43	37	15	26
27	62	50	96	72	79	44	61	40	15	14	53	40	65	39	27	31	58	50	28	11	39	03	34	25
33	78	80	87	15	38	30	06	38	21	14	47	47	07	26	54	96	87	53	32	40	36	40	96	76
13	13	92	66	99	47	24	49	57	74	32	25	43	62	17	10	97	11	69	84	99	63	22	32	98

随机数表（Ⅳ） 表6-2

10	27	53	96	23	71	50	54	36	23	54	31	04	82	98	04	14	12	15	09	26	78	25	47	47
28	41	50	61	88	64	85	27	20	18	83	36	36	05	56	39	71	65	09	62	44	76	62	11	89
34	21	42	57	03	59	19	18	97	48	80	30	03	30	98	05	24	67	70	07	84	97	50	87	46
61	81	77	23	23	82	82	11	54	08	53	28	70	58	96	44	07	39	55	43	42	34	43	39	28
61	15	18	13	54	16	86	20	26	88	90	74	80	55	09	14	53	90	51	17	52	01	63	01	59
91	76	21	64	64	44	91	13	32	97	75	31	62	66	54	84	80	32	75	77	56	08	25	70	29
00	97	79	08	06	37	30	28	59	85	53	56	68	53	40	01	74	39	59	73	30	19	99	85	48
36	46	18	34	94	75	20	80	27	77	78	91	69	16	00	08	43	18	73	68	67	69	61	34	25
88	98	99	60	50	65	95	79	42	94	93	62	40	89	96	43	56	47	71	66	46	76	29	67	02
04	37	59	87	21	05	02	03	24	17	47	97	81	56	51	92	34	86	01	82	55	51	33	12	91
63	62	06	34	41	94	21	78	55	09	72	76	45	16	94	29	95	81	83	83	79	88	01	97	30
78	47	23	53	90	34	41	92	45	71	09	23	70	70	07	12	38	92	79	43	14	85	11	47	23
87	68	62	15	43	53	14	36	59	25	54	47	33	70	15	59	24	48	40	35	50	03	42	99	36
47	60	92	10	77	88	59	53	11	52	66	25	69	07	04	48	68	64	71	06	61	65	70	22	12
56	88	87	59	41	65	28	04	67	53	95	79	88	37	31	50	41	06	94	76	81	83	17	16	33
02	57	45	86	67	73	43	07	34	48	44	26	87	93	29	77	09	61	67	84	06	69	44	77	75
31	54	14	13	17	48	62	11	90	60	68	12	93	64	28	46	24	79	16	76	14	60	25	51	01
28	50	16	43	36	28	97	85	58	99	67	22	52	76	23	24	70	36	54	54	59	28	61	71	96
63	29	62	66	50	02	63	45	52	38	67	63	47	54	75	83	24	78	43	20	92	63	13	47	48
45	65	58	26	51	76	96	59	38	72	86	57	45	71	46	44	67	76	14	55	44	88	01	62	12
39	65	36	63	70	77	45	85	50	51	74	13	39	35	22	30	53	36	02	95	49	34	88	73	61
73	71	98	16	04	29	18	94	51	23	76	51	94	84	86	79	93	96	38	63	08	58	25	58	94
72	20	56	20	11	72	65	71	08	86	79	57	95	13	91	97	48	72	66	48	09	71	17	24	89
75	17	26	99	76	89	37	20	70	01	77	31	61	95	46	26	97	05	73	51	53	33	18	72	87
37	48	60	82	29	81	30	15	39	14	48	38	75	93	29	06	87	37	78	48	45	56	00	84	47
68	08	02	80	72	83	71	46	30	49	89	17	95	88	29	02	39	56	03	46	97	74	06	56	17
14	23	98	61	67	70	52	85	01	50	01	84	02	78	43	10	62	98	19	41	18	83	99	47	99
49	08	96	21	44	25	27	99	41	28	07	41	08	34	66	19	42	74	39	91	41	96	53	78	72
78	37	06	08	43	63	61	62	42	29	39	68	95	10	96	09	24	23	00	62	55	12	80	73	16
37	21	34	17	68	68	96	83	23	56	32	84	60	15	31	44	73	67	34	77	91	15	79	74	58
14	29	09	34	04	87	83	07	55	07	76	58	30	83	64	87	29	25	58	84	86	50	60	00	25
58	43	28	06	36	49	52	83	51	14	47	56	91	29	34	05	87	31	06	95	12	45	57	09	09
10	43	67	29	70	80	62	80	03	42	10	80	21	38	84	90	56	35	03	09	43	12	74	49	14
44	38	88	39	54	86	97	37	44	22	00	95	01	31	76	17	16	29	56	63	38	78	94	49	81
90	69	59	19	51	85	39	52	85	13	07	28	37	07	61	11	16	36	27	03	78	86	72	04	95
41	47	10	25	62	97	05	31	03	61	20	26	36	31	62	68	69	86	95	44	84	95	48	46	45
91	94	14	63	19	75	89	11	47	11	31	56	34	19	09	79	57	92	36	59	14	93	87	81	40
80	06	54	18	66	09	18	94	06	19	98	40	07	17	81	22	45	44	84	11	24	62	20	42	31
67	72	77	63	48	84	08	31	55	58	24	33	45	77	58	80	45	67	93	82	75	70	16	08	24
59	40	24	13	27	79	26	88	86	30	01	31	60	10	39	53	58	47	70	93	85	81	56	39	38
05	90	35	89	95	01	61	16	96	94	50	78	13	69	36	37	68	53	37	31	71	26	35	03	71
44	43	80	69	98	46	68	05	14	82	90	78	50	05	62	77	79	13	57	44	59	60	10	39	66
61	81	31	98	82	00	57	25	60	59	46	72	60	18	77	55	66	12	62	11	08	99	55	64	57
42	88	07	10	05	24	98	65	63	21	47	21	61	88	32	27	80	30	21	60	10	92	35	36	12
77	94	30	05	39	28	10	99	00	27	12	73	73	99	12	49	99	57	94	82	96	88	57	17	91
78	83	19	76	16	94	11	68	84	26	23	54	20	86	85	23	86	66	99	07	36	37	34	92	09
87	76	59	61	81	43	63	64	61	61	65	76	36	95	90	18	48	27	45	68	27	23	65	30	72
91	43	05	96	47	55	78	99	95	24	37	55	85	78	78	01	48	41	19	10	35	19	54	07	73
84	97	77	72	73	09	62	06	65	72	87	12	49	03	60	41	15	20	76	27	50	47	02	29	26
87	41	60	76	83	44	88	96	07	80	83	05	83	38	96	73	70	66	81	90	30	56	10	48	59

随 机 数 表（Ⅴ） 表6-2

```
28 89 65 87 08   13 50 63 04 23   25 47 57 91 13   52 62 24 19 94   91 67 48 57 10
30 29 43 65 42   78 66 28 55 86   47 46 41 90 08   55 98 78 10 70   49 92 05 12 07
95 74 62 60 53   51 57 32 22 27   12 72 72 27 77   44 67 32 23 13   67 95 07 76 30
01 85 54 96 72   66 86 65 64 60   56 59 75 36 75   46 44 33 63 71   54 50 06 44 75
10 91 46 96 86   19 83 52 47 53   65 00 51 93 51   30 80 05 19 29   56 23 27 19 03

05 33 18 08 51   51 78 57 26 17   34 87 96 23 95   89 99 93 39 79   11 28 94 15 52
04 43 19 37 00   79 68 96 26 60   70 39 33 66 58   62 03 55 86 57   77 55 33 62 02
05 85 40 25 24   73 52 93 70 50   48 21 47 74 63   17 27 27 51 26   35 96 29 00 45
84 90 90 65 77   63 99 25 69 02   09 04 03 35 78   19 79 95 07 21   02 84 48 51 97
28 55 53 09 48   86 28 30 02 35   71 30 32 06 47   93 74 21 86 33   49 90 21 69 74

89 83 40 69 80   97 96 47 59 97   56 33 24 87 36   17 18 16 90 46   75 27 28 52 13
73 20 96 05 68   93 41 59 90 07   97 50 81 79 59   42 37 13 81 83   92 42 85 04 31
10 89 07 76 21   40 24 74 35 42   40 33 04 46 24   35 63 02 31 61   34 59 43 36 96
91 50 27 78 37   06 06 16 25 98   17 78 80 36 85   26 41 77 63 37   71 63 94 94 33
03 45 44 66 88   97 81 26 03 89   39 44 67 21 17   98 10 39 33 15   81 63 00 25 92

89 41 58 31 63   65 99 59 97 84   90 14 79 61 56   56 16 88 87 60   32 15 99 67 43
13 43 00 97 26   16 91 21 32 41   60 22 66 72 17   31 85 33 69 07   58 49 20 43 29
71 71 00 51 72   62 03 89 26 32   35 27 99 18 25   78 12 03 09 70   50 93 19 35 56
19 28 15 00 41   92 27 73 40 38   37 11 05 75 16   98 81 99 37 29   92 20 32 39 67
56 38 30 92 30   45 51 94 69 04   00 84 14 36 37   95 65 39 01 09   21 68 40 95 79

39 27 52 89 11   00 81 06 28 48   12 08 05 75 26   03 35 63 05 77   13 81 20 67 58
73 13 28 58 01   05 06 42 24 07   60 60 29 99 93   72 93 78 04 36   25 78 01 54 03
81 60 84 51 57   12 68 46 55 89   60 09 71 87 89   70 81 10 95 91   83 79 68 20 66
05 62 98 07 85   07 79 26 69 61   67 85 72 37 41   85 79 76 48 23   61 58 87 08 05
62 97 16 29 18   52 16 16 23 56   62 95 80 97 63   32 25 34 03 36   48 84 60 37 65

31 13 63 21 08   16 01 92 58 21   48 79 74 73 72   08 64 80 91 38   07 28 66 61 59
97 38 35 34 19   89 84 05 34 47   88 09 31 54 83   97 96 86 01 69   46 13 95 65 96
32 11 78 33 82   51 99 98 44 39   12 75 10 60 36   80 68 39 94 97   42 36 31 16 59
81 99 13 37 05   08 12 60 39 23   61 73 84 89 18   26 02 04 37 95   96 18 69 06 30
45 74 00 03 05   69 99 47 26 52   48 06 30 00 18   03 30 28 55 59   66 10 71 44 05

11 84 13 69 01   38 91 28 79 50   71 42 14 96 55   98 59 96 01 36   88 77 90 45 59
14 66 12 87 22   59 45 27 08 51   85 64 23 85 41   64 72 08 59 44   67 98 36 65 56
40 25 67 87 82   84 27 17 30 37   48 69 49 02 58   98 02 50 58 11   95 39 06 35 63
44 48 37 49 43   65 45 53 41 07   14 83 45 74 11   76 66 63 60 08   90 54 33 65 84
41 94 54 06 57   48 28 01 83 84   09 11 21 91 73   97 28 44 74 06   22 30 95 69 72

07 12 15 58 84   93 18 31 83 45   54 52 62 29 91   53 58 54 66 05   47 19 63 92 75
64 27 90 43 52   18 26 32 96 83   50 58 45 27 57   14 96 39 64 85   73 87 96 76 23
80 71 86 41 03   45 62 63 40 88   35 69 34 10 94   32 22 52 04 74   69 63 21 83 41
27 06 08 09 92   26 22 59 28 27   38 58 22 14 79   24 32 12 38 42   33 56 90 92 57
54 68 97 20 54   33 26 74 03 30   74 22 19 13 48   30 28 01 92 49   58 61 52 27 03

02 92 65 68 99   05 53 15 26 70   04 69 22 64 07   04 73 25 74 82   78 35 22 21 88
83 52 57 78 62   98 61 70 48 22   68 50 64 55 75   42 70 32 09 60   58 70 61 43 97
82 82 76 31 33   85 13 41 38 10   16 47 61 43 77   83 27 19 70 41   34 78 77 60 25
38 61 34 09 49   04 41 66 09 76   20 50 73 40 95   24 77 95 73 20   47 42 80 61 03
01 01 11 88 38   03 10 16 82 24   39 58 20 12 39   82 77 02 18 88   33 11 49 15 16

21 68 14 38 28   54 08 18 07 04   92 17 63 36 75   33 14 11 11 78   97 30 53 62 38
32 29 30 69 59   68 50 33 31 47   15 64 88 75 27   04 51 41 61 96   86 62 93 66 71
04 59 21 65 47   39 90 89 86 77   46 86 86 88 86   50 08 13 24 91   54 80 67 78 66
38 64 50 07 36   56 50 45 94 25   48 28 48 30 51   60 73 73 03 87   68 47 37 10 84
48 33 50 83 53   59 77 64 59 90   56 92 62 50 18   93 09 45 89 06   13 26 98 86 20
```

随 机 数 表（Ⅵ）　　　　　表 6-2

25	19	64	82	84	62	74	29	92	24	61	03	91	22	48	64	94	63	15	07	66	85	12	00	27
23	02	41	46	04	44	31	52	43	07	44	06	03	09	34	19	83	94	62	94	43	28	01	51	92
55	85	66	96	28	28	30	62	58	83	65	68	62	42	45	13	08	60	46	28	95	68	45	52	43
68	45	19	69	59	35	14	82	56	80	22	06	52	26	39	59	78	98	76	14	36	09	03	01	86
69	31	46	29	85	18	88	26	95	54	01	02	14	03	05	48	00	26	43	85	33	93	81	45	95
37	31	61	28	98	94	61	47	03	10	67	80	84	41	26	88	84	59	69	14	77	32	82	81	89
66	42	19	24	94	13	13	38	69	96	76	69	76	24	13	43	83	10	13	24	18	32	84	04
33	65	78	12	35	91	59	11	38	44	23	31	48	75	74	05	30	08	46	32	90	04	93	56	16
76	32	06	19	35	22	95	30	19	29	57	74	43	20	90	20	25	36	70	69	38	32	11	01	01
43	33	42	02	59	20	39	84	95	61	58	22	04	02	99	99	78	78	83	82	43	67	16	38	95
28	31	93	43	94	87	73	19	38	47	54	36	90	98	10	83	43	32	26	26	22	00	90	59	22
97	19	21	63	34	69	33	17	03	02	11	15	50	46	08	42	69	60	17	42	14	68	61	14	48
82	80	37	14	20	56	39	59	89	63	33	90	38	44	50	78	22	87	10	88	06	58	87	39	67
03	68	03	13	60	64	13	09	37	11	86	02	57	41	99	31	66	60	65	64	03	03	02	58	97
65	16	58	11	01	98	78	80	63	23	07	37	66	20	56	20	96	06	79	80	33	39	40	49	42
24	65	58	57	04	18	62	85	28	24	26	45	17	82	76	39	65	01	73	91	50	37	49	38	73
02	72	64	07	75	85	66	48	38	73	75	10	96	59	31	48	78	58	08	88	72	08	54	57	17
79	16	78	63	99	43	61	00	66	42	76	26	71	14	33	33	86	76	71	66	37	85	05	56	07
04	75	14	93	39	68	52	16	83	34	64	09	44	62	58	48	32	72	26	95	32	67	35	49	71
40	64	64	57	60	97	00	12	91	33	27	14	73	01	11	83	97	68	95	65	67	77	80	98	87
06	27	07	34	26	01	52	48	69	57	19	17	53	55	96	02	41	03	89	33	86	85	73	02	32
62	40	03	87	10	96	88	22	46	94	35	56	60	94	20	60	73	04	84	98	96	45	18	47	07
00	98	48	18	97	91	51	63	27	95	74	25	84	03	07	88	29	04	79	84	03	71	13	78	26
50	64	19	18	91	98	55	83	46	09	49	66	41	12	45	41	49	36	83	43	53	75	35	13	39
38	54	52	25	78	01	98	00	89	85	86	12	22	89	25	10	10	71	19	45	88	84	77	00	07
46	86	80	97	78	65	12	64	64	70	58	41	05	49	08	68	68	88	54	00	81	61	61	80	41
90	72	92	93	10	09	12	81	93	63	69	30	02	04	26	92	36	48	69	45	91	99	08	07	65
66	21	41	77	60	99	35	72	61	22	52	40	74	67	29	97	50	71	39	79	57	82	14	88	06
87	05	46	52	76	89	96	34	22	37	27	11	57	04	19	57	93	08	35	69	07	51	19	92	66
46	90	61	03	06	89	85	33	22	80	34	89	12	29	37	44	71	38	40	37	15	49	55	51	03
11	88	53	06	09	81	83	33	98	29	91	27	59	43	09	70	72	51	49	73	35	97	25	83	41
11	05	92	06	97	68	82	34	08	83	25	40	58	40	64	56	42	89	54	06	60	96	96	12	82
33	94	24	20	28	62	42	07	12	63	34	39	02	92	31	80	61	68	44	19	09	92	14	73	49
24	89	74	75	61	61	02	73	36	85	67	28	50	49	85	37	79	95	02	66	73	19	76	28	13
15	19	74	67	23	61	38	93	73	46	76	23	15	58	20	35	36	82	82	59	01	33	48	17	66
05	64	12	70	88	80	58	35	06	88	73	48	27	39	43	43	40	13	35	45	55	10	54	38	50
57	49	36	44	06	74	93	55	39	26	27	70	98	76	58	78	36	26	24	06	43	24	56	40	80
77	82	96	96	97	60	42	17	18	48	16	34	92	19	52	98	84	48	42	92	83	19	06	77	78
24	10	70	06	51	59	62	37	95	42	53	67	14	95	29	84	65	43	07	30	77	54	00	15	42
50	00	07	78	23	49	54	36	85	14	18	50	54	18	82	23	79	80	71	37	60	62	95	40	30
44	37	76	21	96	37	03	08	98	64	90	85	59	43	64	17	79	96	52	35	21	05	22	59	30
90	57	55	17	47	53	26	79	20	38	69	90	58	64	03	33	48	32	91	54	68	44	90	24	25
50	74	64	67	42	95	28	12	73	23	32	54	98	64	94	82	17	02	17	14	55	10	61	64	29
44	04	70	22	02	84	31	64	64	08	72	55	04	24	29	91	95	43	81	14	66	13	71	47	44
32	74	61	24	73	17	46	51	44	77	72	48	92	00	05	83	59	89	65	06	53	76	70	58	78
75	73	51	70	49	12	53	67	51	54	38	10	11	67	73	22	32	61	43	75	31	61	22	21	11
76	18	36	16	34	16	28	25	82	98	64	26	70	54	87	49	48	55	11	39	94	25	20	80	85
00	17	37	71	81	64	21	91	15	82	81	04	14	52	11	39	07	30	60	77	39	18	27	85	68
54	95	57	55	04	12	77	40	70	14	79	86	61	57	50	52	49	41	73	46	05	63	34	92	33
69	99	95	54	63	44	37	33	53	17	38	06	58	37	93	47	10	62	31	28	63	59	40	40	32

码,依次从左到右选取 n 个(n 为样本数)小于批量 N 的数字,作为所选取的样本编号,一行结束后,从下一行开始继续选取。如所得数字超过批量 N,则应舍弃。

(2) 掷骰法

掷骰法是将要抽取样本的一批(N)工程产品从 1 到 N 顺序编号,然后用掷骰法来确定取样号。所用骰子有正六面体和正二十面体两种。正六面体骰子可得随机数为 1~6;正二十面体骰子上有 20 个三角形面,上面刻有从 0~9 的号码重复两次。将骰子掷两次可得两位随机数,该随机数即作为取样号(样本号码)。在一般工程施工中,采用正六面体骰子。

抽样时,先根据批的数量将批分为六大组(采用正六面体骰子抽样时),每个大组再分为六个小组,分组的级数决定于批的数量,每个小组中个体的数量不超过 6 个。分组后再对各组级中的每个组和每个小组中的个体都编上从 1~6 的号码,然后通过掷骰子来决定抽取哪一个个体作为样本,第一次掷得的号码确定六个大组中从哪一个大组抽取样本,第二次掷得的号码确定该大组中六个小组中从哪个小组中抽取样本,第三次掷得的号码确定从该小组中抽取哪个个体作为样本。

2. 系统抽样法

按一定间隔(按一定时间或按一定空间位置)从工序中选取样本的方法称为系统抽样法,抽样的起始时间或起始位置可用掷骰子或查随机数表来确定。例如若从总体 100 中选取 5 个样本,间隔为 100/5=20 选取 1 个,用掷骰子确定起始号码为 5,则样本号为 5、25、45、65、85。

系统抽样法适用于连续作业的流水线上抽样;也可以用在混凝土预制场、金属结构(设备)制造场的大批量、有规律的稳定生产中。

(二)二次抽样

二次抽样是从组成总体的若干分批中抽取一定数量的分批,然后再从这些分批中抽取一定数量的样本,如图 6-6 所示。这是一种常用的方法,可用在器材(钢筋、水泥、木材、砖、批量零件、化工材料等)检查验收的检验中。

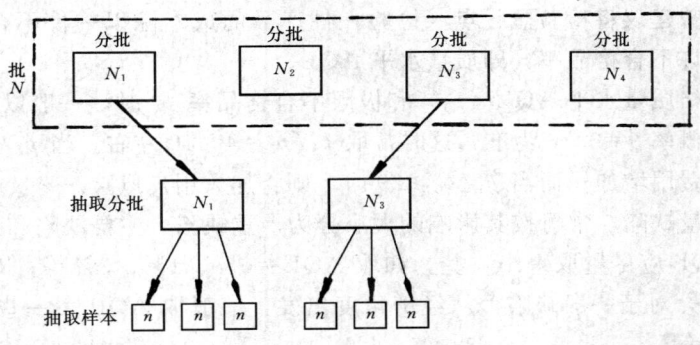

图 6-6 二次抽样法示意图

在二次抽样法中,当抽取的分批数等于组成总体的分批数时,则为分层抽样;当从分批中选取样本数等于组成分批的样本时,则为密集群抽样。

(三)分层抽样

当批是由不同因素的个体组成时,为了使所抽取的样本更具有代表性,即样本中包含有各种因素的个体,则可采用分层抽样法。

分层抽样是将总体(批)分成若干层次,尽量使层内均匀,层与层之间不均匀,然后从这些层中选取样本。通常可按下列因素进行分层：

(1) 操作人员。按现场分、按班次分、按操作人员的经验分。

(2) 机械设备。按使用的机械设备分。

(3) 材料。按材料的品种分、按材料进货的批次分。

(4) 加工方法。按加工方法、安装方法分。

(5) 时间。按生产时间（上午、下午、夜间）分。

(6) 按气象情况分。

分层抽样多用于工程施工的工序质量检验中，以及散装材料（如砂、石、水泥等）的验收检验中。

(四) 密集群抽样

密集群抽样是将总体（批）分成许多综合"列"（密集群），每一"列"中由各种因素的成分所组成，然后从这些"列"中选取若干（数目小于综合"列"的数目）"列"，对所选取的"列"进行全数检验。

四、合格质量水平 AQL 和检验水平的确定

(一) 合格质量水平

在抽样检验中，常需要先确定可接受的合格质量水平 AQL，合格质量水平的确定一般应考虑下列因素：

(1) 以往的质量特性情况。

(2) 不合格品对以后生产过程的影响。

(3) 不合格品对适用性的影响。

(4) 交工要求的紧迫程度。

(5) 实现规定的质量水平的成本。

通常合格质量水平在产品订货合同中由用户与供方协商确定。合格质量水平 AQL (p_0) 可按下列方法来确定：

(1) 埃内尔曾建议将检验盈亏点（检验一件产品的成本除以一件不合格品所造成的损失）作为批的允许不合格品率，即质量水平 AQL。

(2) 选取合格质量水平 AQL (p_0) 和极限不合格品率 p_1 时，一般以厂方风险概率 $\alpha=0.05$，用户风险概率 $\beta=0.10$ 为准，这时常取 $p_1/p_0=4\sim10$ 左右。当 $p_1/p_0\leq3$ 时，增加抽检个数将使检验费用增加；而当 $p_1/p_0\geq20$ 时，则将加大用户风险。

(3) 对于质量缺陷，常可按其影响的大小分为严重缺陷、主要缺陷和一般缺陷三级，对于严重缺陷，AQL 应尽量取得小一些，如取 AQL=0%、1%、3% 等；对于主要缺陷，取 AQL=1%～3%；对于一般缺陷，从经济角度出发，一般取 AQL 大一些，例如取 AQL=3%、5%、10% 等。

(二) 检查水平

检查水平表示批量 N 与样本数量 n 之间关系的一种检查等级，标准中给出两类检查水平，即一般检查水平和特殊检查水平。其中一般检查水平分为三种，即Ⅰ、Ⅱ、Ⅲ；特殊检查水平分为四种，即 S-1、S-2、S-3、S-4。通常采用一般检查水平Ⅱ；当需要的判断力比较低时可采用一般检查水平Ⅰ；当需要的判断力较高时，则采用一般检查水平Ⅲ。特殊检查水平仅用于样本量较小，允许或必须允许较大的误判风险时。

不同检查水平时批量与样本量字码的关系如表 6-3。

样本量字码 (GB/T 2828.1—2003/ISO 2859—1：1999)　　　　表 6-3

批量范围	特殊检验水平				一般检验水平		
	S-1	S-2	S-3	S-4	Ⅰ	Ⅱ	Ⅲ
2～8	A	A	A	A	A	A	B
9～15	A	A	A	A	A	B	C
16～25	A	A	B	B	B	C	D
26～50	A	B	B	C	C	D	E
51～90	B	B	C	C	C	E	F
91～150	B	B	C	D	D	F	G
151～280	B	C	D	E	E	G	H
281～500	B	C	D	E	F	H	J
501～1 200	C	C	E	F	G	J	K
1 201～3 200	C	D	E	G	H	K	L
3 201～10 000	C	D	F	G	J	L	M
10 001～35 000	C	D	F	H	K	M	N
35 001～150 000	D	E	G	J	L	N	P
150 001～500 000	D	E	G	J	M	P	Q
≥500 001	D	E	H	K	N	Q	R

五、抽样检验方案的确定

在抽样质量检验时，首先需确定抽样检验方案，抽样检验方案可根据表 6-4、表 6-5、表 6-6、表 6-7、表 6-8、表 6-9、表 6-10 和表 6-11 来确定。

【例 6-1】 某建筑安装工程中对焊接所需的焊条质量进行检验，批量 $N=500$ 包（每包 5kg），要求的接收质量限（合格质量水平）AQL＝4％，现按计数调整型正常检验一次抽样方案进行检验，试确定其检验方案。

抽样检验方案按下列方法确定：

A. 根据批量 $N=500$，当按一般Ⅱ级检验水平时，查表 6-3 可得抽样检验的样本量字码为"H"。

B. 根据样本量字码"H"和接收质量限 AQL＝4％，查表 6-4：

a. 由字码"H"所对应的样本量 $n=50$；

b. 由字码"H"和接收质量限 AQL＝4％，得接收数 $Ac=5$，拒收数 $Re=6$。

故该焊条的抽检方案为：

$$\begin{cases} N=500 \\ n=50 \\ Ac=5 \\ Re=6 \end{cases}$$

上述抽样检验方案表示，在总体 $N=500$ 包的焊条中应抽取样本 50 包进行检验，通过检验后，如样本中不合格品的数量 $d \leqslant Ac$（$Ac=5$）时，则该批焊条接收（判为合格）；如样本中的不合格数量 $d \geqslant Re$（$Re=6$），则该批焊条拒收（判为不合格）。

【例 6-2】 同例 6-1，现按放宽和加严检验一次抽样方法进行检验，试确定其检验方案。

抽样检验方案按下列方法确定：

A. 根据批量 $N=500$。当按一般Ⅱ级检验水平时，查表 6-3 可得抽样检验的样本量字码为"H"。

B. 按放宽检验一次抽样。

a. 根据样本量字码"H"，查表 6-5，得所对应的样本量为 $n=20$。

表6-4 正常检验一次抽样方案（GB/T 2828.1—2003/ISO 2859—1:1999）

样本量字码	样本(量)	接收质量限 (AQL)																																
		0.010		0.015		0.025		0.040		0.065		0.10		0.15		0.25		0.40		0.65		1.0		1.5		2.5		4.0		6.5		10		15		25		40		65		100		150		250		400		650		1000	
		Ac	Re	Ac	Re	Ac	Re	Ac	Re	Ac	Re	Ac	Re	Ac	Re	Ac	Re	Ac	Re	Ac	Re	Ac	Re	Ac	Re	Ac	Re	Ac	Re	Ac	Re	Ac	Re	Ac	Re	Ac	Re	Ac	Re	Ac	Re	Ac	Re	Ac	Re	Ac	Re	Ac	Re	Ac	Re	Ac	Re	Ac	Re
A	2																															0	1	↓		1	2	2	3	3	4	5	6	7	8	10	11	14	15	21	22	30	31	44	45
B	3																													0	1	↓		1	2	2	3	3	4	5	6	7	8	10	11	14	15	21	22	30	31	44	45	↑	
C	5																												0	1	↓		1	2	2	3	3	4	5	6	7	8	10	11	14	15	21	22	30	31	44	45	↑			
D	8																							0	1	↓		1	2	2	3	3	4	5	6	7	8	10	11	14	15	21	22	30	31	44	45	↑					
E	13																					0	1	↓		1	2	2	3	3	4	5	6	7	8	10	11	14	15	21	22	↑									
F	20																			0	1	↓		1	2	2	3	3	4	5	6	7	8	10	11	14	15	21	22	↑											
G	32																	0	1	↓		1	2	2	3	3	4	5	6	7	8	10	11	14	15	21	22	↑													
H	50															0	1	↓		1	2	2	3	3	4	5	6	7	8	10	11	14	15	21	22	↑															
J	80													0	1	↓		1	2	2	3	3	4	5	6	7	8	10	11	14	15	21	22	↑																	
K	125											0	1	↓		1	2	2	3	3	4	5	6	7	8	10	11	14	15	21	22	↑																			
L	200									0	1	↓		1	2	2	3	3	4	5	6	7	8	10	11	14	15	21	22	↑																					
M	315							0	1	↓		1	2	2	3	3	4	5	6	7	8	10	11	14	15	21	22	↑																							
N	500					0	1	↓		1	2	2	3	3	4	5	6	7	8	10	11	14	15	21	22	↑																									
P	800			0	1	↓		1	2	2	3	3	4	5	6	7	8	10	11	14	15	21	22	↑																											
Q	1250	0	1	↓		1	2	2	3	3	4	5	6	7	8	10	11	14	15	21	22	↑																													
R	2000	↑		1	2	2	3	3	4	5	6	7	8	10	11	14	15	21	22	↑																															

注：↓—用箭头下面的第一个抽样方案，如果样本量等于或超过批量，则应进行100%的检验；
↑—用箭头上面的第一个抽样方案；
Ac—接收数；
Re—拒收数。

表 6-5 放宽检验一次抽样方案（GB/T 2828.1—2003/ISO 2859-1:1999）

样本量字码	样本量	接收质量限(AQL) 0.010		0.015		0.025		0.040		0.065		0.10		0.15		0.25		0.40		0.65		1.0		1.5		2.5		4.0		6.5		10		15		25		40		65		100		150		250		400		650		1000	
		Ac	Re	Ac	Re	Ac	Re	Ac	Re	Ac	Re	Ac	Re	Ac	Re	Ac	Re	Ac	Re	Ac	Re	Ac	Re	Ac	Re	Ac	Re	Ac	Re	Ac	Re	Ac	Re	Ac	Re	Ac	Re	Ac	Re	Ac	Re	Ac	Re	Ac	Re	Ac	Re	Ac	Re	Ac	Re
A	2	↓																																								5	6	7	8	10	11	14	15	21	22	30	31
B	2																																									5	6	7	8	10	11	14	15	21	22	30	31
C	2																																									5	6	7	10	10	13	14	17	21	24	↑	
D	3																																	0	2	1	3	1	4	2	5	3	6	5	8	7	10	10	13	14	17	21	24	←	
E	5																															0	1					1	3	1	4	2	5	3	6	5	8	7	10	10	13	14	17	21	24	←	
F	8																											0	1	←		↓		1	3	1	4	2	5	3	6	5	8	7	10	10	13	←							
G	13																									0	1	←		↓				1	3	1	4	2	5	3	6	5	8	7	10	10	13	←							
H	20																						0	1	←		↓						1	3	1	4	2	5	3	6	5	8	7	10	10	13	←								
J	32																	0	1	←		↓								1	3	1	4	2	5	3	6	5	8	7	10	10	13	←									
K	50														0	1	←		↓										1	3	1	4	2	5	3	6	5	8	7	10	10	13	←										
L	80											0	1	←		↓												1	3	1	4	2	5	3	6	5	8	7	10	10	13	←											
M	125							0	1	←		↓										1	3	1	4	2	5	3	6	5	8	7	10	10	13	←															
N	200					0	1	←		↓								0	2	1	3	1	4	2	5	3	6	5	8	7	10	10	13	←																	
P	315			0	1	←		↓						0	2	1	3	1	4	2	5	3	6	5	8	7	10	10	13	←																				
Q	500	0	1	←		↓						0	2	1	3	1	4	2	5	3	6	5	8	7	10	10	13	←																						
R	800	←						0	2	1	3	1	4	2	5	3	6	5	8	7	10	10	13	↑																										

注：↓—用箭头下面的第一个抽样方案。如果样本量等于或超过批量，则应进行100%百检查；
↑—用箭头上面的第一个抽样方案；
Ac—接收数；
Re—拒收数。

表 6-6 加严检验一次抽样方案（GB/T 2828.1—2003/ISO 2859-1:1999）

样本量字码	样本量	接收质量限（AQL）																							
		0.010	0.015	0.025	0.040	0.065	0.10	0.15	0.25	0.40	0.65	1.0	1.5	2.5	4.0	6.5	10	15	25	40	65	100	150	250	400	650	1000
		Ac Re	Ac Re	Ac Re	Ac Re	Ac Re	Ac Re	Ac Re	Ac Re	Ac Re	Ac Re	Ac Re	Ac Re	Ac Re	Ac Re	Ac Re	Ac Re	Ac Re	Ac Re	Ac Re	Ac Re	Ac Re	Ac Re	Ac Re	Ac Re	Ac Re	Ac Re
A	2																			1 2	2 3	3 4	5 6	8 9	12 13	18 19	27 28	41 42
B	3																		1 2	2 3	3 4	5 6	8 9	12 13	18 19	27 28	41 42	
C	5																	1 2	2 3	3 4	5 6	8 9	12 13	18 19	27 28	41 42		
D	8																1 2	2 3	3 4	5 6	8 9	12 13	18 19	27 28	41 42			
E	13															1 2	2 3	3 4	5 6	8 9	12 13	18 19	27 28	41 42				
F	20														1 2	2 3	3 4	5 6	8 9	12 13	18 19							
G	32													1 2	2 3	3 4	5 6	8 9	12 13	18 19								
H	50												1 2	2 3	3 4	5 6	8 9	12 13	18 19									
J	80											1 2	2 3	3 4	5 6	8 9	12 13	18 19										
K	125										1 2	2 3	3 4	5 6	8 9	12 13	18 19											
L	200									1 2	2 3	3 4	5 6	8 9	12 13	18 19												
M	315								1 2	2 3	3 4	5 6	8 9	12 13	18 19													
N	500							1 2	2 3	3 4	5 6	8 9	12 13	18 19														
P	800						1 2	2 3	3 4	5 6	8 9	12 13	18 19															
Q	1250					1 2	2 3	3 4	5 6	8 9	12 13	18 19																
R	2000				1 2	2 3	3 4																					
S	3150			1 2																								

注：↓—用箭头下面的第一个抽样方案；如果样本量等于或超过批量，则应进行100%的检查；
↑—用箭头上面的第一个抽样方案；
Ac=接收数；
Re=拒收数。

表6-7 正常检验二次抽样方案 GB/T 2828.1—2003/ISO 2859-1:1999

表6-8 放宽检验二次抽样方案 GB/T 2828.1—2003/ISO 2859-1:1999

表6-9 加严检验二次抽样方案 GB/T 2828.1—2003/ISO 2859-1:1999

表 6-10

计数标准型一次抽样检验表

p_1 (%) \ p_0 (%)	0.71~0.90	0.91~1.12	1.13~1.40	1.41~1.80	1.81~2.24	2.25~2.80	2.81~3.55	3.56~4.50	4.51~5.60	5.61~7.10	7.11~9.00	9.01~11.2	11.3~14.0	14.1~18.0	18.1~22.4	22.5~28.0	28.1~35.5	p_0 (%) \ p_1 (%)
0.090~0.112	*	400 1	→	↓	→	↑	60 0	50 0	→	↓	→	↑	→	↓	→	→	↓	0.090~0.112
0.113~0.140	*	*	300 1	↓	→	↑	→	→	40 0	→	↓	→	↑	→	↓	→	→	0.113~0.140
0.141~0.180	*	500 2	→	250 2	200 1	→	↑	→	→	30 0	→	↓	→	↑	→	↓	→	0.141~0.180
0.181~0.224	*	*	400 2	300 2	→	150 1	→	↑	→	→	25 0	→	↓	→	10 0	→	↑	0.181~0.224
0.225~0.280	*	*	500 3	400 3	250 2	→	120 1	100 1	80 1	→	↑	20 0	15 0	→	→	↓	→	0.225~0.280
0.281~0.355	*	*	*	500 4	300 3	200 2	150 2	120 2	100 2	→	50 1	40 1	30 1	→	↑	7 0	5 0	0.281~0.355
0.356~0.450	*	*	*	*	400 4	250 3	200 3	150 3	120 3	80 2	60 2	50 2	40 2	↓	→	↑	↓	0.356~0.450
0.451~0.560	*	*	*	*	500 6	300 4	250 4	200 4	150 4	100 3	80 3	60 3	50 3	25 1	20 1	↓	→	0.451~0.560
0.561~0.710	*	*	*	*	*	400 6	300 6	250 6	200 6	120 4	100 4	70 4	60 4	40 3	30 3	15 2	10 1	0.561~0.710
0.711~0.900	*	*	*	*	*	500 10	400 10	300 10	250 10	150 6	120 6	100 6	80 6	50 4	40 4	25 3	20 3	0.711~0.900
0.901~1.12	*	*	*	*	*	*	*	400 *	*	250 10	200 10	150 10	120 10	60 6	50 6	30 4	25 4	0.901~1.12
1.13~1.40	*	*	*	*	*	*	*	*	*	*	*	*	*	100 10	70 10	40 6	30 6	1.13~1.40
1.41~1.80	*	*	*	*	*	*	*	*	*	*	*	*	*	*	*	60 10	*	1.41~1.80

| p_1 (%) \ p_0 (%) | 0.71~0.90 | 0.91~1.12 | 1.13~1.40 | 1.41~1.80 | 1.81~2.24 | 2.25~2.80 | 2.81~3.55 | 3.56~4.50 | 4.51~5.60 | 5.61~7.10 | 7.11~9.00 | 9.01~11.2 | 11.3~14.0 | 14.1~18.0 | 18.1~22.4 | 22.5~28.0 | 28.1~35.5 | p_0 (%) \ p_1 (%) |

注: (1) 栏内左边数字为 n，右边数字为 c; $\alpha \approx 0.05$, $\beta \approx 0.10$。
(2) 栏内有箭头应沿其指向下寻直至见到 n, c 值; 遇到 * 号采用表 6-10 (a); 空栏没有检查方案。

辅 助 表　　　　　　　　表 6-10 (a)

p_1/p_0	c	n	p_1/p_0	c	n
17 以上	0	$2.56/p_0+115/p_1$	3.5～2.8	6	$164/p_0+527/p_1$
16～7.9	1	$17.8/p_0+194/p_1$	2.7～2.3	10	$308/p_0+770/p_1$
7.8～5.6	2	$40.9/p_0+266/p_1$	2.2～2.0	15	$502/p_0+1065/p_1$
5.5～4.4	3	$68.3/p_0+334/p_1$	1.99～1.86	20	$704/p_0+1350/p_1$
4.3～3.6	4	$98.5/p_0+400/p_1$			

b. 根据样本量字码"H"和接收质量限 AQL=4%，查表 6-5 得合格判断数 Ac=2，不合格判断数 Re=5。

故按放宽检验一次抽样方案时，该焊条的抽检方案为：

$$\begin{cases} N=500 \\ n=20 \\ Ac=2 \\ Re=5 \end{cases}$$

C. 按加严检验一次抽样。

a. 根据样本量字码"H"，查表 6-6，得所对应的样本量 n=50。

b. 根据样本量字码"H"和接收质量限 AQL=4%，查表 6-6，得接收数 Ac=3；拒收数 Re=4。

故按加严检验一次抽样方案时，该焊条的抽检方案为：

$$\begin{cases} N=500 \\ n=50 \\ Ac=3 \\ Re=4 \end{cases}$$

【例 6-3】 某钢筋混凝土构件批量 N=800，要求的接收质量限（合格质量水平）AQL=0.4%，现分别按正常检验二次抽样、放宽检验二次抽样和加严检验二次抽样方案进行检验，试确定其检验方案。

抽样检验方案按下列方法确定：

A. 根据批量 N=800，当按一般Ⅱ级检验水平时，查表 6-3 可得抽样检验的样本量字码为"J"。

B. 按正常检验二次抽样方案

a. 根据样本量字码"J"查表 6-7 第 1 列和第 3 列，得对应的第一次抽样的样本量 n=50，累计样本量 n'=50；第二次抽样的样量 n=50，累计样本量 n'=100。

b. 根据样本量字码"J"和接收质量限 AQL=0.4%，查表 6-7 中第 13 列，得第一次抽样检验的接收数 Ac=0，拒收数 Re=2；第二次抽样检验的接收数 Ac=1，拒收数 Re=2。

c. 故按正常检验二次抽样方案时，构件的抽样方案是：

$$\text{二次抽样检验方案} \begin{cases} N = 800 \\ \begin{cases} n = 50 \\ n' = 50 \\ Ac = 0 \\ Re = 2 \end{cases} \text{第一次抽样检验方案} \\ \begin{cases} n = 50 \\ n' = 100 \\ Ac = 1 \\ Re = 2 \end{cases} \text{第二次抽样检验方案} \end{cases}$$

C. 按放宽检验二次抽样方案

a. 根据样本量字码"J"查表6-8第1列和第3列，得对应的第一次抽样检验的样本量$n=20$，累计样本量$n'=20$；第二次抽样检验的样本量$n=20$，累计样本量$n'=40$。

b. 根据样本量字码"J"和接收质量限AQL=0.4%，查表6-8中第1列和第13列，得第一次抽样检验的接收数Ac=0，拒收数Rc=2；第二次抽样检验的接收数Ac=1，拒收数Re=2。

c. 故按放宽检验二次抽样方案时，构件的抽样检验方案是：

$$\text{二次抽样检验方案} \begin{cases} N = 800 \\ \begin{cases} n = 20 \\ n' = 20 \\ Ac = 0 \\ Re = 2 \end{cases} \text{第一次抽样检验方案} \\ \begin{cases} n = 20 \\ n' = 40 \\ Ac = 1 \\ Re = 2 \end{cases} \text{第二次抽样检验方案} \end{cases}$$

D. 按加严检验二次抽样方案

a. 根据样本量字码"J"查表6-9第1列和第3列，得对应的第一次抽样检验的样本量$n=50$，累计样本量$n'=50$；第二次抽样检验的样本量$n=50$，累计样本量$n'=100$。

b. 根据样本量字码"J"和接收质量限AQL=0.4%，查表6-9中第1列和第13列，得第一次抽样检验的接收数Ac=0，拒收数Ac=2；第二次抽样检验的接收数Ac=1，拒收数Re=2。

c. 故按加严检验二次抽样方案时，构件的抽样检验方案是：

$$\text{二次抽样检验方案} \begin{cases} N = 800 \\ \begin{cases} n = 50 \\ n' = 50 \\ Ac = 0 \\ Re = 2 \end{cases} \text{第一次抽样检验方案} \\ \begin{cases} n = 50 \\ n' = 100 \\ Ac = 1 \\ Re = 2 \end{cases} \text{第二次抽样检验方案} \end{cases}$$

【例 6-4】 某混凝土构件进行抽样检验，若接收质量限（合格质量水平或批允许不合格品率 p_0）AQL＝0.5％，批极限不合格品率 $p_1＝10％$，试按标准型一次抽样检验确定其检验方案。

根据 $p_0＝0.5％$，$p_1＝10％$，由表 6-10 中 $p_0＝0.451\sim0.560$ 的行和 $p_1＝9.01\sim11.2$ 的列所相交的栏内为↓，沿该箭头的方向第一个出现的数字为 40，1，即 $n＝40$，$c＝1$，因此该混凝土构件的抽检方案为：

$$\begin{cases} n = 40 \\ c = 1 \end{cases}$$

一次抽样检查表　　　　　　　　　　　　　　　表 6-11

接收数 C	p_1/p_0			np_0	接收数 C	p_1/p_0			np_0
	$\alpha=0.05$ $\beta=0.10$	$\alpha=0.05$ $\beta=0.05$	$\alpha=0.05$ $\beta=0.01$	$\alpha=0.05$		$\alpha=0.01$ $\beta=0.05$	$\alpha=0.01$ $\beta=0.05$	$\alpha=0.01$ $\beta=0.01$	$\alpha=0.01$
0	44.890	58.404	89.781	0.052	0	229.105	298.073	458.210	0.010
1	10.946	13.349	16.681	0.355	1	20.184	31.933	44.686	0.149
2	6.509	7.699	10.280	0.818	2	12.206	14.439	19.278	0.438
3	4.490	5.675	7.352	1.366	3	8.115	9.418	12.202	0.823
4	4.057	4.646	5.890	1.970	4	6.249	7.156	9.072	1.279
5	3.549	4.023	5.017	2.613	5	5.195	5.889	7.343	1.785
6	3.206	3.604	4.435	3.286	6	4.520	5.032	6.253	2.330
7	2.957	3.303	4.019	3.931	7	4.050	4.524	5.506	2.906
8	2.768	3.074	3.707	4.695	8	3.705	4.005	4.962	3.507
9	2.618	2.895	3.452	5.426	9	3.440	3.803	4.548	4.130
10	2.497	2.750	3.265	6.169	10	3.229	3.555	4.222	4.771
11	2.397	2.530	3.104	6.924	11	3.058	3.354	3.959	5.428
12	2.312	2.508	2.968	7.690	12	2.915	3.188	3.742	6.099
13	2.240	2.442	2.852	8.464	13	2.795	3.047	3.559	6.782
14	2.177	2.367	2.752	9.246	14	2.692	2.927	3.403	7.477
15	2.122	2.302	2.665	10.035	15	2.603	2.823	3.269	8.181
16	2.073	2.244	2.588	10.831	16	2.524	2.732	3.151	8.895
17	2.029	2.192	2.520	11.633	17	2.455	2.652	3.048	9.616
18	1.990	2.145	2.458	12.442	18	2.393	2.580	2.956	10.346
19	1.954	2.103	2.403	13.254	19	2.337	2.516	2.874	11.082
20	1.922	2.065	2.352	14.072	20	2.287	2.458	2.799	11.825
21	1.892	2.030	2.307	14.894	21	2.241	2.405	2.733	12.574
22	1.865	1.999	2.265	15.719	22	2.200	2.357	2.671	13.329

续表

接收数	p_1/p_0			np_0	接收数	p_1/p_0			np_0
C	$\alpha=0.05$ $\beta=0.10$	$\alpha=0.05$ $\beta=0.05$	$\alpha=0.05$ $\beta=0.01$	$\alpha=0.05$	C	$\alpha=0.01$ $\beta=0.05$	$\alpha=0.01$ $\beta=0.05$	$\alpha=0.01$ $\beta=0.01$	$\alpha=0.01$
23	1.840	1.969	2.226	16.548	23	2.162	2.313	2.615	14.088
24	1.817	1.942	2.191	17.382	24	2.126	2.272	2.564	14.853
25	1.795	1.917	2.158	18.218	25	2.094	2.235	2.516	15.623
26	1.775	1.893	2.127	19.058	26	2.064	2.200	2.472	16.397
27	1.757	1.871	2.096	19.900	27	2.035	2.168	2.431	17.175
28	1.739	1.850	2.071	20.746	28	2.009	2.138	2.393	17.957
29	1.723	1.831	2.046	21.594	29	1.985	2.110	2.358	18.742
30	1.707	1.813	2.023	22.444	30	1.962	2.083	2.324	19.532

【例 6-5】 某工程项目检验批进行抽样检验,要求接收质量限(合格质量水平)$p_0=0.01$,极限不合格品率 $p_1=0.08$,对于主控项目漏判概率 $\alpha=0.05$,错判概率 $\beta=0.05$;对于一般项目 $\alpha=0.05$,$\beta=0.10$,按一次抽样检验确定其检验方案。

由于 $p_1=0.08$,$p_0=0.01$,故 $p_1/p_0=\dfrac{0.08}{0.01}=8$。

(1) 对于主控项目

要求 $\alpha=0.05$,$\beta=0.05$,$p_1/p_0=8$,查表 6-11 第 3 列,最接近 8 的数字为 7.699,在该数字的同一行中得 $c=2$(根据第 1 列数)和 $np_0=0.818$(根据第 5 列数)。由此可得抽检点数 $n=np_0/p_0=0.818/0.01=81.8\approx82$,故主控项目的抽样方案为:

$$\begin{cases} n=82 \\ c=2 \end{cases}$$

(2) 对于一般项目

要求 $\alpha=0.05$,$\beta=0.10$,$p_1/p_0=\dfrac{0.08}{0.01}=8$。查表 6-11 第 2 列,最接近 8 的数字为 6.509,在该数字的同一行中可查得 $c=2$,$np_0=0.818$,故可得抽检点数 $n=np_0/p_0=\dfrac{0.818}{0.01}=81.8\approx82$,因此抽检方案为:

$$\begin{cases} n=82 \\ c=2 \end{cases}$$

第三节 工程材料质量的检验

工程材料的质量检验就是从工程材料的批(总体)中抽取一定数量的样本,采取相应的检测方法和手段对样本进行检测,然后将检测所得的数据与材料的质量标准相比较,以判断材料的质量是否符合规定的要求,能否使用于工程。

一、工程材料质量检验的原则

在进行工程材料的质量检验时,必须遵守质量标准原则和及时检验原则。

1. 质量标准原则

对工程中所使用的材料必须采用科学的检测手段进行检验，并将检验所得的质量数据与质量标准相对照，以及与施工单位提交的技术质量证明文件相对照，对材料的质量作出有根据的、符合实际的判断，作出该种材料是否用于工程项目的决定。此外，监理工程师还应对材料生产厂家的质量资格、能力和水平进行审查、判断，并将审查结果，连同材料检验结果通报施工单位。

2. 及时检验原则

施工单位在将拟用材料的质量保证文件及样品，以及报验申请送交监理单位后，监理工程师应对施工单位的申请作出计划，并及时组织力量，采用可靠的检验手段，对所申报的工程材料进行检验，避免因延误时间造成停工待料，引起索赔。

二、工程材料质量检验的方法和检验程度

（一）工程材料质量检验的方法

工程材料质量检验的方法通常有以下几个方面：

（1）资料文件审查。通过对施工单位提供的技术文件、质量保证资料和试验资料进行审查。

（2）外观检查。是对材料的品种、规格、标记、外形尺寸等进行检查。

（3）理化检查。利用科学仪器和设备对材料样品进行化学成分、物理性能、力学性能等方面的检查。

（4）无损检测。在不破坏材料样品的情况下，利用有关的仪器设备（如超声波检测仪、X射线仪、表面探伤仪等），对材料进行检验。

工程材料的质量检验方法应根据材料的具体情况及其使用要求来决定，通常应将上述方法结合起来使用。

（二）工程材料的检验程度

工程材料的检验程度可分为免检、抽检和全检三种。

1. 免检

（1）质量保证资料齐全、可靠的零星小型产品。

（2）质量保证资料齐全、可靠，产品质量稳定，信誉较高的产品。

（3）通过质量监造的产品。

2. 抽检

（1）质量保证资料齐全的大批量材料。

（2）对质量保证资料有怀疑或对产品质量有怀疑时。

（3）工程合同或技术规范中明确规定要进行抽检的产品。

3. 全检

（1）用于工程重要部位的材料和贵重材料。

（2）新材料、新设备。

（3）进口的材料和设备。

三、工程材料的质量检验制度

工程材料的检验是工程质量控制中的重要组成部分，监理工程师应将工程材料的质量检验作为一种制度列入监理工作计划。工程材料的检验制度应建立在一切材料均应符合工程合同和设计文件规定的质量标准的基础上，并以此为依据。材料检验制度的主要内容包括：

(1) 监理工程师应审核材料的采购订货申请，审查的内容主要包括所采购的材料是否符合设计的需要和要求，以及生产厂家的生产资格和质量保证能力等。

(2) 材料进场后，监理工程师应审核施工单位提交的材料质量保证资料，并派出监理人员参与施工单位对材料的清点。

(3) 材料使用前，监理工程师应审核施工单位提交的材料试验报告和资料，经确认签证后方可用于施工。

(4) 对于工程中所使用的主要材料和重要材料，监理单位应按规定进行抽样检验，验证材料的质量。抽检的数量一般为施工单位抽检数量的10%～20%。

(5) 施工单位对涉及结构安全的试块、试件及有关材料进行质量检验时，应在监理单位的监督下现场取样。

四、器材抽样检验方案的选择

在器材质量的抽样检验中，常用的抽样检验方案有：

(1) 计数标准型一次抽样检验；

(2) 分选型一次抽样检验；

(3) 分选型二次抽样检验；

(4) 调整型一次抽样检验；

(5) 调整型二次抽样检验。

目前，国内外比较常用的抽样检验方案是计数调整型抽样检验方案。由于标准型抽样检验所需抽取的样本数较大，费用较高，不够经济，所以一般多用于对供方的质量水平不了解或对于第一次采购订货的器材。

五、材料质量检验的检验项目

材料质量检验的检验项目一般分为两类：

(1) 一般试验项目。为通常进行的试验项目。

(2) 其他试验项目。为根据需要进行的试验项目。

各种常用材料的试验项目如表6-12所示。

常用材料试验项目　　　　　　表6-12

序号	名　称		一般试验项目	其他试验项目
1	水　泥		标准稠度、凝结时间、抗压和抗折强度	细度、体积安定性
2	钢材	热轧钢筋、冷拉钢筋、型钢、异型钢、扁钢和钢板	拉力、冷弯	冲击、硬度、焊接件（焊缝金属、焊接接头）的机械性能
		冷拔低碳素钢丝、碳素钢丝和刻痕钢丝	拉力、反复弯曲	冲击、硬度、焊接件（焊缝金属、焊接接头）的机械性能
3	木　材		含水率	顺纹抗压、抗拉、抗弯、抗剪等强度
4	普通黏土砖、承重黏土空心砖、硅酸盐砖		抗压、抗折	抗冻
5	黏土及水泥平瓦		抗折荷载、吸水重量	抗冻
6	天然石材		表观密度、孔隙率、抗压强度	抗冻
7	混凝土用砂、石	砂	颗粒级配、实际密度、堆积密度、空隙率、含水率、含泥量	有机物含量、三氧化硫含量、云母含量
		石		针状和片状颗粒、软弱颗粒

续表

序号	名称		一般试验项目	其他试验项目
8	混凝土		坍落度或工作度、表观密度、抗压强度	抗折、抗弯强度,抗冻、抗渗、干缩
9	砌筑砂浆		流动度(沉入度)、抗压强度	
10	石油沥青		针入度、延伸度、软化点	
11	沥青防水卷材		不透水性、耐热度、吸水性、抗拉强度	柔度
12	沥青胶(沥青玛琋脂)		耐热度、柔韧性、粘结力	
13	保温材料		表观密度、含水率、导热系数	抗折、抗压强度
14	耐火材料		表观密度、耐火度、抗压强度	吸水率、重烧线收缩、荷重软化温度等
15	水			pH 值,油、糖含量
16	耐酸材料	耐酸瓷砖	耐酸度、外观质量、规格	
		水玻璃	模数 $\left(=\dfrac{二氧化硅含量}{氧化钠含量}\times 1.032\right)$	
		氟硅酸钠	纯度、游离酸含量、含水率、筛余	
		耐酸粉料	耐酸度、细度	
		耐酸骨料	颗粒级配、含水率	
17	塑料		马丁耐热性、低温对折、导热系数、透水性、抗拉强度及相对伸长率等	线膨胀系数、静弯曲强度、压缩强度
18	陶粒		堆积密度、颗粒的密度、孔隙率、容器强度、吸水率(30min)	
19	水硬性耐热混凝土		耐热度、表观密度、混凝土强度等级	荷重软化点、残余变形、线膨胀系数、耐急冷急热性
20	耐酸混凝土		耐酸或耐碱度、表观密度、3d 和 28d 的抗压强度	
21	焦渣混凝土		坍落度或工作度、表观密度、抗压强度	抗折强度、抗弯强度、抗冻、抗渗、干缩
22	石膏		标准稠度、凝结时间、抗压、抗拉	
23		石灰	产浆量、活性氧化钙和活性氧化镁含量	细度、未消化颗粒含量
		回填土	干密度、含水率、最佳含水率和最大干密度	
		灰土	含水率、干密度	

注:"一般试验项目"是指必须做的项目;"其他试验项目"是指必要时才做的试验项目。

六、材料质量检验的取样

在材料质量检验时,应在规定的部位,按规定的取样方法,抽取规定的数量作为样本进行检验，这样采取的样本才具有代表性，检验的结果才能代表该批材料的质量。常用材料的取样单位（部位）、取样数量和取样方法如表 6-13 所示。

原材料及半成品试验取样办法　　　　　　　表 6-13

材料名称	取样单位	取样数量	取样方法
水泥	同品种同强度等级水泥每 400t 为一批，不足者也按一批论	从一批水泥中选取平均试样 20kg	从不同部位的至少 15 袋或 15 处水泥中抽取，手捻不碎的受潮水泥结块应过 64 孔/cm² 筛除去
砂、卵石、碎石	以每 200m³ 作为一批，不满 200m³ 时也按一批论	做品质鉴定时，砂子 30~50kg，石子约 30kg，做混凝土配合比时，砂子 100kg，石子 200kg	分别在砂、石堆的上、中、下三个部位抽取若干数量，拌合均匀，按四分法缩分提取
砖（黏土砖、硅酸盐砖、矿渣砖）	每 20 万块为一批，不足者也以一批论	强度等级测定 12 块，材性测定 20 块	应从该批砖不同的垛面各抽一块
石灰	每 60t 作为一批，不足者也为一批	不少于 10kg	从石灰堆面的 20~30cm 处去除表层，抽取约 25kg，混合均匀，用四分法提取
石膏	同一生产厂、同一批出厂的为一取样单位	不少于 5kg	在每一批的上、下两部抽出 10 袋，在每袋中取出 1kg，混合均匀，按四分法提取
沥青	同一批出厂的、同一规格牌号的 20t	不少于 1kg	从不同部位的 5 处或总桶数的 5%~10% 的桶中取样
防水卷材（油毡、油纸）	以 500 卷为一批，不足者也为一批	取 2% 但不少于 2 卷检查外观	从外观检查合格的 1 卷卷材，距端头 1.0m 以外处截取 1.5m 长一段作材性试验
沥青胶	同一批配料	不少于 1kg	从不同部位的 5 处抽取
塑料 板材	同一颜色，每批不大于 5t	从一批的 10% 中取样抽查	
塑料 薄膜	同一颜色、同一品种用一批树脂制得者为一批	从每批的 3 包中取样	
塑料 电缆料	同一牌号和颜色，数量不超过 10t 为一批	从一批 5% 的包件（不少于 3 包）；每个包件中取 1kg	
水	用非饮用水拌合水泥、混凝土，需在取水地点取样	不少于 1kg	有水的隧道环境水至多每隔 50m 取样分析一次，桥涵环境水应在河岸及河心水面下 0.5~1.0m 处分别取样分析。水样应用干净容器密封。24h 以内送验

续表

材料名称	取样单位	取样数量	取样方法
木材	锯材以 50m³ 为一批，圆木以 100m³ 为一批	从中均取 3 个含水率试样，强度试验样品则根据设计施工的要求确定	当木材厚度大于 35mm 时，在距端头不小于 0.5m 处取样；当小于 35mm 时，在距端部 0.25m 处取样
耐酸瓷砖	3 万块为一组，余者不足 5000 块者不再分组	外观检查每组抽 50 块，材性试验每项抽 2 块	
水玻璃	2 桶以下时全部取样，3～10 桶时在桶数 1/2 中取样，多于 10 桶时，多余桶数每 4 桶取一组试样	不少于 1kg	用厚壁玻璃管插入桶的 1/2 深度取样，把取自各桶的试样放在一起拌匀，从中抽取送验，如果分桶使用时，应分桶取样送验
氟硅酸钠	每批重量不超过 15t	从每批的总件数中等差选取 10%，并不得少于 2 件，取出的样品不少于 2kg	均匀抽取
耐酸粉料	每批不大于 20t	5kg	从 10 处以上部位抽取 20kg，混合拌匀后提取
耐酸骨料	每批不大于 50m³	砂子取 5kg，石子取 20～30kg	从每批中不少于 5 处的部位各取 20～30kg，用四分法取样
陶粒	每批不大于 200m³		参照混凝土粗骨料的取样方法
平瓦（黏土及水泥平瓦）	以 1 万块为一批，不足者也为一批	6 块	每捆或每堆 1 块
钢材（对于钢号不明的钢材）	以 20t 为一批，不足 20t 者也为一批	3 根	任意抽取，分别在每根截取拉伸、冷弯、化学分析试件各 1 根，每组拉伸、冷弯、化学分析试件送 2 根，截取时先将每根端头弃去 10cm
砌筑砂浆	按每一楼层或 250m³ 砌体取样	每种强度等级的砂浆作一组强度试块	从施工现场抽取试样
普通混凝土	厚大结构物（桥墩、基础、堤坝等）	每 100m³ 取一组，且在每一区段中不少于一组	在浇灌地点从同一罐或同一车（容器）中均匀取，其数量不少于试块所需量的 1.5 倍①②
普通混凝土	整体式结构	每 50m³ 取一组	
普通混凝土	混合结构	每 20m³ 取一组	
普通混凝土	装配式结构构件	每一工作班及每一配合比取一组	
耐酸、耐碱混凝土	按每一工程取样	每工程即做一组（6 块）	从施工地点均匀取样
耐热混凝土	按每一工程取样	一组（12 块）	从施工地点均匀取样
焦渣混凝土	每 50m³	一组（6 块）	从施工地点均匀取样

① 一次连续浇灌的混凝土工程量小于左列数量时，也应留一组试块，配合比有变动时，每种配合比均需留一组。
② 根据施工要求（拆模、吊装）留置的试块数量按施工措施规定。

第四节 工程施工质量的检验

一、工程项目施工质量检验的目的

施工质量检验的主要目的是：

(1) 检查施工的质量是否符合设计文件、图纸和标准的要求。
(2) 根据检查的数据对施工工序作出判断，该工序是继续施工或停工返修。
(3) 测定工序能力，判断施工工序是否正常，对施工工序实施质量控制。

二、施工质量检验的程度

施工质量检验的程度通常分为全检和抽检两种。

1. 全检

全检也就是普遍检验，是对工序或工程产品逐项进行检验。这种检验方式对保证工程的整体质量是一种理想的方式，但是需要较长的时间和较多的人力、物力，经济上也不太合理，而且还必须进行破坏性试验，以测定其功能。所以一般只对质量十分不稳定的工序或质量指标对工程（产品）的安全和可靠性起关键作用的项目，或者是对质量水平要求很高的项目，才采用全数检验。

2. 抽检

抽检是从总体中抽取一定数量的样本进行检验，并依据检验的结果来判断该总体的质量。目前在工程项目施工质量检验中，一般均采用抽样检验的方法。

（1）传统抽样检验

传统抽样检验是按百分比和不合格率为标准进行抽样检验，就是不论批（总体）的大小，始终按一个固定的百分比进行抽样，按相同的合格判数 c 作为接收标准（判断合格标准）。传统抽样检验的缺点是，在批量不同的情况下，按相同百分比抽样的结果，其接受概率是不一样的。例如，同一产品在按百分比为标准进行抽样检验时，若抽样的百分比为 10%，如果不合格品率为 2%，当批量 $N=1000$ 时所抽取的样本数量 $n=100$；当批量 $N=100$ 时所抽取的样本数量 $n=10$，此时可以通过计算求得前一批量的接受概率为 0.677，而后一批量的接受概率为 0.819，也就是说，前一批量若判断为不合格，而后一批量则可能被判断为合格。同样可以证明，按不合格品率为标准进行抽样检验，当不合格品率增大时，两批接受概率的差值也随之增大。这种现象说明，传统抽样检验的方法是不合理的，往往造成同一产品、同一项施工内容，由不同的人进行抽样检验而得出完全不同的结论。

（2）统计抽样检验

统计抽样检验是运用数理统计原理于抽样检验，它克服了传统抽样检验的缺点，能够真实地反映被检验对象的质量状况，同时也比全数检验大大减小了检验工作量和降低了成本，因此是一种比较合理的抽样检验方法。我国国家标准 GB/T 2828《计数抽样检验程序》和 GB/T 2829《周期检验计数抽样程序及表》均属于这一类的抽样检验方法。统计抽样检验的缺点是存在接收不合格批和拒收合格批的风险，它所提供的数据少于全数检验，同时运用这种方法需要掌握一定的统计知识，而且工作量也较大。

三、混凝土工程施工质量检验

（一）混凝土工程施工质量检验的内容和项目

在水利水电工程施工中，混凝土工程施工质量的检验项目包括基础（坝基）开挖及清理、模板制作及安装、混凝土材料、钢筋的焊接和安装、止水、伸缩缝、排水管、混凝土浇筑、混凝土成品的质量检验。下面仅介绍大体积混凝土工程施工中混凝土材料质量的检验、混凝土浇筑质量的检验、混凝土成品（结构物）质量的检验。

1. 混凝土材料质量的检验

（1）检查混凝土各组成部分的称量是否准确。混凝土中的水泥、砂石、混合料均以重量计，水和外加剂溶液可按重量折算成体积。拌制混凝土时应按试验室签发的配料单进行配料，称量的偏差不应超过表6-14的规定。

混凝土各组成部分称量的允许偏差 表6-14

检验项目	允许偏差	检验项目	允许偏差	检验项目	允许偏差
水泥、混合材	±1%	砂、石	±2%	水、外加剂溶液	±1%

（2）检查混凝土拌合时间。混凝土拌合物应均匀，通过拌合均匀性检测来确定。自落式拌合机的最少拌合时间如表6-15所示。

自落式拌合机混凝土的最少拌合时间（min） 表6-15

拌合机进料容量（m³）	最大骨料粒径（mm）	坍落度（cm）		
		2～5	5～8	≥8
1.0	80	—	2.5	2.0
1.6	150（或120）	2.5	2.0	2.0
2.4	150	2.5	2.0	2.0
5.0	150	3.5	3.0	2.5

注：(1) 入机拌合量不应超过拌合机规定容量的10%。
　　(2) 掺加混合材、减水剂、加气剂及加冰时，宜延长拌合时间；出机的拌合物中不应有冰块。

2. 混凝土浇筑质量的检验

混凝土浇筑质量的检验项目、质量要求、检验方法及检验数量，如表6-16所示。

混凝土浇筑质量的检验 表6-16

检查项目		质量要求			检验方法	检验数量
基岩面及新老混凝土层面处理		基岩面洁净、湿润，老混凝土面凿毛并清洗干净，铺设厚度不大于3cm砂浆，铺设均匀平整，无漏铺				
入仓混凝土料		不合格料不入仓				
浇筑层厚度	电动、风动插入式振捣器	振捣器工作长度的0.8倍，并不大于50cm				
	软轴式振捣器	振捣器头长度的1.25倍，并不大于50cm				
表面振捣器	在无筋和单层钢筋结构中	250cm				
	在双层钢筋结构中	120cm				
混凝土振捣		垂直插入层5cm，按顺序振捣，无漏振				
平仓		铺设均匀，分层清楚，无骨料集中现象			观察检查	分层检查
浇筑间歇时间		符合要求，无初凝现象				
		气温（℃）	普通硅酸盐水泥（min）	矿渣、火山灰硅酸盐水泥（min）		
		20～30	90	120		
		10～20	135	180		
		5～10	195	—		
积水和泌水		无外部水流入，泌水排除及时				
插筋、管路等埋设件保护		保护好，符合要求				
混凝土养护		混凝土表面保持湿润，无时干时湿现象				

3. 混凝土结构物表面和内部质量缺陷的检验

混凝土浇筑完成并成形后，结构物表面和内部质量缺陷检验项目、质量要求、检查方法和检验数量，如表 6-17 所示。

混凝土结构物表面和内部质量缺陷的检验 表 6-17

检验项目	质量要求	检验方法	检测数量
混凝土表面	表面基本平整，局部超出，但累计面积不超过 5%	观察检查	混凝土拆模后普遍检查
麻面	无，或少有麻面，但累计面积不超过 5%		
蜂窝狗洞	无，或有轻微、少量、不连续，单个面积不超过 0.1m，深度不超过骨料最大粒径，并已处理		
露筋	无，或无主筋外露，箍、副筋个别外露，已按要求处理		
碰损掉面	无，或非重要部位有轻微碰损，已按要求处理		
表面裂缝	无，或有短小、不跨层的表面裂缝，已按要求处理		
深层及贯穿裂缝	无		

（二）混凝土质量检验中的理化试验

1. 混凝土试验室

监理单位为了能完成混凝土的检验项目，应建立混凝土试验室，混凝土试验室所应具备的试验设备如表 6-18 所示。

混凝土试验室的主要设备 表 6-18

编号	仪器设备名称	数量	编号	仪器设备名称	数量
1	压力试验机	1～2 台	16	砂、石标准筛	1 套
2	轻便压力试验机	1 台	17	砂、石密度、吸水率测定装置	1 套
3	混凝土抗渗仪	1 台	18	骨料耐磨性测定仪	1 套
4	气压式混凝土含气量测定仪	1 台	19	非金属超声检测仪	1 套
5	贯入阻力仪	1 台	20	混凝土回弹仪	1 套
6	混凝土块养护箱	1 台	21	电热恒干燥箱	1 套
7	透气比表面仪	1 台	22	恒温水浴锅	2 台
8	水泥净浆搅拌机	1 台	23	pH 比色计	1 台
9	水泥稠度及凝结时间测定仪	1 台	24	高温炉	1 台
10	水泥胶砂搅拌机	1 台	25	万用可调电炉	1 台
11	水泥水化热测定装置	1 套	26	各种规格试模	1 套
12	1m×1m 振动台	1 套	27	各种玻璃器皿	1 套
13	水泥试验仪	1 套	28	各种天平	1 套
14	混凝土拌合物维勃稠度仪	1 套	29	各种磅秤	1 套
15	核子密度计	1 套	30	各种取样工具	1 套

2. 试验项目

对于大型混凝土工程，监理单位试验室应能进行表 6-19 所示的试验项目。

监理单位主要监测项目表　　　　　表 6-19

材料名称	监 测 项 目
水　泥	强度等级、安定性、比密度、标准稠度、凝结时间、比表面积、细度、水化热
粉煤灰	密度、细度、含水量、需水量、需水量比、三氧化硫含量、烧失量、强度比
细骨料	含水量、密度及吸水率、颗粒级配、坚固性、有机质含量、有害物质总量
粗骨料	密度及吸水率、耐磨性、安定性、潜在的活性、分级、片石含量、有害物质总量
外加剂	凝结时间、强度比、有效物含量（或密度）
水	pH 值、氯化物含量、硫酸盐含量
常态混凝土	配合比校核、坍落度、泌水率、含气量、容重、凝结时间、温度、抗压强度、劈裂抗拉强度、抗渗强度、抗压弹性模量
碾压混凝土	配合比校核、含气量、凝结时间、稠度、密度含水量、温度、抗压强度、抗渗强度
砂　浆	稠度、容重、抗压强度

3. 试验结果的反馈

监理人员对试验结果应进行分析，并填写混凝土试验周报表（表 6-20）、混凝土抽样检验月报表（表 6-21）和粉煤灰品质检验报告单（表 6-22），及时反馈到施工现场，以评价混凝土的质量。

混 凝 土 试 验 周 报 表　　　　　表 6-20

　年　月　日～　月　日　　　　　　　　　　　　　　　　　　　　　　　No. ＿＿＿

项　目	测试内容	工程部位	完成测试项目组数
原材料试验	水　泥		
	粉煤灰		
	细骨料		
	粗骨料		
	外加剂		
配合比校核			
现场抽样检测	常态混凝土		
	碾压混凝土		
	回填常态混凝土		
	面层常态混凝土		
	砂　浆		
	核子密度计		
说　明			

混凝土抽样检验月报表   表 6-21

No. _____   年 月 日

抽样时间（年、月、日 时：分）	工程项目	桩号	高程	级配编号	制模		混凝土温度（℃）		抗压强度（MPa）			抗渗等级	含气量（%）	混凝土设计指标	备注
					编号	坍落度或稠度			7(d)	28(d)	90(d)				
						机口	仓内	机口	仓内							

审核：   校核：   填表：

粉煤灰品质检验报告单   表 6-22

编号：

生产厂家_____ 产品日期__年 月 日__ 批号_____ 数量_____ t

取样地点_____ 取样试验日期__年 月 日__ 试样编号_____

序号	检验项目	控 制 目 标	检验结果	备 注
1	细度（%）	0.08mm 方孔筛筛余不大于 8		
2	需水量比（%）	不大于 105		
3	烧失量（%）	不大于 8		
4	含水量（%）	不大于 1		
5	三氧化硫（%）	不大于 3		

填表：

四、土石工程施工质量的检验

（一）土石工程施工质量检验的内容和项目

在水利水电工程施工中，土石工程施工质量检验的项目包括：基础开挖及处理；土料、砂砾料及堆石料填筑；反滤料及垫层填筑；护坡、排水、减压井、截水槽等的质量检验。

1. 基础开挖及处理

(1) 岩基开挖。岩石基础面开挖工程的质量检验项目和要求，如表 6-23 所示。

岩石基础面开挖工程的质量检验项目和要求 表 6-23

检验项目	质量要求	检验方法
保护层开挖	浅孔、密孔、装药量、火炮爆破	观察检查
基础表面	无松动岩块、无爆破影响裂缝	
断层及裂隙密集带	按规定部位挖槽，其深度为宽度的 1～1.5 倍；规模较大时按设计要求处理	
多组切割的不稳定岩体	按设计要求处理	
岩溶洞穴	按设计要求处理	
软弱夹层	厚度大于 5cm 者，挖至新鲜岩层或设计规定的深度	
夹泥裂隙（断层）	挖至 1～1.5 倍断层宽度，并消除夹泥或按设计规定处理	
渗水处理	在回填土或浇筑混凝土范围内水源切断，无积水、明流，岩石整洁	

(2) 土基和岸坡开挖。土基和岸坡开挖的质量检验项目和要求，如表 6-24 所示。

土基和岸坡开挖施工质量检验项目和要求 表 6-24

检验项目	质量要求	检验方法
地基清理和处理	粉土、淤泥、泥炭已挖除，无树根、草皮、乱石、坟墓、水井、泉眼，堵塞良好，坑洞分层回填夯实，地质符合要求，预留保护层已挖除	全面观察检查
岸坡清理和处理	无树根、草皮、乱石、腐蚀土，有害裂隙、洞穴已处理	全面检查
岸坡清理坡度	对于黏土、弱湿陷性黄土、砂砾石的坡度不陡于 1：1.5 或符合设计要求	用坡度尺或经纬仪检查
截水槽地基处理	泉眼渗水已处理，岩石冲洗洁净，无积水	全面观察检查
截水墙基面坡度	符合设计要求	用坡度尺检查
有机质、易溶盐含量	有机质含量不大于 3%，易溶盐含量不大于 3%	取样化验或试验

2. 土石料填筑

(1) 土料填筑。土料填筑的检验项目和要求，如表 6-25 所示。

土料填筑的检验项目和要求 表 6-25

检验项目	质量要求	检验方法
土料铺筑	铺土均匀，表面平整，无土块，无粗粒集中，边线整齐	观察检查
上下层铺土之间的结合处理	砂砾及其他杂物清除干净，表面刨毛，保持湿润（均匀、无空白）	观察检查
土料碾压	无漏压、欠压，表面平整，无弹簧、起皮、脱空和剪力破坏现象	观察及测量检查
接合面处理	进行削坡、湿润、刨毛处理	观察检查

(2) 堆石体填筑。堆石体填筑的质量检验项目和要求，如表 6-26 所示。

(二) 土石工程施工质量检验中的理化试验

土石工程施工质量检验中所应进行的物理性质试验项目，如表 6-27 所示。

堆石体填筑质量检验项目和要求 表6-26

检验项目	质量要求	检验方法
石料质量	符合设计要求，无超径石块，含泥量符合规定	观察检查及查阅试验记录
铺料厚度	符合规定	观察检查及测量
碾压参数	符合规定	观察检查
洒水量	符合设计要求	观察检查
压实质量	压实密度符合设计要求，层面平整，分区均衡上升，无大粒料集中现象	观察检查及查阅试验记录

土石工程施工中质量检验项目表 表6-27

坝料类别			试验项目
防渗体	黏性土	边、角夯实部位	干容重、含水量
		碾压部位	干容重、含水量
	砾质土	边、角夯实部位	干容重、含水量、大于5mm颗粒含量
		碾压部位	干容重、含水量、大于5mm颗粒含量
			渗透试验
反滤料、过渡料			干容重、颗粒分析、小于0.1mm颗粒含量
坝壳砂砾料、代替料			颗粒分析、小于0.1mm颗粒含量、大于5mm颗粒含量、渗透系数
堆石体			干容重、颗粒分析、小于5mm颗粒含量
贝壳砾质土			干容重、含水量、渗透试验、颗粒分析、大于5mm颗粒含量
垫层（面板坝）			干容重、渗透试验

注：表中小于0.1mm颗粒含量为含泥量，大于5mm颗粒含量为砾石含量。

【例6-5】 某堆石面板坝工程，在堆石坝体填筑时质量控制的内容是：对垫层、过渡层、小区、主堆石区等上坝材料的级配、超径颗粒、含泥量等均进行严格检查，不合格的土料不允许上坝；对坝体填筑的铺料厚度、碾压遍数、加水量和压实机具行车速度、搭接宽度、各填筑层高差均严格进行控制，每层填筑完毕后，由施工单位提出质量资料，经监理工程师检验核实，并签证后，方可进行上一层填筑。

表6-28所示为监理单位对该堆石面板坝坝体某层面填筑质量的检测复核结果。

某堆石面板坝坝体填筑质量检测表 表6-28

填筑分区	填筑方量（万m³）	取样组数（组）	每组代表方量（m³/组）	指标类别	干密度（g/cm³）	孔隙率（%）	渗透系数（近似值）（cm/s）	最大粒径（mm）	<0.1mm含量（%）
小区	0.2	95	21	控制值	2.01	<21		40	<5
				实测值	2.13	19.2	2×10^{-5}	60	3.0
					1.92~2.27	27.4~14.7			
垫层区（Ⅰ）	2.3	132	170	控制值	2.11	<22	$<10^{-2} \sim 10^{-4}$	100	<5
				实测值	2.16	19.5	2.1×10^{-3}	100	1.5
					1.96~2.33	27.1~13.6	$1.7 \times 10^{-2} \sim 2.3 \times 10^{-3}$		
过渡区（Ⅱ）	4.0	58	690	控制值	2.06	<23	$>10^{-3}$	300	<5
				实测值	2.16	18.9	2.0×10^{-3}		1.3
					2.00~2.28	24.8~14.3	$6.3 \times 10^{-2} \sim 1.7 \times 10^{-3}$		
主堆石区（Ⅲ）	46.7	39	11970	控制值	2.02	<25	$>10^{-3}$	800	<3
				实测值	2.07	21.4	$>10^{-3}$		1.4
					1.95~2.22	25.9~15.6			
次堆石区（Ⅳ）	30.7	27	11378	控制值	1.98	<26		1000	<5
				实测值	2.02	18.1			1.4
					1.98~2.16	27.8~17.9			

第七章 工程材料、生产设备和施工机械的质量控制

第一节 工程材料的质量控制

一、工程材料质量控制的意义

工程材料（包括原材料、半成品、成品、构配件）是构成工程实体的物质基础，材料费约占工程造价的60%以上，而且品种多、数量大，所以工程材料的质量对工程项目的质量有着重要的影响，因此对工程材料的质量进行严格控制对提高工程的质量具有重要的意义，主要反映在以下几个方面：

（1）保证工程的质量。由于工程材料是构成工程实体的物质基础，材料质量的好坏将直接影响工程的质量，所以搞好工程材料的质量控制，在很大程度上就能保证工程的质量。

（2）保证工程按期竣工。搞好工程材料的质量控制，就能使工程的施工顺利进行，避免返工，保证工程按期竣工。否则将会造成返工，从而延误工期。

（3）降低工程的成本。搞好工程材料的质量控制，可以避免由于使用质量不符合要求的低劣材料而造成的质量事故，从而减少了经济损失，降低了工程的成本。

（4）保证施工的顺利进行。搞好工程材料的质量控制，避免了由于材料问题而造成的质量事故，并且也可以避免由此而引起的一些不必要的纠纷，从而保证工程的顺利进行。

为此，监理工程师应对工程材料的质量进行严格的控制。工程材料的质量控制主要着重在材料的采购订货、材料进场后的控制和材料的使用等几方面。

二、工程项目施工中材料的质量控制

目前工程项目施工中材料的来源，主要有两个方面，即：

（1）由建设单位提供。

（2）委托施工单位采购。

对于上述两种不同的材料来源，监理单位对材料质量控制的重点也略有不同，对于由建设单位提供的材料，监理单位应重点做好材料进场后的质量控制和材料使用的质量控制；对于由施工单位采购的材料，则应做好材料采购订货的质量控制、材料进场后的质量控制和材料使用的质量控制。

三、材料采购订货的质量控制

材料采购的方式一般有下列三种：

（1）市场直接采购；

（2）询价采购；

（3）招标采购。

材料的质量取决于供货厂家（供货单位）的质量保证能力和材料的质量标准，因此为了确保所采购的材料符合规定的要求，必须对材料的采购订货工作进行严格的控制。

材料在采购订货之前，施工单位应在广泛收集市场信息的基础上进行分析研究后，向监理单位进行申报，并提供材料采购计划，其中应包括所拟采购材料的规格、品种、型号、数量、单价和样品，同时应提供材料生产厂家的基本情况（厂家的生产规模、产品品种、质量保证措施、生产业绩和厂家的信誉等）或供应单位的基本情况（营销规模、供应品种、质量保证措施、营销业绩和信誉等），供监理工程师审查。监理工程师审查的内容着重在检查施工单位所拟采购的材料是否符合设计图纸的规定和承包合同的要求，材料的生产厂家（或供应单位）能否保证质量，能否如期交货等，必要时监理工程师可根据施工单位提供的样品进行检验，以鉴定材料的质量是否符合需要。为了确认供货厂家的质量保证能力，如有必要，监理工程师可会同施工单位进行现场考查，实地了解厂家的生产情况、质量保证措施和产品的实际质量，经监理工程师审查确认后，施工单位才能正式进行材料的采购订货。

对合格的供货厂家，应建立相应的供货档案，定期对供货厂家的业绩进行评定，并根据评定的结果及时调整供货厂家，以便对材料的采购订货实施动态管理。

对大批量的材料采购，可采用招标方式，以便择优选择供货厂家。

四、材料进场后的质量控制

材料运抵施工现场后，施工承包单位应填写材料报验申请表，并附上有关证明文件报送监理单位审查，同时施工承包单位还应对进场材料按规定进行自检和复验，自检和复验结果应报监理单位审查确认。根据合同约定监理单位还可派监理人员会同施工承包单位共同对材料进行清点或进行平行检测和见证取样检测。

对于进口材料和构配件，应根据合同约定，由建设单位、施工承包单位、供货单位、监理单位和其他有关单位进行联合检查。

对未经监理工程师审查签认或审查不合格的材料，监理工程师应签发《监理工程师通知单》，通知施工承包单位撤离施工现场。

1. 质量保证资料的核查

材料运抵施工现场后，监理工程师应核查材料的质量保证资料，如供货总说明，产品合格证和技术说明书，质量检验证明，检测与试验者的资格证明，关键工艺操作人员资格证明及操作记录等，核查质量保证资料是否齐全，并鉴别这些质量保证资料的真实性和可靠性。

2. 材料的清点检查

监理人员应会同施工单位对材料进行清点检查，清点检查的内容包括：

(1) 材料包装的检查。检查包装是否符合规定要求，有无破损。

(2) 进行材料标记的检查。检查是否有相应的标志，以及标志是否清楚等。

(3) 进行材料的外观检查（包括材料的规格、品种、型号、外形、颜色等）。检查材料的外观是否与材料的采购订货合同一致。

(4) 进行材料外形尺寸的检查。

(5) 进行材料数量的检查。检查到货的数量是否与采购合同的数量相符。

对于建设单位（业主）提供的产品，建设单位应保证产品的质量，并满足合同规定的要求。当所提供的产品进场后，建设单位应派人与施工单位共同进行清点验证，监理单位也应派人参与。其质量控制的内容包括：

(1) 核对产品的类型、数量、标志及运输过程中损坏和丢失情况。

(2) 对建设单位提供的产品进行标识和妥善保管，以防未经批准就使用。

五、材料供应的质量控制

监理单位应监督和协助施工单位建立材料运输、调度、储存的科学管理体系，加快材料的周转，减少材料的积压和储存，做到既能按质、按量、按期地供应施工所需的材料，又能降低费用，提高效益。

六、材料使用的质量控制

监理单位应建立材料使用验证的质量控制制度，材料在正式用于施工之前，施工单位应组织现场试验，并编写试验报告。现场试验合格，试验报告及资料经监理工程师审查确认后，这批材料才能正式用于施工。同时，还应充分了解材料的性能、质量标准、适用范围和对施工的要求，使用前应详细核对，以防用错或使用了不适当的材料。

对于重要部位和重要结构所使用的材料，在使用前应仔细核对和认证材料的规格、品种、型号、性能是否符合工程特点和设计要求。此外，还应严格进行下列材料的质量控制：

（1）对于混凝土、砂浆、防水材料等，应进行试配，并应检查、监督施工单位按试验要求严格控制配合比。

（2）对于钢筋混凝土构件及预应力混凝土构件，应按有关规定进行抽样检验。

（3）对预制加工厂生产的成品、半成品，应由生产厂家提供出厂合格证明，必要时还应进行抽样检验。

（4）对于高压电缆、电绝缘材料，应组织进行耐压试验后才能使用。

（5）对于新材料、新构件，要经过权威单位进行技术鉴定合格后，才能在工程中正式使用。

（6）对于进口材料，应会同商检部门按合同规定进行检验，核对凭证，如发现问题，应在规定期限内提出索赔。

（7）凡标志不清或怀疑质量有问题的材料，对质量保证资料有怀疑或与合同规定不符的材料，均应进行抽样检验。

（8）贮存期超过3个月的过期水泥或受潮、结块的水泥，需重新检定其强度等级，并且不得使用在工程的重要部位。

（9）工程中所使用的物资通常都必须经过检验，禁止使用未经检验的物资。对于确因生产急需而又来不及检验就必须投入使用的物资，需经有关负责人（相应授权人）批准，并作出明确标识和记录，一旦发现不符合规定要求时可以立即追回和更换，这种做法称为"紧急放行"。

第二节 生产设备的质量控制

一、生产设备的含义及其质量

生产设备是指工程项目投产和发挥效益所必需的设备，如果缺少这种设备，工程就不能投产或不能发挥效益。例如，水利水电工程中的闸门及其启闭机、水轮机、调速器、水轮发电机、变压器；火力发电工程中的锅炉、汽轮机、汽轮发电机；工厂中的各种生产机械、加工机械、生产流水线等。通常，生产设备（永久设备）中的主要设备的采购由建设单位负责，部分设备由施工安装单位负责。而且生产设备的采购单位应负责设备的质量控制，监理单位主要负责设备的质量监控。在受建设单位委托的情况下，监理单位将直接负责生产设备的采购工作。

生产设备的质量要求和设备的种类、用途和功能有关，应根据有关的质量标准和技术规范、规程来确定。为了保证生产设备的质量，监理工程师必须对生产设备的设计、采购订货、制造加工、运输、安装和试验进行监控，并组织好设备的验收工作。

二、生产设备采购订货的质量控制

（一）生产设备采购订货的原则

生产设备采购订货的原则是供货厂商的信誉良好，供货能力稳定，技术先进，价格合理，设备的质量、数量、规格及交货日期应满足设计和施工的要求。满足设计要求是指生产设备的质量符合标准（国家标准、部颁标准）及设计规定的质量；满足施工要求是指厂方交货的日期和数量符合施工进度安排，即符合设计供货时间，过早将影响施工场地和仓库的有效利用，过晚则影响施工的正常进行。

（二）生产设备的采购方式

生产设备的采购方式目前有下列几种：

（1）市场采购。生产设备直接由供应市场或商店采购，这种采购方式所采购的生产设备质量和费用与采购人员的工作经验和工作态度有很大关系，局部性较大，一般适用于小型零星的通用设备、配件和辅机的采购。

（2）向厂家订购。这种采购方式要求采购方对生产设备的市场价格及其变化、设备的技术性能和生产设备制造厂家的情况比较熟悉，而且有经验丰富、善于商务和技术洽谈的人员。一般适用于专用生产设备的采购。

（3）招标采购。这种采购方式是由采购单位发出招标书，由有能力供货的单位自愿参加投标，并对供应设备的质量、价格和供货时间等以书面形式（投标书）作出承诺；采购单位从众多投标单位中择优选择供货单位，签订设备订货合同。通过招标采购方式选择供货厂家的，多用于大型、复杂、关键设备和成套设备的采购。

（4）委托施工承包单位或建筑安装承包单位采购设备。一般是由建设单位委托有设备采购能力和富有经验的施工承包单位或建筑安装承包单位来进行生产设备的采购，双方签订委托书，受托方应对所采购的设备的质量负责。这种采购方式适用于专业性较强的设备和生产线设备的采购。

（5）委托监理单位采购设备。监理单位应根据与建设单位签订的设备监理委托合同，成立由监理工程师和专业监理工程师组成的项目监理机构，编制设备采购方案，明确设备采购的原则、范围、内容、程序、方式和方法，并根据设备采购方案编制设备采购计划，报建设单位批准。设备采购计划的内容应包括采购设备的明细表、采购设备的进度安排、估价表、采购资金的使用计划等。同时监理单位应组织或参与市场调查，协助建设单位选择设备供应单位。当采用招标方式采购设备时，应协助建设单位组织采购招标和设备采购的技术和商务谈判，协助建设单位起草和签订设备采购订货合同。

（三）生产设备的采购程序

生产设备的采购一般按下列程序进行：

（1）编制生产设备采购计划；

（2）进行市场调查；

（3）根据调查资料的分析，确定可能的供货厂商；

（4）进行询价或招标；

（5）进行报价评审或评标，确定合格的供货厂商；

（6）进行合同谈判，拟定合同条款，签订采购或订货合同。

（四）生产设备的采购计划

生产设备的采购计划包括设备采购总计划和单项设备采购计划两部分。

1. 生产设备采购总计划

生产设备采购总计划的内容包括：

(1) 拟采购设备、配件的明细表；

(2) 全部设备、配件的总费用估算表；

(3) 资金使用计划；

(4) 各种设备采购方式的清单；

(5) 按工程项目施工进度要求制定的设备采购进度计划；

(6) 保证计划实施的技术经济措施和组织保证；

(7) 计划实施中的风险评估。

2. 单项设备采购计划

单项设备采购计划的内容包括：

(1) 单项设备及其配件的名称、技术性能及其有关说明的明细表；

(2) 单项设备及其配件的费用估算及资金使用计划；

(3) 设备的质量标准和要求；

(4) 设备的采购方式及采购程序；

(5) 设备的采购时间；

(6) 设备的交货方式、交货时间及地点；

(7) 采购计划实施的措施及组织保证。

（五）供货厂商的市场调查

为了掌握当前市场的情况，采购单位应根据所拟采购设备的规格、型号、技术性能、质量要求、价格水平、供货期限等情况，调查和掌握哪些生产和供应厂商能够提供上述设备，以及这些生产、供应厂商的生产能力、技术水平、服务情况、业绩和信誉等情况，以便从中优选供货厂商。市场调查的内容包括：

(1) 供货厂商的资格，包括供货厂商的营业执照、生产许可证、注册资金等情况；

(2) 近年来生产、供应的设备情况；

(3) 生产能力和技术水平；

(4) 工艺和检测手段；

(5) 工艺规程的执行情况；

(6) 生产人员的素质情况；

(7) 原材料和配套零部件、元器件的采购渠道；

(8) 质量管理体系建立和运行情况；

(9) 近几年的财务状况；

(10) 售后服务工作情况；

(11) 各项生产、技术、质量、管理制度的建立和执行情况；

(12) 近年来的业绩和信誉情况。

（六）生产设备采购订货的质量控制

1. 市场采购设备的质量控制

在设备采购之前，施工单位应向监理单位申报，并提供设备的采购计划，其中包括所拟采购设备的规格、品种、型号、数量和质量标准等，经监理工程师审核，确认符合合同和设计要求后，方可采购。为此，监理单位应在平时对市场调查分析的基础上，建立合格供货厂商名录，以便在需要时可以进行比较，从中优选认可的供货厂商。合格供货厂商名录的建立一般是：

（1）在平时市场调查分析的基础上，对供货厂商的资质、供货能力、业绩、信誉等状况进行评审，确定认可的供货厂商。

（2）将认可的供货厂商编入合格供货厂商名录，并将其有关资料整理存档。

（3）根据供货厂商的生产经营情况、设备的发展变化，对列入合格供货厂商名录中的供货厂商进行定期评审，及时调整合格供货厂商，实行动态管理。

2. 向厂家订购设备的质量控制

（1）向厂家订购设备的质量控制原则

在设备订购之前，监理工程师应要求申报所拟采购设备的规格、型号、性能、单价和供货厂家的基本情况，经监理工程师会同建设单位和设计单位共同审核同意后，方可订购。如果缺乏可靠数据和资料，或者是对供货厂家的生产能力、人员素质、设备情况、生产工艺、质量控制和检测手段等还有疑问时，监理工程师可以与施工单位、建设单位代表一起进行实地考察，考察产品实物的质量、生产工艺及生产工艺装备设施，必要时还可审查其质量手册及其他质量证明文件，经实地调查确认其可靠后，经监理工程师核准并发出通知后，才能进行设备的订货。

（2）供货厂家的选择

①对供货厂家的质量保证能力进行调查、分析，并做出评价。调查的内容包括：

技术能力：包括装备条件、人员组成、技术工作水平和工艺水平等；

管理能力：包括管理的组织、管理的水平、质量保证及《质量保证手册》情况；

质量检验能力：包括检验手段如何，检验人员的资格及素质，检验工作的水平；

工序能力：工序处于稳定状态下生产出质量符合要求的产品的能力；

服务能力：包括售后服务的手段和措施。

②对厂方的信誉进行调查，了解以往用户对厂方供货能力、产品质量、价格、交货日期、售后服务的反映情况。

③对厂方产品质量进行实际检验和评价。

通过以上调查和评价，对可能的厂家进行对比分析，最后选定供货厂家或协作单位。

3. 招标采购设备的质量控制

对于通过招标方式采购设备时，监理工程师应协助建设单位做好招标工作。

（1）协助建设单位编制招标文件。

（2）审查投标单位的资质。查验投标单位的资质证书、生产许可证、设备试验报告或鉴定证书。

（3）参加由建设单位组织的对设备制造厂家或投标单位的考察，并与建设单位一起作出考察结论。

（4）参加投标单位的询问会议，深入了解投标单位的情况。

（5）参加评标和定标会议，对投标单位进行综合比较和分析，协助建设单位择优确定中标单位。

（6）协助建设单位编制或审查合同。合同内容通常应包括设备的规格、型号、数量、技术参数、价格、采用标准、验收条件、交货状态、包装要求、交货时间和地点、运输要求、付款方式、经济担保、索赔和仲裁条款等。

(7) 协助建设单位向中标单位或厂家提供必要的技术资料及文件。

生产设备采购监理工作结束后,监理单位应向建设单位提交生产设备采购监理工作总结及下列监理资料:

(1) 设备采购方案计划;
(2) 设备的设计图纸和文件;
(3) 市场调查、考察报告;
(4) 生产设备采购招标文件;
(5) 生产设备采购订货合同;
(6) 生产设备采购监理工作总结。

三、生产设备设计的质量控制

在生产设备加工制造之前,监理工程师应审查厂方提出的设计文件,审查的依据是订货合同和有关的技术标准与规范,审查的主要内容包括:

(1) 设计内容是否齐全,有无遗漏和差错。
(2) 设计依据是否符合合同文件的要求。
(3) 设备的规格、性能和生产能力是否符合合同规定,能否满足今后生产的要求。
(4) 设备所用的材料是否符合合同的规定,设计的技术指标是否合理,能否保证设备的质量。
(5) 生产计划和进度安排是否合理,能否满足施工的要求。
(6) 设备加工制造的生产工艺流程是否切实可行,能否保证质量,加工设备是否先进。
(7) 设备制造中拟采用的质量措施是否满足要求,检测手段是否先进。
(8) 审查设计和图纸是否符合要求,有无遗漏和错误。
(9) 协助建设单位(业主)验收设计文件和图纸。

四、生产设备加工制造的质量控制

生产设备的加工制造过程是生产设备实体形成的过程,也是设备质量形成的过程,所以监理工程师应对生产设备加工制造的质量进行控制。

(一) 生产设备加工制造质量的控制方式

生产设备加工制造质量控制的方式有下列几种:

1. 驻厂监造

监理单位派出监理人员驻厂监督,在设备的加工现场对设备的加工制造全过程进行跟踪旁站监理。

质量监造人员应由熟悉本专业技术,懂得生产管理,有一定工作能力的人来担任。质量监造人员有权对设备的质量进行评价,作出"认可"与否的决定,并代表需方在质量保证书上签字,同时还可对一般质量问题的分析和处理提出意见或确认。质量监造人员也应随时将质量信息反馈回本单位,以供决策。

质量监造人员应做好监造的准备工作,包括:

(1) 熟悉设计图纸,掌握设计意图及设备制造的工艺要求;
(2) 熟悉现行规范、规程、标准和订货合同中有关设备制造的规定和要求;
(3) 参加建设单位组织的设备制造图纸的设计交底,进一步了解设备加工制造的要求;

(4) 编制监造工作计划，内容包括设备的基本情况，监造的人员、职责和分工，监造工作的依据，监造的内容和目标，监造工作的程序，监造的方法和措施及工作制度等，监造工作计划经监理单位认可后实施；

(5) 审查设备制造的工艺方案；

(6) 审查设备的质量检验计划，包括检验的内容、方法、质量标准、检测仪器和设备等；

(7) 核查设备制造所用材料的材质证明书，各种配件、元器件等的质量合格证明文件和制造厂家自检的检验报告；

(8) 检查上岗生产人员的资格。

质量监造的内容包括：

(1) 供方质量管理体系运行情况及《质量手册》执行情况。

(2) 加工制造工艺情况（包括所编制工艺卡片、工艺流程、工艺要求、加工精度等）及工序能力。

(3) 质量控制情况及产品质量。

(4) 质量保证文件及准备情况。

(5) 不合格品或质量事故的分析处理情况。

(6) 无损检验人员的操作资格。

(7) 质量检验工作进行情况及其准确性。

(8) 设备制造过程中的设计变更。

(9) 包装运输的质量保证措施及手段。

对于大型和成套设备的质量监造，应成立由总监理工程师和专业监理工程师组成的项目监理机构，进驻设备制造现场，对设备的制造实施监督。总监理工程师应组织专业监理工程师编制设备监造规划，该监造规划经监理单位技术负责人审核批准后，在设备制造开始前10天内报送建设单位。

总监理工程师应审核设备制造厂家报送的设备制造计划和工艺方案，提出审查意见，符合要求后予以确认，并报送建设单位。同时，总监理工程师还应审查设备制造分包单位的资质、质量管理体系及其实际生产能力，符合要求后予以确认。

在生产设备监造过程中，专业监理工程师应做好下列工作：

(1) 审查设备制造的检验计划和检验要求，确认各阶段的检验时间、内容、方法、标准以及检测手段、检测设备和仪器。

(2) 审核设备制造过程中拟采用的新技术、新材料、新工艺的鉴定书和试验报告，并签署审查意见。

(3) 审查生产设备主要及关键零件的生产工艺设备、操作规程和相关生产人员的上岗资格，并应检查设备制造及装配场所的环境。

(4) 审查设备制造的原材料、外购配套件、元器件、标准件以及坯料的质量证明文件及检验报告，检查设备制造单位对外购器件、外协加工件和材料的质量验收，以及审查设备制造厂家提交的报验资料，符合要求时予以签认。

(5) 监督和检查生产设备的制造过程，对主要及关键零部件的制造工序进行抽检或检验。

(6) 要求设备制造厂家按批准的检验计划和检验要求进行设备制造过程的检验，做好检验记录，监理人员进行监督检查，并审查检验结果。当质量不符合要求时，可指令设备制造厂家进行整改、返修或返工。如发生质量失控或重大质量事故时,应由总监理工程师下达暂停制造指令,并提出处理意见,同时应及时报告建设单位。表7-1所示为设备检查、试验计划表。

设备检查、试验计划表　　　　　　　　　表7-1

设备或部件名称	检查、试验或验收	W点（见证点）H点（停工待检点）	检查地点	日期	C（质量合格证）R（质量记录）	备注
复水器	材料验证				C	
	管子涡流探伤	W	工厂		C	
	管子光洁度检查	W	工厂			
	水压试验	H	现场		C	灌水至汽机排水口法兰,设计压力加0.05MPa
	管子与板间	H	现场		R	
	泄漏试验					
	尺寸检查		现场		R	

(7) 审查设计变更及因变更而引起的费用增减和制造工期的变化。

(8) 检查和监督生产设备的装配过程,符合要求后予以签认。

(9) 审核生产设备制造厂家报送的设备制造结算文件,并提出审核意见,然后报总监理工程师审核,并提出审核报告。

生产设备制造工作结束后,总监理工程师应向建设单位提交生产设备监造工作总结。

生产设备监造工作中的监理资料包括以下内容:

(1) 生产设备制造合同及委托监理合同;

(2) 设备监造规划;

(3) 设备制造的生产计划和工艺方案;

(4) 设备制造的检验计划和检验要求;

(5) 分包单位资格报审表;

(6) 原材料、零配件等的质量证明文件和检验报告;

(7) 开工/复工报审表、暂停令;

(8) 检验记录及试验报告;

(9) 报验申请表;

(10) 设计变更文件;

(11) 会议纪要;

(12) 来往函件;

(13) 监理日记;

(14) 监理工程师通知单;

(15) 监理工作联系单;

(16) 监理月报;

(17) 质量事故处理文件;

(18) 生产设备制造索赔文件；

(19) 生产设备验收文件；

(20) 生产设备交接文件；

(21) 支付证书和生产设备制造结算审核文件；

(22) 生产设备监造工作总结。

2. 巡回监控

在生产设备加工制造过程中，监理单位派出监理人员巡回赴制造厂家，对设备加工制造中的重点环节和关键工序进行监控。

3. 设置质量控制点进行监控

对设备加工制造中的重要部位、重点环节和关键工序设置质量控制点，对这些控制点实施监控。

(1) 见证点监控。当设备加工制造进入质量见证点（质量控制点）之前，厂家提前通知监理单位，并约定见证点实施（加工制造）的时间，由监理单位派出监理人员按时到达现场，对见证点的过程实施监控，见证其加工制造的质量。

(2) 停止点监控。当设备的加工制造进入停止点（质量控制点）之前，厂家提前通知监理单位，并约定停止点实施的时间，由监理单位派出监理人员按时到达现场，对停止点的过程实施监督，经监理人员认可后才能进入下一工序。如果到时监理人员未到达现场，厂家应停止该控制点的加工制造，等待监理人员到场。

4. 书面监控

在工序完工后，监理人员通过审查加工记录和检验记录来确认加工制造的质量。

在生产设备加工制造中采用何种监控方式，应在设备订购合同中明确规定。

（二）外加工设备加工制造的质量控制

对于工厂加工制造的设备，加工制造中质量控制的内容主要包括：

(1) 了解和掌握设备的生产工艺和生产技术的准备情况，掌握主要和关键零部件的生产工艺规程、检验方法和检验要求。

(2) 监督原材料、外购配套件、元器件、标准件和坯料的质量检验，审查原材料的合格证书和技术说明书。

(3) 审查加工制造人员是否具有相应专业的合格证书和技术操作证书。

(4) 监督设备零部件的加工工艺，检查其操作是否符合工艺规程的规定。

(5) 监督零部件的检验质量是否符合规定要求，是否在检验合格后才转入下一道工序。

(6) 监督不合格品的处理是否合理。

(7) 检查返修品的质量是否符合规定的质量要求。

(8) 对见证点和停止点实施监控，并对质量文件和资料进行审查。

(9) 对整装发运的设备应监督设备装配过程的质量，检查配合面、零部件定位及其连接的质量是否符合设计要求，并监督设备的调试和整机性能的检测，检查设备的记录数据。

(10) 监督和检查设备的防锈处理、设备的包装是否符合装卸、运输和存放的要求。

(11) 检查设备的质量保证资料和文件是否齐全和符合要求。

（三）内加工设备加工制造的质量控制

1. 设备制作前的质量控制

对于在场内加工制作的设备，在加工制作前，监理人员应审定承包单位制定的生产计划，检查其对制作中的各个环节和影响因素是否制定妥善的措施，其中包括对制造过程中的物资供应、制造设备、工艺方法和加工程序、生产人员、辅助材料、公用物品和环境条件等的监控；对产品质量有重大影响的工序进行检验；对产品质量特性起重要作用的辅助材料和公用物品，如生产用水和用电、压缩空气、化学用品等进行定期检查；对质量有影响的生产环境，如温度、湿度、清洁度等进行定期检查和控制，以确保设备的制作是在受控状态下按规定的方法和程序进行。

同时，在制造前应审查承包单位对生产作业所编制的作业指导书，其中应明确规定所采用的技术规范、操作规程及应达到的标准，并通过文字说明、图片或标样来加以说明。

此外，还应对生产加工人员、加工设备和操作工艺进行审查。

2. 设备加工制作过程的质量监控

在生产设备制作过程中，监理人员应采取跟班检查、阶段性抽查和阶段验收等方式，对生产设备制作过程的质量实施监控。

（1）监督生产单位严格按生产计划进行制作，按作业指导书进行操作。
（2）设立质量控制点，对质量控制点的过程进行控制。
（3）监督设备零部件的加工工艺，核查零部件的检验质量是否符合规定要求。
（4）对不易测量或不能经济地测量，或需要特殊技艺的工序进行下列项目的检查：
①在制作、测量、装配和调试产品时所使用的设备的准确度及其变化；
②操作人员的技能、操作水平和生产知识与经验是否符合要求；
③生产人员、操作工艺和加工设备的认可记录；
④对产品有影响的环境因素的控制情况。
（5）检查各种加工设备（包括机器、夹具、模具、工具样板和计量器具等）的校验情况，其偏移和精密度是否符合要求。
（6）检查加工制作中所用的材料和零部件的验证情况，是否用印记、标签、履历卡或产品检验记录等方式作出标识。
（7）检查返修品的质量是否符合规定的质量要求。
（8）监督不合格品的处理。

【例 7-1】 某水电工程项目压力钢管制作的质量监控

（1）压力钢管制作前准备工作的质量监控

①在压力钢管制作前，监理工程师督促制作单位提交钢材合格证书、压力钢管加工制作计划、焊接工艺措施、超声波探伤工艺、X 射线探伤工艺、钢管制作测定记录、无损检测人员资格证书、焊工合格证明文件、焊缝外观质量检查表等材料，并进行审查。

②监理工程师督促制作单位组织有合格证的焊工进行岗前考核，经岗前考核合格后才能上岗操作，以确保焊接质量。

③焊接考核完成后，抽取部分焊接件作机械性能试验，以检验焊接的质量。

④监理工程师审查制作单位提交的钢管制作计划和措施，并实地考察钢管制作工厂及其生产设备，检查其生产条件。

（2）压力钢管制作过程的质量监控

在压力钢管制作过程中，监理工程师采取跟班检查、阶段性抽查和阶段验收的方式，对压力钢管的制作质量进行监控。

①跟班检查。通常由监理人员对钢管的组圆、焊缝的外观质量、喷砂除锈等作业进行跟

班检查，及时了解焊接质量，检查焊工是否违规操作，发现问题迅速处理。对 X 射线拍片，需 100% 经监理人员评定。对超声波探伤则采取跟班检查和抽检相结合的监控方式。

②阶段性抽查。每制作完一节钢管，监理人员都应对钢管制作的几何尺寸、内弧度、椭圆度、油漆厚度、油漆的附着力等进行抽检。

③阶段验收。当压力钢管几何尺寸、焊缝外观质量复检合格后，监理人员即在生产单位的报表上签字认可，然后再进行无损检测。无损检测合格后，监理人员在无损检测报表上签字认可后，制作单位才允许作喷砂除锈作业。喷砂除锈作业达到质量标准，经监理人员签字认可后，才允许制作单位进行油漆作业。油漆作业完成后，再经监理人员检查认可。

在钢管制作完毕出厂前，监理工程师会同安装单位、制作单位的质检人员对钢管的几何尺寸、上下游管口尺寸偏差、椭圆度、内弧度、管口不平整度、钢管内外表面焊疤清理情况进行全面检查。检查不合格的项目，可指令制作单位进行处理，直至全部合格为止。最后经监理工程师签字认可后，才准许出厂。

五、生产设备厂内预组装和试验的见证

大型生产设备制造完成后，应按照合同规定在工厂进行预组装和试验，检查设备的外观、尺寸、性能、操作性和可组装性等是否符合标准、规范及合同的规定，以鉴定设备的制造质量。

通常，在设备预组装和试验前，厂方应提前 15 天通知用户到厂进行设备预组装和试验的目睹见证。届时监理工程师应到现场亲自观察设备的预组装和试验情况，见证设备的制造质量，确信设备合格后始可发运。对于通过预组装和试验不合格的设备，厂方应负责返修处理，并重新进行预组装和试验。

六、生产设备提货运输的质量控制

（一）生产设备提货的方式

生产设备的提货方式通常有两种：

（1）由外地（或国外）制造厂办理托运，施工（安装）单位到车站（或码头）提货；

（2）直接到制造厂提货。

（二）在车站（或码头）提货时的质量控制

生产设备在车站（或码头）提货时应注意：

1. 核查设备的名称、型号、特性和数量。

2. 进行外观检查：

（1）检查设备的包装和封印是否完好。

（2）包装有无破损。

（3）有无沾污、受潮、水渍等异状。

如经检查发现有问题，应立即当场要求车站（或码头）理赔部门检查，对短缺损坏情况，凡属运输部门责任者，应由理赔部门做好记录，并办妥有效签证后，方可提货。

（三）在制造厂提货时的质量控制

当生产设备在制造厂提货时，应当即对生产设备进行检查验收，如发现问题要立即与厂方交涉解决。同时还应：

（1）检查有关的随机文件、装箱单和附件是否齐全；

（2）检查设备的防护和包装是否满足运输、装卸、储存、安装的要求。

某些设备（包括仪器、仪表）常常在运输过程中由于操作不当而造成部件损坏、功能和精度降低，有的甚至丧失使用价值，给工程造成很大损失。所以监理工程师应督促负责设备运输的部门，建立采购运输质量责任制，确保设备的运输质量。

采购运输质量责任制包含采购、押运、装卸、运输四个方面的人员，其各自的质量责任如下：

（1）采购人员的质量责任。采购人员应明确所采购设备的品种、规格、质量性能等方面的特点及其在运输中的质量保证要求，根据设备的具体情况和使用日期，制定运输计划，确定合理的运输方式，并认真地向押运、装卸和运输的人员进行保证运输质量的交底。

（2）押运人员的质量责任。押运人员负责设备运输全过程的质量保证，处理运输中发生的异常情况，注意设备的防潮、防雨、防震、防碰撞等要求，确保设备的运输质量，检查运输过程中设备储存环境和储存条件是否符合要求，设备的存放是否符合包装标识的示意和存放要求。

（3）装卸人员的质量责任。在设备装卸前，应明确设备在运输中的放置形式，对设备装卸起重位置进行标识。装卸人员应按照采购人员提出的装卸操作要求进行装卸，禁止野蛮装卸；认清设备的品种、规格、标记和件数，避免错装和漏装；对装卸中发生的异常情况，应及时向采购人员反映，采取适当的措施进行处理。

（4）运输人员的质量责任。运输人员的质量责任是根据设备的运输质量要求，配合押运和装卸人员做好运输质量保证工作；选择合适的运输路线，根据路面和设备的情况控制行车速度；尽量做到直达运输，避免二次搬运；选择合适的停车、卸车地点。

在生产设备的运输质量控制中，监理人员还应做好下列工作：

（1）审查主要设备、有特殊运输要求的设备和超大型设备的运输计划和装卸方案是否合理和能否保证质量。

（2）在生产设备运输之前，专业监理工程师应检查设备的防护和包装是否符合运输、装卸、储存、安装的要求，以及随机的文件、装箱单和附件是否齐全。

（3）审查承运单位的承运能力、信誉、技术水平和运输条件。

（4）审查所采取的运输安全措施。

（5）监督主要设备和进口设备的装卸，发现问题及时处理。

（6）及时了解设备运输中的情况，协助解决运输中发生的问题：

①检查整个运输过程是否按运输计划运行，运输措施是否落实；

②检查整个运输过程中设备的装卸、运输、储存中是否按包装标志示意和存放要求进行；

③检查设备运输过程中储存场所的条件和环境是否符合要求；

④督促运输单位做好设备装卸、运输、储存记录。

七、生产设备到货后的检查验收

生产设备到货后，监理单位应进行的质量控制工作主要是：首先，总监理工程师应组织专业监理工程师参与主要设备的开箱清点、检查及验收工作；其次，检查设备的储存环境和储存条件（防雨、防尘、防漏、防潮及防磁）是否符合要求，并督促有关单位定期检查和维护。

（一）生产设备开箱检查

在生产设备到货后，施工单位（安装单位）应向监理工程师提交设备申报表。

生产设备到货后,监理工程师应根据设计图纸、订购合同和有关的质量标准,对厂家提供的质量保证资料进行核查,并根据具体情况作必要的质量确认检验,然后分析和判断设备的质量是否达到了规定的质量要求。生产设备质量确认检验的目的,是通过质量检验取得数据后与厂方提供的质量保证文件相比较,以判断质量保证文件和设备质量的可靠性,决定是否可以验收和安装使用。

1. 设备开箱检查的内容
(1) 检查设备和部位的外观。
(2) 检查设备和部件的规格、型号,清点部件(附件)的数量。
(3) 核对随机供应的配件、材料等的材质和标记,如有疑问时应进行核对或抽样复检。
(4) 对箱内所附的技术资料和质量保证资料,包括图纸、说明书、质量证明文件、合格证、各种试验报告等进行清点、登记,并在资料上标明设备批号和箱号。

2. 设备开箱检验应注意的问题
(1) 设备开箱检验必须有卖方或其代理人参加,如卖方未参加开箱,则应由设备的业主或监理单位代表主持开箱检验。只有在货主同意的情况下,施工单位(或安装单位)才可单独进行开箱检验。
(2) 重要设备、主机设备或必须结合设备技术性能进行检验的设备,以及不易确认外部质量的设备,都应有相应的技术人员参加开箱检验。
(3) 开箱检验时对必须拆开内包装看到设备或部件本身时,对于必须恢复内包装的部件,在检验后一定要重新进行包装。
(4) 对于充油或充气贮存保护的设备,要检查和记录其原始的油压和气压。

(二) 设备确认检验
1. 质量确认检验的程序和方法
(1) 质量确认检验的程序
①将厂方提供的质量保证文件和资料提交监理工程师审查。
②将厂方提供的质量保证文件对设备的标记、规格、品种、型号、数量、外观等进行清点和确认检查,确认无误后,才允许入库或进行复验。
③当对厂方的质量保证资料有怀疑,或文件与实物不符,或设计、技术规程和合同中明确规定需要进行复验后才能使用,或对于重要设备,均应进行复验,根据复验的结果再决定是否安装使用。

(2) 质量确认检验的方法
①外观检查:包括标记、品种、规格、型号、外形尺寸、包装等情况的检查。
②试验:主要是设备的性能试验、材料品质的鉴定等。
③无损检测:用超声波、X 射线、表面探伤等方法进行检验。

2. 生产设备质量检验的程度
生产设备质量检验的程度(类型)通常有免检、抽检和全检三种。
(1) 免检
符合下列情况之一时,可以免检:
①有足够质量保证文件的一般性小型设备。
②质量长期稳定,信誉可靠,且质量保证文件齐全的设备。
③实行质量监造,并获得全部质量保证文件的设备。

（2）抽检

符合下列情况之一时，需进行抽检：

①对厂方的质量保证文件有怀疑，或质量保证文件与实物不符时。

②对于重要设备，或需要进行质量追踪检验的设备。

③设计、技术规程或合同中规定必须进行复验的设备。

（3）全检

符合下列情况之一时，需进行全检：

①对于重要工程的设备。

②非重要工程的关键设备。

③国内生产的新设备。

④国外生产的各种设备。

3．设备检验的要求

（1）有包装的设备应检查包装是否符合要求，包装是否受到损坏。

（2）对整机装运的新购设备，应进行运输质量及供货情况的检查。

（3）对解体装运的自组装设备，应对总成、部件及随机附件、备品等进行外观检查，同时在工地组装后还应进行必要的检测试验。

（4）对工地交货的机械设备，应由厂方在工地组装、调试和生产性试验合格后，再由监理单位组织复验，确认符合要求后才能验收。

（5）对进口的设备，应在开箱后进行全面检查，并做好详细记录或照相，如发现问题，应及时向供货厂家进行交涉和索赔。

设备的保修期和索赔期一般为：国产设备从发货日起 12~18 个月；进口设备从发货日起 6~12 个月。

4．不合格设备的处理

对于经检验判定为不合格的设备，可作如下处理：

（1）向厂方退货。

（2）退厂修复，消除缺陷。

（3）经设计单位研究分析后允许降低设备标准，用于级别较低或规模较小的工程。

（4）报废处理，向厂方索赔。

八、生产设备仓储保管的质量控制

（一）设备仓储保管的要求

（1）设备在开箱检验后原则上应恢复原包装进行贮存和保管，如若确实不能恢复原包装的，应该遮盖好，并将孔眼加盖、塞，防止杂物和小动物进入设备。

（2）对于开箱后的散件，应有原包装箱号等明显、牢固的标记。

（3）施工单位（安装单位）应制定相应的保管维护要求，作好保管维护工作和记录。

（4）设备仓库应保持整洁、文明、无垃圾、无积水，并防止小动物破坏设备。

（5）设备堆放场应无积水、无杂草、无垃圾杂物。

（6）叠放设备的地坪应平坦、坚实，枕木放置合理，要保证下部箱件受力均匀。

（7）应做好季节性预防工作，如防台风、防汛、防冻、防高温、防潮、防霉变等。

（二）检查与维护

（1）设备在保管中心必须经常或定期检查，进行必要的维护。遇有灾害性天气要做好防护措施和受灾后的及时补救措施。

（2）对于有特殊保管维护要求的设备，应按照制造厂规定的具体措施进行保管维护。

（3）对于重要的设备，无论制造厂是否有明确的保管维护要求，施工单位（安装单位）都必须指派专人做好保管维护工作及记录。

监理工程师要督促施工单位（或安装单位）做好设备的保管维护工作，经常或定期检查和监控设备的保管维护状况。

九、生产设备安装调试的质量控制

监理人员对生产设备安装调试时的质量控制，主要着重于对设备安装调试的组织工作和生产技术准备工作、设备基础及预埋件、安装工艺过程、隐蔽工程、单机调试检验、生产线或整机联动试车检验等问题的质量控制。具体的质量控制内容如下：

（1）核查生产设备安装调试单位的资质及质量管理体系。

（2）审查生产设备安装调试的施工组织设计、施工方案及施工进度计划。

（3）核查设备安装的准备工作，审查安装单位提交的开工申请，下达开工令。

（4）监督设备基础、预埋件的施工及检测工作。

（5）对设备安装中的隐蔽工程进行检查验收。

（6）在生产设备安装过程中进行旁站监理，监督设备安装的工艺过程和关键工序的施工。

（7）审查工程变更和设计修改事宜。

（8）审查设备安装和调试的施工记录。

（9）参加设备安装和调试的调度会和协调会，协调施工进度和各方面的关系。

（10）参加质量事故的调查处理，审查事故处理方案，并对事故的处理进行检查验收。

（11）在有必要的情况下下达停工令和复工令。

（12）监督生产设备的单机调试，生产线或整机的联动试车，审查调试记录，进行调试的检查验收。

（13）对生产设备的安装调试进行评估，并写出评估报告。

应重点控制下列几方面的质量：

（1）审查机电设备及金属结构安装总方案

监理机构应协助建设单位审查安装单位提交的机电设备及金属结构安装调试总方案：包括机电设备及金属结构安装总布置、安装程序、总进度计划及人员和工器具、测量器具配置、主要部件和特殊部件安装的初步方案，以及拟采用的新技术、新工艺和质量安全保证措施，主要安装调试质量标准等。

（2）预埋件的检查

机电设备及金属结构件的许多零部件在土建混凝土浇筑前需要预先埋设或预留孔洞或预留二期混凝土部位。监理工程师应协调土建及安装预埋工作，安装单位在预埋预留合格后提出自检报告送监理工程师进行复检，然后才能浇筑混凝土。

（3）大件吊装安装质量检查

对于机电设备、金属结构等重大部件的吊装安装，如水电工程中的主变压器吊芯、轮毂烧嵌、转子吊装、闸门、启闭机大件吊装，以及机组基准件如座环、蜗壳、尾水管等部件吊装，安装单位应向监理机构报送单项安装工艺措施，包括安装方法、测量工具与仪器的名称和精度、焊接工艺、支撑与加固方式、质量标准、安装工期、人员配备等。监理工程师应对大件吊、安装过程进行跟踪监理。

(4) 过程检验和试验的检查

监理机构应督促安装单位按照国家及行业主管部门颁布的安装和试验规程进行设备的调试和安装质量的检验，必要时监理工程师可要求抽检和复核。

十、生产设备试运行阶段的质量控制

生产设备试运行阶段是在生产设备安装完毕和通过调试，并已交工验收的情况下，按正式生产条件和规定的期限进行试运行（试车）的阶段，通过将试运行阶段记录的数据与设计要求对比，检查生产设备的设计、制造、安装和调试的质量，验证生产设备连续正常运行的可靠性和稳定性。试运行阶段一般也是生产设备的保修阶段，通过试运行检查后，生产设备才能进行正式竣工验收。试运行阶段监理单位应做好下列工作：

(1) 启动试运行方案的审查。监理机构应协助建设单位审查主要生产设备（如机电设备、闸门及启闭机等）的调试程序、启动试运行程序、操作规程，并参加启动试运行。

(2) 在生产设备试运行阶段，监理单位应定期或不定期地到达现场，观察了解生产设备试运行情况。

(3) 督促生产单位做好试运行记录，并检查试运行记录，并审查试运行记录和试运行情况报告。

(4) 将试运行记录数据与设计要求进行对比，检查生产设备运行的可靠性和稳定性。同时通过检查找出差距，分析原因，并与有关方面共同研究处理办法和改进措施。

(5) 当生产设备试运行过程中出现故障或质量问题时，应会同建设单位、设计单位、制造厂家、安装单位和生产单位（使用单位）共同分析原因，找出处理办法，及时排除故障。

(6) 参与生产设备试运行后的检验，并对生产设备的质量作出评价和对生产设备能否安全稳定运行作出评估。

十一、生产设备采购监理和加工制造监理工作结束时应提供的监理资料

(一) 生产设备采购的监理资料

生产设备采购监理工作结束时应提供的监理资料包括：

1. 委托监理合同；
2. 设备采购方案和计划；
3. 设计图纸和文件；
4. 市场调查和考察报告；
5. 设备采购招标文件；
6. 设备采购订货合同；
7. 设备采购监理工作总结。

(二) 生产设备加工制造的监理资料

生产设备加工制造工作结束时应提供的监理资料包括：

1. 设备加工制造合同和委托监理合同；
2. 设备加工制造计划和工艺方案；
3. 设备加工制造的检验计划和检验要求；
4. 原材料、零配件等的质量证明文件和检验报告；
5. 开工/复工报审表、暂停令；
6. 检验记录和检验报告；
7. 报验申请表；

8. 设计变更文件；
9. 会议纪要；
10. 往来文件；
11. 监理日记；
12. 监理工程师通知单；
13. 监理工程师联系单；
14. 监理日报；
15. 质量事故处理文件；
16. 设备加工制造索赔文件；
17. 设备验收文件；
18. 设备交接文件；
19. 支付证书和设备加工制造结算审核文件；
20. 设备加工制造监理工作总结。

第三节　施工机械的质量控制

随着科学技术和生产的不断发展，工程项目的规模也愈来愈大，施工机械已成为现代工程建设中不可缺少的设备，用来完成大量的土石方开挖，土石料的开采、运输、填筑和压实，混凝土的拌合、运输和浇筑，构件、设备的吊装等，代替了繁重的体力劳动，加快了施工进度，也促使了施工技术的不断发展。

由于工程项目施工中采用了大量的各种施工机械，所以施工机械的选择和使用是否正确，也就直接影响到工程项目的质量。因此监理工程师应根据工程项目的特点、施工组织和施工方法、施工现场情况、施工机械性能等因素，对施工机械的选择使用进行控制。

施工机械质量控制的目的是为施工提供性能好、效率高、操作方便、安全可靠、经济合理的施工机械设备。为此，监理工程师对施工机械设备质量控制的内容主要包括施工机械形式和性能参数的选择，施工机械的使用、操作要求等方面。

一、施工机械设备选择的质量控制

施工机械设备选择的质量控制，主要包括施工机械设备形式和组合的选择，施工机械设备性能参数的选择两个方面。

1. 施工机械形式和组合的选择

施工机械形式和组合的选择是否合理，关系到能否充分发挥机械的效能和能否高速、经济、有效地完成施工任务，也就是直接影响到工程项目的施工速度、施工质量和施工成本，所以监理工程师应协助和审查施工单位对施工机械形式和组合的选择。

施工机械形式和组合的正确选择，应考虑下列条件：

（1）施工作业的内容。施工机械的形式应适合施工作业的内容，例如土方工程中在选择挖土机时，如果是挖掘停机面以上的土石方，则应选择正向铲挖土机；如果挖掘停机面以下的土石方（挖掘基坑内土石方），则应选择反向铲挖土机；如果挖掘地下水位以下的土石方，则应采用抓斗式挖土机（索铲挖土机）；如果挖掘工作面上的零星土石方，则应采用铲运机（装载机）等。

（2）施工作业工作量。施工机械形式的选择应与其作业工作量相匹配，如吊装工程中所选用的起重机应满足最大起重件重量和起重力矩的要求。

(3) 工程的结构形式。施工机械的形式应与工程的结构形式相适应,对于混凝土结构和组合安装钢结构的电厂厂房施工时,应选用塔式起重机;对于单件安装的钢结构,则宜选用履带式起重机。

(4) 施工现场条件。例如在土方工程施工中,推土机、装载机(铲运机)、自卸汽车等形式的选择,应考虑运距的长短;轮胎式机械和履带式机械的选择,应考虑施工现场的土质条件等。

(5) 施工环境。例如气候条件对施工机械形式的选择就有很大影响,在低温地区要考虑液压装置和起重钢架耐低温的条件,在高温地区要考虑机械散热能力问题,干燥地区或季节宜选用轮胎式机械,泥泞地区或多雨季节则宜选用履带式机械等等。

(6) 在两种以上机械的联合作业中,在选择机械的组合时,应使组合机械中各机械的作业能大体一致,保持平衡,以免有的机械能力过剩,效率降低;组合机械中的机械种数不能过多,机械种数越多,效率越低(一台机械发生故障,就会影响整体作业)。在施工机械组合中,各机械应尽量配套,并且应该有几个相同组合的机械并列施工,在这样的组合中,一台机械发生故障,也不致引起全面停工。

2. 施工机械设备主要性能参数的选择

施工机械设备性能参数的选择,实际上就是根据工程的特点、施工条件和已确定的机械型式来选定具体的机械。例如,打桩机的性能参数就是桩锤重量和落锤高度,所以在选择打桩机时,应先根据土质情况、桩的种类和施工条件,确定锤的类型,然后再考虑到桩的重量来选择合适的锤重。通常应使锤的重量略大于桩重,一般可选择锤重等于桩重的 1.1～1.2 倍,当桩重大于 2t 时,锤重也不应小于桩重的 75%。这是因为锤重则落锤高度减小,即采用重锤低击的方式,使桩锤不产生回跃,以保护桩头不致损坏,而且桩的入土速度也快,故可保证打桩的质量。又如,起重机的性能参数就是起吊重量、起重高度和回转半径,这些参数应满足施工要求;土石方压实机械的性能参数就是压实功能和生产能力,这些参数应满足施工要求。

【例 7-2】 土石方施工机械设备选择

A. 土石方开挖机械的选择

在选择土石方开挖机械时,应考虑下述条件:

a. 开挖材料的性质。包括材料的种类(是土料,还是砂石料、石料)、粒径、密实度等。对于土料和砂,可选用各种型号斗容量的挖土机;对于砂砾石,宜采用斗容量为 1～2m^3 的挖土机;对于粒径较大的材料或堆石,宜采用斗容量为 3～4m^3 的挖土机。

b. 有效开挖土层的厚度和开挖掌子面的高度。当有效开挖土层较薄时,不宜采用斗容量大的挖土机,否则开挖时挖斗一次难以装满,因此机械移动频繁,效率降低,故此时宜采用铲运机,或推土机配合挖土机和装载车联合作业,或推土机配合皮带机联合作业。当掌子面较高时,宜采用斗容量较大的挖土机,因此时采用斗容量小的挖土机开挖时会有危险。

c. 料场的水文地质条件。开采水下砂砾石时,宜采用砂船、索铲或铲扬式挖泥船。

d. 运距的长短。运距在 1km 以内时可采用铲运机,1km 以上时宜采用挖土机配合自卸卡车或火车。

e. 土石方填筑量。当填筑量较大时宜采用斗容量较大的挖土机,当填筑量较小时可采用斗容量较小的挖土机。

f. 机械设备的配套。挖土机械与运输机械必须配套,每台挖土机所应配备的汽车数量可按下式计算:

$$n = \frac{q}{V \cdot M} \tag{7-1}$$

式中　n——每台挖土机所应配备的汽车数量；
　　　q——挖土机每一台班的生产量；
　　　V——汽车的斗容量；
　　　M——汽车从料场到填筑施工面每一台班往返的次数。

B. 运输设备的选择

选择运输设备时应考虑的因素与选择开挖机械时相似，有以下几点：

a. 可能取得的运输设备的类型。

b. 运距的长短。在一般情况下，各种运输设备适宜的运距如表 7-2 所示。

各种运输设备适宜的运距　　　　表 7-2

运输设备名称	手推车	自卸汽车	762 机车	标准轨机车	皮带运输机	铲运机	
						拖式	自行式
适宜运距（km）	<1.0	<10	5～15	>10	<10	<1.0	0.8～1.5

c. 材料的性质。对于土料、砂石料宜采用皮带运输机或有轨运输机械；对于大粒径块石宜采用大型自卸汽车运输。

d. 地形条件。地面平坦，运距远时，可采用标准轨机车运输或 762 机车运输；地面坡度较大时宜采用自卸汽车运输；如运距较短，也可采用长皮带运输。

e. 料场分布。若料场储量较小，而且比较分散，宜采用自卸汽车运输；若料场储量较大，而且比较集中，宜采用有轨运输；如运距较短，也可采用皮带运输。

f. 填筑工程量。若填筑工程量较大，宜采用大型自卸车等较大的运输工具。

C. 土石料碾压机械的选择

土料碾压一般采用拖拉机带平碾或羊足碾进行碾压；对于卵砾石或堆石，通常采用振动碾碾压。

振动碾有牵引式、自行式和手扶式三种。牵引式振动碾由其他牵引机械拖行，生产效率较高。自行振动碾有两种类型，一种是由两个充气轮胎驱动行走，钢制滚筒振动碾压；另一种是前后均为钢制滚筒，可以自行。手扶式振动碾是一种小型振动碾，可用于局部地带堆石料的碾压。

振动碾的选择主要应考虑压实功能、生产能力和设备货源三个方面。

a. 振动碾的压实功能。应满足在规定的铺筑层厚度的情况下，振动碾压 6～8 遍后填筑料的密实度能达到设计要求。

b. 振动碾的生产能力应满足施工强度的要求。振动碾的生产能力可按下式计算：

$$Q = C(1\,000Bvh/n) \tag{7-2}$$

式中　Q——振动碾的生产率（m³/h）；
　　　C——效率因素；
　　　B——滚筒宽度（m）；
　　　v——碾压速度（km/h）；
　　　h——铺筑层厚度（m）；
　　　n——碾压遍数。

上式是近似连续工作情况，实际的平均生产率较近似连续生产率约低 50%。

c. 在选择牵引式振动碾的牵引设备时，应与振动碾碾压时所需的牵引力相匹配。

二、施工机械设备使用、操作管理的质量控制

施工机械设备只有在正确操作、合理使用的情况下，才能更好地发挥使用效果和质量效果。施工机械使用操作管理质量控制的目的就是正确地使用施工机械，及时地进行维修保养，使施工机械始终处在良好的性能状态下，充分发挥机械的效能，实现安全、优质、高效、低耗地完成施工任务。

在施工机械使用、操作管理的质量控制中，监理工程师要督促和检查施工单位做好施工机械的使用操作管理，制定相应的使用操作、维修保养的管理制度，并严格执行。

（1）加强机务职工的技术培训和考核，正确掌握和操作机械设备；做到人机固定；实行机械设备使用、保养的岗位责任制。人机固定的原则就是实行三定制度，即定人、定机、定岗位责任，以便做到施工机械的合理使用和精心维护。

（2）建立健全施工机械设备的各种规章制度，并使之逐步完善。施工企业要建立各级机械设备管理机构，明确各级的责任，并配备相应数量的专职技术人员和管理人员，订立各自的职责；同时要建立各项制度，如人机固定制度、操作证制度、岗位责任制度、交接班制度、技术保养制度、安全使用和监督检查制度、机械设备检查修理制度、机械设备使用档案制度等。

（3）由专人对施工机械的使用操作进行监督检查，对违章操作、瞎指挥、机械带病作业等情况及时制止和纠正。

（4）施工机械在使用过程中应按规定做好机械的维修保养，以减轻机械零件的磨损，预防作业过程中产生故障，保持机械处于良好的技术性能状态，充分发挥机械的效能，延长机械的使用寿命，提高施工作业的质量。

（5）严格执行各项技术规定，如：

①技术试验规定。对于新的机械设备或经过大修、改装的机械设备，在使用前必须进行技术试验，包括无负荷试验、加负荷试验和试验后的技术鉴定等，以测定机械设备的技术性能、工作性能和安全性能，试验合格后，才能使用。

②走合期规定。对于新出厂的机械设备和经过大修后的机械设备，在初期使用时，工作负荷或行驶速度要由小到大，使设备各部分配合达到完善磨合状态，这段时间称为机械设备的走合期。如果初期就满负荷作业，会使机械设备过度磨损，从而降低机械设备的使用寿命。在走合期内，应认真执行走合期规定，按操作规程操作，及时了解和记录机械走合情况，发现问题及时处理。走合期满后应进行检查和保养，并作出技术性能鉴定。

③寒冷地区使用机械设备规定。在寒冷低温地区，机械设备会产生启动困难，磨损加剧，燃料、润滑油消耗加剧现象，应做好保温防寒工作。

④建立机械设备的保养规程和操作规程，并严格执行。

（6）施工机械设备性能状况的考核。施工机械设备在使用过程中，由于零件的磨损、变形、损坏或松动，会降低效率和性能，从而影响工程的施工质量。所以监理工程师应督促施工单位对施工机械设备，特别是关键性的施工机械设备，除了平时做好使用记录，建立设备档案外，还应进行定期考核（例如进行无负荷试验、加荷试验和其他检测，以及对机械设备的使用情况进行分析），以检查机械设备的技术性能、工作性能、安全性能和生产效率。如发现性能下降或工作状态存在问题，应及时分析原因，采取措施，进行处理。

（7）施工机械设备进场后，未经监理工程师批准，不得任意退场。

第八章 质量控制的统计分析方法

第一节 质量数据的统计分析

产品的质量数据反映了产品的质量状况及其变化,是进行质量控制的重要依据,通过对质量数据的收集、整理和分析,可以找出质量的变化规律,发现存在的质量问题,及时采取预防和纠正措施,从而使产品的质量处于受控状态。

质量数据的整理分析,目前多采用统计分析的方法。运用统计分析方法来进行质量控制,始于19世纪的20年代初期,是由美国贝尔电讯研究所休哈特(W. A. Shewhat)首先引入质量管理中来的,到19世纪50年代后期,随着全面质量管理的推行,统计分析方法也得到迅速推广和应用。

质量数据通常是通过工序或产品的检测收集的,除少数特殊需要外,质量的检验大多是采用抽样检验的方法,即检验是局部的,并非是对全部总体,而是通过对局部状况的分析来认识事物的总体。工程产品的质量虽存在一定的差异和分散性,但也表现出一定的集中性,最大、最小偏差值一般是少数,大多数是在上述两者之间,并趋向中心位置,因此可以用统计方法通过对样本的测试和分析来判断总体的质量。应用统计分析方法可以及时准确地掌握工程产品在施工过程中的质量状况和变化规律,通过对检验数据的统计分析,可以较准确地分析出影响工程质量的主要因素及其相互关系,并且可以预测工序质量的变化,因而采取有效的措施进行工序质量的控制,以保证工程(产品)的质量。所以统计分析方法就是通过搜集、整理、分析检验数据,用以发现问题和解决问题的一种科学方法。

一、统计数据及其特性

1. 质量数据及其分类

应用统计方法进行质量控制的步骤是:

(1) 收集质量数据。

(2) 数据的整理。

(3) 数据的统计分析。

(4) 质量状况的判断。

(5) 分析影响质量问题的原因。

(6) 拟定改进质量的对策和措施。

数据是能够客观反映事物的资料和数字,例如测量工程产品质量特性的数值,就是质量指标的数据,简称为数据。数据是进行质量控制的主要依据,有了数据就可以对工程产品的质量特性进行定量分析,而没有数据就没有明确的质量概念。

数据可分为计量值数据和计数值数据两类。凡是可以连续取值的数据,或者说可以用计量工具测出小数点以下数值的这类数据,称为计量值数据,如长度、容量、重量、时间、强度、温度等等。凡是不能连续取值的数据,或者说不能用计量工具测出小数点以下数值,而只能得0,1,2,3,4……自然数的数据,称为计数值数据,如1块砖、1根梁、2个不合格品、2个废品等等，均为整数，无小数，前后不连续。

2. 数据的特点

数据一般不是一个固定的值，而是有波动的，这种波动性称为数据的分散性或随机性。同时，数据又常常围绕某一中心而散布，这个中心称为分布中心，数据的这种现象，称为数据的集中性或规律性。

为了更好地反映数据的这种特性，以便揭示工程产品的内在规律性，通常以平均数 $\bar{x}$ 来表示数据的集中性，而以极差 R 来描述数据间相互分散的程度。

3. 数据的取舍

当检测所得的数据位数超过所需要保留的精确位数时，应对数据进行取舍，使其符合所需保留的位数。通常的办法是采取"四舍五入"，即所要保留的精确位数以后的第 1 位数，凡是 1～4 的均舍去，凡是 5～9 的则进 1 位，但是这种方法多次使用，将会使数据总值偏大。为了使数据的取舍更合理，在计算过程中保持既不扩大，也不缩小的效果，应对所需保留的精确位数以后的第 1 位数，采取"四舍六入"的方法，即凡是 1～4 的则舍去，凡是 6～9 的则进 1 位，如果所需保留的精确位数以后的第 1 位数是 5，而 5 以后的数是零，则当 5 以前的数是奇数时，向前进 1 位，当 5 以前的数是偶数时则不进。例如检测数据为 3.2164，如果要求的精确度为百分之一，即数据要求在小数点后保留 2 位，则该数据应采用为 3.22；如果数据为 3.2143，则应采用为 3.21；如果数据为 3.215，则应采用为 3.22；如果数据为 3.245，则应采用为 3.24。

二、统计特征数据

在运用数理统计分析方法进行质量控制时，常用的统计特征数据有：

1. 频数

频数是指总体中某一质量特征重复发生或出现的次数，一般以 f 表示。频数的统计有两种方法，一种是以单个数据为标准进行统计，即以某一单个数据在总体中重复出现的次数作为它的频数；另一种是以数据值区间为标准进行统计，即将数据的总体按数据大小划分为几个区间，然后按总体中数据在每个区间内重复出现的次数作为每个相应区间的频数。

2. 频率

频率 p 是指某一特定的频数 f 占总数 n 的比值，通常以百分数表示，即：

$$p = \frac{f}{n} \times 100\% \tag{8-1}$$

3. 累计频率

累计频率是指小于或大小某一数值的各个频率之和，即：

$$P = p_1 + p_2 + p_3 + \cdots + p_k = \sum_{i=1}^{k} p_i \tag{8-2}$$

式中　P——累计频率；

k——小于或大于某一数值的频率数目。

4. 算术平均数

算术平均数 $\bar{x}$ 是描述总体中某一项特征集中位置的统计特征值，也就是将所测得的质量特征性能数据的代数和除以数据的总数（样本总数），即：

$$\bar{x} = \frac{\sum_{i=1}^{n} x_i}{n} = \frac{x_1 + x_2 + x_3 + \cdots x_n}{n} \tag{8-3}$$

式中 x_i——总数（样本）中的第 i 个数；

n——数据的总数（样本总数）。

如母体的平均数用 μ 表示，则当样本数较大时，样本的平均数 $\bar{x}$ 就接近母体的平均数 μ。

5. 中位数

中位数 $\tilde{x}$ 是指将所研究的总体中每一个质量特征性能的数据按其大小顺序排列后，处于中间位置的数，即为中位数。如果样本总数 n 为奇数，则取中间的一个数；如果样本总数为偶数，则取中间两个数的平均数。

6. 加权平均数

加权平均数（$\bar{x}$）是将数据 x 按出现的频数 f 加权，然后除以频数之和 $\sum_{i=1}^{n} f_i$，所得的平均数，即：

$$(\bar{x}) = \frac{x_1 f_1 + x_2 f_2 + x_3 f_3 + \cdots + x_n f_n}{f_1 + f_2 + f_3 + \cdots + f_n} = \frac{\sum_{i=1}^{n} x_i f_i}{\sum_{i=1}^{n} f_i} \tag{8-4}$$

7. 极值

极值是指将总体中某一质量特征性能的数据按大小顺序排列后，处于首位和末位的最大和最小的两个数 X_{max}、X_{min}。

8. 极差

极差 R 是指一组数据中最大值（X_{max}）和最小值（X_{min}）之差，即：

$$R = X_{max} - X_{min} \tag{8-5}$$

极差是用来衡量样本波动大小（或分散程度）的一个特征量，但因它仅涉及数据中的最大值及最小值，所以并不能充分反映数据的全貌。

9. 移动范围值

移动范围值 R_s 是指相邻两个数据之差，取其绝对值，即：

$$R_s = | x_i - x_{i+1} | \tag{8-6}$$

三、数据波动及其原因

在生产过程中，由于受到许多因素的影响，如操作者操作上的稳定性，生产工艺的特点，材料质量上的差异，生产设备的误差，温度、湿度的变化等的影响，所以产品的质量是有差别的，即使是同一批产品，采用同一种规格型号的材料，同一种生产工艺和操作方法，其质量也不可能完全相同，总是存在一定差异的，这种产品质量上的差异称为质量变异。

影响质量变异的因素很多，但在数理统计中将其归纳为两类，即偶然因素和系统因素。

1. 偶然因素

偶然因素又称为随机因素，如同一种规格、型号的材料在性质上的微小差异；机械设备在正常使用下的磨损；模具的微小变形；操作人员在操作上的微小变化；一天内温度、湿度的微小变化等，这些因素都会对产品的质量产生影响，但它们对产品质量的影响并不大，使质量产生的波动是微小的。偶然因素使质量产生的差异，其数值和符号都是无法预测的，是随机的，所以偶然因素引起的差异又称为随机误差。在目前科学技术水平的情况下，要认别和消除偶然因素对质量的影响是困难的，所以偶然因素对质量的影响是不可避免的，始终都存在的；同时由于偶然因素使质量产生的变异是微小的，所以可以认为产品质量受偶然因素的影响是正常的。

2. 系统因素

系统因素又称非偶然因素，如生产中材料的品种、型号、规格使用错误；操作人员在操作上发生错误，违反操作规程；机械设备使用中产生故障或磨损过度，性能大幅下降；温度、湿度产生较大变化等，这些因素对产品的质量都会产生较大变化，因此它们对质量的影响是不可忽视的。系统因素对质量的影响较大，它们对质量的影响有一定规律性，引起的质量差异的数值和符号是肯定的，即其大小和方向不变，是非随机的，容易测出和识别，所以系统因素引起的质量差异又称为条件误差。因此系统因素对质量的影响是非正常的，是可以消除的。

质量控制的目的就是要通过对质量变化规律的分析，找出质量异常的原因，排除系统因素的影响，而仅受偶然因素的影响，使生产处于受控状态。

四、数据的误差

数据的误差等于观测值与真实值之差，但由于真实值一般是无法取得的，所以通常只能用平均的观测值来代替真实值。因此误差值 δ 又可以近似地用观测值 x 与平均观测值 $\bar{x}$ 之差来表示，即：

$$\delta = x - \bar{x} \tag{8-7}$$

在正常情况下，误差是有正（＋）有负（－）的，观测的次数越多，则误差的代数和就越接近于零（正负误差相抵消）。

由于误差有"＋"、有"－"，所以不能采用算术平均值来进一步进行分析研究，因而在分析误差的离散程度时，常常采取将误差先平方然后再开方的办法，取误差的绝对值来进行研究。即用标准偏差 σ（也称为标准差或离差）来表示误差值对真实值的偏离程度，即：

1. 总体标准差

$$\sigma = \sqrt{\frac{1}{N}\sum_{i=1}^{N}(x_i - \bar{x})^2} = \sqrt{\frac{1}{N}\sum_{i=1}^{N}x_i^2 - \bar{x}^2} \tag{8-8}$$

式中　N——总体的数量；

　　　x_i——总体中第 i 个数据；

　　　$\bar{x}$——数据的算术平均值。

2. 样本（子样）标准偏差

$$S = \sqrt{\frac{1}{n-1}\sum_{i=1}^{n}(x_i - \bar{x})^2} = \sqrt{\frac{1}{n-1}\left[\sum_{i=1}^{n}x_i^2 - \frac{1}{n}(\sum_{i=1}^{n}x_i)^2\right]} \tag{8-9}$$

式中　n——样本容量（样本总数）；

　　　$n-1$——自由度；

　　　$\sum_{i=1}^{n}x_i^2$——测值（数据）x_i 的平方和；

　　　$(\sum_{i=1}^{n}x_i)^2$——测值（数据）x_i 之和的平方值。

标准偏差越大，则各数据的分布就越分散，各数据之间的差异也就越大。反之，标准偏差越小，则各数据的分布就较集中，各数据之间的差异就越小，数据的值越接近平均值。由于标准差的大小表示了数据之间差异的大小，也就是表示产品质量波动的程度，所以是衡量质量好坏的一个重要指标。

3. 变异系数 C_v。

上述标准偏差 S 所表示的是样本绝对波动的大小,而样本相对波动的大小,则常用变异系数 C_v 来表示,即:

$$C_v = \frac{S}{\bar{x}} \tag{8-10}$$

五、数据的概率分析

统计分析方法的依据是概率论,而通过质量检验所获得的质量数据,虽然存在分散性,但也存在一定的规律性,其变化的客观规律符合概率分布规律,因此研究工程质量的变化规律常采用统计方法。

所谓概率,就是频率的稳定值。对于一个随机事件,在 n 次重复试验中,同一事件 A 的出现次数 m,随着试验次数 n 的增大,事件 A 出现的频率 $\frac{m}{n}$ 往往围绕着某一个数而摆动,或者说其频率常稳定在某一个确定的数 P 附近,那么这个数就是事件 A 的概率,常用 $P(A)$ 表示,即 $P(A) = p$。在一般情况下,这个稳定数 p 是不可能精确地得到的,因此,在 n 充分大时,常以事件 A 的频率作为事件 A 的概率近似值,即 $P(A) \approx \frac{m}{n}$。事件 A 的概率一般满足 $0 \leq P(A) \leq 1$,必然事件的概率为 1,不可能事件的概率为 0。

在工程质量检验中,质量数据是有波动、有误差的,但有一定的波动范围和幅度。例如某混凝土预制厂生产 300 根混凝土桩,设计长度为 4.0m,而实际生产的桩不可能绝对是 4.0m 长,有的比 4.0m 略长,有的比 4.0m 略短,其误差大多是 ±1cm 和 ±2cm,少数是 ±3cm 和 ±4cm,一般不含超过 ±4cm。也就是说,在正常情况下,接近 4.0cm 的是大多数,误差大的是少数;误差越大,桩的根数就越少。如果将具有某一误差的桩的频数为纵坐标,以误差作为横坐标,以误差的组距为底宽,即可绘制出如图 8-1 所示的条形图,称为频数分布直方图。如果将误差的组距减小,则各条块中心线顶点就会加密,如果组距减小到无限小,则此时将各顶点连接起来就是一条光滑的曲线,这条曲线称为频率分布曲线。曲线在中部较高,两边较低,从最高点向两侧对称地下降,并延伸到无穷远(趋近于横坐标),这种频率分布曲线在数学上称为正态分布曲线,也就是概率分布曲线,其数学方程为:

$$f(x) = \frac{1}{\sigma \sqrt{2\pi}} e^{-\frac{(x-\mu)^2}{2\sigma^2}} \tag{8-11}$$

式中 $f(x)$——概率分布密度或概率密度函数;

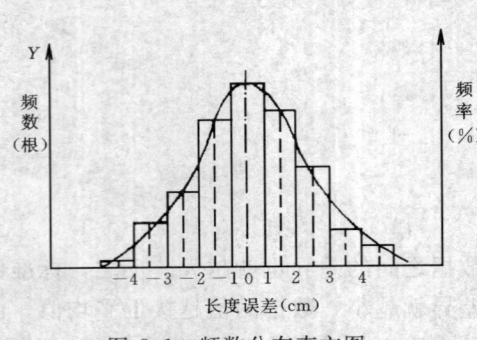

图 8-1 频数分布直方图

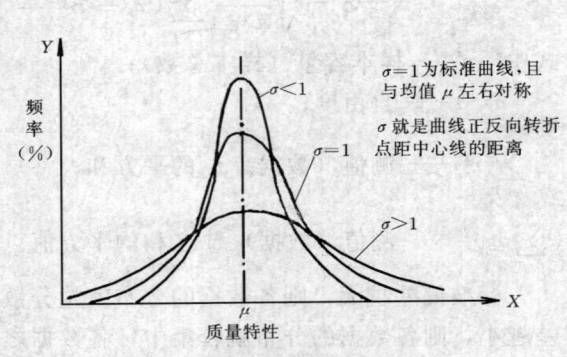

图 8-2 正态分布曲线图

x——样本值（如一个样本中有2个或3个数据，则为这些数据的平均值）；

σ——总体均方差或总体标准差；

μ——正态分布的均值，即曲线最高点的横坐标。

σ的大小代表了曲线宽窄的程度，σ越大，曲线越宽，数据越分散；σ越小，曲线越窄，数据越集中，如图8-2所示。一般常用$N(\mu, \sigma^2)$表示正态分布，当$\mu=0$，$\sigma=1$时的正态分布，称为标准正态分布，以$N(0, 1)$表示。

如取分布曲线图的横坐标为σ，纵坐标t等于相对频数$x_i-\mu$与σ的比值，即$t=\dfrac{x_i-\mu}{\sigma}$，则此时所绘制成的相对频数直方图中各条形面积的总和（即分布曲线与横坐标之间的面积）等于1或100%，那么对于任何正态分布，它的样本x落入任意区间(a, b)的概率为：

$$P(a \leqslant x \leqslant b) = \dfrac{1}{\sigma\sqrt{2\pi}} \int_a^b \dfrac{t^2}{2} dt \tag{8-12}$$

通过计算可知，正态分布总体的样本落入区间$(\mu-\sigma, \mu+\sigma)$的概率是68.3%；落入区间$(\mu-1.96\sigma, \mu+1.96\sigma)$的概率为95.0%；落入区间$(\mu-2\sigma, \mu+2\sigma)$的概率是95.4%；落入区间$(\mu-3\sigma, \mu+3\sigma)$的概率为99.7%。

六、保证率和不合格率

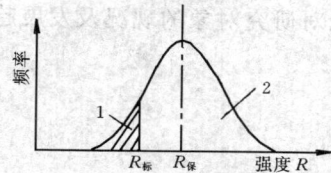

图8-3 保证率与不合格率的关系
1—不合格率(Q)；2—保证率(p)

保证率是指某一质量指标大于或等于质量标准的概率。例如混凝土的强度保证率p是指在施工抽样检验混凝土的抗压强度时，要求大于或等于某一标号强度的概率。而不合格率Q则是低于该标号强度的概率，两者之间的关系如图8-3所示。如果混凝土的标号为$R_标$，而要求所检验混凝土的强度保证率p为85%，也就是平均100次抽样检验中，要求有85次检验的混凝土强度大于或等于混凝土标号$R_标$，或者说，在平均100次抽样检验中，允许有小于或等于15次的检验强度低于标号$R_标$。

在一定的t值情况下，保证率p与概率P之间的关系可用下式表示：

$$p(\%) = 50\% + \dfrac{P}{2} \tag{8-13}$$

保证率p也可以根据t值$\left(t=\dfrac{\overline{x}-R_标}{S}\right)$由图8-4求得。

七、常用的统计分析方法

在工程质量控制中，常用的统计方法有排列图法、因果图法、分层法、直方图法、控制图法、相关图法和列表法等。其中排列图法是根据质量缺陷所出现的频数大小，找出主要的质量缺陷；因果图法用于分析质量问题的原因；分层法是将所收集的数据按不同情况和不同条件分组（每组即称一层）进行分析，找出解决问题的方法；直方图法是根据质量数据所绘得直方图从图形与标准（公差）相对照来分析生产是否正常，质量是否稳定；控制图是根据质量数据（样本组）是否超出控制界限和在控制界限范围内的排列情况来分析生产是否正常；相关图是通过分析两个因素之间是否存在相关性的方法，找出质量问题的原因。

统计分析方法通常分为三个阶段，即：

(1) 统计调查及整理阶段。在这一阶段内主要是进行数据的收集、整理和归纳，并以某些质量特征数，如平均数$\overline{x}$、标准偏差σ等来表示产品的质量性能。

(2) 统计分析阶段。在这一阶段主要进行数据的统计分析，并找出其内在的规律性，如

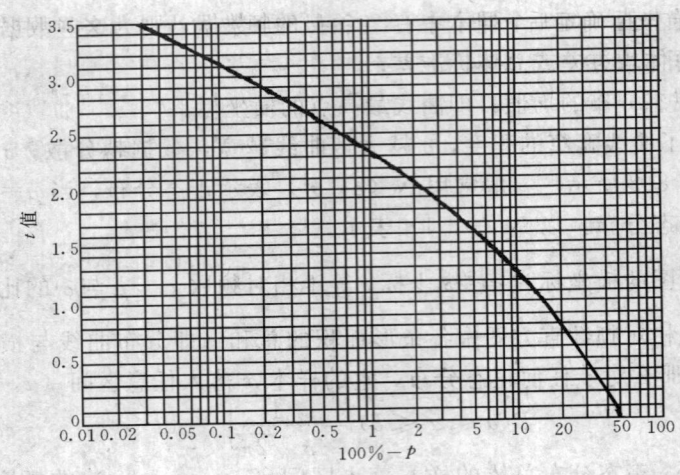

图 8-4　t 值与 $100\%-p$ 的关系图

波动的趋势及影响波动的因素等。

（3）统计判断阶段。在这一阶段主要是根据统计分析的结论对研究对象的现况及发展趋势作出科学的判断。

第二节　排　列　图　法

一、排列图的用途

排列图法是主次因素排列图法的简称，也称为巴雷特图法，是意大利经济学家巴雷特（Vifredo Pareto）提出的，后经美国质量管理学家朱兰（J. M. Juran）将其应用到质量管理中，用以分析质量问题的主次或质量问题原因的主次，以及评价所采取的改善措施的效果，即比较采取改善措施前后的质量情况。例如，某项产品存在多项质量问题，为了提高该项产品的质量，应依次解决上述质量问题，首先，重点是解决主要质量问题，然后再解决其他质量问题，为此可以应用排列图法将上述质量问题分出主次，即分为主要质量问题、次要质量问题和一般质量问题。

一项质量问题常常是由许多原因造成的，其中包括影响质量问题产生的主要原因和次要原因，此时也可应用排列图法将上述影响质量问题的原因分出主次，首先针对主要原因采取对策，改善质量。

将采取改善措施前后的质量问题做排列图进行比较，如果项目的顺序产生了变化，但总的不合格品的数量没有改变，则表明产品的生产过程不稳定，必须加以调整；如果采取改善措施前后不仅项目的顺序发生变化，而且项目的数量也有所减少，这说明所采取的措施是有效的；如果采取改善措施前后项目的最高项和次高项一起减少，说明这两项的性质是有关联的。经过多次排列图的对比分析，证明确实改善了质量，则可根据所采取的措施，适当修改或修订标准，巩固成绩，防止类似质量问题的再次发生。

二、排列图的绘制

排列图是一种直角坐标图，由一个横坐标和两个纵坐标组成。左侧纵坐标表示频数，右侧纵坐标表示累计频率，简称频率；横坐标表示项目（质量问题或质量问题原因），根据项目的数量将横坐标分为相应的等份，每一个等份代表一个项目，按项目频数的大小从左向右依次排列。纵、横坐标确定后，即可按照各项目的频数大小画出各项目长方形的柱状图，即项目的频数分布图；然后根据各项目的累计频率，在图上点出各项目相应的累计频率点，将这些点连接成曲线，即为项目的累计频率曲线，简称为项目的频率曲线。

排列图的表示（绘制）有两种方法，一种方法是左右两侧纵坐标的比例尺独立选取，互不相关，如图8-5所示；另一种方法是将左右两侧纵坐标比例尺的最高点放在同一水平线上，即左侧纵坐标上比例尺的最高点（相应于最大累计频数值的点）与右侧纵坐标上比例尺最高点（相应于累计频率100%的点）在同一条水平线上，如图8-6所示。

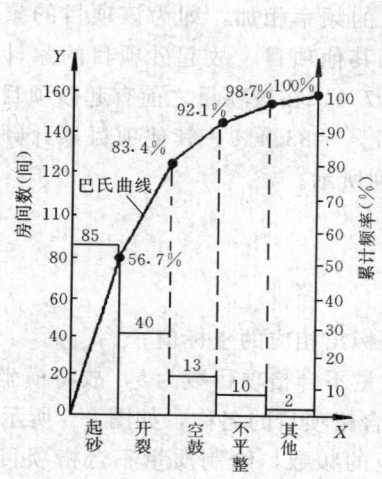

图8-5 地坪质量不合格排列图

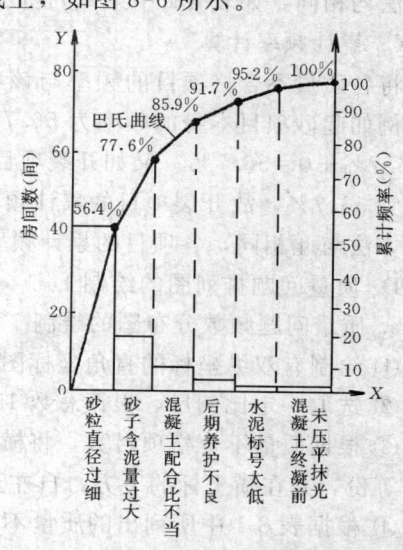

图8-6 地坪质量不合格原因排列图

三、排列图中项目主次的频率分布范围

根据巴雷特和朱兰的研究和分析，将项目划分为三类，即A类（主要项目）、B类（次要项目）和C类（一般项目），并且认为在排列图中这三类项目的频率分布范围分别为：

A类（主要项目），频率的分布范围在0~80%。

B类（次要项目），频率的分布范围在80%~90%。

C类（一般项目），频率的分布范围在90%~100%。

【例8-1】 质量问题排列图。

某房屋建筑工程的地坪施工，经检验有150间房屋质量不合格，分别存在起砂、开裂、空鼓、不平整和其他质量问题，各种质量不合格的房间数分别为85间、40间、13间、10间和2间，如表8-1所示。

地坪施工中的质量问题统计表　　　　　　　　　表8-1

序号	地坪质量不合格项目	质量不合格的房间数（频数）	不合格率（频率,%）	累计频率（%）
1	起砂	85间	56.7	56.7
2	开裂	40间	26.7	83.4
3	空鼓	13间	8.7	92.1
4	不平整	10间	6.6	98.7
5	其他	2间	1.3	100.0
	总计	150间	100.0	

A. 频数统计

在表 8-1 中，分别表示出各质量不合格项目在 150 间房屋中有多少间房屋存在该项质量问题，例如，起砂问题在 150 间房屋中有 85 间房屋出现过该质量问题，所以不合格的房屋数实际上就是相应的质量不合格项目的频数。

B. 质量问题的频率计算

各质量不合格项目的频率（%）等于频数被总数相除的百分数，例如起砂项目的频率等于其相应的频数 85 被总数 150 相除后乘以 100，得 56.7%，其他质量不合格项目的频率计算方法均相同，如表 8-1 中第 4 列所示。

C. 累计频率计算

将各质量不合格项目的频率与该项目之前其他项目的频率相加，即为该项目的累计频率。例如起砂项目本身的频率为 56.7%，该项目之前无其他项目，故起砂项目的累计频率为 56.7%+0=56.7%；又如开裂项目本身的频率为 26.7%，在该项目之前有起砂项目，其频率为 56.7%，故开裂项目的累计频率为 26.7%+56.7%=83.4%；其他项目累计频率的计算方法与此相同，各项目的累计频率如表 8-1 中第 5 列所示。

D. 质量问题排列图的绘制

a. 质量问题频数分布图的绘制

① 绘制有双纵坐标的直角坐标图，如图 8-5 所示；

② 选取一定比例尺，根据总数 150 在左侧纵坐标上标出相应的坐标值；

③ 根据质量不合格项目数，将横坐标等分。本例质量不合格项目数为 5，故将横坐标分为 5 等份，并在横坐标的下方，自左至右标出各质量不合格项目的名称，如图 8-5 所示；

④ 根据表 8-1 中所列出的质量不合格项目及其相应的频数，绘制质量不合格项目的频数柱状图，即频数分布图。

b. 质量问题频率分布图的绘制

① 当按前述第二种方法绘制右侧纵坐标时，则从左侧纵坐标上总频数点（即各不合格项目频数总和在纵坐标上的一点）作一水平线与右侧纵坐标相交，该交点作为右侧纵坐标比例尺的最高点（即累计频率为 100% 的点）；当按前述第一种方法绘制右侧纵坐标时，右侧纵坐标可独自选择一个点作为坐标比例尺的最高点（即累计频率为 100%）。将累计频率为 0% 到 100% 之间分为 10 等份，即为右侧纵坐标每间隔 10% 的比尺点。

② 按右侧纵坐标的比例尺，根据表 8-1 中第 5 列的累计频率值，将质量不合格项目的累计频率值点绘于相应项目右侧分界点（横坐标上）的竖直延长线上，如图 8-5 所示。

③ 将标绘于图 8-5 上的质量不合格项目的频率点连成曲线，该曲线即为质量问题的频率曲线。

E. 质量问题排列图的应用

a. 在排列图 8-5 中，根据柱状频数分布图的直方柱高矮，可以初步判断出主要质量问题，在本例情况，质量不合格项目"起砂"的频数为 85，大大超过其他项目的频数，故"起砂"将可能是主要质量问题。

b. 在排列图中，根据 A、B、C 三类频率的分布范围，即可将所有质量问题明确区分为主要质量问题、次要质量问题和一般质量问题。在本例的情况下，沿图 8-5 中频率曲线可见，频率从 0% 到 80% 之间的范围内有 1 个点，其频率为 56.7%，属于质量不合格项目"起砂"的频率；在频率从 80% 到 90% 之间的范围内有 1 个点，其频率为 83.4%，属于质量不合格项目"开裂"的频率；在频率从 90% 到 100% 之间的范围内，有 3 个点，其频率为

92.1%、98.7%和100%，分别属于质量不合格项目"空鼓"、"不平整"和"其他"的频率，因此，在地坪施工的质量不合格项目中，"起砂"属于主要质量问题，"开裂"属于次要质量问题，而"空鼓"、"不平整"和"其他"均属于一般质量问题。

c. 要提高地坪施工的质量，首先要重点解决地坪"起砂"问题，而地坪"开裂"、"不平整"和"其他"问题不作为重点。因此应该分析造成地坪"起砂"的原因。

【例8-2】 质量问题原因排列图。

如例8-1所述的房屋建筑工程地坪施工的质量问题，现已知主要质量问题为地坪"起砂"，通过调查分析，造成该工程地坪"起砂"的原因有：砂粒直径过细、砂的含泥量过大、混凝土配比不准、后期养护不良、水泥标号过低、混凝土终凝前未压平抹光，由于上述各原因所造成的质量不合格的房间数，如表8-2中第3列所示，现在用排列图法找出造成地坪"起砂"问题的主要原因。

房屋地坪"起砂"质量问题的原因统计表　　　表8-2

序号	地坪"起砂"的原因	各种原因的房间数（频数）	占总数的百分数（频率%）	累计频率（%）
1	砂粒直径过细	48	56.4	56.4
2	砂的含泥量过大	18	21.2	77.6
3	混凝土配比不准	7	8.3	85.9
4	后期养护不良	5	5.8	91.7
5	水泥标号过低	4	4.8	95.2
6	混凝土终凝前未压平抹光	3	3.5	100.0
	总计	85	100.0	

A. 质量问题原因排列图的绘制

a. 绘制双纵坐标的直角坐标图，选定纵坐标的比尺，如图8-6所示，将横坐标的长度分为6等份，分别代表质量问题地坪"起砂"的原因：砂粒直径过细、砂子含泥量过大、混凝土配比不准、后期养护不良、水泥标号过低、混凝土终凝前未压平抹光，并将上述原因标于坐标相应的等分格下面。

b. 统计质量问题原因的频数。各质量问题原因的频数就等于各种原因的房间数，如表8-2中第3列的数字所示。

c. 计算质量问题原因的频率。将各质量问题原因的频数被总数85相除后所得的百分数，如表8-2中第4列的数字所示。

d. 计算累计频率。各质量问题原因的累计频率等于该原因的自身频率加上该项之前其他各项原因的频率，如表8-2中第5列数字所示。

e. 绘制质量问题原因的频数分布图和频率曲线。

① 按图8-6中左侧纵坐标和横坐标，根据表8-2中第3列中的频数值，绘制柱状频数分布图，如图8-6所示。

② 按图8-6中右侧纵坐标和横坐标，根据表8-2中第5列中的累计频率值，绘制质量问题原因的频率曲线，如图8-6所示。

B. 质量问题原因排列图的应用

a. 由图8-6的柱状频数分布图中长方形柱体高矮的比较可以看出"砂粒直径过细"的频数为48，远远大于其他各项原因的频数，因此可以初步判定，"砂粒直径过细"可能是地坪

"起砂"的一个主要原因。

b. 根据 A、B、C 三类项目频率的分布范围，按图 8-6 中的频率曲线可见，在频率从 0%到 80%的范围内有 2 个点，其频率为 56.4%和 77.6%，分别属于"砂粒直径过细"和"砂子含泥量过大"两个原因；在频率从 80%到 90%的范围内，有 1 个点，其频率为 85.9%，属于"混凝土配比不准"这一原因；在频率从 90%到 100%的范围内，有 3 个点，其频率为 91.7%、95.2%和 100%，分别属于"后期养护不良"、"水泥标号过低"和"混凝土终凝前未压平抹光"三方面原因，因此引起地坪"起砂"这个质量问题的主要原因是"砂粒直径过细"和"砂子含泥量过大"；次要原因是"混凝土配比不准"；一般原因是"后期养护不良"、"水泥标号过低"、"混凝土终凝前未压平抹光"三方面。

c. 要解决地坪"起砂"这个质量问题，应重点分析"砂粒直径过细"和"砂子含泥量过大"这两方面原因，并针对这两个主要原因采取相应的措施，改善地坪的施工质量。

第三节 因 果 图 法

因果图法又称为树枝图法或鱼刺图法，它是一种逐步深入分析质量问题的因果关系，寻找质量问题原因，并用图来表示的一种快捷方法。

在工程建设中，一个质量问题的产生往往是多种原因造成的，这些原因有大有小，而且是多层次的。将这些大小不同，层次不同的原因，分别用主干、大枝、中枝、小枝、小分枝等表示出来，就系统而清晰地表示出产生质量问题的原因，通过分析图中的不同原因，制定相应的对策，从而使质量问题得到解决。

一、作图方法

(1) 选定质量特性。所谓质量特性就是需要进行分析的质量问题，通常是通过排列图法分析得到的主要质量问题，用标明箭头方向的主干表示，如图 8-7 所示。

(2) 确定影响质量特性的原因。影响质量问题的原因有大有小，有不同层次，可将其分为几个等级。一级原因是概括性的大原因，用大枝表示；大原因中进一步分析出的中等原因，属二级原因，用大枝下面的中枝表示；中等原因中更细一步分析出来的小原因，属三级原因，用中枝下面的小枝表示；小原因

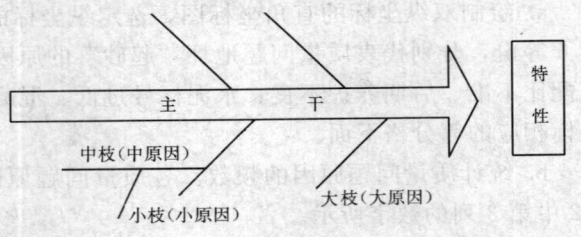

图 8-7 因果图表示方法

中再进一步分析出来的更具体的原因，属四级原因，用小枝下面的细枝表示。由于影响质量的因素主要是 4M1E 因素，也就是五个方面的因素，故大枝一般仅设五根，分别表示人的因素、材料因素、机械因素、方法因素和环境因素，这五个因素即为一级原因。

(3) 分别对上述五个影响质量的一级原因作进一步分析，找出这一方面的二、三级原因（中、小原因），并分别标注在中枝和小枝上。

(4) 检查补遗。对上述五个方面（一级原因）分别逐级（逐层）分析完成后，应进行全面检查，发现有遗漏的地方进行补充和完善。

(5) 找出主要原因。根据上述分析找出的原因，分析其影响的程度，从中选出若干影响较大的关键性主要原因，并在图上作出标记。

(6) 制定对策。根据选定的重要原因，制定相应的对策，改善质量控制，提高施工的质

量。对策表的格式如表 8-3 所示。

质量特性对策表格式　　　　　　　表 8-3

序　号	问题及原因	对策措施	负责人	处理期限

二、绘制和使用因果图应注意的问题

(1) 一个人的认识水平是有限的，往往不够全面和深刻，因此在绘制因果图时应做到集思广益，互相启发，互相补充，逐步完善，使得因果的分析更符合实际，从而使采取的对策更加有效。

(2) 质量特性要具体，才便于分析和寻找原因。

(3) 一个质量特性应绘制一张因果图，而不能将两个或两个以上的质量特性放在同一张因果图上进行分析。

(4) 在原因分析时，应该从大到小，按一级、二级、三级原因的层次逐次进行分析，直到很细的最具体的原因，以便采取对策。

(5) 各级原因均应按其大小依次用带箭头的分枝标示在图上，使其一目了然。

(6) 关键性的主要原因应该具体、简练而明确，并在图上作出标记。

【例 8-3】　某工程混凝土的浇筑强度偏低，未达设计要求，用因果图法分析其原因。

通过对操作者、材料、工艺、机具、环境等五个方面所进行的逐层次分析，找出影响混凝土强度偏低的原因如图 8-8 所示。在这些原因中通过进一步分析，确定关键性的主要原因

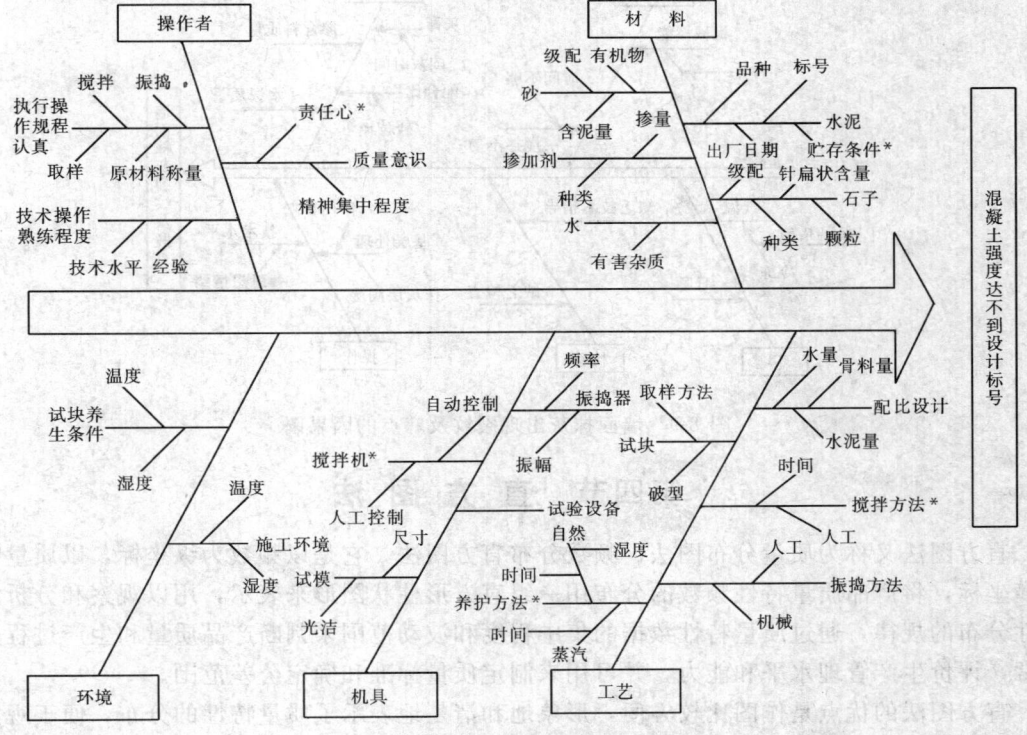

图 8-8　混凝土浇筑强度偏低的因果图

(标 * 号的为某工程的具体主要原因)

是质量责任心不强、水泥贮存期过长、混凝土搅拌不符合要求,也未按要求进行养护,采取的对策如表 8-4 所示。

改善混凝土强度偏低问题的对策表　　　　　表 8-4

序号	质量问题原因		对策措施	负责人	处理期限
1	操作者责任心不强		1. 加强质量教育,开展认真的质量自查活动,每周召开一次质量分析会	队长 李××	1995年7月1日
			2. 制定质量奖惩细则,职工的奖励和质量效果挂钩	副队长 张××	1995年7月15日
2	混凝土搅拌不符合要求	搅拌机自动计量控制失灵	1. 进行检修,达到准确计量要求	机修站 刘××	1995年7月20日
		搅拌时间不够	2. 规定干硬性混凝土搅拌时间不得少于3min;塑性混凝土搅拌时间不得少于5min	搅拌站 杨××	1995年7月2日
3	水泥贮存期长		1. 水泥进库后应按不同进库时间堆放	仓库 孙××	1995年7月1日
			2. 水泥使用应做到先来先用,保证贮存期不超过要求	搅拌站 周××	1995年7月1日
4	养护问题	未按时浇水	1. 应按技术操作要求按时浇水,在夏季一般为2h一次,并始终保持表面润湿,养护时间不少于7昼夜	养护人员 任××	1995年7月1日
		覆盖物不够	2. 采购一批草袋,用作覆盖物	采购员 赵××	1995年7月1日

【例 8-4】 某房屋建筑工程墙面抹灰出现裂纹及麻点,用因果图分析其原因。

通过对材料、机械、操作、检验和环境五个方面的依次逐层分析,找出墙面出现裂纹及麻点的原因如图 8-9 所示。

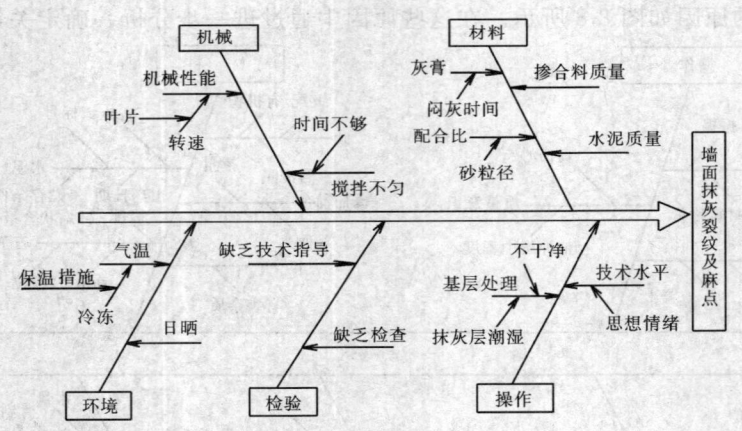

图 8-9　墙面抹灰出现裂纹及麻点的因果图

第四节　直方图法

直方图法又称为质量分布图法、频数分布直方图法,它是以频数为纵坐标,以质量特性为横坐标,将产品质量特性频数的分布用一组直方形柱状图形来表示,用以观察和分析质量特性分布的规律,通过质量特性数据的集中程度和波动范围来判断产品质量和生产过程是否正常,评价生产管理水平和能力,并可用来制定质量标准和确定公差范围。

直方图法的优点是作图比较方便,形象地和清楚地表示了质量特性的分布,便于观察和分析其分布规律,可以较确切地计算出质量特性的平均值和标准偏差;其缺点是不能在同一张图上反映出质量特性随时间的变化,以及数据组在组内和组间的变化。

用直方图法来分析质量特性，要求收集的数据较多，至少 50 个以上，一般应在 100 个及其以上，否则无法确切表示出质量特性的分布规律。

一、直方图的绘制

1. 收集质量数据

通过对工序或产品质量的检验有目的地收集质量特性数据，并列出质量特性数据统计表。

2. 统计极值

根据质量特性数据统计表统计极值，即找出质量特性数据中的最大值 X_{max} 和最小值 X_{min}。

3. 计算极差 R

$$R = X_{max} - X_{min} \tag{8-14}$$

4. 将数据分组

数据分为几个组，应视所收集的数据多少而定，一般当数据总数为 50~100 时，可分为 5~10 个组；当数据总数为 100~250 时，可分为 7~12 组；当数据总数在 250 以上时，可分为 10~20 组。

5. 计算组距 h

由于数据分组时通常是采取等间距分组的方法，以便使今后直方图中所有直方柱体的宽度是相同的，因此组距为：

$$h = \frac{R}{K} \tag{8-15}$$

式中　R——极差；

　　　K——分组数目，即直方图中直方柱体的数目。

6. 确定各组数据的区间范围

在确定各组数据的区间范围时，应注意以下两点：

（1）由于每组数据有上下两个边界值（即前后两个边界值），故在确定各组数据的区间范围时，应使前后两组相邻的边界值重合，即前一组数据的下边界值应等于后一组数据的上边界值，使各组数据之间是连续的。

（2）要防止数据正好落在边界点上，即防止分界点的值正好等于某数据值，为此可将边界点的值减小（即向坐标原点方向）或加大（即向坐标箭头方向）一个微小的修正值 Δ（二级值）。修正值 Δ 的选取应满足两个条件，即：

① 使得原来落在组界上的数值进入组内；

② 保证直方图的精确度不变。

为此通常取 Δ 等于直方图横坐标最小单位值的一半，例如所统计的数据均为整数，则整数的最小单位值为 1，故此时 $\Delta = \frac{1}{2} = 0.5$；如果所统计的数据值在小数点后保留 1 位，则最小单位值为 0.1，则此时的 $\Delta = \frac{0.1}{2} = 0.05$。

所以各数据组的边界点值（即边界点坐标值）为：

对于第一组数据

　　　上边界点值＝极值 $X_{min} - \Delta$

　　　下边界点值＝第一组数据的上边界点值＋组距 h

对于第二组数据

上边界点值=第一组数据的下边界点值

下边界点值=第二组数据的上边界点值+组距 h

对于第三组数据

上边界点值=第二组数据的下边界点值

下边界点值=第三组数据的上边界点值+组距 h

其他各组数据上、下边界值的计算方法与此相同。

各组数据的上、下边界值确定后,各组数据的区间范围就等于各组数据上、下两边界点之间的区间范围。

7. 统计频数

各组数据的区间范围确定以后,则可按照数据统计表上所列的数据,分别统计出各组数据的频数,即统计表中数据在各组数据区间范围内重复出现的次数。

8. 绘制直方图

(1) 首先画出直角坐标图,以纵坐标表示频数,根据最大频数值选取适当的比例尺标出纵坐标的频数比尺;以横坐标表示质量特性值,根据最后一组数据的下分界点值,选取适当的比尺,标出各组数据的分界点值在横坐标上的坐标点位置及其坐标值。

(2) 根据统计所得的各组数据的频数,按坐标图中纵坐标的比尺和横坐标上各组数据的上、下分界点位置,即可绘制相应的直方图。

【例 8-5】 某混凝土预制构件厂通过抽检共取得100个混凝土抗压强度的数据,如表 8-5 所示,每个数据均为三个混凝土试块抗压强度的平均值,试绘制混凝土抗压强度的频数直方图。

混凝土抗压强度 (kg/cm²) 统计表 表 8-5

行号	混凝土抗压强度 (kg/cm²)							极值统计	
								行中最大值 (·)	行中最小值 (△)
1	298	296△	350·	328	348	312	342	350	296
2	324	334	322	348·	316△	336	322	348	316
3	348	314	356·	306	276△	340	348	356	276
4	302△	374	330	332	346	382·	332	382	302
5	316	302△	320	320	310	330	358·	358	302
6	332	344	364	366	328	338	290△	366	290
7	274	268△	324	355·	296	328	344	355	268
8	350	398·	310△	368	345	380	318	398	310
9	288	308	332·	326	320	298	286△	332	286
10	328	340	286△	312	354·	332	352	354	286
11	278△	354	364	338	356	358		364	278
12	362·	306	308	300	262△	294		362	262
13	382	320	314	290△	300	308		382	290
14	320	336	342	314△	322	364·		364	314
15	342·	328	296△	336	296	316		342	296
16								$X_{max}=398$	$X_{min}=262$

A. 列出质量特性统计表,如表 8-5 所示。

B. 统计极值。首先根据质量特性统计表按行统计出每一行中的最大值(表中带·的数字)和最小值(表中带 △ 的数字),列于表 8-5 的右侧,然后从各行的最大值中找出其中的最大值，即得所有统计数据中的最大值，也就是最大极值 $X_{\max}=398$（kg/cm²）；从各行的最小值中找出其中的最小值，即得所有统计数据中的最小值，也就是最小极值 $X_{\min}=262$（kg/cm²）。

C. 计算极值。极值 $R=X_{\max}-X_{\min}=398-262=136$（kg/cm²）。

D. 确定数据分组数。因为共有 100 个数据，故初步确定分为 9 组，即 $K=9$。

E. 计算组距 h。组距 $h=\dfrac{R}{K}=\dfrac{136}{9}=15.1$，现取整数 15，则数据组数应为：

$$K=\dfrac{R}{h}=\dfrac{136}{15}=9.07$$

由于组数不可能是小数，故取实际的组数 $K=10$。

F. 计算各数据组的边界值

a. 由于表中的质量特性值均为整数，故 $\Delta=\dfrac{1}{2}=0.5$，所以第一组数据的边界值为：

上边界值$=X_{\min}-\Delta=262-0.5=261.5$

下边界值$=$第一组数据的上边界值$+$组距 $h=261.5+15=276.5$

b. 第二组数据的边界值

上边界值$=$第一组数据的下边界值$=276.5$

下边界值$=$第二组数据的上边界值$+$组距 $h=276.5+15=291.5$

c. 第三组数据的边界值

上边界值$=$第二组数据的下边界值$=291.5$

下边界值$=$第三组数据的上边界值$+$组距 $h=291.5+15=306.5$

其他各组数据的边界值依次类推。

各数据组的边界值及数据区间范围列于表 8-6 第 2 栏中。

数据组区间范围及频数统计表　　　　　　表 8-6

数据组号	数据组区间范围	组中值 a	频数统计 统计符号	频数 f	频率（%）
1	261.5～276.5	269	正	4	4
2	276.5～291.5	284	正一	6	6
3	291.5～306.5	299	正正一	11	11
4	306.5～321.5	314	正正正正	14	14
5	321.5～336.5	329	正正正正T	21	21
6	336.5～351.5	344	正正正T	17	17
7	351.5～366.5	359	正正正	14	14
8	366.5～381.5	374	T	3	3
9	381.5～396.5	389	T	2	2
10	396.5～411.5	404	T	2	2
	总计			100	

d. 统计频数。根据表 8-5 中的质量数据统计各数据组的频数，如表 8-6 中第 4 栏和第 5 栏所列。

e. 绘制直方图。根据表 8-6 中的数据组区间范围和频数值绘制直方图，如图 8-10 所示。

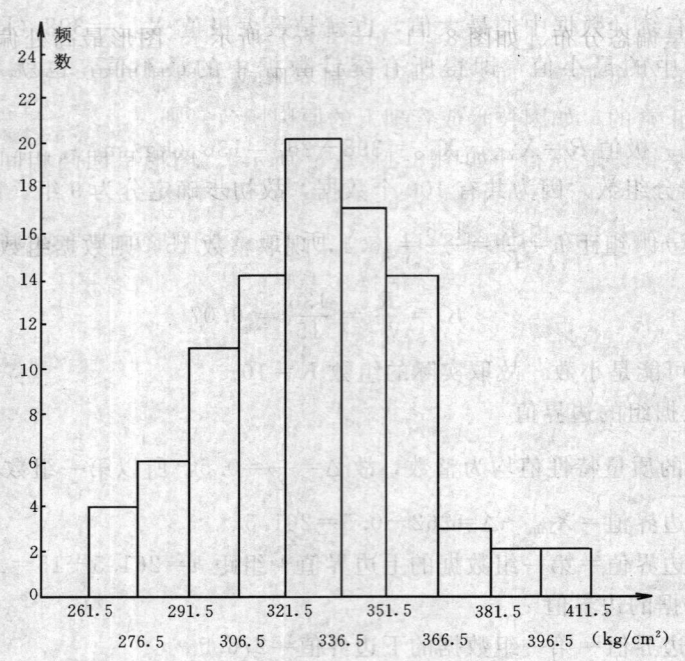

图 8-10 混凝土强度直方图

二、直方图的分析和应用

直方图绘制完成后,应从下列几方面对直方图进行分析。

（一）从图形上观察分析

直方图的形状表示了质量特性的分布状态,因此通过对直方图图形的分析,可以判断出生产过程的情况。

1. 如果直方图的图形是中部最高,左右两侧逐渐下降,并且基本对称,即呈正态分布[图 8-11（a）],直方图属正常型,表明生产过程仅受偶然因素的影响,因此生产过程处于正常状态,质量是稳定的。

2. 如果直方图的图形是非正态分布或偏态分布,表明生产过程异常,质量不稳定,或者是由于作图不当所致。

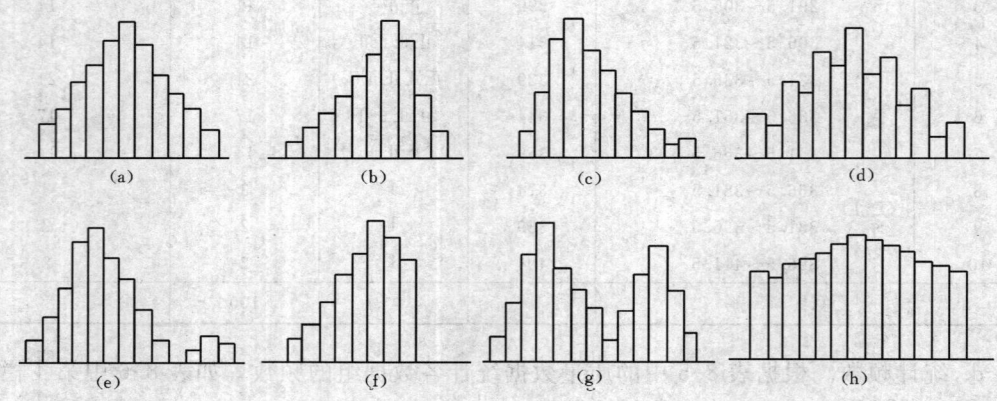

图 8-11 常见的直方图图形

(a) 对称形；(b)、(c) 偏峰形；(d) 锯齿形；(e) 孤岛形；(f) 陡壁形；(g) 双峰形；(h) 平峰形

（1）直方图呈偏态分布［如图8-11（b）、(c)所示］。图形最高处偏向一侧，此时如系因形位公差是偏态分布所致（如生产中上控制界限或下控制界限过严等），则属正常状态，表示生产过程是正常的；如因技术或管理上的原因所致，则表示生产过程异常。

（2）直方图呈锯齿形分布［如图8-11（d）所示］。图形呈凹凸相间的锯齿状，此时可能是绘图时数据分组不当，或者是检测方法不当，或者是数据有误所致。

（3）直方图呈孤岛分布［如图8-11（e）所示］。在图形的基本区域之外出现孤立的小区域，这种情况通常是由于技术不熟练的操作者临时替班，或者是一段时间内原材料发生变化所致。

（4）直方图呈陡壁形分布［如图8-11（f）所示］。在图形的一侧出现陡壁，这种情况常常是由于数据收集不正常（剔除了不合格品的数据），或者是在质量检测中出现人为干扰，或者是由于不合格返修等原因造成的。

（5）直方图呈双峰形分布［如图8-11（g）所示］。在直方图中出现两个高峰，这种情况常常是由于将两种不同生产条件下取得的数据混在一起作图的结果，如两个作业班组或两个操作者的数据，或者是两台不同机械设备作业的数据，或两种不同材料的数据等。

（6）直方图呈缓坡形或平峰形分布［如图8-11（h）所示］。图形两侧坡度平缓或尖峰不突出，这种情况主要是由于多个母体的数据混杂在一起，或由于生产管理上的原因所致。

（二）与标准对照分析

将直方图与标准规定（公差）对比，观察分析质量特性值是否位于标准规定的上限 T_U 和下限 T_L 范围之内，两侧是否留有余地等情况，可以判断生产是否正常，质量是否稳定。

设直方图中质量特性数据的实际分布范围的宽度为 B，设计或标准规定（公差）的上限为 T_U，下限为 T_L，两者之间的范围为 T，则直方图与标准对比时可能有以下几种情况：

（1）直方图与标准对比的情况如图8-12（a）所示。直方图呈正态分布，数据的平均值位于图形的中央，并与标准规定的上、下控制范围的中心一致，标准规定的上限 T_U 与下限 T_L 距图形中心的距离均等于4倍标准差，即 4σ[①]，质量特性数据全部位于 T 的范围内，而且两侧有一定余幅，即使生产稍有波动，质量特性也不致超出标准规定的上、下限。这种情况是理想的质量控制情况，说明生产是正常的，质量是稳定的。

（2）直方图与标准对比的情况如图8-12（b）所示。直方图呈正态分布，质量特性数据全部位于标准规定的上、下界限范围内（即 B 处在 T 之内），但数据的平均值 $\overline{X}$ 距标准规定的下限较近（图形的左侧与下限较接近或重叠），距标准规定的上限较远，此时生产稍有波动，就可能出现不合格品，质量特性数据就会超出标准规定的下限。此时应改善生产管理，提高产品质量，使数据平均值 $\overline{X}$ 略向右移，以保证不超出下限（也不应超出上限），避免出现不合格品。

（3）直方图与标准对比的情况如图8-12（c）所示。直方图呈正态分布，质量特性数据全部位于标准规定的上、下界限范围内，而 B 正好等于 T，两侧均无余幅，此时生产略有波动就会超出规定的界限范围，产生不合格品。故此时应加强生产管理，使质量特性数据略为集中，以避免出现不合格品，或者在条件允许的情况下，略为放宽标准的上、下界限。

[①] 此时工序能力指数 $C_p = \dfrac{T_U - T_L}{6\sigma} = \dfrac{T}{6\sigma} = 1.33, T = 1.33 \times 6\sigma \approx 8\sigma$，故 $\dfrac{T}{2} = 4\sigma$，为理想的质量控制情况。

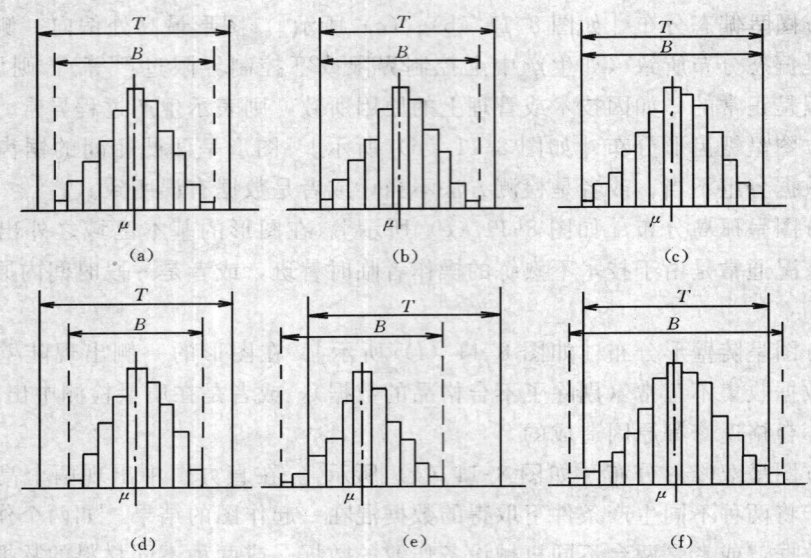

图 8-12 直方图分布范围与标准的比较

(4) 直方图与标准对比的情况如图 8-12（d）所示。直方图呈正态分布，质量特性数据的分布比较集中，数据的分布宽度远小于标准规定的公差界限范围 T，两侧留有较大余幅，即使生产产生较大波动也不致出现不合格品，说明生产是正常的，质量是稳定的，但生产能力过剩，经济上不合理。此时可适当放宽，使质量特性数据的分布略为分散，增大分布宽度 B，否则应适当修改标准规定的公差界限，使 T 适当缩小。

(5) 直方图与标准对比的情况如图 8-12（e）所示。直方图呈正态分布，但图形偏朝左侧，数据的平均值与标准的中心线偏离较大，图形左侧超出标准的下限 T_L，此时生产中出现不合格品，质量偏低，应加强质量控制，提高质量，使生产处于受控状态。

(6) 直方图与标准对比的情况如图 8-12（f）所示。直方图呈正态分布，但质量特性数据的分布过于分散，数据的分布宽度 B 大于标准规定的公差范围 T，此时生产中出现不合格品，故应加强质量管理，改善质量状况，减小质量数据的分散程度，使数据相对集中，以避免出现不合格品。

（三）进行数据的统计分析

根据收集的数据进行统计分析，可以分析产品的不合格品率，评价施工管理水平和工序能力。

1. 平均值 $\overline{X}$ 与标准差 S 的计算

平均值 $\overline{X}$ 和标准差 S 可分别按公式（8-4）和公式（8-9）进行计算，也可按下列方法进行计算，现以例 8-5 的资料举例说明如下：

(1) 根据表 8-6 中所列各数据组区间范围，计算各数据组的中位值 a，简称为组中值，计算结果列于表 8-6 第 3 列中。

(2) 根据频数统计表 8-6，令 a_0 为频数值较大且位置居中的组中值，h 为组距，并令

$$b = \frac{a - a_0}{h} \tag{8-16}$$

然后按上式分别计算各数据组的 b 值，在本例情况 $a_0 = 329$，故：

对于第一数据组

$$b_1 = \frac{a_1 - a_0}{h} = \frac{269 - 329}{15} = -4$$

对于第二数据组

$$b_2 = \frac{a_2 - a_0}{h} = \frac{284 - 329}{15} = -3$$

其他各数据组的 b 值计算方法同上，计算结果列于表 8-7 第 3 栏中。

混凝土抗压强度平均值 $\overline{X}$ 计算表　　　　　表 8-7

数据组号	组中值 a	频数 f	b 值	b^2 值 ($b^2 = ③^2$)	fb 值 ($fb = ② \times ③$)	fb^2 值 ($fb^2 = ② \times ④$)
	①	②	③	④	⑤	⑥
1	269	4	−4	16	−16	64
2	284	6	−3	9	−18	54
3	299	11	−2	4	−22	44
4	314	14	−1	1	−14	14
5	329	21	0	0	0	0
6	344	17	1	1	17	17
7	359	14	2	4	28	56
8	374	3	3	9	9	27
9	389	2	4	16	8	32
10	404	2	5	25	10	50
总计		100			2	358

（3）计算平均值 $\overline{X}$。平均值 $\overline{X}$ 可按下式计算：

$$\overline{X} = a_0 + \frac{\Sigma fb}{\Sigma f} h = 329 + \frac{2}{100} \times 15 = 329.3 (\text{kg/cm}^2) \tag{8-17}$$

（4）计算标准差 S

标准差 S 可按下式计算：

$$S = h \times \sqrt{\frac{\Sigma fb^2}{\Sigma f} - \left(\frac{\Sigma fb}{\Sigma f}\right)^2} = 15 \times \sqrt{\frac{358}{100} - \left(\frac{2}{100}\right)^2} = 15 \times \sqrt{3.5796} = 28.38 \tag{8-18}$$

2. 不合格品率计算

当直方图中质量特性的分布范围 B 超出标准规定的范围（公差范围）T 时，超出部分的质量特性代表了生产过程的不合格品。根据标准规定的公差界限 T_U 和 T_L，质量特性数据的平均值 $\overline{X}$ 和标准差 S，可以计算不合格品率 P。

（1）超出标准规定的公差上限 T_U 的不合格品率

首先按下式计算超公差上界限的正态分布概率系数 $K_{\varepsilon U}$，或简称为上偏移系数：

$$K_{\varepsilon U} = \frac{|T_U - \overline{X}|}{S} \tag{8-19}$$

式中　$K_{\varepsilon U}$——超上控制界限的正态分布概率系数或称上偏移系数；

　　　T_U——标准规定的公差上界限（标准公差上限）；

　　　$\overline{X}$——质量特性数据（样本）的平均值；

　　　S——质量特性数据（样本）的标准差。

根据上式计算得的 $K_{\varepsilon U}$ 值查正态分布概率系数表（表 8-8），可得超上控制界限的不合格品率 P_U 值。

(2) 超出标准规定的下控制界限 T_L 的不合格品率

首先按下式计算超下控制界限的正态分布概率系数 K_{eL}：

$$K_{eL} = \frac{|T_L - \overline{X}|}{S} \tag{8-20}$$

式中　K_{eL}——超下控制界限的正态分布概率系数或简称下偏移系数；

　　　T_L——标准规定的公差下界限（标准公差下限）。

根据上式计算得的 K_{eL} 值查正态分布概率系数表（表 8-8），可得超下控制界限的不合格品率 P_L 值。

正态分布概率系数表　　　　　　　　　　　　　　表 8-8

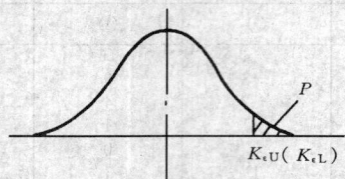

K_{eU} (K_{eL})	*=0	1	2	3	4	5	6	7	8	9
0.0×	0.500 0	0.496 0	0.492 0	0.488 0	0.484 0	0.480 1	0.476 1	0.472 1	0.468 1	0.464 1
0.1×	0.460 2	0.456 2	0.452 2	0.448 3	0.444 3	0.440 4	0.436 4	0.432 5	0.428 6	0.424 7
0.2×	0.420 7	0.416 8	0.412 9	0.409 0	0.405 2	0.401 3	0.397 4	0.393 6	0.389 7	0.385 9
0.3×	0.382 1	0.378 3	0.374 5	0.370 7	0.366 9	0.363 2	0.359 4	0.355 7	0.352 0	0.348 3
0.4×	0.344 6	0.340 9	0.337 2	0.333 6	0.330 0	0.226 4	0.322 8	0.319 2	0.315 6	0.312 1
0.5×	0.308 5	0.305 0	0.301 5	0.398 1	0.394 6	0.391 2	0.287 7	0.284 3	0.281 0	0.277 6
0.6×	0.274 3	0.270 9	0.267 6	0.204 3	0.261 1	0.237 6	0.254 6	0.251 4	0.248 8	0.245 4
0.7×	0.242 0	0.238 9	0.235 8	0.232 7	0.229 6	0.226 6	0.223 6	0.220 6	0.217 7	0.214 8
0.8×	0.211 9	0.209 0	0.206 1	0.203 2	0.200 5	0.197 7	0.194 9	0.192 2	0.189 4	0.186 7
0.9×	0.184 1	0.181 4	0.178 8	0.176 2	0.173 6	0.171 1	0.168 5	0.166 0	0.163 5	0.161 1
1.0×	0.158 7	0.156 2	0.153 9	0.151 5	0.149 2	0.146 9	0.144 6	0.142 3	0.140 1	0.137 9
1.1×	0.135 7	0.133 5	0.131 4	0.129 2	0.127 1	0.125 1	0.123 0	0.121 0	0.119 0	0.117 0
1.2×	0.115 1	0.113 1	0.111 2	0.109 3	0.107 5	0.105 6	0.103 8	0.102 0	0.100 3	0.098 5
1.3×	0.096 8	0.095 1	0.093 4	0.091 8	0.090 1	0.185 5	0.086 9	0.085 3	0.083 8	0.082 3
1.4×	0.080 8	0.079 3	0.077 8	0.076 4	0.074 9	0.073 5	0.072 1	0.070 8	0.069 4	0.068 1
1.5×	0.066 8	0.065 5	0.004 3	0.063 0	0.061 8	0.060 6	0.059 4	0.058 2	0.057 1	0.055 9
1.6×	0.054 8	0.053 7	0.052 6	0.051 6	0.050 5	0.049 5	0.048 5	0.047 5	0.046 5	0.045 5
1.7×	0.044 6	0.043 6	0.042 7	0.041 8	0.040 9	0.040 1	0.039 2	0.038 4	0.037 5	0.036 7
1.8×	0.035 9	0.035 1	0.034 4	0.033 6	0.032 9	0.032 2	0.031 4	0.030 7	0.030 1	0.029 4
1.9×	0.028 7	0.028 1	0.027 4	0.026 8	0.026 2	0.025 6	0.025 0	0.024 4	0.023 9	0.023 3
2.0×	0.022 7	0.022 2	0.021 7	0.021 2	0.020 7	0.020 2	0.019 7	0.019 2	0.018 8	0.018 3
2.1×	0.017 9	0.017 4	0.017 0	0.016 6	0.016 2	0.015 8	0.015 4	0.015 0	0.014 6	0.014 3
2.2×	0.013 9	0.013 6	0.013 2	0.012 9	0.012 5	0.012 2	0.011 9	0.011 6	0.011 3	0.011 0
2.3×	0.010 7	0.010 4	0.010 2	0.009 9	0.009 6	0.009 4	0.009 1	0.008 9	0.008 7	0.008 4
2.4×	0.008 2	0.008 0	0.007 8	0.007 5	0.007 3	0.007 1	0.006 9	0.006 8	0.006 6	0.006 4
2.5×	0.006 2	0.006 0	0.005 9	0.005 7	0.005 5	0.005 4	0.005 2	0.005 1	0.004 9	0.004 8
2.6×	0.004 7	0.004 5	0.004 4	0.004 3	0.004 1	0.004 0	0.003 9	0.003 8	0.003 7	0.003 6
2.7×	0.003 5	0.003 4	0.003 3	0.003 2	0.003 1	0.003 0	0.002 9	0.002 8	0.002 7	0.002 6
2.8×	0.002 6	0.002 5	0.002 4	0.002 3	0.002 3	0.002 2	0.002 1	0.002 1	0.002 0	0.001 9
2.9×	0.001 9	0.001 8	0.001 8	0.001 7	0.001 6	0.001 6	0.001 5	0.001 5	0.001 4	0.001 4
3.0×	0.001 3	0.001 3	0.001 3	0.001 2	0.001 2	0.001 1	0.001 1	0.001 1	0.001 0	0.001 0

(3) 总不合格品率 P

超出标准规定的公差上、下界限的总不合格品率为：

$$P = P_U + P_L \tag{8-21}$$

式中　P——总不合格品率；

　　　P_U——超公差上界限的不合格品率；

P_L——超公差下界限的不合格品率。

【例 8-6】 仍如例 8-5 所述的混凝土强度问题,设设计要求的混凝土抗压强度为 330kg/cm²,为了不造成浪费,规定混凝土抗压强度的上限不超过设计强度的 20%,即上控制界限为 $T_U=330+330×0.2=396$ kg/cm²,根据钢筋混凝土施工验收规范的规定,混凝土抗压强度的下限值不得低于设计强度的 15%,即下控制界限为 $T_L=330-330×0.15=280.5$ kg/cm²。已知强度平均值 $\overline{X}=329.3$ kg/cm²,标准差 $S=28.38$ kg/cm²,计算不合格品率。

A. 计算超上控制界限的不合格品率 P_U

首先按下式计算上偏移系数:

$$K_{\varepsilon U}=\frac{|T_U-\overline{X}|}{S}=\frac{396-330}{28.38}=2.3256$$

根据 $K_{\varepsilon U}=2.33$ 查表 8-8 得超上控制界限的不合格品率为 $P_U=0.0099$。

B. 计算超下控制界限的不合格品率 P_L

首先按下式计算下偏移系数:

$$K_{\varepsilon L}=\frac{|T_L-\overline{X}|}{S}=\frac{|280.5-330|}{28.38}=1.7442$$

根据 $K_{\varepsilon L}=1.74$ 查表 8-8 得超下控制界限的不合格品率为 $P_L=0.0409$。

C. 计算总不合格品率 P

总不合格品率为:

$$P=P_U+P_L=0.0099+0.0409=0.0508=5.08\%$$

从质量特性本身来说,超上控制界限的混凝土,并非是不合格品,因为其强度满足设计要求的强度,但是因为它超过了标准规定(设计要求)的水平,从经济性角度来看,造成了浪费,所以从这一角度来看,也属于不合格品。

3. 评价生产管理水平

变异系数反映了生产中质量数据相对波动的大小,因此可以用来评价生产管理的水平。根据质量特性数据计算出平均值 $\overline{X}$ 和标准差 S 以后,可以按下式计算变异系数 C_v,即:

$$C_v=\frac{\sigma}{\mu}\approx\frac{S}{\overline{X}} \tag{8-22}$$

式中 μ、$\overline{X}$——分别为总体和样本的平均值;

　　　σ、S——分别为总体和样本的标准差。

然后参照标准或规范来评价生产管理水平。

表 8-9 中所列为一些国家所制定的混凝土工程的管理水平等级评价表,可供参考。

一些国家混凝土工程施工管理水平等级表　　　　　表 8-9

管理水平与等级	美国标准 C_v 值		英国标准 标准偏差	日本土木学会建议标准	
	全部变动	每盘变动		施工级别	标准偏差 σ
优 秀	10 以下	4	约 24		
良 好	10~15	5	30	A	25
普 通	15~20	6	36	B	30
不 良	20 以上	7	48	人工搅拌	(50)
低 劣	—		60		

表 8-10 为原水电部制定的混凝土工程施工管理水平等级标准。

原水电部混凝土工程施工管理水平等级表　　表 8-10

管理水平与等级	标准偏差 σ	
	200 号混凝土	300 号混凝土
优　秀	≤24	≤34
普　通	≤33	≤43
不　良	>42	≤52

4. 评价工序能力

工序能力也称为工程能力，它是指生产工序处于稳定（控制）状态的情况下，生产出质量符合标准要求的产品的能力，是评价工序质量管理的重要数据。

工序能力通常用工序能力指数来表示，它可分为两种情况，即无偏工序能力指数 C_P 和有偏工序能力指数 C_{PK}。

(1) 无偏工序能力指数 C_P

当质量特性数据的实际分布中心 $\overline{X}$ 与标准规定的公差界限中心值完全重合时，此时的工序能力指数称为无偏工序能力指数，以 C_P 表示。C_P 值用标准规定的公差界限范围 T 与数据的实际分布范围 B 的比值表示，通常取 $B=6\sigma$，故无偏工序能力指数为：

$$C_P = \frac{T}{6\sigma} = \frac{T_U - T_L}{6\sigma} \approx \frac{T_U - T_L}{6S} \tag{8-23}$$

式中　T_U——标准规定的上控制界限；

T_L——标准规定的下控制界限；

σ——总体的标准偏差；

S——样本的标准偏差。

(2) 有偏工序能力指数 C_{PK}

当质量特性数据的实际分布中心 $\overline{X}$ 与标准规定的公差界限的中心值不一致时，此时的工序能力指数称有偏工序能力指数，以 C_{PK} 表示。C_{PK} 值用下式表示：

$$C_{PK} = C_P(1-K) = \frac{T}{6\sigma}(1-K) \approx \frac{T}{6S}(1-K) \tag{8-24}$$

式中　T——标准规定的公差界限范围，即 $T=T_U-T_L$；

K——偏移系数；

σ——总体的标准偏差；

S——样本的标准偏差。

偏移系数为：

$$K = \frac{a}{T/2} \tag{8-25}$$

式中　a——偏移量，其值为：

$$a = \left|\frac{T_U + T_L}{2} - \mu\right| \approx \left|\frac{T_U + T_L}{2} - \overline{X}\right| \tag{8-26}$$

故偏移系数为：

$$K = \frac{a}{T/2} = \frac{\left|\dfrac{T_U + T_L}{2} - \overline{X}\right|}{\dfrac{T_U - T_L}{2}} \tag{8-27}$$

(3) 单侧偏差工序能力指数 C_P

当仅给出单侧控制界限时，工序能力指数按下列公式计算：

① 当仅给出标准公差上限 T_U 时

$$C_P = \frac{T_U - \mu}{3\sigma} \approx \frac{T_U - \overline{X}}{3S} \qquad (8-28)$$

② 当仅给出标准公差下限 T_L 时

$$C_P = \frac{\mu - T_L}{3\sigma} \approx \frac{\overline{X} - T_L}{3S} \qquad (8-29)$$

不同情况下工序能力指数的计算公式如表 8-11 所示。

工序能力指数 C_P 和 C_{PK} 计算表　　　　　表 8-11

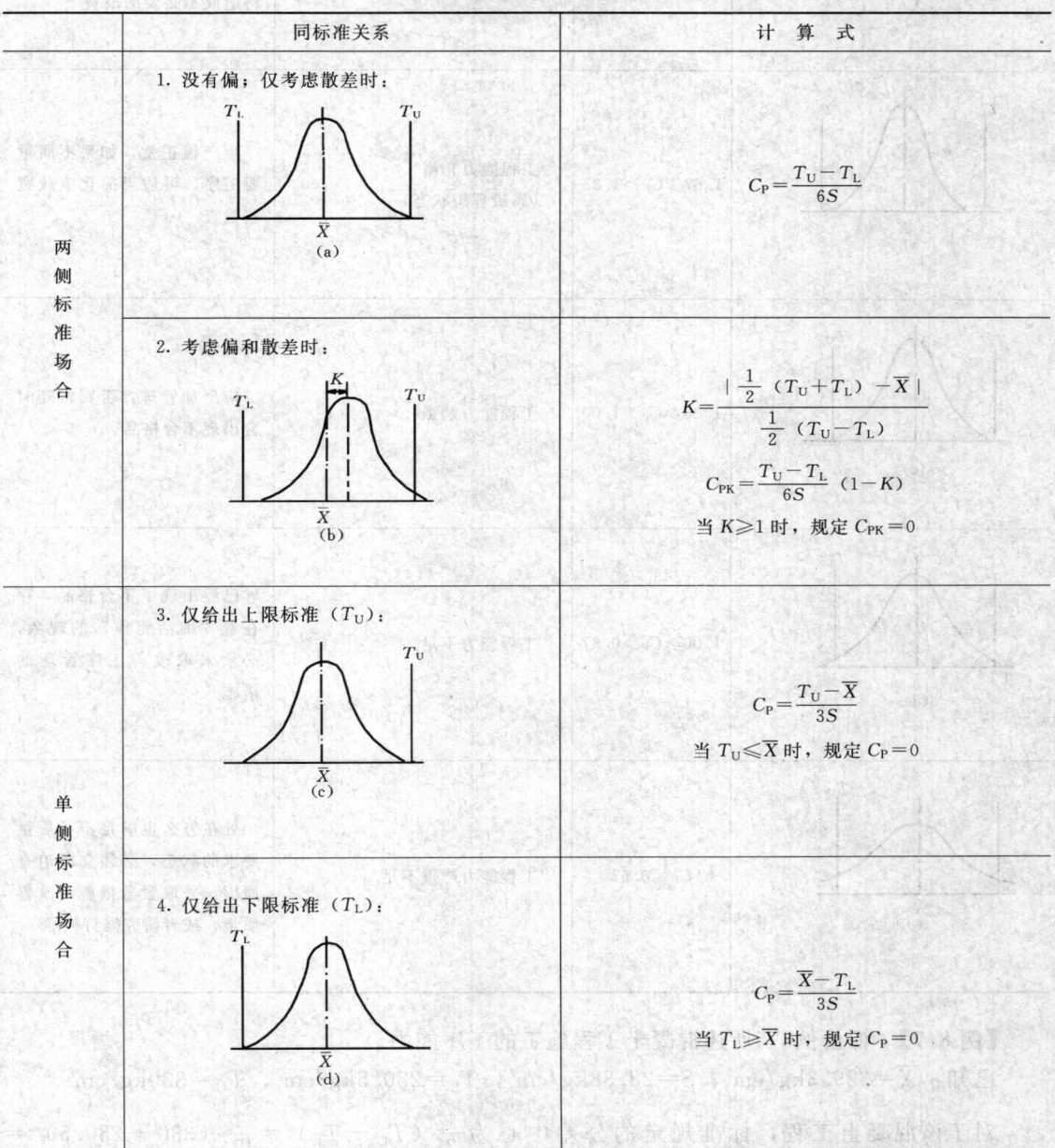

	同标准关系	计算式
两侧标准场合	1. 没有偏；仅考虑散差时：(a)	$C_P = \dfrac{T_U - T_L}{6S}$
	2. 考虑偏和散差时：(b)	$K = \dfrac{\left\| \frac{1}{2}(T_U + T_L) - \overline{X} \right\|}{\frac{1}{2}(T_U - T_L)}$ $C_{PK} = \dfrac{T_U - T_L}{6S}(1 - K)$ 当 $K \geqslant 1$ 时，规定 $C_{PK} = 0$
单侧标准场合	3. 仅给出上限标准 (T_U)：(c)	$C_P = \dfrac{T_U - \overline{X}}{3S}$ 当 $T_U \leqslant \overline{X}$ 时，规定 $C_P = 0$
	4. 仅给出下限标准 (T_L)：(d)	$C_P = \dfrac{\overline{X} - T_L}{3S}$ 当 $T_L \geqslant \overline{X}$ 时，规定 $C_P = 0$

计算得工序能力指数后,可参照表 8-12 所列的标准,评价工序能力,并采取适当的处理措施。

工程(工序)能力的判断与处置　　　　　　　表 8-12

数据分布情况	C_P 或 C_{PK} 值	工程(工序)能力判断	处 置 说 明
(a)	$C_P > 1.67$	工程能力过分充裕(过剩)	存在着"粗活细作"的现象。故可适当放宽管理,以降低成本。否则,在经济上将造成不必要的浪费
(b)	$1.67 \geqslant C_P > 1.33$	工程能力充裕(属最理想状态)	生产很正常,如果不属重要工序,可适当简化或放宽些检查
(c)	$1.33 \geqslant C_P > 1.00$	工程能力勉强	应严加管理,否则将随时会出现不合格品
(d)	$1.00 \geqslant C_P > 0.67$	工程能力不足	已经出现了不合格品,存在着"细活粗作"的现象,必须采取改善工序管理的措施
(e)	$C_P \leqslant 0.67$	工程能力严重不足	处在怎么也满足不了质量要求的状态,必须立即追查原因,采取紧急措施,改善质量,或者研究修订标准

【**例 8-7**】 评价例8-5所述混凝土工程施工的工序能力。

已知:$\overline{X} = 329.3 \text{kg/cm}^2$,$S = 28.38 \text{kg/cm}^2$,$T_L = 280.5 \text{kg/cm}^2$,$T_U = 330 \text{kg/cm}^2$。

对于该混凝土工程,标准规定的公差中心为 $\frac{1}{2}(T_U + T_L) = \frac{1}{2}(330 + 280.5) =$

305.25kg/cm², 与质量特性数据实际的分布中心 $\overline{X}=329.3$kg/cm² 不一致, 故属于有偏情况, 此时工序能力指数应按公式 (8-24) 计算。首先按公式 (8-26) 计算偏移量:

$$a = \left| \frac{T_U + T_L}{2} - \overline{X} \right| = \left| \frac{1}{2} \times (330 + 280.5) - 329.3 \right| = 24.05 \text{ (kg/cm}^2\text{)}$$

标准规定的上、下控制界限范围为 $T = T_U - T_L = 330 - 280.5 = 49.5$kg/cm², 故偏移系数为:

$$K = \frac{a}{T/2} = \frac{24.05}{\frac{1}{2} \times 49.5} = 0.9717$$

故工序能力指数为:

$$C_{PK} = \frac{T}{6\sigma}(1-K) \approx \frac{T}{6S}(1-K) = \frac{(T_U - T_L)}{6S}(1-K) = \frac{330 - 280.5}{6 \times 28.38}(1 - 0.9717)$$
$$= 0.008227$$

如不考虑上限控制而仅按单侧标准 (公差下限) 计算, 则工序能力指数为:

$$C_P = \frac{\mu - T_L}{3\sigma} \approx \frac{\overline{X} - T_L}{3S} = \frac{329.3 - 280.5}{3 \times 28.38} = 0.58$$

查表 8-12 可知, 该工程混凝土施工的工序能力指数 $C_P < 0.67$, 属严重不足, 故应采取措施改善工序管理。

【例 8-8】 某设备焊接工程, 要求焊缝宽度为 12mm, 质量标准中规定允许误差为 +3mm, 不允许出现负偏差, 通过 60 个焊缝宽度的检测数据的统计计算, 已知 $\sigma = 0.41$mm, 试评价该工程的工序能力。

已知: $T_U = 12 + 3 = 15$mm, $T_L = 12$mm, $\sigma = 0.41$mm, 故该焊接工程的工序能力指数为:

$$C_P = \frac{T_U - T_L}{6\sigma} = \frac{15 - 12}{6 \times 0.41} = 1.22$$

由表 8-12 可知, $1 < C_P (=1.22) < 1.33$, 属工序能力尚可。

5. 计算混凝土强度保证率、离差系数、配制强度和保证强度

(1) 混凝土强度保证率 p

混凝土强度保证率 p 的计算方法如下:

① 计算样本平均值

$$R_m = \frac{\sum_{i=1}^{n} R_i}{n} \tag{8-30}$$

式中 R_m ——样本平均值, 即同一强度等级混凝土若干组试件抗压强度的平均值;

R_i ——样本值, 即每一组试件的平均极限抗压强度;

n ——样本容量, 即试件的组数。

② 计算样本标准差

$$S = \sqrt{\frac{1}{n-1} \sum_{i=1}^{n} (R_i - R_m)^2} \tag{8-31}$$

③ 计算离差系数 (变异系数)

$$C_v = \frac{S}{R_m} \tag{8-32}$$

④ 根据离差系数 C_v 和比值 $\dfrac{R_{28}}{R_m}$（其中 R_{28} 为设计要求的 28d 龄期的混凝土极限抗压强度，R_m 为控制试件的平均强度，C_v 为离差系数），由图 8-13 查得混凝土强度保证率 p。

(2) 离差系数 C_v（混凝土均质性指标）

① 计算总体平均值 u（即同一强度等级混凝土全部试件抗压强度的算术平均值），也可用 R_m 作为 u 的估计值。

② 计算总体标准差 σ（即同一强度等级混凝土全部试件抗压强度的均方差值），也可用 S 作为 σ 的估计值。

③ 计算离差系数 C_v。

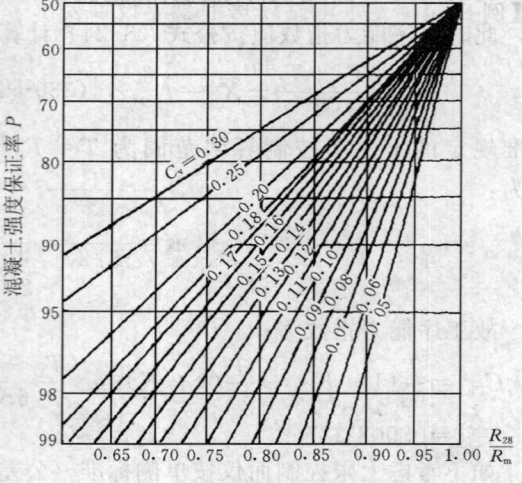

图 8-13 混凝土强度保证率曲线

(3) 混凝土配制强度 R_c 的计算

考虑到混凝土施工质量的不均匀性，为了使混凝土强度保证率满足要求，则混凝土的配制强度 R_c 应等于设计强度 R_d 乘以系数 k，即：

$$R_c = kR_d \tag{8-33}$$

$$k = \frac{1}{1-tC_v} \tag{8-34}$$

$$t = \frac{R_m - R}{S} \tag{8-35}$$

式中　k——系数；

　　　t——标准正态变量（或称概率度系数）；

　　　R——混凝土设计强度；

　　　C_v——离差系数。

C_v 值可先根据施工控制情况估计，以后再根据实际情况调整。在一般情况下，混凝土 C20 及以上时，C_v 可采用 0.15；C20 以下可采用 0.20。若已知 C_v 值和要求的混凝土强度保证率 p，则系数 k 也可由表 8-13 查得。

系　数　k　值　　　　　　　　　表 8-13

离差系数 C_v	混凝土强度保证率 p（%）				离差系数 C_v	混凝土强度保证率 p（%）			
	90	85	80	75		90	85	80	75
0.10	1.15	1.12	1.09	1.08	0.18	1.30	1.22	1.18	1.14
0.13	1.20	1.15	1.12	1.10	0.20	1.35	1.26	1.20	1.16
0.15	1.24	1.19	1.16	1.12	0.25	1.47	1.35	1.27	1.21

(4) 混凝土保证强度 R_p

混凝土的保证强度 R_p 可按下式计算：

$$R_p = R + t\sigma \tag{8-36}$$

或

$$R_p = \frac{R}{1-tC_v} \tag{8-37}$$

式中 t 值可按公式（8-35）计算，也可以根据要求的强度保证率 p 由图 8-4 中查得。

【例 8-9】 某水电站厂房混凝土设计要求采用 C15 混凝土，强度保证率为 90%，一般控制水平，取 $C_v=0.20$，试确定混凝土的保证强度。

由于 $p=90\%$，故 $(100-p)=(100-90)=10\%$，根据 $(100-p)=10\%$，由图 8-4 中查得 $t=1.25$，因此混凝土的保证强度为：

$$R_p = \frac{150}{1-1.25\times 0.20} = 20.0(\text{MPa})$$

【例 8-10】 某混凝土工程质量检验时共取了 125 个混凝土抗压强度数据，每个数据是 3 个混凝土试件的抗压强度平均值，如表 8-14 所示，混凝土的强度为 $R=20.0\text{MPa}$，根据这些数据计算抗压强度的平均值 R_m、标准差 S、离差系数 C_v、强度保证率 p。

混凝土试块抗压强度表　　　　　　　　　　　　　　表 8-14

序号	混凝土试件的抗压强度（MPa）											
1	21.0	21.4	24.4	22.7	25.9	24.3	25.8	18.5	17.7	16.9	21.4	26.8	29.8
2	21.8	28.1	25.3	18.9	14.0	19.6	21.4	24.3	17.4	27.6	20.3	24.3	18.5
3	19.9	17.4	23.8	22.7	17.5	25.6	27.2	24.8	20.2	23.7	14.5	18.3	25.6
4	21.6	26.0	21.9	26.8	28.9	16.9	18.4	24.5	31.1	20.5	19.5	24.4	21.4
5	25.3	19.0	24.7	21.9	20.7	25.7	19.9	30.1	27.2	20.3	25.7	16.6	18.4
6	26.6	20.9	24.6	22.9	20.5	20.7	21.4	23.8	24.6	26.6	20.1	19.3	
7	25.4	21.0	25.6	22.0	30.3	24.6	20.7	20.1	17.9	25.6	21.1	26.1	
8	29.6	27.7	22.6	26.2	26.8	19.8	30.5	24.5	25.9	30.0	24.4	21.3	
9	23.7	14.3	20.6	21.5	26.2	16.5	18.1	19.3	19.9	22.3	32.0		
10	14.0	30.7	18.6	22.4	26.7	29.5	25.3	28.4	23.9	26.4	14.4	27.8	

将表 8-14 中所列资料分为 10 组，并分别计算组中值及频数，如表 8-15 所示。

混凝土抗压强度的频数分布表　　　　　　　　　　　表 8-15

组号	强度区间（MPa）	组中值 u（MPa）	频数符号	频数 f_i	$x_i'=(u-x_0)/h$	$f_i x_i'$	$f_i x_i'^2$
①	②	③	④	⑤	⑥	⑦=⑤×⑥	⑧=⑦×⑥
1	130.5~150.5	140	正	5	−4	−20	80
2	150.5~170.5	160	正	4	−3	−17	36
3	170.5~190.5	180	正正正	14	−2	−28	56
4	190.5~210.5	200	正正正正丅	22	−1	−22	22
5	210.5~230.5	220	正正正正	19	0	0	0
6	230.5~250.5	240	正正正下	18	1	18	18
7	250.5~270.5	260	正正正正正	25	2	50	100
8	270.5~290.5	280	正下	24	3	72	72
9	290.5~310.5	300	正下	8	4	32	128
10	310.5~330.5	320	丅	2	5	10	50
合计				125		52	562

首先，根据频数分布表，将频数较大且其位置在组数中间的一个组中值 x_0 定为坐标原点，即令其 $x=0$，并令 $x'=\frac{u-x_0}{h}$，其中 h 为组间距。在本例情况，由表 8-15 中可见，$x_0=22.0, h=2.0$，故 $x_1'=\frac{14.0-22.0}{2.0}=-4$，$x_2'=\frac{16.0-22.0}{2.0}=-3$，其他各个 x_i' 值列于表 8-15 中的第⑥列中。

然后分别计算 f_ix_i' 值及 $f_ix_i'^2$ 值，即 f_ix_i' 等于表 8-15 中第⑤列的值与第⑥列的值相乘；$f_ix_i'^2$ 值等于第⑥列的值与第⑦列的值相乘，计算结果分别列于表 8-15 的第⑦列、第⑧列中。将第⑦列中各值相加得 $\Sigma f_ix_i'=52$，将第⑧列中各值相加得 $\Sigma f_ix_i'^2=562$，将表中第⑤列中各值相加得 $\Sigma f_i=125$。最后计算下列各值：

A. 混凝土抗压强度平均值 R_m

 a. 计算 $\quad \dfrac{\Sigma f_ix_i'}{\Sigma f_i}=\dfrac{52}{125}=0.416$

 b. 计算 $\quad \dfrac{\Sigma f_ix_i'}{\Sigma f_i}h=0.416\times 2.0=0.832$

 c. 计算混凝土抗压强度平均值 R_m

$$R_m=x_0+\dfrac{\Sigma f_ix_i'}{\Sigma f_i}h=22.0+0.832=22.832(\text{MPa})$$

B. 混凝土抗压强度标准差值 S

 a. 计算 $\quad \dfrac{\Sigma f_ix_i'^2}{\Sigma f_i}=\dfrac{562}{125}=4.496$

 b. 计算 $\quad \left(\dfrac{\Sigma f_ix_i'}{\Sigma f_i}\right)^2=(0.416)^2=0.173$

 c. 计算标准差 S

$$S=h\sqrt{\dfrac{\Sigma f_ix_i'^2}{\Sigma f_i}-\left(\dfrac{\Sigma f_ix_i'}{\Sigma f_i}\right)^2}=2.0\times\sqrt{4.496-0.173}=4.158$$

C. 计算离差系数 C_v 值

$$C_v=\dfrac{S}{R_m}=\dfrac{4.158}{22.832}=0.182$$

D. 混凝土强度保证率 p

 a. 计算混凝土强度保证系数

$$t=\dfrac{R_m-R}{S}=\dfrac{22.832-20.20}{4.158}=0.681$$

 b. 根据 $t=0.681$ 查图 8-4 得 $(100\%-p)=24.0\%$，故强度保证率 $p=100\%-24.0\%=76.0\%$。

第五节 控 制 图 法

一、控制图的特点

控制图法又称管理图法，是休哈特于 1924 年提出的。控制图反映了生产过程中质量特性随时间的动态变化，因此通过控制图中质量特性随时间的变化，可以分析生产过程是否正常和稳定，并通过对异常状态的分析，及时采取相应的措施，预防不合格品的发生，实现对生产过程的动态控制。

控制图是一种直角坐标图，如图 8-14 所示，纵坐标表示质量特性值，横坐标表示样本序号或取样时间。图中有三条线，中间的一条线为中心线，即质量特性的平均值线，用符号 CL 表示；上面的一条线为上控制线（上控制界限），以符号 UCL 表示；下面的一条线为下控制线（下控制界限），以符号 LCL 表示，中心线与上、下控制线的距离均为 3σ。将代表质量特性的样本值（通常为样本组平均值），按取样顺序或按取样时间分别点绘在此图上，并将这些点顺序连接起来，形成表示质量特性波动的折线图，即为控制图，如图 8-14

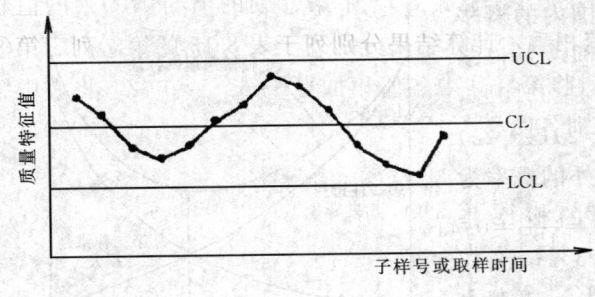

图 8-14 控制图的形式

所示。

二、控制图的种类和用途

(一) 控制图的分类

控制图可以按控制对象和用途来进行分类。

1. 按控制对象分类

按控制对象的不同,控制图可分为下列几种:

(1) 计量控制图

① 平均值控制图($\bar{X}$图)。用于观察数据分布的均值变化。

② 单值控制图(X图)。用于观察数据分布的单值变化。

③ 中位值控制图($\tilde{X}$图)。用于观察数据分布的中位值变化。

④ 平均值和极差控制图($\bar{X}$-R图)。用于观察数据分布的变化。

⑤ 中位值和极差控制图($\tilde{X}$-R图)。

⑥ 单值和移动极差控制图(X-R_s图)。用于自动化全检,或取样费时、费用较高的情况。

(2) 计数控制图

① 不合格品率控制图(P图)。用于控制对象为不合格品率或合格品率等计数质量指标情况。

② 不合格品数控制图(P_n图)。用于控制对象为不合格品数的情况。

③ 缺陷数控制图(C图)。用于控制一部机器、一个部件、一定长度、一定面积或任何一定单位中所出现的缺陷数。

④ 单位缺陷数控制图(U图)。当上述一定单位,也即样品的大小保持不变时用 C 控制图,当样品的大小变化时则按每单位的缺陷数用 U 控制图。

2. 按用途分类

按控制图的用途,控制图可分为分析用控制图和管理用控制图两类。

(二) 控制图的应用

(1) 判断工序质量的稳定性。

(2) 分析比较产品的质量。

(3) 分析工序质量不稳定的原因。

(4) 预防质量不合格的发生。

三、控制界限

当生产处于正常状态,质量特性数据的分布为正态分布时,质量特性数据落在 $\mu \pm 3\sigma$ 范围内的概率为 99.7%,超出上述范围的概率为 0.3%。

在质量控制中存在两类错误判断,第一类是将正常状态判断为异常状态,称为第一类错误判断。由于将正常状态判断为异常状态,因而采取了一些不必要的处理措施,造成了经济损失,这种经济损失称为第一类错误判断损失。第二种是将异常状态判断为正常状态,称为第二类错误判断。由于将异常状态判断为正常状态,因而未采取应有的处理措施,产生了不合格品,造成了经济损失,这种经济损失称为第二类错误判断损失。

当生产处于正常状态,质量特性数据的分布为正态分布时,如本章第一节中所述,此时质量数据总体样本落在 $(\mu-\sigma, \mu+\sigma)$ 范围内的概率是 68.3%，落在上述范围以外的概率为 31.7%；落在 $(\mu-1.96\sigma, \mu+1.96\sigma)$ 范围内的概率是 95.0%，落在上述范围以外的概率为 5%；落在 $(\mu-2\sigma, \mu+2\sigma)$ 范围内的概率是 95.4%，落在上述范围以外的概率为 4.6%；落在 $(\mu-3\sigma, \mu+3\sigma)$ 范围内的概率是 99.7%，落在上述范围以外的概率为 0.3%；落在 $(\mu-4\sigma, \mu+4\sigma)$ 范围内的概率是 99.994%，落在上述范围以外的概率为 0.006%。这就是说，控制界限不同，产生错误判断的概率是不一样的。例如若取控制界限为 $(\mu-2\sigma, \mu+2\sigma)$，则在 1000 次抽样检验所得的质量特性数据中，有 46 个数据落在控制界限范围以外，也就是可能有 46 次将正常状态判断为异常状态；若取控制界限为 $(\mu-3\sigma, \mu+3\sigma)$，则在 1000 次抽样检验中，所得的质量特性数据内有 3 个数据落在控制界限以外，也就是可能有 3 次将正常状态判断为异常状态。故增大控制范围，将会使第一类错误判断的概率减小；反之当生产不正常时，扩大控制范围将会使第二类错误判断概率增大。第一类错误判断概率增大，则第二类错误判断的概率就减小；反之，第一类错误判断的概率减小，则第二类错误判断的概率就增大。第一类错误判断损失和第二类错误判断损失与控制范围的关系如图 8-15 所示。要同时避免两种错误判断损失是困难的，所以唯一的办法是综合两种错误判断的损失使之处于最小状态。根据分析，控制范围处在 $(\mu-3\sigma, \mu+3\sigma)$ 时两种错误判断的综合经济损失最小（如图 8-15 所示）。所以在质量控制中，常将控制界限定为 $\mu\pm3\sigma$。

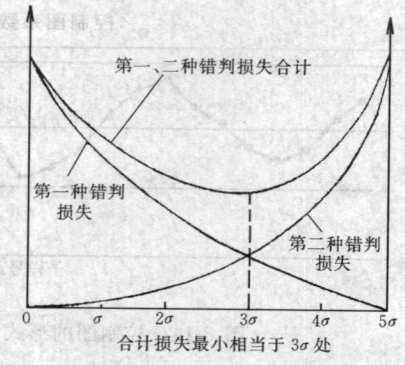

图 8-15 错误判断损失与控制范围的关系

不同控制图的控制界限可按表 8-16 所列的公式计算。

不同控制图的控制界限计算公式 表 8-16

控制图种类	控制界限	备 注	控制图种类	控制界限	备 注
$\overline{X}$ 控制图	$\overline{\overline{X}} \pm A_2\overline{R}$	$A_2\overline{R}=3\sigma$	P 控制图	$\overline{P}\pm 3\sqrt{\dfrac{\overline{P}(1-\overline{P})}{n}}$	$\sqrt{\dfrac{\overline{P}(1-\overline{P})}{n}}=\sigma$
R 控制图	$D_4\overline{R}$ $D_3\overline{R}$	$D_4\overline{R}=\overline{R}+3\sigma$ $D_3\overline{R}=\overline{R}-3\sigma$	P_n 控制图	$\overline{P}_n\pm 3\sqrt{\overline{P}_n(1-\overline{P})}$	$\sqrt{\overline{P}_n(1-\overline{P})}=\sigma$
$\widetilde{X}$ 控制图	$\overline{\widetilde{X}}\pm m_3A_2\overline{R}$	$m_3A_2\overline{R}=3\sigma$	C 控制图	$\overline{C}\pm 3\sqrt{\overline{C}}$	$\sqrt{\overline{C}}=\sigma$
X 控制图	$\overline{\overline{X}}\pm E_2\overline{R}$ $\overline{\overline{X}}\pm 2.66\overline{R}_s$	$E_2\overline{R}=3\sigma$ $2.66\overline{R}_s=3\sigma$	U 控制图	$\overline{U}\pm 3\sqrt{\dfrac{\overline{U}}{n}}$	$\sqrt{\dfrac{\overline{U}}{n}}=\sigma$

注：(1) $\overline{\overline{X}}$ 为各组平均值 $\overline{X}$ 的平均值；
(2) $\overline{\widetilde{X}}$ 为各组平均值的中位值；
(3) $\overline{X}$ 为平均值；
(4) $\overline{R}$ 为各组极差的平均值；
(5) $\overline{R}_s$ 为流动极差的平均值，即相邻两数之差的平均值；
(6) $\overline{P}$ 为不合格品率平均值；
(7) $\overline{P}_n$ 为不合格品数平均值；
(8) $\overline{C}$ 为缺陷数平均值；
(9) $\overline{U}$ 为单位缺陷数平均值；
(10) n 为各组组内数；
(11) σ 为标准差；
(12) A_2、D_3、D_4、m_3A_2、E_2 均为系数，见表 8-17。

控制图系数 A_2、m_3A_2、D_3、D_4、E_2、d_3 值　　　　表 8-17

n	A_2	m_3A_2	D_3	D_4	E_2	d_3
2	1.880	1.880	—	3.267	2.660	0.853
3	1.023	1.178	—	2.575	1.772	0.888
4	0.729	0.796	—	2.282	1.457	0.880
5	0.577	0.691	—	2.115	1.290	0.864
6	0.483	0.549	—	2.004	1.184	0.848
7	0.419	0.509	0.076	1.924	1.109	0.833
8	0.373	0.432	0.136	1.864	1.054	0.820
9	0.337	0.412	0.184	1.816	1.010	0.808
10	0.308	0.363	0.223	1.727	0.975	0.797

四、控制图的绘制

现以 $\overline{X}-R$ 图为例说明控制图的绘制方法。

1. 收集数据

在生产过程正常稳定的情况下，通过抽检取得一批样本，一般最少 20 个，通常为 25 个，而每个样本应有 3～5 个检测数据。

2. 计算样本的平均值 $\overline{X}$

将每个样本中的检测数据平均，即

$$\overline{X} = \frac{X_1 + X_2 + \cdots + X_n}{n}$$

式中　X——检测数据；

　　　n——样本中检测数据的数目。

3. 计算样本的极差 R

样本的极差 R 等于样本中的最大检测数据 X_{max} 与最小检测数据 X_{min} 之差，即：

$$R = X_{max} - X_{min}$$

4. 计算样本总均值 $\overline{\overline{X}}$

样本的总均值 $\overline{\overline{X}}$ 等于各样本均值的平均值，即：

$$\overline{\overline{X}} = \frac{\overline{X}_1 + \overline{X}_2 + \overline{X}_3 + \cdots + \overline{X}_k}{k}$$

式中　$\overline{X}$——样本的均值；

　　　k——样本的数目。

5. 计算样本极差的平均值 $\overline{R}$

样本极差的平均值 $\overline{R}$ 等于各样本极差值之和除以样本数目，即：

$$\overline{R} = \frac{R_1 + R_2 + R_3 + \cdots + R_k}{k}$$

式中　R——样本的极差值。

6. 计算控制图的界限

（1）对于 $\overline{X}$ 图

按样本大小 n 由表 8-17 中查得系数 A_2 值，然后根据样本总均值 $\overline{\overline{X}}$、样本极差平均值 $\overline{R}$ 和系数 A_2 计算上、下控制界限：

上控制线（UCL）的坐标值：$\overline{\overline{X}}+A_2\overline{R}$；下控制线（LCL）的坐标值：$\overline{\overline{X}}-A_2\overline{R}$。

(2) 对于 R 图

根据样本大小 n 由表 8-17 中查得系数 D_4 和 D_3，然后再根据样本极差的平均值 $\overline{R}$ 和系数 D_4 及 D_3 计算 R 图的上、下控制线坐标值：

上控制线纵坐标值为：$D_4\overline{R}$；下控制线纵坐标值为：$D_3\overline{R}$。

7. 绘制控制图

(1) 对于 $\overline{X}$ 图

绘制直角坐标轴，以纵坐标表示质量特性的均值，横坐标表示质量特性样本的序号或取样时间，然后将各样本的均值按顺序点绘在图上，并连成折线，即为 $\overline{X}$ 控制图。

(2) 对于 R 图

绘制直角坐标轴，以纵坐标表示质量特性的极差值 R，横坐标表示质量特性样本的序号或取样时间，然后将各样本的极差值 R 按顺序点绘在图上，即得 R 控制图。

【例 8-11】某加工厂要求对加工的焊接管道直径生产过程建立 $\overline{X}$-R 控制图，通过抽检共取得 25 个样本，每个样本包含 5 个检测值，如表 8-18 所示。

钢管直径检测数据   表 8-18

样本序号	质量特性数据（钢管直径检测数据）(mm)					样本均值 $\overline{X}$ (mm)	样本极差 R (mm)
1	739.82	739.84	739.95	740.17	740.13	739.98	0.35
2	740.15	740.08	739.93	740.00	740.10	740.05	0.22
3	740.10	739.89	739.90	740.09	740.14	740.02	0.25
4	740.04	739.99	739.90	740.06	740.09	740.02	0.19
5	739.88	740.01	740.09	740.05	739.96	739.96	0.33
6	740.00	740.10	740.13	740.20	740.03	740.09	0.20
7	739.84	740.02	740.03	740.05	739.97	739.98	0.21
8	740.06	740.10	740.18	740.03	740.00	740.07	0.18
9	739.94	740.12	739.86	740.05	740.07	740.01	0.26
10	740.00	739.84	740.05	739.98	739.96	739.97	0.21
11	740.12	740.14	739.98	739.99	740.07	740.06	0.16
12	740.06	739.67	739.94	740.00	739.84	739.00	0.39
13	739.83	740.02	739.98	739.97	740.12	739.98	0.29
14	740.04	740.00	740.07	740.00	739.96	740.01	0.11
15	739.94	739.98	739.94	739.95	739.90	739.94	0.08
16	739.98	740.00	739.90	740.07	739.95	739.98	0.17
17	740.08	739.95	740.09	740.05	740.04	740.04	0.14
18	739.85	740.03	739.93	740.15	739.88	739.97	0.30
19	739.95	740.06	739.94	740.00	740.05	740.00	0.12
20	740.09	739.94	739.97	739.85	739.93	739.96	0.24
21	739.92	740.07	740.15	739.89	740.14	740.03	0.26
22	740.02	739.96	739.93	740.00	740.09	740.03	0.22
23	739.88	740.24	740.21	740.05	740.02	740.08	0.36
24	739.95	739.92	740.01	740.11	740.04	740.01	0.19
25	740.30	740.02	740.19	739.92	740.08	740.10	0.38
合计						18500.24	5.81

A. 计算样本均值

根据表 8-18 各行中所列的样本检测数据，计算样本的均值 $\overline{X}$，例如对于第一个样本为：

$$\overline{X}_1=\frac{739.82+739.84+739.95+740.17+740.13}{5}=739.98 \text{ (mm)}$$

其余各样本均值的计算方法相同,计算结果列于表 8-18 第 7 列中。

B. 计算样本极差值

根据表 8-18 各行中所列的样本检测数据,计算各样本的极差值 R,例如表中第 1 个样本的极差值为:

$$R_1 = X_{\max 1} - X_{\min 1} = 740.17 - 739.82 = 0.35 \text{（mm）}$$

其余样本极差值的计算方法相同,计算结果列于表 8-18 第 8 列中。

C. 计算样本总均值 $\overline{\overline{X}}$

样本总均值 $\overline{\overline{X}}$ 等于表 8-18 中第 7 列数之和 $\Sigma \overline{X}$ 被样本数 k 相除的商,其中均值 $\overline{X}$ 之和为:

$$\begin{aligned}\Sigma \overline{X} =& 739.98+740.05+740.02+740.02+739.96+740.09+739.98+740.07 \\ &+740.01+739.97+740.06+739.00+739.98+740.01 \\ &+739.94+739.98+740.04+739.97+740.00+739.96 \\ &+740.03+740.03+740.08+740.01+740.10 \\ =& 18500.24 \text{(mm)}\end{aligned}$$

由于样本数 $k=25$,故样本总均值为:

$$\overline{\overline{X}} = \frac{\Sigma \overline{X}}{k} = \frac{18\,500.24}{25} = 740.01 \text{（mm）}$$

D. 计算样本极差的平均值 $\overline{R}$

样本极差的平均值 $\overline{R}$ 等于表 8-18 中第 8 列数之和 ΣR 被样本数 k 相除的商,其中样本极差值 R 之和为:

$$\begin{aligned}\Sigma R =& 0.35+0.22+0.25+0.19+0.33+0.20+0.21+0.18 \\ &+0.26+0.21+0.16+0.39+0.29+0.11+0.08 \\ &+0.17+0.14+0.30+0.12+0.24+0.26+0.22 \\ &+0.36+0.19+0.38 \\ =& 5.81 \text{(mm)}\end{aligned}$$

故样本极差的平均值为:

$$\overline{R} = \frac{\Sigma R}{k} = \frac{5.81}{25} = 0.23 \text{（mm）}$$

E. 计算控制图中控制界限的纵坐标值

a. 对于 $\overline{X}$ 图

根据样本大小 $n=5$,查表 8-17 得 $A_2=0.577$;已知 $\overline{\overline{X}}=740.01$ mm,$\overline{R}=0.23$ mm,故 $\overline{X}$ 控制图的中心线纵坐标值为:

$$CL = \overline{\overline{X}} = 740.01 \text{（mm）}$$

上控制线的纵坐标为:

$$UCL = \overline{\overline{X}} + A_2 \overline{R} = 740.01 + 0.577 \times 0.23 = 740.14 \text{（mm）}$$

下控制线的纵坐标为:

$$LCL = \overline{\overline{X}} - A_2 \overline{R} = 740.01 - 0.577 \times 0.23 = 739.88 \text{（mm）}$$

b. 对于 R 图

根据样本大小 $n=5$,查表 8-17 得 $D_4=2.115$,$D_3=0$;已知 $\overline{R}=0.23$ mm,故 R 控制图

的中心线纵坐标为：
$$CL=\overline{R}=0.23\,(mm)$$
上控制线的纵坐标为：
$$UCL=D_4\overline{R}=2.115\times0.23=0.49\,(mm)$$
下控制线的纵坐标为：
$$LCL=D_3\overline{R}=0\times0.23=0$$

F. 绘制 $\overline{X}$ 控制图和 R 控制图

首先绘出直角坐标轴，并选定一定比例尺，标出纵坐标的比尺，然后按上面计算得的控制线纵坐标值在图中画出上、下控制线，再根据表 8-18 中第 7 列数和第 8 列数分别点绘在 $\overline{X}$ 图和 R 图上，并将其连成折线，即得 $\overline{X}$ 控制图和 R 控制图。

五、控制图的观察与分析

控制图反映了生产过程质量特性的变化和分布，当工序处于控制状态时，控制图上代表质量特性的点子基本上随机分布在中心线两侧附近，接近上、下控制线的点子很少；反之，当生产不正常时，点子的分布是非随机的，或者是接近或超过上、下控制线的点子就多。因此，通过对控制图的观察和分析，可以判断生产过程是否正常和及时发现生产过程的异常情况，并采取相应的措施防止不合格品的产生。

（一）判断生产处于稳定状态的准则

当控制图上的点子在中心线两侧随机排列的情况下，符合下列情况之一时，即可判定生产过程处于稳定状态：

1. 连续 25 个点子全部在上下控制界限之内。
2. 连续 35 个点子中超出控制界限之外的点子只有 1 个。
3. 连续 100 个点子中超出控制界限之外的点子不超过 2 个。

（二）判断生产处于异常状态的标准

图中点子出现下列情况之一，即可判定生产过程异常：

1. 图中点子连续超出控制界限或恰落在控制界限上。
2. 点子在中心线两侧上、下控制界限内的排列是非随机的。

点子非随机排列的情况很多，例如：

（1）点子的排列按一定规律呈周期性的重复，如图 8-16（a）所示。

（2）点子连续在控制界限附近出现：

① 连续 3 个点子中至少有 2 个点子接近控制界限，如图 8-16（b）所示；

② 连续 7 个点子中至少有 3 个点子接近控制界限；

③ 连续 10 个点子中至少有 4 个点子接近控制界限。

（3）点子连续在中心线一侧出现：

① 连续 7 个点子位于中心线上侧，如图 8-16（c）所示；

② 连续 7 个点子位于中心线下侧，如图 8-16（d）所示。

（4）连续的点子中多数在中心线一侧：

① 连续 11 个点子中有 10 个点子在中心线一侧，如图 8-16（e）所示；

② 连续 14 个点子中有 12 个点子在中心线一侧；

③ 连续 17 个点子中有 14 个点子在中心线一侧；

④ 连续 20 个点子中有 16 个点子在中心线一侧；

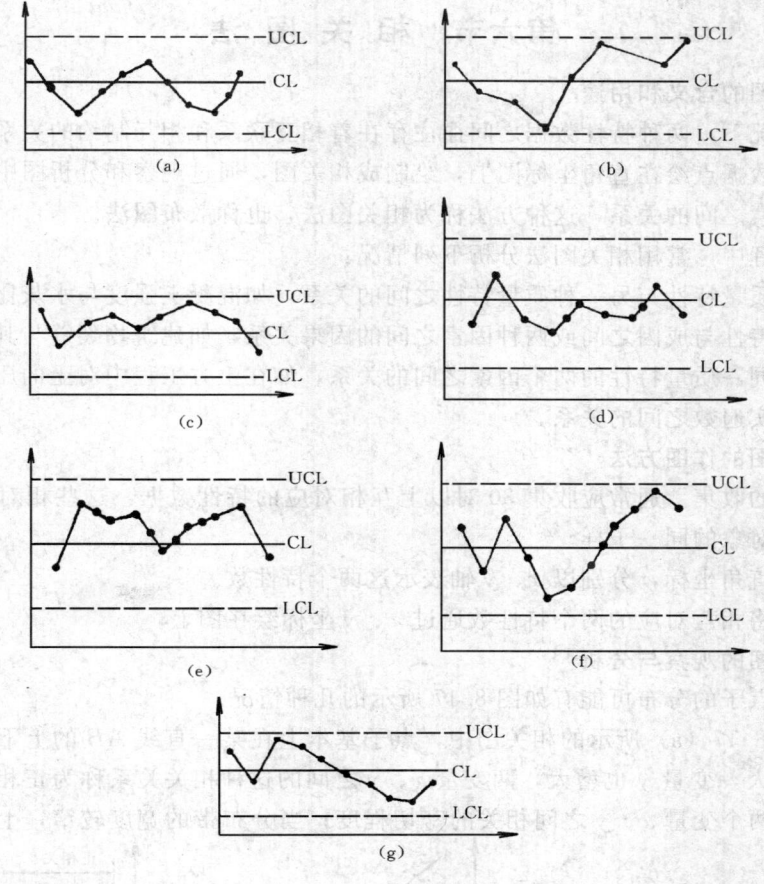

图 8-16 控制图中点子非随机排列的情况

(a) 点子周期性波动；(b) 点子接近控制界限；(c)、(d) 连续出现在中心线某一侧（链）；
(e) 多次出现在中心线的某侧；(f) 点子连续上升；(g) 点子连续下降

(5) 连续多个点子按同一趋势（上升或下降）变化：

① 连续 7 个点子上升，如图 8-16（f）所示；

② 连续 7 个点子下降，如图 8-16（g）所示。

(6) 连续多个点子位于中心线附近，例如连续 11 个点子集中在中心线附近。

六、各种非随机排列情况下第一类错误判断的概率（表 8-19）

各种非随机排列情况下第一类错误判断的概率　　　　表 8-19

序号	各种非随机排列的情况	α	$1-\alpha$
1	点子超出控制界限	0.0027	0.9973
2	连续 4 个点子中至少有 2 个点子接近控制界限	0.0103	0.9897
3	连续 7 个点子在中心线一侧	0.0153	0.9847
4	连续 11 个点子中至少 10 个点子在中心线一侧	0.0114	0.9886
5	连续 5 个点子上升或下降	0.0164	0.9836
6	连续 11 个点子在中心线附近	0.0150	0.9850

第六节 相关图法

一、相关图的含义和用途

在一些情况下,两种特性数据之间往往存在着相互联系和相互制约的关系,如果将两个相关联因素的数据点绘在直角坐标图上,绘制成相关图,通过观察和分析图中点子的分布状况来判断两因素之间的关系,这种方法称为相关图法,也称散布图法。

在质量管理中,常用相关图法分析下列情况:

(1) 一种质量特性与另一种质量特性之间的关系,如混凝土强度与水灰比的关系。

(2) 质量特性与成因之间或两种因素之间的因果关系,如建筑物裂缝与其沉降的关系。

(3) 影响同一质量特性的两个因素之间的关系,如在土方工程中对土的压实度有影响的碾子重量与压实遍数之间的关系。

二、相关图的作图方法

(1) 数据的收集。通常应收集 30 对以上互相对应的特性数据,这些相对应的特性数据必须来自同一对象的同一子样。

(2) 绘制直角坐标,分别以 x、y 轴表示这两个特性数。

(3) 分别将相互对应的两个特性数通过 x、y 坐标绘在图上。

三、相关图的观察与分析

相关图中点子的分布可能有如图 8-17 所示的几种情况。

(1). 在图 8-17 (a) 所示的相关图中,点子基本上在某一直线 AB 的上下附近分布,随着变量 x 的增大,变量 y 也增大,两变量 x、y 之间的这种相关关系称为正相关。点子分布带的宽度表示两个变量 x、y 之间相关的密切程度;当分布带的宽度较窄,上、下点子靠近

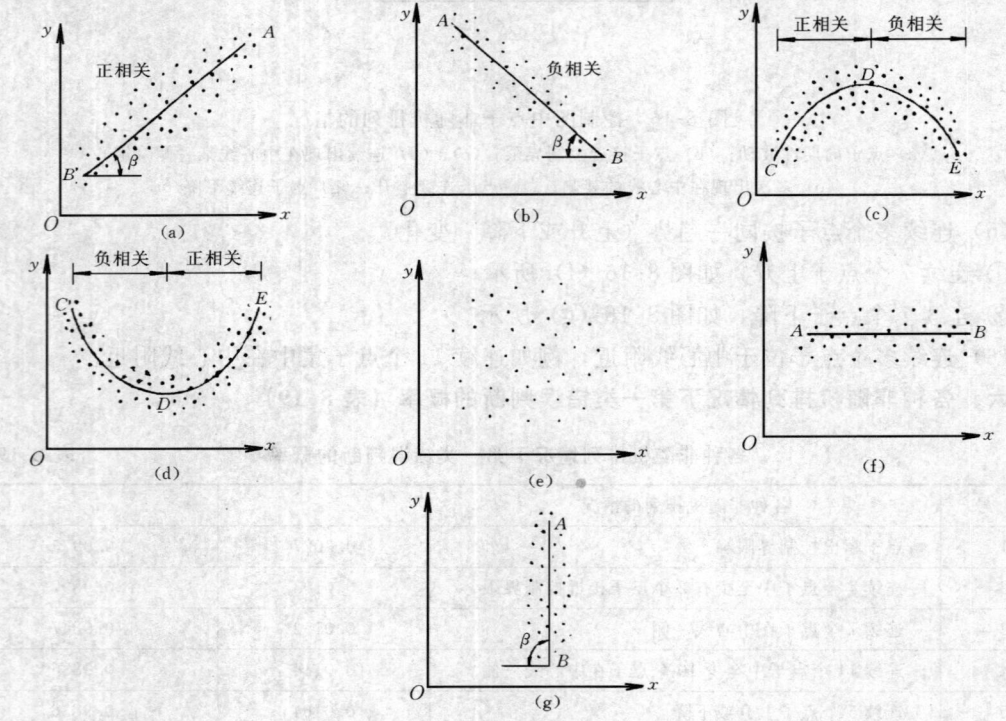

图 8-17 各种不同情况下的相关图

直线 AB 时，表明两变量的相关性很密切；而当分布带宽度较宽时，表明两变量之间的相关性不密切。直线 AB 与水平线夹角 β 的大小，则表示两个变量之间相关的强弱程度，β 越小，表明两变量之间的相关程度较弱；随着 β 的逐渐增大，变量 x、y 之间的相关程度也增强，当 $\beta=45°$ 时达最强；但当 β 超过 $45°$ 以后，两变量之间的相关程度又逐渐减弱。

(2) 在图 8-17 (b) 所示的相关图中，点子基本上分布在某一直线 AB 的上下，随着变量 x 的增大，变量 y 减小，两个变量之间的这种关系称为负相关。点子分布带的宽度表示两变量 x、y 相关的密切程度；直线 AB 与水平线的夹角 β 表示两变量 x、y 之间相关的强弱程度。β 越小，表明两变量 x、y 之间的相关程度较弱；随着 β 的逐渐增大，变量 x、y 之间的相关程度也增强，当 $\beta=45°$ 时达最强，但当 β 超过 $45°$ 以后，两变量的相关程度又减弱。

(3) 在图 8-17 (c) 所示的相关图中，点子基本上分布在某一曲线 CDE 的上下，曲线 CDE 有个最高点 D。在 CD 曲线段内，随着变量 x 的增大，变量 y 也增大，呈正相关趋势；在曲线 DE 段内，随着变量 x 的增大，变量 y 则减小，呈负相关趋势，两变量之间的这种关系，称为非线性相关。点子的分布带宽度表示两变量之间相关的密切程度，分布带宽度越窄，表示相关性越密切；分布带宽度越大，则表示相关性越不密切。

(4) 在图 8-17 (d) 所示的相关图中，点子基本上分布在某一曲线 CDE 的上下，曲线 CDE 有个最低点 D。在 CD 曲线段内，随着变量 x 的增大，变量 y 减小，呈负相关趋势；在 DE 曲线段内，随着变量 x 的增大，变量 y 也增大，呈正相关趋势。两个变量之间的这种关系，也称为非线性相关。同样，点子的分布带宽度表示两变量之间相关的密切程度，分布带宽度越窄，表示相关性越密切；分布带越宽，则表示相关性越不密切。

(5) 在图 8-17 (e) 所示的相关图中，点子呈无规律的散布状态，当变量 x 增大时，变量 y 有时增大，有时减小，无规律可言，两变量之间的这种关系，称为不相关，即变量 x 和 y 之间不存在相关关系。

(6) 在图 8-17 (f) 所示的相关图中，点子基本上分布在某一直线 AB 的上下，而直线 AB 基本上是一条水平线，即倾角 $\beta=0$。当变量 x 增大时，变量 y 基本保持不变。两变量之间的这种关系，称为不相关。

(7) 在图 8-17 (g) 所示的相关图中，点子基本上分布在某一直线 AB 的左右，而直线 AB 基本上是一条竖直线，即倾角 $\beta=90°$，当变量 y 增大时，变量 x 基本保持不变。两变量之间的这种关系，称为不相关。

四、相关系数

从相关图中点子分布带的宽度可以大致判断出两个变量之间相关的密切程度，但不可能确切地判断出它们之间的相关性。两变量 x、y 之间的相关性可以用相关系数 r 定量地来进行分析，相关系数 r 可用下式表示：

$$r = \frac{S(xy)}{\sqrt{S(xx)S(yy)}} \tag{8-38}$$

式中　x、y——两个相关的变量（质量特性）；

$$S(xx) = \Sigma(x-\bar{x})^2 = \Sigma x^2 - \frac{(\Sigma x)^2}{n};$$

$$S(yy) = \Sigma(y-\bar{y})^2 = \Sigma y^2 - \frac{(\Sigma y)^2}{n};$$

$$S(xy) = \Sigma(x-\overline{x})(y-\overline{y}) = \Sigma xy - \frac{\Sigma x \cdot \Sigma y}{n};$$

$\overline{x}$——变量 x 的平均值；

$\overline{y}$——变量 y 的平均值。

相关系数 r 的值在 $[1, -1]$ 之间，当 $r>0$ 时，表示随变量 x 的增大，变量 y 也增大，即为正相关；当 $r<0$ 时，表示随 x 的增大，y 减小，即为负相关；r 越接近 1，表示线性相关越强，当 $r=1$ 时，表示点子全部落在一条直线上，分布宽度为零，此时称为完全线性相关；随着 r 的减小，线性相关性减弱，当 $r=0$ 时，点子的分布很分散而无规律，此时称为无线性相关。实际上当 $r \leqslant 0.3$ 时，两个变量之间的相关关系就很弱了。

相关系数 r 的值如表 8-20 所示，表中相关系数 r 的显著程度与抽样个数 n 有关，表 8-20 中给出不同 n 值的两种显著性水平 α（$\alpha=0.05$ 和 $\alpha=0.01$）的情况下相关系数达到显著的临界值。只有当 r 的绝对值大于表中的相应值时，才能配直线。

相关系数 r 值　　　　　　　　　　表 8-20

$n-2$	$\alpha=0.05$	$\alpha=0.01$	$n-2$	$\alpha=0.05$	$\alpha=0.01$	$n-2$	$\alpha=0.05$	$\alpha=0.01$
1	0.997	1.000	16	0.468	0.590	35	0.325	0.418
2	0.950	0.990	17	0.456	0.575	40	0.304	0.393
3	0.878	0.959	18	0.444	0.561	45	0.288	0.372
4	0.811	0.917	19	0.433	0.549	50	0.273	0.354
5	0.754	0.874	20	0.423	0.537	60	0.250	0.325
6	0.707	0.834	21	0.413	0.526	70	0.232	0.302
7	0.666	0.798	22	0.404	0.515	80	0.217	0.283
8	0.632	0.765	23	0.396	0.505	90	0.205	0.267
9	0.602	0.735	24	0.388	0.496	100	0.195	0.254
10	0.576	0.708	25	0.381	0.487	125	0.174	0.228
11	0.553	0.684	26	0.374	0.478	150	0.159	0.208
12	0.532	0.661	27	0.367	0.470	200	0.138	0.181
13	0.514	0.641	28	0.361	0.463	300	0.113	0.148
14	0.497	0.623	29	0.355	0.456	400	0.098	0.128
15	0.482	0.606	30	0.349	0.449	1000	0.062	0.081

五、相关直线的推求

在质量控制中，有时除了要确定两个变量（质量特性或质量因素）之间是否存在相关关系外，还要确定这两个变量之间存在何种相关关系，或根据一个变量值预测或控制另一变量值；或确定影响一个变量的许多因素中哪一个是主要因素，哪些是次要因素，这些问题都可以通过回归方法来解决。

如若用 x_i、y_i 表示 n 组相关的变量，它们在直角坐标图上的点子分布在一条直线的上、下，如图 8-18 所示。该直线的方程可用下式表示：

$$y = a + bx \qquad (8-39)$$

式中　a、b——系数。

每个实测点（x_i、y_i'）相对于上述直线的误差，可用 δ_i 表示，例如对于图中的第 i 点，其误差为：

$$\delta_i = y_i' - y_i \qquad (8-40)$$

如将公式（8-40）中的 y_i 用公式（8-39）代入，则得：

$$\delta_i = y_i' - (a + bx_i) = y_i' - a - bx_i$$

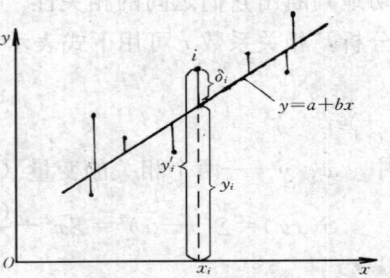

图 8-18　回归直线与实测点的关系

而 n 个点的误差之和，就等于总误差。根据误差理论，总误差 Δ 等于各点误差的平方和，即：

$$\Delta = \sum_{i=1}^{n} \delta_i^2 = \sum_{i=1}^{n} (y_i' - a - bx_i)^2 \tag{8-41}$$

在图 8-18 中的散点之间可以配置许多直线，但所要推求的相关直线，应该是使总误差 Δ 最小时的相应直线。根据极值原理，要使 Δ 值最小，可将公式（8-41）中的 Δ 分别对 a、b 求偏导数，并令其等于零，即：

$$\frac{\partial \Delta}{\partial a} = -2 \sum_{i=1}^{n} (y_i' - a - bx_i) = 0 \tag{8-42}$$

$$\frac{\partial \Delta}{\partial b} = -2 \sum_{i=1}^{n} (y_i' - a - bx_i) x_i = 0 \tag{8-43}$$

由公式（8-42）可得：

$$na = \sum_{i=1}^{n} y_i' - b \sum_{i=1}^{n} x_i$$

故

$$a = \bar{y} - b\bar{x} \tag{8-44}$$

式中

$$\bar{y} = \frac{1}{n} \sum_{i=1}^{n} y_i \tag{8-45}$$

$$\bar{x} = \frac{1}{n} \sum_{i=1}^{n} x_i \tag{8-46}$$

由公式（8-43）可得：

$$\sum_{i=1}^{n} x_i y_i' - a \sum_{i=1}^{n} x_i - b \sum_{i=1}^{n} x_i^2 = 0$$

将公式（8-44）代入上式，得：

$$\sum_{i=1}^{n} x_i y_i' - \frac{1}{n} (\sum_{i=1}^{n} y_i')(\sum_{i=1}^{n} x_i) + b \cdot \frac{1}{n} (\sum_{i=1}^{n} x_i)^2 - b \sum_{i=1}^{n} x_i^2 = 0$$

由此可得：

$$\begin{aligned} b &= \frac{\sum_{i=1}^{n} x_i y_i' - \frac{1}{n}(\sum_{i=1}^{n} y_i')(\sum_{i=1}^{n} x_i)}{\sum_{i=1}^{n} x_i^2 - \frac{1}{n}(\sum_{i=1}^{n} x_i)^2} \\ &= \frac{\sum_{i=1}^{n} x_i y_i' - \bar{x} \sum_{i=1}^{n} y_i'}{\sum_{i=1}^{n} x_i^2 - \bar{x} \sum_{i=1}^{n} x_i} \\ &= \frac{\sum_{i=1}^{n} x_i y_i' - \sum_{i=1}^{n} \bar{x} y_i - \sum_{i=1}^{n} \bar{y}' x_i + \sum_{i=1}^{n} \bar{x} \bar{y}'}{\sum_{i=1}^{n} x_i^2 - \sum_{i=1}^{n} \bar{x} \cdot x_i - \sum_{i=1}^{n} \bar{x} x_i + \sum_{i=1}^{n} \bar{x}^2} \\ &= \frac{\sum_{i=1}^{n} (x_i - \bar{x})(y_i' - \bar{y})}{\sum_{i=1}^{n} (x_i - \bar{x})^2} \end{aligned} \tag{8-47}$$

令

$$S(xy) = \sum_{i=1}^{n}(x_i - \bar{x})(y'_i - \bar{y}) = \sum_{i=1}^{n} x_i y'_i - \frac{1}{n}(\sum_{i=1}^{n} x_i)(\sum_{i=1}^{n} y'_i) \qquad (8-48)$$

$$S(xx) = \sum_{i=1}^{n}(x_i - \bar{x})^2 = \sum_{i=1}^{n} x_i^2 - \frac{1}{n}(\sum_{i=1}^{n} x_i)^2 \qquad (8-49)$$

故公式（8-47）可以简写为：

$$b = \frac{S(xy)}{S(xx)} \qquad (8-50)$$

式中 x_i、y'_i——分别为两个变量 x、y 的实测数据；

x_i、y_i——分别为两个变量 x、y 的计算值。

常用的换算公式 表 8-21

曲线方程	变换公式	变换后的线性方程
$\frac{1}{y} = a + \frac{b}{x}$	$X = \frac{1}{x}$，$Y = \frac{1}{y}$	$Y = a + bX$
$y = ax^b$	$X = \ln x$，$Y = \ln y$，$a' = \ln a$	$Y = a' + bX$
$y = a + b\ln x$	$X = \ln x$，$Y = y$	$Y = a + bX$
$y = ae^{bx}$	$X = x$，$Y = \ln y$，$a' = \ln a$	$Y = a' + bX$
$y = ae^{\frac{b}{x}}$	$X = \frac{1}{x}$，$Y = \ln y$，$a' = \ln a$	$Y = a' + bX$

根据公式（8-44）和公式（8-50）求得系数 a、b 后，代入公式（8-39），即可求得两变量之间的相关直线。当 $b > 0$ 时，相关直线的斜率为正，y 随 x 的增大而增大，故此时变量 x 和 y 之间为正相关；当 $b < 0$ 时，相关直线的斜率为负，y 随 x 的增大而减小，故此时变量 x 和 y 之间为负相关。变量 x 和 y 的相关直线与实测变量值之间近似的程度，称为显著性，显著性的好坏可用相关系数 r 表示，只有当 r 的绝对值大于表 8-20 中的相应值时，才能根据变量 x 用相关直线推求变量 y。

当两个变量之间不是线性关系，而是非线性关系，即为曲线关系时，通常是根据相关图上两变量的分布状态，确定其相关的函数类型及其可能的曲线方程，通过数学处理将曲线方程转变为线性方程，然后再用回归方法确定该线性方程。表 8-21 中列出常用的换算公式。

常用的曲线方程的图形如图 8-19 所示。

【例 8-12】 有两个变量 x，y 的 9 组数据如表 8-22 所示，推求其相关线性方程，并确定其显著性。

根据表 8-22 中第 2 列和第 3 列的数计算 x^2、y^2 和 xy 值，计算结果分别如表中第 4、5、6 列所示，然后根据表中第 2、3、4、5、6 列中的数计算得：$\Sigma x = 2\,306.3$，$\Sigma y = 4\,201$，$n = 9$，$\Sigma x^2 = 591\,196.6$，$\Sigma y^2 = 1\,975\,293$，$\Sigma xy = 1\,078\,139.8$。再根据 Σx、Σy 和 n 值计算 $\bar{x}$ 和 $\bar{y}$ 值：

$$\bar{x} = \frac{\Sigma x}{n} = \frac{2\,306.3}{9} = 256.29$$

$$\bar{y} = \frac{\Sigma y}{n} = \frac{4\,201}{9} = 466.79$$

其次，根据 $\Sigma x = 2\,306.3$，$\Sigma y = 4\,201$ 计算下列值：

$$\frac{(\Sigma x)^2}{n} = \frac{(2\,306.3)^2}{9} = \frac{5\,319\,019.69}{9} = 591\,002.19$$

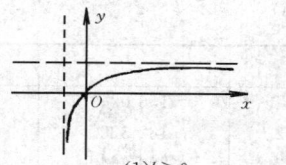
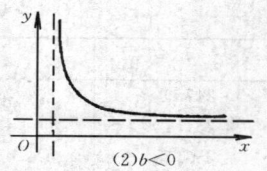

(a)

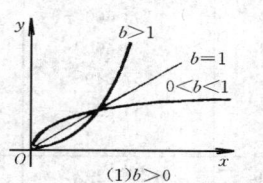
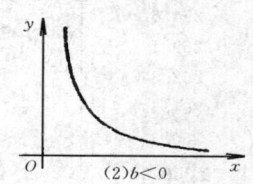

(b)

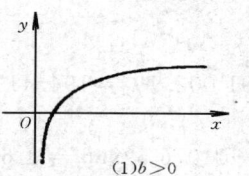
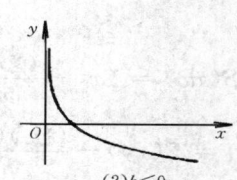

(c)

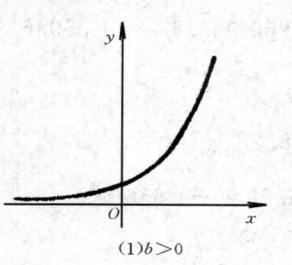
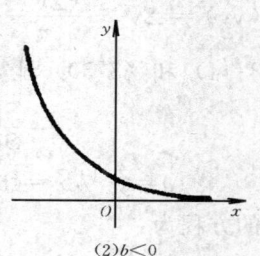

(d)

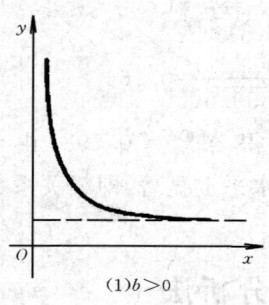
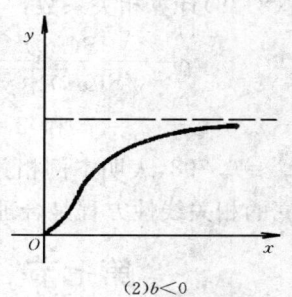

(e)

图 8-19 常用的几种曲线方程的图形

(a) $\dfrac{1}{y}=a+\dfrac{b}{x}$; (b) $y=ax^b$; (c) $y=a+b\ln x$; (d) $y=ae^{bx}$; (e) $y=ae^{\frac{b}{x}}$

$$\dfrac{(\Sigma y)^2}{n}=\dfrac{(4\,201)^2}{9}=\dfrac{17\,648\,401}{9}=1\,960\,933.4$$

$$\dfrac{(\Sigma x)(\Sigma y)}{n}=\dfrac{2\,306.3\times 4\,201}{9}=\dfrac{9\,688\,766.3}{9}=1\,076\,529.6$$

变量 x、y 的实测数据   表 8-22

序号	x	y	x^2	y^2	xy
1	247.9	395	61 454.4	156 025	97 920.5
2	251.1	427	63 951.2	182 329	107 219.7
3	253.7	458	64 363.7	209 764	116 194.6
4	255.8	461	65 433.6	212 521	117 923.8
5	254.6	440	64 821.2	193 600	112 024.0
6	269.1	480	67 132.8	230 400	124 368.0
7	262.3	507	68 801.3	257 049	132 986.1
8	261.5	511	68 382.3	261 121	133 626.5
9	260.3	522	67 756.1	272 484	135 876.6
总计	2 306.3	4 201	591 196.6	1 975 293	1 078 139.8

故

$$S(xx) = \Sigma x^2 - \frac{(\Sigma x)^2}{n} = 591\ 196.6 - 591\ 002.19 = 194.41$$

$$S(xy) = \Sigma(xy) - \frac{(\Sigma x)(\Sigma y)}{n} = 1\ 078\ 139.8 - 1\ 076\ 529.6 = 1\ 610.2$$

$$S(yy) = \Sigma y^2 - \frac{(\Sigma y)^2}{n} = 1\ 975\ 293 - 1\ 960\ 933.4 = 14\ 359.6$$

根据公式（8-44）和（8-50）计算系数 a 和 b，即：

$$b = \frac{S(xy)}{S(xx)} = \frac{1\ 610.2}{194.41} = 8.28$$

$$a = \bar{y} - b\bar{x} = 466.79 - 8.28 \times 256.29 = -1\ 656$$

故相关直线的方程为：

$$Y = a + bX = -1\ 656 + 8.28X$$

根据公式（8-38）计算相关系数：

$$r = \frac{S(xy)}{\sqrt{S(xx)S(yy)}} = \frac{1\ 610.2}{\sqrt{194.41 \times 14\ 359.6}} = 0.964$$

根据 $n-2=9-2=7$ 和 $\alpha=0.01$ 查表 8-20 得 $r_{n-2}^{0.01} = 0.798$，由于计算得的 $r=0.964 > r_{n-2}^{0.01} = 0.798$，表明本例相关系数 r 在 $\alpha=0.01$ 水平上显著，即相关系数的显著性很高，因此所建立的相关线性方程是合理的。

第七节 分层法和列表分析法

一、分层法

分层法又称为分类法或分组法，它是将针对某质量问题所收集到的质量特性数据进行分类整理和分析，以便从中找出质量问题原因，并及时采取措施加以处理。分层的类型很多，例如：

(1) 按操作人员分层。按不同班组、技术级别、工龄、年龄、男女分层。

(2) 按材料分层。按材料的供应单位、规格、品种分层。

(3) 按设备分层。按设备型号、使用时间、功能分层。

(4) 按工艺方法分层。按不同的工艺方案和工艺规格分层。

(5) 按工作时间分层。按工作日期、工作时间分层。

(6) 按工作环境分层。按技术环境、管理环境、劳动环境分层。

(7) 按使用条件分层。

【例 8-13】 某工程的一批钢筋焊接,采用 A、B 两种焊条和甲、乙、丙三个焊工操作,经检查了 60 个焊接点,其中合格的为 35 个,不合格的为 25 个,不合格率为 41.66%,存在严重质量问题,现用分层法分析质量问题原因。

现按操作者和焊条来源(焊条生产厂家)分层进行分析,经分层统计其结果如表 8-23 和表 8-24 所示。

由表 8-23 和表 8-24 分层分析可见,操作者乙的质量较好,采取 B 厂的焊条质量较好。现再进一步采用综合分层进行分析,如表 8-25 所示。

按操作者分层　　　　　表 8-23

操作者	合格数	不合格数	不合格率(%)
甲	14	8	36.4
乙	9	5	35.71
丙	12	12	50.00
合计	35	25	

按焊条来源分类　　　　　表 8-24

焊条来源	合格数	不合格数	不合格率(%)
A 厂	15	11	42.31
B 厂	20	14	41.18
合计	35	25	

综合分层分析焊接质量　　　　　表 8-25

操作者	焊接质量	A 厂	不合格率(%)	B 厂	不合格率(%)	合计	不合格率(%)
甲	合 格 不合格	10 2	16.66	4 6	40.00	14 8	36.36
乙	合 格 不合格	2 1	33.33	7 4	36.36	9 5	35.78
丙	合 格 不合格	3 8	72.72	9 4	30.77	12 12	50.00
合计	合 格 不合格	15 11		20 14		35 25	
不合格率(%)		42.31		41.17			

通过表 8-25 的综合分层分析焊接质量可见,在使用 A 厂供应的焊条时,由甲、乙、丙三人操作的结果比较,甲的操作效果最好,不合格率最小,为 16.66%;在使用 B 厂供应的焊条时,由甲、乙、丙三人操作的结果比较,丙的操作效果最好,不合格率最小,为 30.77%。

通过上述分析可见,在人员和焊条不变的情况下,为了提高钢筋焊接质量,应采用 A 厂供应的焊条,由工人甲进行焊接操作。

二、调查表法

调查表法又称为调查分析法或检查表法,它是利用表格的方式进行质量特性收集和统计,以便进行初步分析的一种简便方法,可用于工序质量检查、缺陷位置检查、不良项目检查、不良项目原因检查等问题的统计检查。

在所抽检的灌注桩中存在着缩颈、堵管、断桩、孔斜、钢筋笼上浮、沉渣超厚、混凝土强度不足等质量问题,为了掌握灌注桩质量问题的分布情况,对上述质量问题进行了频数统计,检查中发现一个问题即在表中该问题检查记录栏内按"正"画上一符号,检查完毕后,根据统计的符号即可得出各项质量问题的频数,并可计算出频率,然后还可用排列图或直方图作进一步统计分析。检查结果如表 8-26 所示。

某工程项目灌注桩工程施工中不良项目统计表　　　　表 8-26

检查项目	灌柱桩工程	检查方式	抽样检验	检查数量（点、件）		检查者	赵××	检查日期	××年×月
工程名称				施工单位			操作人员		
不良项目				检查记录				小计	
缩颈				正				4	
堵管				正正				9	
断桩				T				2	
孔斜				正正正T				17	
钢筋笼上浮				正T				7	
沉渣超厚				正正正				15	
混凝土强度不足				正正正				14	
其他				正T				8	
总计								76	

第九章　工程项目质量的评定验收

第一节　概　　述

一、工程项目质量评定验收的意义和依据

为了提高工程项目的施工质量水平，保证工程质量符合设计和合同的规定及要求，同时也是为了衡量施工单位的施工质量水平，全面评价工程的施工质量，在工程项目施工完成后，应按照有关的标准和规定，对工程质量进行评定验收。工程质量评定验收的依据是：

(1) 国家和部门颁发的工程质量评定标准。
(2) 国家和部门颁发的工程项目验收规程。
(3) 有关部门颁发的施工规范、规程，施工操作规程。
(4) 工程承包合同中有关质量的规定和要求。
(5) 工程的设计文件、设计变更与修改文件、设计变更通知书、施工图纸等。
(6) 施工组织设计、施工技术措施、施工说明书等文件。
(7) 设备制造厂家的产品说明书、安装说明书和有关的技术规定。
(8) 原材料、成品、半成品、构配件的质量验收标准。

二、工程质量验收时验收项目的划分

为了便于施工质量的检验，保证工程质量符合设计、合同和技术标准的规定和要求，同时也为了便于衡量承包单位的施工质量水平，全面评价工程的综合施工质量，在工程质量验收时常将工程项目划分为若干个验收单位和层次，逐次进行验收。

(一) 建筑工程

在建筑工程施工质量验收时，常将工程项目划分为4个验收层次，即单位（子单位）工程、分部（子分部）工程、分项工程和检验批。工程验收项目的划分应在施工前由建设单位、监理单位、施工承包单位自行商议确定，并据此收集整理施工技术资料和进行验收。

1. 单位工程

每一个建筑工程可以按下列原则划分为若干个单位工程：

(1) 凡具备独立施工条件，并能形成独立使用功能的建筑物及构筑物可作为一个单位工程。

(2) 建筑物规模较大的单位工程，可将其能形成独立使用功能的部分划分为一个子单位工程。

建筑物（构筑物）的单位工程通常由建筑工程和建筑安装工程两部分共同组成，一个独立的建筑物（构筑物）是一个单位工程，一个住宅小区建筑群中的一栋住宅楼是一个单位工程，一个学校中的一栋建筑物（教学楼、办公楼、宿舍楼等）也为一个单位工程。

一个住宅小区或厂区内，室外的给水、排水、供热、煤气等建筑采暖卫生与煤气工程组成一个单位工程；室外的架空线路、电缆线路、路灯等建筑电气安装工程组成一个单位工程；道路、围墙等建筑工程组成一个单位工程。

2. 分部工程

每一个单位工程可以按下列原则划分为若干个分部工程：

（1）按专业性质、建筑部位来划分。

（2）当分部工程较大或较复杂时，可将其中相同部分的工程或能形成独立专业体系的工程划分成若干子分部工程，即一般按材料种类、施工特点、施工工序、专业系统及类别等划分为若干子分部工程。

对于电气安装部分，将其中的强电和弱电分为两个分部工程，即建筑电气（强电）分部和智能建筑（弱电）分部。

对于建筑工程一般按专业性质及建筑部位分为地基与基础，主体结构，建筑装饰装修，建筑屋面，建筑给水、排水及采暖，建筑电气，智能建筑，通风与空调，电梯九个分部工程。

3. 分项工程

每一个分部工程可按主要工种、材料、施工工艺、设备类别等划分为若干个分项工程，如混凝土结构子分部工程可分为模板、钢筋、混凝土、预应力、现浇结构、装配式结构等几个分项工程。

4. 检验批

检验批是工程验收的最小单位，是分项工程乃至整个工程质量验收的基础。检验批是施工过程中条件相同并含有一定数量材料、构配件或安装项目的施工内容或项目，由于其质量基本均匀一致，所以可作为检验的基础单位，并按批验收。

分项工程可以由一个或若干个检验批组成，在一般情况下，分项工程和检验批具有相同或相近的性质，只是批量的大小不同而已，因此分项工程是由相关的检验批汇集而构成。分项工程划分成检验批进行验收，有助于及时纠正施工中出现的质量问题，确保工程质量，也符合施工的实际需要。

检验批可根据施工及质量控制和专业验收需要按楼层、施工段、变形缝等进行划分。

建筑工程的分部（子分部）工程、分项工程的划分如表 9-1 所示，室外工程的划分如表 9-2 所示。

建筑工程的分部工程、分项工程　　　　表 9-1

序号	分部工程	子分部工程	分 项 工 程
1	地基与基础	无支护土方	土方开挖、土方回填
		有支护土方	排桩，降水、排水，地下连续墙，锚杆，土钉墙，水泥土桩，沉井与沉箱，钢及混凝土支撑
		地基处理	灰土地基、砂和砂石地基、碎砖三合土地基、土工合成材料地基，粉煤灰地基，重锤夯实地基，强夯地基，振冲地基，砂桩地基，预压地基，高压喷射注浆地基，土和灰土挤密桩地基，注浆地基，水泥粉煤灰碎石桩地基，夯实水泥土桩地基
		桩基	锚杆静压桩及静力压桩，预应力离心管桩，钢筋混凝土预制桩，钢桩，混凝土灌注桩（成孔、钢筋笼、清孔、水下混凝土灌注）
		地下防水	防水混凝土，水泥砂浆防水层，卷材防水层，涂料防水层，金属板防水层，塑料板防水层，细部构造，喷锚支护，复合式衬砌，地下连续墙，盾构法隧道；渗排水、盲沟排水，隧道、坑道排水；预注浆、后注浆，衬砌裂缝注浆

续表

序号	分部工程	子分部工程	分项工程
1	地基与基础	混凝土基础	模板、钢筋、混凝土、后浇带混凝土，混凝土结构缝处理
		砌体基础	砖砌体，混凝土砌块砌体，配筋砌体，石砌体
		劲钢（管）混凝土	劲钢（管）焊接，劲钢（管）与钢筋的连接，混凝土
		钢结构	焊接钢结构，栓接钢结构，钢结构制作，钢结构安装，钢结构涂装
2	主体结构	混凝土结构	模板，钢筋，混凝土，预应力、现浇结构，装配式结构
		劲钢（管）混凝土结构	劲钢（管）焊接，螺栓连接，劲钢（管）与钢筋的连接，劲钢（管）制作、安装，混凝土
		砌体结构	砖砌体，混凝土小型空心砌块砌体，石砌体，填充墙砌体，配筋砖砌体
		钢结构	钢结构焊接，紧固件连接，钢零部件加工，单层钢结构安装，多层及高层钢结构安装，钢结构涂装，钢构件组装，钢构件预拼装，钢网架结构安装，压型金属板
		木结构	方木和原木结构，胶合木结构，轻型木结构，木构件防护
		网架和索膜结构	网架制作，网架安装，索膜安装，网架防火，防腐涂料
3	建筑装饰装修	地面	整体面层：基层，水泥混凝土面层，水泥砂浆面层，水磨石面层，防油渗面层，水泥钢（铁）屑面层，不发火（防爆的）面层；板块面层：基层，砖面层（陶瓷锦砖、缸砖、陶瓷地砖和水泥花砖面层），大理石面层和花岗岩面层，预制板块面层（预制水泥混凝土、水磨石板块面层），料石面层（条石、块石面层），塑料板面层，活动地板面层，地毯面层；木竹面层：基层、实木地板面层（条材、块材面层），实木复合地板面层（条材、块材面层），中密度（强化）复合地板面层（条材面层），竹地板面层
		抹灰	一般抹灰，装饰抹灰，清水砌体勾缝
		门窗	木门窗制作与安装，金属门窗安装，塑料门窗安装，特种门安装，门窗玻璃安装
		吊顶	暗龙骨吊顶，明龙骨吊顶
		轻质隔墙	板材隔墙，骨架隔墙，活动隔墙，玻璃隔墙
		饰面板（砖）	饰面板安装，饰面砖粘贴
		幕墙	玻璃幕墙，金属幕墙，石材幕墙
		涂饰	水性涂料涂饰，溶剂型涂料涂饰，美术涂饰
		裱糊与软包	裱糊、软包
		细部	橱柜制作与安装，窗帘盒、窗台板和暖气罩制作与安装，门窗套制作与安装，护栏和扶手制作与安装，花饰制作与安装
4	建筑屋面	卷材防水屋面	保温层，找平层，卷材防水层，细部构造
		涂膜防水屋面	保温层，找平层，涂膜防水层，细部构造
		刚性防水屋面	细石混凝土防水层，密封材料嵌缝，细部构造
		瓦屋面	平瓦屋面，油毡瓦屋面，金属板屋面，细部构造
		隔热屋面	架空屋面，蓄水屋面，种植屋面
5	建筑给水、排水及采暖	室内给水系统	给水管道及配件安装，室内消火栓系统安装，给水设备安装，管道防腐、绝热
		室内排水系统	排水管道及配件安装，雨水管道及配件安装
		室内热水供应系统	管道及配件安装，辅助设备安装，防腐，绝热

续表

序号	分部工程	子分部工程	分项工程
5	建筑给水、排水及采暖	卫生器具安装	卫生器具安装，卫生器具给水配件安装，卫生器具排水管道安装
		室内采暖系统	管道及配件安装，辅助设备及散热器安装，金属辐射板安装，低温热水地板辐射采暖系统安装，系统水压试验及调试，防腐，绝热
		室外给水管网	给水管道安装，消防水泵接合器及室外消火栓安装，管沟及井室
		室外排水管网	排水管道安装，排水管沟与井池
		室外供热管网	管道及配件安装，系统水压试验及调试，防腐，绝热
		建筑中水系统及游泳池系统	建筑中水系统管道及辅助设备安装，游泳池水系统安装
		供热锅炉及辅助设备安装	锅炉安装，辅助设备及管道安装，安全附件安装，烘炉、煮炉和试运行，换热站安装，防腐，绝热
6	建筑电气	室外电气	架空线路及杆上电气设备安装，变压器、箱式变电所安装，成套配电柜、控制柜（屏、台）和动力、照明配电箱（盘）及控制柜安装，电线、电缆导管和线槽敷设，电线、电缆穿管和线槽敷设，电缆头制作、导线连接和线路电气试验，建筑物外部装饰灯具、航空障碍标志灯和庭院路灯安装，建筑照明通电试运行，接地装置安装
		变配电室	变压器、箱式变电所安装，成套配电柜、控制柜（屏、台）和动力、照明配电箱（盘）安装，裸母线、封闭母线、插接式母线安装，电缆沟内和电缆竖井内电缆敷设，电缆头制作、导线连接和线路电气试验，接地装置安装，避雷引下线和变配电室接地干线敷设
		供电干线	裸母线、封闭母线、插接式母线安装，桥架安装和桥架内电缆敷设，电缆沟内和电缆竖井内电缆敷设，电线、电缆导管和线槽敷设，电线、电缆穿管和线槽敷线，电缆头制作、导线连接和线路电气试验
		电气动力	成套配电柜、控制柜（屏、台）和动力、照明配电箱（盘）及控制柜安装，低压电动机、电加热器及电动执行机构检查、接线，低压电气动力设备检测、试验和空载试运行，桥架安装和桥架内电缆敷设，电线、电缆导管和线槽敷设，电线、电缆穿管和线槽敷线，电缆头制作、导线连接和线路电气试验，插座、开关、风扇安装
		电气照明安装	成套配电柜、控制柜（屏、台）和动力、照明配电箱（盘）安装，电线、电缆导管和线槽敷设，电线、电缆导管和线槽敷线，槽板配线，钢索配线，电缆头制作、导线连接和线路电气试验，普通灯具安装，专用灯具安装，插座、开关、风扇安装，建筑照明通电试运行
		备用和不间断电源安装	成套配电柜、控制柜（屏、台）和动力、照明配电箱（盘）安装，柴油发电机组安装，不间断电源的其他功能单元安装，裸母线、封闭母线、插接式母线安装，电线、电缆导管和线槽敷设，电线、电缆导管和线槽敷线，电缆头制作、导线连接和线路电气试验，接地装置安装
		防雷及接地安装	接地装置安装，避雷引下线和变配电室接地干线敷设，建筑物等电位连接，接闪器安装
7	智能建筑	通信网络系统	通信系统，卫星及有线电视系统，公共广播系统
		办公自动化系统	计算机网络系统，信息平台及办公自动化应用软件，网络安全系统
		建筑设备监控系统	空调与通风系统，变配电系统，照明系统，给排水系统，热源和热交换系统，冷冻和冷却系统，电梯和自动扶梯系统，中央管理工作站与操作分站，子系统通信接口
		火灾报警及消防联动系统	火灾和可燃气体探测系统，火灾报警探测系统，消防联动系统

续表

序号	分部工程	子分部工程	分项工程
7	智能建筑	安全防范系统	电视监控系统，入侵报警系统，巡更系统，出入口控制（门禁）系统，停车管理系统
		综合布线系统	缆线敷设和终接，机柜、机架、配线架的安装，信息插座和光缆芯线终端的安装
		智能化集成系统	集成系统网络，实时数据库，信息安全，功能接口
		电源与接地	智能建筑电源，防雷及接地
		环境	空间环境，室内空调环境，视觉照明环境，电磁环境
		住宅（小区）智能化系统	火灾自动报警及消防联动系统，安全防范系统（含电视监控系统、入侵报警系统、巡更系统、门禁系统、楼宇对讲系统、住户对讲呼救系统、停车管理系统），物业管理系统（多表现场计量及与远程传输系统、建筑设备监控系统、公共广播系统、小区网络及信息服务系统、物业办公自动化系统），智能家庭信息平台
8	通风与空调	送排风系统	风管与配件制作、部件制作，风管系统安装，空气处理设备安装，消声设备制作与安装，风管与设备防腐，风机安装，系统调试
		防排烟系统	风管与配件制作、部件制作，风管系统安装，防排烟风口、常闭正压风口与设备安装，风管与设备防腐，风机安装，系统调试
		除尘系统	风管与配件制作、部件制作，风管系统安装，除尘器与排污设备安装，风管与设备防腐，风机安装，系统调试
		空调风系统	风管与配件制作、部件制作，风管系统安装，空气处理设备安装，消声设备制作与安装，风管与设备防腐，风机安装，风管与设备绝热，系统调试
		净化空调系统	风管与配件制作、部件制作，风管系统安装，空气处理设备安装，消声设备制作与安装，风管与设备防腐，风机安装，风管与设备绝热，高效过滤器安装，系统调试
		制冷设备系统	制冷机组安装，制冷剂管道及配件安装，制冷附属设备安装，管道及设备的防腐与绝热，系统调试
		空调水系统	管道冷热（媒）水系统安装，冷却水系统安装，冷凝水系统安装，阀门及部件安装，冷却塔安装，水泵及附属设备安装，管道与设备的防腐与绝热，系统调试
9	电梯	电力驱动的曳引式或强制式电梯安装	设备进场验收，土建交接检验，驱动主机，导轨，门系统，轿厢，对重（平衡重），安全部件，悬挂装置，随行电缆，补偿装置，电气装置，整机安装验收
		液压电梯安装	设备进场验收，土建交接检验，液压系统，导轨，门系统，轿厢，对重（平衡重），安全部件，悬挂装置，随行电缆，电气装置，整机安装验收
		自动扶梯、自动人行道安装	设备进场验收，土建交接检验，整机安装验收

室外工程的分部工程　　　　　　　　　　　　　　　　　表 9-2

单位工程	子单位工程	分部（子分部）工程
室外建筑环境	附属建筑	车棚，围墙，大门，挡土墙，垃圾收集站
	室外环境	建筑小品，道路，亭台，连廊，花坛，场坪绿化

续表

单位工程	子单位工程	分部（子分部）工程
室外安装	给排水与采暖	室外给水系统，室外排水系统，室外供热系统
	电气	室外供电系统，室外照明系统

多层及高层建筑工程中主体分部的分项工程，可按楼层或施工段来划分检验批；单层建筑工程中的分项工程可按变形缝等划分检验批；地基基础分部工程中的分项工程一般可划分为一个检验批，有地下层的基础工程可按不同地下层划分检验批；屋面分部工程中的分项工程，不同楼层屋面可划分为不同的检验批；其他分部工程中的分项工程可统一划分为一个检验批。安装工程一般按一个设计系统或设备组别划分为一个检验批。室外工程统一划分为一个检验批。散水、台阶、明沟等含在地面检验批中。

室外工程划分为室外建筑环境和室外安装两个单位工程，而室外建筑环境单位工程又分为附属建筑和室外环境两个子单位工程，室外安装单位工程也分为给排水与采暖和电气两个子单位工程（表 9-2）。

（二）水利水电工程

根据水利水电工程的特点，水利水电工程项目可划分为几个扩大单位工程，每个扩大单位工程又可划分为几个单位工程，每个单位工程可划分为几个分部工程，每个分部工程则可划分为几个单元工程，单元工程是工程项目的基本单位。

1. 项目工程

项目工程是指一个独立的工程项目，即一个水利水电枢纽工程，如葛洲坝水电枢纽工程、丹江口水电枢纽工程、新安江水电枢纽工程等。

2. 扩大单位工程

扩大单位工程是指由几个单位工程联合发挥同一效益和作用或具有同一性质和用途的工程，如拦河坝工程、泄洪工程、引水工程、发电工程、航运工程、升压变电工程等。

3. 单位工程

单位工程是指具有独立的施工条件或独立作用，并由若干个分部工程所组成的一个工程实体，一般是一座独立的建筑物的一部分，通常按设计来划分，如左岸土石坝、右岸混凝土坝、河床溢流坝、副坝、泄洪洞、引水隧洞、溢洪道、发电厂房等。

对于葛洲坝水电枢纽工程这样一个项目工程，可划分为拦河坝工程、泄洪工程、发电工程、升压变电工程、航运工程等五个扩大单位工程。

拦河坝工程又可划分为左岸土石坝、三江混凝土非溢流坝、黄草坝（混凝土心墙）和右岸混凝土重力坝等四个单位工程；泄洪工程可划分为三江冲沙闸、三江泄水闸和大江冲沙闸等三个单位工程；发电工程可划分为二江电厂和大江电厂两个单位工程；航运工程可划分为一号船闸、二号船闸、三号船闸、大江防淤堤、三江防淤堤等五个单位工程；升压变电工程只有右岸 550kV 直流开关站一个单位工程。

4. 分部工程

分部工程是指组成单位工程的各组成部分，如非溢流坝段、溢流坝段、厂坝连接段、坝基防渗及排水、防渗心墙和斜墙、防渗铺盖等。

5. 单元工程

单元工程是指由几个工种施工完成的最小综合体，由这些综合体组成一个分部工程。单元工程可根据设计结构、施工部署或质量考核要求划分的层、块、段来确定，例如，对于岩石地基开挖工程，相应的单元工程应按混凝土浇筑仓块来划分，每一块为一个单元工程；又如混凝土工程，相应的单元工程按混凝土仓号划分，每一个仓号为一个单元工程；两岸边坡地基开挖也可按施工检查验收区划分，每个验收区为一个单元工程；排架柱梁等则按一次检查验收范围划分，若干个柱梁为一个单元工程。

第二节　建筑工程施工质量的验收

建筑工程施工质量的验收一般可分为检验批的验收、隐蔽工程验收、分项工程验收、分部工程验收、单位工程验收和竣工验收等几类。

一、建筑工程施工质量验收的要求

建筑工程施工质量的验收应符合下列要求：

（1）建筑工程施工质量应符合建筑工程施工质量验收统一标准和相关专业验收规范的规定。

（2）建筑工程施工应符合工程勘察、设计文件的要求。

（3）参加工程施工质量验收的各方人员应具备规定的资格。

（4）工程质量的验收均应在施工单位自行检查评定的基础上进行。

（5）隐蔽工程在隐蔽前由施工承包单位通知有关单位进行验收，并应形成验收文件。

（6）涉及结构安全的试块、试件以及有关材料，应按规定进行见证取样检验。

（7）检验批的质量应按主控项目和一般项目验收。

（8）对涉及结构安全和使用功能的重要分部工程应进行抽样检测。

（9）承担见证取样检测及有关结构安全检测的单位应具有相应资质。

（10）工程观感质量应由验收人员通过现场检查，并应共同确认。

二、工程质量验收基本规定

（一）工程质量验收基本标准

1. 检验批

检验批的质量应根据资料检查、主控项目检验和一般项目检验的结果来确定。

质量控制资料反映了检验批从原材料到最终验收的各施工工序的操作依据、检查情况及保证质量所必需的管理制度等。

主控项目是对检验批的基本质量起决定性影响的检验项目，一般检验项目是除主控项目以外的其他检验项目。

在制定检验批的抽样方案时，对生产方风险（或错判概率 α）和使用方风险（或漏判概率 β），一般应符合下列规定：

（1）主控项目：对于合格质量水平的 α 和 β 均不宜超过 5%。

（2）一般项目：对于合格质量水平的 α 不宜超过 5%；β 不宜超过 10%。

检验批合格质量应符合下列规定：

（1）主控项目和一般项目的质量经抽样检验合格。

（2）具有完整的施工操作依据、质量检查记录。

检验批质量验收记录如表 9-3 所示。

2. 分项工程

分项工程的验收是在其所含的检验批验收的基础上进行的，对涉及安全和使用功能的地

检验批质量验收记录　　　　　　　表 9-3

工程名称		分项工程名称		验收部位	
施工单位		专业工长		项目经理	
施工执行标准名称及编号					
分包单位		分包项目经理		施工班组长	

		质量验收规范的规定	施工单位检查评定记录	监理（建设）单位验收记录
主控项目	1			
	2			
	3			
	4			
	5			
	6			
	7			
	8			
	9			
一般项目	1			
	2			
	3			
	4			
施工单位检查评定结果				
监理（建设）单位验收结论	项目专业质量检查员：　　　　　　　　　　　　　　　年　月　日 监理工程师（建设单位项目专业技术负责人）　　　　　年　月　日			

基基础、主体结构、有关安全及重要使用功能的安装分部工程，应进行有关见证取样试验或抽样检验，同时还应进行观感质量验收，由参加验收的各方人员以观察、触摸或简单量测的方式对观感质量综合给出评价，对"差"的检查点应通过返修处理等补救。

分项工程质量验收合格应符合下列规定：

（1）分项工程所含检验批均应符合合格质量的规定。

（2）分项工程所含检验批的质量验收记录应完整。

分项工程质量验收记录和报验申请表如表 9-4 和表 9-5 所示。

_____分项工程质量验收记录　　　　　　　　　　　表 9-4

工程名称		结构类型		检验批数	
施工单位		项目经理		项目技术负责人	
分包单位		分包单位负责人		分包项目经理	
序号	检验批部位、区段	施工单位检查评定结果	监理（建设）单位验收结论		
1					
2					
3					
4					
5					
6					
7					
8					
9					
10					
11					
12					
13					
14					
15					
16					
17					
检查结论	项目专业技术负责人：　　年　月　日		验收结论	监理工程师（建设单位项目专业技术负责人）　　年　月　日	

_____ 报验申请表　　　　　　　　表 9-5

工程名称：　　　　　　　　　　　　　　　　　　　　　　　编号：

致：
　　　　　　　　　　　　　　　　　　　　　（监理单位）

　　我单位已完成了_____工作，现报上该工程报验申请表，请予以审查和验收。
　　附件：

　　　　　　　　　　　　　　　　　　　　　　　承包单位（章）_____
　　　　　　　　　　　　　　　　　　　　　　　项 目 经 理_____
　　　　　　　　　　　　　　　　　　　　　　　日　　　期_____

审查意见：

　　　　　　　　　　　　　　　　　　　　　　　项目监理机构_____
　　　　　　　　　　　　　　　　　　　　　　　总/专业监理工程师_____
　　　　　　　　　　　　　　　　　　　　　　　日　　　期_____

3. 分部工程

分部工程的验收是在其所含各分项工程验收的基础上进行的，分部工程质量验收合格应符合下列条件：

（1）分部（子分部）工程所含分项工程的质量均验收合格。

（2）质量控制资料完整。

（3）地基与基础、主体结构和设备安装等分部工程有关安全及功能的检验、抽样检测结果应符合有关规定。

（4）观感质量验收应符合要求。

分部（子分部）工程验收记录如表 9-6 所示。

_____分部（子分部）工程验收记录　　　　　　　表 9-6

工程名称		结构类型		层数	
施工单位		技术部门负责人		质量部门负责人	
分包单位		分包单位负责人		分包技术负责人	
序号	分项工程名称	检验批数	施工单位检查评定	验 收 意 见	
1					
2					
3					
4					
5					
6					
质量控制资料					
安全和功能检验(检测)报告					
观感质量验收					
验收单位	分包单位		项目经理		年 月 日
	施工单位		项目经理		年 月 日
	勘察单位		项目负责人		年 月 日
	设计单位		项目负责人		年 月 日
	监理（建设）单位	总监理工程师 （建设单位项目专业负责人）			年 月 日

4. 单位（子单位）工程

单位工程质量验收是该单位工程质量的竣工验收，在单位（子单位）工程验收时，对涉及安全和使用功能的分部工程应进行资料的复查，不仅要检查其完整性（无漏检缺项），而且对分部工程验收时补充进行的见证抽样检验报告也要复核。此外对主要使用功能还须进行抽查，抽查项目是在检查资料文件的基础上由参加验收的各方人员商定，并用计量、计数的抽样方法确定检查部分。最后还应由参加验收的各方人员共同进行观感质量检查，检查的方法、内容、结论与分部（子分部）工程质量验收相同。

单位工程质量验收合格应符合下列规定：

（1）单位（子单位）工程所含分部（子分部）工程的质量均应验收合格。

（2）质量控制资料完整。

（3）单位（子单位）工程所含分部工程有关安全和功能的检验资料完整。

（4）主要功能项目的抽查结果应符合相关专业质量验收规范的规定。

（5）观感质量验收符合要求。

单位（子单位）工程竣工报验单、质量竣工验收记录、质量控制资料核查记录、安全和功能检验资料核查及主要功能抽查记录、观感质量验收记录，分别如表 9-7、表 9-8、表 9-9、表 9-10 和表 9-11 所示。

工程竣工报验单　　　　　　　　　　　　　　　　表 9-7

工程名称：　　　　　　　　　　　　　　　　　　　　　　　　　编号：

致：_____（监理单位）

　　我方已按合同要求完成了_____工程，经自检合格，请予以检查和验收。
　　附件：

　　　　　　　　　　　　　　　　　　　　　　　　　承包单位（章）_____
　　　　　　　　　　　　　　　　　　　　　　　　　项 目 经 理 _____
　　　　　　　　　　　　　　　　　　　　　　　　　日　　　期 _____

审查意见：
　　经初步验收，该工程
　　1. 符合/不符合我国现行法律、法规要求；
　　2. 符合/不符合我国现行工程建设标准；
　　3. 符合/不符合设计文件要求；
　　4. 符合/不符合施工合同要求。
　　综上所述，该工程初步验收合格/不合格，可以/不可以组织正式验收。

　　　　　　　　　　　　　　　　　　　　　　　　　项目监理机构_____
　　　　　　　　　　　　　　　　　　　　　　　　　总监理工程师_____
　　　　　　　　　　　　　　　　　　　　　　　　　日　　　期 _____

单位（子单位）工程质量竣工验收记录　　　　表9-8

工程名称		结构类型		层数/建筑面积	/
施工单位		技术负责人		开工日期	
项目经理		项目技术负责人		竣工日期	

序号	项目	验收记录	验收结论
1	分部工程	共_____分部，经查____分部 符合标准及设计要求____分部	
2	质量控制资料核查	共____项，经审查符合要求____项， 经核定符合规范要求_____项	
3	安全和主要使用功能核查及抽查结果	共核查____项，符合要求____项， 共抽查____项，符合要求____项， 经返工处理符合要求_____项	
4	观感质量验收	共抽查____项，符合要求____项， 不符合要求____项	
5	综合验收结论		

参加验收单位	建设单位	监理单位	施工单位	设计单位
	（公章） 单位（项目）负责人 年　月　日	（公章） 总监理工程师 年　月　日	（公章） 单位负责人 年　月　日	（公章） 单位（项目）负责人 年　月　日

单位（子单位）工程质量控制资料核查记录　　　　表 9-9

工程名称			施工单位		
序号	项目	资料名称	份数	核查意见	核查人
1	建筑与结构	图纸会审、设计变更、洽商记录			
2		工程定位测量、放线记录			
3		原材料出厂合格证书及进场检（试）验报告			
4		施工试验报告及见证检测报告			
5		隐蔽工程验收记录			
6		施工记录			
7		预制构件、预拌混凝土合格证			
8		地基基础、主体结构检验及抽样检测资料			
9		分项、分部工程质量验收记录			
10		工程质量事故及事故调查处理资料			
11		新材料、新工艺施工记录			
12					
1	给排水与采暖	图纸会审、设计变更、洽商记录			
2		材料、配件出厂合格证书及进场检（试）验报告			
3		管道、设备强度试验，严密性试验记录			
4		隐蔽工程验收记录			
5		系统清洗、灌水、通水、通球试验记录			
6		施工记录			
7		分项、分部工程质量验收记录			
8					
1	建筑电气	图纸会审、设计变更、洽商记录			
2		材料、设备出厂合格证书及进场检（试）验报告			
3		设备调试记录			
4		接地、绝缘电阻测试记录			
5		隐蔽工程验收记录			
6		施工记录			
7		分项、分部工程质量验收记录			
8					

续表

工程名称			施工单位			
序号	项目	资料名称		份数	核查意见	核查人
1	通风与空调	图纸会审、设计变更、洽商记录				
2		材料、设备出厂合格证书及进场检（试）验报告				
3		制冷、空调、水管道强度试验，严密性试验记录				
4		隐蔽工程验收记录				
5		制冷设备运行调试记录				
6		通风、空调系统调试记录				
7		施工记录				
8		分项、分部工程质量验收记录				
9						
1	电梯	土建布置图纸会审、设计变更、洽商记录				
2		设备出厂合格证书及开箱检验记录				
3		隐蔽工程验收记录				
4		施工记录				
5		接地、绝缘电阻测试记录				
6		负荷试验、安全装置检查记录				
7		分项、分部工程质量验收记录				
8						
1	建筑智能化	图纸会审、设计变更、洽商记录、竣工图及设计说明				
2		材料、设备出厂合格证和技术文件及进场检(试)验报告				
3		隐蔽工程验收记录				
4		系统功能测定及设备调试记录				
5		系统技术、操作和维护手册				
6		系统管理、操作人员培训记录				
7		系统检测报告				
8		分项、分部工程质量验收报告				

结论：

施工单位项目经理　　　　　　年 月 日　　　总监理工程师（建设单位项目负责人）　　年 月 日

单位（子单位）工程安全和功能检验 表 9-10
资料核查及主要功能抽查记录

工程名称			施工单位			
序号	项目	安全和功能检查项目	份数	核查意见	抽查结果	核查（抽查）人
1	建筑与结构	屋面淋水试验记录				
2		地下室防水效果检查记录				
3		有防水要求的地面蓄水试验记录				
4		建筑物垂直度、标高、全高测量记录				
5		抽气（风）道检查记录				
6		幕墙及外窗气密性、水密性、耐风压检测报告				
7		建筑物沉降观测测量记录				
8		节能、保温测试记录				
9		室内环境检测报告				
10						
1	给排水与采暖	给水管道通水试验记录				
2		暖气管道、散热器压力试验记录				
3		卫生器具满水试验记录				
4		消防管道、燃气管道压力试验记录				
5		排水干管通球试验记录				
6						
1	电气	照明全负荷试验记录				
2		大型灯具牢固性试验记录				
3		避雷接地电阻测试记录				
4		线路、插座、开关接地检验记录				
5						
1	通风与空调	通风、空调系统试运行记录				
2		风量、温度测试记录				
3		洁净室洁净度测试记录				
4		制冷机组试运行调试记录				
5						
1	电梯	电梯运行记录				
2		电梯安全装置检测报告				
1	智能建筑	系统试运行记录				
2		系统电源及接地检测报告				
3						

结论：

施工单位项目经理	年 月 日	总监理工程师 （建设单位项目负责人）	年 月 日

注：抽查项目由验收组协调确定。

单位（子单位）工程观感质量检查记录　　表 9-11

工程名称				施工单位			
序号		项目		抽查质量状况	质量评价		
					好	一般	差
1	建筑与结构	室外墙面					
2		变形缝					
3		水落管、屋面					
4		室内墙面					
5		室内顶棚					
6		室内地面					
7		楼梯、踏步、护栏					
8		门窗					
1	给排水与采暖	管道接口、坡度、支架					
2		卫生器具、支架、阀门					
3		检查口、扫除口、地漏					
4		散热器、支架					
1	建筑电气	配电箱、盘、板、接线盒					
2		设备器具、开关、插座					
3		防雷、接地					
1	通风与空调	风管、支架					
2		风口、风阀					
3		风机、空调设备					
4		阀门、支架					
5		水泵、冷却塔					
6		绝热					
1	电梯	运行、平层、开关门					
2		层门、信号系统					
3		机房					
1	智能建筑	机房设备安装及布局					
2		现场设备安装					
3							
观感质量综合评价							
检查结论		施工单位项目经理　　　　　年 月 日			总监理工程师 （建设单位项目负责人）　　年 月 日			

注：质量评价为差的项目，应进行返修。

(二) 建筑工程质量不符合要求时的处理

当建筑工程质量验收不符合验收标准的要求时，则可按下列方式处理：

1. 在检验批验收时，其主控项目不能满足验收规范规定或一般项目超过偏差限值的子项不符合检验规定的要求时，对其中的严重缺陷应返工重做，对一般缺陷则通过翻修或更换器具、设备进行处理，通过返工处理的检验批，应重新进行验收。

2. 在检验批发现试块强度等不满足要求，但经具有资质的法定检测单位检测鉴定能够达到设计要求的，应认为检验批合格，应予以验收。

3. 如检验批经检测鉴定达不到设计要求，但经原设计单位核算，认为能够满足结构安全和使用功能时，则该检验批可予以验收。

4. 经返修或加固处理的分项、分部工程，虽然改变外形尺寸，但仍能满足安全使用要求，可按技术处理方案和协商文件进行验收。通过返修或加固处理仍不能满足安全使用要求的分部工程、单位（子单位）工程，则严禁验收。

(三) 见证取样和送检

见证取样和送检是指在建设单位或工程监理单位人员的见证下，由施工单位的现场试验人员对工程中涉及结构安全的试块、试件和材料在现场取样，并送至经过省级以上建设行政主管部门对其资质认可和质量技术监督部门对其计量认证的质量检测单位进行检测。

见证人员应由建设单位或该工程的监理单位具备建筑施工试验知识的专业技术人员担任，并应由建设单位或该工程的监理单位书面通知施工单位、检测单位和负责该项工程的质量监督机构。

在见证取样和送检时，取样人员应在试样或其包装上作出标识、封志，标识和封志应标明工程名称、取样部位、取样日期、样品名称和样品数量，并由见证人员和取样人员签字。见证人员应填写见证记录，并将其归入施工技术档案。

见证取样的试块、试件和材料送检时，送检单位应填写委托单，委托单应有见证人员和送检人员签字，检测单位在检查委托单及试样上的标识和封志无误后，方可进行检测。

见证取样和送检的范围包括：

(1) 用于承重结构的混凝土试块；

(2) 用于承重墙体的砌筑砂浆试块；

(3) 用于承重结构的钢筋及连接接头试件；

(4) 用于承重墙的砖和混凝土小型砌块；

(5) 用于拌制混凝土和砌筑砂浆的水泥；

(6) 用于承重结构的混凝土中所使用的掺加剂；

(7) 地下、屋面、厕浴间使用的防水材料；

(8) 国家规定必须进行见证取样和送检的其他试块、试件和材料。

见证取样和送检的比例不得低于有关技术标准中规定取样数量的30%。

三、隐蔽工程验收

隐蔽工程是指在施工过程中上一道工序结束后，即被下一道工序所掩盖而无法再进行检查的工程部位，如钢筋混凝土工程中的钢筋工程、基础工程中的基槽和基础等。表9-12中列出房屋建筑工程中的隐蔽工程项目。

隐蔽工程项目及内容　　　　　　　　表 9-12

序号	项目	项目内容
1	基础工程	地质、土质情况，标高尺寸，基础断面尺寸，桩的位置、数量
2	钢筋混凝土工程	钢筋的规格、品种、数量、尺寸、位置、形状、焊接尺寸、接头位置，预埋件的数量及位置，材料代用情况
3	防水工程	屋面、地下室、水下结构的防水层层数，防水处理措施的质量
4	其他	完工后无法进行检查的工程，重要结构部位和有特殊要求的隐蔽工程

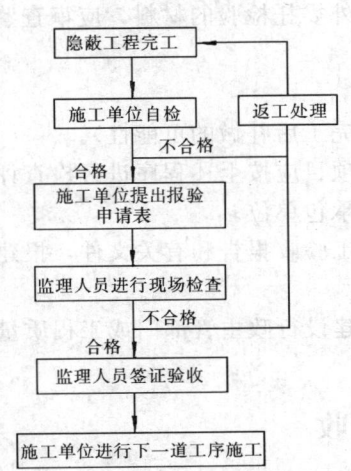

图 9-1　隐蔽工程验收程序

隐蔽工程完工后，施工单位在自检合格的基础上，向监理单位提出报验申请表，监理单位在接到施工单位的报验申请表后，应该在 24h 内派出监理人员到施工现场，采用必要的检查工具对该隐蔽工程进行检查，并填写隐蔽工程验查记录，将检查结果与设计、图纸、施工规范和质量标准对照，判断其质量是否符合规定要求，如果确认质量符合规定要求，则经监理人员签证后，施工承包单位才能进行下一道工序；如果质量不符合规定要求，监理人员也应以书面形式签发通知单通知施工单位，令其返工处理，返工处理后再重新进行检查验收。

隐蔽工程检查验收的程序如图 9-1 所示。

四、建筑工程质量验收程序和组织

检验批和分项工程应由监理工程师或建设单位项目技术负责人组织施工单位项目专业质量（技术）负责人等进行验收。验收前，施工单位应先填写"检验批和分项工程的质量验收记录"，如表 9-3 和表 9-4 所示，检验后，由项目专业质量检验员和项目专业技术负责人分别在检验批和分项工程质量检验记录中相关栏目上签字，并填写报验申请表（如表 9-5 所示），然后由监理工程师组织验收，并在"检验批和分项工程质量验收记录"上填写监理记录和验收结论，并签字。

分部（子分部）工程应由总监理工程师或建设单位项目负责人组织施工单位的项目负责人和项目技术、质量负责人（因地基基础及主体结构的主要技术资料和质量问题归技术部门和质量部门管理）及有关人员进行验收。由于地基基础、主体结构的技术性能要求严格，技术性强，关系到整个工程的安全，故对于这些分部工程的验收，勘测、设计单位工程项目负责人也应参加相关分部工程的验收。验收记录如表 9-6 所示。

单位工程完成后，施工承包单位首先应依据质量标准、设计图纸等自行组织有关人员进行检查和评定（自检），在自检符合要求的基础上，填写工程竣工报验单（表 9-7）和单位工程质量竣工验收记录（表 9-8），并向建设单位提交工程验收报告和完整的质量资料，请建设单位组织验收。建设单位在收到施工承包单位提交的工程验收报告后，由建设单位负责人组织设计、施工（包括分包单位）、监理单位（项目）负责人进行现场检查和质量控制资料的核查，并将检查结果与合同、规范、标准相对照，根据单位工程中分项、分部工程质量检查评定的统计资料，结合单位工程观感质量评议的结果，对单位工程的外观及使用功能等方面作出全面综合评定，最后判断该单位工程的质量是否达到规定要求，是否同意验收。单位工程（子单位工程）质量控制资料、工程安全和功能检查资料的核查结果应分别填写在表 9-9 和表 9-10 上。在单位工程验收时，施工承包单位负责人或项目负责人及施工承包单位的技术、质量负责人和监理单位总监理工程师均应参加。

单位工程质量验收记录由施工单位填写，验收结论由监理（建设）单位填写。单位工程的综合验收结论由参加验收的各方共同商定后由建设单位填写，如表 9-8 所示。综合验收结论中应包括对工程质量是否符合设计和规范要求及总体质量水平做出评价。单位工程（子单位工程）观感质量检查的情况应填写在表 9-11 上，并应对检查的质量状况做出评价。

监理工程师对单位工程质量控制资料的核查内容包括：

（1）质量控制资料是否齐全，资料的内容是否符合标准的规定。

（2）对新材料、新技术、新工艺的鉴定材料和施工单位对外委托检验的材料，应审查鉴定检验单位有无权威性。

（3）质量控制资料是否真实。

（4）质量控制资料提供的时间是否与工程进展同步（排除完工后补做的可能性）。

当单位工程有分包单位施工时，分包单位对所承包的工程项目应按上述程序进行检查评定，总承包单位应派人参加，分包单位应将工程有关资料交总承包单位。

单位工程质量验收后，建设单位应在规定时间内将工程竣工验收报告和有关文件，报建设行政主管部门备案。

当参加验收各方对工程质量验收意见不一致时，可请当地建设行政主管部门或工程质量监督机构协调处理。

第三节　建筑工程的竣工验收

一、竣工验收的范围

（1）凡是新建、扩建、改建和迁建的项目，已按设计文件、施工图纸和合同要求全部建成，并具备投产和使用条件。

（2）住宅小区已按小区规划、设计文件和施工图纸全部建成，满足使用要求。

（3）单项工程或工程项目中已按设计要求建成，并具备相应生产能力的项目。

（4）工程项目已按设计全部建成，但由于外部条件（如缺少或暂时缺少电力、煤气、燃料等）不能投产使用或不能全部投产使用，也可组织竣工验收。

（5）市政、绿化和公用设施等的配套设施项目，已按设计和合同要求建成。

二、竣工验收的依据

竣工验收的依据主要包括：

（1）上级主管部门的有关工程竣工验收的文件和规定。

（2）施工承包合同。

（3）已批准的设计文件（包括施工图纸、设计说明书、设计变更洽商记录）。

（4）各种设备的技术说明书。

（5）国家和部门颁布的施工规范、质量标准、验收规范。

（6）建筑安装工程统计规定。

（7）有关的协作配合协议书。

三、竣工验收的基本条件和应达到的标准及要求

1. 竣工验收的基本条件

工程项目竣工验收应具备下列基本条件：

(1) 完成建设工程设计和合同约定的各项内容；
(2) 有完整的技术档案和施工管理资料；
(3) 有工程使用的主要建筑材料、建筑构配件和设备的进场试验报告；
(4) 有勘测、设计、施工、工程监理等单位分别签署的质量合格文件；
(5) 有施工单位签署的工程保修书。

2. 工程竣工验收时应达到的标准和要求

(1) 对于民用建筑工程

①已完成工程设计和合同约定的各项内容。

②施工承包单位在工程完工后对工程质量进行了检查，确认工程质量符合有关法律、法规和工程建设强制性标准，符合设计文件及合同要求，提出工程竣工报告，并经项目经理和施工承包单位有关负责人审查签字。

③对于委托监理的项目，监理单位对工程进行了质量评估，具有完整的监理资料，并提出工程质量评估报告。工程质量评估报告已经总监理工程师和监理单位有关负责人审核签字。

④勘察、设计单位对勘察、设计文件及施工过程中由设计单位签署的设计变更通知书进行了检查，并提出质量检查报告。质量检查报告应经该项目勘察、设计负责人和勘察、设计单位有关负责人审核签字。

⑤有完整的技术档案和施工管理资料。

⑥有工程使用的主要建筑材料、建筑构配件和设备的进场试验报告。

⑦建设单位已按合同约定支付工程款。

⑧有施工单位签署的工程质量保修书。

⑨城乡规划行政主管部门对工程是否符合规划设计要求进行检查，并出具认可文件。

⑩有公安消防、环保等部门出具的认可文件或者准许使用文件。

⑪建设行政主管部门及其委托的工程质量监督机构等有关部门责令整改的问题已全部整改完毕。

对于工业项目和住宅小区，除应满足上述条件外，还应分别满足下述条件。

(2) 对于工业项目

①生产性建设项目及其辅助生产设施，已按设计的内容和要求建成，能满足生产需要。例如，生产科研类建设项目、土建、给水排水、暖气通风、工艺管线等工程和属于厂房组成部分的生活间、控制室、操作室、烟囱、设备基础等土建工程均已完成，有关工艺和科研设备也已安装完毕。

②主要工艺设计及配套设施已安装完成，生产线联动负荷试车合格，运转正常，形成生产能力，能够生产出设计文件规定的合格产品，并达到或基本达到设计生产能力。

③必要的生活设施已按设计要求建成，生产准备工作和生活设施能适应投产的需要。

④环保设施，劳动、安全、卫生设施，消防设施等已按设计要求与主体工程同时建成交付使用。

⑤已按合同规定的内容建成，工程质量和使用功能符合规范规定和设计要求，并按合同规定完成了协议内容。

(3) 对于住宅小区

①所有建设项目已按批准的小区规划和有关专业管理及设计要求全部建成，并满足使用要求。

②住宅及公共配套设施、市政公用基础设施等单项工程全部验收合格，验收资料齐全。

③各类建筑物的平面位置、立面造型、装饰色调等符合批准的规划设计要求。

④施工机具、暂设工程、建筑残土、剩余构件全部拆除运走，达到场清地平；有绿化要求的要按绿化设计全部完成，并达到按图施工，树活草青。

四、竣工验收的程序和内容

工程项目的竣工验收应根据项目规模的大小组成验收委员会或验收小组来进行。对于国家批准建设的大中型工程项目，由国家或国家委托有关部门来组织验收，各省、市、自治区建委参与验收；对于地方兴建的大中型工程项目，由各省、市、自治区主管部门组织验收；对于小型工程项目，由地、市级主管部门或建设单位组织验收。

工程项目的竣工验收工作，通常分为三个阶段，即准备阶段、初步验收（预验收）和正式验收；对于小型工程也可分为两个阶段，即准备阶段和正式验收。竣工验收的程序如图 9-2 所示。

1. 竣工验收的准备工作

在竣工验收准备阶段，监理单位应做好以下工作：

（1）督促施工单位组织人力绘制竣工图纸，整编竣工资料，主要包括地基基础、主体结构、装修和水、暖、电、卫生、设备安装等施工各阶段的质量检验资料，如分项、分部、单位工程的质量检验评定资料，隐蔽工程验收记录，生产工艺设备调试和运行记录，吊装和试压记录，以及工程质量事故调查处理报告、工程竣工报告、工程保修证书等。

（2）协同设计单位提供有关的设计技术资料，如项目的可行性研究报告，项目的立项批准书，土地、规划批准文件，设计任务书，初步设计（或扩大初步设计）、技术设计，工程概预算等。

（3）组织人员编制竣工决算，起草竣工验收报告等各种文件和表格。

2. 预验收（竣工初验）

当工程项目达到竣工验收条件后，施工承包单位在自检（自审、自查、自评）合格的基础上，填写工程竣工报验单，并将全部竣工资料报送监理单位，申请竣工验收。

监理单位在接到施工承包单位报送的工程竣工报验单后，应由总监理工程师组织专业监理工程师依据有关法律、法规、工程建设强制性标准、设计文件及施工合同，对竣工资料进行审查，并对工程质量进行全面检查，对检查出的问题督促施工承包单位及时整改。对需要进行功能试验的工程项目，监理工程师应督促施工承包

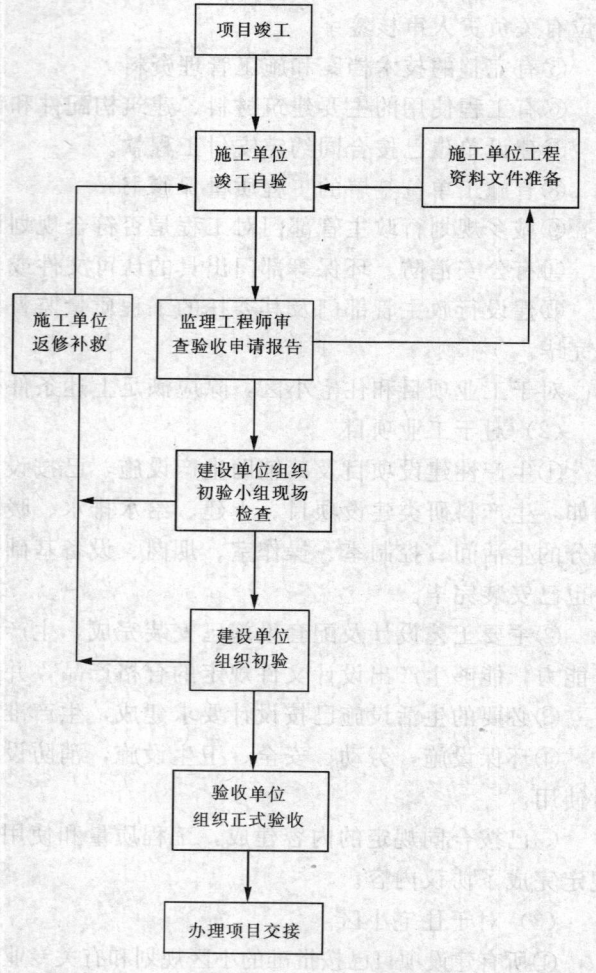

图 9-2　竣工验收的程序

单位及时进行试验（单机试运行和无负荷试运行），并对试验情况进行现场监督、检查，认真审查试验报告。在监理单位预验收合格后，由总监理工程师签署工程竣工报验单，并向建设单位提出质量评估报告。工程质量评估报告应由总监理工程师和监理单位技术负责人审核签字。

3. 正式验收

建设单位在接到项目监理单位的质量评估报告和竣工报验单后，经过审查，确认符合竣工验收条件和标准，即可组织正式验收。

由建设单位组织设计单位、施工单位、监理单位组成验收小组，进行竣工验收，对工程进行检查，并签署验收意见。对必须进行整改的质量问题，施工单位进行整改完成后，监理单位应进行复核。对某些剩余工程和缺陷工程，在不影响交付使用的前提下，由四方协商规定施工单位在竣工验收后限定的时间内完成。正式竣工验收完成后，由建设单位和项目总监理工程师共同签署《竣工移交证书》。

正式竣工验收的程序一般是：

（1）建设单位、勘察设计单位分别汇报工程合同履约情况和在工程建设各环节执行法律、法规和工程建设强制性标准情况。

（2）听取施工单位报告工程项目施工情况、自验情况及竣工情况。

（3）听取监理单位报告工程监理内容和监理情况，以及对工程竣工的意见。

（4）组织竣工验收小组全体人员进行现场检查；了解工程现状，查验工程质量，发现存在和遗留的问题。

（5）竣工验收小组查阅建设、勘察、设计、施工、监理单位的工程档案资料，结合施工单位和监理单位的情况汇报，以及现场检查情况，对工程项目进行全面鉴定和评价，并形成工程竣工验收意见。

（6）经过竣工验收小组检查鉴定，确认工程项目质量符合竣工验收条件和标准的规定，以及承包合同的要求后，即可签发《工程竣工验收证明书》。

（7）办理竣工资料移交手续。

（8）办理工程移交手续。

五、竣工验收资料的主要内容

竣工验收资料作为工程项目的档案在竣工验收后应移交给建设单位，作为今后在生产和使用中对工程进行维修、改建和扩建的依据，也是工程一旦需要进行复查时的主要根据。竣工验收资料通常应该包括以下主要内容：

（1）工程项目的开工执照。

（2）竣工工程一览表。包括各个单项工程的名称、面积、层数、结构、主要工艺设备的装置的目录。

（3）工程地质勘察资料。

（4）工程竣工图纸，图纸会审记录，设计交底记录，设计变更通知单。

（5）永久性水准点位置坐标，建筑物、构筑物定位测量记录，沉降和位移观测记录。

（6）各种材料、构件和设备的出厂合格证明和试验资料。

（7）新材料、新工艺、新技术、新设备的试验、验收记录和鉴定文件。

（8）灰土、砂浆、混凝土、防水材料的试验记录。

（9）各种管道工程、钢筋、金属件等的埋设，打桩、吊装等隐蔽工程的检查验收记录及施工日志。

(10) 生产工艺设备单体试车、无负荷联动试车、有负荷联动试车记录。
(11) 电气工程线路系统的全负荷试验记录。
(12) 地基和基础工程检查记录。
(13) 结构工程、防水工程（包括地下室、卫生间、浴室、厨房、阳台、雨罩、屋面、外墙防水体系等）的检查记录。
(14) 工程质量检验评定资料。
(15) 工程质量事故调查分析和处理报告。
(16) 设计单位会同施工单位提出的对建筑物、构筑物、生产工艺设备等使用中应注意事项的文件。
(17) 工程项目竣工报告、工程项目竣工验收报告、工程项目竣工验收文件。

在工程项目初验阶段，监理工程师应对竣工资料进行审查，重点审查下列内容：

(1) 材料、构件和设备的质量合格证明材料（出厂合格证、技术说明书和质量检验资料等）。检查这些材料是否如实反映实际情况，有无涂改、伪造和事后补做的情况。
(2) 试验、检验资料。检查各种材料的试验是否按规范要求制作试件和试样，检验数量是否符合要求，检验结果是否符合设计要求。
(3) 核查隐蔽工程记录和施工记录。
(4) 审查竣工图纸是否齐全，是否符合施工实际情况，竣工图纸的绘制是否符合国家有关规定的要求。

六、竣工验收报告的主要内容

工程竣工验收合格后，建设单位应及时提出工程竣工验收报告，竣工验收报告的主要内容包括：

(1) 建设项目的总说明。
(2) 技术档案的建立情况。
(3) 工程项目的建设情况，包括建设单位执行基本建设程序的情况，对工程勘察、设计、施工、监理等方面的评价，建筑工程和建筑安装工程的进度和工程质量情况；试生产期间设备运行情况和各项生产指标达标的情况；工程决算情况、投资使用情况及原因分析；环保、卫生、安全设施情况，移民迁建情况；工程竣工验收的时间、程序和组织形式，工程验收意见等内容。
(4) 工程效益情况。
(5) 遗留问题。
(6) 有关附件。如竣工项目一览表，已完单位工程一览表，未完工程项目一览表，已完设备一览表，未完设备一览表，竣工项目财务决算一览表，概算调整与执行一览表，交付使用财产一览表，单位工程质量汇总表，项目（工程）总体质量评价表，施工许可证，施工图设计文件审查意见，勘察、设计、施工、工程监理等单位分别签署的质量合格文件，竣工验收原始文件，市政基础设施工程有关质量检测和功能试验资料，施工承包单位签署的工程质量保修书等。

在工程项目竣工验收中，质量监督机构将对工程项目竣工验收组织形式、验收程序、验收标准等情况进行现场监督，发现有违反建设工程质量管理规定的行为，将责令改正，并将对工程竣工验收的监督情况作为工程质量监督报告的重要内容。

七、工程项目的交接

工程项目的交接是指工程项目在竣工验收后，由施工单位将工程移交给建设单位（业主），办理固定资产登记手续的过程。在工程交接中监理单位应根据监理合同的约定做好以

下工作:
(1) 督促施工单位做好竣工结算。
(2) 审核施工单位提交的竣工结算书。
(3) 协助施工单位将竣工资料移交给建设单位。
(4) 协助施工单位移交工程实体的管理权。
(5) 协助建设单位编制工程项目的决算。

第四节　工程项目的质量回访和保修

一、工程项目的质量回访

工程项目的质量回访是在工程项目竣工验收后一定时期内（在质量保修期内）由施工单位派人到建设单位或用户了解工程项目的运行情况和存在问题，对于确因施工单位的责任造成的工程质量问题实施保修。监理工程师应督促施工单位做好质量回访和保修工作。

质量回访的方式一般有三种，即季节性回访、技术性回访和保修期届满前回访。

(1) 季节性回访。如雨季回访屋面、墙面的防水情况；冬季回访锅炉房及采暖系统的工作情况等。

(2) 技术性回访。主要是了解工程施工中所采用的新材料、新技术、新工艺、新设备的技术性能和使用效果。

(3) 保修期届满前回访。在保修期届满前回访工程使用中出现的问题，及时进行解决；同时表示保修期即将结束，要求建设单位和用户注意维护和使用。

二、工程项目的保修

1. 工程项目的保修范围

工程项目的保修范围，一般包括：
(1) 屋面、地下室、外墙阳台、卫生间、厨房等处的渗水、漏水问题。
(2) 各种通水管道（如自来水、热水、污水、雨水等）的漏水问题；各种气体管道的漏气问题；通气孔和烟道的不通问题。
(3) 水泥地面有较大面积空鼓、裂缝或起砂问题。
(4) 内墙抹灰有较大面积起泡，乃至空鼓脱落或墙面浆活起碱脱皮问题；外墙粉刷自动脱落问题。
(5) 暖气管线安装不良，局部不热，管线接口处漏水问题。
(6) 地基基础、主体结构等存在质量问题，影响工程正常使用时。

2. 工程项目的保修期

工程项目在正常使用条件下的最低保修期限为：
(1) 基础设施工程、房屋建筑的地基基础工程和主体结构工程，为设计文件规定的该工程的合理使用年限。
(2) 屋面防水工程、有防水要求的卫生间、房间和外墙面的防漏为 5 年。
(3) 供热与供冷系统为 2 个采暖期和供冷期。
(4) 电气管线、给排水管道、设备安装和装修工程为 5 年。

其他项目的保修期，由发包方与承包方约定。

工程项目在保修范围内和保修期内发生的质量问题，施工单位应履行保修义务，并对造成的损失承担赔偿责任。

三、工程质量保修期内的质量控制

当根据委托监理合同约定承担工程质量保修期的质量控制时,监理单位应安排监理人员对建设单位提出的工程质量缺陷进行检查和记录,对工程质量缺陷原因进行调查分析,并确定责任归属,对承包单位原因造成的工程质量缺陷,应督促施工承包单位进行保修,并对修复的工程质量进行验收,合格后予以签证。对于非承包单位原因造成的工程质量缺陷,监理人员应核实修复工程的费用和签署工程款支付证书,并报建设单位。

第五节 监理资料的移交

在工程项目开工前,监理单位(项目总监理工程师)应与建设单位及施工单位共同对工程项目有关资料的分类、格式、提交份数等问题进行协商,并达成一致意见。在工程项目施工过程中,监理单位应按上述达成的一致意见对有关资料进行收集、分类和整理。

随着工程项目施工的进展,与工程质量有关的资料,如材料及设备的检测资料;检验批、分项工程、分部工程、隐蔽工程的检查验收资料等等,将随时提交给建设单位。在工程项目竣工验收后,监理单位(项目监理机构)还应向建设单位提交监理工作总结。

一、施工阶段监理单位向建设单位提交的监理资料

在工程项目施工阶段,监理单位(项目监理机构)应向建设单位提交的监理资料如下:
(1) 监理规划;
(2) 监理实施细则;
(3) 分包单位资格报审表;
(4) 设计交底与图纸会审会议纪要;
(5) 施工组织设计(施工方案)报审表;
(6) 工程开工报审表;
(7) 工程暂停令;
(8) 工程复工报审表;
(9) 测量复验资料;
(10) 工程进度计划;
(11) 工程材料、构配件、设备的质量证明文件;
(12) 检验试验资料;
(13) 检验批、分项工程、分部工程、单位工程等的验收资料;
(14) 隐蔽工程验收资料;
(15) 工程变更资料;
(16) 质量缺陷与质量事故的处理文件;
(17) 监理工程师通知单;
(18) 工程计量单和工程款支付证书;
(19) 报验申请表;
(20) 监理工作联系单;
(21) 索赔文件资料;
(22) 会议纪要;
(23) 来往函件;
(24) 监理日记;
(25) 监理月报;

(26) 竣工结算审核意见；
(27) 工程项目施工阶段质量评估报告等专题报告；
(28) 监理工作总结。

二、监理工作总结的内容

在工程项目施工阶段监理工作结束时，监理单位应向建设单位提交监理工作总结，监理工作总结的内容包括：

(1) 工程概况；
(2) 监理组织机构、监理人员和投入的监理设施；
(3) 监理合同履行情况；
(4) 监理工作成效；
(5) 施工过程中出现的问题及其处理情况和建议；
(6) 有关的工程照片。

第六节　工程项目的试运行

一、试运行的意义、组织和试运行方案

试运行是工程竣工所进行的整体或部分试验性运行的全部过程。工程在设计和施工阶段虽然都认真实行了质量控制和检验，并取得了大量的各类质量控制资料，但是工程的整体性能如何和综合施工的效果如何？都必须通过试运行来进行检验；同时工程设计是否合理，运行是否可靠，是否能达到预期的目的，也必须通过试运行来进行全面检验。所以，工程的试运行是对工程的规划设计和施工的最终检验，是工程验收和投入正式运行以前的重要考验。

在进行工程试运行前，由监理工程师组织成立试运行领导小组来统一领导和指挥试运行工作，领导小组由组织施工的负责人及其他有关人员、设计代表、监理工程师、质量监督机构、建设单位、生产运行单位和检验人员等组成，并准备好试运行所需设备、材料、检验仪器和有关工具，对于容易发生安全事故的试运行内容，还应准备抢险器材或灭火器材，制定好安全防范措施。为了保证试运行工作顺利进行和提高试运行的质量，还应制定试运行方案及相应的技术措施，印制统一的试运行记录及质量检验记录表格。

试运行方案的内容主要包括：

(1) 试运行的对象及目的；
(2) 试运行的准备工作；
(3) 试运行的组织；
(4) 试运行的程序；
(5) 在试运行中质量检验的内容和方法，检验的标准；
(6) 在试运行出现特殊情况时紧急停止试运行的措施及处理；
(7) 试运行的验收标准；
(8) 质量问题的处理；
(9) 试运行记录及试验报告；
(10) 试运行中应注意的事项及安全措施。

二、试运行阶段的划分

工程试运行一般分为四个阶段：

1. 质量检查

在试运行前对工程质量进行全面的综合性的检查，查出工程中仍然存在的各种问题，以便在试运行前及时采取措施予以解决，以保证试运行的顺利进行和试运行的质量。

试运行前的质量检查是在施工阶段质量检查的基础上，重点进行施工质量复查和质量隐患、施工漏项检查，采取施工单位自检和专业检查相结合的方式。

自检是通过回忆施工过程中所发生的各种质量问题和隐患，检查自检记录是否齐全，检查关键部位和关键环节的施工质量，施工中质量不合格部位及项目的处理情况是否已经达到设计和技术规范的要求，以及是否有施工漏项等。

在自检的基础上，再由施工单位质量控制部门会同设计单位、建设单位、监理单位和质量监督部门的人员共同组织联合质量检查。对检查中发现的各种问题，施工单位应制定整改计划，逐项改正，以便工程的验收。

2. 单项试运行

针对工程中的某个项目进行的试运行试验，如机械设备、闸门启动的试运行等，检验其工作性能、操作质量或运行质量。单项试运行合格，取得参加试运行的使用单位人员的确认后，才能办理技术交工。

3. 无负荷或非生产性试运行

对于机电设备、动力设备，在有关工程全部安装结束，单项试运行合格的基础上，应进行无负荷或非生产性的联合试运行，同时进行各种有关的质量检验工作，如系统试压、密封性能等的检查，以便发现在单项试运行中不能发现或很难发现的工程质量问题。

4. 有负荷试运行

有负荷试运行就是试生产运行，其目的是为了进一步检查工程的质量，检验工程的各项功能和效果是否完全符合设计要求和满足用户需要。在满足下列条件的情况下，可以进行有负荷试运行：

（1）无负荷或非生产性试运行已经合格；

（2）无负荷或非生产性试运行中发现的各类问题已全部解决和处理，质量已达到设计要求和技术规范标准；

（3）工程已全部配套；

（4）进行有负荷试运行所需要的全部生产人员已经配备齐全；

（5）生产所需要用的一切材料已经准备妥当；

（6）已具备正常生产的条件。

另外，在试运行之前，还应对参加试运行的人员进行培训，培训的内容包括：

（1）试运行的目的；

（2）试运行的项目和内容；

（3）试运行的程序和步骤；

（4）试运行中所要进行的检验项目及其部位、数量、时间、质量、标准；

（5）试运行的记录格式及填写要求；

（6）发生紧急情况时处理的措施和方法；

（7）试运行中应该注意的事项及安全措施。

三、试运行报告

对于试运行中所发现的各种质量不合格项目，凡是属于施工质量方面的问题，施工单位应作详细记录，并制定整改意见及措施，及时进行返修和处理；凡是属于设计方面的问题或生产操作方面的问题，应由设计单位或生产运行单位制定整改意见，委托施工单位处理改进。对于运行中发现的，短时间内不易解决，需要经过一段时间的生产运行，在检修中处理的不合格项目，应由施工单位与生产使用单位共同协商，提出处理方案，以便共同执行。

在工程项目试运行中，监理工程师应着重做好以下工作：

1. 审查工程项目的试运行方案、试运行记录格式和质量检验记录格式。

2. 审查试运行的准备情况，包括所用材料、设备和其他物资的准备情况，以及试运行人员的培训情况。

3. 督促有关单位做好试运行记录，并审查试运行记录。

4. 将试运行记录与设计要求进行对比，检查工程项目试运行的可靠性和稳定性。

5. 当试运行过程中出现故障或质量问题时，应协调建设单位、设计单位、施工单位、设备安装单位共同分析原因，研究整改措施，并及时进行处理。

6. 在工程试运行结束后，应由监理工程师牵头，会同建设单位、设计单位和质量监督部门共同对工程进行全面评议，分析工程中存在的质量问题及试运行工作中的问题。在质量监督部门确认已达到试运行预期目的后，由施工单位和监理单位共同编写试运行报告。试运行报告的内容包括：

（1）工程试运行的情况；

（2）试运行中所发现的主要工程质量问题；

（3）试运行中所进行的各种试验、检验结果及其分析；

（4）对工程质量的评价。

四、试运行阶段监理单位的主要任务

在工程试运行阶段，监理单位的主要任务是：

（1）在工程试运行阶段，监理单位应组织并参与试运行工作，观察分析试运行情况。

（2）督促施工单位和生产单位作好试运行记录，及时查看各种记录。

（3）将试运行的记录数据与设计及标准进行对比，检查工程试运行的可靠性和稳定性。

（4）当试运行过程中出现故障和质量问题时，应会同建设单位、设计单位、施工单位、设备制造厂家和生产单位共同分析原因，研究处理的方法。对质量问题的处理，监理单位应组织验收。

（5）参与工程试运行中所进行的各项检查、检测和试验工作，并对检验结果进行分析。

（6）通过试运行检验，对工程运行的可靠性、有效性和稳定性作出评价。

（7）会同施工单位共同编写工程试运行报告。

第七节 水利水电工程验收阶段的划分、验收标准及组织

一、水利水电工程验收的目的

水利水电工程验收的目的是检查工程的质量是否符合有关文件、标准、规范和合同的规定；工程的设计、施工和设备的制造安装有无缺陷，应该如何处理；工程截流、水库蓄水前的各项准备工作及工程面貌是否符合设计要求；水电站机组启动、工程投产条件及设计提出的为工程运行管理所必须具备的手段是否已经具备；批准工程截流、水库蓄水、机组启动、竣工验收，办理工程交接手续，以发挥投资的效益；总结建设过程中的经验教训，为工程的管理和今后的建设服务。

二、工程验收工作阶段的划分

（一）水利建设工程

水利建设工程的验收工作分为三个阶段：

1. 分部分项工程验收。
2. 阶段（中间）验收。
   (1) 工程截流验收
   (2) 水库蓄水前验收
   (3) 输水建筑物通水验收
   (4) 工程重要设备设施启用验收
3. 竣工验收。

对于施工阶段较短或结构比较简单的工程，阶段（中间）验收和竣工验收可以合并进行。而对于分期建设的工程，每期工程完建后可以分别进行竣工验收。

分部分项工程验收应该在工程完工后及时进行，通过验收合格后才能进入下一工序的施工，同时才能列入完建工程和进行结算，未经验收和验收不合格的工程，监理工程师将不予开具支付证书，因此不能进行结算。竣工验收应在工程完工后的 3 个月内进行，并办理固定资产移交手续，如有困难，经上级主管部门批准，最多可延长 3 个月。

（二）水电站建设工程

水电站工程的验收工作分为四个阶段：

1. 分部分项工程验收（包括隐蔽工程验收）。
2. 阶段验收。
   (1) 工程截流验收；
   (2) 水库蓄水前验收；
   (3) 工程重要设备设施启用验收
   (4) 机组启动验收
   (5) 施工单位更迭和工程项目发生停建、缓建等重大情况时。
3. 单项工程验收。
4. 竣工验收。

当水电工程的施工达到某一阶段时，均应依次进行阶段验收。如果两个阶段相隔时间很短，例如水库蓄水前验收和机组启动验收相距很近，可以合并进行。

当水电工程中某一单位工程在水电工程竣工前已经完建，并具有独立发挥效益的能力时，可以单独进行单位工程验收工作，办理提前启用和固定资产移交手续。当水电工程全部完建，并已对工程质量进行全面考核和作出评价后，可以进行工程的竣工验收，办理固定资产的移交手续。对于分期建设的水电工程，可以在每期工期完工以后分别进行竣工验收。

【例 9-1】 水利水电工程隐蔽工程检查验收。

某水利水电工程的隐蔽工程检查验收，其内容包括基础开挖的检查验收、混凝土覆盖前基础的检查验收、混凝土浇筑仓面的检查验收等三部分。

A. 基础开挖清理检查验收

a. 基础开挖检查

①在基础开挖施工过程中，施工单位应经常进行自检。当基础开挖断面已符合设计要求

时，施工单位应将基岩面初步进行清理，并标注桩号和高程，然后通知监理工程师进行检查鉴定，如经检查后没有发现问题，施工单位才可以开始对开挖断面进行修整；如经检查后认为尚不适合作为建筑物基础时，不符合要求，施工单位应进行修补和初步清理，然后再由监理工程师进行检查鉴定，直至适合作为建筑物基础为止。

②基础检查鉴定意见，由现场监理工程师以书面指令形式通知施工单位，施工单位应根据监理工程师通知的意见认真进行处理。

b. 基础开挖验收

①基础经过撬挖、处理、修整、清洗后，施工单位在自检合格的基础上，可向监理工程师提出验收申请，并在验收前24h提交下列资料：基础浅层开挖布孔及爆破施工记录；基础处理施工记录及完成情况说明；最终竣工地形图（图上应标出建筑物的平面位置、基础埋件位置等）；与施工详图同位置、同比例的基础竣工纵、横剖面图。同时，应准确和详尽地标明相应建筑物的边线；建筑物分块分缝线桩号；不同层次标高；建筑物轴线、廊道及孔洞的中心线等。

②监理工程师在接到施工单位验收申请后，首先应审查施工单位所提交的上述资料是否齐全和准确无误，然后进行断面核验、地质测绘等工作。在验收过程中，监理工程师可按合同规定根据需要指令施工单位进行补充开挖和清理检查，检查验收工作结束后，应填写主体工程基础验收单。

③检查验收应有施工单位和监理单位双方代表参加，检查合格后，由监理工程师签发"基础验收合格证书"，如表9-13所示。

B. 混凝土覆盖前基础检查和鉴定

a. 建筑物基础覆盖混凝土之前，施工单位应（在混凝土浇筑前12h）通知监理工程师进行检查、鉴定，并提交下列资料：即模板、预埋件放线定位检查测量资料；浇筑块周围30m及灌浆区周围45m基础开挖平面图和剖面图；固结灌浆成果资料等。

b. 监理单位在接到施工单位通知后，通常由现场监理工程师根据技术标准和合同要求，检查清理后的建基面有无积水、泥污、水锈、岩屑、水泥浆痕迹、风化岩壳、光滑面及松脱岩块等。

c. 现场监理工程师检查、鉴定合格后办理仓面验收签证，施工单位才能进行灌浆和混凝土施工作业。

C. 混凝土仓面检查验收

a. 在混凝土施工中，如遇异常情况施工单位应及时通报监理工程师研究处理。当仓面准备工作完成，自检合格后，在计划浇筑混凝土前6h通知监理工程师检查验收，同时施工单位还应提交下列验收资料：

①验收申请和浇筑通知单（表9-14）；

②模板、钢筋、止排水、仓面自检检测单（表9-15）；

③预埋件及观测仪器安装示意图及测试结果；

④缺陷及事故处理情况说明书。

在检查验收时，仓面还应具备下列测量标志：

①设计边线，分缝和分块线，廊道及孔洞中心线放样控制点；

②仓面高程，计划浇筑高程线；

③混凝土强度等级分区线。

b. 监理工程师在接到正式验收通知后，应在3h内派有关人员前往现场，根据标准规定的仓面工作质量要求进行检查。

c. 检查完毕后应填写混凝土浇筑前检查单（表 9-16），根据检查的情况，监理工程师可分别签署下列意见：

基础开挖验收合格证书

表 9-13

承包单位名称：　　　　　　　　　　　　　　**号：**

单位工程名称	
工程部位	高程
	桩号
开竣工日期：	自　年　月　日至　年　月　日
工程地质概况：	
施工依据：	
施工方法：	
验收项目： 1. 2. 3.	
竣工资料及附件：	
质量自检鉴定：	
监理工程师检查验收意见： 　　　　　　　　　　　　　　　　　　　　　　　　　　　签字：	

混凝土浇筑通知单　　　　　　　　　　　编号：_____　　表 9-14

工程项目_____
桩号_____高程_____
浇筑时间____月____日____时至____月____日____时
混凝土设计强度等级_____浇筑温度_____℃
预计数量：砂浆_____m³；混凝土_____m³
混凝土配合比编号_____
水泥品种强度等级_____
粉煤灰_____
外加剂_____
拌合楼系统_____

备　注

签发者_____　　　　　____年____月____日

混凝土工程施工自检单　　　　　　编号：_____　　表 9-15
　　　　　　　　　　　　　　　　　检测日期：_____

分项工程名称			部位		高程				
检 测 结 果 记 录									
序号	项目	检测内容	允许误差	检测点数	平均误差	最大误差	合格率	结果评价	备 注
1	模板	平整度 突变型							
		平整度 渐变型							
		偏离设计线							
		承重模板标高							
2	钢筋	受力筋间距							
		保护层厚度							
		接头质量 绑扎							
		接头质量 电弧焊							
		接头质量 气压焊（外观检查）							
3	止排水	止水片安装							
		止水片接头质量							
		伸缩缝填料							
		排水管安装							
4	仓面	冲　毛							
		清　理							
说明									
项目负责人				检测人员					

注：检测点数每个单元不少于 20 个。

混凝土浇筑前检查单　　　　　　　　　　　　　表 9-16

坝段_____块号_____高程_____至_____m 日期_____编号_____

检　查　结　果				监理工程师单位检查结果
检查项目	承包商	检查项目	承包商	
1. 岩基面		10. 多孔排水管		
2. 水平施工缝		11. 冷却水管系统		
3. 模板		12. 纵缝灌浆管路		
4. 钢筋		13. 止浆片		
5. 锚筋		14. 排气槽		
6. 止水铜片		15. 伸缩缝		
7. PVC 止水片		16. 插筋		
8. 沥青井		17. 照明埋设件		
9. 检查井				

检查通过，同意浇筑混凝土　　　　　　　　　　　　　签字：承包单位_____日期_____

监理工程师_____日期_____

①资料齐全，标志清晰无误，仓面工作质量符合要求，各项施工准备及不利气候条件下的防护措施就绪，验收合格，同意浇筑混凝土。

②资料不齐全，或测量标志不完备，或仓面准备工作质量不符合要求，验收不合格，暂不浇筑混凝土。

对于不合格的仓面，施工单位应返工修补，以符合监理工程师的要求，并重新填报验收申请，直至验收合格后才能浇筑混凝土。

【例 9-2】 水电站压力钢管制作安装质量验收评定。

某水电站工程共有 7 条压力引水钢管，每条钢管的轴线长度为 59.471m，由 32 个管节组成，其中斜直段 16 节，弯管段 10 节，水平段 6 节，钢管内径 10.50m，分别由厚度为 22mm、25mm 和 28mm 的钢板制作，钢材采用进口的 SM50B（符合国产 16Mn 性能标准）钢板，7 条钢管总重为 3 395t。

A. 质量验收评定的组织

由监理单位组织成立质量验收评定小组，成员包括建设单位（业主）、监理单位、设计单位、承包单位等，由监理单位主持召开质量验收评定会。

B. 质量验收时应提交的文件及资料

在质量验收评定前应分别由承包单位和监理单位提交下列文件和资料：

①压力钢管制造工艺措施。
②纵缝及加劲环角焊缝焊接工艺。
③压力钢管制作探伤工艺。
④压力钢管现场安装工艺措施。
⑤压力钢管现场安装焊接工艺。
⑥压力钢管安装探伤工艺。
⑦压力钢管焊接机械性能试验报告。
⑧焊工上岗考核报告。
⑨压力钢管制作测定记录。
⑩压力钢管安装测定记录。
⑪压力钢管上下管口安装精度复测结果报告。
⑫压力钢管制作X射线探伤记录及底片。
⑬压力钢管制作超声波探伤记录及底片。
⑭压力钢管制作磁粉探伤记录。
⑮压力钢管安装X射线探伤记录。
⑯压力钢管安装超声波探伤记录。
⑰压力钢管制作与安装技术要求。
⑱压力钢管防锈、涂层工艺措施。
⑲压力钢管除锈和涂层工艺措施。
⑳压力钢管焊缝外观检查表（纵缝及角焊缝）。
㉑压力钢管焊缝外观检查表（环缝）。
㉒压力钢管制作与安装无损探伤抽查报告及抽查底片。
㉓压力钢管制作与安装监理工作报告。
㉔压力钢管制作与安装质量验收评定表。
㉕压力钢管制作质量评定表。
㉖压力钢管安装质量评定表。

C. 质量验收的依据

a. 合同文件中有关压力钢管的技术要求。
b. 质量验收规范。

D. 质量验收评定工作的内容和程序

a. 质量验收评定小组认真审查提交会议的上述文件资料。
b. 承包单位报告压力钢管制作与安装情况，质量检测情况，存在问题及处理措施。
c. 监理单位报告压力钢管制作与安装的监理工作和质量监控情况，发现的质量问题及处理情况。
d. 质量验收评定小组进行现场检查。
e. 监理工程师主持召开质量评定会议，宣布质量评定结果，并由甲方代表、乙方代表和施工单位技术负责人共同签署评定意见。

E. 监理单位的质量评价和意见

a. 压力钢管从1990年8月开始生产第一节钢管到1991年8月安装工作全部完成，总工期为13个月。

b. 压力钢管的制作质量和安装质量均达到了较高水平，7条钢管的合格率达到100%，优良品率达到96%。纵向焊缝作100%射线拍片和100%超声波探伤，一次合格率平均达到98.17%和99.80%；环向焊缝作20%射线拍片和100%超声波探伤，一次合格率平均达到91.44%和98.04%，焊缝外观良好。

c. 钢管几何尺寸及安装精度均符合验收技术要求，其中90%以上的管节周长偏差小于10mm，管口中心高程偏差小于4mm。

d. 有关的技术资料和原始记录齐全。

e. 经质量验收评定小组评定，确认压力钢管的制作与安装质量均达到或超过合格验收标准，予以验收（详细评定项目见表9-17和表9-18），并推荐为单元优质工程。

压力钢管制作质量评定表 表9-17

序号	验收项目	合格标准	测定数据	评定结果
1	瓦片弧度偏差	≤2.5mm	<1.5mm占85%	优
2	钢管周长偏差	31.5mm	<10mm	优
3	相邻管节周长偏差	10mm	<5mm	优
4	管口不平度	3mm	<2mm	优
5	纵缝处焊后变形	4mm	<2mm	优
6	钢管圆度	31.5mm	<10mm	优
7	焊缝X射线探伤	符合标准	98.17%	优
8	超声波探伤	符合标准	99.81%	优
质量评定			优	

压力钢管安装质量评定表（单位：mm） 表9-18

序号	验收项目	合格标准	测定数值 钢管编号							评定结果 钢管编号						
			1#	2#	3#	4#	5#	6#	7#	1#	2#	3#	4#	5#	6#	7#
1	始装节管口中心偏差	5	2	2	3	5	0	0	0.5	优	优	优	合格	优	优	优
2	始装节管口高程偏差	5	1	3	4.5	2.5	2	0.1	2.5	优	优	合格	优	优	优	优
3	始装节管口高程偏差	5	2	2	2.5	1.5	3	1.5	3	优	优	优	优	优	优	优
4	弯管起点节管口中心偏差	12	2	3	3	3	1	0	1.5	优	优	优	优	优	优	优
5	弯管起点节中心高程偏差	12	2	3	3	1	2	3	3.5	优	优	优	优	优	优	优
6	弯管起点节高程中心偏差	12	4	2	2	3	4	3	2	优	优	优	优	优	优	优
7	其余管节管口中心偏差	30	+4 −2	0 −5	+3 −5	+3 −5	+9 −11	+8 −12	+9 −12	优	优	优	优	优	优	优
8	焊缝X射线探伤	符合标准	87%	83.32%	94.3%	93.5%	92.97%	94.23%	95.09%	合格	优	优	优	优	优	优
9	焊缝超声波探伤	符合标准	96.4%	96.88%	98.7%	98.6%	97.7%	98.9%	98.9%	优	优	优	优	优	优	优
质量评定			优													

三、验收的依据

验收工作的依据和标准是：

（1）施工单位与建设单位签订的协议和合同；

（2）经过批准的全部设计文件及相应的设计变更、修改文件；

（3）施工图纸、设计修改通知单和设备技术说明书；

（4）国家颁布的现行设计规范、施工规范和验收规范；

（5）上级主管部门有关工程验收方面的文件；

（6）对于引进的技术或成套设备，还应以签订的合同、协议的有关规定及相应的设计文件和技术标准为验收的依据；

（7）上级主管部门批准的可行性研究设计文件及项目立项、开工文件；

（8）合同中明确采用的规程、规范、质量标准和技术文件；

（9）取水、通航、对外永久交通、跨江大桥、通信等非水电专业单项工程的竣工验收，特别是要移交给有关部门使用管理的应遵循有关部门的验收法规进行。

四、验收工作的组织

（一）水利建设工程

1. 分部分项工程

由建设单位牵头，会同设计单位、施工单位、运行管理单位共同组成验收小组。

2. 阶段（中间）验收

对于一般的中型工程，由分部分项工程验收小组进行验收；对于大型工程和特别重要的中型工程，应分别根据项目的隶属关系来进行组织。地方项目由省、自治区、直辖市水利厅（局）主持进行；水利部直属项目由流域机构主持进行验收，并报部备案。

3. 竣工验收

对于水利部直属工程及牵涉两省以上的大型地方工程，由流域机构会同有关省、自治区、直辖市组织验收，并报部备案；对于特别重要的项目，需要报请国家验收，其余工程由省、自治区、直辖市组织验收，并报部备案。

竣工验收或大型项目及重要的中型项目的阶段验收，由验收主持单位会同工程主管单位、建设单位、监理单位、运行管理单位、银行、质量监督机构，并吸收设计、施工单位及所在地区的地方政府有关部门，组成验收委员会进行验收。如有需要，也可以邀请其他有关部门和设备制造、科研、大专院校等单位参加。

（二）水电站建设工程

水电站工程的验收工作，应根据工程的规模、投资来源、工程隶属关系，由项目法人会同有关部门组成验收委员会（小组）。验收委员会（小组）设正、副主任（组长），委员会（小组）成员，可根据验收阶段的不同，由主任委员（组长）确定，一般包括工程投资单位、贷款单位、建设单位、设计单位、运行管理单位和主要施工单位、制造厂总代表、银行、地方政府、质量监督部门、监理单位，以及环保、卫生、消防、安全等部门代表和有关专家组成。验收委员会（小组）的工作人员，由建设、设计、运行管理单位和有关施工单位中选派。

根据验收阶段的不同，验收委员会的组成如下：

1. 工程截流验收

由项目法人会同有关省级政府主管部门共同组织工程截流验收委员会。

2. 工程蓄水验收

由国家主管部门委托国家电力公司或其他单位会同省级政府共同组织工程蓄水验收委员会。

3. 水轮发电机组启动验收

由项目法人会同电网经营管理单位共同组织机组启动验收委员会。

4. 单项工程竣工验收

由项目法人自行组织单项工程竣工验收委员会，必要时可会同有关部门和单位共同组织验收委员会。

5. 工程竣工验收

应按枢纽工程、库区移民、环保、消防、劳动安全与工业卫生、工程档案、工程决算等分别组织专项竣工验收。枢纽工程专项竣工验收委员会由国家主管部门委托国家电力公司或其他单位组织；库区移民专项竣工验收委员会由有关省级政府指定的负责部门会同项目法人共同组织；环保、消防、劳动安全与工业卫生、工程档案和工程决算等专项验收，以及竣工决算审计，由项目法人按有关法规办理。

国家主管部门负责工程竣工验收的管理、监督和协调工作。

第八节　水利建设工程的验收

一、分部分项工程的验收

分部分项工程验收是阶段验收的基础，当某隐蔽工程已经完建尚未覆盖之前，某单位工程已经完工或达到某一特定高程（初期运行高程、拦洪高程）或达到一定阶段，施工单位即将更换时，监理工程师应及时组织分部分项工程的验收。验收的任务是检查施工是否达到设计要求，重点是工程的质量；对于检查中发现的问题要及时处理，并按规定标准评定工程的质量等级；对质量不合格的部位，要进行返工，重新进行验收。

1. 分部分项工程验收应填写验收签证，其内容包括：

（1）工程的内容及施工经过；

（2）工程的质量问题及处理；

（3）主要工程质量指标；

（4）质量鉴定及等级评定；

（5）存在的问题及处理意见；

（6）验收小组的结论；

（7）遗留问题的处理及交接记录。

2. 分部分项工程验收的依据：

（1）设计和竣工图纸；

（2）设计变更说明书和施工要求；

（3）施工原始记录；

（4）工程质量检查、试验、测量、观测记录；

（5）工程的有关地质资料；

（6）设备鉴定书及安装、试运行记录；

（7）特殊问题处理说明和有关技术会议记录。

二、阶段（中间）验收

（一）阶段（中间）验收的目的

（1）检查已经完建、正在建设、待建工程是否已具备截流、蓄水、通水、机组启动、中间拦洪、排洪除涝的条件；

(2) 对已完工程,检查其质量是否符合要求;
(3) 对在建工程检查其过水影响;
(4) 对待建工程检查其质量是否符合要求;
(5) 对工程能否交工投入运行作出结论。

当工程施工达到一定阶段(如基础处理完成、工程截流、水库蓄水、机组启动、工程通水);或工程的单项工程完建后可以单独形成生产能力时;或施工单位即将更迭,以及工程停工、缓建时,均应进行阶段(中间)验收。

(二)阶段验收的依据

(1) 单元、分项、分部或单元工程的验收签证;
(2) 待验工程的施工报告(包括施工大事记);
(3) 待验工程的设计报告,主要文件、图纸;
(4) 已完未完工程的项目清单,工程量、设备、投资及材料消耗数量;
(5) 质量事故及重大缺陷处理及处理后的检查记录;
(6) 试验、观测、勘察、检查、鉴定资料及分析报告;
(7) 经上级批准的建筑物运用方案及度汛方案;
(8) 有关迁建赔偿、土地征购、库区清理等与有关单位签订的协议文件等。

(三)工程项目阶段验收监理工作报告

在阶段验收之前,监理单位应编制工程项目阶段验收监理工作报告,其内容包括:

1. 工程项目概况

(1) 工程特性;
(2) 合同目标;
(3) 工程项目组成;
(4) 工程施工进展等。

2. 工程监理综述

(1) 监理机构;
(2) 监理工作程序;
(3) 工作方式与方法;
(4) 监理成效等。

3. 工程质量监理过程

(1) 工程项目划分;
(2) 监理过程控制;
(3) 质量检测;
(4) 质量事故及缺陷处理;
(5) 单位工程、分部工程、分项工程的质量检查与检验情况等。

4. 工程进展

(1) 已完工程量;
(2) 已完工程形象;
(3) 后续工程施工对验收的影响等。

5. 工程评价意见

(1) 工程质量评价;

（2）工程进展及运行条件评价等。

6. 其他需要说明及报告的事项。

（四）验收报告审查

进行阶段验收前，监理机构应督促施工单位完成阶段验收工作报告准备，并随报告报送或准备下述资料：

（1）单元、分项、分部或单位工程项目质量检验签证；

（2）待验收工程项目的施工报告；

（3）待验收工程的主要设计文件和图纸，以及设计文件和图纸清单；

（4）已完和未完建工程项目清单；

（5）质量事故及重要质量缺陷处理和处理后的检查记录；

（6）建筑物运行和运用方案；

（7）建筑物运行和运用前属于施工单位应完成的试运行情况及其成果、工作说明，以及签证、协议等文件；

（8）施工大事记与施工作业原始资料；

（9）建设单位或监理机构要求报送的其他资料。

在上述资料中，除（2）、（4）、（5）、（6）、（7）、（9）项必须报送监理机构预审外，其他由施工单位准备，通过监理机构预验后供验收小组备查。

（五）阶段验收检查内容

在阶段验收中，对已完建工程项目重点检查其完建工程形象和施工质量以及是否具备运用或运行条件，对在建工程项目重点检查已完建工程项目投入运用或运行后对其后续工程施工的影响，对待建工程项目重点检查其施工条件，最后对阶段验收工程项目能否具备交工或投入运行作出结论。

三、单位工程验收

1. 单位工程验收的条件

当某一单位工程在合同工程竣工前已经完建并具备独立发挥效益的条件，或建设单位要求提前启用时，应进行单位工程验收，并根据验收要求或继续由施工单位照管与维护，或办理提前启用和单位工程移交手续。

2. 验收报告审查

单位工程验收前，监理机构应督促施工单位提交单位工程验收申请报告，并随同报告提交或准备下列主要验收文件：

（1）竣工图纸（包括基础竣工地形图，工程竣工图，工程监测仪器埋设图，设计变更、施工变更和施工技术要求）；

（2）施工报告（包括工程概况，施工组织与施工资源投入，合同工期和实际开工、完工日期，合同工程量和实际完成工程量，分部分项工程施工和变更情况，施工质量检验、安全与质量事故处理、重大质量缺陷处理，以及施工过程中的违规、违约、停工、返工记录等）；

（3）试验、质量检验、施工期测量成果，以及按合同要求必须进行的调试与试运行成果；

（4）隐蔽工程、岩石基础工程、基础灌浆工程或重要单元、分项工程的检查记录和照片，以及按工程施工合同文件规定必须提交的工程摄像资料，对于基础工程还包括应取的岩芯和土样；

(5) 单元、分项、分部工程验收签证和质量等级评定表；
(6) 基础处理及竣工地质报告资料；
(7) 已完建报验的工程项目清单；
(8) 质量与安全事故记录、分析资料及其处理结果；
(9) 施工大事记和施工原始记录；
(10) 建设单位或监理机构根据合同文件规定要求报送的其他资料。

在上述资料中，除（1）、（2）、（6）、（7）、（8）、（10）项必须随同验收申请报告报送监理机构预审外，其他文件由施工单位准备，通过监理机构预验后供工程验收委员会（小组）备查。

3. 单位工程的验收

单位工程完工后，施工单位在自验的基础上应向监理机构申请验收。监理机构接受施工单位报送的单位工程验收申请报告后，应在工程施工合同规定的期限内完成对验收文件的预审预验，并在通过监理机构预审预验后及时报告建设单位，限期完成单位工程验收。

四、竣工验收

工程全部完建，并具备竣工验收条件后，施工单位应及时向监理单位申报竣工验收，并在验收后限期向建设单位办理工程移交手续。

当工程已按批准的设计文件所规定的内容完建；或个别单项工程尚未完建或某些非主要设备尚未解决，但不影响工程初期的正常运行；全部工程经过分部分项验收和阶段（中间）验收合格，各验收阶段发现的问题已基本处理完毕，质量符合要求，能够正常使用，已具备设计所提出的投产和管理条件；有关迁建赔偿和工程管理征地等问题已基本处理完毕或已落实遗留问题的处理方案，则该工程可进行竣工验收。

（一）竣工验收的依据

竣工验收所依据的资料有：
(1) 工程的竣工报告；
(2) 工程的施工报告；
(3) 工程的设计报告；
(4) 工程初期运行或管理情况的报告（包括观测资料的分析）；
(5) 阶段（中间）验收、分部分项工程验收的综合报告（附签证目录）；
(6) 竣工图纸目录、竣工项目说明及清单；
(7) 竣工决算及分析报告（或决算初稿）；
(8) 库区清理及迁建赔偿工作报告；
(9) 全部设计文件（包括设计修改、变更说明书）、图纸、批准文件、施工说明书目录；
(10) 已经和准备移交的设施、设备、配件、备品、工器具清册；
(11) 已经和准备移交的原始文件目录，包括工程、设备、主要材料的质量检查、调试、试验、鉴定文件，工程缺陷处理资料，主要施工记录，工程、水文、地震、运行等观测资料，重要文件记录，与有关单位协议的原件，拆迁及占地范围图表、征地文件、合同、协议，工程管理范围地界图表，重要财务表册等。

（二）竣工验收委员会的工作

在竣工验收中，验收委员会应进行下列工作：
(1) 听取建设、设计、施工、运行管理、监理单位和验收小组的报告，研究各验收阶段和试运行中发现而尚未解决的问题，落实处理的措施；

（2）全面鉴定工程建设成果，并评定工程质量等级；

（3）审查决算报告，评价实际效益；

（4）审查迁建赔偿报告，评价实际效益；

（5）确定尾工项目清单、合同完工期限和缺陷责任期；

（6）提出竣工验收鉴定书，确定工程能否正式移交、投产、运行。

竣工验收的最终成果是竣工验收鉴定书。验收合格，由验收委员会（小组）签署鉴定书，即作为固定资产移交运行管理单位的依据。

（三）竣工验收鉴定书的内容

竣工验收鉴定书的内容包括：

1．工程概况：

（1）工程任务；

（2）工程位置；

（3）工程总布置和主要技术经济指标；

（4）设计经过；

（5）施工经过；

（6）完成工程的面貌及主要工程量；

（7）库区处理及移民迁建情况。

2．竣工决算及分析。

3．历次中间验收及工程移交情况。

4．工程初期运用及效益。

5．工程质量评价。

6．存在主要问题及处理意见。

7．结论（对整个工程验收和投产的结论）。

8．附件。

9．验收委员会成员签名（注明单位及职务）。

工程通过竣工验收后，监理单位还应督促施工单位根据施工合同和国家、部门工程建设管理法规和验收规程的规定，及时整理其他各项必须报送的工程文件、岩芯、土样以及应保留或拆除的临建工程项目清单等资料，并按建设单位或监理单位的要求，及时向建设单位移交。

（四）监理工作报告

在工程项目竣工验收之前，监理单位应编制工程项目完工竣工验收的监理工作报告，监理工作报告的内容包括：

1．工程项目概况

（1）工程特性；

（2）合同目标；

（3）工程项目组成；

（4）施工进展等。

2．工程监理综述

（1）监理机构；

(2) 监理工作程序；
(3) 工作方式与方法；
(4) 监理成效等。

3. 工程质量监理过程
(1) 工程项目划分；
(2) 监理过程控制；
(3) 质量检测；
(4) 质量事故及缺陷处理；
(5) 单位工程、分部工程、分项工程的质量检查与检验情况等。

4. 施工进度控制
(1) 完工的工程量；
(2) 工程完工形象；
(3) 合同工期目标控制成效；
(4) 监理过程情况等。

5. 合同支付进展
(1) 合同工程计量与支付情况；
(2) 合同支付总额及控制成效。

6. 合同商务管理
(1) 工程变更；
(2) 合同索赔；
(3) 工程延期情况；
(4) 合同争议情况等。

7. 工程评价意见。

8. 其他需要说明或报告的事项。

第九节　水电站建设工程的验收

一、工程截流前验收的标准及要求

工程截流前验收是对按设计要求已完工程的质量和下阶段的准备工作进行全面检查和验收。当工程具备下列条件时可申请进行工程截流前验收。

(1) 导流工程，包括导流隧洞、导流明渠或其他导流建筑物已基本完成，并符合设计要求，可以过水，而且过水后不影响未完工程的继续施工；

(2) 主体工程中与截流有关部分的水下隐蔽工程已经完成，并已进行分部分项工程验收，两岸坝肩开挖已按设计要求基本完成；

(3) 导流工程进出口引渠、围堰或埝垫的挖除措施已经落实；

(4) 已按批准的截流设计做好各项准备工作，包括工程备料、道路、机械、组织、应急措施等；

(5) 上游报汛工作已安排，安全度汛方案已经审定，措施基本落实；

(6) 截流后壅高水位以下的库区居民迁移安置计划正在实施，且能在汛前完成；

(7) 通航河流的碍航问题和漂木问题已与有关部门达成协议。

验收前应由建设单位负责，会同设计、施工等单位提供表 9-19 中所列资料及下列资料：

（1）截流期如要求上游水利、水电工程控制下泄流量，而与有关单位签订的协议文件；

（2）截流期间和截流后，如有碍航和漂木问题，与有关单位签订的协议文件。

申请验收应提供的文件、资料　　　　　　表 9-19

资料和文件名称	工程截流验收	水库蓄水验收	机组启动验收	单项工程验收	枢纽工程专项验收	库区移民专项验收
1. 项目法人工程建设阶段报告（附申请验收报告）	√	√	√	√	√	√
2. 施工报告	√	√	√	√	√	○
3. 设计报告	√	√	√	√	√	√
4. 监理报告	√	√	√	√	√	√
5. 生产准备、运行报告			√	√		○
6. 库区移民迁建情况报告	√	√				√
7. 工程安全鉴定结论意见		√				
8. 质量监督报告	√	√	√	√		
9. 竣工决算报告						
10. 相关设计文件和招标文件	√	√	√	√	√	√
11. 阶段验收和单位工程验收鉴定书		√	√	√	√	
12. 工程安全鉴定报告及附件					√	
13. 待验工程已完和未完工程清单	√	√	√	√	√	√
14. 监理工程师验收签证资料	√					
15. 重大问题的专家咨询报告	○	○	○	○	○	○

注：（1）系指设计综合说明或待验工程概况，总平面图和待验工程平、剖面图。

（2）√—必须提供；○—需要时提供。

在验收过程中，验收小组的主要工作有：

（1）听取建设、设计、施工单位的汇报，审查提供的文件资料；检查已完水下工程、隐蔽工程、导流截流工程的面貌和工程质量是否符合设计要求，并作出质量鉴定。

（2）对验收中发现的质量缺陷，责成建设单位督促有关施工单位限期处理。如发现有严重问题（如影响导流工程安全运行；分流情况不佳；截流流量大于设计流量较多等，可能严重影响截流顺利进行时），应及时提出处理措施，上报主管部门。

（3）审查导流、截流程序方案，检查截流组织措施和准备工作落实情况，以及上下游通讯联络。

（4）检查库区居民搬迁情况，以及为解决碍航、漂木等问题而采取的临时措施的落实情况。

（5）根据检查结果，写出工程截流前验收鉴定书。鉴定书的内容包括：

①验收审查情况；

②工程质量评价；

③导流、截流前后必须进行的工作和注意事项；

④工程能否截流的结论。

二、水库蓄水前验收

水库蓄水关系到工程的安全和效益，并对下游人民的生活、生产有密切关系，因此在水库蓄水前应对工程质量和工程面貌进行全面检查验收。

（一）水库蓄水前验收的条件

进行水库蓄水前验收，必须具备下列条件：

（1）大坝及其他挡水建筑物已完成到蓄水位（或初期蓄水位）和安全防汛高程，大坝基础和坝体的坚固性已能满足水库蓄水要求，蓄水后不影响工程的继续施工。

（2）引水建筑物的进水口已经完成，符合设计要求，可以挡水，拦污栅和闸门之间的堆积物已清扫干净。

（3）泄水建筑物已基本建成，并符合设计要求，闸门和启闭机等控制设备已安装完毕，使用电源可靠，可灵活启闭。

（4）各建筑物的观测仪器、设备已按设计要求埋设和测试，并已测得初始值。

（5）库区内初期蓄水位以下的居民已全部迁移；重要的交通、通讯线路已经拆迁；水库已清理完毕；近坝区的地形测量已完成，蓄水后影响工程安全运行的渗漏、浸没、滑坡、塌方等问题已按设计要求进行处理。

（6）设计单位已会同建设、生产单位制定出初期发电的水库调度、运用、度汛的规划，并报上级主管部门审核批准；各项控制设备的操作规程已经制定，运行负责单位已经明确，并已配备合格的操作人员；永久报汛设施已按设计要求完成，可以投入运用；水库蓄水期的临时通航、过木及下游因停水或流量减少而产生的问题，已妥善解决。

（7）运行管理的生产、生活建筑设施已能满足初期蓄水运行的需要。

（二）在验收期间水库蓄水前验收委员会的主要工作

验收期间水库蓄水前验收委员会的主要工作是：

1. 听取建设、监理、设计、施工等有关单位的汇报，审查提供的文件资料；检查已完工程的面貌和工程质量是否符合设计要求和满足水库蓄水条件，并作出质量鉴定。

2. 确定可以交接的工程项目清单。

3. 验收中发现的工程缺陷，以及按设计要求应完成而未完成的工程，应责成建设单位督促有关单位限期完成。如发现影响工程安全的严重问题，除应提出处理意见外，还应报请上级主管部门决定。

4. 审查下闸蓄水方案，检查下闸蓄水组织措施和准备工作落实情况。

5. 检查库区清理，居民搬迁和其他设施迁建情况，以及检查下游工农业用水是否已妥善安排。

6. 根据检查结果写出水库蓄水前验收鉴定书。其主要内容包括：

（1）验收审查情况；

（2）工程质量评价；

（3）水库蓄水前后必须进行的工作和注意事项；

（4）对水库能否蓄水作出结论。

三、机组启动验收

水电站的每台机组及其附属设备在安装完毕后，必须经过机组启动验收，确认合格后，方可移交、委托生产单位试生产。

(一) 申请机组启动验收的条件

申请机组启动验收应具备下列条件：

(1) 有关水工建筑物已基本完成或已达到审定的初期发电方案所要求的工程面貌，水库水位已超过最低发电水位。

(2) 引水系统（包括进水口、引水渠、隧洞、调压井、高压管道等）已清扫干净。

(3) 尾水闸门及启闭设备、厂内排水系统已安装完毕，符合设计要求，经试操作及试运行工作正常。

(4) 待验收的水轮发电机组及其附属设备已全部安装完毕，并经调试合格和分部试运行，作出了质量鉴定。

(5) 所有电气设备经检查验收，证明动作准确，灵活可靠；绝缘及接地电阻测试合格。

(6) 有关风、水、电、油等附属设备系统均能满足机组启动时的冷却、润滑、排水、操作和防火防寒要求；厂用变压器及蓄电池组已按设计要求装好。

(7) 升压站、开关站等现场已进行清理，并作好围栏。

(8) 对外的输电线路已架设完毕。

(9) 负责电站运行的运行管理单位已经建立，并按需要配齐了生产人员。

(10) 电厂所配备的各种测量仪器、仪表、工具和机电设备已能满足机组试运行和试生产的要求。

(11) 厂房土建工程和机组段厂房的内部装修已基本完成。

(12) 厂区防洪排水设施已能保证机组安全运行。

(13) 待验机组段已作好围栏隔离。

(14) 电站的生产附属建筑及运行人员必需的生活福利设施已基本建成。

(15) 厂区通信系统和对外通信已按设计要求建成，通信可靠。

(二) 机组启动验收的组织

机组启动验收可设立验收委员会，下设试运指挥部和验收交接组，由建设单位、设计单位、施工单位、监理单位的人员组成，负责进行机电设备启动前的准备工作，机组调整试验、试运行和检修工作。同时试运行指挥部还应会同运行管理、设计、制造、调整试验单位，按照现行规范编制成套的试验程序，制定机组电气设备，以及闸门启闭机等在启动试运行时的操作规程。

验收交接工作组的下面可设若干专业组，负责工作质量鉴定、记录、技术文件及图纸的审查移交，并办理设备、材料、备品、工具等的清点交接工作。

(三) 机组启动验收委员会的主要工作

机组启动验收委员会的主要工作如下：

(1) 听取建设、设计、施工、生产等单位的汇报，审查提供的文件资料；检查机组及其附属设备和水工建筑物的质量是否符合设计要求和满足机组启动条件，并作出质量鉴定。

(2) 确定可以进行交接的工程项目清单，督促办理交接手续。

(3) 验收中发现的工程缺陷或遗留问题，研究提出处理意见，责成建设单位督促有关施工单位限期完成；如发现有影响工程安全或机组安全运转的严重问题，应提出处理意见，并报上级主管部门决定。

（4）检查机组启动前各项准备工作情况，审查和批准水电站成套设备启动试验程序和试运行计划。

（5）根据检查结果作出机组能否启动的结论；提出机组启动前必须进行的工作和注意事项；确定第一次机组启动的时间。

（四）机组启动试运行的内容

1. 机组启动试运行的主要试验程序

（1）引水设备充水前、充水时和充水后的检查和试验；

（2）机组第一次启动及空载运行时的启动、试验和检查；

（3）机组投入系统带负荷时的检查和试验。

2. 机组投入系统带额定出力连续运转72h，如由于负荷不足或水库水位不够等特殊原因，机组不能达到额定出力时，验收委员会可根据情况确定机组应带的最大负荷。

3. 机组试运行完成后，试运行指挥部应向验收委员会报告。

4. 试运行中发现的问题，应分清责任，由责任方负责处理。

机组试运行结束后，确认可以安全运行，验收委员会应提出机组启动验收鉴定书。鉴定书的主要内容包括：

（1）对已完工程的质量鉴定意见；

（2）机组启动试运行情况；

（3）验收意见、注意事项及其他待解决的遗留问题的处理意见。

四、单位工程验收

水电工程中各个单位工程（如取水、通航、过木、鱼道、对外永久交通等）按设计要求完成后，经试运行合格，且独立发挥经济效益者，建设单位可提出申请工程验收。

（一）单位工程验收的条件

申请单位工程验收，必须具备下列条件：

（1）土建工程已按设计施工完毕，质量符合设计要求，施工现场已经清理。

（2）设备的制作与安装经调试、试运行，安全可靠，符合设计和规范要求。

（3）所需观测仪器、设备均已按设计要求埋设，并能正常观测。

（4）工程质量缺陷和事故已妥善处理，能保证工程安全运行。

（5）设计单位已制定出待验单位工程提前试运行的运行规则；生产（运行管理）单位已制定出操作规程，并配齐合格的操作人员。

（6）少量尾工已妥善安排。

（二）单位工程验收应提交的文件资料

验收前应由建设单位负责，会同设计、生产（运行管理）等有关单位提供表9-19所列的资料。

（三）单位工程验收委员会（小组）的主要工作

在验收中，单位工程验收委员会（小组）的主要工作是：

（1）听取建设、监理、设计、施工、生产（运行管理）等有关单位的汇报，审查提供的文件、图纸、资料。

（2）检查已完单位工程的质量是否符合设计要求，并作出质量鉴定。

(3) 验收中发现的工程缺陷,应责成建设单位督促有关施工单位限期处理;对尾工作出妥善安排。

(4) 审查提前使用条件,检查生产准备工作情况。

(5) 根据检查结果写出单位工程验收鉴定书。

(6) 主持办理单位工程的交接手续。

(四) 单位工程验收鉴定书的主要内容

单位工程验收鉴定书的主要内容包括:

(1) 验收审查的基本情况。

(2) 工程质量的评价。

(3) 单位工程提前运行前后必须进行的工作和注意事项。

(4) 作出能否提前启用的结论。

五、竣工验收

工程项目的竣工验收是工程施工结束,即将转入使用和发挥效益的时刻,是考核工程建设成果,全面检查工程的设计和施工质量的重要步骤,也是建设单位、监理单位、设计单位和施工单位向国家汇报工程项目综合效果和办理固定资产移交手续的过程。

当枢纽和库区工程已按批准的设计文件全部建成,并经过一个洪水期的运行考验后,即可进行竣工验收,竣工验收分专项进行。

项目法人在计划的枢纽工程专项竣工验收时间前12个月,向国家主管部门报送枢纽工程专项竣工验收申请。国家主管部门收到申请报告1个月内,负责下达枢纽工程专项竣工验收任务,指定工程安全鉴定单位和枢纽工程专项竣工验收负责单位,提出枢纽工程专项竣工验收工作完成时限要求。

(一) 枢纽工程竣工验收应具备的条件

枢纽工程申请竣工验收应具备如下条件:

1. 枢纽已按批准的设计规模、设计标准全部建成,质量符合合同文件规定的标准。

2. 施工单位在质量保证期内已及时完成剩余尾工和质量缺陷处理工作。

3. 工程运行已经过至少一个洪水期考验,最高库水位已经达到或基本达到正常高水位,水轮发电机组已按额定出力正常运行,各单项工程运行正常。

4. 工程安全鉴定单位已提出工程竣工安全鉴定报告,并有可以安全运行的结论意见。

5. 有关验收的文件、资料齐全。

(二) 竣工验收时施工单位应提交的资料

竣工验收时施工单位应提交下列资料,监理工程师应对施工单位提交的竣工资料进行审查,验收后作为竣工资料的一部分移交给生产单位:

1. 原始资料

(1) 主要原材料出厂合格证和质量检查、试验资料。

(2) 主要设备出厂合格证明、技术说明书。

(3) 重要地质勘察资料(包括岩基和钻孔录像等)。

(4) 设计交底和图纸会审记录。

(5) 土建工程质量检验原始记录。

（6）基础灌浆处理资料。
（7）隐蔽工程检查验收记录和施工日志。
（8）金属结构、机电设备安装质量测定、试验原始记录。
（9）重大质量事故和工程缺陷的调查和处理资料。
（10）工程观测原始记录（包括水准点高程、位置，定位测量记录，沉降、位移、温度等的观测记录）。

2. 重要文件

（1）上级批文和有关指示。
（2）主体工程发包合同文本。
（3）工程项目开工报告。
（4）工程项目竣工报告。
（5）竣工图纸和设计变更通知单。
（6）单位工程分部分项签证资料。
（7）单位工程质量等级评定资料。
（8）各种观测控制点的位置图和明细表。
（9）设备、备品、专用工具、专用器材清单。
（10）工程建设大事记和主要会议记录。
（11）重要财务和竣工决算资料。
（12）重要咨询报告。
（13）水库航运、过坝、迁建赔偿、征用土地等协议或批准文件。
（14）工程管理范围地界图表。
（15）经上级批准的水库调度、工程运用规划。

（三）竣工验收的程序

竣工预验一般可分三级进行，首先是基层单位（施工队）组织自验，并填报竣工验收通知书；然后是工程处（工区）组织自验；最后是公司级（工程局）负责人组织预验，即根据工程处提出的申请，进行检查评定，提出工程中存在的缺陷及返工修补的要求，最后决定是否向监理工程师提出竣工验收的申请。

监理工程师在接到施工单位的竣工验收申请报告及其附件之后，应根据竣工验收条件和要求进行详细审查，并将审查意见通知施工单位。若监理工程师审查通过施工单位的竣工验收申请，应及时将审查情况报告建设单位，由建设单位组织监理单位、设计单位、施工单位和生产单位（运行管理单位）进行初验。初验工作包括现场检查和文件、资料审查与质量评议两部分。初验工作组的具体工作如下：

（1）进行现场检查。
（2）听取设计、施工、监理、生产（运行管理）等单位的汇报。
（3）审查工程建设情况，评定工程建设成果，评议工程质量等级。
（4）研究以往验收中尚未解决的遗留问题和试生产期间发现的新问题，分析其对工程正常运行的影响，提出处理意见。
（5）审查竣工决算报告，评价实际效益。

(6) 协调有关部门和单位之间的矛盾，特别是影响竣工验收的矛盾。

(7) 确定尾工清单、完工期限和预算金额。

(8) 提出初验工作报告和进行竣工验收的建议日期。

(9) 起草竣工验收鉴定书。竣工验收鉴定书的内容如下：

①工程概况：

1）工程名称、位置；

2）工程总布置及主要技术经济指标（附总布置图，主要建筑物平面、剖面图，在电网中的位置图）；

3）主要设计单位，主要设计变更及其原因；

4）建设监理单位、主要施工单位和施工过程（包括施工准备、截流、水库蓄水、第一台机组发电及工程竣工等日期，施工中发现的主要问题及处理情况）；

5）工程完成情况和主要工程数量及投资；

6）库区处理及移民迁建、赔偿情况。

②施工决算和分析。

③各阶段验收、单位工程验收时遗留问题的处理情况。

④初期运行和工程效益情况（包括初期观测成果分析意见）。

⑤工程质量总评价。

⑥存在的主要问题和处理意见。

⑦对建设、设计、生产单位的意见。

⑧结论（对整个工程投入运用提出明确的结论）。

⑨验收委员会委员签字（注明单位和职务）。

⑩工程交接单位代表签字。

⑪附件：

1）建设单位申请竣工验收报告；

2）计划任务书、初步设计、修正概算等批准文件；

3）各阶段验收、单位工程验收鉴定书和初验工作报告；

4）建设、监理、设计、生产单位和主要施工单位的工作报告；

5）质量监督部门对工程质量的评定意见；

6）主要领导和专家在竣工验收会议上的讲话；

7）重要遗留问题的说明和处理意见；

8）单位工程质量等级评定表；

9）工程简介；

10）工程画册。

初验通过后，项目法人向国家主管部门提出枢纽工程专项竣工验收申请，国家主管部门在审查了竣工验收申请后指定专项竣工验收负责单位，并根据工程项目的重要性、规模大小成立验收委员会或验收领导小组进行正式竣工验收。验收委员会的成员一般包括：建设单位、设计单位、施工单位、监理单位、质量监督部门、生产（运行管理）单位、上级主管部门、当地主管部门、地方政府、贷款单位、贷款银行、投资单位、主要设备厂家代表、环保部门、卫生部门、安全部门、消防部门和有关专家及部门的代表。

正式竣工验收委员会的主要工作是：

(1) 听取并研究工程建设报告、监理报告、工程竣工安全鉴定报告，以及生产、设计、施工、质量监督等有关单位的报告。

(2) 通过现场检查和审查文件资料，确认竣工条件是否具备。

(3) 对枢纽存在的主要问题提出处理意见。

(4) 提出枢纽专项竣工验收鉴定书。

(四) 竣工验收总结报告

枢纽工程、库区移民专项竣工验收及环保、消防、劳动安全与工业卫生、工程档案、工程竣工决算等专项竣工验收完成后，由项目法人对验收工作进行总结，提出工程竣工验收总结报告报国家主管部门。

工程竣工验收总结报告的内容包括：

(1) 工程概述；

(2) 验收工作简况；

(3) 各专项验收鉴定书所提出的主要问题和建议的处理情况；

(4) 各专项验收鉴定书的主要结论（附各专项竣工验收鉴定书）；

(5) 工程竣工验收时未能同步进行验收而遗留的单项工程竣工验收计划安排；

(6) 结论。

第十章　工程质量事故与质量奖罚

第一节　工程质量事故

一、工程质量事故及原因

工程质量事故是指由于建设、勘察、设计、施工、监理等单位违反工程质量有关法律法规和工程建设标准，使工程产生结构安全、重要使用功能等方面的质量缺陷，造成人员伤亡或者重大经济损失的事故。造成质量事故的原因很多，主要有：

（1）违反基本建设程序，例如在水文气象资料缺乏，工程地质和水文地质情况不明，施工工艺不过关的条件下盲目兴建。

（2）地基处理失误。

（3）设计失误（如设计不合理、不全面等）。

（4）施工方面的原因，如违反操作规程，施工措施不当，技术水平较低，施工机械设备选用不当，施工管理混乱等。

（5）原材料、零部件、构件的质量不符合要求。

（6）生产设备本身存在缺陷。

（7）自然因素的影响，例如对风、雨、温度、湿度、地震等因素的影响未采取相应的预防措施。

二、工程质量事故的特点

工程质量事故具有复杂性、严重性、可变性、多发性等特点。

1. 复杂性

工程项目质量事故的复杂性主要表现在质量问题的影响因素比较复杂，一个质量问题往往是由多方面因素造成的，而由于质量问题是多方面因素造成的，所以就使得质量问题性质的分析、判断和质量问题的处理复杂化。

2. 严重性

工程项目质量事故的后果比较严重，通常会影响工程项目的施工进度，延长工期，增加施工费用，造成经济损失；严重的会给工程项目造成隐患，影响工程项目的安全和正常使用；更严重的会造成结构物和建筑物倒塌，造成人员和财产的严重损失。

3. 可变性

工程项目有时在建成初期，从表面上看，质量很好，但是经过一段时间的使用，各种缺陷和质量问题就暴露出来。而且工程项目的质量问题往往还会随时间的变化而不断发展，从一般的质量缺陷，逐渐发展演变为严重的质量事故。如结构的裂缝，会随着地基的沉陷、荷载的变化，周围温度、湿度等环境的变化，而不断扩大，一个细微的裂缝，也可以发展为结构构件的断裂和结构物的倒塌。

4. 多发性

工程项目的许多质量问题，甚至同一类型的质量问题，往往会经常和重复发生，形成多发性的质量通病，如房屋地面起砂、空鼓；屋面和卫生间漏水；墙面裂缝等等。

三、工程质量事故的分类

工程质量事故可按其对工程耐久性、可靠性和正常使用的影响，检查处理质量事故对工期的影响和直接经济损失；按事故造成的后果、事故的责任、事故的原因等来进行分类。

（一）按事故造成的后果

按事故造成的后果，质量事故可分为未遂事故和已遂事故两类。

（1）未遂事故。出现了质量问题，但由于及时采取了措施，未造成经济损失、工期延误或其他不良后果的，属于未遂事故。

（2）已遂事故。出现了质量事故，并造成了经济损失、工期延误或其他不良后果的，属已遂事故。

（二）按事故责任

按事故的责任，质量事故可分为指导责任事故和操作责任事故两类。

（1）指导责任事故。在工程项目施工中，由于指导或领导失误而造成的质量事故，如盲目赶工、降低质量标准或质量控制中不按标准实施等而造成的质量事故。

（2）操作责任事故。在工程项目施工中，由于操作者违规操作所造成的事故，如土方工程中不按规定的填土含水量和碾压遍数施工；混凝土拌合中不按规定的配合比拌合；工序操作中不按操作规程进行操作等原因造成的事故。

（三）按事故原因

（1）设计计算原因造成的事故。由于设计失误、计算错误造成的事故。

（2）勘测失误造成的事故。如由于地质情况估计错误、地质疏漏等原因造成的质量事故。

（3）施工技术原因造成的质量事故。如由于施工方法、施工工艺不正确，采用了不成熟的新技术、新工艺等原因造成的质量事故。

（4）社会、经济原因造成的事故。如施工单位盲目追求利润，偷工减料，层层转包，压低标价等原因造成的质量事故。

（5）管理原因造成的事故。由于管理不善、管理制度不严、管理失误、检测制度不严、质量控制放松、质量管理体系不完善等原因造成的质量事故。

（四）按事故的性质和严重程度

在一般工业与民用建筑工程中，将质量事故按其性质及严重程度分为一般事故和重大事故两类。在水利水电工程中，则将质量事故按其性质及严重程度分为一般事故、重大事故和特大事故三类。

1. 对于工业与民用建筑工程

根据住房和城乡建设部 2010 年 7 月 29 日发出的《关于做好房屋建筑和市政基础设施工程质量事故报告和调查处理工作的通知》[建质（2010）111 号]文件的规定，工程质量事故按其造成的人员伤亡或者直接经济损失，分为一般事故、较大事故、重大事故和特别重大事故 4 个等级。

（1）一般事故。是指造成 3 人以下死亡，或者 10 人以下重伤，或者 100 万元以上 1 000万元以下直接经济损失的事故。

（2）较大事故。是指造成 3 人以上 10 人以下死亡，或者 10 人以上 50 人以下重伤，或者 1 000 万元以上 5 000 万元以下直接经济损失的事故。

（3）重大事故。是指造成10人以上30人以下死亡，或者50人以上100人以下重伤，或者5 000万元以上1亿元以下直接经济损失的事故。

（4）特别重大事故。是指造成30人以上死亡，或者100人以上重伤，或者1亿元以上直接经济损失的事故。

2．对于水利水电工程

（1）一般事故。凡是具有下列情况之一者，属于一般质量事故：

①工程质量不符合设计、设计规程和合同规定的质量标准，需要返工修补处理，处理后仍能满足要求者。

②质量事故检查处理所需物资、器材和设备、人工等直接费用损失金额，对于大体积混凝土和金属结构、机电安装工程在0.5万元以上，2万元及其以下者；对于土石方工程和混凝土薄壁结构工程在0.2万元以上，1万元及其以下者。

（2）重大事故。凡是具有下列情况之一者，为重大事故：

①质量事故发生在主体工程，但经过返工修补后能基本达到设计要求，即工程的安全性、可靠性余度降低，或影响工程使用年限，但仍可正常运行和发挥工程效益者。

②由于质量事故检查处理，打乱了原来的施工部署，影响工期达1月以上，3月及其以下者。

③质量事故检查处理所需物资、器材和设备、人力等直接费用损失金额，对于大体积混凝土和金属结构、机电安装工程在2万元以上，20万元及其以下者；对于土石方工程和混凝土薄壁结构工程在1万元以上，5万元及其以下者。

（3）特大事故。凡是具有下列情况之一者，为特大质量事故：

①质量事故发生在主体工程，且无法修补，或修补后仍达不到设计要求，需要对结构设计作重大改变者。例如结构整体性遭到破坏、改变受力情况、止排水失效、渗漏严重等，以至影响建筑物安全运行；泄洪、导流建筑物不能满足设计要求或抗冲耐磨性能差，影响安全运行；金属结构、机电设备安装不良，不能正常使用，需要对结构设计作重大改变。

②由于质量事故的检查处理，打乱了原来的施工部署，影响工期达3个月以上者。

③质量事故处理所需物资、器材和设备、人工等直接费用损失金额，对大体积混凝土和金属结构、机电安装工程在20万元以上者；对于土石方工程和混凝土薄壁结构工程在5万元以上者。

对于在工程中发生的某些质量问题，可以不作处理或稍作处理即可达到规程、规范和合同要求的质量标准，检查处理费用不足一般事故标准者，则定为质量缺陷。

四、质量事故报告

工程质量事故发生后，事故现场有关人员应当立即向建设单位负责人报告，工程建设单位负责人接到报告后，应该在1小时内向事故发生地县级以上人民政府住房和城乡建设主管部门及有关部门报告。

情况紧急时，事故现场有关人员可直接向事故发生地县级以上人民政府住房和城乡建设主管部门报告。

住房和城乡建设主管部门接到事故报告后，应当依照下列规定上报事故情况，并同时通知公安、监察机关等有关部门：

（1）较大、重大及特别重大事故逐级上报至国务院住房和城乡建设主管部门，一般事故逐级上报至省级人民政府住房和城乡建设主管部门，必要时可以越级上报事故情况。

（2）住房和城乡建设主管部门上报事故情况时，应当同时报告本级人民政府；国务院住房和城乡建设主管部门接到重大和特别重大事故的报告后，应当立即报告国务院。

（3）住房和城乡建设主管部门逐级上报事故情况时，每级上报时间不得超过2小时。

（4）事故报告后出现的新情况，以及事故发生之日起30日内伤亡人数发生变化的，应及时补报。

事故报告的内容应该包括：

（1）事故发生的时间、地点、工程项目名称、工程各参加单位名称。

（2）事故发生的简要经过、伤亡人数（包括下落不明的人数）和初步估计的直接经济损失。

（3）事故的初步原因。

（4）事故发生后采取的措施及事故控制情况。

（5）事故报告单位、联系人及联系方式。

（6）其他应当报告的情况。

事故发生地住房和城乡建设主管部门在接到事故报告后，其负责人应立即赶赴事故现场，组织事故求援。

发生一般及以上事故，或者领导有批示要求的，设区的市级住房和城乡建设主管部门应派员赶赴现场了解事故有关情况。

发生较大及以上事故，或者领导有批示要求的，省级住房和城乡建设主管部门应派员赶赴现场了解事故有关情况。

发生重大及以上事故，或者领导有批示的，国务院住房和城乡建设主管部门应根据相关规定派员赶赴现场了解事故有关情况。

对于没有造成人员伤亡，直接经济损失没有达到100万元，但是社会影响恶劣的工程质量问题，则参照上述规定执行。

五、质量事故调查

住房和城乡建设主管部门应当按照有关人民政府的授权或委托，组织或参与事故调查组对事故进行调查。

1. 质量事故调查的内容

（1）核实事故基本情况，包括事故发生的经过、人员伤亡情况及直接经济损失。

（2）核查事故项目基本情况，包括项目履行法定建设程序情况、工程各参建单位履行职责的情况。

（3）依据国家有关法律法规和工程建设标准分析事故的直接原因和间接原因，必要时组织对事故项目进行检测鉴定和专家技术论证。

（4）认定事故的性质和事故责任。

（5）依照国家有关法律法规提出对事故责任单位和责任人员的处理建议。

（6）总结事故教训，提出防范和整改措施。

（7）提交事故调查报告。

2. 事故调查报告的内容

事故调查结束后，应提交事故调查报告，事故调查报告应包括下列内容：

（1）事故项目及各参建单位概况。

（2）事故发生经过和事故救援情况。

(3) 事故造成的人员伤亡和直接经济损失。
(4) 事故项目有关质量检测报告和技术分析报告。
(5) 事故发生的原因和事故性质。
(6) 事故责任的认定和事故责任者的处理建议。
(7) 事故防范和整改措施。

事故调查报告应当附具有关证据材料，事故调查组成员应当在事故调查报告上签名。

六、质量事故的处理

（一）事故的处理

1. 住房和城乡建设主管部门应当依据有关人民政府对事故调查报告的批复和有关法律法规的规定，对事故有关责任者实施行政处罚。处罚权限不属本级住房和城乡建设主管部门的，应当在收到事故调查报告批复后15个工作日内，将事故调查报告（附具有关证明材料）、结案批复、本级住房和城乡建设主管部门对有关责任者处理建议等转送有权限的住房和城乡建设主管部门。

2. 住房和城乡建设主管部门应当依据有关法律法规的规定，对事故负有责任的建设、勘察、设计、施工、监理等单位和施工图审查、质量检测等有关单位分别给予罚款、停业整顿、降低资质等级、吊销资质证书其中一项或多项处罚，对事故负有责任的注册执业人员分别给予罚款、停止执业、吊销执业资格证书、终身不予注册其中一项或多项处罚。

（二）质量问题的处理

1. 质量问题处理的依据

通常，质量问题处理的依据包括：

(1) 施工承包合同、设计委托合同，材料、设备的订购合同。
(2) 设计文件、质量事故发生部位的施工图纸。
(3) 有关的技术文件，如材料和设备的检验、试验报告，新材料、新技术、新工艺的技术鉴定书和试验报告，施工记录，有关的质量检测资料，施工组织设计，施工方案，施工计划，施工日志等。
(4) 有关的法规、标准和规定。
(5) 质量事故调查报告，质量事故发生后对事故状况的观测记录、试验记录和试验报告。

2. 质量事故的处理程序

工程质量问题的处理程序如图10-1所示。

工程质量事故发生后，监理工程师应立即以事故通知单的形式向施工单位发出事故通知，对质量事故部位下达停工令。

有一些质量问题会随时间不断发展变化，为了防止事故的扩大，监理工程师应督促施工单位在对事故初步调查分析的基础上，立即采取临时的防护措施，防止事故的扩大，必要时还应组织对质量问题进行监测，并做好监测记录。

在质量事故调查的基础上，对事故调查所收集的资料和数据进行全面、详细、客观、深入地分析，对事故的原因作出正确的分析和判断。如果对质量问题的原因一时无法判断或明确认清，则可继续进行调查，并结合质量问题观测的资料和数据，在掌握充分资料的基础上，再进一步进行质量问题原因的分析。

在质量问题原因分析清楚的基础上，针对质量问题的原因，研究质量问题的处理方案。

质量问题处理方案制订后，监理工程师应根据安全可靠，不留隐患，满足建筑功能和使用要求，技术上可行，经济上合理等原则，对处理方案进行审查。审查认可后，由设计单位对处理方案进行设计，并经监理工程师审查确认后，指令施工单位对处理方案组织施工。

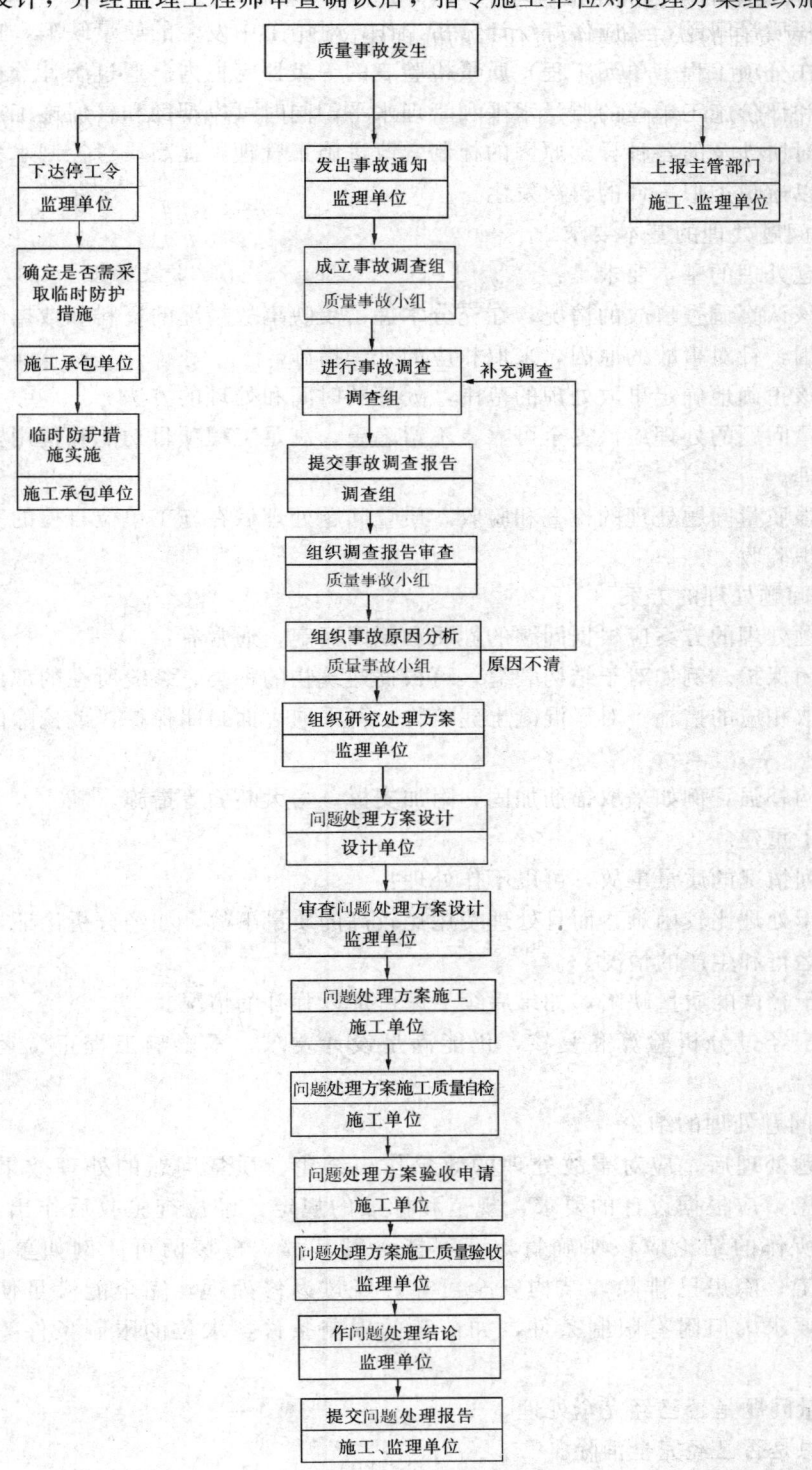

图 10-1　工程质量问题处理程序

质量问题处理施工完成后，在施工单位自检的基础上，由监理工程师组织有关人员进行检查验收，并实事求是地、客观地对质量问题处理的效果作出公正的结论，并写出质量问题处理报告，提交给建设单位、上级主管部门和其他有关部门。

对于工程质量问题，还应做好统计分析工作，对施工中发生的质量缺陷，也应进行统计分析，记录在分项工程（单元工程）质量检验表的等级评定栏内。通过统计分析，监理工程师可以考核和评价施工单位的质量水平和管理水平，同时可以帮助和督促施工单位总结经验教训，加强对所涉及的各种异常原因的控制，改进施工管理，提高质量控制水平和职工的质量责任心，以避免类似事件的再次发生。

3. 质量问题处理的基本要求

质量问题处理的基本要求是：

（1）应该认真调查事故的情况，在充分掌握了反映事故情况的资料和数据的基础上，分析事故的原因，针对事故的原因，采取相应的处理措施。

（2）应该正确地确定事故处理的范围，处理的时间和处理的方法。

（3）质量问题的处理应该安全可靠，不留隐患，满足工程项目功能和使用要求，施工方便，经济合理。

（4）加强质量问题处理的检查和验收，质量问题处理后在施工单位自检的基础上，监理工程师应组织验收。

4. 质量问题处理的方案

质量问题处理的方案应根据问题的性质和原因而定，通常有：

（1）封闭保护。例如对于结构裂缝，可根据建筑物的种类、裂缝所在的部位和结构的受力情况，采取相应的措施；对于混凝土建筑物，可采取表面封闭保护，或挖除回填，或灌浆处理。

（2）结构补强。例如采取锚筋加固，附加支撑，增大断面等措施。

（3）返工重建。

对于下列情况的质量事故，可以不作处理：

（1）对于处理比较困难，而且处理费用比较高的质量事故，如经分析论证，不影响工程安全、正常运行和生产的情况。

（2）对于轻微的质量缺陷，如果后续工序可加以弥补的情况。

（3）对于经过分析验算和复核，仍能满足设计要求，不影响工程正常运行和生产的情况。

5. 质量问题处理的结论

质量问题处理后，应对事故处理的效果作出结论。质量问题的处理效果和处理后是否还留有隐患，应根据设计的要求，规范和标准的规定，经检查验收后作出相应的结论。对质量问题所作的结论应该明确肯定，不能含糊其辞，模棱两可。例如事故已经处理，可以继续施工；隐患已排除，结构安全可靠；经过返修处理，完全能满足使用要求；基本满足使用要求，但附有限制条件，如荷载的限制条件，水位的限制条件等。结论的内容一般包括：

（1）质量问题是否已经完全处理。

（2）隐患是否已经完全消除。

（3）能否继续施工，还是需要停工观察。

(4) 质量问题处理后是否满足使用要求。
(5) 质量问题处理后对建筑物耐久性和安全性的影响。
(6) 对建筑物外观的影响。

6. 质量问题处理报告的内容

质量问题处理报告的内容，一般包括：
(1) 质量问题的基本情况。
(2) 质量问题的调查报告。
(3) 质量问题的原因分析。
(4) 质量问题的处理依据，处理方案、方法和技术措施。
(5) 质量问题处理中的各种原始记录。
(6) 质量问题处理的检查、验收记录。
(7) 质量问题处理的结论。

第二节 工程质量奖罚

一、质量奖罚的意义

工程质量是工程建设的基本问题，它关系到工程的安全、效益的发挥，及其是否能满足用户的需要。承包单位必须对所承包的工程负责，按合同和有关规定，以及设计图纸、规程、规范的要求组织施工，接受质量监督检查，承担质量责任，向建设单位提供质量优良的工程。为了鼓励设计和施工单位加强管理、提高质量，创建出更多优质工程，以适应经济建设的需要，必须对工程的质量采取奖优罚劣。

二、质量处罚

（一）对于监理单位

1. 工程监理单位超越本单位资质等级承揽工程时，将处以合同约定监理酬金 1 倍以上 2 倍以下的罚款，可以责令停业整顿，降低资质等级，情节严重的，吊销资质证书；有违法所得的，予以没收。

2. 工程监理单位转让工程监理业务时，将没收违法所得，处以合同约定的监理酬金 25% 以上 50% 以下的罚款，并将责令停业整顿，降低资质等级；情节严重的，吊销资质证书。

3. 监理单位有以下行为之一的，责令改正，处以 50 万元以上 100 万元以下的罚款，降低资质等级或者吊销资质证书；有违法所得的，予以没收；造成损失的，承担连带赔偿责任：

(1) 与建设单位或者施工单位串通，弄虚作假，降低工程质量的；
(2) 将不合格的建设工程、建筑材料、建筑构配件和设备按照合格签字的。

4. 监理单位允许其他单位或者个人以本单位名义承揽工程的，责令改正，没收违法所得，处以合同约定的监理酬金 1 倍以上 2 倍以下的罚款；可以责令停业整顿，降低资质等级；情节严重的，吊销资质证书。

5. 工程监理单位与被监理工程的施工承包单位以及建筑材料、建筑构配件和设备供应单位有隶属关系或者其他利害关系而承担该项建设工程的监理业务的，责令改正，处以 5 万元以上 10 万元以下的罚款，降低资质等级或者吊销资质证书；有违法所得的，予以没收。

6. 注册监理工程师因过错造成质量事故的,责令停止执业1年;造成重大质量事故的,吊销执业资格证书,5年内不予注册;情节特别恶劣的,终身不予注册。

7. 工程监理单位违反国家规定,降低工程质量标准,造成重大安全事故,构成犯罪的,对直接责任人员依法追究刑事责任。

（二）对于勘察设计单位

1. 勘察、设计单位超越本单位资质等级承揽工程时,将处以合同约定的勘察费、设计费1倍以上2倍以下的罚款,可以责令停业整顿,降低资质等级;情节严重的,吊销资质证书;有违法所得的,予以没收。

2. 违反以下规定,有下列行为之一的,责令改正,并处以10万元以上30万元以下的罚款：

（1）勘察单位未按工程建设强制性标准进行勘察的;

（2）设计单位未根据勘察成果文件进行工程设计的;

（3）设计单位指定建筑材料、建筑构配件生产厂、供应商的;

（4）设计单位未按照工程建设强制性标准进行设计的。

如有上述行为,并造成工程质量事故的,责令停业整顿,降低资质等级;情节严重的,吊销资质证书;造成损失的,依法承担赔偿责任。

（三）对于施工单位

1. 施工单位超越本单位资质等级承揽工程时,将责令停止违法行为,并处以工程合同价款2%以上4%以下的罚款,责令停业整顿,降低资质等级;情节严重的,吊销资质证书;有违法所得的,予以没收。

2. 承包单位将承包的工程转包或者违法分包的,责令改正,没收违法所得,处以工程合同价款0.5%以上1%以下的罚款;可以责令停业整顿,降低资质等级;情节严重的,吊销资质证书。

3. 施工单位在施工中偷工减料,使用不合格的建筑材料、建筑构配件和设备,或者有不按照工程设计图纸或者施工技术标准施工的其他行为,责令改正,处以工程合同价款2%以上4%以下的罚款;造成建设工程质量不符合规定的质量标准,责令返工、修理,并赔偿因此造成的损失;情节严重的,责令停业整顿,降低资质等级或者吊销资质证书。

4. 施工单位未对建筑材料、建筑构配件、设备和商品混凝土进行检验,或者未对涉及结构安全的试块、试件以及有关材料取样检测,责令改正,处以10万元以上20万元以下的罚款;情节严重的,责令停业整顿,降低资质等级或者吊销资质证书;造成损失的,依法承担赔偿责任。

5. 施工单位不履行保修义务或者拖延履行保修义务的,责令改正,处以10万元以上20万元以下的罚款,并对在保修期内因质量缺陷造成的损失承担赔偿责任。

6. 施工单位允许其他单位或者个人以本单位名义承揽工程的,责令改正,没收违法所得,处以工程合同价款2%以上4%以下的罚款;可以责令停业整顿,降低资质等级;情节严重的,吊销资质证书。

7. 施工单位违反国家规定,降低工程质量标准,造成重大安全事故,构成犯罪的,对直接责任人员依法追究刑事责任。

在以上的处罚中,责令停业整顿,降低资质等级和吊销资质证书的行政处罚,由颁发资质证书的机关决定;其他行政处罚,由建设行政主管部门或者其他有关部门依照法定职权决定。对于被吊销资质证书的单位，由工商行政管理部门吊销其营业执照。

除上述行政处罚外，对于违反合同规定，劝阻无效，并给工程质量造成一定影响的施工作业，监理工程师有权向施工单位发出警告，或签发停工令，督促施工单位限期处理和改正；情节严重的可根据合同和有关规定给予处罚。对于拖延工程进度，不能按期完工的项目，可根据合同规定予以处罚。

对于一般性的违规作业，但不致对工程产生显著危害时，监理工程师可向其指出问题的性质，限期改正，必要时也可通报批评和处罚。

当出现质量问题时，应查明事故的直接责任者，分别情况予以处理，例如：

（1）若质量问题的责任属于施工单位，则应由施工单位负责质量问题的处理。由于质量事故处理延误工期时，可按合同规定处理。

（2）若质量事故的责任属于建设单位或设计单位，则事故费用由责任单位支付，并应偿付施工单位由于处理事故而造成的实际直接损失。

（3）发生重大工程质量事故隐瞒不报、谎报或者拖延报告期限的，应由有关部门对直接负责的主管人员和其他责任人员依法给予行政处分。

（4）对于玩忽职守、违法乱纪、不称职的人员，违章作业而造成重大质量事故和经济损失者，以及伪造记录情节严重者，监理工程师有权指令退场，并根据情况给予经济处罚。

某水电工程在施工过程中，严格执行质量奖罚制度，自施工以来监理单位共发出与质量有关的现场指令和违规通知161份，警告12次，停工返工指令7次，退场指令1次，促使施工单位严肃对待，并迅速纠正违规问题，确保了施工质量。

三、质量奖励

为了鼓励施工单位、勘察（勘测）设计单位提高工程质量，创建更多的优质工程，提高工程项目的经济效益和社会效益，在国内的承包合同中，有的合同列有评优奖励条款；而在国际合同中，则无评优奖励条款。

（一）建设单位奖励

对于按合同规定完成施工任务，质量优良的工程部位和项目，建设单位可根据情况给予表彰和奖励。质量表彰和奖励的具体实施，一般都委托监理单位来执行。我国的一些已建工程项目，如盐滩水电工程、水口水电工程、广州抽水蓄能工程等，都在合同外采取了质量评优奖励的办法。

（二）建筑工程鲁班奖

"建筑工程鲁班奖"是我国建筑行业在工程质量方面的最高荣誉奖励，由中国建筑业联合会每年评审、颁发一次，一般不超过20个项目。

对于大中型工业、交通建筑项目的主体工程，大型市政工程和公共建筑工程，新建的居住小区等工程项目，已按设计完成，并形成生产能力和使用功能，质量符合国家和有关部门的设计、施工标准和规范，经过规定时间（如一个冬季、雨季）的考验，无质量问题，并已评为部或省市的优质工程，主体单位工程质量评为优良，达到国内先进水平的工程项目，可向各省、市建筑业联合会或建设厅、建委申报"建筑工程鲁班奖"，经各省、市建筑业联合会或各部门进行审查和初评，并分别征求建设单位、监理单位意见后，报中国建筑业联合会，由中国建筑业联合会组成的建筑工程鲁班奖评审委员会最后审定并颁发。

（三）国家奖励

对于施工质量优良、工程提前完工并发挥效益的施工单位，对于质量管理优秀的施工企业、勘测设计单位和工程项目组织者（工程建设单位），可推荐参加国家工程建设质量奖的评选。

对于新建的大中型工程项目，经济效益和社会效益显著的大中型改建、扩建和技术改造项目，采用新结构、新技术、新工艺，对发展国民经济有重大意义的其他工程项目，如勘测设计优秀和施工质量良好，可申请国家优质工程奖励。国家优质工程奖分甲、乙两种，甲种为金质奖，乙种为银质奖。国家优质工程奖每年评选、审定、颁发一次。

凡是按国家和部颁工程建设标准规范验收，设计达到"优秀设计"标准，施工质量全部达到优良标准的工程项目，授予"国家优质工程项目金质奖"；设计达到"优秀设计"标准，施工质量全部合格，单位工程优良率在90％以上的工程项目，则授予"国家优质工程项目银质奖"。

对于施工企业，连续两年在报告期内竣工的单位工程，按"全优工程"标准一次验收达到100％，其他技术经济指标达全国同行业先进水平者，授予"国家优质工程企业金质奖"；工程质量全部合格，按"全优工程"标准一次验收达90％以上，其他技术经济指标达到全国同行业先进水平，则授予"国家优质工程企业银质奖"。

荣获国家优质工程奖的项目，可在适当部位嵌刻优质工程奖荣誉标志，并对参加优质工程的勘察设计、施工单位颁发奖状、奖牌。

按照国家规定，工程评优由承包单位提出申请，由建设单位（业主）、建设监理单位提出鉴定和推荐意见。在质量评优中，一般都赋予监理单位以质量否决权。

第十一章 工程建设中的安全控制

第一节 安全生产控制概述

一、安全生产控制的意义

在工程建设中,安全生产是指在生产活动中不出现危险,不产生事故,不造成人员伤亡和财产损失。所以,安全的内容包括两个方面,即人身安全和财产(机械、设备、物资)安全。而安全生产的内容,则不仅包括上述的人身安全和财产安全,还包含质量安全,即工程实物不受到损伤,其功能和使用条件不受到影响。

保证安全施工和做好劳动保护工作,是施工生产中的一项重要工作。施工企业是一个劳动密集型的生产部门,施工场地狭小,施工人员众多,各工种交叉作业,机械施工与手工操作并进,高空作业也较多,而且施工现场又是在露天、野外和河道上,环境复杂,劳动条件差,不安全、不卫生的因素多,所以安全事故也较多。事故的原因虽然是多方面的,但主要还是对安全注意不够,例如根据近五年来工程建设中发生的职工因工死亡的810件事故的统计分析,其中因高处坠落而死亡的占44.8%,因触电而死亡的占16.6%,因物体打击而死亡的占12%,因坍塌事故而死亡的占6%等,这五类事故占事故总数的86.6%。因此,在工程建设中必须充分重视安全生产控制,从技术上、组织上采取一系列措施,才能防患于未然,也只有这样,才能避免安全事故的发生,促进企业生产的发展。

二、工程建设中的不安全因素

工程建设中的不安全因素,主要来自人、物和环境。

(一)人的不安全因素

人的不安全因素是人的心理和生理特点造成的,主要表现在身体缺陷、错误行为和违规行动三个方面。

1. 人的不安全行为表现

(1) 身体缺陷

人的身体缺陷主要指疾病、职业病、精神失常、智力过低、易紧张、易烦躁、易冲动、易兴奋、精神迟钝、对自然条件和环境过敏、应变能力差等。

(2) 错误行为

错误行为主要指嗜酒、吸毒、吸烟、打赌、戏耍、嬉笑、追逐、错视、错听、错嗅、错触、错误动作、错误判断、无意相碰、意外滑倒、误入危险区等。

(3) 违规行动

违规行动指粗心大意、漫不经心、注意力不集中、不懂装懂、工作不认真、不按规章办事、玩忽职守、图省事不顾安全等。

2. 人的行为与安全事故

人的行为与安全事故有密切关系,根据统计资料表明,88%的安全事故由于人的不安全行为造成的,而人的生理和心理特点又直接影响人的行为,所以人的生理和心理特点也是导致安全事故的主要原因之一。

（1）人的生理疲劳与安全

人的生理疲劳表现为动作紊乱、手脚发软、体力骤降，丧失正常的支配动作的能力，致使人和物从高处坠落等。

（2）人的心理疲劳与安全

人的心理疲劳表现为由于动机和态度改变而引起的工作能力波动；由于从事单调和重复劳动而引起的对工作的厌倦；由于遭受挫折而身心乏力等，都会导致心情不安、注意力不集中而产生操作失误。

（3）人的视觉和听觉与安全

人的视觉和听觉是接受外部信息的通道，但人的视觉受到外界亮度、色彩、对比度、物体大小、形态、距离、移动速度等因素的影响，常常会产生错视、漏视，从而导致安全事故。

人的听觉也常常会由于外界声音的干扰，产生听力减弱，不能接收正常的信号，而导致工作失误。

（4）人的气质与安全

人的气质和性格不同，产生的行为也不同。意志坚定，善于控制自己，行动准确，安全度就高；情绪激昂，喜怒无常，易引起不安全行为；优柔寡断，行动迟钝，反应能力差，也易产生安全事故。

（5）人际关系与安全

人际关系与安全也有着密切的关系，若劳动集体中彼此尊重，互相信任和友爱，遵守劳动纪律和安全法规，安全就有保障；若劳动集体中互不信任，各自为政，无视纪律，不遵守法规，则安全就没有保障；上下级关系紧张，心情压抑，疑虑，畏惧，注意力不集中，也易导致事故。

（二）物的不安全因素

1．物的不安全状态现象

（1）设备、装置的缺陷。主要指设备、装置的技术性能降低、强度不够、结构不良、磨损、失灵、老化、腐蚀等。

（2）作业场所的缺陷主要指施工场地狭小，交通道路不宽畅，机械设备拥挤，多工种交叉作业等。

（3）物资和环境的危险源：

①化学方面的氧化、自燃、易燃、毒性、腐蚀等；

②机械方面的重物、振动、冲击、位移、倾覆、陷落、旋转、落物、抛飞、断裂、剪切等。

③电气方面的漏电、短路、火花、电弧、电辐射、绝缘不良、高压带电作业等。

④环境方面的辐射线、红外线、强光、雷电、风暴、浓雾、高低温、洪水、地震、噪声、超声波、粉尘、火源、高压气体等。

2．物质、环境与安全

（1）上述设备、装置的缺陷，作业场所的缺陷以及物质和环境的危险源，都是可能产生安全事故的因素。

（2）环境因素对安全的影响是通过对人的心理和生理状态的变化而起作用的，例如：

①采光照明的影响。光照适当才能获得清晰的视觉，由强光环境进入暗光环境，需要经过一段适应的时间，才能正常工作；在黑暗场所加强照明，在耀眼眩光下戴墨镜操作，可以减少事故。

②色彩标志的影响。红色在人的心理中标志危险、警告或停止；绿色使人感到凉爽、舒适、轻松、宁静；白色给人洁净、清新的感觉；红白相间给人强烈对比和醒目的感觉。因此，如用红色警告牌、绿色安全网、白色安全带、红白相间的栏杆等，均可有效地预防事故。

③环境温度的影响。高温使人难以散发热量，因而感到不适，头昏、气喘、活动稳定性差，缺乏应变能力，因而容易引起安全事故；低温使人手脚冻僵，动作灵活性差，也容易导致事故。

④现场环境的影响。施工现场杂乱无章、视线不畅、交通阻塞、噪音刺耳，均能导致安全事故。

三、安全控制的任务

安全控制的任务就是要控制人的不安全行为，控制物的不安全状态和进行作业现场的保护。

1. 控制人的不安全行为

人是工程建设的主体，人的行为是影响安全的主要因素，也是主导安全生产的关键，所以首先应控制人的不安全行为，预防不安全行为的发生。由于人的生理和心理上的缺陷所造成的不安全行为，应通过合理安排和调配工作，改善工作和劳动环境来加以控制；人的错误和违规行为则应通过教育培训，提高思想觉悟，增强安全意识，增加安全知识，熟练生产操作来加以控制。

2. 控制物的不安全状态

在工程建设中，要使用大量的材料、工具、机械和设备，这些物的不安全状态也是引发安全事故的重要因素。因此必须使它们保持良好的状态和技术性能，要采取必要的安全技术措施和工业卫生措施，按安全规定和操作规程进行操作和使用，并且设置必要的安全防护和保险装置，防止出现人身伤害事故和造成财产损失。

3. 作业现场的保护

作业环境是保证施工安全和正常进行的必要条件，因此在任何时间、季节和条件下都应为施工保持良好的作业环境，为此应进行合理的施工组织和现场布置，实行作业标准化，推行安全操作资格确认制度，建立和完善安全生产管理制度，对恶劣条件下的施工应采取相应的防护措施等。

四、基本要求

(1) 取得安全行政主管部门颁布的《安全施工许可证》后，方可施工。

(2) 总包单位及分包单位都应持有《施工企业安全资格审查认可证》，方可组织施工。

(3) 各类人员必须具备相应的安全生产资格，方可上岗。

(4) 所有施工人员必须经过三级安全教育。

(5) 特殊工种作业人员，必须持有《特种作业操作证》。

(6) 对查出的事故隐患要做到"定整改责任人、定整改措施、定整改完成时间、定整改验收人"。

(7) 必须把好安全生产措施关、交底关、教育关、防护关、检查关，改进关。

五、工程建设中安全生产控制的范围

在工程建设中，安全生产控制的范围包括三个方面，即安全技术、工业卫生技术和劳动保护。

1. 安全技术

安全技术是指为了预防劳动者在施工过程中发生工伤事故而采取的各种技术措施和减轻繁重体力劳动的办法，它侧重于对劳动手段和劳动对象的控制。

工程建设中的施工生产，是一个复杂而多变的生产过程，可能出现各种问题，因此，必须从全过程的各个方面来考虑，制定安全技术措施，预防各种工伤事故的发生。凡是可能出现或导致安全事故的一切不安全因素，均应采取预防措施，例如：施工机械的安全装置、运转和传动部分的保护装置，各种高空作业的安全措施，各种用电、接电及线路的安全防护措施；各分部、分项工程施工中的安全操作及预防事故措施，一切易燃、易爆、危险物品的储存、保管、使用的安全措施，防火、灭火的消防措施，交通安全的防范措施等。对于一切繁重体力劳动，要有减轻劳动强度，适当安排工程进度，合理安排休息等措施。

2. 工业卫生技术

工业卫生技术是指预防劳动者在施工生产过程中产生职业病和职业中毒，保护劳动者身心健康的各种技术措施，侧重于对劳动环境的控制。

由于施工环境不同、工种不同，劳动者在施工过程中有时要接触到有毒、有害的物质和气体，如粉尘、有毒气体、有毒物质、腐蚀性材料、辐射性物质等；有时要在密闭空间、高温常态下工作；在噪音、高频、强烈振动的环境下施工；在低温、严寒下工作等。在这些环境和条件下施工，都会对劳动者的身心健康产生危害，因此，除正确贯彻执行国家和卫生部门的各种条例、规章和办法外，还应从技术上、组织上、物质上、医疗保健等各个方面采取必要的措施。例如发给劳动者必要的劳动保护用品和用具；发给有毒、有害操作工人保健食品；高温作业的清凉饮料、防暑药品；为从事粉尘作业和有毒作业的工人设置淋浴室；为在特殊条件下进行有害操作的工人以特殊的医疗、保健；给予女职工以应有的各项保护措施；严格控制加班、加点，贯彻劳逸结合；给予职工以必要的物质津贴和补助等。

3. 劳动保护

劳动保护是通过政策、法规、条例、制度等方式来规范生产操作和管理行为，从而使劳动者的人身安全和健康得到保障，它侧重于对劳动者的保护。

为了进行安全生产，必须贯彻执行国家有关安全生产的政策、法律、法规和条例，同时还必须从组织、计划、教育、检查、处理等方面制定必要的规章制度，并加以实施，这是进行安全生产控制的重要条件，例如：

（1）安全生产责任制

安全生产责任制是企业在各级、各部门建立的安全生产责任制度，明确规定各级领导和各级人员在安全生产中所应负的责任和权利，实行全企业、全体人员、施工全过程的安全生产管理的制度。

（2）安全技术措施计划制度

安全技术措施计划制度是指企业在编制年、季、月的施工技术财务计划和月生产计划以及在编制施工组织设计时，都应编制安全技术措施计划，其中应包括改善劳动条件，防止安全事故，预防中毒等劳动保护措施及其所需的物资、设备、材料等，并将其列入技术物质供应计划内。

（3）安全生产教育制度

安全生产教育制度是指对全体职工、干部、特殊工种工人进行安全生产教育和安全技术培训的制度，以提高全体人员的安全技术素质，牢固树立安全生产的思想。例如对新工人、合同工进行施工前的安全教育；对全体职工进行操作前安全教育和安全技术交底；对不同工种的工人进行工种安全教育，如对架子工、电工、起重工、司机、司炉工、电焊工、爆破工等进行安全教育和安全技术考核；进行暑季、冬季、雨季、夜间的施工安全教育；当施工中采用新设备、新工艺、新材料时，进行必要的安全操作教育；对于接触有毒、有害物质的工作进行安全操作和安全防护的教育等。

（4）安全生产检查制度

在施工生产中，为了及时发现事故的隐患和堵塞事故漏洞，必须及时和经常地做好安全生产的监督检查工作，采取领导与群众相结合，专职与兼职相结合的安全监督检查制度。例如公司每季、工程处每月、施工队每两周、班组每周进行安全检查，及时总结经验，发现不安全因素，采取措施加以排除；并进行防洪度汛、防雷电、防崩塌、防火、防中毒等的检查，做好预防工作。

（5）安全事故的调查处理制度

当发生安全事故以后，应按照国家和企业的有关规定，及时进行调查处理，并对事故责任者要进行严肃处理。在调查处理中要做到"三不放过"，即事故原因不放过；事故责任者和全体职工未受到教育不放过；没有采取防范措施不放过。

（6）防护用品和食品安全管理制度

防护用品及食品安全管理制度是指按国家和企业的规定，根据劳动保护的要求，定时发放不同工种在生产操作中所必需的劳动保护用品；做好防暑降温和防寒保暖工作；经常进行食品卫生的检查和保护工作，当发现食品不符合卫生条件时，应认真进行处理。

（7）建立安全值班制度

建立安全值班制度是指制定一套负责安全生产的值班人员，明确值班制度，规定值班岗位责任；值班人员应佩带"安全值班员"标志；在值班中不放过任何可能造成安全事故的苗头和隐患，对检查到的问题要及时上报；对安全值班员的工作要经常进行检查和考核，建立奖罚制度。

六、安全生产控制的原则

安全生产控制的基本原则是：安全监督与施工监督相结合，安全预控与过程监督相结合，安全监理工程师巡查与现场监理人员检查相结合；加强现场施工的安全预控，检查和监督，督促施工单位按章作业、文明作业，确保工程项目的施工安全。

七、安全生产控制的内容和措施

（一）建立职业健康安全管理体系

为了提高企业的安全管理水平，强化企业的安全管理，确保企业安全生产，提高企业的竞争能力，企业应建立和健全职业健康安全管理体系。

职业健康安全管理体系是企业管理体系的一部分，它与质量管理体系和环境管理体系共同组成企业的总体管理体系，保证企业正常、高效地运作。

建立和实施职业健康安全管理体系的作用是：

（1）提高企业安全生产管理的水平。职业健康安全管理体系是全面、全过程地对生产进行系统的、动态的控制，并通过体系的自我评价、自我调整和不断完善而达到持续改进。

（2）实现以人为本的安全管理。人是企业促进经济增长和发展的动力，而安全管理体系的建立则是保护和促进生产力的发展。

（3）提高企业的经济效益。通过改善劳动者的作业条件，提高劳动者的身心健康，可以提高劳动效率，从而促进了企业的经济效益。

(4) 推动安全卫生法规和制度的贯彻执行。
(5) 有利于提高全民的安全意识。
职业健康安全管理应该遵循的原则是：
(1) 进行目标管理；
(2) 采用过程控制方法；
(3) 以预防为主；
(4) 组织全体员工参加；
(5) 坚持持续改进。

（二）建立各种安全管理制度

为了加强安全管理，约束和规范职工的行为，企业在安全管理中应建立各种安全管理制度，如：
(1) 各级人员的安全生产责任制；
(2) 安全技术措施制度；
(3) 安全生产教育制度；
(4) 安全生产检查制度；
(5) 安全生产例会制度；
(6) 安全事故调查、处理、报告制度；
(7) 安全卫生评价制度；
(8) 易燃、易爆、有毒物品管理制度；
(9) 防护用品使用管理制度；
(10) 特种设备、特种作业人员管理制度；
(11) 机械设备安全检修制度；
(12) 场容环境管理制度；
(13) 消防、安全、卫生管理制度。

（三）安全教育与培训

安全教育培训的目的是为了提高职工的安全意识，增加安全生产知识，防止不安全行为和事故的发生。

安全教育的内容包括安全生产思想教育、安全知识教育、安全生产技能培训和安全法制教育。

1. 安全生产思想教育

安全生产思想教育的内容包括两个方面，即思想认识教育和劳动纪律教育。

(1) 思想认识教育。通过对安全生产方针、政策的教育，使全体职工全面正确地理解国家安全生产的方针政策，提高贯彻执行政策的水平，增强广大职工的安全意识。

(2) 劳动纪律教育。劳动纪律教育的目的是提高职工对遵守劳动纪律的重要性的认识，认清遵守劳动纪律与安全的关系，从而自觉地遵守各种规章制度和劳动纪律，保证安全生产的实施。

2. 安全知识教育

安全知识教育的目的是使职工了解企业的生产方式、方法和流程，生产中的潜在危险因素和危险源，以及相应的防护措施和知识，以增强职工的自我防护能力。

3. 安全技能培训

安全技能培训是结合职工各自的专业和工种所进行的安全生产技能培训，主要是学习本岗位、本专业的安全技术、劳动卫生和安全操作规程等知识，并且通过实际操作使职工能够熟练地掌握这些安全生产的技能，避免操作失误。

4. 法制教育

法制教育是通过有关安全生产法律法规和规章制度的教育，提高职工学法、守法的自觉性，形成人人守法，自觉执法，维护安全生产的局面。

安全教育的时间通常可安排在：

（1）新员工入场前，应进行三级安全教育，即企业的安全教育、项目经理部的安全教育和班组的安全教育。

①企业的安全教育。企业安全教育的主要内容是安全生产和法律法规的教育。

②项目经理部安全教育。主要内容是行政法规、行业法规、标准、规程和企业规章制度的教育。

③班组安全教育。主要内容是本岗位、本工种的安全操作规程及操作技术，班组安全制度及安全纪律的教育。

（2）生产发生变化时，结合生产变化进行安全知识教育。

（3）生产受季节、自然条件变化影响时，结合生产环境和作业条件的变化进行安全思想意识和安全生产知识的教育。

（4）在采用新技术、新设备、新材料、新工艺时，应进行安全知识、安全操作技能和安全思想意识的全面教育。

（四）安全检查

安全检查的目的是检查发现生产中存在的不安全因素，通过改善生产条件和作业环境消除可能的隐患，预防事故的发生，达到安全生产的目的。此外，通过安全检查还可以提高职工的安全生产的自觉性和责任感，使有关安全生产的法律、法规、制度能够正确地贯彻实施，总结安全管理的经验，改进安全管理中存在的缺陷和不足。

1. 安全检查的形式

（1）按检查的时间

①定期检查。

②巡回检查。

③季节性检查。

④节假日检查。

（2）按检查的内容

①普遍检查。

②专业性检查。

③交接检查。

（3）特别检查

①突击检查。针对特殊部门、特殊设备等进行的检查。

②特殊检查。针对带有危险因素的设备（如电动工具、电气和照明设备、通气设备、有毒有害物品的储运设备等）、新设备、新工艺等的检查。

2. 安全检查的内容

主要是查思想（检查企业领导和职工对安全生产的认识）、查制度（检查安全生产制度是否健全，是否认真执行）、查隐患（主要检查作业现场是否符合安全生产、文明施工的要求）、查管理（主要检查工程安全生产管理是否有效，内容包括安全生产责任制、安全技术措施计划、安全组织机构、安全保证措施、安全技术交底、安全教育、安全持证上岗、安全设施、安全标识、操作行为、安全记录等的实施和执行情况）、查安全教育培训、查安全卫生设施和劳动保护用品的使用、查施工现场（现场环境、现场施工状况、现场组织管理）、查事故处理（对安全事故处理应达到查明事故的原因，明确责任并对责任者作出处理，明确和落实整改措施，同时还应检查对伤亡事故是否及时报告，是否认真调查和严肃处理。）等，重点是查劳动条件、生产设备、现场管理、安全卫生设施、生产人员状况、违章指挥和违章作业等。

3. 安全检查的方法

安全检查的方法有一般检查法和检查表法两种。

（1）一般检查法

是采用看、听、嗅、问、查、测、验、析等方法进行检查。

①看：看现场环境和作业条件，看实物和实际操作，看记录和资料等。

②听：听汇报、听介绍、听反映、听意见或批评、听机械设备的运转响声或承重物发出的微弱声等。

③嗅：对挥发物、腐蚀物、有毒气体进行辨别。

④问：评影响安全问题，详细询问，寻根究底。

⑤查：查明问题、查对数据、查清原因，追查责任。

⑥测：测量、测试、监测。

⑦验：进行必要的试验和化验。

⑧析：分析事故的隐患和原因。

（2）检查表法

安全检查表法是一种简单、初步的安全检查分析方法，它是通过事先拟定的安全检查项目内容，检查实际生产中实施的情况，分析其中存在的问题，从而对安全生产进行初步诊断和控制。

安全检查表的内容通常包括检查项目、检查内容、检查方法和要求、回答问题、存在问题、改进措施、检查人等内容。表11-1为检查表的部分格式的示例。

班组安全检查表示例　　　　　　　　表11-1

检查项目	检查内容	检查方法或要求	检查结果	处理意见
作业前检查	1. 班前安全生产会开了没有 ⋮ 10. 有无其他特殊问题	查安排、看记录、了解来参加人员的主要原因 ⋮ 作业人员身体情绪正常，无穿拖鞋、裙子等现象		
作业中检查	11. 有无违反安全纪律 ⋮ 16. 作业人员的特殊反应如何	密切配合，不互出难题强行作业，不互相打闹 ⋮ 对作业有无不适应现象，身体、精神状态是否失常……		

4. 安全检查的要求

（1）安全检查应做好各项准备工作，包括思想、业务知识、法规政策和物资的准备。

（2）各种安全检查都应根据检查要求配备足够的资源。特别是大范围、全面性的安全检查，应明确检查负责人，选调专业人员，并明确分工、检查内容、标准等要求。

（3）每种安全检查都应有明确的检查目的、检查项目、内容及标准。特殊过程、关键部位应重点检查。检查时应尽量采用检测工具，用数据说话。对现场管理人员和操作人员要检查是否有违章指挥和违章作业的行为，还应进行应知应会知识的抽查，以便了解管理人员及操作工人的安全素质。

（4）检查记录是安全评价的依据，要做到认真详细，真实可靠，特别是对隐患的检查记录要具体。如隐患的部位、危险程度及处理意见等。

（5）对安全检查记录要用定性定量的方法，认真进行系统分析安全评价。哪些检查项目已达标，哪些项目没有达标，哪些方面需要进行改进，哪些问题需要进行整改，受检单位应根据安全检查评价及时制定改进的对策和措施。

（6）对检查中发现的问题应做好整改工作，明确整改的负责人，规定整改完成的时间。

（7）建立安全检查档案。通过安全检查逐步建立安全检查档案，收集基本的数据，掌握基本的安全状况，为及时清除安全隐患提供数据，并为今后的职业健康安全检查奠定基础。

安全检查应做到有计划、有目的、有准备、有整改、有总结、有处理。安全检查的整改应该做到"三定"和"二不"。所谓"三定"是指定整改的负责人、定整改的措施和定整改的时间；"二不"是指不推（该谁负责即由谁完成，不推托）和不拖（整改要按时完成，不拖时间）。

（五）安全技术措施

安全技术措施是施工组织设计的重要部分，是根据工程的特点、施工现场环境、施工方法、劳动组织、施工机械和设备、施工工具和安全防护设施制定的安全施工预防措施。

1. 安全技术措施的分类

安全技术措施可根据工程施工特点的不同分为一般工程施工安全技术措施、特殊工程施工安全技术措施和季节性施工安全技术措施。

（1）一般工程施工安全技术措施

一般工程施工安全技术措施主要包括基坑、基槽开挖中开挖边坡坡度的确定和支护方法；脚手架的搭设方案和安全防护措施，以及脚手架距离架空电线的安全距离和防护措施；高空作业中的上下安全通道；施工洞口的防护方法；施工现场中运输道路和人行通道的布置；施工现场的防雷、防毒、防爆、防火、用电等的安全措施等。

（2）特殊工程施工安全技术措施

对于结构复杂、危险性大的特殊工程，如大型吊装、沉箱、沉井、烟囱、水塔、爆破、高空作业等工程，必须编制相应的单项安全技术措施。

（3）季节性施工安全技术措施

季节性施工主要是指雨季、夏季和冬季的施工，其主要的施工安全内容是：

1）雨季施工。应做好防雨、防雷、防洪、防触电、防坍方等工作。

2）夏季高温期施工。应做好防暑降温工作。

3）冬季施工。应做好保温、防冻、防风、防滑、防火、防煤气中毒等工作。

2. 施工安全技术措施的实施要求

经批准的安全技术措施具有技术法规的作用，必须认真贯彻执行。遇到因条件变化或考虑不周需变更安全技术措施内容时，应经原编制、审批人员办理变更手续，否则不能擅自变更。

（1）工程开工前，应将工程概况、施工方法和安全技术措施，向参加施工的工地负责人、工班长进行安全技术措施交底，每个单项工程开工前，应重复进行单项工程的安全技术交底工作。使执行者了解其要求，为落实安全技术措施打下基础，安全交底应有书面材料，双方签字并保存记录。

（2）安全技术措施中的各种安全设施的实施应列入施工任务计划单，责任落实到班组或个人，并实行验收制度。

（3）加强安全技术措施实施情况的检查，技术负责人、安全技术人员、应经常深入工地检查安全技术措施的实施情况，及时纠正违反安全技术措施的行为，各级安全管理部门应以施工安全技术措施为依据，以安全法规和各项安全规章制度为准则，经常性地对工地实施情况进行检查，并监督各项安全措施的落实。

（4）对安全技术措施的执行情况，除认真监督检查外，还应建立起与经济挂钩的奖罚制度。

（六）安全技术交底

安全技术交底是指在施工前将工程情况、施工方法、施工程序、安全技术措施、施工中应注意的问题等，具体、明确、有针对性地向工地负责人、工长、班组长详细交代清楚，有时还应向参加施工的全体员工进行交底。应保持书面安全技术交底签字记录。

安全技术交的主要内容包括：

（1）本工程项目施工作业的特点和危险点；

（2）针对危险点应采取的预防措施；

（3）应注意的安全事项；

（4）相应的安全操作规程和标准；

（5）一旦发生安全事故后应采取的避难和急救措施。

安全技术措施交底通常包括一般性安全操作规定和专业工程施工安全技术规定两个方面。

1. 一般性操作规定

（1）安全生产纪律。

（2）安全技术规定：

①施工现场操作规定；

②机电设备操作规定；

③高空（高处）作业操作规定；

④雨季施工的安全操作规定。

（3）施工现场安全防护标准：

①高处作业防护；

②洞口临边防护；

③垂直运输设备防护；

④现场安全用电；

⑤中小型机具安全防护。

（4）起重、吊装规定。

（5）气割、电焊规定。

2. 专业工程施工安全技术规定

（1）基础开挖工程安全技术；

（2）钢筋混凝土工程施工安全技术；

（3）砌体工程施工安全技术；

（4）钢结构工程施工安全技术；

（5）安装工程施工安全技术；

（6）地下开挖工程施工安全技术；

（7）土石方工程施工安全技术。

（七）安全预防和防范措施

在工程项目施工中，预先采取相应的安全预防和防范措施可以防止或减少安全事故的发生，保证施工的正常进行。

安全预防和防范措施一般包括：

1. 改进施工生产工艺，实现施工机械化和自动化。
2. 设置相应的安全装置。包括：

（1）防护装置

①对于机械设备。做到轮设罩，轴设套，机械转动部分应与操作人员隔开；

②用电方面。做到施工用电低电压，设置高压线路的隔离防护设施等。

（2）保险装置

①锅炉、压力容器设安全阀；

②供电设备设触电保安器；

③提升设备设断绳保险器。

（3）信号装置

①颜色信号、红绿旗、红绿灯等。

②音响信号。口哨、电铃、汽笛等。

③指示仪表信号。压力表、水位表、温度计等。

（4）危险警示标志

危险警示标志有文字警示标志和图形符号警示标志两种。

①文字警示标志。如禁止烟火、注意触电、危险等警示牌。

②图形符号警示标志。通常用各种图形、符号配以红、蓝、黄、绿等颜色作为警示标志；红色表示危险，蓝色表示指令，黄色表示警告，绿色表示安全。

3. 进行预防性检验。对于机械和电气设备采用定期或不定期地预防性检查也可起到防患于未然的作用。例如：机械强度检验；电气设备绝缘检验。

4. 对机械设备进行有计划的检修和维修保养。

5. 对施工现场进行科学化、规范化、标准化的管理，开展文明施工。

6. 合理使用劳动保护用品。

八、水利水电建设工程中的安全生产责任

（一）建设单位的安全责任

1. 电力建设单位主要负责人、项目负责人、安全生产管理人员应接受不小于32学时的安全教育培训，每年不小于12学时。

2. 应在招标文件中对投标单位的资质、安全生产条件、安全生产信用、安全生产费用提取、安全生产保障措施提出明确要求。

3. 在工程项目开工报告批准之日起15日内，将工程项目的安全生产管理情况向所在地电力监管机构备案，包括项目概况、项目安全生产保证体系和监督体系、安全生产管理机构及相关负责人、安全生产规章制度、安全投入计划、施工组织方案、安全应急预案等。

4. 应向施工单位提供施工现场及毗邻区域内地下各种管线资料、气象、水文和地质资料、相邻建筑和构筑物、地下隐蔽工程资料，并保证资料的真实、准确、完整。

5. 所采购的设备、材料达到质量和安全要求，不得明示或暗示施工单位购买、租赁、使用不符合安全要求的设备、材料及用具。

6. 应组织制定项目的各类安全应急预案，定期演练。

（二）设计单位安全责任

1. 应按法律、法规、规章和工程强制性标准进行勘察（测）、设计。

2. 应根据施工操作和防护要求，在设计中注明涉及施工安全的重点部位和环节。

3. 当采用新技术、新材料、新工艺和特殊结构时，应在设计文件中提出保障施工作业人员安全和预防安全生产事故的措施建议。

4. 工程概算中应计列工程安全生产费用，明确安全生产费用的名目、使用范围。

（三）监理单位安全责任

1. 协助建设单位实施电力建设工程项目安全生产管理，做到安全生产监理与工程质量控制、工期控制、投资控制同步。

2. 应编制工程项目安全监理实施细则，明确安全监理方法、措施、控制要点和安全技术措施检查方案。

3. 按监理实施细则对施工单位、调试单位和试运单位实施安全监理。

4. 按强制性标准和安全生产标准审查工程设计方案、施工组织设计中安全技术措施和专项施工方案。

5. 发现存在安全事故隐患时，应立即要求施工单位整改，情况严重的，应责令停工，并及时上报（建设单位）。

6. 对工程的安全生产承担监理责任。

（四）施工单位安全责任

1. 施工单位应设置安全生产管理机构，配备符合规定的专职安全生产管理人员。

2. 保证安全生产资金的投入，不得调减或挪用合同中规定的安全生产费用。

3. 总包单位对施工现场安全生产负总责，分包单位应服从总包单位的安全生产管理，并负连带责任。

4. 组织编制安全技术措施，对危险性较大的分部分项工程编制专项施工方案。

5. 施工单位的安全培训教育、安全技术交底和现场安全警示标志、安全防护设施的设置，应符合法律、法规、规章和标准规定。

6. 对毗邻建筑物、构筑物、地下管线、架空线缆、设施及周边环境采取专项防护措施。

7. 应按国家规定采购、租赁、验收、检测、发放、使用、管理安全防护用具、机械设备、施工设备（脚手架、模板等）。

8. 施工单位主要负责人、项目负责人、专职安全生产管理人员、特种作业人员应按规定接受教育培训，考核合格后方可上岗。

9. 应编制工程调试大纲和试验方案，并对各项试验方案制定安全措施。

10. 制定施工现场安全应急预案，组织分包单位编制施工现场安全应急预案。

11. 建立应急救援组织、配备应急物资和器材、定期组织演练。

第二节　职业健康安全管理体系

从 20 世纪 80 年代以来，随着世界经济的发展，许多人认识到在企业中进行卫生安全管理的重要性，一些国家先后开展了制定职业卫生安全管理标准的活动，特别是在国际标准化组织发布了《质量管理体系》ISO 9000 系列标准之后，借鉴编制 ISO 9000 系列标准的思路和方法进行职业健康安全管理体系（OHSMS）标准的编制，使得职业健康安全管理体系与质量管理体系互相兼容，从而使其成为企业总管理体系（质量管理体系、安全管理体系、环境管理体系）的一部分。在这种思想指导下，1996 年英国颁布了《职业健康安全管理体系指南》BS 8800 国家标准，同时美国工业协会也制定了关于《职业健康安全管理体系》的指导性文件，1997 年澳大利亚和新西兰制定了《职业健康安全管理体系原则、体系和支持技术通用指南》草案，日本工业安全卫生协会（JISHA）提出了《职业安全健康管理体系导则》，1999 年英国标准协会（BSI）与挪威船级社等 13 个组织共同制定了职业健康安全评价系统（OHSAS），即《职业健康管理体系——规范》OHSAS 18001 标准和《职业健康安全管理体系——OHSAS 18001 实施指南》OHSAS 18002 标准，我国也于 2001 年 10 月颁布了 GB/T 28001《职业健康安全管理体系——规范》。

《职业健康安全管理体系——规范》适用于所有领域和行业，它是针对生产现场的职业健康安全，而不是针对产品安全和服务安全。

一、职业健康安全管理体系的特点

（一）职业健康安全管理体系要求的基本结构

职业健康安全管理体系要求的基本结构如图 11-1 所示，由范围、规范性引用文件、术语和定义、职业健康安全管理体系要求等四部分组成，其中职业健康安全管理体系要求又由职业健康安全方针、策划、实施和运行、检查、管理评审等 5 个一级要素和 17 个二级要素组成。一级要素策划包括 3 个二级要素，实施和运行包括 7 个二级要素，检查包括 5 个二级要素，如表 11-2 所示。

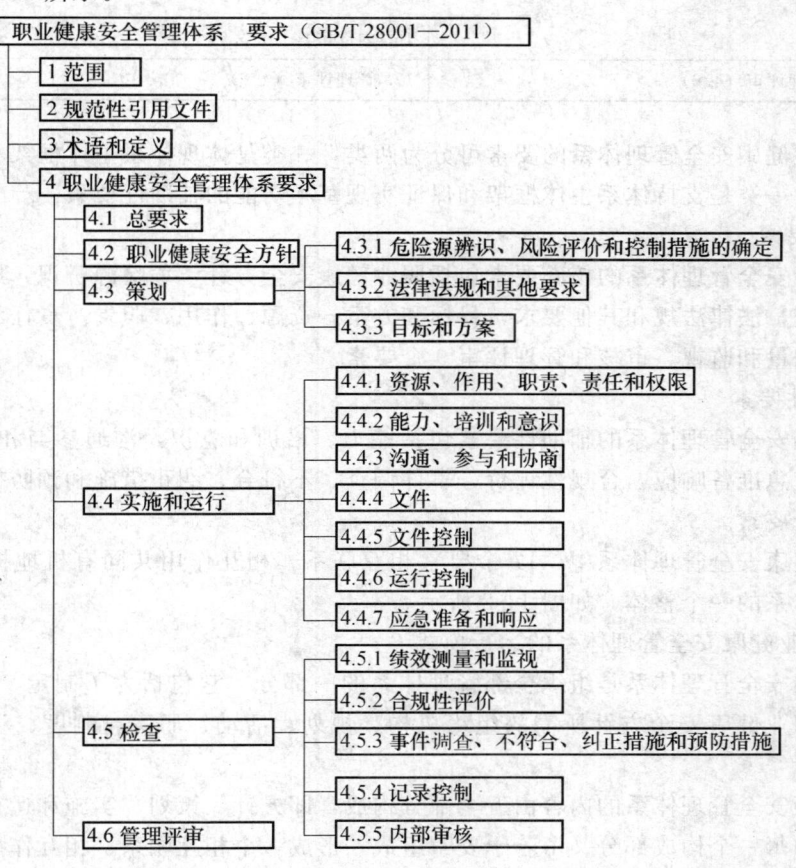

图 11-1 职业健康安全管理体系规范总体结构图

职业健康安全管理体系一、二级要素表　　　　　表 11-2

	一级要素	二级要素
要素名称	（一）职业健康安全方针（4.2）	1. 职业健康安全方针（4.2）
	（二）策划（4.3）	2. 危险源辨识、风险评价和控制措施的确定（4.3.1）
		3. 法律法规和其他要求（4.3.2）
		4. 目标和方案（4.3.3）
	（三）实施和运行（4.4）	5. 资源、作用、职责、责任和权限（4.4.1）
		6. 能力、培训和意识（4.4.2）
		7. 沟通参与和协商（4.4.3）
		8. 文件（4.4.4）
		9. 文件控制（4.4.5）
		10. 运行控制（4.4.6）
		11. 应急准备和响应（4.4.7）
	（四）检查（4.5）	12. 绩效测量和监视（4.5.1）
		13. 合规性评价（4.5.2）
		14. 事件调查、不符合、纠正措施和预防措施（4.5.3）
		15. 记录控制（4.5.4）
		16. 内部审核（4.5.5）
	（五）管理评审（4.6）	17. 管理评审（4.6）

构成职业健康安全管理体系的要素可分为两类，一类是体现体系主体框架和基本功能的核心要素，另一类是支持体系主体框架和保证实现基本功能的辅助性要素。

1. 核心要素

职业健康安全管理体系的核心要素包括职业健康安全方针、危险源辨识、风险评价和控制措施的确定，法律法规和其他要求，目标和方案，资源、作用、职责、责任和权限，运行控制，绩效测量和监视，审核和管理评审 9 个要素。

2. 辅助性要素

职业健康安全管理体系的辅助性要素包括能力、培训和意识，沟通参与和协商，文件，文件控制，应急准备响应，合规性评价，事件调查、不符合、纠正措施和预防措施，以及记录控制等 8 个要素。

在职业健康安全管理体系中，17 个要素相互联系、相互作用共同有机地构成了职业健康安全管理体系的一个整体，如图 11-2 所示。

（二）职业健康安全管理体系的运行模式

职业健康安全管理体系是组织全部管理体系的一部分，它包括为了制定、实施、实现、评审和保持职业健康安全方针所需的组织机构、规划、活动、职责、制度、程序、过程和资源。

职业健康安全管理体系的内容由五个部分构成，即方针、策划、实施和运行、检查、管理评审，其中每一个构成部分又由若干要素组成，形成一个相互联系、相互作用和持续改进的有机整体——体系，它的运行模式符合 PDCA 原理，如图 11-3 所示。

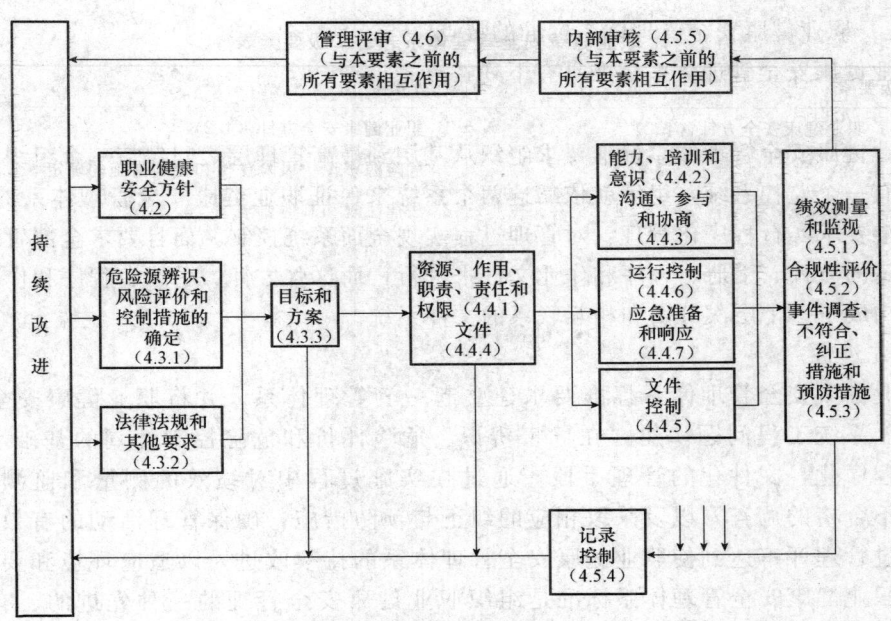

图 11-2 职业健康安全管理体系各要素之间的相互关系

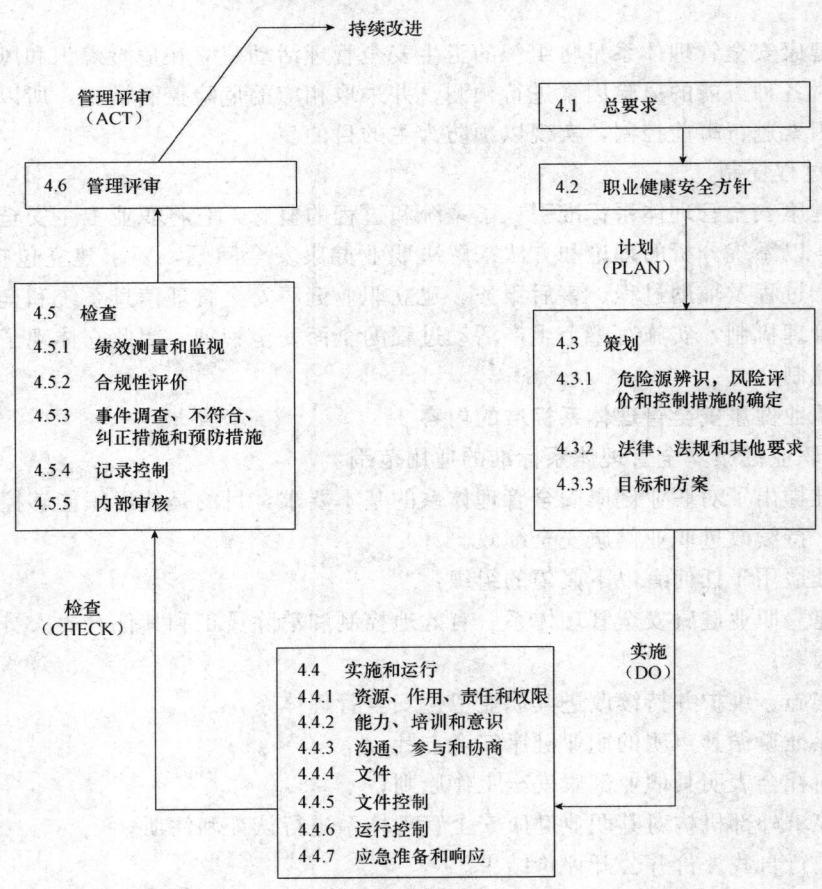

图 11-3 职业健康安全管理体系运行模式

（三）职业健康安全管理体系标准的特点

职业健康安全管理体系标准具有下列特点：

1. 系统性

职业健康安全管理体系标准要求组织从基层到最高管理层之间保持一个组织系统，同时还要求有一个监控系统，组织就依靠这两个系统来保证职业健康安全管理体系的有效运行。同时标准要求实行程序化管理，对管理过程实现全面系统控制。而且要求全部管理活动要按预先制定的方针、手册、程序和作业文件来进行，而这些方针、手册、程序和作业文件及其记录则构成了一个层次分明和相互联系的文件系统。

2. 先进性

职业健康安全管理体系标准要求建立起一套管理体系，并将职业健康安全管理活动作为一个系统工程问题，建立在危害辨识、危险评价和危险控制计划的基础上，采用结构化、程序化、文件化的管理手段，通过在实施过程中对绩效的测量和监测，对事故、事件、不合格的调查，以及采取相应的纠正与预防措施，确保管理活动的有效性和效率，并且通过管理评审达到使职业健康安全管理体系的持续改进，以适应环境和要求的变化。所以，职业健康安全管理体系标准是组织职业健康安全管理的一种先进的、有效的管理方法。

3. 预防性

职业健康安全管理体系是将组织的卫生安全管理活动建立在危险辨识和风险评价的基础上，可以对各种可能的风险因素进行预测，并采取相应的危险控制措施，所以可以对各种预知的风险因素进行事前控制，实现以预防为主的目的。

4. 全过程控制

职业健康安全管理体系标准引入了系统和过程的概念，它将职业卫生安全管理作为一项系统工程，以系统分析的理论和方法来解决职业健康安全问题，要求建立包括决策、设计、采购、生产过程及辅助过程、售后服务、建立职业健康安全管理信息系统和全员参与的全过程完整的管理机制，实施对整个生产活动过程的全面安全管理，因此它体现了职业健康安全的全过程控制。

二、职业健康安全管理体系标准的内容

（一）职业健康安全管理体系标准的适用范围

该标准提出了对职业健康安全管理体系的基本要求，目的是使组织能够控制其职业健康安全风险，持续改进职业健康安全绩效。

该标准适用于任何有以下愿望的组织：

（1）建立职业健康安全管理体系，有效地控制和消除员工和其他有关人员可能遭受的危险及危害因素；

（2）实施、维护并持续改进其职业卫生安全管理体系；

（3）保证遵循其声明的职业健康安全方针；

（4）向社会表明其职业健康安全工作原则；

（5）谋求外部机构对其职业健康安全管理体系进行认证和注册；

（6）进行自我评价并公开评价结果。

该标准中提出的所有要求，旨在帮助组织建立职业健康安全管理体系，其适用的程度取决于组织的职业健康安全方针、业务活动的特点、危险性和复杂性。

(二)术语和定义

1. 可接受的风险(Acceptable risk)

根据组织法律义务和职业健康安全方针已被组织降至可容许程度的风险。

2. 审核(Audit)

为获得"审核证据"并对其进行客观的评价,以确定满足"审核准则"的程度所进行的系统的、独立的并形成文件的过程。

注1:独立的不意味着必须来自组织外部。很多情况下,特别是在小型组织,独立性可以通过摆脱与被审核活动之间无责任关系来证实。

注2:有关"审核证据"和"审核准则"的进一步指南参见GB/T 19011—2003。

3. 持续改进(Continual Improvement)

为了实现对整体职业健康安全绩效的改进,根据组织的职业健康安全方针,不断对职业健康安全管理体系进行强化的过程。

注1:该过程不必同时发生于活动的所有方面。

注2:改编自GB/T 24001—2004,3.2。

4. 纠正措施(Corrective Action)

为消除已发现的不符合或其他不期望情况的原因所采取的措施。

注1:一个不符合可以有若干个原因。

注2:采取纠正措施是为了防止再发生,而采取预防措施是为了防止发生。

5. 文件(Document)

信息及其承载媒体。

注:媒体可以是纸张,计算机磁盘、光盘或其他电子媒体,照片或标准样品,或它们的组合。

6. 危险源(Hazard)

可能导致人身伤害和(或)健康损害的根源、状态或行为、或其组合。

7. 危险源辨识(Hazard Identification)

识别危险源的存在并确定其特性的过程。

8. 健康损害(Ill Health)

可确认的、由工作活动和(或)工作相关状况引起或加重的身体或精神的不良状态。

9. 事件(Incident)

发生或可能发生与工作相关的健康损害或人身伤害(无论严重程度),或死亡的情况。

注1:事故是一种发生人身伤害、健康损害或死亡的事件。

注2:未发生人身伤害、健康损害或死亡的事件通常称为"未遂事件",在英文中也可称为"near-miss"、"near-hit"、"closs call"或"dangerous occurrence"。

注3:紧急情况是一种特殊类型的事件。

10. 相关方(Related party)

工作场所内外与组织职业健康安全绩效有关或受其影响的个人或团体。

11. 不符合(Nonconformity)

未满足要求。

注:不符合可以是对下述要求的任何偏离:
——有关工作标准、惯例、程序、法律法规要求;
——职业健康安全管理体系要求。

12. 职业健康安全（OH&S Occupational Health and Safety）

影响或可能影响工作场所内的员工或其他工作人员（包括临时工和承包方员工）、访问者或其他人员的健康安全的条件和因素。

注：组织须遵守关于工作场所附近或暴露于工作场所活动的人员的健康安全方面的法律法规要求。

13. 职业健康安全管理体系（OH&S Management System）

组织管理体系的一部分，用于制订和实施组织的职业健康安全方针并管理其职业健康安全风险。

注1：管理体系是用于制订方针和目标并实现这些目标的一组相互关联的要求。

注2：管理体系包括组织结构、策划活动（例如：包括风险评价、目标建立等）、职责、惯例、程序、过程和资源。

14. 职业健康安全目标（OH&S Objective）

组织自我设定的在职业健康安全绩效方面要达到的职业健康安全目的。

注1：只要可行，目标应是可测量的。

注2：条款4.3.3要求职业健康安全目标符合职业健康安全方针。

15. 职业健康安全绩效（OH&S Performance）

组织对职业健康安全风险进行管理所取得的可测量的结果。

注1：职业健康安全绩效测量包括测量组织控制措施的有效性。

注2：在职业健康安全管理体系背景下，结果也可根据组织的职业健康安全方针、职业健康安全目标和其他职业健康安全要求测量出来。

16. 职业健康安全方针（OH&S Policy）

最高管理者就组织的职业健康安全绩效正式表述的总体意图和方向。

注1：职业健康安全方针为采取措施和设定职业健康安全目标提供框架。

注2：改编自GB/T 24001—2004，3.11。

17. 组织（Organization）

具有自身职能和行政管理的公司、集团公司、商行、企事业单位、政府机构、社团或其结合体，或上述单位中只有自身职能和行政管理的一部分，无论其是否具有法人资格，公营或私营。

注：对于拥有一个以上运行单位的组织，可以把一个运行单位视为一个组织。

18. 预防措施（Preventive Action）

为消除潜在不符合或其他潜在不期望情况的原因所采取的措施。

注1：一个潜在不符合可以有若干个原因。

注2：采取预防措施是为了防止发生，而采取纠正措施是为了防止再发生。

19. 程序（Procedure）

为进行某项活动或过程所规定的途径。

注1：程序可以形成文件，也可以不形成文件。

注2：当程序形成文件时，通常称为"书面程序"或"形成文件的程序"。含有程序的文件可称为"程序文件"。

20. 记录（Record）

阐明所取得的结果或提供所从事活动的证据的文件。

21. 风险（Risk）

发生危险事件或有害暴露的可能性，与随之引发的人身伤害或健康损害的严重性的组合。

22. 风险评价（Risk Assessment）

对危险导致的风险进行评估、对现有控制措施的充分性加以考虑以及对风险是否可接受予以确定的过程。

23. 工作场所（Workplace）

在组织控制下实施工作相关活动的任何物理区域。

注：在考虑工作场所的构成时，组织宜考虑对如下人员的职业健康安全影响，例如：差旅或运输中（如驾驶、乘机、乘船或乘火车等）、在家工作的人员。

（三）职业健康安全管理体系要素

1. 总要求

组织应建立、实施、保持和持续改进职业健康安全管理体系，确定如何满足这些要求，并形成文件。

组织可以根据需要确定建立和实施职业健康安全管理体系的范围，可以在整个组织或组织的某一单位或活动中选择实施职业健康安全管理体系。

职业安全健康管理体系由职业健康安全方针、计划、实施与运行、检查与纠正措施和管理评审等五个部分组成，其中每个部分又由若干要素组成，如图11-1所示。

2. 职业健康安全方针

组织应有一个经最高管理者确定批准本组织的职业健康安全方针，以阐明整体职业健康安全目标和改进职业健康安全绩效的承诺，并确保职业健康安全方针在界定的职业健康安全管理体系范围内。

方针应该：

（1）适合于组织职业健康安全特点、风险的性质和规模；

（2）包括防止人身伤害与健康损害和持续改进职业健康安全管理与职业健康安全绩效的承诺；

（3）包括至少遵守与其职业健康安全危险源有关的适用的法律、法规和要求及组织应遵的其他要求的承诺；

（4）为制订和评审职业健康安全目标提供框架；

（5）形成文件，付诸实施，予以保持；

（6）传达到全体员工，使每个人都认识到各自在职业健康安全方面的义务；

（7）可为相关方所获取；

（8）定期进行评审，确保其与组织保持相关和适宜性。

3. 策划

策划部分包括危险源辨识、风险评价和控制措施的确定；法律法规和其他要求；目标和方案三个内容，是建立质量管理体系的初始阶段。

（1）危险源辨识、风险评价和控制措施的确定

组织应建立和保持危险源辨识、风险评价和必要控制措施的实施程序。实施程序应包括：

①常规和非常规的活动；
②所有进入作业场所人员（包括承包人员和访问者）的活动；
③人的行为、能力和其他人为因素；
④已识别的源于工作场所外，能够对工作场所内组织控制下的人员的健康产生不利影响的危险源；
⑤在工作场所附近，由组织控制下的工作相关活动所产生的危险源；
⑥作业场所内，无论是由组织还是由外部所提供的设施、设备和材料。
⑦组织及其活动的变更、材料变更或计划变更；
⑧职业健康安全管理体系的更改包括临时变更等，及其对运行、过程和活动的影响；
⑨所有与风险评价和实施必要控制措施相关的适用法律义务；
⑩对工作区域、过程、装置、机器和（或）设备、操作程序和工作组织的设计，包括其对人的能力的适应性。

组织应确保在确立职业安全健康目标时，对这些风险评价的结果及控制的效果进行考虑，并将此文件化并保持最新。

组织所采用的危险源辨识和风险评价的方法应该：
①依据其范围、性质和时间安排进行确定，以保证其方法切实可行，具有可操作性；
②确定风险、风险级别、风险优先次序的区分和风险文件的形成以及适当时控制措施的应用；
③与运行经验和所采取的风险控制措施的能力相适应；
④为确定设备要求、明确培训需求和开展运行控制，提供适宜信息；
⑤提供必要的监测活动，保证实施的有效性和及时性。

在确定控制措施或考虑变更现有控制措施时，应按如下顺序考虑降低风险：
①消除；
②替代；
③工程控制措施；
④标志、警告和（或）管理控制措施；
⑤个体防护装备。

组织应将危险源辨识、风险评价和控制措施的确定结果形成文件，并及时更新。

在建立职业健康安全管理体系时，首先应对组织的职业健康安全管理现状进行初始评审，评审的内容包括：
①法律、法规要求；
②危险源识别和重大危险的确定；
③对所有现行职业健康安全管理活动与程序的审查；
④对以往事件、事故调查，纠正及预防措施的评价。

进行危险源辨识、风险评价时应考虑以下情况：
①职业健康安全法律和其他要求；
②职业健康安全方针；
③事故及事件记录；
④不符合；
⑤审核结果；

⑥来自员工和相关方的信息；
⑦类似组织发生的事故和事件的信息；
⑧组织的设施、工艺过程和活动方面的信息。

常用的危害辨识和危险评价的方法有：安全检查表、预先危险分析、故障类型及影响分析、危险可操作性研究、事件树分析、危险指数方法、危险概率评价法等。

（2）法规和其他要求

组织应建立、实施并保持遵守职业健康安全法律法规和其他职业健康安全要求的程序。组织保存的法律和法规应是最新的，并应将其要求传达给全体员工和其他相关方。

（3）目标和方案

组织应针对其内部相关职能和层次，建立职业健康安全目标，并使之形成文件。

目标应可测量，应符合职业健康安全方针，包括对防止人身伤害与健康损害，符合适用法律法规要求与组织应遵守的其他要求，以及持续改进的承诺。

组织在建立和评审职业卫生安全目标时，应考虑法律、法规和相关方要求，自身职业健康安全危害和危险的特点，可选技术方案，财务、运行和经营要求，以及相关方的观点。目标应符合职业健康安全方针，并包括对持续改进的承诺。

组织应制订并保持旨在实现职业健康安全目标的管理方案。方案至少应包括：
①规定组织相关职能和层次实现职业健康安全目标的职责和权限；
②制订实现目标的方法和时间表。

此外，组织应建立并保持程序，定期在计划的时间内对职业健康安全管理方案进行评审，针对组织的活动、产品、服务或运行条件的变化，对职业健康安全管理方案进行修订。

职业健康安全管理方案要具体，应规定方案完成的时间，具体的负责人，完成的方法和实施的费用分析及批准情况。

4. 实施与运行

实施与运行部分包括：资源、作用、职责、责任和权限；能力培训和意识；沟通、参与和协商；文件；文件控制；运行控制；应急预案与响应等要素。

（1）资源、作用、职责、责任和权限

最高管理者应对职业健康安全职业健康安全管理体系承担最终责任。

最高管理者应通过以下方式证实其承诺：
①确保为建立、实施、保持和改进职业健康安全管理体系提供必要的资源。资源包括人力资源和专项技能、组织基础设施、技术和财力资源。
②明确作用、分配职责和责任、授予权力以提供有效的职业健康安全管理；作用、职责、责任和权限应形成文件和予以沟通。

为便于实施有效的职业健康安全管理，组织内各岗位人员的作用、职责、责任和权限应予以界定和文件化，并予以传达。

职业健康安全的最终责任由最高管理者承担。组织应在最高管理层任命一名成员（一般为分管生产的副职）承担特定的健康安全职责，确保职业健康安全管理体系的正确实施和运行。

管理层应为实施、控制和改进职业健康安全管理体系提供必要的资源，包括人力资源和专项技能、技术和财力资源。

组织任命的分管健康安全工作的领导应被规定有明确的职责和权限，以便：
①确保组织建立、实施与保持职业健康安全管理体系；

②向最高管理者汇报职业健康安全管理体系的绩效,以便为评审和改进职业健康安全管理体系提供依据。

最高管理者中被任命者的身份应对所有本组织的工作人员公开。

所有承担管理职责的人员,都应该表明其对职业健康安全绩效持续改进的承诺。

(2) 能力、培训和意识

全体人员应具备完成职业健康安全工作任务的能力,应根据其教育、培训和经历,对能力进行鉴定,并保存相关的记录。

组织应建立并保持程序,使工作在每一相关职能和层次的员工都意识到:

①遵循职业健康安全方针与程序,以及职业健康安全管理体系要求的重要性;

②工作活动中健康安全状况的改善,以及个人行为的改进所带来的职业健康安全效益;

③在执行职业健康安全方针和程序,实现职业健康安全管理体系要求(包括应急准备和响应要求)方面的作用与职责和重要性;

④偏离规定的运行程序可能带来的后果。

培训程序应考虑不同层次的需求,即应考虑:

①职责、能力、语言技能和文化程度;

②风险。

(3) 沟通、参与和协商

组织应建立、实施并保持程序,以确保与员工和其他相关方进行有关的职业健康安全信息的交流。

该程序可用于:

1) 对于工作人员

①适当参与危险辨识、风险评价和控制措施的确定;

②适当参与事件调查;

③参与职业健康安全方针和目标的制订和评审;

④对影响他们职业健康安全的任何变更进行协商;

⑤对职业健康安全事务发表意见。

2) 对于承包方

与承包方就影响他们的职业健康安全的变更进行协商。

在适当时间,组织应确保与相关方就有关的职业健康安全事务进行协商。

员工的参与和协商计划应形成文件,并向相关方通报。员工应:

①参与职业健康安全工作方针和程序的制订和评审;

②参与改善作业场所健康安全状况的讨论;

③在职业健康安全事务上享有代表性;

④了解谁是职业健康安全员工代表和分管健康安全工作的领导。

沟通、参与和协商包括两个方面,一是内部各部门、各层次间的协商和交流;二是与外部的协商和沟通。

沟通、参与和协商的内容包括员工参与职业健康安全方针、目标、计划、制度的制订、评审,参与危险源辨识、风险评价与控制措施和事故调查处理等事务。

(4) 文件

组织应以适当的工具如书面或电子形式建立并保持下列文件:

①职业健康安全方针和目标；
②对职业健康安全管理体系覆盖范围的描述；
③对职业健康安全管理体系主要要素及其相互作用的描述，以及相关文件的查询途径；
④记录；
⑤组织为确保对涉及其职业健康安全风险管理过程进行有效策划、运行和控制所需的文件，包括记录。

重要的是，文件要与组织的复杂程度、相关的危险源和风险相匹配，按有效性和效率的要求使文件尽可能少。

职业健康安全管理体系的主要文件包括管理手册、程序文件和作业文件三部分。

①管理手册。其内容是阐述职业健康安全方针，目标和指标，管理方案，管理体系核心要素，管理体系有关的组织机构、职责和权限以及手册的评审、修改和控制等规定。
②程序文件。是指为完成体系要求的职业健康安全活动所规定的方法。
③作业文件。包括表格、报告、作业指导书、风险因素清单、法律法规名录、安全评价报告、现场平面图等。

（5）文件控制

组织应建立、实施并保持程序，控制职业健康安全管理体系标准所要求的所有文件和资料，从而确保：

①它们能够被恰当定位；
②对它们进行定期评审，必要时予以修订并由授权人员确认其适宜性；
③职业健康安全管理体系的关键岗位，都能得到有关文件和资料的现行版本；
④及时将失效文件和资料从所有发放和使用场所撤回，或采取其他措施防止误用；
⑤法律和知识性文件及资料，予以适当标识并保存。

还应规定：

①在文件发布前进行审批，确保其充分性和适宜性；
②必要时对文件进行评审和更新，并重新审批；
③确保对文件的更改和现行修订状态作出标识；
④确保在使用处能得到适用文件的有关版本；
⑤确保文件字迹清楚，易于识别；
⑥确保对策划和运行职业健康安全管理体系所需的外来文件做出标识，并对其发放予以控制。
⑦防止过期文件的非预期使用。若需保留，应做出适当的标识。

（6）运行控制

组织应确定控制危险和相关因素的运行程序和活动，并应对这些活动与维护工作加以规划，使之符合下列条件：

①考虑到缺乏程序指导可能导致偏离职业健康安全方针、目标和运行情况；
②在程序中规定运行标准；
③对于组织所购买和使用的货物、设备和服务中已标识的职业健康安全危险，建立并保持管理程序；
④为了从根本上消除或降低职业健康安全危险，对于作业场所、过程、装置、机械、运行程序和作业组织的设计，包括人力的配置等建立有效的管理程序。

⑤对进入工作场所的承包方和访问者有相关的控制措施；

⑥有规定的运行准则，以避免因其缺乏而可能偏离职业健康安全方针和目标。

（7）应急准备和响应

组织应建立、实施并保持计划和程序，确定潜在的事故或紧急情况，并作出应急准备和响应，以预防或减少疾病和伤害。

组织应制订评价应急准备和响应实际效果的计划和程序，并应定期检验上述程序。

组织应对可能的重大事故制订应急计划，应急计划的内容包括：

①认别潜在的事故和紧急情况；

②确定应急期间的负责人；

③所有人员在应急期间的职责；

④在应急期间起特殊作用的人员（例如消防员、急救人员、核泄漏及毒物泄漏专家等）的职责、权限和义务；

⑤疏散程序；

⑥危险物料的确认和位置，所要求的应急行动；

⑦与外部应急机构的接触；

⑧与立法部门的交流；

⑨重要记录与设备的保护；

⑩应急期间必需使用的信息，例如装置布置图、危险物质数据、程序、作业说明书和联络电话号码等。

组织应定期评审其应急准备和响应程序，必要时对其进行修订，特别是在定期测试和紧急情况发生后。

5. 检查

检查部分包括：绩效测量和监视；合规性评价、事件调查、不符合、纠正措施和预防措施；记录控制；内部审核等要素。

（1）绩效测量和监视

组织应建立、实施并保持程序，对职业健康安全绩效进行监视和测量。这些程序应提供：

①适用于组织所需的定性和定量测量；

②与组织的职业健康安全目标相适应的监测；

③主动性绩效测量，监视职业健康安全管理方案、运行标准和适用的法律、法规要求的执行情况；

④被动性绩效测量，监视事故、职业病、事件（包括未遂过失）和其他不良的职业健康安全绩效的历史证据；

⑤足够的数据记录和监视与测量结果，以便对以后的纠正措施和预防措施进行分析。

如果绩效测量和监测需要用到监测设备，组织应建立并保持程序，对这类设备进行校准和维护，并应将校准和维护活动及结果予以记录保存。

测量职业健康安全绩效的方法有：

①利用检查表进行系统的作业现场检查；

②进行职业健康安全监察；

③对新装置、设备、原料、化学品、技术、过程、程序或作业模式的初评；

④特殊机械和装置的检验；

⑤安全抽样：检测具体的职业健康安全状况；

⑥环境抽样：测量在化学、生物或物理因素（如噪声、挥发性有机物等）中的暴露并与公认的标准进行比较；

⑦行为抽样：评估工人的行为，以确定需要纠正的不安全作业；

⑧文件和记录的分析；

⑨与其他组织有效的职业健康安全为基准对照检查；

⑩调查员工对职业健康安全实践的反映。

（2）合规性评价

为了履行遵守法律法规要求的承诺，组织应建立、实施并保持程序，以定期评价对适用法律法规的遵守情况，并保存定期评价结果的记录。

组织应评价对应遵守的其他要求的遵守情况，这可和遵守法律法规要求的情况一起进行评价，也可另外制订程序，分别进行评价。应保存定期评价结果的记录。

（3）事件调查、不符合、纠正措施和预防措施

组织应建立、实施并保持程序、记录、调查和分析事件，以便：

①确定内在的、可能导致或有助于事件发生的职业健康安全缺陷和其他因素；

②识别采取纠正措施的需要；

③识别采取预防措施的可能性；

④识别持续改进的可能性；

⑤沟通调查结果。

调查应及时开展，调查结果应开成文件和保存。

组织应建立、实施并保持程序，用来规定有关的职责和权限，以便：

①处理和调查：事件；不符合。

②采取措施减少由事件或不符合产生的影响。

③采取纠正措施和预防措施并予以完成。

④确认所采取的纠正措施和预防措施的有效性。

这些程序应要求通过实施前的危险评价过程对所有拟定的纠正措施和预防措施进行评审。

调查的内容包括：

①被调查事件的类型；

②调查的目的；

③调查者的姓名、权限和所要求的资格；

④不符合根源的确定；

⑤对目击者的采访；

⑥摄像记录。

组织应建立、实施并保持程序，以处理实际和潜在的不符合，并采取纠正措施和预防措施。程序应明确下述要求：

①识别和纠正不符合，采取措施以减轻其职业健康安全后果；

②调查不符合，确定其原因，并采取措施避免其再度发生；

③评价预防不符合的措施需求，并采取适当措施，以避免不符合的发生；

④记录和沟通所采取的纠正措施和预防措施的结果；⑤评审所采取的纠正措施和预防措

施的有效性。

任何旨在消除实际和潜在不符合原因的纠正措施和预防措施，应与问题的严重性和伴随的危险性相适应。

对于纠正和预防措施引起的对成文程序的更改，组织应遵照实施并予以记录。

（4）记录控制

组织应建立和保持程序，用于记录的标识、贮存、保护、检索、保留和处置职业健康安全记录以及审核和评审结果。

职业卫生安全记录应字迹清楚、标识明确，并可追溯相关的活动。保存管理的职业健康安全记录应便于查阅，避免损坏、变质或遗失。应规定其保存期限并予以记录。

组织应保存记录，在适宜时用来证明符合本标准的要求。

（5）内部审核

组织应建立并保持定期开展职业健康安全管理体系审核的方案和程序，目的是：

①判定职业健康安全管理体系是否：

1）符合职业健康安全管理工作的计划安排和本标准的要求；

2）达到了正确的实施和维护；

3）有效地满足组织的方针和目标。

②评审以前审核的结果。

③向管理者报送审核结果的信息。

组织应根据组织活动的风险评价结果和以前的审核结果，策划、制订、实施和保持审核方案。

应建立、实施和保持审核程序，以明确：

①关于策划和实施、报告审核结果和保存相关记录的职责、能力要求；

②审核准则、范围、频次和方法的确定。

审核员的选择和审核的实施均应确保审核过程的客观性和公正性。

组织的审核方案，包括时间表，应立足于组织活动的危险评价结果和以前审核的结果。审核程序中应包括审核的范围、频次、方法和能力，以及实施审核和报告结果的职责和要求。

6. 管理评审

组织的最高管理者应定期对职业健康安全管理体系进行评审，以确保体系的持续适用性、充分性和有效性。管理评审过程中应确保收集到必需的信息资料，供管理者进行评价。评审工作应形成文件。

管理评审应包括职业健康安全方针和目标是否需要修改，职业健康安全管理体系是否需要修改，以及评价其改进的可能性。

管理评审的输入包括：

①内部审核和合规性评价的结果；

②参与和协商的结果；

③来自外部相关方的相关沟通信息；

④组织的职业健康安全绩效；

⑤目标的实现程度；

⑥事件调查、纠正措施和预防措施的状况；

⑦以前管理评审的后续措施；

⑧客观环境的变化，包括与职业健康安全有关的法律法规和其他要求的发展；

⑨改进建议。

管理评审的输出应符合组织持续改进的承诺,并应包括下列方面有关的决策和措施的改进:
①职业健康安全绩效;
②职业健康安全方针和目标;
③资源;
④职业健康安全管理体系其他要素。

第三节 职业健康安全管理体系的建立与运行

职业健康安全管理体系的建立与运行

建立职业健康安全管理体系的步骤是:组建工作班子;人员培训;制订工作计划;对职业健康安全管理现状进行评估(初始评审);职业健康安全管理体系的设计;编写职业健康安全管理体系文件;职业健康安全管理体系的运行等。

(一)组建工作班子

1. 任命管理者代表

在建立职业健康安全管理体系时,首先要由最高管理者任命职业健康安全管理者代表,管理者代表具有下列职权:

(1) 组建工作班子;
(2) 组织员工按职业健康安全管理体系标准建立、实施和保持职业健康安全管理体系;
(3) 向最高管理层汇报职业健康安全管理体系运行情况;
(4) 协调职业健康安全管理体系建立和运行过程中各方面的关系。

2. 组建工作小组

在最高管理者的授权下,由管理者代表负责组建一个小组。工作小组的成员应由既懂得安全技术、生产技术和管理工作,对组织有较深了解,又具有较强分析能力和文字表达能力的人员组成,其中专职人员不宜超过5~8人。工作组成员可来自下列部门:

(1) 卫生、安全、环境管理部门;
(2) 企业各相关职能部门;
(3) 企业管理、培训部门。

工作组的任务是:

(1) 组织企业职业健康安全管理的初始评审;
(2) 负责职业健康安全管理体系的建立和运行工作;
(3) 有关的组织协调工作。

最高管理者应为职业健康安全管理体系的建立提供办公条件、所需设备及资金、信息资料,保证工作组人员的时间和各部门的配合。

(二)人员培训

首先应对管理层、工作组成员、全体职工进行职业健康安全管理体系标准的培训,培训工作应分层次、分阶段进行,中层以上干部是培训的重点,通过培训要求做到:

(1) 深刻领会建立职业健康安全管理体系的目的和作用;
(2) 掌握标准的基本内容及职业健康安全管理体系中各要素的内涵;
(3) 理解和掌握标准的基本原理和原则,深刻领会各要素之间的逻辑关系;
(4) 学习标准应理论联系实际,即应与本组织的实际情况相结合。

（三）制订工作计划

因为建立职业安全健康管理体系是一项牵涉面比较广，需要相当一段时间才能完成的工作，所以必须制订一个详细的工作计划，规定出建立职业健康安全管理体系中的各项工作的完成时间，并将任务落实到部门和具体人，同时还要确定完成各项工作所需的资源。

工作计划中所列的项目一般应包括：

(1) 人员培训。
(2) 制订工作计划。
(3) 组织职业健康安全管理现状调查。
(4) 组织职业健康安全管理现状的评审。
(5) 职业健康安全管理体系设计：
①确定职业健康安全方针；
②确定职业健康安全管理体系要素；
③确定组织机构；
④进行职能分配；
⑤确定资料及人员配备方案；
⑥确定职业健康安全管理体系文件结构；
⑦确定职业健康安全管理体系文件项目。
(6) 编制职业健康安全管理体系文件。
(7) 职业健康安全管理体系文件的审定、批准及发布。
(8) 职业健康安全管理体系的实施运行：
①职业健康安全管理体系实施的教育培训；
②职业健康安全管理体系的试运行；
③职业健康安全管理体系的内部审核；
④管理评审；
⑤职业健康安全管理体系调整。
(9) 职业健康安全管理体系的外部审核。

（四）初始评审

初始评审是对组织的职业健康安全管理现状进行调查和评估，为制定企业的职业健康安全方针和建立职业健康安全管理体系提供依据。

1. 对组织的职业健康安全管理现状调查的内容包括：
(1) 组织机构的现状；
(2) 职业健康安全管理人员情况；
(3) 现有的职业健康安全管理文件状况；
(4) 以往实施的有关职业健康安全管理的活动；
(5) 以往发生的职业健康安全方面的问题、事件、不符合产生的原因及其处理情况；
(6) 在职业健康安全方面存在的危险、危害因素及其影响；
(7) 对职业健康安全、事件、不符合的预防措施。

2. 初始评审的内容包括：
(1) 适用的法律法规及其他要求；
(2) 确定生产和服务中的危险因素，进行危险评价和分级，列出存在重大危险的设备、设施或场所；

(3) 确定现行的职业健康安全管理操作方法和程序的适用程度;
(4) 确定采购和合同活动的现行方针和程序的适用程度;
(5) 评价现有的职业健康安全组织机构、职责划分及管理制度的有效性;
(6) 评价组织的职业健康安全的现状;
(7) 评价现有的职业健康安全管理文件和有关的法规、标准、指南的符合程度;
(8) 评价以往事故、事件、不符合及纠正、预防措施;
(9) 相关方的意见和要求;
(10) 对组织其他体系中有利或不利于职业健康安全的职能或活动进行评估。

(五) 职业健康安全管理体系的设计

1. 确定职业健康安全方针

职业健康安全方针是组织职业健康安全的方向和宗旨,明确了组织的职业健康安全职责和绩效的目标,同时也表明了组织对职业健康安全管理的承诺。例如某企业的职业健康安全方针是:"人是最宝贵的财富,员工的安全是我们的最大责任。"该企业所作的承诺是:"本企业承诺,保证所有的员工都在一个安全、卫生的环境下工作。本企业把职业健康与安全看做是生产和经营的关键内容,企业的目标是使健康与安全成为商业运作的基本要求。"

在制定职业健康安全方针时,应考虑下列因素:
(1) 组织的职业健康安全状况,危险、危害因素;
(2) 适用的法律、法规及相关方的要求;
(3) 组织以往的职业健康安全绩效;
(4) 持续改进的机遇和需求。

组织的职业健康安全方针应满足下列要求:
(1) 适合于组织职业健康安全特点、危险性、规模;
(2) 包括组织的职业健康安全目标;
(3) 包括持续改进的承诺;
(4) 包括组织遵守国家有关职业健康安全法律法规和其他要求的承诺。

组织的职业健康安全方针应形成文件,传达到全体员工,使每个人都明确其在职业健康安全方面的义务。职业健康安全方针应定期进行评审,确保其持续的适宜性和有效性。

职业健康安全方针评审的内容包括:
(1) 组织是否建立了与其生产活动、产品、服务相适应的职业健康安全方针;
(2) 方针是否由最高管理者批准、发布,是否授权某人监督与实施;
(3) 方针是否对组织的目标和指标给予指导;
(4) 方针采取何种方式被相关方所获取;
(5) 方针中包含哪些承诺,是否符合组织的实际情况,是否定期评审;
(6) 方针采取何种方式使全体员工理解。

2. 确定组织机构和进行职能分配

组织为了实现确定的职业健康安全方针和职业健康安全管理承诺,需要为管理活动建立一套管理机构,并且详细规定各自的职责和彼此间的关系。由于组织以往在从事产品生产或服务时,都已建立和保持有一套组织机构和管理制度,同时由于职业安全健康管理体系仅为组织全部管理体系的一部分,是用标准来规范组织原有的职业健康安全管理工作,所以组织的职业健康安全管理体系应与现行的其他管理体系(如质量、环境管理体系)相结合,使职业健康安全管理体系与组织的全面管理体系融为一体,减少不必要的机构重叠和职能交叉。

因此在建立职业健康安全管理体系时的组织机构确定,实际上就是按标准要求对现有的组织机构进行适当调整,明确其在职业健康安全管理方面的职责。

确定组织机构的内容一般包括:
(1) 各级职业健康安全管理机构的设置;
(2) 明确各机构的隶属关系;
(3) 各机构的职责范围;
(4) 各机构的工作衔接和相互关系;
(5) 组织各级职业健康安全管理网络。

组织机构确定后,应将职业健康安全管理体系标准中的各要素展开,并将其转变为职能,然后分配到组织的各个部门。在进行职能分配时,应使标准中的各项要素都能得到覆盖,避免遗漏。同时还应注意的是,一项职能只能由一个部门主管,当一项要素必须由两个或两个以上部门负责时,必须明确一个主管部门,其他为协同配合部门。

各部门职能的分配可通过职能分配表来进行,职能分配表如表 11-3 所示。

各部门职业健康安全职能分配表　　　　　　　表 11-3

要　素	部　门　名　称						
	经理办公室	职业健康安全管理体系办公室	施工生产部门	技术管理部门	质量安全部门	财务部门	劳动人事部门	……
4.2　职业健康安全方针							
4.3　策划							
4.3.1　危险源辨识、风险评价和控制措施的确定							
4.3.2　法律法规和其他要求							
4.3.3　目标和方案							
4.4　实施和运行							
4.4.1　资源、作用、职责、责任和权限							
4.4.2　能力、培训和意识							
4.4.3　沟通参与和协商							
4.4.4　文件							
4.4.5　文件控制							
4.4.6　运行控制							
4.4.7　应急准备和响应							
4.5　检查							
4.5.1　绩效测量和监视							
4.5.2　合规性评价							
4.5.3　事件、不符合、纠正措施和预防措施							
4.5.4　记录控制							
4.5.5　内部审核							
4.6　管理评审							

3. 制订职业健康安全管理方案

所谓制订职业健康安全管理方案,就是根据组织的职业健康安全方针,结合组织的规模、经济、技术等条件,通过危险源辨识和危害评价,并考虑到发生事件、不符合的可能性、危害程度及持续改进的技术经济可行性,确定需要优先控制的职业健康安全风险,并制定相应的目标、指标和管理方案。

组织的职业健康安全目标和指标是根据组织的职业健康安全方针,并考虑到下列因素制定的:

(1) 法律、法规的要求;

(2) 组织自身在职业健康安全危害和危险方面的特点;

(3) 职业健康安全风险控制的可行技术方案;

(4) 组织在财务、运行和经营方面的要求;

(5) 相关方的观点和要求;

(6) 组织对持续改进的承诺。

职业健康安全目标应该是具体的、可量化的,指标应是明确的并可测量的。同时目标和指标应该是有层次的,是逐级细化、分解的。

职业健康安全目标的类型包括:风险级别的降低、工伤事故和职业病事件的减少等。

职业健康安全目标和指标应满足下列要求:

(1) 可量化,并设定科学的测量参数;

(2) 设定具体的时间限制,例如"两年内事故率减少40%"及"2002年与2001年相比事故率降低30%"等;

(3) 明确、具体和可行。

制定职业健康安全管理方案一般按下列步骤进行:

(1) 分析危害辨识和危险评价结果,确定优先控制的职业健康安全问题;

(2) 确定职业健康安全目标、指标;

(3) 制定职业健康安全管理方案。

职业健康安全管理方案是实现目标、指标的行动方案,其内容包括:

①规定实现目标、指标的时间、方法措施及步骤;

②规定方案的执行部门和负责人及其职责;

③实施职业健康安全管理方案的财务预算及其他资源。

(4) 确定职业健康安全管理体系文件层次结构、程序文件的范围,并提出程序文件清单;

(5) 体系文件的编写、审定与批准。

(六) 编写职业健康安全管理体系文件

1. 职业健康安全管理体系文件的结构

职业健康安全管理体系文件通常有两种分类的方法:

(1) 第一种是分为三类,即职业健康安全管理手册(A层次)、程序文件(B层次)和作业文件(C层次),如图11-4所示。

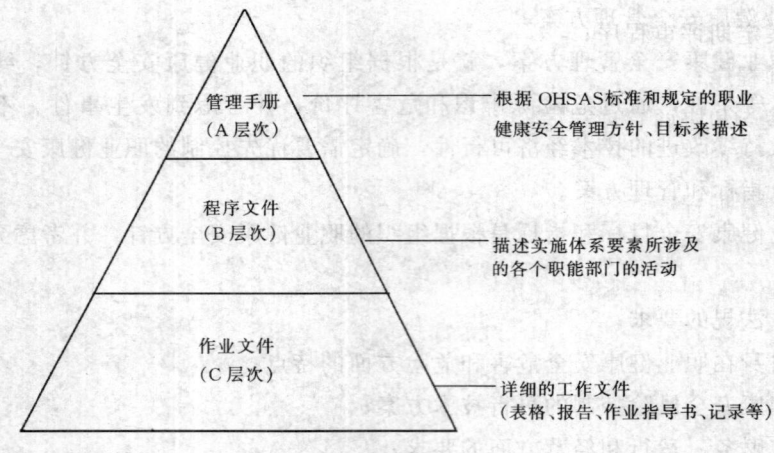

图 11-4 职业健康安全管理体系文件的结构

（2）第二种是分为四类，即职业健康安全管理手册（A 层次）、程序文件（B 层次）、作业文件（C 层次）、记录（D 层次）。

2. 职业健康安全管理体系文件的内容

（1）职业健康安全管理手册

职业健康安全管理手册是全面描述组织职业健康安全管理体系的文件，其内容包括：

①职业健康安全管理手册的发布令；

②职业健康安全管理者代表任命书；

③职业健康安全方针；

④组织简介；

⑤手册的目的、适用范围、引用法规及标准、定义；

⑥职业健康安全管理体系要素描述；

⑦职业健康安全管理、运行、审核和评审工作的岗位职责、权限和相互关系；

⑧关于程序文件的说明和查询方法；

⑨关于手册的评审、修改和控制规定；

⑩职业健康安全法律、法规标准及要求清单；

⑪重要危险因素清单；

⑫职业健康安全目标、指标和管理方案；

⑬职业健康安全管理组织结构图。

（2）程序文件

程序是为实施某项活动规定的方法，所以职业健康安全管理体系程序就是为完成某一项体系要素活动所规定的方法，即应表明该项活动应做什么（WHAT），为什么这样做（WHY），谁来做（WHO），何时（WHEN）、何地（WHERE）和如何做（HOW），也就是应采用什么材料、设备和仪器，依据什么文件，以及如何进行控制和记录。

职业健康安全管理体系标准要求对 12 个要素建立程序文件：

①危害辨识、危险评价与危险控制程序；

②法律法规及其他要求获取、更新程序；

③管理方案定期评审程序；

④教育培训程序；

⑤沟通、参与和协商管理程序；

⑥文件控制管理程序；

⑦运行控制管理程序；

⑧应急准备和响应程序；

⑨绩效测量和监视程序；

⑩事件调查、不符合、纠正措施和预防措施管理程序；

⑪职业健康安全记录管理控制程序；

⑫内部审核程序。

（3）作业文件

作业文件是描述具体工作岗位和工作现场如何完成某项工作任务的具体做法，是一个详细的工作文件。

作业文件可分为两类：

①工作指令。其内容包括干什么、如何干和出了问题如何办。工作指令有工作指导书、作业指导书、检验指导书等。

②记录。包括设计、检验、试验、调研、审核、复审的职业健康安全记录和图表，事故、事件记录以及用户职业健康安全信息反馈记录等。

（七）职业健康安全管理体系的运行

职业健康安全管理体系的运行就是依据职业健康安全管理体系文件，依靠体系的组织结构，通过组织协调，实施监督、考核和信息反馈，来实现职业健康安全目标，保持职业健康安全管理体系持续有效和不断优化的过程。

1. 职业健康安全管理体系的内部审核

职业健康安全管理体系的内部审核，是为了检查与确认体系各要素的实施效果是否按计划有效实施，是对体系的运行是否达到规定的目标，所做的系统检查和评价。审核工作由内审员进行。职业健康安全管理体系内部审核的主要内容包括：

（1）职业健康安全管理体系是否符合工作计划安排和标准的要求，是否有效地满足组织的方针和目标；

（2）职业健康安全管理体系是否得到了正确的实施和维护；

（3）各项职业健康安全职能及其活动是否有效，各项管理措施是否正确；

（4）职业健康安全管理体系的运行过程对实现职业健康安全目标的适应能力和保证能力；

（5）职业健康安全管理体系要素的构成是否完善；

（6）资源（包括人力、物力、财力、信息等）、管理工作标准和职能的落实情况。

2. 职业健康安全管理体系评审

职业健康安全管理体系的评审是由组织的最高管理者根据职业健康安全管理体系内部审核的结果，目标、指标实现的程度，以及组织客观环境的变化，对职业健康安全管理体系的适用性、充分性和有效性进行定期的评审，以实现组织对持续改进的承诺。

职业健康安全管理体系的审核和评审一般每一年进行一次，通常评审工作由组织的最高管理者主持，组织管理层成员、职业健康安全专业顾问和其他有关人员参加。

职业健康安全管理体系评审的内容包括：

(1) 现有方针的适用性；
(2) 现有危险源辨识、危险评价和控制措施的适宜性；
(3) 现有管理措施的有效性；
(4) 职业健康安全检验过程和危险报告过程的有效性；
(5) 资源保证的情况；
(6) 为实现持续改进，职业健康安全目标的更新；
(7) 自上次评审以来所出现的问题；
(8) 职业健康安全管理体系的改进；
(9) 预期的变动对法规或技术的影响的评价。

第四节 危险源辨识、风险控制和安全评价

施工项目的安全管理是指在施工项目施工的全过程中，组织安全生产的全部活动，因此首先必须按国家标准 GB/T 28001—2011《职业健康安全管理体系要求》建立职业健康安全管理体系。

按照 GB/T 28001—2011《职业健康安全管理体系要求》建立的职业健康安全管理体系，包含了 17 个要素，其中一个很重要的要素就是"危险源辨识、风险评价和控制措施"，这一要素的含义是指在施工项目施工的全过程中要对影响职业健康安全的危险源有明确的认识和总的评价，并采取措施进行控制，以保证施工生产活动中人身和财产的安全，保证工程项目的顺利完成。

一、危险源辨识

危险源是指可能造成人身伤害、职业病、财产损失和作业环境破坏的根源和因素，所以危险源辨识就是要将生产中的这些危险因素分辨和寻找出来。

(一) 危险和有害因素

在国家标准 GB/T 13861—2009《生产过程危险和危害因素分类与代码》中，将生产过程中的危险和有害因素分为 3 类。

1. 物的因素

(1) 物理性危险和有害因素

1) 设备设施缺陷

强度不够、刚度不够、稳定性差、密封不良、耐腐蚀性差、应力集中、外形缺陷、外露运动件、操纵器缺陷、制动器缺陷、控制器缺陷、设备、设施工具、附件，其他缺陷。

2) 防护缺陷

无防护、防护装置和设施缺陷、防护不当、支撑不当、防护距离不够、其他防护缺陷。

3) 电伤害

带电部位裸露、漏电、静电、电火花、其他电危害。

4）噪声危害

机械性噪声、电磁性噪声、流体动力性噪声、其他噪声。

5）振动危害

机械性振动、电磁性振动、流体性动力振动、其他振动。

6）电磁辐射

①电离辐射（包括X射线、α射线、α粒子、β粒子、质子、中子、高能电子束、电离辐射等）；

②非电离辐射（包括紫外辐射、激光辐射、微波辐射、超高频辐射等）。

7）运动物伤害

抛射物、飞溅物、反弹物、土岩滑动、堆料（垛）滑动、气流卷动、其他运动物危害。

8）明火

9）高温物质

高温气体、高温固体、高温液体、其他高温物质。

10）低温物质

低温气体、低温固体、低温液体、其他低温物质。

11）粉尘与气溶胶（不包括爆炸性、有毒性粉尘与气溶胶）。

12）作业环境不良

作业环境不良、基础下沉、安全过道缺陷、采光照明不良、有害光照、通风不良、缺氧、空气质量不良、给排水不良、涌水、强迫体位、气温过高、气温过低、气压过高、气压过低、高温高湿、自然灾害、其他作业环境不良。

13）信号缺陷

无信号设施、信号选用不当、信号位置不当、信号不清、信号显示不准、其他信号缺陷。

14）标志缺陷

无标志、标志不清楚、标志不规范、标志选用不当、标志位置缺陷、其他标志缺陷、有害光照。

15）其他物理性危险和有害因素

（2）化学性危险和有害因素

1）易燃易爆性物质

压缩气体和液化气体、易燃液体、易燃固体、其他易燃易爆性物质。

2）自燃性物品和遇湿易燃物品

3）氧化剂和有机过氧化物

4）有毒品

有毒气体、有毒液体、有毒固体、有毒粉尘与气溶胶、其他有毒物质。

5）放射性物品

6）腐蚀性物质

腐蚀性气体、腐蚀性液体、腐蚀性固体、其他腐蚀性物质。

7）其他化学性危险和有害因素

（3）生物性危险和有害因素

1）致病微生物

细菌、病毒、真菌、其他致病微生物。

2）传染病媒介物

3）致害动物

4）致害植物

5）其他生物性危险和有害因素

2. 人的因素

（1）心理、生理性危险和有害因素

1）负荷超限

体力负荷超限、听力负荷超限、视力负荷超限、其他负荷超限。

2）健康状况异常

3）从事禁忌作业

4）心理异常

情绪异常、冒险心理、过度紧张、其他心理异常。

5）辨识功能缺陷

感知延迟、辨识错误、其他辨识功能缺陷。

6）其他心理、生理性危险因素

（2）行为性危险和有害因素

1）指挥错误

指控失误、违章指挥、其他指挥错误。

2）操作失误

误操作、违章作业、其他操作失误。

3）监护失误

4）其他行为性危险和有害因素

3. 环境因素

（1）室内作业场所环境不良

（2）室内地面滑

（3）室内作业场所狭窄

（4）室内作业场所杂乱

（5）室内地面不平

（6）室内梯架缺陷

（7）地面、墙和天花板上的开口缺陷

（8）房屋基础下沉

（9）室内安全通道缺陷

（10）房屋安全出口缺陷

（11）采光照明不良。

(二) 危险源辨识

通常可以从以下几方面进行危险源辨识。

1. 作业人员的状态

(1) 健康状况。

(2) 生理状态。

(3) 心理状态。

(4) 劳动态度（包括工作责任心）。

2. 材料状况

(1) 原材料状况

1) 毒害性。

2) 腐蚀性。

3) 污染性。

4) 易燃性。

5) 易爆性。

6) 辐射性。

7) 温度状况。

8) 其他副作用。

(2) 器材、构配件的安全性和可靠性

1) 强度。

2) 刚度。

3) 稳定性。

(3) 材料使用状况

3. 设备状况

(1) 化工设备

1) 设备、装置本身的安全性和可靠性。

2) 设备的工作状态。

①高、低温状况。

②压力状况。

③振动状况。

3) 设备的操作、控制情况。

4) 设备的维修、故障情况。

5) 爆炸的可能性。

6) 化学物质泄漏的可能性。

(2) 施工机械设备

1) 安全防护状况。

2) 操作使用状况。

3) 维修保养条件。

4）设备误操作、误动作的可能性及其制动控制情况。

（3）电气设备

1）断电的可能性及其后果。
2）触电的可能性。
3）漏电的可能性。
4）误操作、误运转的可能性。
5）静电影响。
6）雷电影响。
7）火灾的可能性。
8）爆炸的可能性。

（4）特殊设备（如锅炉、高压设备、氧气站、乙炔站、石油库、炸药库）的安全性和可靠性

4. 施工工艺状况

1）工艺方法。
2）工艺流程。
3）工艺操作。
4）操作标准、规程。
5）施工生产中所采取的安全技术措施。
6）安全防护措施。
7）工业卫生措施。
8）劳动保护措施。

5. 作业现场状况

（1）作业现场环境状况

1）地形、地质、水文、气象条件。
2）现场周围环境状况。
3）自然灾害发生的可能性。

包括：洪水、冰雹、暴雨、暴雪、暴风、泥石流、地震等。

4）地基、边坡的稳定性。
5）生产卫生的防护的条件。
6）抢险救灾的条件。

（2）施工环境

1）现场道路及交通运输状况。
2）施工场地情况。
3）施工用水、用电、用气、供暖情况。
4）生产、管理、辅助生产、生活等设施状况及其布置。
5）高温、高压设施和有毒、有害物质储存设施的位置。
6）噪声、辐射、易燃、易爆、危险品设施的布置。

（3）施工管理环境

1）管理设施情况。
2）管理组织。
3）管理职责。

4）管理制度。

5）管理措施。

（4）施工劳动环境

1）施工现场劳动组织。

2）劳动组合。

3）劳动工具。

4）通风照明。

5）安全信号、标志情况。

6. 劳动保护情况。

（三）危险源辨识的方法和目的

危险源辨识的方法以是根据前面所列的危险源辨识的内容结合施工项目的具体情况，对照国家标准 GB/T 13861—2009《生产过程危险和危害因素分类与代码》，分析在工程项目施工中可能出现哪些危险因素，并将这些危险因素逐一列出。

危险源辨识的目的包括下列三方面：

1. 找出施工项目实施全过程中可能出现的危险因素。

2. 上述危险因素发生的可能性的大小，即发生的概率，可分为三级，即发生的可能性很大、中等和极小。

3. 上述危险因素发生的后果，即对人身伤害、财产损失和环境破坏的程度，可分为三级，即对人身产生轻微伤害（或对财产造成轻微损失）、对人身产生伤害（或对财产造成中度损失）和对人身产生严重伤害（或对财产造成重大损失）。

二、风险评价

风险评价是评估各种危险因素所产生的风险大小，以及确定所产生的风险是否容许。

（一）风险大小的确定

最简单的方法就是将危险因素发生的可能性 P 与其后果的严重程度 f 的乘积 D 作为风险的大小，即

$$D = P \cdot f \tag{11-1}$$

式中　　D——风险的大小；

P——风险因素发生的概率；

f——危险因素发生后产生的后果的严重程度。

（二）风险的分级

按公式（11-1）确定的风险通常分为五级，即

1. Ⅰ级风险　　　可忽略风险。

2. Ⅱ级风险　　　可容许风险。

3. Ⅲ级风险　　　中度风险。

4. Ⅳ级风险　　　重大风险。

5. Ⅴ级风险　　　不容许风险。

也就是说，按公式（11-1）来确定风险的大小可用表 11-4 来表示。

风险分级　　　　　　　　　　　　　　　　　　　　　表 11-4

可能性（概率）P \ 后果（f）风险级别	轻度损失（轻微伤害）	中度损失（伤害）	重大损失（严重伤害）
很大	Ⅲ	Ⅳ	Ⅴ
中等	Ⅱ	Ⅲ	Ⅳ
极小	Ⅰ	Ⅱ	Ⅲ

三、风险控制

（一）风险控制策略

1. 对于可忽略的（Ⅰ级）风险，可以不采取任何风险控制措施。

2. 对于可容许的（Ⅱ级）风险，除施工中正常采取的安全技术措施外，可以不采取其他降低风险的控制措施。

3. 对于中度的（Ⅲ级）风险，应在不过高地增加预防成本的前提下采取相应的风险控制措施，以降低风险。

4. 对于重大的（Ⅳ级）风险和不容许风险（Ⅴ级），是风险控制的重点，只有当风险已经降低后才容许施工，并且在施工之前应制定相应的应急防范措施。对于不容许的风险（Ⅴ级风险），如果预防成本增加很大时仍不能降低风险，则应禁止施工。

对于Ⅳ级和Ⅴ级风险的控制策略，还可以风险量图来说明，如图 11-5 所示，以发生的可能性 P 为纵坐标，以发生后的后果为横坐标，并将该直角坐标图的面积分为四个区域，即 A 区、B 区、C 区和 D 区。

那么对于Ⅳ级和Ⅴ级风险的每一个危险因素，根据其发生的可能性 P 和发生后的后果 f 的大小，这一危险因素在图中的位置必然落在 B 区，或 C 区，或 D 区中，如果这一因素落在 B 区中，则应采取的风险控制措施应该是重点围绕降低其发生的可能性；如果这一因素落在图内 D 区中，则采取的风险控制措施应重点围绕降低后果（即减小损失或伤害）上；如果这一因素落在 C 区中，则所应采取的风险控制措施既应包括降低可能性的措施，也应包括降低后果的措施。

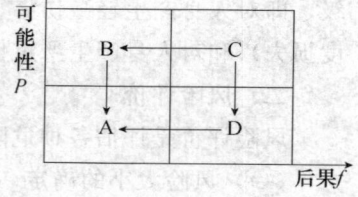

图 11-5　风险量图

（二）风险控制措施

对施工项目进行风险控制时，首先应

1. 建立职业健康安全管理体系。
2. 贯彻和实施国家有关的安全生产和职业健康的法规。
3. 建立安全生产管理制度。
（1）安全生产责任制度；
（2）安全生产教育制度；
（3）安全生产检查制度；
（4）安全生产培训制度；
（5）安全技术交底制度；
（6）文明施工管理制度；
（7）施工项目安全审查制度；

除此之外，还应采取相应的安全技术措施以保证项目施工的安全。安全技术措施可以分为预防事故发生的安全技术措施和减小事故损失的安全技术措施，在不过多增加预防成本的情况下，首先应该着眼于预防事故发生的安全技术措施，以做到防患于未然；而另一方面，一旦事故发生，则应努力防止事故扩大，将事故造成的损失限制在最小的范围内。

安全技术措施一般应包括：

1. 坚持持证上岗制度。
2. 建立安全考核制度。
3. 制定和完善高处作业、井下作业、电器和压力容器等特殊工种作业的操作规程并严格实施。
4. 采取相应的下列安全防护和预防措施：

（1）防洪、防坍塌、防泥石流、防淹没等的安全技术措施；
（2）防台风、防暴雨、防暴风雪、防寒、防暑的安全技术措施；
（3）防火、防爆、防毒、防雷击的安全技术措施；
（4）防起重设备滑落、防机械伤害、防物体打击的安全技术措施；
（5）防高空坠落、交通事故的安全技术措施；
（6）防尘、防噪音、防疫、防环境污染的安全技术措施；
（7）相应的工业卫生措施和个人安全防护措施；
（8）消防和限制危险因素出现的措施。

1）用不燃性材料代替可燃性材料，以防止火灾；
2）用压气或液压系统代替电力系统，以防漏电、触电事故；
3）用液压系统代替气压系统，以避免压力容器和压力管路破裂造成冲击波；
4）采用道路立体交叉，以防止撞车；
5）尽可能用低压电，避免用高压电；
6）利用金属喷层或导电涂层来限制静电积蓄，以防静电引起爆炸；
7）利用液位控制装置防止液位过高；
8）限制可燃性气体的浓度，以防气体爆炸；
9）用隔热屏蔽将人和物与热源隔离；
10）用防护网、防护罩防止外界物质进入卡住阀门或堵塞孔口；
11）用电焊镜防止电弧光线；
12）在放射线设备上安装防护屏，抑制辐射；
13）利用防护门、防护栅将人与危险区隔开；
14）利用限位器防止机械部位运动；

（9）采用警示方法提醒人们危险因素的存在

警示方法通常有：视觉警告、听觉警告、气味警告、触觉警告。

1）视觉警告

视觉警告通常包括：灯光亮度、颜色（红、蓝、黄、绿）信号灯（红、黄、绿）、旗、标记、标志（禁止标志、警告标志、指令标志、指示标志）。

2）听觉警告

常用的听觉警告有喇叭、电铃、警报器、蜂鸣器、闹钟等。

3）气味警告

工程中常用的气味警告有：在易燃易爆气体中加入气味剂；利用芳香气体发警报；利用芳香气味剂检测设备过热；根据燃烧产生的气味判断着火等。

4）触觉警告

触觉警告有：温度触觉警告；利用突起路标使汽车振动以警告司机等。

(10) 制定和实施应急救援预案。

四、安全评价

安全管理工作评价又称安全评价或综合安全评价。安全评价是对项目的安全管理工作作出评定，即评价既定的项目安全目标实现的情况和评价项目的安全水平。

（一）安全评价方法的分类

目前国内外应用的安全评价方法有数十种，可分为下列五类。

1. 按评价对象系统的阶段分类

系统的寿命周期包括规划、研究、设计、制造（建设）、安装、运行、报废等阶段，在不同阶段，评价的目的、内容和方法也各不相同。对建设项目，通常将安全评价按系统分为四个阶段，即事先评价、中间评价、事后评价和跟踪评价。

(1) 事先评价

事先评价又称为预评价，是在建设项目的可行性报告完成并批准之后所进行的安全评价，是通过对项目的职业健康安全情况进行分析和预测，事先采取措施，以便使项目的安全性和综合经济效益达到预期的目的。

(2) 中间评价

中间评价是在项目建设过程中出现意外偏离时，判断是否有必要变更目标和及时采取措施而进行的评价。

(3) 事后评价

事后评价又称为验收综合评价，是在项目建设完成并投入使用后，对项目整体所进行的评价，通过评价检查、分析和判断项目是否达到职业健康安全目标的要求，并确定应采取的补救措施。

(4) 跟踪评价

跟踪评价又称为现有系统评价，是在项目建成并投入运行多年以后所进行的评价，它是以项目已往的运行经验、设备故障、操作失误、项目管理的缺陷、环境不良等因素的影响或同类项目发生事故的情报，来确定项目的危险性，从而确定提高项目安全性的技术措施及管理方法。

2. 按评价性质分类

按评价性质的不同，安全评价可分为项目固有危险性评价、项目安全状况评价和项目现实危险性评价。

(1) 项目固有危险性评价

项目固有危险性评价是评价项目的规划、设计、制造（建设）、安装等原始因素所决定的危险性的大小，即项目投入运行前已经存在的危险性，并根据评价结果，采取相应的安全技术和管理措施，以达到所要求的安全标准。

(2) 项目安全状况评价

项目安全状况评价是从安全管理的角度来评价项目的安全状况。所谓安全管理是指安全方面的技术管理、设备管理、作业环境管理、行政管理、教育管理等。

(3) 项目现实危险性评价

项目现实危险性评价是对项目通过安全管理和采取职业健康安全控制措施后的危险性大小进行的评价，通过评价掌握各类危险、危害因素的分布状况和安全动态，以便重点加强控制。

3. 按评价内容分类

按评价内容的不同，安全评价可分为设计评价、安全管理评价、生产设备安全可靠性评价、行为安全性评价、作业环境评价和重大危险、危害因素危险性评价。

4. 按评价对象分类

按评价对象可分为职业安全评价和职业健康评价两类。

(1) 职业安全评价

职业安全评价主要是针对生产中直接造成人员伤害事故的危险因素所进行的评价，评价这些危险因素导致事故发生的途径、条件、可能性（概率）和事故产生的后果的严重程度。

(2) 职业健康评价

职业健康评价主要是针对生产中造成人体急性或慢性损害的危害因素所进行的评价，评价这些危害因素导致疾病或人体健康损害的途径、条件、可能性（概率）和事故发生的后果的严重程度。

5. 按评价方法的特征分类

按评价方法的特征不同，安全评价可分为定性评价、定量评价和综合评价三类。

(1) 定性评价

定性评价是根据有关标准或类似项目事故（或故障）的资料并借助经验、逻辑推理和分析来判断项目的危险性、事故或故障发生的可能性，从而对项目的安全程度进行定性的比较评价。定性评价方法的优点是便于应用，其缺点是由于受到资料和经验的限制，以及分析判断能力的限制，评价结果比较粗略，故一般用于安全评价中的初步评价。

(2) 定量评价

定量评价是根据可靠的历史统计数据，应用数字方法计算出量度项目危险性和危害性大小的数值或指数，从而对项目的安全性作定量比较的评价方法。定量评价能够从数量上直观地来描述项目的危险性和危害性，但是由于目前各类基础数据还比较缺乏，在评价过程中各类参数、系数的取值具有人为因素影响，同时评价结果也受到评价人员经验、判断能力的影响，因而使定量评价的应用受到一定限制。

定量评价方法又按处理方式的不同，可分为概率法、指数法、相对法、数学模型法等四种方法。

1) 概率法

概率法是以所积累的事故、故障的数据计算出事故、故障发生的概率，并计算出危险性，从而确定以数量表示的项目安全性。常用的概率法有：

①故障类型影响和致命度分析法；

②事件树分析法；

③事故树分析法。

2) 指数法

指数法又称为物质系数法，它是以代表单元危险物质在标准状态的火灾、爆炸或释放危险性潜在能量的数据（物质系数）为基础，结合工艺过程的危险性，计算单元火灾、爆炸、毒性指数，评定项目的危险性和危险程度，并提出安全对策措施，以使项目的危险性，危险程度降低到可以接受的程度。

目前，指数法有：
① 火灾、爆炸指数评价法；
② 火灾、爆炸、毒性指标评价法；
③ 单元危险快速排序法。

3) 相对法

相对法是根据同类或类似项目以往的事故、故障的经验教训、安全阈值、事故概率、损失率等资料，借助评价人员的经验、判断能力和测试，按一定的评分标准对项目的有关因素进行打分，并用计算出的危险性分值来评价项目的危险性，所以它是一种半定量的评价方法。

常用的相对法有：
① 作业条件危险性评价法；
② 各类劳动职业健康危害程度等级评价法；
③ 各行业的企业安全评价法。

4) 数学模型法

数学模型法是根据有关的事故（故障）历史统计数据，针对特定的评价目标，在一定的边界条件下建立项目安全性的数字模型和相应的计算公式，按计算公式通过计算对项目进行评价的方法。

（3）综合评价

综合评价是指同时用定性和定量方法或两种以上定量方法来综合评价项目安全性的评价方法，是安全评价中经常采用的方法。

（二）安全评价的程序

项目安全评价一般包括以下程序：

1. 收集资料

根据评价对象收集国内外有关的法规和标准，了解同类项目、设备、设施或工艺的生产和事故情况、评价对象的地理、气象、工程地质、水文、社会环境状况等。

2. 进行危险、危害因素辨识

根据项目的具体情况，对项目的地形地貌、水文气象、工程地质、水文地质、项目建设方案、施工程序和方法、工艺流程、主要装置和设备、原材料和构件、中间产品、项目管理、施工环境等辨识可能发生的事故、事故类型及事故原因。

3. 划分评价单元

在上述危险、危害因素分析的基础上，将评价项目（即评价内容）划分为一系列评价单元。

4. 选择评价方法并进行安全评价

根据评价的目的和评价对象的复杂程度选择适合的一种或多种评价方法，对事故发生的可能性和严重程度进行定性的或定量的评价，并在此基础上按照规定的事故风险标准值进行风险分级和确定安全管理的重点。

5. 提出降低或控制风险的对策措施

根据评价的结果，对高于风险标准值的风险采取相应的安全技术措施或组织管理措施进行控制；对低于标准值的可接受或允许的风险，应防止生产条件变化时风险值加大；对不可排除风险，则应采取措施加强防范。

（三）安全评价中应注意的问题

1. 选择适当的被评价项目和评价标准

被评价的项目（即被评价的内容）应能真实地反映项目安全管理工作状况，通过对这些项目的安全控制和改进能够推动项目安全管理工作的提高。各项目的评价标准取决于国家、行业或部门的政治、经济、技术和安全科学发展的水平，所以，所谓安全标准，就是一个危险度，而这个危险度是社会各方面允许的，可接受的。

2. 被评价的项目（即被评价的内容）应该容易进行考察和衡量（即容易进行量化）。

3. 评价的基准和尺度应该一致，以便能相互比较。

4. 评价方法应简单易行，容易被基层管理人员接受和掌握。

（四）常用的安全评价方法

常用的安全评价方法有加权和法、连乘法、混合法和最小二乘法等。

1. 加权和法

加权和法由于计算方法简单方便，故得到了广泛应用。加权和法一般适用于各评价项目彼此独立而又可以相互补偿的情况。

设有 n 个被评价项目，各评价项目的评价指标为 $V_i(i=1,2,3,\cdots,n)$，各项目的权重为 $\alpha_i(i=1,2,3,\cdots,n)$，则其综合评价指标为：

$$T = \sum_{i=1}^{n} \alpha_i V_i \tag{11-2}$$

如若项目中存在不能用其他项目补偿的项目时，例如对某一个被评价项目有一个最低要求，如果达不到这个最低要求，则其他项目的指标再高也不能补偿，在这种情况下可以采用修正的加权和法，即在原有的加权和法的基础上设置只取值 0 或 1 的开关值 K，则此时项目的综合评价指标为：

$$T = K \sum_{i=1}^{n} \alpha_i V_i \tag{11-3}$$

$$K = \prod_{i=1}^{n} k_i \tag{11-4}$$

式中 k_i——判别各被评价项目是否达到最低要求的开关值，如果达到最低要求，则 $k_i=1$，否则 $k_i=0$。

2. 连乘法

连乘法适用于要求各被评价项目的协调一致性和不可代替性，所谓协调一致性，是指各被评价项目指标要均衡地好，即各指标值要基本相同；所谓不可代替性，是指各被评价指标中如有一项评价指标为零，则综合评价指标为零。

故连乘法的综合评价指标为：

$$T = V_1 \times V_2 \times V_3 \times \cdots \times V_n = \prod_{i=1}^{n} V_i \quad (i=1,2,3,\cdots,n) \tag{11-5}$$

当评价指标过多时，为了避免使连乘的结果过小或过大而使人产生错觉，可以采用连乘 n 次后再开方 n 次，即按下式计算综合评价指标：

$$T = \sqrt[n]{\prod_{i=1}^{n} V_i} \tag{11-6}$$

当需要考虑各被评价项目具有不同作用（不同重要性）时，也可以采用加权系数，此时的综合评价指标 T 按下式计算：

$$T = \prod_{i=1}^{n} V_i^{\alpha_i} \tag{11-7}$$

式中　T——综合评价指标；
　　　V_i——第 i 个被评价项目的评价指标；
　　　α_i——第 i 个被评价项目的加权系数（权重）；
　　　n——被评价项目的数量。

或者按下式计算：

$$\lg T = \sum_{i=1}^{n} \alpha_i \lg V_i$$
$$\left(\sum_{i=1}^{n} \alpha_i = 1\right) \tag{11-8}$$

3. 最小二乘法

最小二乘法是以各被评价项目中的最高评价指标（即指标值最大者）与各被评价指标之差的平方和最小的原则来计算综合评价指标，此法适用于要求各被评价项目指标接近最高评价指标的情况。

此时综合评价指标 T 按下式计算

$$T = V_{\max} - \sqrt{\sum_{i=1}^{n} \alpha_i \left(\frac{V_{\max} - V_i}{V_{\max}}\right)}$$

式中　T——综合评价指标；
　　　V_i——第 i 个被评价项目的指标；
　　　$V_{\max}$——被评价项目指标中的最高（最大）评价指标；
　　　α_i——第 i 个被评价项目的加权系数；
　　　n——被评价项目的数量。

4. 混合法

混合法是将加权和法及连乘法混合使用的一种方法，适用于要求充分表达各被评价项目之间的相互关系的情况。

例如某企业以领导对安全的重视程度、安全职能部门的工作能力、工人素质、机械设备的安全性和环境情况等五项目作为被评价项目，用混合法按下式计算企业的综合评价指标：

$$P = \lambda_1 \lambda_2 \sqrt[3]{K_B K_A \frac{(K_C + K_D + K_E)}{3}} + (1 - \lambda_1 \lambda_2) K_F \tag{11-9}$$

式中　λ_1——与企业的行业性质有关的产业（行业）安全性系数；
　　　λ_2——相对安全系数，它反映企业在同行业中按工艺、自动化等方面比较时的相对安全性系数；
　　　K_A——安全职能部门工作能力等级，它反映安全职能部门人员配置、工作情况、计划与制度的实施、推行现代安全管理等情况；
　　　K_B——领导安全意识等级，它反映领导安全意识的强弱、对安全的关心程度、贯彻落

K_C——工人素质等级,它反映工人遵守规章制度、操作熟练程度、安全班组活动等情况;

K_D——机械设备安全等级,它反映机械设备的完好程度、维修保养、运行情况、设备管理等情况;

K_E——环境安全等级,它反映生产环境、场地等情况;

K_F——年度工伤事故率等级,它反映工伤事故平均值、工伤事故指标值等情况;

D——安全性指标,D值越大,企业的安全性越高。

第五节 工程项目施工安全监理

一、工程项目安全监理的任务

当监理单位受建设单位的委托对工程项目的施工实施安全管理,或者虽然没有受建设单位委托对工程项目施工进行安全监理工作,但由于安全是贯穿工程施工全过程之中的,牵涉到施工中的人、物和环境,所以安全是工程项目施工顺利实施和圆满完成的保证,而监理单位对工程项目施工的监理也是全过程、全方位的监理,因此监理单位在进行项目施工监理时,必然会涉及施工安全的监理。

工程项目安全监理的主要任务就是要贯彻执行国家有关安全生产的方针、政策、法律和法规,以及有关管理部门的安全生产规章、制度,督促施工单位建立职业健康安全管理体系,按现行的安全法规和标准组织施工,采取应有的安全预防措施,消除施工中的不安全因素和安全隐患,保持人和物的安全,保证工程项目的顺利完成。

工程项目安全监理的具体任务包括:

(1) 贯彻执行国家有关安全生产的方针、政策、法律和法规,以及有关行政管理部门关于安全生产的规章和制度。

(2) 在施工生产过程中贯彻"安全第一,预防为主"的方针。

(3) 督促施工单位建立施工职业健康安全管理体系。

(4) 督促施工单位建立各种安全生产制度,如安全生产责任制、安全教育培训制度、安全生产检查制度等等。

(5) 督促施工单位对职工进行安全生产教育和安全技术交底。

(6) 督促施工单位采取各种安全预防、防范措施。

(7) 进行定期和不定期的安全检查和评价,对发现的不安全因素和安全隐患提出整改意见,并督促施工单位进行整改。

(8) 督促施工单位开展文明施工和搞好场容管理。

(9) 检查和监督施工现场的消防、卫生、防暑、防寒等工作。

(10) 审查施工单位制定的安全技术措施。

二、安全监理工作的内容

在工程项目施工中,监理单位要对施工的全过程进行安全监理,所以安全监理工作可分为四个阶段,即工程招标阶段的安全监理、施工准备阶段的安全监理、施工阶段的安全监理和竣工阶段的安全监理。

(一) 工程招标阶段的安全监理

在受建设单位委托的情况下,在工程招标阶段监理单位应对施工单位的安全资质进行审查，并协助拟定建设单位与承包单位之间和总承包单位与分包单位之间的安全协议。

1. 审查承包单位的安全资质

安全资质审查的内容包括：

（1）承包单位的营业执照；

（2）工程建设主管部门批发的安全施工许可证；

（3）建筑安全监督机构颁发的安全资质证书；

（4）建筑安全监督机构对承包单位安全业绩的改评情况。

2. 核查承包单位的安全管理体系

（1）安全生产管理机构的设置及人员配备；

（2）各级安全生产责任及管理网络；

（3）各种安全生产的规章制度；

（4）特种作业人员的资质及其管理情况；

（5）承包单位的职业健康安全目标、指标及控制措施。

3. 协助拟定安全生产协议书

（1）建设单位与承包单位之间的安全生产协议书

主要是明确在施工中建设单位和承包单位双方的安全生产责任。

①建设单位的安全生产责任

1）取得政府主管部门对该建设项目的批准文件；

2）取得建设主管部门颁发的施工许可证；

3）取得施工用地范围及施工用地许可证；

4）取得公安部门在施工区域内进行爆破作业的许可证；

5）向施工单位提供技术性能好，符合安全条件的设备、设施等；

6）组织设计交底和图纸会审；

7）为施工过程中所需采取的安全管理和措施提供必要的资金；

8）为施工人员在施工生产中的安全、健康创造必要的条件。

②承包单位的安全生产责任

1）在施工中贯彻执行国家有关安全生产的方针、政策、法律、法规和规定；

2）在编制施工组织设计、施工方案的同时应编制相应的安全技术措施；对于特殊施工作业（如深基础开挖、人工挖孔桩、支模、高空作业、临时用电等）应编制专门的安全施工组织设计或安全施工方案；

3）建立施工职业健康安全管理体系；

4）建立各级安全生产责任制及安全生产的各项规章制度；

5）在施工人员入场前和施工过程中对职工进行安全教育和培训；

6）组织分项、分部工程施工的安全技术交底；

7）组织定期和不定期的健康安全生产检查，及时发现和消除不安全因素，保证施工生产的顺利进行；

8）在施工中采取各种安全预防和防范措施，如督促施工人员按安全操作规程施工，对机电设备进行预防性检验，对施工机械、设备、施工用电等设置安全防护装置，对压力容器、锅炉、供电设备、提升设备等设置安全保险装置，并在施工现场有关地点设置信号装置和危险警示标志等；

9）施工中如发生安全事故应按规定及时上报并妥善处理；

10）施工中采取必要的劳动保护措施；

11）组织文明施工。

（2）总承包单位与分包单位之间的安全协议书

①总承包单位的安全生产责任

1）总包单位应全面统一管理分包单位的安全生产工作，并对分包单位的安全生产工作实施检查和监督；

2）审查分包单位的安全资质和职业健康安全管理体系，对不具备安全生产条件的施工单位不准分包工程；

3）在分包合同中明确分包单位的安全生产责任和义务；

4）对发现的分包单位在施工中人的不安全行为、物的不安全状态、作业环境的不利因素和安全管理中的缺陷提出整改意见，并督促和协助分包单位改进；

5）为分包单位提供符合安全和卫生要求的机械、设备和设施；

6）总承包单位应统计上报分包单位的伤亡事故，并按分包合同的约定，协调处理分包单位的伤亡事故。

②分包单位的安全生产责任

1）在施工生产中，分包单位应向总承包单位负责，并服从总承包单位对施工现场的安全管理；

2）分包单位应对本单位施工现场的安全负责，认真履行分包合同规定的安全生产责任；

3）分包单位在施工中对其作业人员的安全和健康负责；

4）分包单位在施工中对作业环境保护负有义务和责任；

5）分包单位应遵守总包单位制定的各种安全生产规章制度和安全操作规程；

6）分包单位应向总包人报告安全伤亡事故和调查处理善后事宜。

（二）施工准备阶段的安全监理

在施工准备阶段，安全监理工作的内容包括：

（1）制定安全监理程序，在施工中应按规定的监理程序对施工安全生产进行控制，并对所监理的项目进行详细记录和填写相应的表格。

（2）审查施工单位制定的安全计划。施工安全计划可以单独编制，也可以和施工组织设计一起编制。安全计划的内容包括工程概况，控制程序，控制目标，组织结构、职责和权限，规章制度，资源配置，安全措施，检查评价，奖惩制度等。

（3）调查可能导致意外伤害的其他不利因素，如施工图纸中未表示出来的地下结构、暗管、水井、电缆、地下通道等可能导致施工中伤害的因素，以便及时提出防范措施。

（4）审查承包单位编制的安全技术措施。安全技术措施应包括防火、防毒、防爆、防洪、防雷、防尘、防坍塌、防物体打击、防机械伤害、防溜车、防高空坠落、防交通事故、防寒、防暑、防疫、环保、文明施工等技术措施。

（5）掌握施工中所采用的新技术、新工艺和新标准，以便能监督承包单位安全正确地使用上述新技术、新工艺、新标准，及时发现施工中的不安全因素和隐患，研究相应措施加以纠正。

（6）督促承包单位对进场人员进行安全生产教育培训。安全生产教育培训的内容包括安全注意事项、安全专业技能、安全技术操作规程、安全规章制度、安全技术措施和要求、在潜在的事故隐患或发生紧急情况时如何采取防范及自我解救的措施等。

(7) 督促施工单位进行安全技术交底。在工程项目开工前，应将工程概况、施工方法和安全技术措施等内容向参加施工的工地负责人、工班长进行安全技术交底，每个单位工程开工前单位工程技术负责人应向施工的作业队负责人、工长、班组长和相关人员进行技术交底，对于结构复杂的分部分项工程施工前，应有针对性地进行全面、详细的安全技术交底。

(8) 检查施工中所需的施工人员、施工机械设备是否已经到达现场，安全技术性能是否符合要求，是否处于安全状态，所采取的安全技术措施是否已经到位。

(9) 检查施工单位所采取的安全措施和设备（如吊篮、安全网、漏电开关等）的质量，以防不合格的安全设施进入施工现场，造成事故。安全监理人员检查的内容包括：

①安全设施和设备的生产厂家和产地；

②安全设施和设备的出厂合格证；

③必要时安全监理人员可对这些安全设施和设备生产厂家的生产过程进行实地调查了解；

④要求厂家提供安全设施的设计文件和图纸，以及成品的技术性能参数，并对安全设施进行检验（取样检验），以验证产品的质量。

(10) 检查特种作业人员的资质及其管理情况。

(11) 对工程项目进行危险源辨识、风险分析。

(三) 施工阶段的安全监理

在工程项目施工阶段，安全监理人员应对施工全过程进行监理，以确保施工生产的安全。安全监理的内容主要包括：

(1) 检查承包单位的健康安全管理体系的有效性和安全保证能力：

①健康安全管理体系的组织机构、人员配置和职能划分是否合理和明确；

②健康安全管理工作计划是否得到了正确地实施；

③健康安全管理目标、指标是否达到；

④现有的危害辨识、危险评价和危险控制过程与措施是否有效；

⑤健康安全检验过程是否有效；

⑥应急准备和应急响应的有效性及效果。

(2) 审查各种有关安全生产的文件和资料。

(3) 审查承包单位编制的各单位工程、分部分项工程的安全技术措施。

(4) 审查新材料、新技术、新工艺的使用技术方案、安全措施和有无安全操作规程。

(5) 审查承包单位提交的有关工序交接检查、分项工程和分部工程的安全检查报告。

(6) 审查并签署有关的安全技术签证文件。

(7) 进行现场检查和监督，掌握施工现场的安全生产状态，发现施工中的不安全行为隐患，以便分析原因，制定相应的防范措施。安全检查和监督的方式有：

①日常现场跟踪观察，主要用于日常工序施工的安全检查；

②随机抽样检测或实地检测，主要用于主要结构或关键部位的施工安全检查；

③定期检查，主要用于施工现场安全情况的全面检查。

安全检查的内容包括：安全生产责任制、安全计划、安全组织机构、安全保证措施、安全技术交底、安全教育、安全持证上岗、安全设施、安全标识、操作行为、违规处理、安全记录等的实施情况。

安全检查应做好记录,并应对检查结果进行全面分析,提出整改意见。
(8) 督促施工单位对工序、分部分项工程进行安全技术交底。
(9) 在下列情况下,安全监理人员可下达暂时停工令:
①施工中出现异常情况,经指出后仍无改进,或整改拖拉不及时,或整改不彻底时;
②已发生安全事故,未经有效处理而继续施工时;
③安全措施未经自检而擅自使用时;
④未经安全资质审查的分包单位施工人员进行现场施工时。
(10) 进行工程项目的风险控制。
(11) 进行工程项目的安全评价。
(四) 竣工阶段的安全监理
在工程项目竣工阶段,安全监理单位应进行下列工作:
(1) 对安全监理规划、安全监理程序及其实施情况进行评估和总结。
(2) 按规定要求对安全监理的资料进行整编。
(3) 组织编写安全监理报告。

附录

附录 I 施工阶段监理工作的基本表式

A 类表（承包单位用表）

- **A1**　工程开工/复工报审表
- **A2**　施工组织设计（方案）报审表
- **A3**　分包单位资格报审表
- **A4**　_____报验申请表
- **A5**　工程款支付申请表
- **A6**　监理工程师通知回复单
- **A7**　工程临时延期申请表
- **A8**　费用索赔申请表
- **A9**　工程材料/构配件/设备报审表
- **A10**　工程竣工报验单

B 类表（监理单位用表）

- **B1**　监理工程师通知单
- **B2**　工程暂停令
- **B3**　工程款支付证书
- **B4**　工程临时延期审批表
- **B5**　工程最终延期审批表
- **B6**　费用索赔审批表

C 类表（各方通用表）

- **C1**　监理工作联系单
- **C2**　工程变更单

A1

工程开工/复工报审表

工程名称：　　　　　　　　　　　　　　　　　　　　　　　　　　编号：

致：　　　　　　　　　　　　　　　　　　　　　　　　　　　　（监理单位）

　　我方承担的_____工程，已完成了以下各项工作，具备了开工/复工条件，特此申请施工，请核查并签发开工/复工指令。

附：1. 开工报告
　　2.（证明文件）

承包单位（章）_____
项目经理_____
日　　期_____

审查意见：

项目监理机构_____
总监理工程师_____
日　　期_____

A2

施工组织设计（方案）报审表

工程名称： 　　　　　　　　　　　　　　　　　　　　　　　编号：

致： 　　　　　　　　　　　　　　　　　　　　　　　　　　　（监理单位）
　　我方已根据施工合同的有关规定完成了＿＿＿＿＿＿＿＿＿＿工程施工组织设计（方案）的编制，并经我单位上级技术负责人审查批准，请予以审查。
附：施工组织设计（方案）

承包单位（章）＿＿＿＿＿＿
项目经理＿＿＿＿＿＿
日　期＿＿＿＿＿＿

专业监理工程师审查意见：

专业监理工程师＿＿＿＿＿＿
日　期＿＿＿＿＿＿

总监理工程师审核意见：

项目监理机构＿＿＿＿＿＿
总监理工程师＿＿＿＿＿＿
日　期＿＿＿＿＿＿

A3

分包单位资格报审表

工程名称： 　　　　　　　　　　　　　　　　　　　　　　编号：

致： 　　　　　　　　　　　　　　　　　　　　　　　　　（监理单位）

　　经考察，我方认为拟选择的_____（分包单位）具有承担下列工程的施工资质和施工能力，可以保证本工程项目按合同的规定进行施工。分包后，我方仍承担总包单位的全部责任。请予以审查和批准。

附：1. 分包单位资质材料；
　　2. 分包单位业绩材料。

分包工程名称（部位）	工程数量	拟分包工程合同额	分包工程占全部工程
合　　计			

承包单位（章）_____
项目经理_____
日　　期_____

专业监理工程师审查意见：

专业监理工程师_____
日　　期_____

总监理工程师审核意见：

项目监理机构_____
总监理工程师_____
日　　期_____

A4

_____报验申请表

工程名称：　　　　　　　　　　　　　　　　　　　　　　　编号：

致：　　　　　　　　　　　　　　　　　　　　　　　　　　（监理单位）
　　我单位已完成了_____工作，现报上该工程报验申请表，请予以审查和验收。
附件：

承包单位（章）_____
项目经理_____
日　　期_____

审查意见：

项目监理机构_____
总/专业监理工程师_____
日　　期_____

A5

工程款支付申请表

工程名称：_____　　　　　　　　　　　　　编号：_____

致：_____（监理单位）

我方已完成了_____

_____工作，按施工合同的规定，建设单位应在____年____月____日前支付该项工程款共（大写）_____（小写：_____），现报上_____工程付款申请表，请予以审查并开具工程款支付证书。

附件：
1. 工程量清单；
2. 计算方法。

承包单位（章）_____

项目经理_____

日　　期_____

A6

监理工程师通知回复单

工程名称： 　　　　　　　　　　　　　　　　　　　　　　　编号：

致： 　　　　　　　　　　　　　　　　　　　　　　　　　　　（监理单位）
　　　我方接到编号为_____的监理工程师通知后，已按要求完成了_____工作，现报上，请予以复查。

详细内容：

承包单位（章）_____
项目经理_____
日　　期_____

复查意见：

项目监理机构_____
总/专业监理工程师_____
日　　期_____

A7

工程临时延期申请表

工程名称：　　　　　　　　　　　　　　　　　　　　　　编号：

致：　　　　　　　　　　　　　　　　　　　　　　　　　　　　（监理单位）
　　根据施工合同条款_____条的规定，由于_____原因，我方申请工程延期，请予以批准。

附件：
1. 工程延期的依据及工期计算

合同竣工日期：
申请延长竣工日期：
　　2. 证明材料

承包单位_____
项目经理_____
日　　期_____

A8

费用索赔申请表

工程名称：　　　　　　　　　　　　　　　　　　　　　　　　　　编号：

致：　　　　　　　　　　　　　　　　　　　　　　　　　　　（监理单位）
　　根据施工合同条款_____条的规定，由于_____的原因，我方要求索赔金额（大写）_____，请予以批准。
　　索赔的详细理由及经过：

索赔金额的计算：

附：证明材料

　　　　　　　　　　　　　　　　　　　　　　　　　　　承包单位_____
　　　　　　　　　　　　　　　　　　　　　　　　　　　项目经理_____
　　　　　　　　　　　　　　　　　　　　　　　　　　　日　　期_____

A9

工程材料/构配件/设备报审表

工程名称： 编号：

致： （监理单位）
　　我方于_____年_____月_____日进场的工程材料/构配件/设备数量如下（见附件）。现将质量证明文件及自检结果报上，拟用于下述部位：
_____
_____，
请予以审核。
　　附件：1. 数量清单
　　　　　2. 质量证明文件
　　　　　3. 自检结果

承包单位（章）_____
项目经理_____
日　　期_____

审查意见：
　　经检查上述工程材料/构配件/设备，符合/不符合设计文件和规范的要求，准许/不准许进场，同意/不同意使用于拟定部位。

项目监理机构_____
总/专业监理工程师_____
日　　期_____

A10

工程竣工报验单

工程名称：　　　　　　　　　　　　　　　　　　　　　　　编号：

致：　　　　　　　　　　　　　　　　　　　　　　　　　　（监理单位）
　　我方已按合同要求完成了_____工程，经自检合格，请予以检查和验收。
附件：

承包单位（章）_____
项目经理_____
日　　期_____

审查意见：
　　经初步验收，该工程
　　1. 符合/不符合我国现行法律、法规要求；
　　2. 符合/不符合我国现行工程建设标准；
　　3. 符合/不符合设计文件要求；
　　4. 符合/不符合施工合同要求。
　　综上所述，该工程初步验收合格/不合格，可以/不可以组织正式验收。

项目监理机构_____
总监理工程师_____
日　　期_____

B1

监理工程师通知单

工程名称：　　　　　　　　　　　　　　　　　　　　　编号：

致：

　事由：

　内容：

项目监理机构＿＿＿＿＿＿＿＿＿
总/专业监理工程师＿＿＿＿＿＿＿＿＿
日　　期＿＿＿＿＿＿＿＿＿

B2

工程暂停令

工程名称：　　　　　　　　　　　　　　　　　　　　　　　　　编号：

致：　　　　　　　　　　　　　　　　　　　　　　　　　　　　　　（承包单位）

　　由于

原因，现通知你方必须于_____年_____月_____日_____时起，对本工程的_____部位（工序）实施暂停施工，并按下述要求做好各项工作：

项目监理机构_____
总监理工程师_____
日　　期_____

B3

工程款支付证书

工程名称： 编号：

致： （建设单位）

根据施工合同的规定，经审核承包单位的付款申请和报表，并扣除有关款项，同意本期支付工程款共（大写）_____（小写：_____）。请按合同规定及时付款。

其中：
1. 承包单位申报款为：
2. 经审核承包单位应得款为：
3. 本期应扣款为：
4. 本期应付款为：

附件：
1. 承包单位的工程付款申请表及附件；
2. 项目监理机构审查记录。

项目监理机构_____
总监理工程师_____
日　　　期_____

B4

工程临时延期审批表

工程名称：　　　　　　　　　　　　　　　　　　　　　　编号：

致：　　　　　　　　　　　　　　　　　　　　　　　　　　　　　　（承包单位）

　　根据施工合同条款_____条的规定，我方对你方提出的_____工程延期申请（第_____号）要求延长工期_____日历天的要求，经过审核评估：

　　□ 暂时同意工期延长_____日历天。使竣工日期（包括已指令延长的工期）从原来的_____年_____月_____日延迟到_____年_____月_____日。请你方执行。

　　□ 不同意延长工期，请按约定竣工日期组织施工。

说明：

项目监理机构_____
总监理工程师_____
日　　　期_____

B5

工程最终延期审批表

工程名称：　　　　　　　　　　　　　　　　　　　　　　　　编号：

致：　　　　　　　　　　　　　　　　　　　　　　　　　　　　　（承包单位）

　　根据施工合同条款_____条的规定，我方对你方提出的_____工程延期申请（第____号）要求延长工期日历天的要求，经过审核评估：

　　□ 最终同意工期延长_____日历天。使竣工日期（包括已指令延长的工期）从原来的_____年_____月_____日延迟到_____年_____月_____日。请你方执行。

　　□ 不同意延长工期，请按约定竣工日期组织施工。

说明：

项目监理机构_____
总监理工程师_____
日　　　期_____

B6

费用索赔审批表

工程名称：　　　　　　　　　　　　　　　　　　　　　　编号：

致：　　　　　　　　　　　　　　　　　　　　　　　　　　　　（承包单位）
　　根据施工合同条款＿＿＿＿＿＿条的规定，你方提出的＿＿＿＿＿＿费用索赔申请（第＿＿＿号）索赔（大写）＿＿＿＿，经我方审核评估：

　　□ 不同意此项索赔。
　　□ 同意此项索赔，金额为（大写）＿＿＿＿＿＿＿。

同意/不同意索赔的理由：

索赔金额的计算：

项目监理机构＿＿＿＿＿＿
总监理工程师＿＿＿＿＿＿
日　　期＿＿＿＿＿＿

C1

监理工作联系单

工程名称: 编号:

致:

事由

内容

单　位_____
负责人_____
日　期_____

C2

工程变更单

工程名称： 　　　　　　　　　　　　　　　　　　　　　　　　　　编号：

致： 　　　　　　　　　　　　　　　　　　　　　　　　　　　　（监理单位）

　　由于 _____ 原因，兹提出 _____ 工程变更（内容见附件），请予以审批。

附件：

　　　　　　　　　　　　　　　　　　　　　　　　　　提出单位_____
　　　　　　　　　　　　　　　　　　　　　　　　　　代 表 人_____
　　　　　　　　　　　　　　　　　　　　　　　　　　日　　期_____

一致意见：

建设单位代表　　　　　　　　设计单位代表　　　　　　　　项目监理机构
签字：　　　　　　　　　　　签字：　　　　　　　　　　　签字：

日期_____　　　　　　　日期_____　　　　　　　日期_____

附录Ⅱ 复习自检题

第一章 质量和质量控制

一、本章复习重点

本章应重点复习工程项目质量和质量控制；工程项目质量的特点；工程项目建设各阶段对质量形成的影响；监理工程师在质量控制中的任务、主要工作内容及其应遵循的原则。

二、复习自检题

（一）思考题

1. 什么叫质量？
2. 从功能和使用价值来看，工程项目质量的含义是什么？
3. 从工程项目的组成来看，工程项目质量的含义是什么？
4. 工程项目质量有哪些特点？
5. 按实施者的不同，工程项目的质量控制包括哪几方面的质量控制？各有何特点？
6. 工程建设各阶段对工程项目质量的形成有何影响？
7. 工程项目质量控制的原则是什么？
8. 项目监理机构的组织形式通常有哪几种？
9. 通常，项目监理机构有哪些基本职权？

（二）单项选择题

1. 工程项目质量包括产品质量和（　　）。
   A. 材料质量　　　　　　　　B. 中间产品质量
   C. 工序质量　　　　　　　　D. 工作质量

2. 工作质量包括生产工作质量和社会工作质量，其中社会工作质量又包括社会调查质量、市场预测质量和（　　）。
   A. 政治工作质量　　　　　　B. 管理工作质量
   C. 质量回访和保修质量　　　D. 后勤工作质量

3. 工程项目质量特点之一是终检的局限性，所以工程项目的施工应加强（　　）。
   A. 事前和事中控制　　　　　B. 事前和事后控制
   C. 事中和事后控制　　　　　D. 事中控制

4. 从功能和使用价值来看，工程项目的质量主要体现在工程项目的（　　）。
   A. 适用性、可靠性、耐久性、外观性
   B. 适用性、可靠性、耐久性、经济性
   C. 适用性、安全性、管理方便性、经济性
   D. 适用性、可靠性、经济性、外观性、与环境协调性

5. 工程项目决策阶段对质量的影响是（　　）。
   A. 确定质量目标和水平的依据
   B. 确定应达到的质量目标和水平
   C. 使质量目标和水平具体化
   D. 形成质量目标和水平

6. 工程项目质量控制的原则之一是"坚持以预防为主",预防为主是指要重点做好质量的( )。
   A. 事前控制　　　　　　　　　　B. 事中控制
   C. 事前和事中控制　　　　　　　D. 事中和事后控制

7. 监理工程师进行工程质量控制的主要工作内容之一是( )。
   A. 建立和完善施工质量管理体系
   B. 确定质量标准和明确质量要求
   C. 编制和审查施工组织设计
   D. 确定施工方案和施工方法

8. 质量是指产品、体系或过程的一组固有特性满足( )的能力。
   A. 市场要求　　　　　　　　　　B. 社会要求
   C. 法律法规要求　　　　　　　　D. 顾客和其他相关方要求

9. 工程建设各阶段对工程项目质量的形成都产生影响,设计阶段对工程项目质量形成的影响是( )。
   A. 确定质量目标和水平的依据　　B. 确定质量目标和水平
   C. 使质量目标和水平具体化　　　D. 形成质量目标和水平

10. 工程建设各阶段对工程项目质量的形成都产生影响,其中质量目标和水平的依据是在工程建设的( )阶段确定的。
    A. 决策　　　　　　　　　　　　B. 可行性研究
    C. 设计　　　　　　　　　　　　D. 施工

11. 从功能和使用价值来看,工程项目的质量体现在( )等方面。
    A. 适用性、可靠性、经济性、外观性　　B. 可信性、通用性、可靠性、外观性
    C. 可信性、适用性、经济性、外观性　　D. 通用性、可靠性、经济性、外观性

12. 工程项目质量的特点之一是质量变异大,造成质量变异大的原因是( )。
    A. 工程项目的单一性　　　　　　B. 施工生产的流动性
    C. 影响质量的因素多　　　　　　D. 工序交接多

13. 工程项目质量的特点之一是质量隐蔽性,造成质量隐蔽性的原因是( )。
    A. 工程项目的复杂性　　　　　　B. 隐蔽工程多
    C. 施工生产的流动性　　　　　　D. 工程项目的单一性

14. 工程项目的质量具有本身的特点,质量的特点包括( )等方面。
    A. 影响因素多、质量波动大、质量变异大、质量隐蔽性
    B. 质量标准高、质量检测难、影响因素多、质量变异大
    C. 质量标准高、质量波动大、中间产品多、质量隐蔽性
    D. 质量检测难、质量波动大、质量变异大、中间产品多

15. 工程项目质量的特点是终检局限性,这是由于工程项目的( )造成的。
    A. 复杂性　　　　　　　　　　　B. 单一性
    C. 施工流动性　　　　　　　　　D. 隐蔽工程多

16. 在工程项目施工中,对施工质量容易产生判断错误,其中第一类判断错误是指( )。
    A. 将已检验产品误认为未检验产品

B. 将未检验产品误认为已检验产品
C. 将合格品误认为不合格品
D. 将不合格品误认为合格品

17. 在工程项目施工中，对施工质量容易产生判断错误，其中第二类判断错误是指（   ）。
    A. 将已检验产品误认为未检验产品   B. 将未检验产品误认为已检验产品
    C. 将合格品误认为不合格品   D. 将不合格品误认为合格品

18. 在工程项目质量控制中，监理工程师应遵循的原则包括（   ）等方面。
    A. 坚持质量第一、现场检查、质量标准、竣工验收
    B. 坚持旁站监督、现场检查、质量标准、竣工验收
    C. 坚持质量第一、质量标准、以人为核心、以预防为主
    D. 坚持质量标准、严格质量检验、旁站监督、工序验收

19. 工程项目质量控制的特点之一是应坚持以预防为主的原则，以预防为主的意思是指应做好质量的（   ）控制。
    A. 事前   B. 事中
    C. 事前和事中   D. 事中和事后

（三）多项选择题

1. 工程项目质量是由工程项目建设各阶段的质量所形成，其中除可行性研究质量和决策阶段质量外，还包括（   ）。
    A. 招标阶段质量   B. 设计阶段质量
    C. 施工阶段质量   D. 竣工验收阶段质量
    E. 运行阶段质量

2. 工程项目质量的特点，除影响因素多、质量波动大之外，还包括（   ）。
    A. 质量变异大   B. 事故风险大
    C. 终检局限性   D. 质量隐蔽性
    E. 质量复杂性

3. 工程项目质量的特点之一是质量的隐蔽性，这是由于施工过程中（   ）等因素造成的。
    A. 工序交接多   B. 影响因素多
    C. 施工周期长   D. 隐蔽工程多
    E. 中间产品多

4. 从功能和使用价值来看，工程项目的质量除体现在适用性和可靠性方面外，还体现在（   ）等方面。
    A. 可信性   B. 美观性（外观性）
    C. 通用性   D. 经济性
    E. 与环境的协调性

5. 工程项目的质量控制，按其实施者的不同，包括（   ）等方面的质量控制。
    A. 业主   B. 政府
    C. 社会监督   D. 上级主管
    E. 承建单位

6. 在工程项目的质量控制中，监理工程师除应坚持质量第一和质量标准的原则外，还应坚持（　　）等方面原则。
   A. 以人为控制核心　　　　　　　B. 以预防为主
   C. 及时性　　　　　　　　　　　D. 以协调关系为主
   E. 贯彻科学、公正、守法的职业道德规范

7. 工程项目质量是由工程项目各组成部分的质量构成的，因此分部工程的质量包含（　　）质量。
   A. 项目工程　　　　　　　　　　B. 分项工程
   C. 工序　　　　　　　　　　　　D. 单位工程

8. 对于普通工业与民用建筑工程，单位工程的质量一般是由（　　）质量构成的。
   A. 主体结构工程　　　　　　　　B. 装饰工程
   C. 建筑工程　　　　　　　　　　D. 建筑安装工程
   E. 设备

9. 从功能和使用价值来看，工程项目的质量包含（　　）方面的质量。
   A. 适用性　　　　　　　　　　　B. 可信性
   C. 维修性　　　　　　　　　　　D. 可靠性
   E. 外观性

10. 从功能和使用价值来看，工程项目的质量包含（　　）方面的质量。
    A. 合理性　　　　　　　　　　　B. 适用性
    C. 先进性　　　　　　　　　　　D. 经济性
    E. 与环境协调性

11. 工程项目质量的特点很多，其中包括（　　）。
    A. 施工周期长　　　　　　　　　B. 影响因素多
    C. 质量波动大　　　　　　　　　D. 施工流动性
    E. 终检局限性

12. 项目监理机构的组织形式通常有（　　）。
    A. 直线式　　　　　　　　　　　B. 斜线式
    C. 职能式　　　　　　　　　　　D. 矩阵式
    E. 网格式

第二章　GB/T 19000—ISO 9000 系列标准简介

一、本章复习重点

本章应重点复习 GB/T 19000（2008）—ISO 9000（2005）系列标准的组成和基本内容、质量管理的 8 项基本原则；质量术语：质量管理、质量保证、质量管理体系、管理职责；质量管理体系认证与产品认证的区别；质量管理体系的建立。

二、复习自检题

（一）思考题

1. 2008 年版的 GB/T 19000（2008）—ISO 9000（2005）系列标准是由哪几部分组成的？其中核心标准是由哪几个标准组成的？

2. 在按 2008 年版的 GB/T 19000（2008）—ISO 9000（2005）系列标准建立质量管理

体系时，应选用哪一个标准？

3. 2008年版的GB/T 19000（2008）—ISO 9000（2005）系列标准与1994年版的GB/T 19000—ISO 9000系列标准有哪些区别？

4. 质量管理体系的基本原则是什么？

5. 质量管理体系的要求是什么？

6. 2008年版的GB/T 19001（2008）—ISO 9001（2008）标准规定的质量管理体系由哪几部分（相互关联的过程和过程网络）组成的？

7. 质量管理体系方法，即质量管理体系建立和实施的步骤是什么？

8. 质量管理体系的评价包括哪些内容？

9. 质量管理体系的审核，按审核主体的不同可分为哪几种？

10. 管理职责包括哪几部分内容？

11. 什么叫质量管理体系？

12. 质量管理体系认证与产品认证有何区别？

（二）单项选择题

1. 内部质量保证是在一个组织内部通过提供证据表明实体满足质量要求，以取得（　　）的信任。
   A. 管理者　　　　　　　　　B. 职工
   C. 用户　　　　　　　　　　D. 上级主管部门

2. 外部质量保证是指在合同环境下，通过提供证据表明实体满足质量要求，以取得（　　）的信任。
   A. 管理者　　　　　　　　　B. 职工
   C. 用户　　　　　　　　　　D. 上级主管部门

3. 投标阶段的合同评审是指在合同签订前，即合同形成过程中，由（　　）进行的系统活动。
   A. 用户　　　　　　　　　　B. 监理工程师
   C. 承包单位　　　　　　　　D. 上级主管部门

4. 合同签订后项目正式开工前，为了使项目的主要人员清楚了解合同要求，确保项目按期按质完成，应由（　　）组织对合同进行全面评审。
   A. 用户　　　　　　　　　　B. 监理工程师
   C. 承包单位　　　　　　　　D. 上级主管部门

5. 质量管理体系认证是指根据有关的质量标准由（　　）对供方（承包方）的质量管理体系进行评定和注册的活动。
   A. 用户　　　　　　　　　　B. 监理工程师
   C. 主管部门　　　　　　　　D. 第三方

6. 质量管理体系通过认证后，认证机构将发给认证证书和相应的认证合格标志，认证合格标志可（　　）。
   A. 印在包装上　　　　　　　B. 印在产品上
   C. 用于宣传　　　　　　　　D. 作为产品质量合格的证明

7. GB/T 19000（2008）—ISO 9000（2005）系列标准中的核心标准包括（　　）等标准。
   A. GB/T 19000—ISO 9000、GB/T 19001—ISO 9001、GB/T 19002—ISO 9002、

　　　　GB/T 19003—ISO 9003

　　B. GB/T 19001—ISO 9001、GB/T 19002—ISO 9002、GB/T 19003—ISO 9003、
　　　　GB/T 19004—ISO 9004

　　C. GB/T 19001—ISO 9001、GB/T 19002—ISO 9002、GB/T 19003—ISO 9003、
　　　　GB/T 19011—ISO 9011

　　D. GB/T 19000—ISO 9000、GB/T 19001—ISO 9001、GB/T 19004—ISO 9004、
　　　　GB/T 19011—ISO 9011

8. 企业在建立质量管理体系时，应根据 GB/T 19000（2008）—ISO 9000（2005）系列标准中的（　　）标准。
　　A. GB/T 19000—ISO 9000　　　　　B. GB/T 19001—ISO 9001
　　C. GB/T 19004—ISO 9004　　　　　D. GB/T 19011—ISO 9011

9. 在 GB/T 19000（2008）—ISO 9000（2005）系列标准中，有关质量管理体系术语的是（　　）标准。
　　A. GB/T 19000—ISO 9000　　　　　B. GB/T 19001—ISO 9001
　　C. GB/T 19004—ISO 9004　　　　　D. GB/T 19011—ISO 9011

10. 在 GB/T 19000—ISO 9000（2005）系列标准中，有关质量管理体系要求的是（　　）标准。
　　A. GB/T 19000—ISO 9000　　　　　B. GB/T 19001—ISO 9001
　　C. GB/T 19004—ISO 9004　　　　　D. GB/T 19011—ISO 9011

11. 在 GB/T 19000—ISO 9000（2005）系列标准中，有关质量管理体系有效性和效率的是（　　）标准。
　　A. GB/T 19000—ISO 9000　　　　　B. GB/T 19001—ISO 9001
　　C. GB/T 19004—ISO 9004　　　　　D. GB/T 19011—ISO 9011

12. GB/T 19011—ISO 9011（2003）标准是有关审核（　　）标准。
　　A. 质量管理体系　　　　　　　　　B. 安全管理体系
　　C. 环境管理体系　　　　　　　　　D. 质量和环境管理体系

13. 在 GB/T 19001—ISO 9001（2008）标准中，将质量管理体系归纳为（　　）大部分。
　　A. 2　　　　　　　　　　　　　　B. 3
　　C. 4　　　　　　　　　　　　　　D. 5

14. 在 GB/T 19000—ISO 9000（2005）标准中，提出了（　　）项质量管理原则。
　　A. 4　　　　　　　　　　　　　　B. 6
　　C. 8　　　　　　　　　　　　　　D. 10

15. 在 GB/T 19000—ISO 9000（2005）系列标准中所要求的程序文件有（　　）种。
　　A. 4　　　　　　　　　　　　　　B. 6
　　C. 8　　　　　　　　　　　　　　D. 10

16. 管理者代表是组织实施质量管理的代表，又称质量管理代表，他是由（　　）担任。
　　A. 企业经理　　　　　　　　　　　B. 企业高层管理者中指定的人员
　　C. 企业中层管理者中推选的人员　　　D. 通过企业职工代表大会选举出的人员

17. 当过程的结果不能通过其后产品的检验和试验完全验证时，为了保证产品质量，就

需要预先鉴定过程的能力，这些过程通常称为（ ）过程。
   A. 特殊   B. 紧急
   C. 待验   D. 预验

18. 确因生产急需又来不及检验和试验而投入使用放行的物资，需经相应授权人员批准，作出明确标识并做好记录，保证一旦发现不符合规定要求时，能够立即追回或更换，这种做法习惯上称为（ ）。
   A. 特殊放行   B. 紧急放行
   C. 例外放行   D. 可追溯放行

19. 确因生产急需来不及完成检验和试验，或检验和试验报告未经完成前就要转入下一过程时，经相应授权人员批准，作出明确标识并做好记录，保证在一旦发现不符合规定要求时，能够立即追回或更换，这种做法通常称为（ ）。
   A. 特殊放行   B. 紧急放行
   C. 例外放行   D. 可追溯放行

20. 质量管理体系文件通常分为（ ）层次。
   A. 2个   B. 3个
   C. 4个   D. 5个

21. 在工程项目承包活动中要进行合同评审，合同评审一般由（ ）来进行。
   A. 建设单位   B. 监理单位
   C. 施工单位   D. 上级主管单位

（三）多项选择题

1. 对质量体系进行管理评审，一般是在（ ）。
   A. 工程项目施工之前   B. 工程项目发现重大问题时
   C. 内部环境变化时   D. 施工高潮时
   E. 加速施工进度时

2. 在 GB/T 19000—ISO 9000 标准中，管理职责包含（ ）等方面的内容。
   A. 质量方针   B. 管理承诺
   C. 质量职能   D. 质量评审
   E. 质量改进

3. 质量管理是指确定质量方针、目标和职责并在质量体系中通过诸如（ ）使其实施的全部管理职能的所有活动。
   A. 质量策划   B. 质量控制
   C. 质量审核   D. 质量保证
   E. 质量改进

4. GB/T 19000（2008）—ISO 9000（2005）族标准适用于（ ）。
   A. 质量管理情况   B. 合同情况
   C. 非合同情况   D. 第二方认证或注册情况
   E. 第三方认证或注册情况

5. GB/T 19000（2005）—ISO 9000（2005）系列标准是由（ ）几部分组成的。
   A. 核心标准   B. 通用标准
   C. 支持性技术标准   D. 技术报告

E. 小册子

6. GB/T 19000—ISO 9000（2005）系列标准中的核心标准是由（　　）等标准组成的。
　　A. GB/T 19000—ISO 9000　　　　B. GB/T 19001—ISO 9001
　　C. GB/T 19002—ISO 9002　　　　D. GB/T 19004—ISO 9004
　　E. GB/T 19011—ISO 9011

7. 在 GB/T 19000（2008）—ISO 9000（2005）标准中提出了 8 项质量管理原则，其中包括（　　）。
　　A. 质量保证　　　　　　　　　　B. 以顾客为中心
　　C. 领导作用　　　　　　　　　　D. 全员参与
　　E. 过程方法

8. 在 GB/T 19000（2008）—ISO 9000（2005）标准中所提出的 8 项质量管理原则包括（　　）。
　　A. 管理系统方法　　　　　　　　B. 管理文件化
　　C. 基于事实的决策方法　　　　　D. 持续改进
　　E. 互利的供方关系

9. 在 GB/T 19000（2008）—ISO 9000（2005）标准中强调了领导的作用，领导的作用包括（　　）。
　　A. 对顾客作出承诺　　　　　　　B. 建立质量方针和目标
　　C. 建立各种管理制度　　　　　　D. 规定质量控制方法
　　E. 策划建立和组织实施质量管理体系

10. 在 GB/T 19000（2008）—ISO 9000（2005）标准中提出的领导作用包括（　　）。
　　A. 规定质量管理工作方法
　　B. 对员工进行教育培训
　　C. 为质量管理体系提供必要的资源
　　D. 创造一个使员工能够充分参与实现组织目标的环境
　　E. 进行管理评审

11. 在 GB/T 19001（2008）—ISO 9001（2008）标准中有关质量管理体系要求的内容共有五方面，其中包括（　　）。
　　A. 质量管理体系总要求　　　　　B. 质量管理体系原理
　　C. 质量管理体系原则　　　　　　D. 管理职责
　　E. 资源管理

12. 在 GB/T 19001（2008）—ISO 9001（2008）标准中有关质量管理体系要求的内容包括（　　）等方面。
　　A. 质量管理体系准则　　　　　　B. 质量管理体系结构
　　C. 质量管理体系总要求　　　　　D. 产品实现
　　E. 测量、分析及改进

13. 在质量管理体系的运行过程中，应对质量管理体系定期进行评价，质量管理体系的评价活动包括（　　）。
　　A. 质量管理体系调查　　　　　　B. 质量管理体系论证分析

C. 质量管理体系审核　　　　　　D. 质量管理体系评审
E. 自我评定

14. 质量管理体系要进行定期审核，按审核主体的不同，质量管理体系的审核分为（　　）。
A. 第一方审核　　　　　　　　　B. 第二方审核
C. 第三方审核　　　　　　　　　D. 第一方和第二方联合审核
E. 第二方和第三方联合审核

15. 在 GB/T 19000（2008）—ISO 9000（2005）系列标准中，要求建立的程序文件包括（　　）等程序文件。
A. 文件控制　　　　　　　　　　B. 合同评审
C. 教育培训　　　　　　　　　　D. 质量记录控制
E. 内部质量审核

16. 在 GB/T 19000（2008）—ISO 9000（2000）系列标准中，要求建立6种程序文件，其中包括（　　）。
A. 采购　　　　　　　　　　　　B. 工序认可
C. 不合格控制　　　　　　　　　D. 纠正措施
E. 预防措施

17. 在 GB/T 19001（2008）—ISO 9001（2000）标准中，管理职责的内容包括（　　）。
A. 质量方针　　　　　　　　　　B. 策划
C. 全员参与　　　　　　　　　　D. 管理评审
E. 纠正措施

18. 在 GB/T 19001（2008）—ISO 9001（2000）标准中，管理职责的内容包括（　　）。
A. 领导作用　　　　　　　　　　B. 管理承诺
C. 以顾客为中心　　　　　　　　D. 管理的系统方法
E. 行政管理

19. 国家规定与人身安全有关的产品必须经过安全认证，其中包括（　　）产品。
A. 玻璃　　　　　　　　　　　　B. 电动玩具
C. 电线电缆　　　　　　　　　　D. 电动工具
E. 低压电器

20. 质量管理体系文件通常分为三个层次，其内容包括（　　）等几方面文件。
A. 质量方针　　　　　　　　　　B. 组织结构
C. 质量手册　　　　　　　　　　D. 质量管理体系程序
E. 其他作业文件

21. 在工程项目承包合同中，要进行合同评审，合同评审一般在（　　）进行。
A. 投标前　　　　　　　　　　　B. 投标后合同签订前
C. 合同签订后开工前　　　　　　D. 开工后
E. 施工过程中

第三章　承包单位的资质

一、本章复习重点

政府资质管理部门对承包单位资质的管理，监理工程师对承包单位资质核查的内容。

二、复习自检题

(一) 思考题

1. 政府资质管理部门对施工企业和勘察设计单位资质的核查通常是多长时间进行一次？在什么时间进行？
2. 政府资质管理部门对施工企业年度检查按什么工作程序进行？
3. 政府资质管理部门对施工企业年度检查的结论分为几种？
4. 政府资质管理部门对施工企业的年度检查结论在什么情况下为合格、基本合格和不合格？
5. 施工企业的资质在什么情况下可以晋级？什么情况下要降级？
6. 在工程项目投标阶段监理工程师对施工单位资质的核查，主要包括哪些内容？
7. 监理单位对施工单位质量管理体系核查的内容是什么？
8. 在施工过程中监理单位对施工单位资质核查的内容是什么？

(二) 单项选择题

1. 政府资质管理部门对施工企业资质的管理是通过年度检查和监督检查来进行的，在正常情况下企业资质年检是在（　　）之间进行。
   A. 1月至3月 B. 3月至6月
   C. 6月至9月 D. 9月至12月

2. 政府资质管理部门对施工企业资质的监督检查通常是（　　）。
   A. 3个月一次 B. 半年一次
   C. 1年一次   D. 不定期的

3. 在工程项目招标阶段，监理工程师应根据（　　）来确定参与招投标企业的类型及资质等级。
   A. 工程类型
   B. 工程的规模
   C. 工程的规模和隶属关系
   D. 工程的类型、规模和特点

4. 工程总承包企业的资质等级分为（　　）。
   A. 2级 B. 3级
   C. 4级 D. 5级

5. 施工承包企业的资质等级分为（　　）。
   A. 2级 B. 3级
   C. 4级 D. 5级

6. 工程总承包企业和施工承包企业中的特级企业和一级企业，其资质应由（　　）审批。
   A. 国务院建设行政主管部门
   B. 各省、市、自治区人民政府建设行政主管部门
   C. 各省、市、自治区计委
   D. 工商行政管理部门

7. 勘察设计单位中的甲级企业的资质由（　　）审批。
   A. 国务院建设行政主管部门
   B. 各省、市、自治区人民政府建设行政主管部门
   C. 工商行政管理部门

D. 建设部

8. 企业资质条件完全符合所定资质等级标准，且在过去一年内未发生工程建设重大事故及违法行为的，年检结论可定为（　）。
   A. 优　　　　　　　　　　　　B. 良
   C. 合格　　　　　　　　　　　D. 基本合格

9. 资质管理部门在审查核实了有关资料后，应对企业资质年检作出结论，并记录在（　）内。
   A. 企业资质年度检查表　　　　B. 建筑企业资质证书
   C. 企业业绩考核表　　　　　　D. 企业营业执照

10. 监理工程师在考核承包企业近期表现时，除查对施工现场考评结果外，还应查对（　）情况。
    A. 人员素质　　　　　　　　　B. 技术装备
    C. 工程质量　　　　　　　　　D. 年检及升降级

11. 工程勘察设计单位的资质一般分为（　）级。
    A. 2　　　　　　　　　　　　　B. 3
    C. 4　　　　　　　　　　　　　D. 5

12. 政府资质管理部门对勘察设计单位资质的检查、复审，一般是（　）进行一次。
    A. 1年　　　　　　　　　　　　B. 2年
    C. 3年　　　　　　　　　　　　D. 4年

13. 企业资质条件基本符合所定资质等级标准，且过去一年内未发生过四级以上工程建设重大事故及重大违法行为的施工单位，年检结论为（　）。
    A. 良　　　　　　　　　　　　B. 合格
    C. 基本合格　　　　　　　　　D. 不合格

14. 企业的资质条件与所定资质差距较大，或过去一年发生过三级以上工程建设重大事故或发生过两起以上四级工程建设重大事故，或发生过重大违法行为的，年检结论为（　）。
    A. 良　　　　　　　　　　　　B. 合格
    C. 基本合格　　　　　　　　　D. 不合格

15. 申请资质升级的施工企业，除按申请资质的要求提供资料外，还应提交（　）出具的企业工程质量和施工安全综合鉴定意见。
    A. 上级主管部门　　　　　　　B. 建设单位
    C. 监理单位　　　　　　　　　D. 工程质量监督部门和建筑安全监督机构

16. 企业资质升级和承包工程范围变更，一般在（　）办理。
    A. 每年年初　　　　　　　　　B. 每年年中
    C. 每年年终　　　　　　　　　D. 年度检查结束后

17. 企业资质的升级、降级实行资质公告制度，公告由资质管理部门不定期在（　）上发布。
    A. 文件　　　　　　　　　　　B. 公告
    C. 通知单　　　　　　　　　　D. 报纸

18. 政府资质管理部门在对企业资质年度检查时，若（　）不合格，则企业将降低一个资质等级。
A. 年度检查 B. 连续两年年度检查
C. 连续三年年度检查 D. 三年中有两年年度检查

（三）多项选择题
1. 政府资质管理部门对承包企业资质年度检查的结论分为（　　）等几种。
A. 优 B. 良
C. 合格 D. 基本合格
E. 不合格

2. 监理工程师对参与投标的承包企业资质考核时，应（　　）。
A. 核对企业的营业执照 B. 查对企业的资质证书
C. 考核承包企业的近期表现 D. 查对企业近期承建的工程
E. 审查企业的财务年度报表

3. 监理工程师在对承包单位的资质考核时，应查对《建筑企业资质证书》，以了解该企业的（　　）情况。
A. 建设业绩 B. 人员素质
C. 技术装备 D. 工程质量
E. 现场管理

4. 监理工程师在对承包单位的资质考核后，应综合各方面的情况，对该企业作出一个综合评价，并形成文字材料，送交（　　）。
A. 建设单位 B. 招投标管理部门
C. 质量监督部门 D. 政府资质管理部门
E. 建设行政主管部门

5. 政府资质管理部门对施工企业资质年检的结论为合格，应符合（　　）等条件。
A. 企业的资质条件完全符合所定资质等级标准
B. 过去一年内未发生工程建设重大事故
C. 过去一年内未发生任何工程建设事故
D. 过去一年未发生违法行为
E. 过去一年业绩优良

6. 政府资质管理部门对施工企业资质年检的结论为基本合格，应符合（　　）条件。
A. 企业资质条件中，净资产、人员和经营规模未达到资质等级标准，但不低于资质等级标准的80%
B. 过去一年未发生工程建设重大事故
C. 过去一年未发生过三级以上工程建设重大事故
D. 过去一年未发生过违法行为
E. 过去一年未发生过重大违法行为

7. 政府资质管理部门对施工企业资质年检的结论为不合格，仅需符合（　　）等条件之一。
A. 企业资质条件未达到资质等级标准
B. 过去一年发生过两起三级以上工程建设重大质量安全事故
C. 过去一年发生过两起四级以上工程建设重大质量安全事故

D. 过去一年发生过违法行为

E. 过去一年发生过严重违法行为

8. 监理工程师对参与投标的承包企业资质考核时，要考核承包企业近期的表现，其内容包括（　　）。

A. 承包工程数量　　　　　　　　B. 承包工程规模

C. 施工现场考评结果　　　　　　D. 年检情况

E. 升降级情况

9. 监理工程师在对参与投标的承包企业资质考核时，应（　　）等情况。

A. 查对《建筑企业资质证书》　　B. 查对企业组织机构的设置

C. 核查人员的职责和分工　　　　D. 考核承包企业近期的表现

E. 查对企业近期承建的工程

10. 在工程项目施工前，监理工程师要核查承包企业的质量管理体系，其目的是了解承包企业的（　　）等情况。

A. 人员素质　　　　B. 质量意识　　　　C. 现场管理

D. 质量管理体系建立与认证　　　　E. 质量管理机构

第四章　工程项目设计阶段的质量控制

一、本章复习重点

本章应重点复习设计质量控制的依据；工程勘察阶段、设计准备阶段和设计阶段监理工程师质量控制的内容，监理工程师对设计方案和设计图纸审核的内容。

二、复习自检题

（一）思考题

1. 工程勘察的内容和基本要求。
2. 工程勘察阶段质量控制的基本内容。
3. 监理工程师进行工程项目设计质量控制的依据是什么？
4. 监理工程师进行工程项目设计监理的程序和方法。
5. 监理工程师对工程项目设计总体方案的审核包括哪些内容？
6. 监理工程师对工程项目专业设计方案审核的重点是什么？
7. 在设计各阶段监理工程师对设计图纸审查的重点是什么？

（二）单项选择题

1. 在工程项目设计阶段，应由（　　）来组织设计文件和图纸的报批、验收、分发、保管、使用和建档工作。

A. 建设单位　　　　　　　　B. 设计单位

C. 监理单位　　　　　　　　D. 主管部门

2. 设计总体方案的审核，主要是在（　　）时进行。

A. 可行性研究　　　　　　　B. 初步设计

C. 技术设计　　　　　　　　D. 施工图设计

3. 监理工程师对设计图纸的审核，在技术设计阶段侧重于（　　）。

A. 工程所采用的技术方案是否符合总体方案的要求

B. 各专业设计是否符合预定的质量标准和要求

C. 使用功能和质量要求是否得到满足
D. 技术经济的分析和比较

4. 监理工程师对设计图纸的审核，在施工图设计阶段侧重于（　　）。
   A. 工程所采用的技术方案是否符合总体方案的要求
   B. 各专业设计是否符合预定的质量标准和要求
   C. 使用功能和质量要求是否得到满足
   D. 技术经济的分析和比较

5. 在工程项目设计阶段，监理工程师应（　　）主要设备和材料的选型。
   A. 了解 B. 熟悉
   C. 掌握 D. 参与

6. 监理工程师对设计图纸的审核，在初步设计阶段侧重于（　　）。
   A. 工程所采用的技术方案是否符合总体方案的要求
   B. 各专业设计是否符合预定的质量标准和要求
   C. 使用功能和质量要求是否得到满足
   D. 技术经济的分析和比较

7. 监理工程师对工程项目总体方案审核的内容包括（　　）。
   A. 设计依据、设计规模、设计参数、设计标准
   B. 设计依据、设计参数、设计标准、设计期限
   C. 设计依据、设计规模、建设期限、项目组成及布局
   D. 设计参数、设计标准、建设期限、项目组成及布局

8. 监理工程师对工程项目总体方案审核的内容包括（　　）。
   A. 总建筑面积、建设期限、设备及结构选型、功能和使用价值
   B. 总建筑面积、建设期限、设施配套、环境保护
   C. 设备和结构选型、功能和使用价值、设施配套、环境保护
   D. 产品方案、工艺流程、设备和结构选型、功能和使用价值

9. 监理工程师对工程项目专业设计方案审核的内容包括（　　）。
   A. 项目组成及布局、建筑造型、三废治理、环境保护
   B. 项目组成及布局、建筑造型、设计参数、设计标准
   C. 设计参数、设计标准、三废治理、环境保护
   D. 设计参数、设计标准、设备及结构选型、功能和使用价值

10. 监理工程师对工程项目总体方案审核的内容包括（　　）。
    A. 项目组成及布局、建筑造型、三废治理、环境保护
    B. 项目组成及布局、建筑造型、设计参数、设计标准
    C. 设计参数、设计标准、三废治理、环境保护
    D. 设计参数、设计标准、设备及结构选型、功能和使用价值

（三）多项选择题

1. 在工程项目决策阶段，监理工程师应审查可行性研究报告是否符合（　　）。
   A. 项目建议书 B. 项目任务书
   C. 设计文件 D. 设计纲要
   E. 业主的要求

2. 工程项目的设计应符合（ ）的要求和规定。
   A. 设计规范、规程、标准   B. 施工规范、规程、标准
   C. 工程质量评定标准   D. 设计参数的定额、指标
3. 工程项目设计质量控制的依据包括（ ）。
   A. 设计规划大纲   B. 设计纲要
   C. 设计合同   D. 设计文件
   E. 设计图纸
4. 对于技术复杂、工艺新颖的重大工程项目，通常应按三阶段进行设计，即（ ）。
   A. 总体设计   B. 初步设计
   C. 扩大初步设计   D. 技术设计
   E. 施工图设计
5. 工程项目总体设计方案的审核内容包括（ ）。
   A. 设计参数   B. 设计标准
   C. 设计规模   D. 总建筑面积
   E. 生产工艺及技术水平
6. 工程项目专业设计方案的审核内容包括（ ）。
   A. 设计参数   B. 设计标准
   C. 设计规模   D. 总建筑面积
   E. 设备和结构选型
7. 工程项目总体设计方案审核的内容包括（ ）。
   A. 建筑造型   B. 结构造型
   C. 功能和使用价值   D. 项目组成及布局
   E. 设计依据
8. 监理工程师应对工程项目总体方案进行审核，审核的内容包括（ ）。
   A. 设计依据   B. 设计规模
   C. 总建筑面积   D. 设计标准
   E. 设备选型
9. 监理工程师对工程项目专业设计方案进行审核的重点包括（ ）。
   A. 设计依据   B. 设计参数
   C. 结构和设备选型   D. 功能和使用价值
   E. 建设期限
10. 在工程项目设计阶段，监理工程师应对设计文件进行审查，审查的内容包括（ ）。
    A. 设计文件的规范化   B. 结构的安全性
    C. 施工工艺的先进性   D. 施工的机械化程度
    E. 技术的合理性
11. 在工程项目设计阶段，监理工程师应对设计文件进行审查，审查的内容包括（ ）。
    A. 设计文件的规范化   B. 生产工艺的先进性
    C. 施工的可行性   D. 设计标准的高低

E. 设计规模及环境情况

12. 在工程项目设计阶段，设计质量控制的依据包括（　　）。
    A. 有关工程建设及质量管理方面的法律、法规
    B. 项目评估报告、选址报告
    C. 有关工程建设的技术标准，包括设计和施工规范、规程和标准
    D. 设计规划大纲、设计纲要
    E. 项目建议书

13. 设计过程的质量控制包括（　　）控制。
    A. 设计输入   B. 设计接口
    C. 设计程序   D. 设计依据
    E. 中间检查

第五章　工程项目施工阶段的质量控制

一、本章复习重点

本章应重点复习施工阶段质量控制的依据，质量控制的内容、方法和手段，工序质量控制的内容，设计交底与图纸审核，设计变更，质量控制点及其设置的原则，质量预控的概念。

二、复习自检题

（一）思考题
1. 施工阶段质量控制的依据包括哪几方面？
2. 施工准备阶段（事前）质量控制包括哪些内容？
3. 施工阶段（事中）质量控制包括哪些内容？
4. 竣工阶段（事后）质量控制包括哪些内容？
5. 影响施工质量的因素有哪些？
6. 工程项目的环境因素包括哪几方面？
7. 人的因素控制包括哪几方面？
8. 设计交底与图纸会审应由谁来组织？
9. 设计交底和图纸会审的内容包括哪些？
10. 监理工程师对施工组织设计审查的主要内容包括哪些？
11. 设计变更和图纸修改可能有哪几种情况？设计变更应按什么程序进行？
12. 施工阶段质量控制的方式、方法和手段有哪几种？
13. 工序质量控制包括哪几方面？
14. 质量控制点设置的原则包括哪些内容？
15. 见证点和停止点的含义是什么？
16. 施工过程中的技术复核包括哪些内容？

（二）单项选择题
1. 在施工阶段监理工程师对施工方案的审核是属于（　　）质量控制。
    A. 事前   B. 事中   C. 事前和事中   D. 事后
2. 在施工阶段监理工程师对新材料、新技术、新工艺组织技术鉴定是属于（　　）质量控制。

A. 事前　　B. 事中　　C. 事前和事中　　D. 事后

3. 对施工质量产生影响的因素之一是（　　）。
   A. 计划　　B. 组织　　C. 管理　　D. 环境

4. 协助施工单位完善工序质量控制，严格工序交接检查，是属于（　　）质量控制。
   A. 事前　　B. 事中　　C. 事前和事中　　D. 事后

5. 对工程项目所用材料、半成品的质量控制，是属于（　　）质量控制。
   A. 事前　　B. 事中　　C. 事前和事中　　D. 事后

6. 在工程项目施工阶段的事前质量控制中，对于新材料、新型制品，监理工程师应重点审查其（　　）。
   A. 产品说明书　　　　　　B. 技术说明书
   C. 使用说明书　　　　　　D. 技术鉴定书

7. 在对设计、施工承包单位资质审核时，对领导者素质的考核，主要着重于对（　　）素质的考核。
   A. 项目经理　　　　　　　B. 总工程师
   C. 总经济师　　　　　　　D. 领导层整体

8. 设计交底与图纸会审工作应由（　　）来组织。
   A. 建设单位　　　　　　　B. 设计单位
   C. 监理单位　　　　　　　D. 施工单位

9. 监理工程师对施工质量控制的任务之一是确定质量标准，明确质量要求，这项任务是属于（　　）质量控制。
   A. 事前　　　　　　　　　B. 事中
   C. 事后　　　　　　　　　D. 事中和事后

10. 在施工阶段的质量控制中，监理工程师对施工单位所做出的各种指令，除特殊情况外，一般应采用（　　）。
    A. 监理员口头传达方式　　B. 监理工程师直接口头下达方式
    C. 书面文件形式　　　　　D. 书面或口头方式

11. 凡是列为见证点的质量控制对象，在规定的关键工序（控制点）施工前，施工单位应提前通知监理人员在约定的时间内到现场进行见证监督，如果在约定时间监理人员未能到现场见证和监督，则施工单位（　　）。
    A. 有权进行该见证点的施工
    B. 应继续等待监理人员到场后施工
    C. 应与监理单位重新约定时间到场见证
    D. 应另行通知质检站人员代替监理人员到场见证

12. 凡是列为停止点的控制对象，施工单位应在该控制点施工之前通知监理人员在约定时间内到现场实施监督控制，如果在约定时间监理人员未能到达现场，施工单位（　　）。
    A. 有权进行该停止点施工
    B. 可以越过该点继续施工
    C. 应另行通知质量监督部门人员代替监理人员监督施工
    D. 应停止该控制点施工

13. 当分包单位违反合同、规范和规定的监理程序，而不积极地接受监理工程师提出的意见予以改进时，监理工程师有权指令总承包单位（　　）。
  A. 暂停其施工　　　　　　　　B. 对其停止付款
  C. 取消其分包资格　　　　　　D. 对其罚款

14. 在工程项目施工中，为了检测断面尺寸、轴线、标高是否正确，通常可采用所谓（　　）的方法。
  A. 靠　　　　B. 吊　　　　C. 量　　　　D. 套

15. 在施工过程中为了检查工人的施工操作是否正常，混凝土振捣是否符合要求，可以采用所谓（　　）的方法。
  A. 看　　　　B. 摸　　　　C. 敲　　　　D. 照

16. 在施工中为了检查墙面瓷砖、大理石镶贴、地砖铺砌等的质量可以采用所谓（　　）的方法。
  A. 看　　　　B. 摸　　　　C. 敲　　　　D. 照

17. 在施工中为了检查地面、墙面的平整度，通常可采用所谓（　　）的方法。
  A. 靠　　　　B. 吊　　　　C. 量　　　　D. 套

18. 在工序施工过程中，监理人员对施工人员施工操作或工艺过程的质量控制，通常采用（　　）方式。
  A. 旁站监督　　　　　　　　　B. 量测检查
  C. 试验检查　　　　　　　　　D. 无损检测

19. 在工程项目的施工过程中，对工序活动条件的质量控制是指（　　）。
  A. 施工准备的质量控制和工序活动过程的条件控制
  B. 施工准备的质量控制和工序活动效果的质量控制
  C. 工序活动过程的条件控制和工序活动效果的控制
  D. 施工准备的质量控制和工序操作过程的质量控制

20. 对于某些施工质量不能依靠其后的检验来把关或难以在以后检验其内在质量的特殊工序或特殊过程，应设置（　　）。
  A. 见证点　　　B. 停止点　　　C. 截留点　　　D. W 点

21. 施工单位应在规定的某个见证点施工之前一定时间，书面通知（　　）在约定的时间到现场见证和对其施工实施监督。
  A. 设计单位　　　　　　　　　B. 业主
  C. 监理单位　　　　　　　　　D. 质量监督部门

22. 在分项工程施工前，施工单位应制定施工计划，选定质量控制点，并在相应的质量计划中进一步明确哪些是见证点和停止点，然后将施工计划及质量计划提交（　　）审批。
  A. 上级主管部门　　　　　　　B. 业主
  C. 监理单位　　　　　　　　　D. 质量监督部门

23. 隐蔽工程施工完成后，在被掩蔽或覆盖之前，应经（　　）检查、验收，确认其质量合格后，才允许加以覆盖。
  A. 施工单位质量部门　　　　　B. 设计单位
  C. 当地主管部门　　　　　　　D. 监理单位

24. 监理工程师在实施工序活动质量监控时，首先要确定（　　）。
  A. 工序作业计划　　　　　　　B. 工序质量控制计划

C. 工序质量检查计划 D. 工序质量缺陷防范计划

25. 在施工过程中,对已施工完成的成品应加以保护,如对水磨石楼梯,应采取(　　)保护。

　　A. 防护　　　　B. 包裹　　　　C. 覆盖　　　　D. 封闭

(三)多项选择题

1. 监理工程师在审核施工方案时,除应考虑方案在技术上的可行性和经济上的合理性之外,还应考虑(　　)等因素。

　　A. 施工的方便程度　　　　B. 工艺的先进性
　　C. 成本和利润的高低　　　　D. 生产率的高低
　　E. 措施是否得力

2. 监理工程师对施工机械设备的质量控制,着重在(　　)等方面的控制。

　　A. 施工机械设备的采购　　　　B. 施工机械设备的验收
　　C. 施工机械设备的选型　　　　D. 施工机械设备的性能参数
　　E. 施工机械设备的使用操作

3. 施工机械设备在使用管理上应实行(　　)制度。

　　A. 定人　　B. 定机　　C. 定时　　D. 定点　　E. 定岗位

4. 影响工程质量的环境因素主要包括(　　)。

　　A. 工程技术环境　　　　B. 基础建设环境
　　C. 工程管理环境　　　　D. 社会环境
　　E. 工程劳动环境

5. 在施工准备阶段,监理工程师应对施工单位施工前准备工作的质量进行控制,其中包括(　　)。

　　A. 审查施工单位承担施工任务的施工队伍及人员的技术资质
　　B. 审查施工单位对原材料、半成品或构配件、设备等的采购申请
　　C. 对某些重要设备、器材或外供构件制造质量的监督与控制
　　D. 严格工序间的交接检查
　　E. 监督与协助施工单位完善工序质量控制

6. 在施工过程中监理工程师应进行质量监督和控制,其中包括(　　)。

　　A. 对施工单位的质量自检系统进行监督
　　B. 监督与协助施工单位完善工序质量控制
　　C. 严格工序间的交接检查
　　D. 施工机械设备选型的控制
　　E. 复测施工测量控制网

7. 在工程项目施工中,监理工程师为了控制施工质量,当出现(　　)时可以下达停工令。

　　A. 隐蔽工程未经依法查验合格而擅自封闭
　　B. 使用未经检查确认的原材料、构配件
　　C. 未经技术资质审查的人员进入现场施工
　　D. 加速施工进度
　　E. 分项分部工程质量评定验收不合格

8. 在进行工程质量预控时，应事先分析在施工中可能发生的质量问题和隐患，分析可能的原因，并提出相应的对策，质量预控和对策的表达方式主要有（   ）。

　　A. 文字表达　　　　　　　　　　　　B. 因果图形式表达
　　C. 用表格形式表达的质量预控对策表　　D. 相关图形式表达
　　E. 用解析图形式表达的质量预控和对策表

9. 在施工过程中监理工程师应对分包单位的现场工作进行监督检查，检查的重点是（   ）。

　　A. 分包单位的设备使用情况　　　　　B. 分包单位的生产技术实力
　　C. 分包单位的施工人员情况　　　　　D. 工程质量是否符合合同要求
　　E. 分包单位的财务资金状况

10. 为了确保工程质量，避免导致工程质量事故，在施工过程中监理人员应（   ）。

　　A. 严格审查施工单位的资格　　　　　B. 进行旁站监督和现场巡视检查
　　C. 严格实施复查性检验　　　　　　　D. 严格执行对成品保护的质量检查
　　E. 严格审查施工组织设计

11. 复核性检验是施工阶段技术管理制度的组成部分，在施工过程中复核工作主要概括为（   ）等方面内容。

　　A. 对测量基准点和参考标高的复核　　B. 设计图纸会审
　　C. 隐蔽工程检查验收　　　　　　　　D. 工序间交接检查验收
　　E. 工程施工预验

12. 在工程项目施工中，要根据工程项目的具体情况设置质量控制点，可作为质量控制点的对象包括（   ）。

　　A. 施工中的关键工序或环节　　　　　B. 施工条件困难的工序或环节
　　C. 加快施工进度的工序或环节　　　　D. 采用新材料的部位或环节
　　E. 材料品种较多的施工部位或环节

13. 在工程项目建设中，影响工程项目质量的因素之一是人的因素，对人的因素的控制包括（   ）。

　　A. 领导者的素质　　　　　　　　　　B. 人的气质
　　C. 人的理论水平　　　　　　　　　　D. 人的生理缺陷
　　E. 人的心理行为

14. 在工程项目建设中，影响工程项目质量的因素之一是人的因素，对人的因素的控制包括（   ）。

　　A. 人的风度　　　　　　　　　　　　B. 人的技术水平
　　C. 人的心理行为　　　　　　　　　　D. 人的错误行为
　　E. 人的违章违纪

15. 人的错误行为包括（   ）。

　　A. 反应迟钝　　　　　　　　　　　　B. 应变能力差
　　C. 错视　　　　　　　　　　　　　　D. 误动
　　E. 误判断

16. 人的生理缺陷包括（   ）。

　　A. 恐高症　　　　　　　　　　　　　B. 注意力不集中

C. 粗心大意 D. 反应迟钝
E. 不能从事水下作业

17. 在施工准备阶段，监理工程师应审查施工单位编制的施工方案，审查施工方案时应从（　　）等方面进行考虑和分析。
   A. 人员 B. 机械
   C. 技术 D. 组织
   E. 管理

18. 在施工准备阶段，监理工程师应审查施工单位编制的施工方案，审查施工方案时应从（　　）等方面进行考虑和分析。
   A. 人员 B. 工具
   C. 工艺 D. 操作
   E. 经济

19. 监理工程师应对施工方案进行审核，施工方案应符合（　　）等原则。
   A. 技术可行 B. 措施保险
   C. 工艺先进 D. 经济合理
   E. 操作方便

20. 工程项目施工阶段质量控制的依据包括（　　）。
   A. 设计纲要 B. 施工承包合同
   C. 选址报告 D. 有关质量管理方面的法律法规
   E. 有关技术性法规

21. 工程项目施工阶段质量控制的依据包括（　　）。
   A. 设计规划大纲 B. 项目评估报告
   C. 有关质量检验的技术性法规 D. 工程质量评定标准
   E. 施工规范、操作规程

22. 在工程项目施工准备阶段应组织设计交底和图纸会审，设计交底的内容包括（　　）。
   A. 工程的自然条件 B. 施工图设计依据
   C. 设计计算方法 D. 设计参数
   E. 施工注意事项

23. 在工程项目施工准备阶段应组织设计交底和图纸会审，图纸会审的内容包括（　　）。
   A. 图纸和说明书是否齐全
   B. 设计是否满足规定要求（如抗震、防火、环保等）
   C. 图纸中有无遗漏差错
   D. 所提出的施工工艺和方法是否合理
   E. 生产工艺流程是否符合要求

24. 在工程项目施工准备阶段应组织设计交底和图纸会审，图纸会审的内容包括（　　）。
   A. 项目组成及布局是否合理
   B. 设计是否满足规定要求（如抗震、防火、环卫等）

C. 图纸中有无遗漏差错
D. 所提出的施工工艺和方法是否合理
E. 生产工艺流程是否符合要求

25. 在施工阶段要对施工工序质量进行控制，施工工序质量控制的内容包括(　　)等方面的控制。

　　A. 工序活动条件　　　　　　　　B. 工序活动形式
　　C. 工序活动目的　　　　　　　　D. 工序活动效果
　　E. 施工过程中工序活动条件（工序活动过程）

26. 在工程项目施工中要进行质量预控，质量预控的对象包括(　　)。

　　A. 质量控制点　　　　　　　　　B. 分项工程
　　C. 分部工程　　　　　　　　　　D. 单位工程
　　E. 加速施工进度的部位

第六章　工程项目施工阶段的质量检验

一、本章复习重点

本章应重点复习质量检验的方法和检验的程度；抽样检验的方法和抽样的方法；工程材料质量的检验；工程施工质量的检验。

二、复习自检题

(一) 思考题

1. 工程项目施工阶段质量检验的方法有哪几种？
2. 工程项目施工阶段质量检验的程度分为哪几类？各适用于哪些情况？
3. 常用的抽样检验类型有哪几种？
4. 常用的抽样方法有哪几种？各适用于哪些情况？
5. 在抽样检验中，抽样方案如何确定？
6. 材料质量检验的方法有哪几种？
7. 材料质量检验的项目分为几类？
8. 施工工序质量检验的程度分为几种？

(二) 单项选择题

1. 在工程项目施工中，对于工程质量中的感觉性指标，通常采用(　　)方法来进行检验。

　　A. 视觉性检验　　　　　　　　　B. 量测
　　C. 试验　　　　　　　　　　　　D. 无损检测

2. 在施工过程的质量检验中，对于质量保证资料齐全，质量长期稳定，信誉可靠的产品，通常采取(　　)。

　　A. 全检　　　B. 抽检　　　D. 局部检验　　　D. 免检

3. 在施工过程的质量检验中，对于架立钢筋的规格、尺寸、数量、间距、保护层，通常采取(　　)。

　　A. 全检　　　B. 抽检　　　C. 局部检验　　　D. 免检

4. 在工程材料的质量检验中，对于主要建筑材料、半成品，通常采取(　　)。

　　A. 全检　　　B. 抽检　　　C. 局部检验　　　D. 免检

5. 对于工程中所采用的进口材料，通常采取（   ）。
    A. 全检 B. 抽检 C. 局部检验 D. 免检
6. 材料品种、规格的检验是属于（   ）检验。
    A. 书面 B. 外观 C. 理化 D. 无损
7. 材料机械性能的检验是属于（   ）检验。
    A. 书面 B. 外观 C. 理化 D. 无损
8. 对于砂、石、水泥等散装材料的抽样检验，抽样的方法通常采用（   ）。
    A. 单纯随机法   B. 系统抽样法
    C. 二次抽样法   D. 分层抽样法
9. 对于大批量砖的抽样检验，抽样的方法通常采用（   ）。
    A. 单纯随机法   B. 系统抽样法
    C. 二次抽样法   D. 分层抽样法
10. 在材料质量检验中，对质量保证资料齐全，产品质量长期稳定的材料，可进行（   ）。
    A. 免检   B. 少量检
    C. 抽检   D. 全检
11. 在材料质量检验中，对标志不清的材料应进行（   ）检验。
    A. 免检   B. 特殊检
    C. 抽检   D. 全检
12. 对用于工程重要部位的材料和贵重材料，应进行（   ）检验。
    A. 免检   B. 特殊检
    C. 抽检   D. 全检
13. 材料质量检验项目中的一般检验项目是指（   ）检验项目。
    A. 一般情况必须做的   B. 可做可不做的
    C. 一般情况下可以做的   D. 必要时（需要时）才做的
14. 材料质量检验中的其他试验项目是指（   ）检验项目。
    A. 一般情况必须做的   B. 可做可不做的
    C. 一般情况下可以做的   D. 必要时（需要时）才做的

（三）多项选择题

1. 按施工阶段来划分，施工质量的检验可分为（   ）。
    A. 器材检验   B. 工序检验
    C. 分项工程检验   D. 分部工程检验
    E. 竣工检验
2. 对于器材质量的抽样检验，常用的抽样检验方法有（   ）。
    A. 标准型抽样检验   B. 分选型抽样检验
    C. 调整型抽样检验   D. 系统抽样检验
    E. 随机抽样检验
3. 对于施工工序的质量检验，通常采用（   ）方法。
    A. 标准型抽样检验   B. 分选型抽样检验
    C. 调整型抽样检验   D. 系统抽样检验

E. 随机抽样检验
4. 材料质量检验的方法有（　　）。
　　A. 书面检验　　　　　　　　B. 理论分析检验
　　C. 外观检验　　　　　　　　D. 理化检验
　　E. 无损检验
5. 材料质量检验中的试验项目，通常包括（　　）。
　　A. 一般试验项目　　　　　　B. 基本试验项目
　　C. 特殊试验项目　　　　　　D. 重要试验项目
　　E. 其他试验项目
6. 在工程项目施工中，对材料进行无损检验的方法包括（　　）等方法。
　　A. 电磁仪　　　　　　　　　B. 回弹仪
　　C. 超声波探测仪　　　　　　D. X射线仪
　　E. 表面探伤仪
7. 工程施工中材料质量控制的主要内容包括（　　）。
　　A. 质量标准　　　　　　　　B. 材料性能
　　C. 外形　　　　　　　　　　D. 尺寸
　　E. 取样方法
8. 工程施工中材料质量控制的主要内容包括（　　）。
　　A. 材料标志　　　　B. 试验方法　　　　C. 材料的外观
　　D. 材料使用范围　　E. 施工要求

第七章　工程材料、生产设备和施工机械的质量控制

一、本章复习重点

本章应重点复习材料质量控制的原则及内容；生产设备购置、生产制造、安装和验收的质量控制内容；施工机械质量控制的内容。

二、复习自检题

（一）思考题

1. 材料的质量控制分为几个阶段来进行？
2. 材料采购订货的质量如何进行控制？
3. 材料进场后如何进行质量控制？
4. 材料正式使用前还应进行什么质量控制工作？
5. 生产设备的质量控制包括哪几方面？
6. 生产设备的采购订货应如何进行质量控制？
7. 生产设备的加工制造应如何进行质量控制？
8. 如何进行生产设备安装调试的质量控制？
9. 对施工机械应进行哪几方面的质量控制？

（二）单项选择题

1. 施工单位在购置材料和设备时，应进行申报，经（　　）对采购清单按设计要求逐一审核认证后，方可采购订货。

A. 上级主管部门 B. 建设单位
C. 设计单位 D. 监理单位

2. 对于进口材料和设备，应由采购方会同商检人员共同进行检验，如在检验中发现质量问题，应取得（　　）签署的商务记录，在规定的索赔期内进行索赔。
A. 采购方 B. 供货方 C. 商检人员 D. 供货方和商检人员

3. 顾客出于对最终产品的质量要求的考虑，可以提供一些满足合同要求的产品，对顾客提供产品的质量控制是（　　）的责任。
A. 顾客 B. 供方 C. 监理方 D. 顾客和供方

4. 对于现场配制的材料，如混凝土、砂浆、防水材料等，应经（　　）合格后才能使用。
A. 书面检验 B. 外观检验
C. 试配检验 D. 理化检验

5. 对于工程中采用的代用材料，必须通过（　　）。
A. 书面检验 B. 外观检验
C. 理化检验 D. 计算和充分论证

6. 对解体装运的自组装设备，在组织工地组装和检验试验之前，应先对（　　）进行外观检查。
A. 总成 B. 部件及随机附件
C. 备品 D. 总成、部件及随机附件、备品

7. 对于工地交货的机械设备，一般由（　　）在工地进行组装、调试和生产性试验。
A. 设计单位 B. 施工单位
C. 建设单位 D. 厂家

8. 对于国产设备，保修期及索赔期的规定为从发货日起（　　）个月。
A. 3～6 B. 6～12 C. 12～18 D. 18～24

9. 对于进口设备，保修期及索赔期的规定为从发货日起（　　）个月。
A. 3～6 B. 6～12 C. 12～18 D. 18～24

10. 在施工过程中，监理工程师应对施工机械设备的（　　）进行控制。
A. 使用、操作要求 B. 保养、检查要求
C. 维修、检查要求 D. 检修、保管要求

11. 在工程项目施工中，材料在正式使用前应由（　　）对材料进行现场试验。
A. 建设单位 B. 设计单位
C. 施工单位 D. 监理单位

12. 材料在正式用于施工之前，应进行现场试验并写出试验报告，试验报告应由（　　）审查确认。
A. 建设单位 B. 设计单位
C. 质量监督机构 D. 监理单位

13. 在材料的质量控制中，当材料运抵施工现场后，监理工程师首先应检查材料的（　　）。
A. 包装 B. 标记
C. 外观 D. 质量保证资料

14. 对于高压电缆、电绝缘材料，在使用前应进行（　　）。
    A. 外形检查　　　　　　　　B. 标记检查
    C. 存放期检查　　　　　　　D. 耐电压试验

（三）多项选择题
1. 供货方向订货方提供的质量保证文件应包括（　　）等文件。
    A. 产品合格证　　　　　　　B. 技术说明书和质量检验证明
    C. 产品包装及托运证明　　　D. 供货总说明
    E. 订货清单
2. 对于重要的设备和材料，可以对厂方的生产制造实行监造，其中包括（　　）。
    A. 大型设备　　　　　　　　B. 大批量原材料
    C. 器材　　　　　　　　　　D. 外供构件
    E. 装饰材料
3. 在材料的质量检验中，书面检验包括（　　）的检验。
    A. 出厂合格证　　　　　　　B. 订货单
    C. 托运单　　　　　　　　　D. 试验报告
    E. 技术说明书
4. 监理工程师对生产设备质量控制的内容包括（　　）。
    A. 设备的购置　　　　　　　B. 设备的检查验收
    C. 设备的试车运转　　　　　D. 设备的使用、操作
    E. 设备的维修、保养
5. 生产设备的开箱检查，主要是检查设备的（　　）。
    A. 外表　　　　　　　　　　B. 完整程度
    C. 零部件、备品是否齐全　　D. 性能、参数
    E. 质量标准
6. 在生产设备的安装中，监理工程师应着重对设备的（　　）进行质量控制。
    A. 生产技术准备工作　　　　B. 清洗
    C. 安装工艺过程　　　　　　D. 润滑
    E. 基础及预埋件
7. 在生产设备试运行阶段，监理工程师质量控制的内容包括（　　）。
    A. 督促生产单位做好试运行记录
    B. 将记录数据与设计要求进行对比分析
    C. 协助有关单位分析试运行中出现的质量问题
    D. 组织试运行后的检测工作
    E. 审查试运行工作总结
8. 生产设备加工制造过程中监理单位进行质量控制的方式有（　　）。
    A. 文件监控　　　　　　　　B. 定期监控
    C. 不定期监控　　　　　　　D. 巡回监控
    E. 驻厂监造
9. 监理工程师对施工机械设备的质量控制，着重在（　　）等方面的控制。
    A. 施工机械设备的采购订货　B. 施工机械设备的选型

C. 施工机械设备性能参数选择　　D. 施工机械设备的检查验收
E. 施工机械设备的使用、操作

10. 施工机械设备在使用中应实行（　　）制度。
A. 定人　　B. 定时　　C. 定机　　D. 定点　　E. 定岗位

11. 在材料使用的质量控制中，监理工程师应督促施工单位对（　　）等材料进行试配。
A. 混凝土　　B. 砂浆
C. 防水材料　　D. 地面垫层三合土

12. 水泥的质量要进行严格控制，对于（　　）的水泥应重新检定其标号，并不得用于工程的重要部位。
A. 贮存期达2个月　　B. 贮存期超过3个月
C. 贮存期超过6个月　　D. 受潮
E. 结块

13. 对于新材料、新构件在正式使用之前，应经过（　　）。
A. 出厂合格证检查　　B. 技术说明书检查
C. 标记检查　　D. 技术鉴定
E. 现场试验

14. 生产设备加工制造是生产设备实体形成的过程，故应进行严格的质量控制，生产设备加工制造质量的控制方式有（　　）。
A. 通过书信监控　　B. 驻厂监造
C. 设置质量控制点监控　　D. 巡回监控
E. 书面监控（审查加工记录和检验记录）

15. 生产设备运输质量的控制通常采用运输质量责任制，运输质量责任制中应包括（　　）等方面的人员。
A. 采购　　B. 押运　　C. 装卸　　D. 运输　　E. 接货

16. 生产设备到货后，监理人员应进行的质量控制工作包括（　　）。
A. 参与设备的清点　　B. 参与设备的检查验收
C. 检查设备的贮存环境和条件　　D. 进行贮存期的定期检查
E. 进行贮存期的维护

17. 在生产设备加工制造中，监理人员应深入制造厂家检查控制生产设备的制造质量，着重检查控制生产设备的（　　）。
A. 设备的外壳　　B. 钢结构焊接部件
C. 机械类部件　　D. 电气自动化部件
E. 设备的底座

18. 生产设备基础检查验收的内容包括（　　）。
A. 基础的断面尺寸　　B. 基础的位置和标高
C. 基础表面的光洁度　　D. 预埋件的数量及位置
E. 基础混凝土的强度

19. 在生产设备采购订货时，应对制造厂家进行调查分析，调查的内容包括（   ）。
   A. 生产历史　　　　　　　　　　B. 生产管理机构
   C. 技术装备　　　　　　　　　　D. 经营作风
   E. 社会信誉

第八章　质量控制的统计分析方法

一、本章复习重点

本章应重点复习样本数据特征，质量的波动及变异，排列图、因果图、直方图、控制图的绘制方法、分析方法及用途，控制界限与公差界限，工序能力及工序能力指数。

二、复习自检题

（一）思考题
1. 质量变异的原因可分为几类？各有何特点？
2. 样本数据的统计特征值包括哪些？
3. 数据的分布有何特点？
4. 排列图如何绘制？有何用途？如何应用？
5. 因果图如何绘制？有何用途？如何应用？
6. 直方图如何绘制？有何用途？如何应用？
7. 如何对直方图的图形进行分析？
8. 控制图有哪几种？
9. 控制图如何绘制？有何用途？如何应用？
10. 相关图如何绘制？有何用途？如何应用？
11. 什么叫工序能力？如何进行工序能力的评价？
12. 什么叫控制界限？在质量控制中控制界限通常取多少？
13. 什么叫公差界限？有何用途？

（二）单项选择题
1. 在进行质量数据的统计分析时，样本数据特征中的样本标准偏差 S 是表示（   ）。
   A. 数据偏离标准值的偏差　　　　B. 数据偏差的标准值
   C. 数据的分散程度　　　　　　　D. 数据的相对分散程度
2. 若直方图呈正态分布，质量特征值的分布范围比较集中，并全部在公差带内，平均值在中间，两侧略有余地，生产稍有波动也不会超出公差界限，说明生产（   ）。
   A. 基本正常和稳定　　　　　　　B. 基本正常，但不稳定
   C. 正常，但不稳定　　　　　　　D. 正常和稳定
3. 当生产处于正常和稳定状态时，质量数据的分布一般符合正态分布规律，此时若数据总体的均值为 μ，数据总体的标准差为 σ，当采用 $\mu \pm 3\sigma$ 作为控制界限时，质量数据落在控制界限以外的概率为（   ）。
   A. 0.27%　　　B. 4.55%　　　C. 31.75%　　　D. 68.25%
4. 某工序处于正常稳定情况下，其质量数据一般呈正态分布，质量数据落在 $\mu \pm 3\sigma$ 范围内的概率为 99.73%，故工序能力通常用（   ）表示。
   A. 6σ　　　B. 4σ　　　C. 3σ　　　D. 2σ
5. 某混凝土预制厂生产的 100 块预制构件中存在着蜂窝麻面、局部露筋、表面裂缝和

强度不足等质量问题，为了提高产品的合格率，对质量问题进行了统计计算，结果是这些质量问题的累计频率分别为 41.5％、73.5％、90.5％、100％，则该预制构件生产的主要质量问题是（　　）。

  A. 强度不足   B. 裂缝
  C. 强度不足和裂缝   D. 蜂窝麻面和局部露筋

6. 在用直方图分析质量分布规律时，直方图出现孤岛分布，其原因是（　　）。
  A. 数据分组不当   B. 短期内不熟练工人替班
  C. 剔除不合格品   D. 将两台设备或两个班组的数据混在一起

7. 控制图中有三条线，中间一条线为中心线，上、下两条线分别为上、下控制线，这两条线距中心线的距离分别等于（　　）。
  A. 6σ B. 4σ C. 3σ D. 2σ

8. 当控制图上的点子围绕中心线（平均值线）呈周期性变化时，说明生产过程（　　）。
  A. 正常   B. 基本正常
  C. 不正常   D. 有时正常，有时不正常

9. 工序能力通常用（　　）来表示。
  A. 工序偏差量   B. 工序波动量
  C. 工序能力偏移度   D. 工序能力指数

10. 为了进行施工质量的动态控制，判断其施工过程的稳定性，可以采用（　　）。
  A. 因果图法   B. 排列图法
  C. 直方图法   D. 控制图法

11. 工序能力指数表示工序能力满足质量标准的程度，当工序能力指数 $C_P=1.38$ 时，说明工序能力（　　）。
  A. 不足   B. 尚可   C. 足够   D. 过高

12. 在质量数据的统计分析时，样本数据特征中的变异系数 C_v 是表示（　　）。
  A. 数据偏离标准值的偏差   B. 数据偏差的变化值
  C. 数据的分散程度   D. 数据的相对分散程度

13. 在质量数据的统计分析时，样本数据特征中的极值是表示数据中的（　　）。
  A. 最小值   B. 最大值
  C. 最小值和最大值   D. 等于某一极限的值

14. 在质量数据的统计分析中，影响质量变异的因素是（　　）。
  A. 不正常因素和特殊因素   B. 偶然因素和系统因素
  C. 特殊因素和系统因素   D. 不正常因素和偶然因素

15. 当生产处于正常和稳定状态时，质量数据的分布一般符合正态分布规律，此时若数据总体的均值为 μ，数据总体的标准差为 σ，当采用 $\mu\pm3\sigma$ 作为控制界限时，质量数据落在控制界限以内的概率为（　　）。
  A. 99.73％   B. 95.45％   C. 68.25％   D. 31.75％

16. 在质量数据的统计分析中，若公差界限范围为 T，数据的标准差为 S，则工序能力指数一般用（　　）表示。
  A. $T/2S$ B. $T/4S$ C. $T/6S$ D. $T/8S$

17. 工序能力指数表示工序能力满足质量标准的程度，当工序能力指数 $C_P=0.9$ 时，说

明工序能力（   ）。

  A. 严重不足   B. 不足   C. 尚可   D. 足够

18. 工序能力指数表示工序能力满足质量标准的程度，当工序能力为尚可时，工序能力指数应为（   ）。

  A. 1.67～2.00   B. 1.33～1.67

  C. 1.00～1.33   D. 0.67～1.33

19. 在质量数据的统计分析中，欲寻找质量问题的原因，可采用（   ）。

  A. 因果图法   B. 排列图法

  C. 直方图法   D. 控制图法

20. 在质量数据的统计分析中，欲在许多质量问题中或质量问题的许多原因中，找出主要质量问题或质量问题的主要原因，可采用（   ）。

  A. 因果图法   B. 排列图法

  C. 直方图法   D. 控制图法

21. 在质量数据的统计分析中，欲寻找质量问题的原因，可采用（   ）。

  A. 排列图   B. 直方图

  C. 控制图   D. 相关图

22. 在质量数据的统计分析中，欲分析生产过程是否正常，可采用（   ）。

  A. 因果图法   B. 排列图法

  C. 直方图法   D. 相关图法

23. 在质量数据的统计分析中，当用相关图法分析两变量 x 和 y 的相关关系时，若图中点子的情况是，随着 x 的增加 y 也增加，且点子的分布带宽度较窄，这种情况说明变量 x 和 y 之间为（   ）。

  A. 正相关，而且相关性密切   B. 正相关，而且相关性不密切

  C. 负相关，而且相关性密切   D. 负相关，而且相关性不密切

24. 在质量数据的统计分析中，当用排列图法进行质量问题的主次分析时，主要质量问题的频率（累计频率）范围应该是（   ）。

  A. 0～60%   B. 0～80%

  C. 60%～80%   D. 80%～90%

25. 在质量数据的统计分析中，当用排列图法进行质量问题的主次分析时，次要质量问题的频率（累计频率）范围应该是（   ）。

  A. 0～60%   B. 60%～80%

  C. 80%～90%   D. 90%～100%

26. 在质量数据的统计分析中，当用排列图法进行质量问题的主次分析时，一般质量问题的频率（累计频率）范围应该是（   ）。

  A. 0～60%   B. 60%～80%

  C. 80%～90%   D. 90%～100%

27. 在用直方图进行质量数据的统计分析时，当直方图呈正态分布，分布范围集中并全部在公差带内，平均值在中间，两侧均留有余地，这种情况说明（   ）。

  A. 生产正常、稳定   B. 生产稳定，但不正常

  C. 生产正常，但不稳定   D. 生产正常、稳定，但不经济

28. 在用直方图进行质量数据的统计分析时，当直方图呈正态分布，分布非常集中，分布范围距公差上、下界限较远，平均值在中间，两侧均留有较大余地，这种情况说明（ ）。

  A. 生产正常、稳定   B. 生产稳定，但不正常

  C. 生产正常，但不稳定   D. 生产正常、稳定，但不经济

29. 在质量数据的统计分析中，若直方图呈锯齿分布，这种情况是由于（ ）造成的。

  A. 数据分组不当   B. 不熟练工人替班

  C. 剔除了不合格品数据   D. 两组不同生产条件下的数据混在一起

30. 在质量数据的统计分析中，若直方图呈孤岛形分布，这种情况是由于（ ）造成的。

  A. 数据分组不当   B. 不熟练工人替班

  C. 剔除了不合格品数据   D. 两组不同生产条件下的数据混在一起

31. 在质量数据的统计分析中，若直方图呈陡壁状分布，这种情况是由于（ ）造成的。

  A. 数据分组不当   B. 不熟练工人替班

  C. 剔除了不合格品数据   D. 两组不同生产条件下的数据混在一起

32. 在质量数据的统计分析中，若直方图呈双峰分布，这种情况是由于（ ）造成的。

  A. 数据分组不当   B. 不熟练工人替班

  C. 剔除了不合格品数据   D. 两组不同生产条件下的数据混在一起

（三）多项选择题

1. 在用因果图法进行施工质量问题的原因分析时，通常要从5个方面进行分析，其中应包括（ ）等方面。

  A. 人   B. 材料

  C. 生产设备   D. 施工机械

  E. 方法

2. 在工程质量控制的统计分析中，常将影响质量变异的因素分为偶然性因素和系统性因素两类，属于系统性因素的有（ ）。

  A. 材料的规格、型号相同，而材质不十分均匀

  B. 一天中气温、湿度的变化

  C. 操作人员施工操作时违反操作规程

  D. 施工机械使用中过度磨损

  E. 施工机具在施工中发生故障

3. 在用控制图进行质量控制的统计分析时，如生产过程处于控制状态，则控制图中点子的排列不应出现异常现象，如（ ）。

  A. 连续35个点子中有1个点子落在上、下控制界限以外

  B. 连续7个点子在中心线同一侧

  C. 连续7个点子上升或下降

  D. 连续3个点子中有2个点子落在2倍标准偏差与3倍标准偏差控制界限之间

  E. 点子呈周期性变化

4. 在应用直方图分析施工生产过程是否正常和施工工序能力是否足够，是通过（ ）

来进行的。
A. 对直方图分布状态的分析
B. 对质量分布中心相对位置的分析
C. 对直方图最高点与直方图两侧点的相对位置的分析
D. 将直方图与标准规格（公差）对比分析
E. 对工序能力指数的分析

5. 在控制图上，分析点子的排列情况可以判断生产过程是否处于控制状态，当图中点子的排列出现（　　）情况时，可以判断生产处于不正常状态。
A. 点子呈周期性变化　　　　　B. 连续6个点子在中心线一侧
C. 连续7个点子呈上升趋势　　　D. 连续7个点子呈下降趋势
E. 连续5个点子呈上升趋势

6. 排列图是质量控制统计分析方法中的一个重要方法，它可以用来（　　）。
A. 分析质量问题的主次　　　　B. 分析质量问题原因的主次
C. 寻找质量问题　　　　　　　D. 分析生产是否正常
E. 分析生产是否处于受控状态

7. 因果图是质量控制统计分析方法中的一个常用方法，它可以用来（　　）。
A. 查找主要质量问题　　　　　B. 查找生产中的问题
C. 查找质量问题的原因　　　　D. 分析和查找质量问题的主要原因
E. 分析生产是否正常

8. 在质量数据的统计分析中，当用相关图法分析两个变量 x 和 y 的相关情况时，可能出现的相关关系有（　　）等几种。
A. 绝对相关　　　　　　　　　B. 不相关
C. 正相关　　　　　　　　　　D. 负相关
E. 非线性相关

9. 在质量数据的统计分析中，常用的统计分析方法包括（　　）。
A. 因果图法　　　　　　　　　B. 相关图法
C. 解析图法　　　　　　　　　D. 排列图法
E. 分层法

10. 在质量数据的统计分析中，常用的统计分析方法包括（　　）。
A. 排列图法　　　　　　　　　B. 关键线图法
C. 直方图法　　　　　　　　　D. 控制图法
E. 列表分析法

第九章　工程项目质量的评定验收

一、本章复习重点
本章应重点复习竣工验收的依据，竣工验收的范围和要求，竣工验收的程序。
二、复习自检题
（一）思考题
1. 工程项目的试运行分为几个阶段？
2. 工程项目试运行中监理的主要任务是什么？

3. 建筑工程施工质量验收时通常将工程项目划分为几个验收层次？
4. 什么叫单位工程、分部工程、分项工程和检验批？
5. 工程项目竣工验收的范围包括哪些？
6. 工程项目竣工验收的依据有哪些？
7. 工程项目竣工验收应满足什么条件？
8. 工程项目竣工验收应按什么程序进行？
9. 工程项目竣工初验由谁组织？哪些单位参加？
10. 工程项目的质量回访有哪几种方式？

（二）单项选择题

1. 隐蔽工程施工完成后，在被遮蔽或覆盖之前，应经（　　）检查、验收，确认其质量合格后，才允许覆盖。
   A. 设计单位　　　　　　　　　B. 监理单位
   C. 当地主管部门　　　　　　　D. 施工单位质量部门

2. 根据建设项目的规模大小和复杂程度，竣工验收可分为初步验收和正式验收两个阶段进行，初步验收是在正式召开验收会议之前，由（　　）组织有关人员进行的预验收。
   A. 建设单位　　　　　　　　　B. 施工单位
   C. 监理单位　　　　　　　　　D. 上级主管部门

3. 建设项目在正式召开验收会议之前，应进行初步验收，初步验收通过，符合要求后，由（　　）向负责竣工验收的单位或部门提出竣工验收申请报告。
   A. 建设项目主管部门　　　　　B. 监理单位
   C. 施工单位　　　　　　　　　D. 监理单位和施工单位

4. 建设项目竣工后应进行竣工验收，竣工验收一般由（　　）组织。
   A. 建设单位　　　　　　　　　B. 监理单位
   C. 上级主管部门　　　　　　　D. 当地主管部门

5. 在建筑工程施工质量验收中，检验批应由（　　）组织验收。
   A. 建设单位　　　　　　　　　B. 施工单位
   C. 监理工程师　　　　　　　　D. 质量监督部门

6. 在建筑工程施工质量验收中，分项工程应由（　　）来组织验收。
   A. 建设单位　　　　　　　　　B. 施工单位
   C. 监理工程师　　　　　　　　D. 质量监督部门

7. 在建筑工程检验批的质量验收中，应由（　　）来填写检验批的验收结论。
   A. 建设单位　　　　　　　　　B. 施工单位
   C. 监理工程师　　　　　　　　D. 质量监督部门

8. 在建筑工程的分项工程质量验收中，应由（　　）来填写验收结论。
   A. 建设单位　　　　　　　　　B. 施工单位
   C. 监理工程师　　　　　　　　D. 质量监督部门

9. 在建筑工程中，分部工程的质量验收应由（　　）来组织。
   A. 建设单位负责人　　　　　　B. 建设单位项目负责人
   C. 建设单位代表　　　　　　　D. 监理工程师

10. 在建筑工程中，单位工程的质量验收应由（　　）来组织。

A. 建设单位负责人 B. 建设单位项目负责人
C. 监理工程师 D. 总监理工程师

11. 在建筑工程的施工质量验收中，单位工程的竣工验收报告应由（　　）编写。
A. 建设单位 B. 施工单位
C. 监理单位 D. 监理单位和施工单位共同

12. 在单位工程的质量验收中，当参加验收各方对工程质量验收意见不一致时，可请（　　）来协调处理。
A. 建设单位
B. 监理单位
C. 当地建设行政主管部门（或质量监督机构）
D. 上级主管部门

13. 见证取样和送检是指在（　　）的见证下，由施工单位的现场试验人员在现场取样，并送至经有关部门资质认可的质量检测单位进行检测。
A. 建设单位（监理单位） B. 设计单位
C. 质量监督部门 D. 当地建设行政主管部门

（三）多项选择题

1. 工程项目完工后应进行竣工验收，竣工验收的依据包括（　　）。
A. 设计文件 B. 施工图
C. 施工承包合同 D. 施工操作规程
E. 施工技术验收规范

2. 建设项目在通过竣工预验后，应由建设单位组织（　　）进行正式验收。
A. 施工单位 B. 监理单位
C. 设计单位 D. 质量监督部门
E. 当地主管部门

3. 工程项目竣工后，符合验收标准的应及时组织验收，对于工业项目，竣工验收的要求包括（　　）。
A. 生产性建设项目及其辅助生产设施，已按设计要求建成
B. 主要工艺设计及配套设施已安装完成，生产线联动负荷试车合格
C. 必要的生活设施已按设计要求建成，能适应投产的需要
D. 各类建筑物的平面布置、立面造型、装饰色调等符合设计要求
E. 工程现场做到场清地平，树活草青

4. 工程项目竣工后，符合验收标准的应及时组织验收，对于住宅小区项目，竣工验收的要求包括（　　）。
A. 必要的生活设施已按设计要求建成，能适应投产的需要
B. 各类建筑的平面位置、立面造型、装饰色调等符合批准的规划设计要求
C. 所有建设项目按批准的小区规划和有关专业管理及设计要求全部建成
D. 施工机具，暂设工程，建筑残土，剩余构件已全部拆除运走
E. 环保设施，劳动安全，卫生设施，消防设施已按设计要求建成

5. 在工程项目竣工后，应进行竣工验收，竣工验收的依据包括（　　）。
A. 施工图纸 B. 项目评估报告
C. 设计规范和标准 D. 设备技术说明书

E. 施工承包合同
6. 在工程项目竣工后，应进行竣工验收，竣工验收的依据包括(　　)。
   A. 设计任务书　　　　　　　　B. 施工规范
   C. 初步设计及其图纸　　　　　D. 有关建设文件
   E. 有关的施工协议
7. 工程项目竣工后应组织试运行，试运行一般分为(　　)等阶段。
   A. 质量检查　　　　　　　　　B. 质量评估
   C. 单项试运行　　　　　　　　D. 非生产性试运行
   E. 有负荷（试生产）试运行
8. 建筑工程施工质量验收时，通常将工程项目划分为(　　)等几个层次。
   A. 单位工程　　　　　　　　　B. 分部工程
   C. 分项工程　　　　　　　　　D. 工序
   E. 检验批
9. 在建筑工程施工质量验收时，分部工程是按(　　)来进行划分的。
   A. 施工条件　　B. 使用功能　　C. 建筑部位　　D. 专业性质　　E. 工种
10. 在建筑工程施工质量验收时，分项工程是按(　　)来进行划分的。
    A. 主要工种　　　　　　　　　B. 材料
    C. 施工工艺　　　　　　　　　D. 设备类别
    E. 结构
11. 在建筑工程施工质量验收中，检验批是施工过程中条件相同并含有一定数量的(　　)的施工内容和项目。
    A. 人工　　　　　　　　　　　B. 材料
    C. 构配件　　　　　　　　　　D. 设备
    E. 安装项目
12. 在建筑工程施工质量验收中，工程验收项目的划分应在施工前由(　　)自行商议确定。
    A. 建设主管部门　　　　　　　B. 质量监督部门
    C. 建设单位　　　　　　　　　D. 施工单位
    E. 监理单位
13. 在建筑工程施工质量验收中，检验批可根据施工及质量控制和专业验收需要按(　　)来进行划分。
    A. 建筑部位　　　　　　　　　B. 楼层
    C. 施工段　　　　　　　　　　D. 变形缝
    E. 工种
14. 在建筑工程施工质量检验中，检验项目分为(　　)。
    A. 保证项目　　　　　　　　　B. 主控项目
    C. 其他项目　　　　　　　　　D. 一般项目
    E. 允许偏差项目
15. 在建筑工程施工质量验收时，检验批质量合格的要求是(　　)。
    A. 主控项目的质量经抽样检验合格　　B. 一般项目的质量经抽样检验合格

427

C. 其他项目的质量经检查合格　　　D. 有完整的质量检查记录

E. 有完整的施工操作依据、质量检查记录

16. 在建筑工程施工质量验收时，分项工程质量验收合格的要求是（　　）。

A. 分项工程所含检验批均符合合格质量的规定

B. 分项工程抽样检验质量合格

C. 分项工程具有完整的施工操作依据

D. 分项工程所含检验批的质量验收记录完整

E. 分项工程的质量验收记录完整

17. 在建筑工程施工质量验收时，分部工程质量验收合格的要求是（　　）。

A. 分部工程所含分项工程的质量均验收合格

B. 质量控制资料完整

C. 分部工程的质量验收记录完整

D. 地基与基础、主体结构和设备安装等分部工程有关安全及功能的检验，抽样检测结果符合有关规定

E. 观感质量验收符合要求

18. 在建筑工程施工质量验收时，单位工程质量验收合格的要求包括（　　）。

A. 单位工程所含分部工程的质量均验收合格

B. 单位工程质量验收记录基本完整

C. 单位工程质量控制资料完整

D. 单位工程所含分部工程有关安全和功能的检测资料完整

E. 观感质量验收符合要求

第十章　工程质量事故与质量奖罚

一、本章复习重点

本章应重点复习工程质量事故的特点和分类，质量事故处理的依据和程序，质量事故处理的结论，质量处罚的形式和质量奖励的类型。

二、复习自检题

（一）思考题

1. 工程质量事故有何特点？
2. 若按事故造成的后果，工程质量事故可分为几类？
3. 若按事故的责任，工程质量事故可分为几类？
4. 若按事故的性质，工程质量事故可分为几类？
5. 工程质量事故处理的依据是什么？
6. 质量事故的处理应按什么程序进行？
7. 质量事故处理的基本原则是什么？
8. 质量事故处理的结论应满足什么要求？
9. 工程项目质量奖有哪几种？

（二）单项选择题

1. 工程质量事故发生后应组织质量事故的调查，并写出质量事故调查报告，工程质量事故调查报告应由（　　）组织审查。

A. 建设单位　　　　　　　　　　B. 上级主管部门
C. 监理工程师　　　　　　　　　D. 质量监督部门

2. 工程质量事故处理后，应提交质量事故处理报告，质量事故处理报告应由（　　）组织编写。
A. 施工单位　　　　　　　　　　B. 施工单位和设计单位
C. 监理单位　　　　　　　　　　D. 质量监督部门

3. 当发现工程出现质量缺陷或事故后，首先应发出"质量通知单"，"质量通知单"由（　　）发出。
A. 建设单位　　　　　　　　　　B. 监理单位
C. 质量监督部门　　　　　　　　D. 当地主管部门

4. 某工程项目在施工中基础出现严重不均匀沉降，结构开裂，这种质量事故在建筑工程中属于（　　）。
A. 一般事故　　　　　　　　　　B. 较大事故
C. 重大事故　　　　　　　　　　D. 严重事故

5. 当建筑工程产生的质量事故影响到建筑设备及其相应系统的使用功能时，该质量事故属于（　　）。
A. 一般事故　　　　　　　　　　B. 中等事故
C. 较大事故　　　　　　　　　　D. 重大事故

6. 建筑工程质量事故按其后果来分类，可分为（　　）。
A. 未遂事故和已遂事故　　　　　B. 一般事故和重大事故
C. 一级事故和二级事故　　　　　D. 普通事故和严重事故

7. 建筑工程质量事故发生后，监理单位首先应进行的工作包括（　　）。
A. 组织事故调查和处理
B. 组织事故调查、研究临时防护
C. 发出事故通知、研究临时防护和组织上报
D. 发出事故通知、研究临时防护

8. 建筑工程质量事故处理方案施工完成后，应由（　　）来组织验收。
A. 建设单位　　B. 上级主管部门　　C. 质量监督部门　　D. 监理单位

9. 建筑工程质量事故处理后，应作出事故处理结论，事故处理结论应由（　　）来做。
A. 建设单位　　B. 设计单位　　C. 监理单位　　D. 质量监督部门

（三）多项选择题

1. 建筑工程质量事故可按（　　）来进行分类。
A. 按事故的性质及严重程度　　　B. 按事故造成的后果
C. 按事故责任　　　　　　　　　D. 按事故产生的原因
E. 按事故的复杂程度和发生频率

2. 当工程项目发生质量事故后，应及时进行事故的处理，在质量事故处理过程中，监理工程师所应进行的相应工作包括（　　）。
A. 发出"质量通知单"　　　　　　B. 组织事故调查
C. 编写事故调查报告　　　　　　D. 对事故采取临时防护措施
E. 编写质量事故处理报告

3. 在进行工程质量事故处理方案研究时，为了作出正确的处理决策，需要有关的资料作为基础，其中包括（　　）。
　　A. 与工程质量事故有关的施工图　　B. 与工程施工有关的资料、记录
　　C. 事故调查分析报告　　D. 施工承包合同
　　E. 工程项目施工组织设计

4. 工程质量事故调查分析报告的内容，除质量事故的情况、事故的性质之外，还应包括（　　）。
　　A. 事故的原因
　　B. 事故的评价
　　C. 设计、施工和使用单位对事故的意见和要求
　　D. 工程的施工方案
　　E. 事故处理的初步意见

5. 工程质量事故处理后，监理工程师应对处理结果进行检查、鉴定和验收，并作出处理结论，事故处理的结论可能有（　　）等几种。
　　A. 事故已排除，可以继续施工　　B. 隐患已消除，结构安全有保证
　　C. 经修补处理，一般能满足使用要求　　D. 事故已处理，结构基本安全
　　E. 对耐久性的结论

6. 对于勘测设计优秀和施工质量良好的工程项目可申请国家优质工程奖，国家优质工程奖分为（　　）。
　　A. 一等奖　　B. 二等奖　　C. 金质奖
　　D. 银质奖　　E. 铜质奖

7. 建筑工程质量事故按事故的性质及严重程度，可分为（　　）。
　　A. 一般事故　　B. 中等事故
　　C. 重大事故　　D. 严重事故
　　E. 特大事故

8. 建筑工程质量事故处理后，应作出事故处理结论，事故处理结论的内容主要包括（　　）。
　　A. 事故的性质　　B. 事故的责任
　　C. 事故是否已经完全处理　　D. 事故隐患是否完全消除
　　E. 能否继续施工

9. 建筑工程质量事故处理后，应作出事故处理结论，事故处理结论的内容主要包括（　　）。
　　A. 事故处理后能否满足功能和使用要求
　　B. 事故处理后对建筑物耐久性和安全性的影响
　　C. 对建筑物外观的影响
　　D. 事故造成的经济损失
　　E. 事故造成的社会影响

第十一章　工程建设中的安全控制

一、本章复习重点

本章应重点复习安全生产的意义，工程建设中的不安全因素，工程建设中安全控制的范

围，安全控制的任务，安全生产控制的内容和措施，职业健康安全管理体系的特点，职业健康安全管理体系的内容，职业健康安全管理计划的内容，职业健康安全管理方案的内容，职业健康安全管理体系的建立，工程项目施工安全监理的内容。

二、复习自检题

（一）思考题

1. 安全生产的含义是什么？
2. 工程建设中的不安全因素有哪些？
3. 人的不安全因素包括哪几方面？
4. 物的不安全现象包括哪几方面？
5. 工程建设中安全生产控制的范围是什么？
6. 安全控制的任务是什么？
7. 安全生产控制的内容包括哪些方面？
8. 安全检查的形式有哪几种？
9. 安全检查的方法有哪几种？
10. 工程施工中的安全预防和防范措施有哪几方面？
11. 职业健康安全管理体系的内容包括哪几部分？
12. 职业健康安全管理包括哪些内容？
13. 职业健康安全管理方案的内容是什么？
14. 建立职业健康安全管理体系应按什么步骤进行？
15. 职业健康安全管理体系设计包括哪些内容？
16. 工程项目安全监理的任务是什么？
17. 工程招标阶段安全管理的内容有哪些？
18. 施工准备阶段安全监理的内容有哪些？
19. 施工阶段安全监理的内容有哪些？
20. 竣工阶段安全监理的内容有哪些？

（二）单项选择题

1. 职业健康安全管理体系标准要求建立（ ）个程序文件。
   A. 8　　　　　　B. 10　　　　　　C. 13　　　　　　D. 15
2. 职业健康安全管理体系建立后，在运行过程中要进行评审，评审工作应由（ ）主持进行。
   A. 企业最高管理者　　　　　B. 管理者代表
   C. 内审员　　　　　　　　　D. 安全监管部门
3. 职业健康安全管理体系建立后，在运行中要定期进行评审，通常是（ ）评审一次。
   A. 6个月　　　　B. 1年　　　　C. 2年　　　　D. 3年
4. 在建立职业健康安全管理体系时，体系的组织机构一般是（ ）。
   A. 建立专门的职业健康安全管理机构　B. 建立主要的上层管理机构
   C. 根据需要调整原有的管理机构　　　D. 完全利用原有的管理机构
5. 风险通常分为（ ）级。
   A. 3　　　　　　　　　　　　B. 4
   C. 5　　　　　　　　　　　　D. 6

6. 对于可容许的风险，风险控制的策略是（　　）。
   A. 不采取任何风险控制措施
   B. 采取正常的安全技术措施
   C. 采取不过高地增加预防成本的相应风险控制措施
   D. 制定应急防范措施，并采取适当的监控措施

7. 对于中度的风险，风险控制的策略是（　　）。
   A. 不采取任何风险控制措施
   B. 采取正常的安全技术措施
   C. 采取不过高地增加预防成本的相应风险控制措施
   D. 制定应急防范措施，并采取适当的监控措施

8. 工程项目施工安全监理一般分（　　）等几个阶段进行。
   A. 招标、施工准备　　　　　　B. 施工准备、施工过程
   C. 施工准备、施工过程、竣工　D. 招标、施工准备、施工过程、竣工

9. 在工程项目施工安全监理中，审查新材料、新工艺的使用方案、安全措施等是（　　）阶段的安全监理工作。
   A. 招标　　　B. 施工准备　　　C. 施工　　　D. 施工准备和施工

10. 在工程项目的施工安全监理中，审查各种有关安全生产的文件和资料是属于（　　）阶段的安全监理工作。
    A. 施工准备　　　　　　　　B. 施工
    C. 施工准备和施工　　　　　D. 竣工

11. 在工程项目的施工安全监理中，审查并签署有关的安全技术签证文件是属于（　　）阶段的安全监理工作。
    A. 施工准备　　　　　　　　B. 施工
    C. 施工准备和施工　　　　　D. 竣工

12. 在工程项目的施工安全监理中，检查施工中所采取的安全措施和设备是属于（　　）阶段的安全监理工作。
    A. 施工准备　　　　　　　　B. 施工
    C. 施工准备和施工　　　　　D. 竣工

13. 在工程项目的施工安全监理中，督促承包单位进行安全技术交底是属于（　　）阶段的安全监理工作。
    A. 签订合同　　　　　　　　B. 施工准备
    C. 施工　　　　　　　　　　D. 施工准备和施工

（三）多项选择题

1. 在一般情况下，工程建设中的不安全因素主要包括（　　）等的不安全因素。
   A. 人　　　B. 物　　　C. 环境　　　D. 社会

2. 在工程建设中，人的不安全行为主要表现在（　　）等方面。
   A. 人的错误言行　　　　　　B. 人的错误思想
   C. 人的错误行为　　　　　　D. 人的身体缺陷
   E. 人的违规行动

3. 在工程建设中安全生产控制的范围包括（　　）。

A. 劳动保障 B. 劳动保护
C. 安全技术 D. 工业卫生技术
E. 生产技术

4. 在工程建设中，安全生产控制的内容和措施包括（　　）。
   A. 建立安全管理体系 B. 建立安全管理制度
   C. 全面推行安全识别 D. 推行个人安全评价
   E. 采取安全技术措施

5. 在工程建设中，安全生产控制的内容和措施包括（　　）。
   A. 推行安全领导责任制 B. 开展安全教育与培训
   C. 组织安全检查 D. 组织安全技术交底
   E. 进行全员安全评审

6. 职业健康安全管理体系是由五个部分组成的，其中包括（　　）。
   A. 职业健康安全方针 B. 策划
   C. 组织 D. 实施与运行
   E. 管理职责

7. 在施工生产中，企业应建立并保持职业健康安全管理体系，职业健康安全管理体系的组成包括（　　）等部分。
   A. 合同评审 B. 设计控制
   C. 策划 D. 检查
   E. 管理评审

8. 在职业健康安全管理体系中，策划部分的内容包括（　　）。
   A. 危险源辨识、风险评价和控制措施 B. 采购
   C. 法规和其他要求 D. 教育培训
   E. 目标和职业健康安全管理方案

9. 职业健康安全管理体系文件包括（　　）等几个层次。
   A. 总纲 B. 管理方案
   C. 管理手册 D. 程序文件
   E. 作业文件

10. 在职业健康安全管理体系中，职业健康安全管理方案的内容包括（　　）。
    A. 危险源辨识和风险评价
    B. 确定职业健康安全的目标和指标
    C. 规定实现目标、指标的时间、方法措施及步骤
    D. 规定方案的执行部门和负责人及其职责
    E. 实施职业健康安全管理方案的财务预算及其他资源

11. 在工程项目施工安全监理中，安全监理的任务包括（　　）。
    A. 贯彻执行国家有关安全生产的方针政策、法律和法规
    B. 在施工中贯彻生产服从安全的原则
    C. 组织施工人员的安全教育和培训
    D. 督促施工单位建立各种安全生产制度
    E. 督促施工单位进行安全技术交底

12. 在工程项目施工安全监理中，安全监理的任务包括（   ）。
    A. 制定各种安全技术措施　　　　B. 制定有关的工业卫生措施
    C. 进行定期和不定期的安全检查　D. 督促施工单位开展文明施工
    E. 检查和督促施工现场的消防、卫生、防暑、防寒工作
13. 在工程项目招标阶段，安全监理工作的内容包括（   ）。
    A. 制定安全监理程序　　　　　　B. 审查施工单位的安全资质
    C. 核查施工单位的安全管理体系　D. 协助拟定安全生产协议
    E. 审查施工组织设计及相应的安全技术措施
14. 在工程项目施工中，属于建设单位的安全责任包括（   ）。
    A. 取得建设主管部门颁发的施工许可证
    B. 取得施工用地范围及施工用地许可证
    C. 取得公安部门在施工区域进行爆破作业的许可证
    D. 组织定期和不定期的安全生产检查
    E. 组织安全事故上报
15. 在工程项目施工中，属于建设单位的安全责任包括（   ）。
    A. 取得政府主管部门对该项目的批准文件
    B. 组织设计交底和图纸会审
    C. 取得工程建设主管部门批发的安全施工许可证
    D. 组织安全施工技术交底
    E. 为施工人员在施工生产中的安全、健康创造必要的条件
16. 在工程项目施工中，属于施工单位的安全责任包括（   ）。
    A. 取得建设主管部门颁发的施工许可证
    B. 取得政府主管部门对该项目的批准文件
    C. 制定安全技术措施
    D. 组织安全技术交底
    E. 贯彻执行国家有关安全生产的方针政策及法律法规
17. 在工程项目施工中，属于施工单位的安全责任包括（   ）。
    A. 取得施工用地许可证
    B. 取得施工区域内进行爆破作业的许可证
    C. 组织安全生产检查
    D. 组织安全事故上报
    E. 组织安全教育培训
18. 危险源辨识的目的包括（   ）。
    A. 找出施工项目实施全过程中可能出现的危险因素
    B. 找出施工项目实施全过程可能出现的危险因素产生的原因
    C. 找出施工项目实施全过程可能出现的危险因素出现的时间
    D. 危险因素发生的可能性大小
    E. 危险因素发生的后果
19. 风险评价是确定（   ）
    A. 风险的成因　　　　　　　　　B. 风险的大小
    C. 风险的损失　　　　　　　　　D. 风险的分级
    E. 所产生的风险是否允许

20. 对于建设项目，通常将安全评价系统分为（　　）。
    A. 事先评价　　　　　　　　　B. 中间评价
    C. 阶段评价　　　　　　　　　D. 事后评价
    E. 跟踪评价

21. 在工程项目招标阶段的安全监理中，监理单位应审查承包单位的安全资质，审查的内容包括（　　）。
    A. 承包单位的营业执照
    B. 工程建设主管部门批发的安全施工许可证
    C. 施工区域内进行爆破作业的许可证
    D. 建筑安全监督机构颁发的安全资质证书
    E. 建筑安全监督机构对承包单位安全业绩的改评情况

22. 在工程项目施工准备阶段，监理单位安全监理的内容包括（　　）。
    A. 制定安全监理程序
    B. 审查并签署有关的安全技术签证文件
    C. 组织现场安全检查
    D. 审查承包单位编制的安全技术措施
    E. 审查承包单位编制的安全计划

23. 在工程项目施工准备阶段，监理单位安全监理的内容包括（　　）。
    A. 审查承包单位编制的分部分项工程的安全技术措施
    B. 审查施工中的有关安全生产文件和资料
    C. 督促施工单位对进场人员进行安全教育培训
    D. 督促施工单位进行技术交底
    E. 检查施工单位采取的安全措施及设备

24. 在工程项目施工阶段，监理单位安全监理的内容包括（　　）。
    A. 组织安全检查
    B. 审查各种有关的安全生产文件
    C. 审查并签署有关的安全技术签证文件
    D. 检查施工机械是否到位及其安全技术性能
    E. 检查施工单位的安全措施是否到位

附录Ⅲ　复习自检题答案

第一章

（二）单项选择题

1. D；2. C；3. A；4. D；5. B；6. C；7. B；8. D；9. C；10. B；11. A；12. C；13. B；14. A；15. D；16. C；17. D；18. C；19. C

（三）多项选择题

1. B、C、D；2. A、C、D；3. A、D、E；4. B、D、E；5. A、B、C、E；6. A、B、E；

7. B、C; 8. C、D、E; 9. A、D、E; 10. B、D、E; 11. B、C、E; 12. A、C、D

第二章

(二) 单项选择题

1. A; 2. C; 3. C; 4. C; 5. D; 6. C; 7. D; 8. B; 9. A; 10. B; 11. C; 12. D; 13. C; 14. C; 15. B; 16. B; 17. A; 18. B; 19. C; 20. B; 21. C

(三) 多项选择题

1. B、C; 2. A、B、D; 3. A、B、D、E; 4. A、B、D、E; 5. A、C、D、E; 6. A、B、D、E; 7. B、C、D、E; 8. A、C、D、E; 9. A、B、E; 10. C、D、E; 11. A、D、E; 12. C、D、E; 13. C、D、E; 14. A、B、C; 15. A、D、E; 16. C、D、E; 17. A、B、D; 18. B、C、E; 19. C、D、E; 20. C、D、E; 21. A、C

第三章

(二) 单项选择题

1. B; 2. C; 3. D; 4. A; 5. C; 6. A; 7. D; 8. C; 9. B; 10. D; 11. C; 12. C; 13. C; 14. D; 15. D; 16. D; 17. D; 18. A

(三) 多项选择题

1. C、D、E; 2. B、C、D; 3. A、B、C; 4. A、B、E; 5. A、B、D; 6. A、B、D; 7. A、C、D; 8. C、D、E; 9. A、D、E; 10. B、D、E

第四章

(二) 单项选择题

1. C; 2. B; 3. B; 4. C; 5. D; 6. A; 7. C; 8. B; 9. D; 10. A

(三) 多项选择题

1. A、E; 2. A、D; 3. A、B、C; 4. B、D、E; 5. C、D、E; 6. A、B、E; 7. A、D、E; 8. A、B、C; 9. B、C、D; 10. A、B、E; 11. A、B、C; 12. A、B、D; 13. A、B、E

第五章

(二) 单项选择题

1. A; 2. A; 3. D; 4. B; 5. C; 6. D; 7. D; 8. A; 9. A; 10. C; 11. A; 12. D; 13. A; 14. C; 15. A; 16. C; 17. A; 18. A; 19. A; 20. B; 21. C; 22. C; 23. D; 24. B; 25. C

(三) 多项选择题

1. A、B、E; 2. C、D、E; 3. A、B、E; 4. A、C、E; 5. A、B、C; 6. A、B、C; 7. A、B、C; 8. A、C、E; 9. A、C、D; 10. B、C、D; 11. A、C、D、E; 12. A、B、D; 13. A、C、D、E; 14. B、C、D、E; 15. C、D、E; 16. A、D、E; 17. C、D、E; 18. C、D、E; 19. A、C、D、E; 20. B、D、E; 21. C、D、E; 22. A、B、E; 23. A、B、E; 24. B、C、D; 25. A、D、E; 26. A、B、C

第六章

(二) 单项选择题

1. A; 2. D; 3. A; 4. B; 5. A; 6. B; 7. C; 8. D; 9. C; 10. A; 11. C; 12. D; 13. A; 14. D

(三) 多项选择题

1. A、B、E；2. A、B、C；3. B、C；4. A、C、D、E；5. A、E；6. C、D、E；7. A、B、E；8. B、D、E

第七章

(二) 单项选择题

1. D；2. D；3. D；4. C；5. D；6. D；7. D；8. C；9. B；10. A；11. C；12. D；13. D；14. D

(三) 多项选择题

1. A、B、D；2. A、C、D；3. A、D、E；4. A、B、C；5. A、B、C；6. A、C、E；7. A、B、C；8. A、D、E；9. B、C、E；10. A、C、E；11. A、B、C；12. B、D、E；13. D、E；14. B、C、D、E；15. A、B、C、D；16. A、B、C；17. B、C、D；18. A、B、D、E；19. C、D、E

第八章

(二) 单项选择题

1. C；2. D；3. A；4. A；5. D；6. B；7. C；8. C；9. D；10. D；11. C；12. D；13. C；14. B；15. A；16. C；17. B；18. C；19. A；20. B；21. D；22. C；23. A；24. B；25. C；26. D；27. A；28. D；29. A；30. B；31. C；32. D

(三) 多项选择题

1. A、B、D、E；2. C、D、E；3. B、C、D、E；4. A、D、E；5. A、C、D；6. A、B、7. C、D；8. B、C、D、E；9. A、B、D、E；10. A、C、D、E

第九章

(二) 单项选择题

1. B；2. C；3. B；4. A；5. C；6. C；7. C；8. C；9. B；10. A；11. A；12. C；13. A

(三) 多项选择题

1. A、B、C、E；2. A、B、C；3. A、B、C；4. B、C、D；5. A、D、E；6. B、D、E；7. A、C、D、E；8. A、B、C、E；9. C、D；10. A、B、C、D；11. B、C、E；12. C、D、E；13. B、C、D；14. B、D；15. A、B、E；16. A、D；17. A、B、D、E；18. A、C、D、E

第十章

(二) 单项选择题

1. C；2. C；3. B；4. C；5. D；6. A；7. C；8. D；9. C

(三) 多项选择题

1. A、B、C、D；2. A、B、E；3. A、B、C；4. A、B、C；5. A、B、E；6. C、D；7. A、C；8. C、D、E；9. A、B、C

第十一章

(二) 单项选择题

1. C；2. A；3. B；4. C；5. C；6. B；7. C；8. D；9. D；10. B；11. B；12. C；13. D

（三）多项选择题

1. A、B、C；2. C、D、E；3. B、C、D；4. A、B、E；5. B、C、D；6. A、B、D；
7. C、D、E；8. A、C、E；9. C、D、E；10. C、D、E；11. A、D、E；12. C、D、E；
13. B、C、D；14. A、B、C；15. A、B、E；16. C、D、E；17. C、D、E；18. A、D、E；
19. B、E；20. A、B、D、E；21. A、B、D、E；22. A、D、E；23. C、D、E；24. A、B、C

附录Ⅳ 应用题

1. 某灌注桩工程的施工质量经检验存在表Ⅳ-1所示质量问题，问：（1）主要和次要质量问题原因是什么？（2）上述主要质量问题和次要质量问题的解决措施；（3）监理单位应做些什么工作？

质量缺陷原因表　　　　　　　　　　　　　表Ⅳ-1

序号	缺陷原因	缺陷数	频率（%）	累计频率（%）
1	施工工艺差	40	40	40
2	砂子含泥量高	30	30	70
3	配比不准	15	15	85
4	拌合不匀	10	10	95
5	砂粒过细	5	5	100

解：（1）绘制排列图，确定质量问题的主次原因

① 计算缺陷原因的频率和累计频率，如表Ⅳ-1所示。

② 根据缺陷数（频数）和累计频率绘制排列图，如图Ⅳ-1所示。

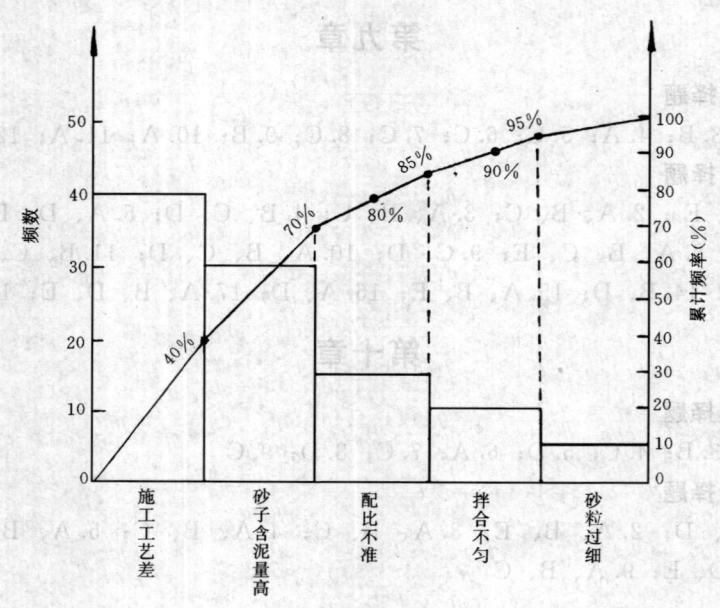

图Ⅳ-1　灌注桩质量缺陷原因排列图

③ 根据排列图Ⅳ-1按 A、B、C 三类频率分布范围确定主要缺陷原因为施工工艺差和砂子含泥量高，次要缺陷原因为配比不准。

(2) 针对上述主要和次要缺陷原因应采取的解决措施如下：

①加强思想教育，提高施工人员的质量意识；组织技术培训，提高技术水平；组织操作人员深入学习操作规程，熟练操作技术，坚持持证上岗和进行岗前考核。

②对拌合用砂进行冲洗或过筛，并加强砂子含泥量的检测。

③严格控制混凝土的配合比，按规定进行配比，并进行现场试配。

④加强混凝土质量的抽检。

(3) 为提高灌注桩的质量，监理单位应进行的相应工作如下：

①督促施工单位做好提高灌注桩质量的上述解决措施。

②加强灌注桩施工的旁站监督。

③加强对砂子含泥量及混凝土强度的复核性抽检。

④审核施工单位对砂子含泥量检验和混凝土试配的结果。

2. 某工程项目模板制作工程中模板边长尺寸误差的测量结果如表Ⅳ-2所示，现要求：(1) 绘制模板边长尺寸误差频数直方图；(2) 若公差的上、下限为 $T_U=5mm$，$T_L=-5mm$，对比直方图分析模板的生产状况；(3) 分析模板生产的工序能力。

解：(1) 绘制模板边长尺寸误差频数直方图

①表Ⅳ-2中共列有80个数据，将数据分为10组，取 $K=10$，由表中统计得极值为 $X_{max}=3mm$，$X_{min}=-6mm$，故组距 $h=\dfrac{R}{K}=\dfrac{3-(-6)}{10}=0.9mm$，由于测量单位 $\Delta=1mm$，故取 $h=1mm$，因此可计算得分组区间如表Ⅳ-3所示。

模板边长尺寸误差统计表（单位：mm）　　　　　　表Ⅳ-2

−2	−3	−3	−4	−3	0	−1	−2
−2	−2	−3	−1	+1	−2	−2	−1
−2	−1	0	−1	−2	−3	−1	+2
0	−5	−1	−3	0	+2	0	−1
−1	+3	0	0	−3	−2	−5	+1
0	−2	−4	−3	−4	−1	+1	+1
−2	−4	−6	−3	−1	0	+1	−2
−3	−1	−4	−2	−3	−1	+2	0
−5	−3	0	−2	−4	0	−3	−1
−2	−3	0	−4	−2	+1	−1	+1

频数统计计算表　　　　　　表Ⅳ-3

组　号	分组区间	组中值 x	频数 f	fx	fx^2
(1)	(2)	(3)	(4)	(5)	(6)
1	−6.5～−5.5	−6	1	−6	36
2	−5.5～−4.5	−5	3	−15	75
3	−4.5～−3.5	−4	7	−28	112
4	−3.5～−2.5	−3	13	−39	117

续表

组 号	分组区间	组中值 x	频数 f	fx	fx^2
5	$-2.5\sim-1.5$	-2	17	-34	68
6	$-1.5\sim-0.5$	-1	17	-17	17
7	$-0.5\sim0.5$	0	12	0	0
8	$0.5\sim1.5$	1	6	6	6
9	$1.5\sim2.5$	2	3	6	12
10	$2.5\sim3.5$	3	1	3	9
	总 计		80	-124	443

根据表Ⅳ-2和分组区间统计频数 f 如表Ⅳ-3中第4列数所示。

②根据分组区间和频数绘制频数直方图，如图Ⅳ-2所示。

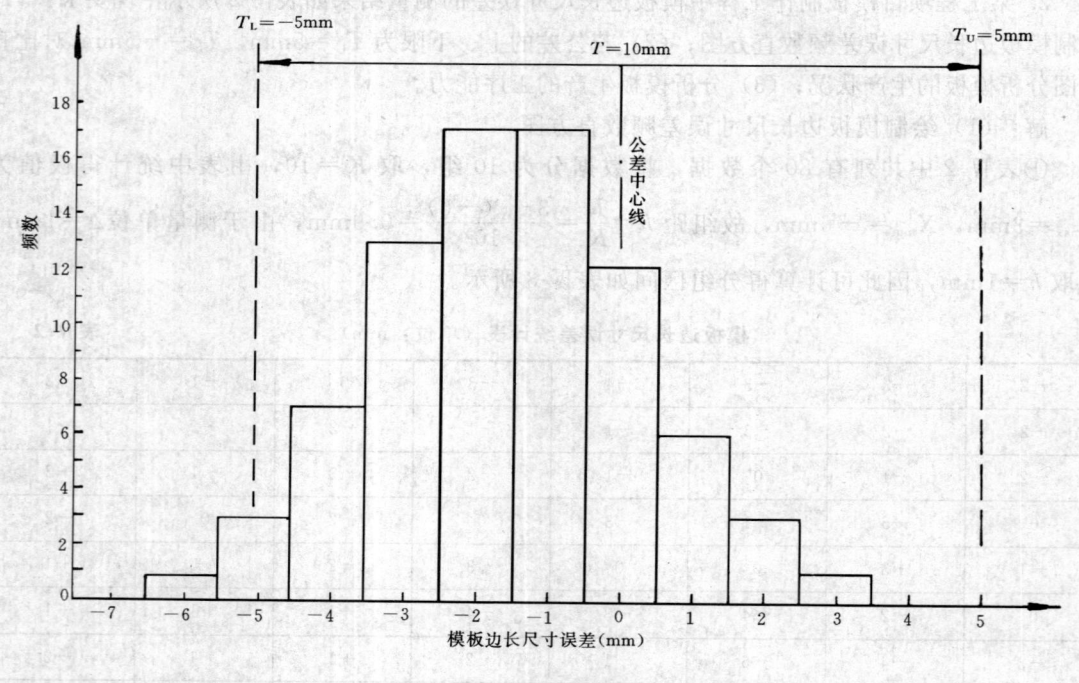

图Ⅳ-2 频数直方图

（2）对模板生产状况的分析

①直方图属正态分布

②图形的平均值 $\overline{X}=-1.55\mathrm{mm}\approx-1.5\mathrm{mm}$，与公差的中心不重合，偏离一侧（偏向公差的下限 T_L），图形的下边界点 $-6.5\mathrm{mm}$，超出公差下限 $T_L=-5\mathrm{mm}$（实际误差的最小值 $X_{\min}=-6\mathrm{mm}$），已出现不合格品，如生产略产生波动就会产生大量不合格品，故应加强质量控制，使分布带中心移向公差带中心。

（3）工序能力分析

①计算标准差 S

在表Ⅳ-3中，根据组中值 x 和频数 f 计算 fx 和 fx^2 值，如表Ⅳ-3中第5列和第6列数所示，根据第5列和第6列数可得：$\Sigma fx=-124$；$\Sigma fx^2=443$，根据表中第4列数得 $\Sigma f=$

80，据此可计算：

$$\overline{X} = \frac{\Sigma fx}{\Sigma f}h = \frac{-124}{80} \times 1 = -1.55$$

$$\left(\frac{\Sigma fx}{\Sigma f}\right)^2 = (-1.55)^2 = 2.4025$$

$$\frac{\Sigma fx^2}{\Sigma f} = \frac{443}{80} = 5.5375$$

因此可得标准差为：

$$S = \sqrt{\left(\frac{\Sigma fx}{\Sigma f}\right)^2 + \frac{\Sigma fx^2}{\Sigma f}} = \sqrt{2.4025 + 5.5375} = \sqrt{7.94} = 2.819 \approx 2.82$$

②计算工序能力指数 C_{PK}

计算偏移量：

$$a = \left|\frac{T_L + T_U}{2} - \overline{X}\right| = \left|\frac{-5+5}{2} - (-1.5)\right| = 1.5(\text{mm})$$

计算偏移系数：

$$K = \frac{a}{\frac{T}{2}} = \frac{a}{\frac{1}{2}(T_U - T_L)} = \frac{1.5}{\frac{1}{2}[5-(-5)]} = 0.3$$

故工序能力指数为：

$$C_{PK} = \frac{\overline{X} - T_L}{3S} = \frac{-1.5 - (-5)}{3 \times 2.82} = 0.41$$

由于工序能力指数 $C_{PK} = 0.41 < 1.0$，属工序能力严重不足，故应分析原因，并采取措施加强质量控制，以提高模板的生产质量。

3. 某建筑工程项目钢筋混凝土主体结构工程施工，试说明监理单位在：(1) 施工前应进行的质量控制工作；(2) 施工过程中应进行的质量控制工作。

(1) 主体结构工程施工前监理单位的质量控制工作

①协助施工单位完善工序质量控制系统。

②督促施工单位报送上岗人员的资质，并进行核查。

③审核材料的质量保证资料及验收记录，对主要和重要材料要参与验收工作。

④审核施工单位报送的主要和重要材料的试验报告。

⑤审核主体结构工程所采用的新材料、新技术、新工艺的试验报告。

⑥审核施工单位提交的主体结构工程的施工计划和施工方法。

⑦审核施工单位报送的主体结构工程施工中所用的施工机械设备的形式和性能参数。

⑧确定主体结构的质量标准。

⑨审核施工单位报送的质量控制点（包括见证点和停止点）计划（通常包含在施工计划内）。

⑩检查施工人员、材料、施工机械设备到位情况。

⑪审核施工单位提出的开工申请，核实施工准备情况，下达开工令。

(2) 主体结构工程施工过程中监理单位的质量控制工作
①派出监理人员进行旁站监督,并进行现场巡视检查。
②审核施工单位提交的质量检测记录和检测报告。
③进行质量控制点施工的质量监督控制。
④对重要的工序施工质量进行必要的抽检复查。
⑤进行必要的技术复核,如工序交接检查验收、隐蔽工程(钢筋、模板)检查验收等。
⑥审核设计变更和图纸修改。
⑦组织主体结构分项工程的验收。
⑧组织质量事故的调查处理,审核质量缺陷的处理报告,确定质量缺陷和质量事故处理的质量。

参 考 文 献

[1] 傅鸿源，刘有兆编著．工程项目质量控制［M］．北京：地震出版社，1992．
[2] 顾慰慈，张桂芹编著．工程建设质量控制［M］．北京：水利电力出版社，1993．
[3] 黄永彦，杨生茂主编．建设项目管理实用手册［M］．北京：中国计划出版社，1991．
[4] 毛鹤琴主编．工程建设质量控制［M］．北京：中国建筑工业出版社，2000．
[5] 水利电力部标准汇编（水利水电工程7）．施工．北京：水利电力出版社，1989．
[6] J.M.朱兰．质量控制手册［M］．上海：上海科技文献出版社，1980．
[7] 三浦新．质量管理［M］．北京：中国人民大学出版社，1980．
[8] 赵丕熙．建筑安装企业质量管理［M］．北京：科学技术文献出版社，1988．
[9] 王华．建筑企业质量体系的建立与认证［M］．北京：中国建筑工业出版社，1994．
[10] 武全社，顾慰慈．工程建设项目施工阶段有关各方的质量控制工作［J］．西北电建，1996．
[11] 顾慰慈．工程施工阶段建设单位的质量控制［J］．中国三峡建设，1998．
[12] 中华人民共和国国家标准．职业健康安全管理体系规范（GB/T 28001—2011）．
[13] http//www.qs100.com